昨是今非

Renaissance of Regulatory Reform:
Corporations and Financial Services

企業與金融的法思拾掇

企業之興衰，彷彿人生聚散。
不論長短，但願精采。
昨日之非，民氣可用，反而成就今日之是；
昨日之是，法與時轉，因此發端今日之非。

謝易宏 著

二版問世迄今，揮別了幾番寒暑，更迭了來去春秋，回首漫漫，歲月倏忽、韶光荏苒。其間，金融烽火肆虐全球，歐債危機一觸即發，企業頹圮經營惟艱，財經弊案接踵而來……；究竟，昨非今是？抑或，昨是今非？

多年參與企業與金融實務，不時應邀教學講授之際，也偶有所感，爰整理為文，投稿發表；增刪重輯，納入收錄。盼能藉拙文會友，為財經法制添加薪火，賡續庶民淑世初衷；也許，稍堪告慰先父先母栽培於萬一。

誌於2012年春

總目錄

企業篇

金融篇

外文篇

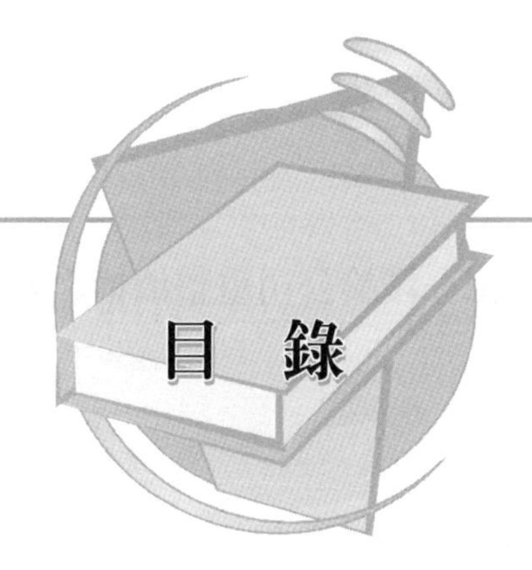

目錄

企業篇

金融篇

外文篇

企業篇

BUSINESS

第一章
股東「知情權」與投資人保護—簡評最高法院98年度台上字第923號民事判決

發想

邀請喜愛美食的朋友們到名店餐敘，總會附上載有著名菜色的菜單以顯誠意，若朋友慕大菜之名而來，但菜單上原列載的名菜臨時變動抽換，改以無名小菜取代，是否足以對朋友們交待？

壹、事實

一、原告主張

緣被告召開系爭股東會，其議程中【討論與選舉事項】共八案。於進行選舉討論事項第四案修訂公司章程案時，有股東提議增訂章程第13條之1（即系爭股東會決議（一）），將董監選舉改採「全額連記法」之方式（依被告系爭股東會議事錄，提案內容爲：本章程修正案增訂第13條之1「本公司董事及監察人之選舉，每一股份有與應選出董事及監察人人數相同之選舉權，每名被選舉人所得選舉權以各選舉股東所持有股數之全額計算，股東所塡選之被選舉人數不得超過應選人數。」所謂全額連記法係股東之每一股份雖有與應選出董事及監察人人數相同之選舉權，並得將所有之選舉權分別投予各候選人，惟股東對每名候選人僅可投其所持有股數全額之選舉權。例某股東有一千股，本次改選之董事有七席，該股東雖有七千之選舉權數，得將七千之選舉權數分別投予各候選人，惟每名候選人僅可投一千選舉權數。）於系爭股東會決議（一）票決通過後，續有股東提案變更追加議程及修正被告董監選舉辦法第4條及第10條第7項（即系爭股東會決議（二）），將董監選舉方式變更為章程甫增訂通過之全額連記法（提案內容為：一、第4條：「本公司董事，及監察人之選舉，每一股份有與應選出董事與監察人人數相同之選舉權，每名被選舉人所得選舉權以各選舉股東所持有股數之全額計算，股東所遴選之被選舉人數不得超過應選人數，由董事會製備董事或監察人之選舉權票，分發給各股東。」二、修正第10條第7款：「同一選舉票填列被選舉人二人或二人以上者，按選舉票設計為共用一張者，不在此限。」）系爭股東會決議（二）票決通過後，被告即於系爭股東會採「全額連記法」進行董監之改選，結果在被告之公司派持股及掌握表決權約百分之五十六之優勢下，取得所有董監席次（即系爭股東會決議（三））。惟系爭股東會決議內容有違反法令之無效情形，或系爭股東會之召集程序及決議方法有違反法令得撤銷之情形，爰提起本件訴訟。

二、被告答辯

（一）被告已遵循現行公開發行公司召集股東常會之法令規定；

（二）系爭股東會決議之決議方法、召集程序均無違反法令章程之情事；

（三）新修正之章程內容，得適用於本屆股東常會，被告自得依修正生效之章程規定，選舉董監事，即系爭股東會決議（三）並無何得撤銷之事由；

（四）董、監事選舉方式採取全額連記法或累積投票制乃係政策之選擇，全額連記法亦為法律所允准之選舉方式之一，系爭股東會決議改採全額連記法並無何違背法令、權利濫用等情事。

三、兩造不爭執之事項

（一）被告為上市上櫃公司，於上開時、地召開系爭股東會，被告於開會通知書、股東會議事手冊、被告徵求系爭股東會之委託書，就系爭股東會會議主要內容、委託事項載以：……4.修訂本公司章程案。5.改選董事及監察人案……。並於召開系爭股東會前之九十六年八月九日將該議事手冊上傳至公開資訊觀測站。其議事手冊中所載之【討論與選舉事項】原共八案，內容未記載系爭股東會決議（一）、（二）之議案。

（二）系爭股東會於進行選舉討論事項第四案修訂公司章程案時，有股東提議增訂第13條之1即系爭股東會決議（一），將董監之選舉改採「全額連記法」之方式（提案內容爲：本章程修正案增訂第十三條之一「本公司董事及監察人之選舉，每一股份有與應選出董事及監察人人數相同之選舉權，每名被選舉人所得選舉權以各選舉股東所持有股數之全額計算，股東所填選之被選舉人數不得超過應選人數。」）並經持股百分之一以上股東附議，主席裁定提付票決後，系爭股東會決議（一）之修正案以贊成權數八千一百三十二萬三千五百九十四股、反對權數六千四百四十四萬八千二百八十四股，廢票權數零股而票決通過。

（三）系爭股東會決議（一）票決通過後，續有股東提案變更追加議程及修正被告董監選舉辦法第四條及第十條第七項即系爭股東會決議（二），將董監選舉方式變更爲章程甫增訂通過之全額連記法（提案內容爲：1.第四條：「本公司董事，及監察人之選舉，每一股份有與應選出董事與監察人人數相同之選舉權，每名被選舉人所得選舉權以各選舉股東所持有股數之全額計算，股東所遴選之被選舉人數不得超過應選人數，由董事會製備董事或監察人之選舉權票， 分發給各股東。」2.修正第十條第七款：「同一選舉票塡列被選舉人二人或二人以上者，按選舉票設計爲共用一張者，不在此限。」）並經持股百分之一以上股東附議，主席裁定提付表決，系爭股東會決議（二）之修正案以贊成權數八千一百三十二萬三千五百九十四股、反對權數六千四百四十四萬八千二百八十四股，廢票權數零股而票決通過。

（四）系爭股東會決議（二）票決通過後，即依系爭股東會決議（一）、（二）之「全額連記法」進行董監選舉。被告於本次股東會採「全額連記法」進行董監之改選，結果被告之公司派在持股及掌握表決權約百分之五十六之優勢下，取得所有董監席次。

（五）原告爲被告公司股東，當日已出席系爭股東會，並於系爭股東會決議時表示異議，嗣於系爭股東會決議後三十日內向本院提出本件撤銷股東會決議之訴。

（六）被告公司已發行股份總數爲一億五千八百萬股。系爭股東會決議（一）、（二）贊成之股數占已發行股份總數百分之五十一・四七（小數點以下四捨五入，下同）、反對之股數占已發行股份總數百分之四十・七九。系爭股東會徵求人及非屬徵求委託代理人徵得及受託代理出席股東會之股數爲二百一十二萬五千三百五十一股，占已發行股份總數百分之一・三五。

（七）被告往年股東會就董監選舉均採累積投票制，被告於系爭股東會決議時，預先備妥「全額連記法」、「累積投票制」二種選票格式一併提出。上開事實，爲兩造所不爭執，並有系爭股東會開會通知書、系爭股東會議事手冊、系爭股東會議事錄、被告徵求系爭股東會委託書、電子書、被告公司彙整徵求人及非屬徵求受託代理人徵得及受託代理出席股東會明細資料在卷可稽，足堪認定。

貳、判決理由

一、最高法院98年度台上字第923號民事判決

「……按公司法第172條第5項之臨時動議，非謂現場所提議案， 即屬臨時動議， 而係會議議程中，無特定項目（程序）可供提議討論，於臨時動議之程序中進行之事項而言。若議程中本已列有特定程序於各該程序中所爲提案或討論，即非屬該條所指之臨時動議。準此，所謂召集事由，只在表明會議內容要旨及程序。故召集事由，係指其案由、主旨之意，即只須列舉「改選董事、監察人」、「變更章程」或「公司解散、合併或分割」之事項，不必詳列提案之具體內容至明。又關於股東會修改章程之議案，公司會前於開會通知、議事手冊之召集事由中載明、揭露資訊，究須達到如何程度問題。相較於證券交易法（下稱證交法）第26條之1，就公司董事競業禁止、以發行新股分派紅利、公積撥充資本，及同法第43條之6第6項公司進行有價證券之私募之股東會議案，除規定需於召集事由中列舉並應說明其主要內容、重要事項，不得以

臨時動議提出之規定者，公司法第172條第5項則僅規定，股東會變更章程之議案，應在召集事由中「列舉」，不得以臨時動議提出。可知，以變更章程爲召集事由者，於召集通知之召集事由中列舉，不得以臨時動議提出之意，非謂應將擬修正之章程條項詳列。又依公司法第177條之3授權訂定之議事手冊辦法第4條第1項第7款規定，應載明於議事手冊者係股東常會召集權人提出之議案，系爭股東常會，既係由董事會召集，則開會通知及議事手冊之資訊揭露，其內容係身爲召集權人之董事會所提出議案之內容及說明資料，而上訴人爭執之章程第13條之1修正案，係由股東於股東會提出，非被上訴人董事會之提案，故非屬於議事手冊上須記載之內容。被上訴人於開會通知書、股東會議事手冊、被上訴人徵求系爭股東會之委託書，就系爭股東會會議主要內容、委託事項，並於召開系爭股東會前之九十六年八月九日將該議事手冊上傳至公開資訊觀測站，公告並載明該次股東常會召集事由（二）「討論與選舉事項」中(4)爲「修訂本公司章程案」，議事手冊亦列載修正章程對照表等情，有議事手冊影本一件、大毅公司當日重大訊息之詳細內容可稽。被上訴人既已將變更章程之議案內容於股東會會議前揭露，召集程序則無違反公司法前開規定及依其授權訂定之議事手冊辦法等規定。又，股東就股東常會之議案既有提案權，爲公司法第172條之1所明定，於董事會於事先擬妥之提案，亦應有提出修正案之權，否則僅能董事會之提案此爲肯否之表示，不啻與上開規定意旨有違。上訴人雖主張被上訴人事先安排股東提案修正，然未證以實其說，難信爲眞實，且與系爭股東會決議效力無涉。是被上訴人公司之股東依被上訴人股東會議事規則第10條之規定，於系爭股東會當場就已列爲議程之變更章程案提出修訂章程第13條之1議案，係就系爭股東會議案所提出之修正案，自非屬臨時動議。再者，被上訴人股東於系爭股東會改選董事及監察人之前，依據被上訴人股東會議事規則第10條之規定，提案增訂系爭章程第13條之1，實係排除累積投票制之適用，此乃公司內部自治事項，該等董事、監察人之選舉方式，並未違反公司法之規定，被上訴人系爭股東常會之董事及監察人選舉票準備兩種格式亦然，殊難遽認被上訴人於召集系爭股東會時，違反資訊揭露原則。以全額連記法爲董監選舉方式亦爲現行法所允准之方式，於決議過程中亦無侵害何股東權益或違反何股東平等原則之問題，更無違反公共利益之事由，是被上訴負責人召系爭股東會並未違反善良管理人之注意義務，致公司受有損害，縱上訴人質疑以全額連記法選任董事、監察人之投票方式對於公司股東權益不符合比例原則，亦應待立法修正始有爭執之餘地，尚不得謂於法律修正前，股東會依法修改章程以全額連記法選任董監事即爲權利濫用，上訴人之主張，應無可取。而公司章程雖爲應登記事項，惟登記係對抗要件，而非生效要件，故公司章程一經修正即生效。……云云。」

二、臺灣高等法院97年度上字第463號民事判決

（一）按資訊揭露，乃係公司治理原則之一，爲市場促使公司重視股東與債權人權益之必要基礎。於公司內部經營管理方面，股東權之行使主要即表現於股東會對於公司議案之決議權，而爲使股東能於會前獲得充分資訊制訂理性決策以有效參與公司決策，召開股東會之董事會即有義務於會前就該次股東會所欲討論或提請股東會承認之事項予以列明，故公司法第172條第5項更進一步明文列舉選任或解任董事、監察人、變更章程、公司解散、合併、分割或公司第185條第1項各款之事項者，強制要求公司應在召集事由中列舉，不得以臨時動議方式提出。觀其文義，係指股東常會或臨時股東會之召集，其召集之會議議程，雖得列臨時動議，但關於改選董事、監察人、變更章程、公司解散、合併或分割之事項，應在召集事由中列舉上開有關事項，列入會議之議程，未經於召集事由中列舉並列入議程之事項，即不得於臨時動議之議程中提出之意，蓋臨時動議係會議議事程序之一，並無固定內容，公司法第172條第5項，將之與改選董事、監察人、變更章程、公司解散、合併或分割，同列爲股東會召集事由，是其每一召集事由（或稱議程），有不同之議事項目及範圍，必無特定事由（如改選董事、監察人、變更章程、公司解散、合併或分割），始列入臨時動議，故所謂臨時動議，非謂現場所提議案，即屬臨時動議，而係會議議程中，無特定項目（程序）可供提議討論，於臨時動議之程序中進行之事項而言。若議程中本已列有特定程序（如改選董事、監察人、變更章程、公司解散或合併），於各該程序中所爲提案或討論，即非公司法第172條第5項所謂之臨時動議。準此以解，召集事由只在表明會議內容要旨及程序。故所謂召集事由，係指其案由、主旨之意，即只須列舉「改選董事、監察人」、「變更章程」或「公司解散、合併或分割」之事項，不必詳列提案之具體內容至明。其

目的旨在防止公司隱匿重要事項，並使股東事先知悉會議進行內容，俾能預作準備，免致股東在毫無準備情況下，影響會議之進行，或損及公司及股東之權益。是召集事由中如列有變更章程事項，自應由公司就有關章程修正議案，預作準備，列入議事手冊或相關文件內，提供股東參閱並得事先準備，因其所提之修正案，係公司經營者主觀之想法，能否得多數股東之同意，自須與各股東詳加溝通，是其提案僅在求得多數股東之支持與認同，非謂未經公司預作提案，列入議事手冊之部分，與會股東即不得提案修正。蓋公司章程之變更修改，係股東權之一（公司法第277條參照），若案，爲變更與否之決議，不能有主動提修正案之權利，無異剝奪股東之股東權，應非立法之本意。矧公司章程所記載事項甚爲廣泛，有時對於部分章程之修改需配合其他內部規定一併修改，若欲要求公司於股東會時股東可能之提議一一羅列，始得對該部分進行決議，則公司在召開股東會前須耗費資源搜尋所有可能就章程修改之意見，以記載於開會通知、議事手冊，則於此一情況，過多而雜亂的會議資訊同樣會造成股東無法接收解讀。由此可知，資訊揭露固爲公司治理之原則，但資訊揭露絕非一味單純地要求詳盡，仍須思索資訊揭露所欲達成之目的，並檢視手段與目的之關聯性與比例原則、對於股東會議進行之效率與提出議案之彈性空間，而非高舉資訊揭露大旗以無限上綱。尤有進者，人之思慮時有未周，章程之修訂，尤須全盤兼顧，公司經營者之提案，偶有百密一疏，思慮未及之處，若相關條文未能同時提案配合修正，於股東會時又不能經由股東提案修正，事必影響章程之修訂，益見公司章程之修訂，不限於召集事由或議事手冊所列提案，亦無須記載具體提案內容，至爲灼然。

（二）對於股東會修改章程之議案，公司於會前究竟需於開會通知、議事手冊之召集事由中載明、揭露資訊至何程度？相較於證券交易法（下稱證交法）第26條之1對於公司董事競業禁止、以發行新股分派紅利、公積撥充資本，及證交法第43條之6第6項公司進行有價證券之私募之股東會議案，除規定需於召集事由中列舉並應說明其主要內容、重要事項，不得以臨時動議提出之規定，公司法第172條第5項對於股東會變更章程之議案僅僅規定需於召集事由「列舉」，不得以臨時動議提出。雖證交法第25條之1第1項規定「公開發行股票公司出席股東會使用委託書應予限制、取締或管理；其規則由主管機關定之。」而授權證券暨期貨管理委員會發布公開發行公司出席股東會使用委託書規則於九十四年十二月十五日修正前之第4條（現已修法刪除）第1項及第2項第4款規定：「公開發行股票公司應於股東會開會十日前，備妥當次股東會議事手冊，供股東隨時索閱；前項議事手冊，有關變更章程時，應載明其變更前後之內容及變更事由。」準此，以變更章程爲召集事由者，應係於召集通知之召集事由中列舉，未載明者，不得以臨時動議提出之意，非謂應將擬修正之章程條項詳列。是以上開規定雖同係基於資訊揭露原則，然法文對於公司資訊揭露之要求程度有所不同，所應探究者即爲上開法文於公司對股東揭露資訊不同程度之要求，係立法有意之安排、立法政策之選擇？抑或係立法之疏漏，於解釋、適用公司法第172條第5項時，應以資訊揭露爲上位概念，類推適用證交法之上開規定？由於章程規定事項甚廣，不若公司法第172條第5項其他應列舉事項、或證交法上開規定事項具體明確，強令公司予以詳列之結果，不是公司需耗費大量資源網羅蒐集會前資訊以陳列與股東，就是公司乾脆將所有章程內容列於開會通知、議事手冊，反而造成股東對於資訊無法接收解讀，亦即強令公司詳列變更章程內容，並無法達成資訊揭露的眞正目的即使一般股東得以充分參與理性決策，反而耗費公司資源，且使得股東會經常發生百密一疏即無法進行決議之無效率情形，亦危及一般股東之提案權。是以，要達成股東充分參與理性決策之目的，股東對於股東會議的實際出席參加、於會議中充分地討論表達以獲得多數股東支持票決始爲的論，而非要求公司應詳列變更章程事項。且因公告及開會通知篇幅有限，故上市、上櫃公司於召開股東常會時，僅載明股東常會召集之「議程」或「案由」……。準此，於法令尙未就此修改抑或立法政策有所變更前，應認關於股東會變更章程之議案，依據公司法第172條第5項僅需於召集事由中列舉，無須詳列其變更之內容。上訴人主張於解釋公司法第172條第5項時，應參照同法第177條之3及依議事手冊辦法第4條規定，於開會通知上亦應記載變更章程之主要內容，始符合立法本旨云云，殊難採取。

（三）按公開發行股票之公司召開股東會，應編製股東會議事手冊，並應於股東會開會前，將議事手冊及其他會議相關資料公告。前項公告之時間、方式、議事手冊應記載之主要事項及其他應遵行事項之辦法，由證券管理機關定之。公司法第177條之3定有明文。依該條授權訂定之議事手冊辦法第4條第1項第7款規定：「股東會議事手冊所列議案，除其他相關法令另有規定外，應依下列情形，載明規定事項：……七、變更章程時，其變更前後之內容及變更事由……」，上開應載明於議事手冊者係股東常會召集權人提出之議案，系爭股東常會，既係由董事會召集，則開會通知及議事手冊之資訊揭露，其內容係身爲召集權人之董事會所提出議案之內容及說明資料，而上訴人爭執之章程第13條之1修正案，係由股東於股東會提出，非被上訴人董事會之提案，故非屬於議事手冊上須記載之內容。被上訴人於開會通知書、股東會議事手冊、被上訴人徵求系爭股東會之委託書，就系爭股東會會議主要內容、委託事項載列：「……4.修訂本公司章程案。5.改選董事及監察人案……」，並於召開系爭股東會前之九十六年八月九日將該議事手冊上傳至公開資訊觀測站，公告並載明該次股東常會召集事由（二）「討論與選舉事項」中(4)爲「修訂本公司章程案」，議事手冊亦列載修正章程對照表等情，有議事手冊影本1件、大毅公司當日重大訊息之詳細內容1紙附卷可稽（見原審卷一第十一、十二、七十三頁），且爲上訴人所不爭，被上訴人既已將變更章程之議案內容於股東會會議前揭露，召集程序則無違反公司法第177條之3及依其授權訂定之議事手冊辦法等規定。

（四）按持有已發行股份總數百分之一以上股份之股東，得以書面向公司提出股東常會議案。但以一項爲限，提案超過一項者，均不列入議案，公司法第172條之1第1項定有明文。另參照台灣證券交易所發布並經行政院金融監督管理委員會准予備查之「○○股份有限公司股東會議事規則」參考範例第13條第6項「議案經主席徵詢全體出席股東無異議者，視爲通過，其效力與投票表決同；有異議者，應依前項規定採取投票方式表決。除議程所列議案外，股東連同附議人代表之股權，應達已發行股份表決權總數百分之或股」之規定（見本院卷一第三〇八頁），足見股東得於股東會中提出議案之修正案或替代案。而被上訴人股東會議事規則第10條規定「股東提出之其他議案，或原議案之修正案或替代案者，應有其他股東附議，提案人連同附議人代表之股權應達已發行股份總數百分之一。」並無違上開範例之情事，又股東就股東常會之議案既有提案權，對於董事會於事先擬妥之提案，亦應有提出修正案之權，否則僅能董事會之提案此爲肯否之表示，不啻與上開規定意旨有違……。上訴人雖主張被上訴人事先安排股東提案修正，然未舉證以實其說，難信爲眞實，且與系爭股東會決議效力無涉。是被上訴人公司之股東依被上訴人股東會議事規則第10條之規定，於系爭股東會當場就已列爲議程之變更章程案提出修訂章程第13條之1議案，係就系爭股東會議案所提出之修正案，自非屬臨時動議，上訴人主張股東提案增訂系爭章程第13條之1，屬臨時動議，須事先在開會通知及議事手冊揭露變更章程內容云云，要難採取。準此以解，被上訴人公司股東於系爭股東會，依據被上訴人公司股東會議事規則第十條之規定，提案增訂系爭章程第13條之1，於程序上核無瑕疵。

（五）按股東會選任董事時，除公司章程另有規定外，每一股份有與應選出董事人數相同之選舉權，得集中選舉一人，或分配選舉數人，由所得選票代表選舉權較多者，當選爲董事，公司法第178條之規定，對於前項選舉權，不適用之，公司法第198條定有明文。依同法第227條規定，上開規定於監察人準用之。參照公司法於九十年十一月十二日修正前第198八條規定「股東會選任董事時，每一股份有與應選出董事人數相同之選舉權，得集中選舉一人，或分配選舉數人，由所得選票代表選舉權較多者，當選爲董事。第178條之規定，對於前項選舉權，不適用之」，足見公司法於九十年十一月十二日修正前對於董事、監察人之選舉方式，向採累積投票制，惟累積投票制雖可保障少數股東，防止股東會多數派以其優勢把持選舉。然而，由於少數股東之參與，將導致董事會利益之對立，有礙公司業務順利執行之虞。又董事、監察人之選任方式，係屬公司內部自治事宜，現行公司法已允許公司得以章程排除累積投票制之適用。經查，被上訴人公司股東於系爭股東會改選董事及監察人之前，依據被上訴人公司股東會議事規則第十條之規定，提案增訂系爭章程第13條之1，實係排除累積投票制之適用，揆諸前揭說明，此乃公司內部自治事項，該等董事、監察人之選舉方式，並未違反公司法之規定，被上訴人系爭股東常會之董事及監察人選舉票準備兩種格式亦然，殊難遽認被上訴人於召集系爭股東會時，違反資訊揭露原則。再者，被上訴人於系爭股東會召開前已於開會通知、議事手冊、徵求委託書內載明欲變更章程，股東嗣於股東會時爲系爭股東會決議之提案，並無何違背法令之情形，業如前述，且以全額連記法爲董監選舉方式亦爲現行法所允准之方式，於決議過程中亦無侵害何股東權益或違反何股東平等原則之問題，更無違反公共利益之事由，是被上訴人負責人召集系爭股東會並未違反善良管理人之注意義務，致公司受有損害，縱上訴人質疑以全額連記法選任董事、監察人之投票方式對於公司股東權益不符合比例原則，然亦應待立法修正始有爭執之餘地，尚不得謂於法律修正前，股東會依法修改章程以全額連記法選任董監事即爲權利濫用，上訴人之主張，應無可取。

（六）（略）

六、（略）

參、爭點

一、依據公司法第172條第4項、第177條之3規定，股份有限公司董事會召開股東常會時，應於開會通知及公告載明召集事由，並編制議事手冊，而同法第172條第5項繼而明訂變更章程案應在召集事由中列舉，不得以臨時動議提出。據此，股份有限公司董事會於召開股東常會時，對於該次股東常會所欲討論議案內容所需負資訊揭露之程度如何？究僅須於開會通知及公告、議事手冊載明欲變更章程即可，抑或須一併對於欲變更之章程內容加以列舉始得爲之？

二、本件被告於召開系爭股東會前是否已明確知悉有股東將爲系爭股東會決議之提案？若被告知悉，卻未於開會通知及公告內加以列舉提案內容，有無違反資訊揭露之義務而致決議有無效或得撤銷之結論？抑或被告有何權利濫用之情形？

肆、評析

一、股東「知情權」與「重大性資訊」的判準

用鈔票換取大型公司股票的股東，對於所投資的公司，是否應享有如同公民對於國家所爲涉及自身利害之事項，有受憲法保障的「知情權利」（the Right to Know）[1]？知情到何種程度才算適當？易言之，貫徹股份平等原則，

[1] 「知情權」（the right to know），或有譯為「知悉權」，係指公民有權知道與其利害相關的資訊；而國家應盡力確保公民能夠知悉、獲取資訊的權利。1946年，聯合國通過第59號決議，正式宣布「知情權」為基本人權，並強調「知情權」是聯合國致力維護一切自由的核心

除另有規定外，每股股份之間的權利內容本該等價評量；投資人在法律上所得享有瞭解公司人事、財務、業務等營業資訊的權利範圍，該如何制訂透明的遵循判準？涉及渠等投資人是否繼續持有公司股票的商業決定，影響當然重大。在營業年度中依法召開的股東會，正提供降低公司經營團隊與投資人間「資訊不對稱」（Information Asymmetry）的對話場域；公司股東得藉由公司董事會所發開會的通知或公告，於書面或電子方式所載召集事由與提案要旨，作出評估是否影響自身利益，應否出席聽取並發表意見的判斷。基此，公司究竟應遵循如何判準以充分且公平揭露資訊，滿足「股東知情權」（Shareholder's Right to Information）[2]？迨爲前揭個案中的核心問題。

先進國家就渠等問題之實務經驗，或可尋得先行者的足跡，供我國公司實務上參考。謹以美國聯邦最高法院及擅長公司商務的德拉瓦州最高法院爲例，判例中所揭示對於公司董事在「受託義務」（Fiduciary Duty）拘束下，對股東揭露各項營業相關資訊，迨應遵循所謂「管理上重大性」（Material Information Within the Board's Control） 的裁量指標[3]。質言之，公司經營團隊決議召開股東會時，就發動會議的召集事由， 應以「合理易懂且不生混淆的」（Reasonable Clarity and be unambiguous ） 說明， 載於通知或公告。不論法人或個人股東，都因此能在「充分且平等」的資訊受領基礎上，判斷是否出席可能涉及自身利害的議案，表達意見以維護股東權益，甚至作出進一步買進、出脫持股的股務規劃。

綜上，公司對股東所發出的召集通知或公告上所載開會事由與提案要旨，是否足以讓股東充分瞭解並作出正確的商業判斷，不但關乎公司經營團隊之機關擔當人是否踐履受託義務，更直接影響股東知情權；甚至，攸關投資人

價值。1948年，聯合國發表的《世界人權宣言》第19條進一步規定，「人人有權享有主張和發表意見的自由」；此項權利包括發表主張而不受干涉的自由，與藉由媒體和穿越國界以尋求、接受和傳遞資訊和思想的自由。關於知情權在法理與實踐上的進一步探討，請參見聯合國相關文獻網頁：http://unesdoc.unesco.org/images/0019/001936/193653e.pdf（最後瀏覽日：2012年3月8日）。

2 關於公司股東知情權的實務明文規範，請參見美國德拉瓦州公司法與模範商業公司法典相關規定；See DGCL 220.; RMBCA 16.02-16.04.

3 TSC Industries, Inc. v. Northway, Inc., 426 U.S. 438 (1976).【List of United States Supreme Court, Volume 426.】

保護的核心價值。

二、臨時動議與股東權

法律上設有「臨時動議」（Extempore Motion）之初衷，諒係彌補未列入召集股東會議程中應討論事項之闕，乃允許於股東會原訂提案討論完畢後，得以臨時動議方式提出，俾能趁投資人齊聚之際即時反應，交換意見。反觀我國公司法第172條第5項規定，公司應於股東會召集通知中「列舉」載明提案討論事項，否則不得於股東會中以臨時動議提出，是否基於我國獨特之企業文化底蘊而設？抑或純粹為促進議事效率？揆諸該條項之立法理由所揭「……為避免因股東未出席股東會而未能針對重大事項表達其意見，或於臨時動議下倉促作成決議……」觀之，似未直接明示；惟應得解為公司於召集通知中，已就議程要旨有所揭露，為免議事冗長，乃有節制出席股東的意見表達權利，促進議事效率。

茲有疑義者迨為，臨時動議是否應視為出席股東的股東權權能？公司以「摘要式」說明表達開會將討論的提案內容，若「不足以」使股東瞭解該提案涉及自身利害的程度，而無法準確判斷是否該費時出席、進行防禦性股務規劃、或是逕行與會對於影響股東權益事項，甚至到場以臨時動議方式提出異議；渠等投資人的股東權利或許因此將受到不當限制？或有認為公司法已設有第172條之1條之「股東提案權」，應足供股東為意見陳述並維護其權益。惟審視該條內容所揭提案人的資格條件，相對於握有行政資源的公司經營團隊，恐不利於弱勢股東的發聲權利，亦與企業民主的理念顯然有悖；質言之，議事效率與程序正義之間，如何取捨衡平？饒有進一步推敲之餘地。

綜上，究否應賦予實體與程序上疑遭排擠的少數股東，得享民事請求權基礎？或者，以「召集程序違法」為據，請求法院撤銷股東會決議？核心問題恐仍在於公司召集事由所載，是否足以讓出資股東在充分且公平的資訊受領下，作出符合自身利益的商業判斷。廣義而言，也應視為投資人保護的一環。反之，藉由臨時動議名義，程序上卻蘊藏突襲受通知股東之實質，又難脫逾越本條資訊揭露，促進議事效率的立法意旨之嫌，如何避免投機者濫用規範闕漏而套利？或值實務再酌。

伍、芻見

最高法院72年度台上字第113號判決，即以該條文義未規定須將修正之章程條項，詳列於開會通知中，即認爲公司於召集事由中僅載明「變更章程」，應足認符合開會之程序要件。本件最高法院與高等法院之判決理由，顯然也遵循前揭見解，而認爲「……召集事由，係指其案由、主旨之意，即只須列舉『改選董事、監察人』、『變更章程』或『公司解散、合併或分割』之事項，不必詳列提案之具體內容……」。我國法院對此問題一貫以來的看法，足堪說明我國實務見解對於外國立法例所採，公司股東會召集實務上，對於具「管理上重大性」的資訊，應遵循「合理易懂且不生混淆」的揭露標準，容有不同看法。

至於，判決理由中「以……被上訴人股東會議事規則第十條規定：股東提出之其他議案，或原議案之修正案或替代案者，應有其他股東附議，提案人連同附議人代表之股權應達已發行股份總數百分之一……。符合經行政院金融監督管理委員會准予備查之『○○股份有限公司股東會議事規則』參考範例第十三條第六項規定……爲據，提案增訂系爭章程第13條之1，係由股東於股東會提出，非被上訴人董事會之提案，故非屬於議事手冊上須記載之內容，認爲已符召集事由中所載「變更章程」的資訊揭露意旨，自非屬臨時動議，程序上核無瑕疵……」。對於未能在召集通知中，「充分且公平」受領開會資訊的股東， 造成程序與實體上的「突襲」？或者，也與公司法中股東會臨時動議規定之設的初衷不甚一致？

陸、結語

誠如本件法院判決中的智慧提醒：「……公司法第一百七十二條第五項所示公司應載明之『召集事由』，旨在防止公司隱匿重要事項，並使股東事先知悉會議進行內容，俾能預作準備，免致股東在毫無準備情況下，影響會議之進行，或損及公司及股東之權益……」，言簡意賅，發人深省。但投機者以潛藏於列舉事由中之法律程序，主張非藉由臨時動議之名，卻行突襲受開會通知股東之實，或許也破壞了企業民主與誠信，值得再酌。

公司法關於董監事之選任方式，業於2011年12月28日修正該法第198條第1項，刪除原設之除書規定，讓公司經營團隊之選任，排除「全額連記制」的選項，而回歸「累積投票制」的單一方式。本件所涉經營權爭奪的核心選任方式爭議將不再發生；但貪婪人性，從來不曾爲世間的文字所相繩，剩下的法理擔憂，只能問天、問地、問良心。

（本文已發表於裁判時報第14期，2012年4月）

第二章
公司「臨時管理人」之「解任」與股東會之合法召集
—簡評臺北地方法院99年司字第9號裁定

壹、本案事實

相對人金○綜合證券股份有限公司（下稱「金○證券」）前於2009年6月30日召開98年度股東常會選舉董事及監察人時，金○證券基於「有害公司利益之虞」，剔除中○開○金融控股股份有限公司（下稱「開○金控」）持有金○證券42.9%股權，並全數暫時封存，造成經營權爭議，現由臺北地方法院以98年訴字第1086號民事事件審理中。

2010年6月14日臺北地方法院99年司字第9號裁定以金○證券有董事會不爲或不能行使職權之情事且前開情事有造成金○證券損害之虞，選任甲○○、丙○○、乙○○爲金○證券之臨時管理人在案。

復，金○證券經由臨時管理人所選任之法定代表人林○○，就2010年6月14日臺北地方法院99年司字第9號選任臨時管理人之事件，聲請解任臨時管理人職務。臺北地方法院於2011年1月18日，則另爲99年司字第9號之裁定，解除上開臨時管理人職務。

貳、判決理由

一、2010年6月14日99年司字第9號裁定

（一）公司法對於股份有限公司執行機關之設置與職權行使控制所爲規範

按公司法第192條第1項規定：「公司董事會，設置董事不得少於三人，由股東會就有行爲能力之人選任之」；第201條規定：「董事缺額達三分之一時，董事會應於三十日內召開股東臨時會補選之。但公開發行股票之公司，董事會應於六十日內召開股東臨時會補選之」；第199條第1項前段規定：「董事得由股東會之決議，隨時解任」；第194條規定：「董事會決議，爲違反法令或章程之行爲時，繼續一年以上持有股份之股東，得請求董事會停止其行爲」；第195條規定：「董事任期不得逾三年。但得連選連任。董事任期屆滿而不及改選時，延長其執行職務至改選董事就任時爲止。但主管機關得依職權限期令公司改選；屆期仍不改選者，自限期屆滿時，當然解任」；第200條規定：「董事執行業務，有重大損害公司之行爲或違反法令或章程之重大事項，股東會未爲決議將其解任時，得由持有已發行股份總數百分之三以上股份之股東，於股東會後三十日內，訴請法院裁判之」；第208條之1第1項規定：「董事會不爲或不能行使職權，致公司有受損害之虞時，法院因利害關係人或檢察官之聲請，得選任一人以上之臨時管理人，代行董事長及董事會之職權」。歸納上開規定，可知公司法對於股份有限公司董事會職務之控制，原則上歸由股東會爲自治控制，亦即股東會可藉由董事之選任、補選或解任，控制董事會之運作；於股東會怠爲或不能爲控制時，則以行政控制及司法控制補充之，前者即由行政主管機關限期改選董事，後者則由法院依股東之請求裁判解任董事，或依利害關係人或檢察官之請求，選任臨時管理人代行公司董事會職權。上述選任臨時管理人之司法控制，係針對董事會因事實上或法律上之原因，不能或不爲職權之行使，同時股東會亦因事實上或法律上之原因，不能或不爲控制權之行使，導致公司欠缺執行機關之運作，致公司有遭受損害之虞之情形下，

規定由利害關係人及公益代表人向法院聲請選任臨時管理人，代行公司執行機關之職權，以為救濟。此項司法控制旨在維持公司執行機關之運作，是凡股份有限公司執行機關因事實上或法律上之原因，無法運作，股東會亦未行使其解任或改選董事之職權，而致公司有遭受損害之虞時，即得依公司法第208條之1規定，請求法院為該公司選任臨時管理人。至於上開法條之立法理由雖謂「公司因董事死亡、辭職或當然解任，致董事會無法召開行使職權；或董事全體或大部分均遭法院假處分不能行使職權，甚或未遭假處分執行之剩餘董事消極地不行使職權，致公司業務停頓，影響股東權益及國內經濟秩序，增訂本條，俾符實際。」惟其所舉董事死亡、辭職、當然解任、遭法院假處分、消極不行使職權等情，僅為例示，並非限制性列舉規定，否則如遇董事會成員行蹤成迷或行動自由受控制而無法行使職權，股東會又不為改選等情形，豈非坐令公司持續遭受損害而束手無策？足見將上開立法理由解為限制性列舉規定，並不合理。準此，相對人上詞所陳：公司法第208條之1聲請法院選任臨時管理人，僅限於董事死亡、辭職或當然解任使董事會無法召開，或因董事全部遭法院假處分或大部分董事遭假處分而剩餘董事不行使職權之情形……方屬之云云，並不足取。又股份有限公司董事會無法運作，其肇因或為事實上因素或為法令上限制，不一而足。……而證券商係以證券業務為主要營業活動，其公司董事如全數不能執行證券業務，自可認屬前揭說明所指「股份有限公司執行機關因法律上之原因，無法運作」之情形，若該公司股東會並無以改選董事會成員實施自治控制，致有損害公司利益之虞時，自當合致公司法第208條之1選任臨時管理人之要件。

（二）本件應屬公司法第208條之1選任臨時管理人之司法控制範疇

……而其因法令上之限制不能合法執行證券業務，已使金○證券之主要營業活動欠缺執行機關得以運作，此情形顯與公司法第208條之1第1項所欲維持公司執行機關運作之規範範圍相當，自應有該條項規定之適用。是相對人上詞所陳並無礙於本件臨時管理人選任之認定。金○證券自98年年6月30日股東常會發生上開董監當選人之爭執後，迄今未據其股東會行使自治控制以為解決。而金○證券為大型券商，其法律行為交易對象眾多，規模數量龐大，且均持續進行，若坐令不能合法執行證券業務之現經營團隊繼續執行法令所不允許之證券業務，顯將導致金○證券須面臨法律關係效力未定所衍生難以回復之大規模法律責任，而資本市場交易安全等公共利益，亦將因此遭受莫大影響。準此以觀，金○證券98年6月30日股東常會董監選舉發生兩組董監事名單之爭議，該兩組董監事迄無法獲得主管機關准予證券商負責人登記，自屬不能執行金○證券主要經濟活動之證券相關業務，而金○證券股東會又未行使其自治控制權，且其情形不符合行政控制要件，對於金○證券及公共利益又有急迫之危害，是有依公司法第208條之1規定，爲金○證券選任臨時管理人之必要。而經濟部亦以99年5月12日經商字第09902037460號函促請本院爲金○證券選任臨時管理人。是以聲請人起求爲金○證券選任臨時管理人，洵屬有據，應予准許。

二、2011年1月19日之99年司字第9號裁定

（一）公司法第208條之1第1項之立法理由在於公司因董事死亡、辭職或當然解任，致董事會無法召開行使職權，或董事全體或大部分均遭法院假處分不能行使職權，甚或未遭假處分執行之剩餘董事消極地不行使職權情形下，因致公司業務停頓，爲免影響股東權益及國內經濟秩序而設本條規定。是公司法雖未就解任臨時管理人之原因及程序作明文規定，然選任臨時管理人之目的既係代行董事長及董事會之職權，依其立法意旨，於公司董事會已能正常行使職權、或公司已因廢止、解散而由清算人行清算程序、或臨時管理人有何不利於公司之行爲，而無須臨時管理人時，自有聲請法院解任之必要，以貫徹其立法意旨。

（二）本件聲請意旨略以：甲○○、乙○○及丙○○前經本院於2010年6月14日以99年司字第9號裁定選任爲聲請人之臨時管理人，嗣第三人群○證券股份有限公司持有聲請人89.6066%之股權，並於2010年11月22日召開臨時股東會改選董事、監察人，原先因金○證券與開○金控間經營權爭議而選任臨時管理人之理由業已消滅，爲此爰聲請解除上開臨時管理人職務，並囑託經濟部辦理變更登記等語。

（三）經查，聲請人上開聲請，業經其提出與所述相符之金○證券2010年股東臨時會議事錄爲證，且經本院函詢臨時管理人甲○○、乙○○及丙○○意見，其等亦均陳稱金○證券確於2010年11月22日召開股東會選任第九屆董事及

監察人，新任董事並於同日召開董事會選任常務董事，由常務董事選任林○○為董事長，金○證券已無「董事會不為或不能行使職權」之情事等語甚詳，亦有陳報狀三份附卷足憑。經濟部復以2010年12月1日經授商字第09901267120號函知本院金○證券已於2010年11月22日經股東臨時會改選董事監察人並選任董事長，且依公司法規定向該部申請變更登記，而促請本院依公司法規定囑託辦理註銷臨時管理人之登記，復有前開經濟部函乙紙在卷可參。審諸本院前依聲請裁定選任甲○○、乙○○及丙○○為金○證券之臨時管理人，乃以金○證券於2009年6月30日股東常會選舉時與持股42.9%之開○金控產生經營權爭議致董事會無法運作，致公司有受損害之虞為由，今金○證券既經由公開收購持股達89.6066%之第三人群○證券請求臨時管理人於2010年11月22日重新召開股東會全面改選董監事，繼召開董事會選任常務董事及董事長，則金○證券已難認仍有董事會不為或不能行使職權之情形，上開經選任之臨時管理人應無繼續代行董事會相關職務之必要性，揆諸首揭說明，聲請人聲請解除甲○○、乙○○及丙○○於金○綜合證券股份有限公司臨時管理人之職務，經核尚無不合，應予准許。至臨時管理人甲○○、乙○○及丙○○均具狀表示臨時管理人之職務於金○證券2010年11月22日第九屆董事會得行使職權時，即應當然終止，聲請人聲請法院解除臨時管理人職務，無權利保護必要，應逕予駁回一節，核與前揭法院依上開規定斟酌裁量選任臨時管理人，自應由法院就所選任之臨時管理人有無發揮原設置功能或繼續存在必要性審酌解任與否，以維公司及股東權益併國內經濟秩序之立法意旨相違，是其等所指臨時管理人職務於董事會得行使職權時當然終止，無待法院裁定該節，尚非可取，未此敘明。

三、臺灣士林地方法院民事裁定98年司字第279號

按董事會不為或不能行使職權，致公司有受損害之虞時，法院因利害關係人或檢察官之聲請，得選任一人以上之臨時管理人，代行董事長及董事會之職權。公司法第208條之1第1項定有明文。是臨時管理人之職務，僅在董事會不為或不能行使職權時，「代行」董事長及董事會之職權，法院所得介入者，亦僅上開期間內之臨時管理人人選。如公司董事會已無不為或不能行使職權情事，臨時管理人自無從繼續「代行」董事會職權，其職務應自董事會依法得行

使職權時起，當然終止，與經股東會選認之董事任期屆至者相同，應無待法院另為「解任」之裁定。否則無異以法院許可解任與否之非訟性質裁定，實質影響公司依股東會選任之董事就任行使董事會職權，殊與公司自治原則有違。至公司法第208條之1第3項規定：「臨時管理人解任時，法院應囑託主管機關註銷登記。」所稱之「解任」，依前開說明，並參照公司法第199條、第199條之1、第200條關於「解任」董事之適用場合，應限於「董事會不為或不能行使職權時」期間（臨時管理人預定之執行職務期間），法院依利害關係人聲請，另以裁定期前「解任」臨時管理人之情形，尚不及於臨時管理人職務因董事會恢復行使職權而當然終止者。本件聲請人主張相對人業經股東會完成董監事改選，並依公司法第203條第4項規定完成董事長之選舉，相對人董事會已無不能行使職權之事由等情果係屬實，依前揭說明，當然由股東會重新選任之董事行使董事會職權（公司法第192、202條規定參照），臨時管理人職務亦隨之當然終止，殊無另聲請法院裁定解任臨時管理人之必要。

參、評　析

關於經法院選任之公司臨時管理人，是否須經由法院另行裁定，原依法代行公司董事長或董事會之職權始得為適法解任，實務上尚存有不同見解。

按士林地方法院2009年8月24日之98年司字第279號裁定認為「臨時管理人之制度設計，並非公司經營之常態，一旦董事得行使公司法行使職權之際，臨時管理人之職務當然解任，毋庸另行聲請法院裁定……」。核其理由構成，固有所本，惟以未經由法院裁定，遽認新任董事已得行使職權而使臨時管理人之職務終結，則不啻與「法院就其所選任之臨時管理人有無發揮原設置功能，或繼續存在必要性審酌解任與否，以維公司及股東權益併國內經濟秩序」之立法意旨相違，此其一。再者，裁定中所稱「如法院須另為『解任』之裁定，無異以法院許可解任與否之非訟性質裁定，實質影響公司依股東會選任之董事就任行使董事會職權，殊與公司自治原則有違」，諒係誤會法院立於客觀判斷公司營業資訊地位所為解任臨時管理人裁定，有（司法）不當介入（私法）公司治理範疇之疑慮所致。按一旦公司臨時管理人未能經由「原選任機關」於作成

「裁定時」，考量公司董事會行使職權之「適任性」，而另爲是否予以「解任」之客觀判斷；反將混淆其與董事會之間的職權行使分際，滋生股東會是否依公司法第171條規定，經有召集權人之合法召集，構成股東會召集程序瑕疵的可能疑義。綜前所陳，本文以爲臺北地院99年司字第9號裁定所持見解，可資贊同。

（本文已發表於裁判時報第9期，2011年6月）

第三章
淮橘爲枳
—淺論公司重整債權之審查—

壹、前言

重整程序中債權審查的認定，可能造成原應利用該程序協商債務清償的權利內容與價值，陷於程序不經濟的較高處理成本，而不利重整程序效益的最大化。如此程序失當所造成的實體質變，彷彿「淮橘爲枳」[1]。

按公司重整程序性質上屬於「非訟事件」，立法技術上本應著眼於商事行爲「程序經濟」考量，減少法院實體判斷餘地，迨能達成滿足債權與債務雙方「集體性」協商解決方案之「效率化」目的。近來多宗涉及申報重整權利審查程序的實務裁判，容有與前揭公司重整立法初衷並不一致之見解，對於實務遵循造成困惑，饒有進一步探究之必要。

關於公司法第299條第2項規定所指重整法院就有「異議」債權得爲審查，並爲裁定；同條第3項更就債權或股東權有「實體上之爭執」者，應由利害關係人……提起確認之訴；法院對於提出起訴證明者，除依重整計畫排定清償時需爲其提存外，仍應依第2項裁定的內容及數額決定之。茲有疑義者，條文中所指法院得爲審查之範圍究竟爲何？條文所指之「異議人」究係專指重整監督人，或包括申報債權人在內？債權「審查期日」究竟何時正式終結？衡諸我國目前實務見解，似仍未臻明確，爲利遵循，應有一致之處理判準。

---

1 該句成語係源於「周禮・考工記序」：「橘踰淮而北為枳，鸜鵒不踰濟，貉踰汶則死，此地氣然也。」語意係指淮南的橘樹，移植到淮河以北就變為枳樹，後因以「淮橘為枳」比喻人或事物因環境不同而改變性質。

貳、問題

鑒於近來法院對於社會矚目之重整案件所爲不同裁判，涉及重整債權是否應予剔除之裁量時，出現歧異之結果；爲利說明，爰謹摘要渠等案例供參，祈能進一步突顯核心議題：

一、遠東航空案[2]

該案重整法院裁定理由略謂以：「一、按重整監督人，於權利申報期間屆滿後，應依其初步審查之結果，分別製作優先重整債權人、有擔保重整債權、無擔保重整債權人及股東清冊，載明權利之性質、金額及表決權數額，於第289條第1項第2款期日之3日前，聲報法院及備置於適當處所，並公告其開始備置日期及處所，以供重整債權人、股東及其他利害關係人查閱；又有異議之債權或股東權，由法院裁定之；就債權或股東權有實體上之爭執者，應由爭執之利害關係人，於前項裁定送達後20日內提起確認之訴，並應向法院爲起訴之證明；經起訴後在判決確定前，仍依前項裁定之內容及數額行使其權利，但依重整計畫受清償時，應予提存，公司法第298條第1項、第299條第2項、第3項分別定有明文。準此，公司法第299條第2項規定有關重整債權異議之裁定，並無實體上之確定力，公司重整程序屬非訟事件，法院審查債權或股東權之範圍應僅就該項有異議之債權或股東權爲形式審查，而不及於實體之爭執，實體上有爭執之利害關係人，應於裁定送達後20日內提起確認之訴以確定其實體上之爭執。二、異議意旨略以：相對人申報重整債權之性質爲侵權行爲之債，應提出債權成立證明文件，然依相對人提出之文件僅能證明投資人有向相對人登記求償之金額，且該債權所依據之犯罪事實尚未判決，該債權是否成立猶待法院實體審認，而相對人已就本案提出給付訴訟（本院98年度審金字第33號），相對人僅須變更聲明爲確認訴訟即可，否則極易造成審查重整債權法院與實體審理法院裁判之矛盾，爰聲明異議等語。三、相對人略以：遠東航空公司前負責人崔湧、陳尚群、丁〇〇等人涉嫌虛僞交易虛增營業額，藉以美化財務報告，使

2　裁定全文請參見台北地院98年11月2日98年度整字第1號裁定。

該公司對外公告之94年度第2季起至96年度第3季財務報告虛僞不實，投資人阮○絹等324人因誤信該不實財務報告，買入遠東航空公司股票，致蒙受股價下跌之損失，遠東航空公司自應依證券交易法第20條、第20條之1規定負損害賠償責任等語。四、經查，相對人主張其對聲請人有新臺幣297,019,744元之重整債權存在乙節，固據提出臺灣臺北地方法院檢察署97年度偵字第9331、9649、17397號起訴書、訴訟實施權授與同意書、求償表、分戶歷史帳明細表、集保存摺封面、公司當日重大訊息之詳細內容及民事聲請狀等資料爲憑，惟僅能證明相對人業已就投資人之損害，向聲請人提起民事損害賠償訴訟，**依相對人所提出之上開資料形式觀之，尚不足以認定聲請人有違反證券交易法第20條、第20條之1之情事**，相對人既已對聲請人提起民事損害賠償訴訟，並由本院另案審理中，足見**兩造就上開債權是否存在及數額尚有爭議，乃屬實體上之爭執，應有待法院於訴訟上爲實質之調查及認定，非本件重整債權之非訟程序所得審究，實難於本件重整債權審查程序中逕依相對人所提出之資料，以形式上之審查而認定相對人申報之重整債權存在，是相對人上開申報債權自無從列入重整債權，而應予剔除**，從而，本件異議爲有理由。」

二、歌林公司案[3]

該案重整法院裁定理由略謂以：「一、按法院審查重整債權及股東權之期日，重整監督人、重整人及公司負責人應到場備詢，重整債權人、股東及其他利害關係人，得到場陳述意見。有異議之債權或股東權，由法院裁定之；就債權或股東權有實體上之爭執者，應由有爭執之利害關係人，於前項裁定送達後20日內提起確認之訴，並應向法院爲起訴之證明，經起訴後在判決確定前，仍依前項裁定之內容及數額行使其權利。但依重整計畫受清償時，應予提存，公司法第299條第1項、第2項、第3項分別定有明文。是依上開規定，重整法院就有異議之債權僅得爲形式上之審查，如對重整法院所爲准否列入重整債權之裁定有實體上之爭執者，應由有爭執之利害關係人另行提起確認之訴處理。二、本件異議人異議意旨略以：相對人歌林股份有限公司（下稱歌林公司）重整團

[3] 裁定全文請參見台北地院97年度整字第7、9號裁定。

隊於民國98年8月25日第一次關係人會議續行會議中公開向關係人自承前經營階層編制之財務業務文件涉有虛僞不實，歌林公司已於98年8月18日提起刑事告訴，故歌林公司有財務報告不實等情。異議人受理有價證券投資人辦理求償登記並授與訴訟實施權，異議人分別於98年11月25日陳報授權人有劉○達等1,878人、於98年12月4日陳報塗○傑等1,436人、於98年12月29日再陳報楊○圜等6人，合計3,320人，該等投資人因歌林公司不法情事爆發、股價下跌、股票下市而受有重大損害，歌林公司依證券交易法第20條及第20條之1等規定，應負無過失賠償責任，該等投資人等所申報債權應列入重整債權，然歌林公司卻以財務報告不實尙未經認定，該等損失應不予認定，將該等投資人申報之債權剔除，且歌林公司於債權審查期日98年5月8日始提出債權清冊及審查意見，致授權人及異議人無法事先知悉該等債權遭剔除，未能於審查期日表示異議。又本件債權尙未審查終結，請求將其等申報之債權列入重整債權，縱認應由申報人對剔除債權之行爲表明異議，異議人亦已依公司法第299條第4項之規定，於宣告審查終結前爲前開授權人提出異議等語（見本院卷第19宗，異議人98年11月25日陳報狀、98年12月4日陳報狀、98年12月9日聲請狀、98年12月10日函、98年12月29日陳報狀）。三、查歌林公司經本院於98年3月27日以97年度整字第7、9號民事裁定，准予重整，選派甲○○、乙○○、丙○○三人爲重整人。選任中華開發公業銀行股份有限公司、蔡慧玲律師、呂正樂會計師三人爲重整監督人。債權及股東權申報期間及場所：民國98年3月30日起至98年4月28日下午5時止，在台北市中正區○○○路○段86號8樓（即歌林公司營業處所）。記名股東之權利依股東名簿之記載，無須申報。債權人及無記名股東之權利未經申報者，不得依重整程序受償及行使權利。所申報債權及股東權之審查期日及場所：民國98年5月8日上午10時在台北市中正區○○○路○段86號8樓（即歌林公司營業處所）。此經本院公告並爲送達，有公告及報紙附卷可稽。且債權人及股東清冊已在法定期間內公告及放置上開歌林公司營業處所以供債權人、股東及其他利害關係人查閱等情，亦經本件重整人及重整監督人於98年5月5日陳報在案（本院卷第11宗第84頁）。又查本院於98年5月8日上午10時在上開歌林公司營業處所爲申報債權及股東權之審查，**審查會中各出席之股東或債權人均可對重整監督人初步審查認定之權利陳述意見，並諭知如重整監督人將申報之權利剔除，申報人必須對剔除表示異議，如未表示異議，審查期間經過了即**

確定，確定後即不能再異議。權利必須在98年4月28日前申報登記，若沒有被剔除，就可以列入，若被剔除了，未表示異議，代表接受重整監督人之剔除。有異議，5日內仍可表示異議，提出異議狀，本院會一一查核，期限前沒有登記（申報債權）者，原則上不准再登記，除非可舉證有不可歸責於己之事由，否則，不准再登記（申報債權），已明確表示98年5月8日爲債權審查之期日，本院爲顧及已申報權利者，在該日審查會當場曾口頭提出異議而未及提出異議書狀者，尚可於5日內補提出異議狀（參民事訴訟法第121條），逾此期限，不得再提出異議，即有宣示於98年5月8日當日即終結審查期日之意，有本院訊問筆錄、補充筆錄、錄影光碟及譯文在卷可憑（本院卷第11宗第133、133-2頁）。且**本件准予重整之裁定主文第五項已明白宣示所申報債權及股東權之審查期日及場所，亦已表示審查日期僅爲該日，本院除此之外，並無其他審查期日，是上開審查債權期日98年5月8日終了即有債權審查期日終結之意**。本件異議人或其代表之授權人均未於債權申報期間之末日98年4月28日前向歌林公司申報債權，而異議人早已知悉債權申報截止日，有該中心98年4月14日通知請元大證券股份有限公司提醒投資人注意申報事宜及時間函文在卷可憑（本院卷第13宗第16頁），其並於98年5月18日向本院陳報其爲歌林公司之投資人，請本院裁定准予將異議人申報之債權列入重整債權。惟異議人及其代表之授權人在權利申報截止日98年4月28日前均未申報權利，亦未舉證有何不可歸責於己之事由致未依限申報，故異議人及其代表之授權人，依公司法第297條第1項、第2項，自不得依重整程序，行使其權利。四、再按公司法第298條第1項規定，重整監督人於權利申報期間屆滿後，應依其初步審查之結果，製作清冊，供重整債權人、股東及其他利害關係人查閱。又法院審查重整債權及股東權之期日，重整監督人、重整人及公司負責人應到場備詢，重整債權人、股東及其他利害關係人，得到場陳述意見。有異議之債權或股東權，由法院裁定之；就債權或股東權有實體上之爭執者，應由有爭執之利害關係人，於前項裁定送達後20日內提起確認之訴，並應向法院爲起訴之證明，經起訴後在判決確定前，仍依前項裁定之內容及數額行使其權利。但依重整計畫受清償時，應予提存，公司法第299條第1項、第2項、第3項亦分別定有明文。是**重整債權人、股東及利害關係人得於權利申報期間屆滿後債權審查期日前，查閱其申報權利之初步審查結果。且重整監督人既能形式審查申報人之權利，即非申報人一經申報其**

權利，重整監督人即必須將其列入重整權利；亦非重整監督人一旦未將其列入重整權利，即必須由重整監督人向法院提出異議，未經異議，即視爲確定，否則，以重整公司係公開發行股票或公司債之公司，其債權人或股東之人數眾多，上萬人者實屬常見，倘重整監督人未將申報人申報之權利列入，即必須由重整公司向法院提出異議，並俟法院裁定後，重整公司再一一對申報人提起確認之訴，非但不符社會經濟原則，亦恐將使重整公司陷於訴訟癱瘓，顯非上開公司法之立法意旨。況倘重整監督人將申報人之權利剔除，申報人仍可向重整監督人陳述意見，以使重整監督人再次審查；倘申報人仍對重整監督人複審認定之結果有異議，亦得依公司法第299條第2項之規定向本院提出異議。**倘申報人對重整監督人初步審查或複審認定剔除其權利之結果，並未陳述意見或未提出異議，當事人間既均接受審查結果之認定，自無必要因重整監督人將申報人之權利剔除行爲，均視爲向法院提出異議而必須由法院裁定之必要（參照最高法院89年台抗字第18號裁定意旨）**，是申報人申報之權利未經重整監督人列入重整權利者，應由申報人向法院提出異議，未經異議者，即視爲確定，始符上開公司法重整規定之立法意旨。本件異議意旨請求本院裁定准予將其本身及代表之授權人申報之權利列入，並主張倘重整監督人未將其申報之權利列入，即屬重整監督人之異議云云，與上開規定之立法意旨不符，應有誤會。其陳報狀或聲請狀雖未載明異議，但實質上應屬提出異議之意並具有異議之效力。然查，**異議人主張依證券交易法第20條及第20條之1等規定，對相對人具有損害賠償債權，惟異議人是否對相對人有損害賠償債權，此屬實體上之爭執，應有待法院於訴訟上爲實質之調查及認定，非本件審查重整債權之非訟程序所得審究，實難於本件重整債權審查程序中逕依異議人所提出之資料，依形式上之審查而認定其申報之重整債權存在**。且異議人及其代表之授權人在權利申報截止日98年4月28日前均未申報權利，亦未舉證有何不可歸責於己之事由致未依限申報，故異議人及其代表之授權人，依公司法第297條第1項、第2項，自不得依重整程序，行使其權利，本件異議爲無理由，應予駁回。」

三、雅新公司案[4]

該案重整法院裁定則作出明顯不同於前兩案中之裁量，理由略謂以「一、按重整監督人，於權利申報期間屆滿後，應依其初步審查之結果，分別製作優先重整債權人、有擔保重整債權、無擔保重整債權人及股東清冊，載明權利之性質、金額及表決權數額，於第289條第1項第2款期日之3日前，聲報法院及備置於適當處所，並公告其開始備置日期及處所，以供重整債權人、股東及其他利害關係人查閱。又有異議之債權或股東權，由法院裁定之。就債權或股東權有實體上之爭執者，應由爭執之利害關係人，於前項裁定送達後20日內提起確認之訴，並應向法院爲起訴之證明；經起訴後在判決確定前，仍依前項裁定之內容及數額行使其權利，公司法第298條第1項、第299條第2項、第3項分別定有明文。由前揭意旨觀之，公司法第299條第2項規定有關重整債權異議之裁定，並無實體上之確定力，法院審查異議權或股東權之範圍應僅就該項有異議之債權或股東權爲形式審查，而不及於實體之爭執；實體上有爭執之利害關係人，應於裁定送達後20日內提起確認之訴以確定其實體上之爭執。二、異議意旨如下：相對人申報之債權係爲股票投資損失，或爲未實現之交易損失，惟該申報債權是否成立尚待訴訟確認，爰就此聲明異議等語。三、相對人陳述意見略以：聲明異議人於95年度製作虛僞不實財務報表吸引投資人購買該公司股票，致伊購買該公司股票。惟自雅新公司爆發財務報表不實等情，致股票大跌，聲明異議人自應依證券交易法之規定，對伊負損害賠償責任等語。四、經查，相對人於申報權利期間向重整監督人申報債權，並有申報債權及價格計算等影本可證，惟聲明異議人以債權是否成立未明爲抗辯。按，**相對人主張之股票投資損失債權是否成立，金額究爲若干，均涉及實體問題，依首開說明，應另以訴訟主張，予以確定，本院尚不得就實體事項予以審酌，從而，本件聲明異議人主張相對人對於聲明異議人之債權不存在，請求剔除相對人申報之債權等情，本院尚難准許。**」

綜前所陳，法院於「遠東航空」公司重整案以及「歌林」公司重整案中初審階段，皆認爲依證券交易法（第20條及第20條之1）相關規定爲據，所主張

[4] 全文請參見士林地院96年度整字第1號裁定。

投資損失之債權，應於權利清冊中予以「剔除」。但「雅新」公司重整案中，法院則認為渠等依證券交易法第20條及第20條之1等規定，提出對相對人具有損害賠償債權之主張，惟異議人是否對相對人有損害賠償債權，此屬實體上之爭執，應有待法院於訴訟上為實質之調查及認定，但渠等賠償債權應「納入」權利清冊。質言之，法院在不同個案中作出歧異裁量，卻都援引公司法第298條第1項、第299條第2項、第3項等規定為據，各為不同准駁之立論。由於不同案件間的裁定理由構成相同，卻又導出迥異之推論，如此立場歧異之裁判，殊不利於實務之遵循，誠應有進一步探討之必要。

參、借鏡

為利說明，謹以先行立法經驗為例，或可釐清公司重整程序設計之旨。按美國2005年新版「破產法」，或有譯為「2005年防止濫用破產及消費者保護法」（The Bankruptcy Abuse Prevention and Consumer Protection Act of 2005），[5]其中第1125(3)、1126條及依該法授權訂定的「聯邦破產作業程序」（Federal Rules of Bankruptcy Procedure）[6]Rule 3106、3017、3017-1等規定所示，法院得針對債務人所提出的「權利申報清冊」（Disclosure Statement）訂定期日舉行「權利審查」（Hearing on Disclosure Statement and Objections）。詳言之，依Rule 3016規定，法院應於收到前揭「權利清冊」後28日內，通知依Rule 2002條所載之各「利害關係人」到場舉行申報權利之審查。若對於權利清冊內容所載有反對者（Objections），得對司法部所屬「重整事務官（US

[5] *See* US CODE, TITLE 11-- BANKRUPTCY, ENACTED ON APRIL 20, 2005. available at LEGAL INFORMATION INSTITUTE, OFFICIAL WEBSITE HTTP://WWW.LAW.CORNELL.EDU/ USCODE/HTML/USCODE11/USC_SUP_01_11.HTML, last visited on JULY 15, 2010. ALSO SALLY M.HENRY, THE NEW BANKRUPTCY CODE, AMERICAN BAR ASSOCIATION, 1ST ED.,NEW YORK, 2005.

[6] *See* FEDERAL RULES OF BANKRUPTCY PROCEDURE (2009), LEGAL INFORMATION INSTITUTE, available at HTTP://WWW.LAW. CORNELL.EDU/RULES/FRBP/, last visited on JULY 15, 2010.

Trustee）」[7]提出異議書面，經彙整後轉呈重整法院爲最終裁決。揆諸其旨，美國聯邦重整法制中，法院「作爲」顯然具有程序進行的最終主導權；雖有輔助程序效率化的機關擔當人（例如重整人DIP——Debtor in Possession[8]，US Trustee等），但法院仍得斟酌經過審查程序所得之各種事證，是否符合母法第1125 (1)條款所載「允當資訊」（Adequate Information）的判準——亦即衡諸案件所涉複雜程度（Complexity of the Case）、其他有利債權人及所涉利害關係人之資訊（Benefit of a Additional Information to Creditors and Other Parties in Interest）、以及提供前揭其他資訊的程序成本（Cost of Providing Additional Information）等因素[9]，貫徹公正維持重整財團財產價值最大化的宗旨，兼顧程序效率之後，最終確認權利申報清冊內容，憑以製作「重整計畫」，送交「關係人會議」作成決議。

肆、芻見

一、重整監督人的定位

我國公司重整法制，則係由法院選任「重整監督人」（公司法第289條第1項），與重整人共同以重整程序中「公司負責人」地位（第8條第2項）執行職務。易言之，由「重整人」負責「重整財團財產（Property of the Estate）」之「管理」（第293條第2項），「重整監督人」則督促重整財團財產之「分配」。此所以重整監督人，職司「督導」重整人（第290條第5項）執行職務，於公司重整程序中扮演輔助法院「審查債權及股東權」的機關擔當人（同法第

---

7 關於美國聯邦重整事務官制度，請參見拙著，淺論美國破產重整事務官之法制，企業與金融法制的昨是今非，2008年3月再版，頁203-210。

8 *See* RIGHTS, POWERS AND DUTIES OF DEBTOR IN POSSESSION, NOTE 5, SEC. 1107.

9 為利說明，謹轉錄該條所載部分文義供參考「...in determining whether a disclosure statement provides adequate information, the court shall consider the complexity of the case, the benefit of additional information to creditors and other parties in interests, an dthe cost of providing additional information;...」 See Note 5, Sec. 1125(a)(1).

298條第1項、第299條第1項），另需對於重整事務負有「善良管理人」注意義務（同法第313條第1項），並對公司及股東的可能損害負賠償之責（第313條第2項、第23條第1、2項）。基此，重整監督人在法院為重整裁定日起算之申報債權期間（第289條第1項第1款）屆滿後，於法院所訂審查期日提交之「權利清冊」（同條項第2款）時，仍需踐履向法院「聲報」並「備置、公告」之程序（第298條第1項後段），以符合「受法院監督」（第289條第2項）之執行職務條件。揆其程序設計初衷，應係將「重整監督人」與「重整人」整體看待為法院在重整程序中之手足延伸，期待為嗣後的「關係人會議」所將審議及表決的重整計畫（第301條第2款），及會議時「表決權」計算（第302條第1、2項）憑藉之權利內容「公正性」，預作調校。

二、權利審查範圍

考量「權利清冊」內容所涉權利必然複雜，唯審查渠等債權與股東權之期限甚短，因此重整法遂授權由法院選任並監督，與重整公司間無利害關係之專家（們），參酌美國公司重整法制中「允當資訊」判準，以「程序效率最經濟」、「最有利重整財團財產價值」等因素設為斟酌依據，於權利申報期間屆滿後，進行「初步」審查。然為貫徹「程序經濟」目的，應僅就申報權利，是否據有完整書函文件以資佐證，迨符合一般人可立即採信，毋庸費詞釋明之「形式」查察即足；倘需額外耗時調查申報資料之眞實與否，或需費心探究申報權利是否於法有據？徒然增加程序成本，恐悖於非訟程序之效率要求，應予剔除為宜。值得注意者迨為，倘申報權利人係代表公益所提出，例如「財團法人中華民國消費者文教基金會」、「財團法人證券投資人及期貨交易人保護中心」等，代表廣大消費者或證券投資人及期貨交易人權益，向重整債權人提出權利申報之情形，實務上得否容有不同處理餘地？考量渠等機構法人之獨特公益性質，且都另設有公益導向組成之董事會，善盡管理人注意義務，負責預審渠等公益團體所提出之權利內容，並依法監督權利之後續執行。揆諸多年實務操作成效，顯與一般權利申報人恆為私益提出之情形不同，對於渠等公益性法人團體所提出之債權，重整法院或有寬予列入權利清冊範圍之必要，以貫徹重整程序兼顧重整財團價值最大化與權利內容之公正性。我國公司重整法制仍恐掛一漏萬，另設有「程序分流」制度（第299條第3項），引導有實體爭執之權利內容，由爭執方另行提起確認之訴，即以不中斷既存重整程序之進行爲原則，將可能干擾程序之實體爭執分流另訴處理。俟經關係人會議「可決」之重整計畫，聲請法院「認可」時（第305條第1項），倘前開實體上爭執業經法院判決確定，即應注意是否已先踐履「應予提存」之權利保全程序（第299條第3項但書）後，方得下達賦予重整計畫「拘束力」與「執行力」之「認可」裁定（第305條第2項）；以確保執行清償內容時，不致侵害對於「權利清冊」所載權利內容提出異議者的既有權益。

三、申報權利之「異議」

按此所指「權利清冊」內容，牽涉各方利益，取捨之間，或有疏漏，乃設有法院主持之「審查期日」程序以爲補救。爲求「權利清冊」內容之公正性，期日當場對於申報權利之異議，自不應限於「重整監督人」單方意見，或能參考美國公司重整實務，容在場利害關係人各方皆能陳述，使公司重整法所設「對質式」之權利審查程序（第299條第1、2項）更能貼近實體眞實。法院則應於聽取各方所提事證與意見後，綜合裁量是否修正清冊所載權利內容[10]。此外，應值注意者，美國重整實務中對於申報權利異議之方式，針對不同立場的利害關係人間，若有法院外的串聯行動[11]，藉以影響利益失衡的重整計畫時，渠等將被剝奪尋求其他更有利法定清償方案的權利[12]。

---

[10] DOUGLSAS G. BAIRD, THOMAS H. JACKSON, CASES, PROBLEMS, AND MATERIALS N BANKRUPCY, 4TH ED., LITTLE BROWN AND COMPANY, BOSTON, at 1039 (2007).

[11] 謹轉錄原文文義如次供參考：「THE EXTENT TO WHICH COMMUNICATIONS TO THOSE WHO ARE VOTING ON PLANS MUST BE CLEARED THROUGH COURT MAY DRAMATICALLY CHANGE THE BARGAINING POWER OF THE DEBTOR AND CREDITORS RESPECTIVELY.」 IN CENTURY GOLVE, INC. V. FIRST AMERICAN BANK, 860 F.2d 94 (3d CIR. 1988).

[12] *Supra* Note 10, "BY BROADLY DEFINING A SOLICITATION UNDER §1125, A CREDITOR WOULD BE DEPRIVED OF EXPLAINING WHAT ALTERNATIVES EXIST TO THE DEBTOR'S PLAN..."

四、權利審查期日之「終結」

至於權利審查期日究應藉由如何方式，俾使程序當事人能夠明確辨別程序之終結？法律上涉及「申報權利」於各方利害關係人間終局確定之起算時點（第299條第4項），影響參與程序之各方當事人權益，亦有進一步探究之必要。按我國公司重整法制中雖設有法院「宣告」審查終結之規定，但並無明文指示法院究應如何進行宣告，明示當事人程序之節奏與進退？並且符合程序經濟之設計初衷。

質言之，回歸重整程序應定性為非訟事件之本質著眼，同時衡諸非訟事件法第185條第1項、第172條規範之旨，復以重整法院之法庭作為應有利於重整程序當事人間，對於申報權利之終局確定能夠預先估定；實務上似宜解為法院應以「裁定」方式「宣告」權利審查期日正式終結，以符商事非訟程序當事人，普遍期待不經言詞辯論之程序中，「法院作為」更能合理反應程序成本與風險的特質。

五、關係人會議採行「通訊投票」方式

按召集關係人會議，旨在聽取公司重整現況、審議及表決重整計畫（第301條第1、2項）。基此，重整債權人及股東，原則上都應出席；重整人及公司負責人更應列席備詢（第300條第1、4項）。足見我國公司重整法關於關係人會議之設計初衷，實寓有各方利害關係人「在場」以「對質」方式集體性協商債務清理之旨，以符達成共識的最低程序成本。倘重整監督人銜法院之命，以關係人會議主席身分（第300條第2項）召集開會，卻同時通融關係人以「通訊投票」方式對重整計畫進行表決，雖有省卻關係人奔波與會的便宜考量；惟衡諸目前通訊投票行使表決權的諸多限制規定（第177條之1第2項），以之援用於重整程序中的關係人會議，恐也不免剝奪部分關係人充分表達意見，在場溝通討論的程序選擇權，間接影響重整程序強調「效率最大化」的程序經濟正當性。基此，前開透過通訊投票方式召集關係人會議之適法性或值再酌。

伍、省思

重整債權審查所繫之權利清冊倘若不能公正地納入符合其實體內容的權利，正彷彿淮橘逾北而爲枳的質變，將深遠影響重整程序接續展開的關係人會議中，對於「重整計畫」進行認可與法院核可的結果，遑論產生拘束力與執行力的基礎權利內容亦因之逕受連動，足堪比擬「牽一髮而動全身」的程序關鍵，不同法院於此之處置實有一致的必要，俾利遵循。

集體性協商解決債務問題的重整程序中，常見主要債權人陷於債權可能不獲滿足的焦慮，投射於不信任重整法制而作出過度的法律保全；屢有迫使債務人產能停滯，財務流動性急遽下降，程序導向毫無重建更生可能而終止。重整企業不支倒閉、金融業者獲償無望、弱勢勞工流離失所的戲碼先後上演，交錯呈現三輸的昂貴社會成本。此時，重整當事人透過客觀中立的重整法院所選任，輔佐重整程序進行的重整監督人、重整人等機關擔當人，究應如何配合法院程序指揮，於重整期日審查權利清冊時，尊重當事人的程序選擇權，正確釐清申報權利內容與範圍，俾利關係人會議時得據以決定重整計畫所繫之清冊權利內容的公正性，藉以達成效率化債務清理的目的，迨爲本文探討核心，乃有提出參酌美國企業破產保護（重整）法制的若干制度之芻見，供我國公司重整法制與實務參考，或可促使淮橘逾北而終不再爲枳。

（本文已發表於臺灣法學雜誌第157期，2010年8月）

第四章
重整制度之運用與修法趨勢

壹、前言

商業經營，宛若天候之陰晴圓缺，間有冷暖；賺賠贏虧，更彷彿世間之悲歡離合，鮮能順意。一定規模之營業，偶因財務困難，若無制度導航，協助其債務清理，渡過難關，恐將引發停業後的員工失怙；尤有甚者，受償未卜之際，支撐商業信用的金融體系，更可能因債權焦慮所反應的法律保全程序，迫使債務人失去產能，無法清償，終於導致「系統性失靈」（Systemic Failure），落得「全盤皆輸」的結局。阿拉伯聯合大公國（U.A.E.）國營事業「杜拜世界」（Dubai World），近日內爆發了高達600億美元的債信危機，要求與債權人協商延緩債務六個月；[1]影響所及，近年來力圖振作的金融市場與法人機構，都因連動曝險而股價重挫迭遭損失，恰足以突顯企業與金融法制因應繁華落盡之時，法制建構上的急迫。

為回應前揭所涉企業與金融間的利害與共，提供實務上債務清理可資遵循之規範，司法院遂組成破產法修法委員會；歷經長時間的審慎討論，終於在以「個人」為核心的「消費者債務清理條例」，前於2008年4月11日正式施行後，相繼於2009年8月28日，提出以「法人」為核心的「債務清理法」修正草案。鑒於前揭修正草案中對於現有「公司重整」設有諸多新制，勢必影響深遠；本文乃不揣淺陋，謹以有限篇幅，針對草案中具指標性的議題，轉介最近國際間關於跨國債務清理的最近相關立法，並擇要從比較法觀點試敘個人觀

[1] *See* Chip Cummins, "*Dubai World Seeks Debt Standstill*", Wall Street Journal, in Dubai, November 26, 2009. Also Chip Cummins in Dubai and Dana Cimilluca and Sara Schaefer Munoz in London, "*Dubai's woes shake UAE region-- Government Attempts to Ease Jitters After Standstill Announcement on Debt; Questions of Exposure*", Wall Street Journal, November 26, 2009.

察，祈拋磚引玉，就教高明。

貳、國際修法趨勢

一、跨國債務清理程序的最新立法

繼2005年聯合國「國際貿易與法律委員會」（UNCITRAL，簡稱「國貿法委員會」）召開第38屆年會，所頒佈的「聯合國債務清理立法原則」（UNCITRAL Legislative Guide on Insolvency，簡稱「立法原則」）及該文件所附「跨國債務清理模範法典」（The UNCITRAL Model Law on Cross-Border Insolvency，以下簡稱「模範法典」），堪謂爲近年來最具指標性的債務清理國際協議，國內論著亦已多有轉介。其中「模範法典」第27條第(d)款規定更授權成立工作小組（Working Group V），專責制訂有關跨國債務清理之國際合作交流等事項，俾爲國際間持續關注跨國合作交流奠定良好基礎。[2]有鑒於2007年以來金融海嘯所引發的各國企業破產與重整風潮，多有涉及跨國債務清理議題者，顯現實務上需求正殷；2009年3月13日國貿法委員會第41屆年會，遂積極通過「跨國債務清理程序之交流、合作與協商原則」（Notes on Cooperation, Communication and Coordination in Cross-Border Insolvency Proceedings）[3]，其中舉出諸多「參考範例條款」（Sample Clauses），提供各法域行政官員、法官、律師等實務工作者（Practitioners）透過國際交流合作，處理跨國債務清理個案時得以有所遵循。在這份長達108頁（包含本文92頁、附件案例摘要16頁）的法制文件中，延續了先前模範法典中所授權，針對涉及跨國債務清理案例之不同法域管轄法院間，訂定相互承認與執行的程序，以加

---

[2] Article 27 of the UNCITRAL Model Law on Cross-Border Insolvency, titled "Form of Cooperation", Paragraph (d), stipulated as "Approval or implementation by courts of agreements concerning the coordination of proceedings;". See United Nations, Annex 3 of the UNCITRAL Legislative Guide on Insolvency Law, New York, at 305, (2005).

[3] *See* United Nations, "Draft UNCITRAL Notes on Cooperation, Communication and Coordination in Cross-Border Insolvency Proceedings," A/CN.9/WG.V/WP.86, 13 March, (2009).

強相互之間的合作、交流與協商。

尤值一提者，基於前揭國際間對於跨國債務清理加強合作交流的高度共識，今年10月12日，於聯合國「法制委員會」（Legal Committee）第6次會議（The 6th Committee）中，通過編號第GA/L/3365號文件，針對諸如「雷曼兄弟」投資銀行（Lehman Brothers）等跨國性重大債務清理案例，由法制委員會選出跨國債務清理協議中所涉問題，[4]堪稱近來國際間關於跨國債務清理法制建構上的最新協議，提供企業與金融法制作業重要參考，相關法規補充勢將影響未來跨國債務清理之實務發展，誠值我國實務密切注意。

二、關於「跨國重整」的程序

以下謹就前揭「跨國債務清理程序之交流、合作與協商原則」中涉及跨國重整個案時，工作小組所提出之建議條款，擇其大要簡介如次：

（一）法院間聯繫（Communication between Courts）[5]

1. 直接聯繫（Direct Communication）

爲了避免跨國債務清理個案中由於不同法域間法院程序的節奏不同，而導致增加案件延宕的處理成本（Undue Delays and Costs），此亦即所謂的「債務清理程序間的衝突」（Dueling of Insolvency Proceedings）；跨國法院間應有必要建立即時的（in a Timely Manner）溝通管道，以避免對於同一案件作出岐異的處置，增加後續的調整成本。鑒此，工作小組建議得由法院間透過電話或「視訊會議」（Video conferencing）方式進行溝通，或是經由法院選任之程序代表人，進行個案的協商，以避免裁判上的分歧（Avoid Potentially Conflicting

---

[4] Legal Committee, “Agreement on Cross-Border Insolvency Issue Applauded in Legal Committee as Key Achievement of United Nations Commission on International Trade Law-Chairman Notes Broad Application, Citing Complex Cases Like Lehman Brothers,” GA/L/3365, Department of Public Information, News and Media Division, New York, 12 October, (2009).

[5] *See* Draft UNCITRAL Notes on Cooperation, Communication and Coordination in Cross-border Insolvency Proceedings, A/CN.9/WG.V/WP.86, at 74-78, (2009).

Rulings）。衡諸運作上實際，跨國法院直接對話，恐怕仍存在專業語言溝通上的隔閡，甚至發生如何認定程序法律效力等問題；因此，歐洲法院規則第31條（Article 31 of the EC Council Regulation）關於渠等疑義，仍停留於僅規定經由法院選任代表進行溝通的相關程序安排，但關於法院直接對話部份則尙付之闕如。

2. 共同聽審（Joint Hearings）[6]

工作小組所提出另外一種促進不同法域法院合作交流的建議，該主張係經由涉案之不同法院間以共同聽審方式共同完成跨國債務清理個案之審理。特別是在關於查定重整財團財產及其處置（Disposal of Assets）時，不同法域管轄法院程序上的差異，關乎財產價值是否得獲蕞大化保障，若能由案涉法院間就同一案件共同聽審，將減少各自進行所造成的程序重疊；但隨之而來的，則是在A法院所進行的程序，如何在不同法域的B法院中獲得承認？鑒此，工作小組也提出了相關程序的範例條款供各國立法時參考。其中，例舉了不同法域間得訂定交流合作協議，於法院間(1)建立熱線直撥電話或是視訊設備；(2)案涉當事人向任一法院提呈之文件，應同時將複本（Courtesy Copies）提交合作之其他案涉管轄法院；(3)無論案涉各方當事人之訴訟代理人是否在場，共同聽審前，案涉不同法域之管轄法院得依已簽訂之合作交流準則，進行相互間諮商；(4)無論案涉當事人之訴訟代理人是否在場，案涉不同法域之管轄法院，得於共同聽審後，爲了統一見解的目的，而就程序性與其他非實體性事項（Any Related Procedural, or Non-substantial Matter），進行相互間諮商。

（二）債務清理程序代表（Insolvency Representatives）[7]

跨國債務清理個案程序進行中A法域中法院所選任之代表，關於下列事項，應由A法域中有管轄權法院決定之：

(a) 任期

---

[6] *Id.*, at 76-78.

[7] *See* Draft UNCITRAL Notes on Cooperation, Communication and Coordination in Cross-border Insolvency Proceedings, A/CN.9/WG.V/WP.86, at 54, (2009).

(b) 薪酬

(c) 責任

(d) 關於A法域中債務清理程序所需進行之聽證或裁決

（三）暫停（Deferral）[8]

為使跨國債務清理程序適當且可行，個案所涉不同法域之法院之間應盡最大努力相互協調，為避免法院裁決衝突，必要時應將進行中之個案程序予以暫停。

（四）重整計劃（Reorganization Plans）[9]

跨國重整案件中常引發爭議者迨為，對同一債務人發動之重整聲請涉及不同法域時，應如何由有管轄權之數法院間，整合出「近似」（Similar）的重整計劃，甚至經由承認先行法院已完成之程序，以符程序經濟，兼顧重整財團財產價值之最大化（to Maximize the Value of the Estate）？建議方案一為，經由不同法域中有管轄權法院選出之債務清理代表，共同協商出可行之重整計劃（Joint Development of the Reorganization Plans）。惟可能面臨需先就如何將債權分類、關係人會議中表決方式、法院如何許可、甚至承認其他法院之裁決等事項先達成協議；涉及不同法域債權人各自利益衡量，甚至可能不獲債權人接受的困境。建議方案二為，跨國重整個案之各方當事人間應發展出一套案件適用之準據法（Applicable Law），或者依債務人與法院選任代表共同諮商，或者由法院直接裁決，選定準據法後依該法擬訂重整計劃。不論所採方案為何，關鍵迨應為如何在不同法域中確保各債權人的「公平對待」（Equal Treatment of Creditors in Each Jurisdiction），以及不致發生部分債權人受到「差別待遇」（Ensure that Some Do Not Receive Less Favorable Treatment Than Others）。[10]綜

---

8 *Id.*

9 *See* Draft UNCITRAL Notes on Cooperation, Communication and Coordination in Cross-border Insolvency Proceedings, A/CN.9/WG.V/WP.86, at 62-63, (2009).

10 *Felixstowe Dock and Railway Co. vs. US Lines Inc.*, 1987 Q.B. 360 (Queen's Bench Division Commercial Court 1987)(England).

前所述，在前揭「參考範例條款」中特別要求，跨國重整程序所涉各管轄法院所選任之代表，應先依各自債務清理之準據法，經由相互諮商程序，考量實務上可行性（To the Extent Practicable），擬訂「實質近似」（Substantially Similar）的重整方案。基此，再努力協調出得向各管轄法院同時提交之重整計劃（The Insolvency Representatives of States A and B Shall Take Any Action Necessary to Coordinate the Contemporaneous Submission of Reorganization Plans in State A and B）[11]；文義之間，似有就前揭不同方案之差異，予以折衷採納的意涵。

（五）重整開始後的融資（Post-commencement Finance）[12]

前揭聯合國債務清理「立法原則」設有新融資取得後，應遵循(1)促進融資取得以用於債務人企業之繼續經營或保全重整財團價值；(2)確保對於新融資金主提供適當保障；(3)確保原債權人或其他當事人不能因取得新融資而影響其既有權益等立法建議原則。[13]程序開始後，重整債務人是否能繼續營業，持續獲利，常是重整個案能否獲得債權人支持的關鍵。但考量聲請重整當時債務人財務狀況的困難，勢必無法提供具流動性的資產促進現金流。情勢所逼，向第三人融資支應營業所需，恐怕在所難免。[14]反觀跨國重整個案中，債務人若另行向第三人融資，可能影響不同法域債權人之受償權益。程序上究應如何安排，重整財團財產能夠公平的為既有債權人所接受，且不致影響既有擔保物權人在不同法域中之受償順位（The Priority for Its Repayment in Insolvency）？從寬之實務見解或有認為法院對於重整聲請的核准，實已蘊涵同意債務人尋

[11] *Id.*, at 71.

[12] *See* Draft UNCITRAL Notes on Cooperation, Communication and Coordination in Cross-border Insolvency Proceedings, A/CN.9/WG.V/WP.86, at 69, (2009).

[13] *See* UNCITRAL Legislative Guide, part two, II, paras, 94-100, 105 and recommendation 63-68.

[14] *See* UNCITRAL Legislative Guide, part two, II, paras, 94-107 and recommendation 63-68. the CoCo Guidelines recommend the insolvency representatives' cooperation with regard to obtaining any necessary post-commencement financing, including through granting of priority or a security interest to reorganization lenders as might be appropriate and insofar as permitted under any applicable law (Guideline 14.2).

求各種融資管道，並承認經跨國之其他管轄法院核准的融資在內。[15]或有從嚴主張不論重整個案之準據法如何規定，重整程序中經法院選任，負有承接債務人營業之責的代表（管理人），在尋求重整程序中新融資前，應先取得其他跨國管轄法院，以及由該法院所選任重整代表（管理人）之同意後，才可安排該新融資。[16]惟不論所採見解爲何，共同的目標都是爲了確保同時在不同法域進行的重整程序，能達成重整財團資產價值最大化（Maximizing the Value of the Estate），並維持所涉各個管轄法域中重整關係人之利益（Preserving the Interests of Each of the Insolvency Regimes Involved）。[17]基此，「參考範例條款」設有「重整開始後融資」原則；內容係以A法域管轄法院選任之重整程序代表（管理人），在另外取得融資（Borrowing Funds）或將債務人資產設定質押（Pledging or Charging any Assets of the Debtor）之前，應以善意獲得B法域管轄法院所選任之重整代表（管理人）之事前同意。[18]析其所採納文義意涵，似同於後說從嚴之見解。

（六）「程序中止」（Stays of Proceedings；或有譯爲「自動凍結」）[19]

前揭聯合國債務清理「立法原則」與「模範法典」中，皆曾針對案涉重整當事人可能於程序中進行脫產（Diminution by the Actions of the Various Parties to Insolvency Proceedings），而訂有保障重整財產價值，並促使程序得以公正、有序地（in a Fair and Orderly Manner）施行「程序中止」的相關條

[15] *See* Systech Retail System Corporation, Ontario Court of Justice, Toronto, Court File No. 03-CL-4836 (20 January 2003), paras. 19 (f) & 22.

[16] *See* Maxwell Communication Corporation PLC., 93 F. 3d 1036, 29 Bankr. Ct. Dec. 788 (2nd Cir. (N.Y.)21 August 1996, para. 2 (iii)-(v) .

[17] *See* Draft UNCITRAL Notes on Cooperation, Communication and Coordination in Cross-border Insolvency Proceedings, A/CN.9/WG.V/WP.86, at 70, (2009).

[18] *Id.*, at 74. Post-commencement Finance-The State A insovency representative shall attempt, in good faith, to obtain prior approval of the State B insolvency representative before borrowing funds or pledging or charing any assets of the debtor.

[19] *See* Draft UNCITRAL Notes on Cooperation, Communication and Coordination in Cross-border Insolvency Proceedings, A/CN.9/WG.V/WP.86, at 56, (2009).

款；並對於案涉外國管轄法院，已就同一跨國重整個案中之主要程序（Main Proceedings）或非主要程序所爲之「程序中止」裁定時，應如何加以承認其效力，設有原則性建議。[20]爲進一步規範前揭原則之具體施行，工作小組建議(1)訂有合作交流協議的不同法域管轄法院間若有先作成「程序中止」裁定者，同一案件所涉之其他管轄法院應即在必要與合宜的範圍內（To the Extent Necessary and Appropriate），自動承認前揭程序中止效力之延申適用；(2)合作法院間並不發生程序中止裁定的自動承認適用，但可以透過協商，對於已在外國法院作成的中止裁定，個別的經由許可程序賦予在內國發生程序中止的法效（Permit Recognition to Give Effect to the Stay），或是提供對等效果的其他救濟（Providing an Equivalent Remedy or Relief）。

除了經由法院裁定的程序中止，案涉當事人間也可以透過正式的債權人會議（Creditor's Meeting）或是非正式的債權人間協商，達成對於債務人「限期」方式的暫緩催討，間接發生「程序中止」的法律效果；實務上亦有透過法院選任之跨國當事人程序代表間達成程序中止協議，以便查定不同法域中管轄法院受理個案中重整法人財產之例。[21]

（七）有權「在場」並「陳述」（Right to Appear and Be Heard）[22]

(a) 債務人、債權人與利害關係人皆應平等地被賦予，於跨國債務清理案件所涉不同法域之法院審理程序中，在場並陳述意見之權；

(b) 當跨國債務清理個案中，不同法域之有管轄權法院要求債權人或利害關係人有必要於出庭時，得通知或聲請該管轄法院要求在場。

---

[20] UNCITRAL Model Law, article 20-21, 28-29.

[21] *See* SENDO International Limited, insolvency proceedings before the High Court of Justice, Chancery Division of London (UK) and before the Commercial Court of Nanterre (France) (2006).

[22] *See* Draft UNCITRAL Notes on Cooperation, Communication and Coordination in Cross-border Insolvency Proceedings, A/CN.9/WG.V/WP.86, at 53, (2009).

參、國內修法議題

一、重整程序發動之判準（Commencement Standards）

何種商業主體於遭逢財務困頓時，適格使用重整的債務清理制度？法院應如何判斷債權人與債務人間適合集體性協商，作爲准駁債務清理程序開始之依據？迨皆涉及重整立法政策，以及程序聲請之法定判準衡量。按現行公司法第282條係以「有重建更生可能」之「公開發行股票或公司債之公司」爲限，法院處理公司重整案件的成效，似有改善的空間。[23]由於新的債務清理制度將規範格局放大爲所有「依民商法設立之法人」，並以其「登記之財產總額或資本額達新台幣一億元以上」者爲判準，究應如何考量其間所牽動的利害

[23] 十年來法院受理公司重整案件數統計表

年別	公司解散清算事件				公司特別清算事件				公司重整事件			
	總計	舊受件	新收件	終結件數	總計	舊受件數	新收件數	終結件數	總計	舊受件數	新收件數	終結件數
88年	1,816	150	1,666	1,628	18	1	17	16	56	26	30	29
89年	1,986	188	1,798	1,863	8	2	6	8	72	27	45	29
90年	2,020	123	1,897	1,874	6		6	6	101	43	58	47
91年	2,792	146	2,646	2,649	11		11	8	84	54	30	55
92年	2,973	143	2,830	2,844	12	3	9	12	41	29	12	21
93年	3,045	129	2,916	2,930	8		8	8	41	20	21	17
94年	3,280	115	3,165	3,129	19		19	19	46	24	22	25
95年	3,464	151	3,313	3,280	19		19	19	31	21	10	14
96年	3,531	184	3,347	3,345	16		16	14	29	17	12	15
97年	4,009	186	3,823	3,825	16	2	14	16	37	14	23	18
98年1-9月	3,440	184	3,256	3,078	10		10	10	27	19	8	15
合計	32,356	1,699	30,657	30,445	143	8	135	136	565	294	271	285

資料來源：司法院統計資料

由以上統計資料顯示，近十年來司法機關受理公司重整案件數量持續下降，結案數也呈現緩慢減少的趨勢；是否由於適格聲請門檻過高？程序冗長使得企業債權人傾向於不同意進入重整式的債務清理程序？個中代表意涵實值得實務工作者近一步關切。

（Stakes），規範不致利益失衡，影響法院處理重整案件的入口設計，饒有探討餘地。

（一）廢止「有重建更生可能」之判準

目前法院實務上對於聲請重整之公司有無重建更生可能之判斷，係以「…公司有無重建更生之可能，應依公司業務及財務狀況判斷，需其在重整後能達到收支平衡，且具有盈餘可資爲攤還債務者始得謂其有經營之價值而許其重整。…」設爲基準。[24]衡諸實際運作，法院前揭判斷係依公司法第284條第1項，首先徵詢各主管機關意見，[25]並參酌所選任「檢查人」依同法第285條第1項第2款「依公司財務、業務、資產及生產設備之分析，是否尙有重建更生之可能」規定，針對聲請重整公司所爲專業意見表達後，整體考量而定，期間公文往返不但曠日費時，更乏精緻析論內容；質言之，重整個案審理法院雖有定奪之權，但實際上缺乏判斷所需的專業能力，僅限於彙整各方意見的流於形式。其次，草案中第220條第4項已提供「清算型」的重整程序，[26]修正後的重整程序將不以重建更生爲唯一目標，目前「單一重建型」的程序目的設計即有順應調整的必要。

綜上所陳，修正草案第191條規定，實不適宜再以「有無重建更生可能」列爲程序開始前，准駁重整聲請之判準。再者，本法性質上應界定爲「程序法」屬性，[27]不應另再訂定涉及實體要件之判準，以符債務清理程序所強調提昇資源配置效率，以及降低債權人間的協調成本等立法初衷。[28]鑒此，修正草

24 參見最高法院92年台抗字第283號民事裁定，最高法院93年台抗字第178號民事裁定。

25 整個案中常見各主管機關基於保護特定主管產業利益，而表示相互牴觸的看法，例如金融主管機關常考量重整企業之主要債權銀行是否能獲債權確保立場，而表示反對債務人公司重整的意見；惟產業主管機關則基於扶持特定產業、保護重整企業能夠繼續營業的立場，而表示同意債務人公司重整的意見。考量目前審理重整個案法院尚缺乏綜合考量產業利益的專業能力，實有必要加強法院對於重整個案債務清理的整體衡酌的專業訓練。

26 按草案第220條修正說明中特別指出「法院裁定開始重整程序後，倘發現該法人以繼續事業為內容之重整計劃，將無作成、可決或認可之可能者，宜許管理人於經法院許可後，得提出以清算為目的之計劃，以求周延。」

27 修正草案第17條說明欄載明債務清理事件應屬廣義之「非訟事件」，迨應足資佐證。

28 See Alan Schwartz, “A theory of Lan Priorities,” Journal of Legal Studies, Vol. 18, pp. 209-261

案乃新設賦予法院得於程序開始後，仍得依草案第201條第2款規定，以法人所提「…以繼續事業爲內容之重整計畫，無作成、可決或認可之可能」之事由，裁定駁回重整聲請，似更符債務清理的實際與宗旨。

（二）改採「財產總額」或「資本額」之判準

司法資源配置上究應依如何標準，允許營業法人使用集體性協商以換取債務折讓清償，重建商業生命？質言之，渠等法人進入債務清理程序所涉及的商業實力、勞資協調（Labor Contracts）、金融機構債權保全，所反射的商業利益與社會成本等整體考量，都考驗著制度入口設計的正當性。草案第191條所載內容，不僅將現行公司法第282條規定限於「公開發行公司」的重整程序「發動條件」，修正爲「依民商法設立之法人」即有適用；[29]惟基於程序經濟及費用相當性原則，於草案同條第3項規定中，限定需爲法人登記財產總額或資本額達新台幣一億元之法人方爲適格。

按依最新官方統計指出，目前國內資本額超過新台幣一億元以上法人已達一萬家以上，渠等資本額合計總數更超過新台幣兩兆一千億以上。[30]以官方最

(1989). 轉載自劉紹樑，「再造企業破產與重整法制—兼論聯合國立法原則」一文，經社法制論叢，第37期，民國95年1月，頁3。

[29] 依私法（如民法、公司法等）所成立之法人，以法人設立之基礎為標準，可區分為以下社團法人與財團法人兩大類：社團法人—乃多數人集合成立之組織體，其組成基礎為社員，無社員即無社團法人。一般依其性質之不同，又可細分為：營利社團法人：如公司、銀行等。中間社團法人：如同鄉會、同學會等。公益社團法人：如農會、漁會、工會等人民團體。財團法人—乃多數財產的集合，其成立基礎為財產，若無財產可供一定目的使用，即無財團法人可言。財團法人並無組成分子的個人，不能有自主的意思，所以必須設立管理人，依捐助目的忠實管理財產，以維護不特定人的公益並確保受益人的權益。其基本上一律屬於公益性質，如私立學校、研究機構、教會、寺廟、基金會、慈善團體等均屬之。參見維基百科http://zh.wikipedia.org/wiki/%E6%B3%95%E4%BA%BA，最後瀏覽日：2009/11/20.

[30] 法人登記現有家數及資本額統計

總計	一億元以上未滿五億元		五億元以上	
	家數	資本額	家數	資本額
	10,933	2,135,375	3,374	12,591,515

單位：新臺幣百萬元

資料來源：經濟部統計資料（中華民國98年09月底止）

新統計登記在案的公司法人總家數爲基準觀察，前揭草案所設的重整程序入口條件，保守推估約爲每58家公司法人中只有1家方得適用重整新制。[31]如此比例是否足以反應商業實務需要？兼顧金融產業與受雇勞方在內的公共利益？符合司法資源之最佳配置？或值立法政策上再予斟酌。衡諸前揭聯合國「立法原則」第15條所設「債務人」聲請重整原則，[32]或第16條所設「債權人」聲請重整原則，[33]迨皆未對程序聲請人設有債權金額限制，僅強調渠等聲請人若能提出符合債務人「不能清償」（Unable to Pay Its Debts as They Mature），或「資不抵債」（Liabilities Exceed the Value of Assets）的具體事證，即屬適格。對照而言，美國破產法第11章關於法人聲請重整（Reorganization）章節，特別設有「陳述權」（Right to be Heard）條款，亦即無論債權人、債務人或其他利害關係人（A Party in Interest），皆得要求於本章所指重整個案程序中提問、在場並陳述意見之權（May Raise or Appear and Be Heard on Any Issue in a Case Under This Chapter），也未設有以債權金額設限之聲請門檻。[34]

本文認爲修正草案似應參酌聯合國「立法原則」中所建議的「程序發動條件」，側重於債務人本身財務條件之評估（Viability of a Debtor's Business），相較於目前所採對聲請人設定金額限制而言，更能符合保存重整財團價值之規範效度。質言之，亦即將草案第191條所指「財務困難」、「暫停營業」或「有停業之虞」等不確定法律概念，經由「說明」欄澄明我國重整程序之發動，究竟繫乎(1)債務人之財報所呈現之財務狀況已經「負債大於資產」（由

[31] 經濟部統計資料指出，截至2009年9月底止，登記在案的公司法人家數為577,530家。此處所指尚未包含其他非屬「公司」組織之「民商法登記法人」在內，以之作為分母之推估適用重整家數，解讀時顯然需較為保守，併此敘明。詳細統計資料，敬請參考經濟部「工商企業經營概況」官網http://2k3dmz2.moea.gov.tw/gnweb/Indicator/wFrmIndicator.aspx，最後瀏覽日：2009/11/22。

[32] Recommendation 15-The insolvency law shuold specify that insolvency proceedings can be commenced on the application of a debtor if the debtor can show either that (a) It is or will be generally unable to pay its debts as they mature; or (b) its liabilities exceed the value of its assets.

[33] Recommendation 16-The insolvency law should specify that insolvency proceedings can be commenced on the application of a creditor if it can be shown that either: (a) The debtor is generally unable to pay its debts as they mature; or (b) The debtor's liabilities exceed the value of its assets.

[34] *See* Saly M. Henry, The New Bankruptcy Code, The Bankruptcy Abuse Prevention and Consumer Protection Act of 2005, Sec. §1109, ABA business law, New York, at 154, (2005).

於此時法人靜態之淨値爲負數，論者亦有稱之爲「淨値說」（Balance Sheet Test））；[35]或(2)法人現金流量顯然已無法支應營運所需（由於此時法人資產動態可變現之流動性無法達成收付平衡，或有稱之爲「流動性說」（Liquidity Test））者？[36]期與國際規範接軌。按爲鼓勵法人及早就惡化之財務狀況，向法院提出聲請重整，祈使進入債務清理程序後重整財團之財產價値（Financial Well-being）維持最大化，有利債權保全與債務清理之程序經濟；此外，亦能避免實務上常見存在債權人與債務人間，對於瞭解財報資訊的地位不對稱，可能影響法院作成判斷的最佳時效，反應時產生落差的弊端。[37]本文認爲修正草案應採前揭之「流動性說」，以符債務清理程序強調提昇資源配置效率之旨。

二、新資金挹注與「超級優先權」

財務狀況惡化的法人，在重整程序中爲了維持營運並能夠繼續業務，實有必要獲得資金奧援。甚至對於法人當下清償能力高度疑懼的債權人而言，新資金的投入顯然影響重整法人能否持續產能與營收，促成債權、債務雙方達成共識，對於重整程序順利完成關係至鉅。惟有疑義者迨爲，新資金究應以「借貸」方式之「債權」性質導入？抑或應以「投資股份」方式之「股權」性質導入？涉及重整程序中不同法律處理成本之考量，謹逐一臚列敘明如次：

（一）先減後增（重整公司先減資後再由新金主出資認購增資股份）

由於草案第191條關於重整程序之聲請人已不再限於公開發行公司，此所涉增減資程序導入新資金的方式，實務上則仍多限於股份有限公司之情形。其他依民商法設立之法人，目前則尚無顯著實例可資申述。鑒此，股份有限公司經由召開股東會，進行公司減資程序，原經營團隊同時釋出所持部分股份；再經由增資程序，由提供新資金公司，出資認購增資部份之「股權」，並改選

35 *Supra* note 1, at 45-47.
36 *Id*.
37 *Id*., at 46.

董、監，取得多數席次，完成資金與股權「汰舊換新」佈局，公司經營控制權正式易手。由於需由新金主承續並吸收，公司因減資所造成現有股東權益的損失認列，以及對股價產生的衝擊；實務上作爲重整債權總擔保之公司資產，並未因此產生擔保價值實質上的改變。堪稱一次到位的調整公司財務狀況，更易使債權人恢復對於重整公司重建更生的信心。但新金主出資所換得股權表彰的重整資產價值，如何不受既存擔保物權或優先權影響而獲得保障？關乎新資金挹注的意願。質言之，若依論者所質疑援引公司法第312條規定，將渠等出資視爲重整債務之性質，而認爲不應優先於第296條所指重整裁定前就存在之重整債權，則對於新資金的保障明顯不足，勢將造成新金主對於投入資金躊躇不前。[38]

（二）以債作股

重整公司對於重整債權以「抵充出資」方式，轉換爲對於公司的股權，固然已於現行公司法第156條第4項、第309條第7款等規定中，設有可資遵循之明文。惟對於公司清償能力仍處於半信半疑的債權人而言，公司財務狀況的惡化，並未因有新資金的實際挹注而有明顯改善。雖然對於現有股東造成的衝擊有限，但支撐公司重建的重整資產價值與信心仍然薄弱。除非公司產品、服務、勞工素質與信用，引起財團或外資接手興趣，炒作題材後改變股份價值之特殊情形；重整程序中是否能於關係人會議中順利獲得債權人組的可決，進而取得法院許可，恐怕仍多變數。

（三）「融資」取得新資金

公司經由向債權人以外第三人「借貸」或取得「信用額度」等方式取得新資金，應以如何形式保障既有債權人權益？聯合國「立法原則」中建議，各國於立法時應特別注意重整財團財產的既存擔保權益，程序開始後，除非重整程序中重整法人之代表（Insolvency Representative）依一定程序取得既存債權人

[38] 參見鄭有為，「論公司重整之新資金融資取得」，法令月刊第58卷2期，2007年2月，頁210-211。

之同意，取得之新融資對於重整財團財產並不當然取得優先權利。若既存債權人同意新融資之取得，法院得依下列規定創設優先於既有擔保權利之權：(1)既存擔保物權人得於重整程序中陳述意見；(2)債務人應證明將不另以其他方式取得新融資；(3)既存擔保物權人之權益應予保障。[39]草案中第209條第2、3項所設，法院依同條第1項規定命重整法人提出擔保標的物之價額後，所為除去既存擔保物權裁定前，應將聲請書送達該擔保物權財產之全體擔保物權人，並賦予渠等擔保物權人有表達異議之權；並於同條第5項復以法院得於踐履前揭程序後，正式除去重整法人標的財產上既存之擔保物權，諒係參考前揭國際規範，符合兼顧新資金權益與既有擔保權利人雙方保障之最新立法趨勢。就比較法觀點而言，可資贊同。

（四）超級優先權

美國2005年通過施行的「聯邦破產改革法」第364條第c款，授權法院在踐履通知到庭並聽取證詞（Notice and a Hearing）後，對於重整管理人（Trustee）不能依同條第b款第1目規定，為重整法人取得無需供擔保之融資，僅取得授信（Obtaining Credit）或借貸所致負債（Incurring of Debt）時，得對(1)符合第503(b)、507(b)條款之程序費用；(2)將尚未設定質權之標的財產提供融資設定擔保；(3)將已設定質權之標的財產提供融資設定次順位（俗稱設定二胎質押）擔保等情形，賦予渠等擔保具有優先於既存標的財產上負擔之權。若重整管理人得舉證仍無法依前揭程序為重整法人取得授信或借貸負債，[40]且既存擔保物權人權益亦得獲適當保障（Adequate Protection）之雙重前提下，法院得創設優先於既存擔保物權受償順位之權利，[41]此處所稱之優先順位，甚至較同法第507條第(a)項所指高於普通無擔保債權之優先權順位更為優越，因此美國破產法實務將之謂為「超級優先權」（Super Priority），尚稱貼切。

我國債務清理法草案第209條規定，顯然旨於強調重整標的財產上既存負

---

39 *See* UNCITRAL Legislative Guide, part two, II, paras, 107 and recommendation 66.

40 *See* Saly M. Henry, The New Bankruptcy Code, The Bankruptcy Abuse Prevention and Consumer Protection Act of 2005, Sec. § 364(d)(B)(2), ABA business law, New York, at 56, (2005).

41 *Id.*, *Sec.* § 364(d)(1).

擔除去前，法院應踐履保障既存擔保物權人權益之正當程序（Due Process）。文義之間，不惟與前揭聯合國立法原則相符，也得窺前揭美國新修正破產改革法之身影。但逕行遽謂我國已採行超級優先權之制，恐怕又有速斷之嫌。

三、金融機構擔任重整人之商榷

回溯西元2000年，當時爲推行第一次金融改革（俗稱258專案），政府提出「金融機構合併法」，並於同年底通過施行，祈使金融機構加速整合的政策能因而有所遵循，其中該法第15條更賦予協助打消金融逾放款的「金融資產管理公司」設立法據。鑒此，同條第5、6款規定，遂對於肩負許多企業債權之金融機構，直接賦予得於渠等企業聲請（破產或）重整時，直接擔任（破產管理人或）重整人之地位。衡諸當時立法背景，或有所本，但也因此招致限縮法院選任程序代理人（破產管理人或重整人）的裁量權，甚至財團藉此規定行五鬼搬運之實的批評。[42]本次修正草案第268條第2項遂明文規定，於新法修正施行後，前揭金融機構合併法第15條第5、6款規定停止適用，回歸制度正軌。

按金融機構在大型公司重整案例中常扮演著「主要債權人」（Lead Creditor）的地位，基於我國重整法制建構時所參考的「美國破產法」立論，考量美國破產法古典論述與實務見解中所強調的「絕對優先原則」（Absolute Priority Rule, 簡稱APR）；[43]舉凡金融機構授予法人信用所相對取得的債權，在法人財務惡化時，只要符合「公平並合理」（Fair and Equitable）的原則，[44]制度上即已經多有保障，爲避免不當利益衝突之可能，並無特別設置由金融機

---

42 請參閱謝易宏主編，「貪婪夢醒—經典財經案例選粹系列」，五南文化出版，2008年4月，頁70、103。

43 「絕對優先原則」，簡言之，係指債務人財產於債務清理時，債權人受償順位應優先於股東的一種優先原則。詳細論述，請參考美國破產法的權威教科書，雖然年代久遠，但取材豐富，論述完整，仍具高度參考價值。*See* Douglas G. Baird, Thomas H. Jackson, Cases, Problems, and Materials on Bankruptcy, 2nd Ed., Little Brown and Company, Boston, at 957-967 (1991). Also Douglas G. Baird, Thomas H. Jackson, Barry Adler, Adler, Baird And Jackson's Bankruptcy, Cases, Problems And Materials, 4th Ed. (University Casebook Series), Foudation Press, New York, (2007).

44 Section 1129(b)(2) of the Bankruptcy Code. *See* Mark G., Douglas, "*Application of the Absolute Priority Rule to PreChapter 11 Plan Settlement: In Search of the Meaning of Fair and Equitable*," Pratt's Journal of Bankruptcy Law, April/May, (2007).

構擔任程序代表人（重整人）之必要，修正草案所採見解，可資贊同。

四、以「營業讓與」方式清償重整債權之探討

（一）按「營業讓與」，在我國實務上係指公司將其主要或部分之營業或財產之經營權或所有權轉讓與特定受讓人而言，除於民法第305條設有「概括承受或概括讓與」之基本規範外，另於公司法第185條第1項第2款、第3款規定，亦設有「讓與全部或主要部分之營業或財產」及「受讓他人全部或主要部分營業或財產，對公司營運有重大影響者」之明文。2002年「企業併購法」施行後，同法第27條更完整的將前揭民法與公司法的兩種營業讓與交易態樣都包括在內，納入所謂「資產收購」的規範內容。[45]至於公司間交易內容，參酌是否對於讓與公司之營運產生重大影響，併同考慮交易所涉公司營業與財產之質與量的判準觀之，倘尚未達讓與公司營業或財產之「全部或主要部分」，則應屬於單純民事上的財產交易行為，不適用前揭企業併購法或公司法之相關規範[46]。尤值一提者，此處所指三種營業讓與交易態樣所涉「程序成本」間有不同；質言之，除營業讓與之質與量未達公司全部或主要部分情形，依現行規定僅由董事會以「普通決議」通過即可作成決策，尚無需經「股東會決議」程序，也因此可避免遭遇反對股東行使收買請求之形成權，另適用民法第297條、第301條所構築之「債權人保護」程序外，其他公司讓與之營業的質與量超過公司全部或主要部分時，則應為前揭公司法或企業併購法之規範相繩。易言之，渠等交易之決策除依法應經公司「股東會」以「特別決議」通過，可能遭遇公司法第186、187條、企業併購法第12條，對於決議反對之股東行使收買請求之形成權外，更需踐履讓與人及受讓人於交易後兩年內負「連帶責任」之「債權人保護」程序，相對之法令遵循成本較高。惟值得注意者，企業併購法第34條以下之「租稅優惠」與同法第16條之「員工權益保障」於此等情形亦因而得以適格援用，合先敘明。

[45] 蓋此處所指民法第305條與公司法第185條第1項第2款之「營業讓與」涵攝範圍尚有不同。質言之，若受讓公司概括承受讓與公司的「負債」，則應屬於前揭民法所指態樣；反之，則應屬前揭公司法規範內容。

[46] 經濟部82年8月5日商字第220424號函釋。

（二）茲有疑義者，重整程序中依公司法第300條召開之「關係人會議」，是否得依公司法第304條第1項第2款「全部或一部營業之變更」爲據，將重整公司之營業讓與？法院是否亦得以公司法第305條第1項或同法第309條規定爲據，裁定許可前揭之重整中的營業讓與行爲？蓋檢視重整程序是否成功之至爲關鍵，重整債權人權益究否獲得保障？以及是否可能對於新資金提供者釋出法律誘因？殊有進一步探討之必要。

（三）從比較法觀點，我國公司重整法源之一的美國聯邦破產改革法第11章規定，亦或可供實務援引參考，其中第1123條之下a(5)(b)規定關於重整計劃內容，亦得見美國公司重整程序中關於重整計劃，設有採用「營業讓與」之相關明文。[47]質言之，美國公司重整程序中透過「債權人會議」（Creditors' Committee）債權比例2/3以上之多數決（Majority Votes），通過採行「適合重整計劃實施」（Adequate Means for Plan's Implementation）的清償重整債權方式，應包括債務人藉由營業讓與債權人以清償重整債權。[48]

（四）退萬步言，徵諸我國銀行法第62條之3規範之旨，乃針對接管人「處置」失敗銀行之營業與資產負債所設，性質上近似於爲銀行所設之重整程

---

[47] 為利說明，謹擇要轉錄美國前於2005年4月20日經國會立法通過，針對其施行多年的破產法所作修正的「破產濫用防止及消費者保護法」（The Bankruptcy Abuse Prevention and Consumer Protection Act of 2005），或有謂為「新破產法」（The New Bankruptcy Code），尤以其中第§1123條(a)(5)所載關於「重整計劃內容」（Contents of Plan）規定供參：(a)Notwithstanding any otherwise applicable nonbankruptcy law, a plan shall-(5)Provide adequate means for the plan's implementation, such as-(A) retention by the debtor of all or any part of the property of the estate; (B) transfer of all or any part of the estate to one or more entities, whether organized before or after the confirmation of the such plan; (C) merger or consolidation of the debtor with one or more persons; (D) sale of all or any part of the property of the estate, either subject to or free of any lien, or the distribution of all or any part of the property of the estate among those having an interest in such property of the estate; (E) satisfaction or modification of any lien; (F) cancellation or modification of any indenture or similar instrument; (G) curing or waiving of any default; (H) extension of a maturity date or a change in an interest rate or other term of outstanding securities; (I) amendment or the debtor's charter; or (J) issuance of securities of the debtor, or of any entity referred to in subparagraph (B)or (C) of this paragraph, for cash, for property, for existing securities, or in exchange for claims or interest or for any other appropriate purposes;...

[48] *See* Douglas G. Baird, Thomas H. Jackson, Cases, Problems, and Materials on Bankruptcy, 2nd Ed., little Brown, Boston, at 1001 (1990).

序，由接管人以該失敗銀行債權債務之「重整人」地位，代表被接管的債務人銀行，與債權人間協商可能達成之「重整計劃」；程序中雖未見「法院」介入，但設有須經「主管機關」核准之監理機制，程序嚴謹度不遑多讓。依前所述，同條第1項第3款所指「『讓與』全部或部分『營業』及資產負債」規定，參照銀行法第62條之4第1項第1、2款規定，應解為已明示得採「營業讓與」方式，程序尚且簡便；相較於公司法第304條第1項第2款「全部或一部營業之變更」之規定，顯然更符「明確性」原則，本於「類似事務應循同旨處理」之法理，重整計劃之實務涉及關於「營業讓與」時，容有同步解釋之餘地。

（五）綜上所述，債務清理法修正草案第208條第1項第10款設有明文，認為營業讓與可維持營業本身之經濟上、社會上之價值，即使法人因而不能存續，但因事業本身已在其他法人之下繼續維持，仍符合重整之目的，故應將其列入重整之重要方法之一，但此行為可能造成重整法人無法存續，自應慎重，爰增訂第2項「以法人事業更生所必要者」，設為法院許可之條件，本文認為符合實務運作需要，可資贊同。

肆、展望

如何攙扶跌倒法人之重新站起，處理重症法人的尊嚴往生？考驗著企業退場機制的法律建構，真該多點人性，少些匠意。

最近實務統計顯示，企業間普遍欠缺對於運用法人重整制度的充份瞭解，導致民間企業經由法院協助債務清理的案例並不多見。是否由於制度設計不夠便利？或者折衝程序過於冗長？質疑責難或敦促改善的聲浪所在多有，但衡諸法院目前審判實際，就法人債務清理案件並未專業分工，以致處理經驗無法有效率地累積傳承，案件辦理因而或有悖離產業期待，甚至重整程序代理人（現行制度的重整人、檢查人；新法下的管理人、監察人等）常有出自債權人團推薦，法院囿於欠缺人才資訊憑以客觀選任，只能接受推薦人選，間有發生涉及利益衝突之有心人介入操弄，以致重整財團資源配置不當，迭遭實務質疑。

從善意期許的角度建言，是否參照目前「金融專庭」之制，逐步舉辦債務清理法制專業訓練課程，並發給初、中、高階債務清理專業證照？或可藉此加強法院承辦案件的專業職能，使處理程序更爲各方信服。本文受限學植未深，謹就債務清理法修正草案中法人重整部分，試抒比較法觀點擇要簡評，期能以角落之見，趕上債務清理法制改革的歷史列車，作出微薄貢獻。

（本文發表於2009年司法院舉辦之「破產法修正草案研討會」）

第五章
薪甘情願
—簡介美國「薪酬委員會」—

壹、前言

「美國銀行總裁今年完全領不到一毛薪酬」[1]、「超額薪酬牴觸了美國的社會價值」；[2]聳動的標題一再警示著美國由來以久的不合理企業薪酬制度。諷刺的是，美國「政策研究院」最近所發布關於美國企業高階主管薪酬年度報告更指出，美國銀行（Bank of America）、富國銀行（Wells Fargo Bank）、高盛銀行控股公司（Goldman Sachs BHC）、摩根大通銀行（J.P. Morgan Chase）、摩根士丹利銀行控股公司（Morgan Stanley BHC）、花旗集團（Citigroup）等約二十家金融機構執行長2008年薪酬平均達1,380萬美元（約合新台幣4.5 億元）；標準普爾五百指數成分股企業執行長同年的平均薪酬則為1,010萬美元。[3]金融風暴後公眾財產縮水，民怨四起，甚至出現民間組織動員包圍高盛、富國銀行，高喊讓大銀行倒閉的口號。[4]

2009年9月22日至25日在美國匹茲堡（Pittsburgh）所舉行的全球金融峰會

---

1 Hibah Yousuf , *No 2009 pay for Bank of America CEO Ken Lewis*, CNN MONEY Channel, Oct. 16, 2009.

2 這項發自美國華府的美聯社報導引述總統歐巴馬的一項公開宣示，緊接著由有薪酬沙皇（Pay Czar）之稱的美國財政部薪酬審查小組召集人「甘迺迪・芬柏格」（Kenneth Feinberg），宣布將對接受政府紓困的7家企業（Bank of America Corp., American International Group Inc., Citigroup Inc., General Motors, GMAC, Chrysler and Chrysler Financial.）高層，2009年所領薪酬全數予以減半。*See Associated Press, Obama: Excessive Pay* "*Does Offend our Values*", MSNBC, Oct. 22, 2009.

3 陳穎柔，受紓困銀行執行長坐領高薪，工商時報，2009年9月3日，A5版。

4 吳慧珍，聲討肥貓決戰芝加哥，工商時報，2009年10月28日，A7版。

（G-20 Summit）第三回合，代表資本主義陣營的英、美等國，對於企業高階主管薪酬設限議題的彈性姿態[5]，顯然與代表社會主義陣營的德、法等國所提出的強硬對企業薪資設限立場大相逕庭。[6]幾經折衝，仍未見不同主張陣營間達成明顯共識。如此紛擾都圍繞著企業績效不彰，高階主管卻又坐領高薪的普遍民怨。究竟企業薪酬應如何評估、檢討並決定合理結構？兼顧企業留住金頭腦維持競爭力的實際需要？實有向先進經驗學習的必要，爰擬以美國實務上施行有年的薪酬委員會法制爲師，以有限篇幅，擇要述其梗概，祈能以愚人之見，拋磚引玉。

貳、薪酬委員會

探究美國企業設立薪酬委員會之典章制度，法律布局上係藉由其國內兩大交易所的上市管制，達成公司治理的階段目標。[7]首先，由美國紐約證券交易所（NYSE）[8]要求所有於該所上市公司，皆須設置薪酬委員會，且應備置完整

[5] 美國總統歐巴馬在雷曼兄弟投資銀行倒閉週年發表演說時，甚至明白表示反對華爾街薪酬設限。*See* Andrew Ross Sorkin, *Obama's Lehman Anniversary Speech: How His Audience Reacted?*, New York Times, Sept. 14, 2009.

[6] 德、法兩國在高峰會舉行前即公開表達希望對於企業不當薪酬能予設限並追溯催討（Claw Back）的強硬立場，因而被觀察家視為鷹派主張。*See* David Olive, *A G-20 Summit of Hawks or Doves?*, Business Columnist for the Star Magazine, *available at* http://www.thestar.com/comment/article/ 698927 (last visited Oct. 25, 2009).

[7] 按美國德拉瓦州公司法§141(c)僅設有董事會有權建立各種委員會之簡單明文，而美國模範商業公司法典§8.25(a)亦僅提及，除公司章程或辦事細則另有規定者外，董事會得成立一個或數個委員會，並指派董事會人員充任之，每一委員會可置二人以上委員，在董事會之指揮下執行委員會任務，故並未限制委員會之數量，各公司可視其實際需要設置數專門委員會。美國上市公司薪酬委員會，於公司董事會踐履對股東之揭露義務時，仍需注意應遵循美國1934年證券交易法所授權訂定之行政命令Regulation S-K中之item 402相關規定，併此說明。

[8] 紐約證券交易所（New York Stock Exchange, NYSE），前於2005年4月收購全電子證券交易所（Archipelago），成為一個營利性機構。2006年6月1日，紐約證券交易所宣布再與泛歐股票交易所（Euronext）合併組成「NYSE Euronext」。目前大約2,800家公司在紐約證券交易所上市，市值總計約15兆美元。

書面章程，薪酬委員會之全體成員尚應悉由獨立董事組成[9]；其次，那斯達克證券交易所（NASDAQ）雖並未如是要求，但規定於特殊情況下，得要求非獨立董事亦得被許可加入薪酬委員會，惟獎酬計畫審核，則須由董事會成員中多數獨立董事的同意通過。雖然前揭美國兩大交易所對薪酬委員會設置的要求不盡相同，但主要用意旨在制定薪酬政策及對於董事執行業務的獎酬計畫，由代表股東利益之獨立董事，在合法之正當程序下作成決策判斷。股東則透過獎酬制度的設計，使公司董事及經理人等經營階層之利益，得與股東利益一致，並監督任何與股東利益產生衝突的決策，藉以解決部分的代理成本問題，並實踐公司治理規範之旨。

一、紐約證券交易所

紐約證券交易所對上市公司薪酬委員會之設置規範，明定於其上市準則中[10]，謹擇其大要說明如次：

（一）上市公司必須設立完全由獨立董事所組成之薪酬委員會[11]；

（二）薪酬委員會之設置須訂定書面章程[12]，其中必要記載事項尚包括[13]：

1. 薪酬委員會之設置目的及職責：

（1）審核執行長訂定之公司目標及績效，並以之為基準衡量渠等是否達到核發薪酬的標準[14]。

（2）向董事會建議執行長以外之經理人薪酬，包括須經董事會同意之獎勵性薪酬及股權規畫[15]。

（3）依美國證管會（SEC）規定提交薪酬委員會報告，並納入上市公司之書

---

[9] *See* Nyse Listed Company Manual Sec. §303A.05(B).

[10] *Id.*,主要規定於§303A.00 Corporate Governance Standards下之§303A.05.

[11] *Id.*, Sec. §303A.05(a).

[12] *See* Section §303A.05(b).

[13] *See* Section §303A.05(b)(i).

[14] Section §303A.05(b)(i)(A).

[15] Section §303A.05(b)(i)(B).

面聲明或提交美國證管會之公司年報（Form 10-K）內[16]。

2. 薪酬委員會之年度績效評估[17]。

3. 薪酬委員會章程尚應表明：薪酬委員會成員之資格、成員之委任與解任、委員會之結構與運作；包含授權委員會下設之「小組」（Subcommittees），並定期向董事會報告。

（三）其他事項

紐約證券交易所於所頒布之補充函釋中另規定有[18]：

1. 薪酬委員會於考量執行長（Chief Exective Officer, CEO）報酬之長期獎勵性質薪酬時，委員會必須考量公司績效及股東權益、比較同業之薪酬水準，並參考公司過往之薪酬標準。

2. 美國聯邦稅法（Internal Revinue Code, IRC）Rule §162(m) 中規定，公開發行公司就支付執行長或高階經理人超過年薪100 萬美元之部分，不得列為扣抵項目；除非該超過部分之給付，係為達成由全部獨立董事組成之薪酬委員會設定的績效目標。基此，薪酬委員會為遵循稅法規定，縱使超過100 萬美元部分，仍可能就特定績效給薪，並得扣抵稅捐。

3. Section §303A.05(b)(i)(B) 並非排除董事會得授權薪酬委員會之權。

4. 「薪酬顧問」協助評量董事、執行長或其他經理人之薪酬時，薪酬委員會章程應賦予委員會獨立權限，以委任或解任薪酬顧問及同意顧問之費用[19]。

5. 如薪酬委員會全體由獨立董事組成，董事會可將薪酬委員會之職責授予其下設之個別委員會小組，且須另外訂定章程。

6. 本準則之規定不排除董事會得討論執行長薪酬，亦非在箝制董事會成員間之溝通。

[16] Section §303A.05(b)(i)(C).

[17] Section §303A.05(b)(ii).

[18] Section §303A.05 Commentary.

[19] Stephen M. Bainbridge, The Complete Guide to Sarbanes-Oxley, Board Committee and Proper Corporate Governance, 2007, at 174. 在該上市準則修正前，薪酬顧問之聘任，多由經營階層掌控。

二、那斯達克證券交易所

那斯達克證券交易所[20]對於上市公司薪酬委員會之設置，原係規定於那斯達克證券交易所營業細則（NASDAQ Manual）Rule §4350(c)(3)規定之中，嗣於2009年3月12日廢止，並修正納入Rule §5605(d)之新規定中[21]。本次修正仍維持薪酬委員會之「非必要」性質；惟公司若選擇不設立，則必須由多數之獨立董事組成董事會，且僅能由其中之獨立董事參與薪酬之決定或建議，較修正前之規定更爲嚴謹；茲就其規範摘要如下：

（一）公司執行長之薪酬決定[22]

1. 由多數之獨立董事組成董事會，並僅能由其中之獨立董事參與；[23]
2. 由獨立董事組成之薪酬委員會通過[24]，且執行長不得於表決或評議時在場。

（二）公司其他經理人（Officer）之薪酬決定[25]

1. 由多數之獨立董事組成之董事會，惟僅能由其中之獨立董事參與[26]，或；
2. 由全數獨立董事組成之薪酬委員會通過[27]。

---

[20] 那斯達克（NASDAQ）係指美國「全國證券交易商自動報價系統」（National Association of Securities Dealers Automated Quotations system）的縮寫，該機構創立於1971年，其市場地位相當於我國的證券櫃檯買賣中心。

[21] NASDAQ Manual Rule §5605(D).

[22] *See* Rule §5605(d)(1). Rule §4350(c)(3)(A), deleted on Mar. 12, 2009 (SRNASDAQ-2009-018).

[23] *See* Rule §5605(d)(1)(A). Rule §4350(c)(3)(i) 12, 2009 (SR-NASDAQ-2009-018).

[24] *See* Rule §5605(d)(1)(B). Rule §4350(c)(3)(ii), deleted on Mar. 12, 2009 (SRNASDAQ-2009-018).

[25] *See* Rule §5605(d)(2). Rule §4350(c)(3)(B), deleted on Mar. 12, 2009 (SRNASDAQ-2009-018).

[26] *See* Rule §5605(d)(2)(A). Rule §4350(c)(3)(i) 12, 2009 (SR-NASDAQ-2009-018).

[27] *See* Rule §5605(d)(2)(B). Rule §4350(c)(3)(ii), deleted on Mar. 12, 2009 (SRNASDAQ-2009-018).

（三）非獨立委員之除外適用及限制

揆諸前揭§5605(d)(1)(B)及§5605(d)(2)(B)規範意旨，那斯達克證券交易所上市之公司薪酬委員會至少須由三人組成，如其中一位董事不符合Rule §5605(a)(2)所規定之獨立性；亦非屬該公司現任經理人或受僱人、經理人或受僱人之親屬，則董事會在特定情形下，認爲擔任薪酬委員會成員符合公司與股東之最大利益者，仍得任命之。但董事會須於次年度股東會之年報（即本國公司需提交者爲Form 10-K 或外國公司需提交者爲Form 20-F）中，說明其決策過程及理由[28]。

（四）獨立董事應審查董事、經理人之薪酬

有助於確保公司採取適當的獎勵性薪酬措施，並與董事會同負維護股東價值之責。那斯達克證券交易所營業細則Rule §5605 之修正，乃在提供公司彈性選擇適當董事會架構之機會，並減低公司資源之耗損，惟應擔保獨立董事對薪酬決定之控制[29]。

三、最佳實務準則

關於薪酬委員會與促進公司治理的議題，論者多有探討，尤値一提者，迨爲美國證管會前主委Richard Breeden，對於2002年轟動一時的WorldCom案所涉董事會運作所爲之調查報告；其中提出諸多促進WorldCom公司治理之建議，更提議薪酬委員會最佳實務之運作模式，可供爾後實務參考[30]：

（一）成員（Committee Membership）

至少三人以上，對於薪酬及人力資源等經營議題具有相當經驗人士組成獨立董事團隊；惟成員並非必爲薪酬或人力資源專家，如具備基本之商業及財務

[28] *See* Rule §5605(d)(3). Rule §4350(c)(3)(C), deleted on Mar. 12, 2009 (SRNASDAQ-2009-018).

[29] *See* IM-5605-6, Adopted on Mar. 12, 2009 (SR-NASDAQ-2009-018).

[30] Richard C. Breeden, Restoring Trust, Aug. 2003, Part VII: The Compensation Committee, at 116-20.

知識，而有相關實務經驗者亦可。

（二）集會要求（Meeting Requirements）

公司章程及營業細則（By-laws）應訂定最低開會次數及薪酬委員會之職權。所有薪酬顧問對於經營階層薪酬之建議，薪酬委員會得逕行採納。

公司章程及營業細則訂定薪酬委員會開會之次數，每年宜至少四次，委員會成員並須定期進修。薪酬委員會主席且應投入相當時數處理相關事務，包含開會、不定期與公司內部人力資源部門、外部薪酬顧問、分析師、股東及委員會之顧問等交換意見。

（三）主席輪替（Leadership Rotation）

公司章程及營業細則應規定薪酬委員會主席任期不得超過三年。由於薪酬委員會主席承擔公司薪酬規劃之責，常涉及公司治理弊端及人事操守之爭議；對股東而言，擔任薪酬委員會主席過久易與經營階層過於親近，利益衝突的風險升高，因此至少必須定期（每三年）由董事會改選之。

（四）薪酬委員薪酬（Compensation Committee Fees）

薪酬委員會成員之薪酬應由董事會決定，至少應不低於3萬5,000 美元，擔任主席之薪酬至少應不低於5萬美元。

按薪酬委員會成員之薪酬通常並不高，有些公司甚至僅領取名義上之薪酬。相對而言，薪酬委員會之被訴風險較審計委員會低，但仍須負擔相當之工作量並承受各方壓力；過低之薪酬會使成員投入較少之心力，故給付於成員之薪酬，必須足以使其專注於符合權責執行職務。

（五）查核關係人交易（Review of the Related-party Transactions）

薪酬委員會章程應規定，薪酬委員會每年應至少兩次，會同人力資源主管及人力資源顧問，瞭解董事、員工及其親屬與公司間之關係人交易是否符合規定，究有無遵循主管機關（SEC）之揭露要求，並協調人力資源與員工間關於薪酬的歧見。

（六）對人資主管之查核（Annual Review on Director of Human Resources）

人力資源主管之表現，應由薪酬委員會爲形式上之查核，每年至少三次；人力資源主管尙應提供公司內部調查資料予薪酬委員會，作爲每年薪酬發放的參考。

公司人力資源主管因公司人力規模、對薪酬水平之敏感度及其他人力資源專業判斷，在公司治理中占據極爲重要之角色。在過去WorldCom公司經營潰敗之經驗中，人力資源部門並未建立有效之紀律，以避免薪酬爭議延燒；產生諸如薪酬給付與績效間欠缺關聯性、甚至擬訂不當的獎酬規劃。故薪酬委員會每年應至少三次，查核人力資源主管之績效及人力資源部門之運作，尤其是人力資源部門所提出報告中對於薪酬標準之認定及說明。

（七）委員會外部資源（Required Resources for Compensation Committee）

薪酬委員會得聘請專門顧問提供委員會相關分析，薪酬顧問並應提供高階主管合理薪酬水準之分析及建議。

依薪酬委員會之職掌，參酌專業顧問所提供之意見，薪酬顧問並應定期提供薪酬委員，有關同業高階經理人薪酬水平之相關資訊，以作爲委員會考量薪酬之參考依據。

（八）成員訓練（Training for Compensation Committee Members）

董事會應建立並公開公司爲薪酬委員會成員所設，每年度進修之專業訓練課程，以確保委員會成員具有與時俱進地處理薪酬相關事務之適格。

每位新進薪酬委員會成員，應要求參加由薪酬委員會主席所認可之年度訓練課程，進修內容尙應包括瞭解薪酬委員會資格及職責，或重要之薪酬、津貼及爭端解決之議題。

（九）外部監督（External Compensation Oversight）

薪酬委員會尚應積極主動審查公司薪酬顧問之績效及獨立性。

參、獨立性規範

一、獨立董事

以美國目前公司實務而言，除密西根州州公司法以外，不論是在美國聯邦證券管理法規或各州之州公司法中，大都尚未設有實施獨立董事制度之強制性規定。易言之，當前美國公開發行股票公司如非依密西根州州公司法所設立者，其採行之獨立董事制度，事實上尚無明確之法律依據，渠等法制上關於獨立董事制度之具體內容，乃係經由學界著述及實務界函令逐漸累積建構。特別值得一提者，美國證券管理委員會及紐約證券交易所等單位，更係透過「行政指導」或「自律規範」之方式，以補充尚乏法律明文之實務需要，積極推動渠等上市公司設置獨立董事，健全公司治理之監理目標。

二、自律性規範

就美國獨立董事之歷史沿革而言，交易市場（以NASDAQ 及NYSE 兩大交易所爲例）期望以獨立董事制度挑起公司治理主軸的重任，藉由其獨立判斷行使職權，強化董事會監督與制衡功能。近年來美國企業弊案叢生，涉案金額日益龐大，渠等問題企業之董事及執行長坐領巨額薪酬，與其績效間之關聯性卻常令人質疑。如何使投資人重拾信心，對市場發展至爲重要。基此，獨立董事實有必要遵循前揭上市準則之規範。再者，考量上市準則由聯邦立法直接規範公司組織恐有侵犯州立法權之嫌，國會乃藉由1934年證券交易法中第10條A項規定，技術性的要求交易所與證券商公會等自律機構，援用尚非法律位階的上市準則，要求上市櫃公司符合交易所與公會所訂定的獨立性規範，否則不准上市或甚至要求下市。

三、獨立董事之資格

就規範技術而言，1934 年美國證券交易法、紐約證券交易所、那斯達克證券交易所，皆係採「負面表列」的方式認定獨立董事的資格；謹就實務經驗所及，擇要說明如次：

（一）紐約證券交易所

紐約證券交易所上市準則（NYSE Listed Company Rule）§303A.01 規定，上市公司必須擁有多數獨立董事，董事會決議方能獨立的作成有效的判斷；需設置多數獨立董事的要求，咸信將促進董事會監督的品質並且降低利益衝突之可能性[31]。

對獨立董事之資格認定，紐約證券交易所係以負面表列方式來認定獨立董事是否符合獨立性資格，主要規定於上市準則§303A.02所載之「獨立性要件」（Independence Tests）[32]內，本規定於2008 年8月12日修正，更進一步強化渠等獨立董事之作成決策之獨立性：

1. 此處所指之「獨立性」係指董事與上市公司間應不具「實質關係」（Material Relationship）而言。所謂「實質關係」，例如爲合夥人或股東、或與公司有關係之他公司經理人，公司必須確認董事具獨立性並應將決策之判斷基礎向股東揭露之[33]。基此，董事獨立性及董事會作成之決議，必須將其不具實質關係之資訊揭露於公司年報（Form 10-K）中；更值強調者，董事會必須同時揭露協助判斷董事獨立性之明確標準，及揭露董事會究應如何認定符合前述標準。任何未達獨立性標準之董事，必須特別說明理由。如董事具有商業或其他關係，而不符獨立性標準時，董事會必須以前述嚴謹方式，對股東揭露渠等決策作成之判斷基礎。依此可提供投資人足夠資訊以評價董事會決策判斷之獨立性，亦可避免就枝微末節事項所爲不必要揭露

---

31 Sec. §303A.01 Commentary, NYSE Listed Company Manual.

32 Sec. §303A.02.

33 Sec. §303A.02 (a).

而徒增遵法成本[34]。

2. 下列情形，董事被認爲不具獨立性：[35]

（1）現在或前三年間曾受僱於公司，或與現任董事間具有「最近親屬關係」（Immediate Family Member）；或前三年間曾爲公司之經理人[36][37]。「受僱於公司」，尚包括公司臨時（Interim）選任之董事長、執行長或其他經理人；[38]

（2）一董事或其親屬在獨立任期起算前三年中任何連續十二個月期間，除支領董事及董事會下設委員會之服務報酬、退休金及過往服務之遞延報酬外，自公司支領董事報酬超過12 萬美元者[39]。但曾爲臨時董事長、執行長或其他經理人自當時服務所收受之報酬，於判斷其是否符合獨立性要求時，不在此限；[40]

（3）A 董事現爲負責公司內部或外部稽核事務所[41]之合夥人或受僱人；B董事與前揭事務所之現任合夥人間具有親屬關係；C董事與前揭事務所之員工具有最近親屬關係、與對公司提供稽核服務之個人間具有最近親屬關係；D董事或其最近親屬在過去三年內曾爲前揭事務所之合夥人或員工或爲對公司提供稽核服務之個人；[42]

（4）董事或其最近親屬，於過去三年內曾爲他公司之經理人，而上市公司之任一經理人曾擔任該他公司之薪酬委員會成員者；[43]、[44]

---

[34] Sec. §303A.02 (a) Commentar.

[35] Sec. §303A.02 (b).

[36] Sec. §303A所稱經理人之涵攝範圍與1934年證交法 Rule §16a-1(f)相同，併此說明。

[37] Sec. §303A.02(b)(i).

[38] Sec. §303A.02(b)(i) Commentary.

[39] Sec. §303A.02(b)(ii).

[40] Sec. §303A.02(b)(ii) Commentary.

[41] 亦即公司外部所聘任負責公司財務簽證的會計師事務所。

[42] Sec. §303A.02(b)(iii).

[43] Sec. §303A.02(b)(iv).

[44] See Stephen M. Bainbridge, The Complete Guide to Sarbanes-Oxley 174 (2007). 在上市準則修正前，兩家上市公司間若存在「董事兼充」（direct interlocks），特別是董事會下薪酬委員會成員之兼任，將造成兩家公司在薪酬判斷上具有某種程度的「相互參照」（scratch each other's

（5）董事現爲公司員工或與現任高階經理人間具有最近親屬關係，且於前三年會計年度內之任一會計年度，自公司支領超過100萬美元或超過公司合併總營收（Consolidated Gross Revenues）2%者[45]。應特別強調者，此所指支領與合併總營收之額度係以前一會計年度正式財報爲判準，並依據前揭§303A.02(b)(v)所揭標準而定。至於「三年回溯條款」（Three-year “Look-back” Provision）則僅適用於與上市公司董事或現任員工之最近親屬間有財務來往關係之情形者。上市公司並無須考量已離職之董事，或其最近親屬所贈與免稅機構且不計入§303A.02(b)(v) 之支領數額。然而任何由上市公司贈與免稅機構，於前三個會計年度之任一單獨會計年度內，免稅機構自該上市公司支領超過100萬美元或支領數額超過該免稅機構合併總營收2% 時，該上市公司必須揭露於其公司年報（Form 10-K）。惟上市公司董事會仍須盡其職責，將有關前揭§303A.02(a) 規定所提及之「實質關係」納入獨立性考量[46]。

3. 補充定義：「最近親屬關係」包含其配偶、父母、子女、兄弟姊妹；舉凡源自血親、姻親或收養，及除了國內員工外其他與前揭之人共同居住之人。惟値一提者，前揭有關§303A.02(b)所載「回溯期間」規定，於認定最近親屬關係時，不需考量已離婚、死亡或無行爲能力之人。再者，此處所稱「公司」，應包括公司集團內之任何母公司或子公司，併此補充說明[47]。

（二）那斯達克證券交易所

1. 獨立董事之定義

那斯達克證券交易所對於獨立董事之定義，原規定於那斯達克證券交易所上市準則（Listing Rules）中的董事會相關規定（Board Requirements

backs）效果，然而於該上市準則修正後，依§303A.02(b)(iv)之標準，渠等董事即不再被認為符合獨立性要求。

45 Sec. §303A.02 (b)(v).

46 Sec. §303A.02 (b)(v) Commentary.

47 General Commentary to Sec. §303A.02(b).

§4200(a)(15)），[48]近來則修正納入上市準則Rule §5065(a)(2) 之中。基此，所謂「獨立董事」（Independent Director），係指非公司經理人、員工或具有其他關係，在執行董事職務時不會牴觸獨立性要求而獲選任之董事。爲達立法目的，此所謂親屬係指，一人之配偶、父母、子女、兄弟姐妹，不論爲血親、姻親或收養，或與該人同住之人。據上所述，下列人選，應不認爲具有獨立性：

（1）董事現在或過去三年曾受僱於公司、公司之任何子公司或母公司。[49]但如曾爲公司臨時經理人，而該雇用期間並未持續超過一年，將不致造成判斷獨立性時之不適格。[50]

（2）董事或其親屬在判斷獨立性時起算，過去三年中任一連續之十二個月內，從公司、公司之子公司或母公司處支領薪酬超過12 萬美元。但下列支領不計入[51]：

A. 從董事會或下設之委員會所支領之服務性薪酬[52]。

B. 自受僱於公司、公司之子公司或母公司之親屬支領之報酬，且該親屬需非公司之經理人[53]。

C. 符合稅法規定之退休金計畫或「非指定用途薪酬」（Non-discretionary Compensation）[54]。

依前所述，董事先前擔任公司臨時經理人自公司支領之薪酬，不會納入決定獨立性之考量；然而公司董事會仍需考量過去雇用期間之薪酬，是否足以干涉董事獨立行使職權。前揭除外規定（Rule §5065(a)(2)(B)）所指支領薪酬，尙應包含直接給付予董事或董事親屬之薪酬，例如董事或其親屬擔任公司顧問或提供其他服務之對價。此外，爲競選目的而給付予董事或其親屬之政治獻金，於前揭除外規定中則應屬「間接薪酬」

[48] NASDAQ Manual Rule §4200(a)(15).

[49] *See* Rule §5065(a)(2)(A); Rule §4200(a)(15)(A), deleted on Mar. 12, 2009 (SRNASDAQ-2009-018).

[50] IM-5605. Definition of Independence - Rule §5605(a)(2)), IM-4200. Definition of Independence - Rule §4200(a)(15), deleted Mar. 12, 2009 (SR-NASDAQ-2009-018).

[51] *See* Rule §5065(a)(2)(B).

[52] 又稱為除外規定中之個人判準（Individual Measurements），See Rule §5065(a)(2)(B)(i).

[53] *See* Rule §5065(a)(2)(B)(ii).

[54] *See* Rule §5065(a)(2)(B)(iii).

（Indirect Compensation）。申言之，給付屬於一般性商業服務（發行人爲金融機構，該給付係依一般利率及程序所提供之銀行服務或發行人給予之貸款），若該給付係因投資該公司證券或符合1934年證券交易法所允許之貸款[55]，只要該給付之本質非屬薪酬，並非有礙獨立性判斷；惟此仍須視個案情況判斷，舉例而言，若該給付或貸款條件並非一般大眾都能適格，則該給付或貸款將可能被認爲屬於實質薪酬。[56]

（3）董事前三年內受僱於公司、公司之子公司或爲母公司經理人之親屬[57]。

（4）董事或其親屬爲特定機構之合夥人、控制股東或高階經理人，而在該會計年度或前三年會計年度中，公司從該機構支領或向其支付之款項，超過支領人該年度合併總營收5%或超過20萬美元者。但下列部分不計入[58]：

A. 投資公司有價證券[59]。

B.「非指定用途」之慈善捐款（Non-discretionary Charitable Contribution Matching Programs）[60]。

於此適用之對象，尚包含給付該特定機構之合夥人、控制股東、經理人、董事或其親屬。但如董事直接或實質上對該機構具有控制力，此時則得適用前揭除外規定中對於法人所設之判準（Corporate Measurements－Rule §5605(a)(2)(D)），而非屬適用於個人的判準（Individual Measurements－Rule §5605(a)(2)(B)）。如欲適用前揭除外規定中法人判準而豁免於獨立性判斷，此時發行人應向那斯達克證券交易所自律機

[55] 1934 Securities Exchange Act, Sec. §13(k)所指公司對董事或經理人之合法貸款。

[56] *See* IM-5605. Definition of Independence - Rule §5605(a)(2). IM-4200. Definition of Independence - Rule §4200(a)(15), deleted on Mar. 12, 2009 (SRNASDAQ-2009-018).

[57] *See* Rule §5065(a)(2)(C). Rule §4200(a)(15)(D), deleted on Mar. 12, 2009 (SRNASDAQ-2009-018).

[58] 又稱為除外規定中之法人判準（Corporate Measurements），*See* Rule §5065(a)(2)(D). Rule §4200(a) (15), deleted on Mar. 12, 2009 (SRNASDAQ-2009-018).

[59] *See* Rule§5065(a)(2)(D)(i). Rule §4200(a)(15)(D)(i), deleted on Mar. 12, 2009 (SR-NASDAQ-2009-018).

[60] *See* Rule §5065(a)(2)(D)(ii). Rule §4200(a)(15)(D)(ii), deleted on Mar. 12, 2009 (SR-NASDAQ-2009-018).

構申報。[61]

再者，公司給付該慈善機構超過其營收之5%或20萬美元時，董事或其親屬為慈善機構之經理人可能不被認為具有獨立性，然而當董事或其親屬與慈善機構間具有一定關係時，那斯達克證券交易所鼓勵公司於評價董事獨立性時，仍應將其他可能因素納入考量。[62]

（5）上市公司之董事或其親屬是另一機構之經理人，而上市公司經理人過去三年內，曾為該機構之薪酬委員會成員[63]。

（6）董事或其親屬現為或前三年內曾為公司外部稽核（會計師事務所）之合夥人[64]。

基本上，那斯達克證券交易所上市準則關於董事會規定中，係以公司獨立董事並無與上市公司間具有一定關係（Relationships），而推定不致減損其決策之獨立性。基此，董事會有義務使投資人確信渠等獨立董事並無構成Rule §5605(a)(2) 之特定關係；據此，Rule §5605(a)(2) 因此亦明文列舉可能導致減損獨立性之特定關係，這些客觀判準，將使投資人得以進一步瞭解公司。那斯達克證券交易所並不認為擁有公司股票會阻礙董事之獨立性，因此獨立董事持有公司股票亦不致被前述客觀判準所排除。[65]

此處所稱公司，包含公司之母公司或子公司。母公司或子公司尚包含發行公司所控制之其他法律主體，及與公司編製合併財務報表之其他公司。再者，此處所稱經理人，係指符合1934 年證券交易法中Rule §16a-1(f) 所規範之人。

---

[61] IM-4200. Definition of Independence - Rule §4200(a)(15), deleted on Mar. 12, 2009. (SR-NASDAQ-2009-018). IM-5605. Definition of Independence - Rule §5605(a)(2), Adopted on Mar. 12, 2009 (SR-NASDAQ-2009-018); amended on June 16, 2009 (SR-NASDAQ-2009-052).

[62] IM-4200. Definition of Independence - Rule §4200(a)(15), deleted on Mar. 12, 2009 (SR-NASDAQ-2009-018). IM-5605. Definition of Independence - Rule §5605(a)(2). Adopted on Mar. 12, 2009 (SR-NASDAQ-2009-018); amended on June 16, 2009 (SR-NASDAQ-2009-052).

[63] *See* Rule §5065(a)(2)(E).Rule §4200(a)(15)(E) ,deleted on Mar. 12, 2009 (SRNASDAQ-2009-018).

[64] *See* Rule §5065(a)(2)(F).Rule §4200(a)(15)(F), deleted on Mar. 12, 2009 (SRNASDAQ-2009-018).

[65] IM-4200. Definition of Independence - Rule§4200(a)(15), deleted on Mar. 12, 2009 (SR-NASDAQ-2009-018). IM-5605. Definition of Independence - Rule §5605(a)(2). Adopted Mar. 12, 2009 (SR-NASDAQ-2009-018); amended June 16, 2009 (SR-NASDAQ-2009-052).

應特別強調者，前揭Rule §5605(a)(2)所稱之親屬，尚應包含因婚姻關係成立之親屬（"In-law" Relationships），[66]即「姻親」亦包括在內。[67]

此所稱三年回溯期間，自該特定關係「終止時」起算，例如倘董事現非公司之獨立董事，則須自其受僱公司之期間屆滿三年後，方爲適格之獨立董事。[68]

2. 董事會成員

董事會之多數席次，須由符合上市準則Rule §5605(a)(2) 定義下之獨立董事組成，公司尙且須於公司年報（本國公司爲Form 10-K，外國公司爲Form 20-F），揭露其符合獨立董事之相關規定[69]。綜上，公司獨立董事職司建立投資人信心之重要角色，透過獨立之專業判斷，監督並對抗可能存在的利益衝突，爲投資人極大化股東權益；基此，要求董事會由多數獨立董事組成，始能更有效率地執行董事之責任[70]。如公司未能遵循，或任一獨立董事因故不再符合獨立性要求時，公司即應另循法律程序改選獨立董事，並應將處理經過，向那斯達克證券交易所自律機構完整報告[71]。

尤值一提者，公司獨立董事尙須定期召開「獨立董事會議」[72]，藉以鼓勵並加強獨立董事間之的意見交流；基本上，一年至少要有兩次之集會，亦可於定期之董事會後接續舉行[73]。

---

[66] 依此判準，岳父母、公婆（parents-in-law），將由於姻親身分而適格。

[67] IM-5605. Definition of Independence - Rule §5605(a)(2). Adopted on Mar. 12, 2009 (SR-NASDAQ- 2009 - 018); amendedon June 16, 2009 (SRNASDAQ-2009-052).

[68] *Id.*

[69] Rule §5065(b)(1).

[70] IM-4350-4. Board Independence and Independent Committees, deleted. IM-5605-1.Majority Independent Board.

[71] Rule §5065(b)(1)(A). Adopted on Mar. 12, 2009 (SR-NASDAQ-2009-018).

[72] Rule §5065(b)(2). Adopted on Mar. 12, 2009 (SR-NASDAQ-2009-018).

[73] IM-5605-2. Executive Sessions of Independent Directors. Adopted on Mar. 12, 2009 (SR-NASDAQ-2009-018).

四、小結

薪酬委員會之設，旨於審查並同意董事及高階經理人之薪酬，且通盤考量公司整體之薪酬政策。支持設立薪酬委員會者認爲，擁有獨立的薪酬委員會，在處理薪酬相關事項上，遠比由董事會直接參與薪酬決定更爲客觀，尤其當處理內部董事（Inside Director）薪酬時，更能迴避利益衝突的質疑。故以具有獨立客觀立場之薪酬委員會，審視評價薪酬之內容及績效，更易博得投資人好評。紐約證券交易所及那斯達克證券交易所均對董事獨立性之定義，有更進一步強化之規範，雖然實證上對於獨立董事增進公司治理價值之評價上，論者或有不同看法，對於新修正上市準則之效果亦有待觀察。究應如何加強公司決定董事薪酬之法律機制？或許應審愼觀察現階段改革之成效後再爲定奪。[74]

肆、薪酬委員會章程

一、證券交易所規定

公開發行公司之薪酬委員會，應依證券交易所之規定編制「薪酬委員會章程」（Compensation Committee Charter），紐約證券交易所之上市準則§303A.05(b) 就薪酬委員會章程設有應記載事項之規定，而那斯達克證券交易所則未強制設立薪酬委員會，故設立「薪酬委員會章程」目前雖非屬必要，但若公司董事會設有薪酬委員會時，應同時具備章程爲妥。

前揭章程應載明示董事會授予薪酬委員會之責任及權力，由於章程所訂事項，涉及董事之「受託義務」（Fiduciary Duty），若未依章程履行，將可能被視爲違反受託義務中的「注意義務」（Duty of Care）。而在訂定章程實務上，須調和公司、股東及相關交易對象之利益，並兼顧公司運作效率及公平，故須依每間公司之實際情況，在符合法令架構下，依公司之產業類別、規模、

---

[74] *See* Stephen M. Bainbridge, The Complete Guide to Sarbanes-Oxley: Understanding How Sarbanes-Oxley Affects Your Business, at 163-75 (Adams Media Publisher, New York, 2007).

獎酬協議之性質及複雜度、績效目標等作整體考量，訂定適合之章程，不應僅有符合法規之形式，卻虛應故事而已。

紐約證券交易所於其上市準則[75]，要求在該交易所上市之公司，必須訂有薪酬委員會之書面章程，其中包括：

（一）委員會之目的及職責，至少應直接包括：

1. 審核公司執行長獎酬目標之訂立及評估；

2. 向董事會提出須經董事會通過之經理人薪酬、獎勵性報酬及股權報酬規劃建議；

3. 編造須提交美國證管會之薪酬委員會報告，其須置於上市公司年報（Form 10-K）中。

（二）薪酬委員會之年度績效自我評估。

（三）在決定執行長薪酬之長期獎勵性報酬時，委員會應考慮上市公司之績效及相關之股東收益，獎勵性報酬之價值須與同業之執行長相近，及公司過去給付執行長之薪酬水準。

（四）薪酬委員會委員之資格。

（五）薪酬委員之委任與解任。

（六）委員會架構及運作方式，包含委員會對其附屬小組（subcommittees）之授權。

（七）委員會對董事會之報告。

（八）薪酬委員會章程應給予委員會獨立之權力，決定薪酬顧問之委任及解任，並得決定薪酬顧問之合約及費用，以協助委員會評估董事、執行長或經理人之薪酬。

（九）董事會與薪酬委員會間職掌之區分。

（十）薪酬委員會須具備置委員會書面章程。

（十一）董事會授予薪酬委員會之權責與各委員之職掌。

（十二）以上規定不應被解釋爲排除董事會參與執行長薪酬討論之權，或箝制董事會與薪酬委員間之溝通。

---

[75] Sec. §303A.05(b).

二、實例

以公司治理著稱之微軟（Microsoft）公司，其董事會下設五個獨立委員會，以協助履行其職責，分別為「競爭法」委員會（Anti-trust Compliance Committee）、「審計」委員會（Audit Committee）、「薪酬」委員會（Compensation Committee）、「公司治理及提名」委員會（Governance and Nominating Committee）及「財務」委員會（Finance Committee），渠等委員會成員皆為獨立董事，符合那斯達克證券交易所、紐約證券交易所之相關規定[76]，足為適例。

伍、修法方向

公司高階主管薪酬在美國早已成為指標性的社運議題，民間與官方對於董事及其他經營階層坐領驚人的超高薪酬，卻未能與公司績效間具合理比例的現象多所批評。近年來公司治理浪潮蔓延，美國係自公司內部監督著手，強化獨立董事功能，賦予薪酬委員會更明確之職責，加強董事薪酬之揭露，使投資人能更理解相關薪酬資訊。特別在爆發金融危機後，美國更加重視薪酬改革議題，美國眾議院於2009年7月31日通過「2009 年企業及金融機構公正薪酬法案」（Corporate and Financial Institution Compensation Fairness Act of 2009）[77]，現已送交參議院待審。本法案之前身是由2007 年時任參議員，現任美國總統Barrack Obama 所提出[78]。現更為美國金融改革眾多內容中最受矚目者，一方面修正1934年證券交易法，使股東得就董事薪酬進行表決以供決策參考，另一

[76] 本文以美國微軟（Microsoft）公司甫於2009年7月1日最新修訂之「薪酬委員會章程」為例，該章程包含委員會之角色、成員、運作、權限及責任，內容豐富深具參考價值，或可供我國未來實務運作參卓酌。有關微軟公司薪酬委員會章程內容，請參考該公司官方網站：http://www.microsoft.com/about/companyinformation/corporategovernance/committees.mspx（瀏覽日期：2009年10月25日）。

[77] H.R. 3269, 111th Cong. (2009).

[78] Short title as introduced: Shareholder Vote on Executive Compensation Act , S. 1181, 110th Cong. (2007), *available at* http://thomas.loc.gov/cgi-bin/query/z?c110:S.1181 (last visited Oct. 28, 2009).

方面旨在防止金融機構不當濫用獎勵性薪酬發放，卻增加業務曝險程度。法案主要包含三項修正重點，除小股東得對高階經營階層薪酬藉由表決發聲[79]、更加強薪酬委員會之獨立性標準，復以金融機構爲優先適用對象，以強化企業薪酬結構健全，減少不當獎勵性薪酬措施之濫用[80]。相關之議題在美國討論熱

[79] 美國媒體簡稱該法案名稱為“Say-on-pay” bill，暗喻小股東亦得對公司薪酬發放發聲置喙，為利與其他美國主流文獻用辭接軌，本文以下爰就股東對經營高層薪酬之表決相關典章法制統稱為Say-on-pay Provisions。

[80] 法案中涉此部分與本文探討薪酬委員會之議題關聯性相對較低，且基於金融業公司治理強調安全與穩健（Safety and Soundness），期能避免經營失敗，導致系統性風險（Systemic Risk）之考量，立法上應不同於一般公司治理側重之點。反對見解則認為，法案適用之金融業者範圍過於廣泛，強調本法案普遍適用於金融業者將導致公權過度介入金融業薪酬策略及結構，且公權是否足以勝任審視個別薪酬之妥當性，遑論無法祛除公權過度介入私經濟範疇之疑慮。以下謹就有關強化薪酬結構揭露，以減少不當獎勵性薪酬之濫用（Enhanced Compensation Structure Reporting to Reduce Perverse Incentives）之部分擇要說明如次；
1. 強化薪酬協議之揭露（Enhanced Disclosure and Reporting of Compensation Arrangements）
(1) 總則（In General）
本法頒布後之9個月內，聯邦監理機構應共同制訂法規，使適格之金融機構，向聯邦監理機關揭露有關該機構所採之獎勵性薪酬協議，以瞭解各金融機構薪酬結構是否：
A.符合健全之風險管理；
B.該結構應考慮揭露時之法律風險；
C.符合聯邦監理機關共同制訂之其他規章，以減少渠等機構對其員工所採行不當之獎勵薪酬措施，進而於業務上承擔過度之風險，如：
(i)可能危害特定金融機構之安全與穩健；或
(ii)可能嚴重影響經濟或金融的穩定。
(2) 法規解釋準則（Rules of Construction）
此處所載內容，不應解釋為要求對特定個人薪酬之報告。亦不得解釋為，要求不具有獎勵為目的之薪酬協議的各該金融機構，需依本節規定為揭露。
2. 禁止特定之薪酬協議（Prohibition on Certain Compensation Arrangements）至遲於本法頒布後9個月內，聯邦各監理機構，應依本法總則第(1)條內之(A)(B)(C)項規定，共同制訂規則，禁止以獎勵為目的之薪酬協議，或任何類似協議，以認定是否造成變相鼓勵金融機構承擔不當業務之風險，諸如：
(1)可能危及金融機構之安全與穩健，或；
(2)可能嚴重影響經濟或金融的穩定。
3. 執行（Enforcement）
應依1999年「金融服務業現代化法」（The Gramm - Leach - Bliley Act of 1999）規定辦理，凡有違反此處規定者，應視為觸犯前揭金融服務業現代化法第5章第A節（Subtitle A of title V GLBA）之違法。
4. 定義（Definitions）此處所稱：

烈，尤其是股東對高階經營階層薪酬之表決，各界看法不一；以下謹就前揭法案內容擇要說明如次：

一、股東表決

（一）沿革

金融風暴所引發大型金融機構潰敗，伴隨新聞報導給付渠等董事過於優渥的薪酬，引發輿論極大的關注。給付執行長不當的高額報酬促使1990年代初期的稅法改革，1990年代末期引起注意的是高階經營階層受領巨額股票選擇權；2000年初，公司解任執行長卻仍享受「黃金降落傘」（Golden Parachute）[81]的

(1)「聯邦各監理機構」係指：
A.聯邦儲備理事會（FRB）；
B.財政部金融局（OCC）；
C.聯邦存款保險機構（FDIC）；
D.儲貸機構監理局（OTS）；
E.聯邦信用合作社管理局（NCUA）；
F.聯邦證券交易管理委員會（SEC）；
G.聯邦住宅局（FHA）；
(2)「金融機構」係指：
A.依聯邦存款保險法第3條（12 U.S.C. 1813）所定義之存款機構或存款機構之控股公司；
B.依1934年證券交易法Sec.§15設立登記之經紀人（15 USC 780）；
C.美國聯邦儲備法Sec.§19(b)(1)(A)(iv)之儲貸機構；
D.依1940年投資顧問法Sec.§202(a)(11)（15 U.S.C. 80b-2(a)(11)）設立之投資顧問；
E.美國聯邦國民抵押貸款協會；
F.美國聯邦住宅貸款抵押公司；及
G.依本法立法目的，由聯邦監理機構共同制定之規章，得視為符合此處所指金融機構定義之其他金融機構。
5.「豁免適用」之金融機構（Exemption for Certain Financial Institutions）舉凡資產少於10億美元之金融機構，不適用本法規定。

[81] 所謂「黃金降落傘」（Golden Parachute），本質上是一種對於併購交易中目標公司管理高層的補償性法律安排；通常會以「約定目標公司被收購時，公司管理高層無論是否自願離職，都可以獲得相當數額的補償金」的方式呈現，由於會使發動收購方的實際成本增加，實務上遂逐漸發展成為一種對抗「惡意收購」（Hostile Takeover）的法律防禦措施。

優渥給付，也招致公眾非議。2004至2007年期間報載避險基金經理人的億萬報酬，更讓前揭公司執行長薪酬相形失色[82]。面對巨額獎金紅利的發給，在財務金融體系崩潰後更加劇爲輿論怒吼，目前輿論爭辯重點已經聚焦於股東是否適宜介入薪酬之決策程序的議題，似乎已屆最後攤牌階段。

然就論者意見析之，多有主張股東並不應取代董事會作成具專業性的商業決策判斷，而應加強董事會獨立性，並加重其責任。董事選舉給予股東檢視董事會表現的機會，然而在2006年倡議修正的揭露規則下董事會必須揭露「薪酬檢討與研析」（Compensation Discussion and Analysis, CD&A），提供股東更多薪酬資訊，藉之評價董事會在薪酬決策上是否符合健全的公司治理[83]。

倡議股東在薪酬決策程序上應發揮更大影響之論者認爲，可藉由董事輪替或於薪酬委員會選任時，直接反對形成壓力。然而這種做法的程序冗長且遵法成本較高，對董事會決定薪酬尚非能構成有效約束[84]。

股東之於董事決策尚有四種可能選項：（1）事前或事後；（2）拘束性或參考性；（3）概括或特定之薪酬規劃；（4）強制或任意。舉例而言，美國目前證券交易所上市規則，要求實施股票選擇權計畫必須經過股東同意，亦即屬「事前、具拘束力」之強制規定。然而美國股東在特定股票選擇權計畫之執行上，依法並不能干預，故決定授與特定經營階層之人股票選擇權，股東即無從置喙。從而此項同意係指「概括」的同意[85]；然而股東對特定薪酬計畫之同意，會干預董事會在評估及設定薪酬所扮演之角色。所謂股東對經營階層薪酬表決，應指事後、參考性質且係概括就特定之薪酬規劃所爲單一表決[86]。

美國證管會於2006年採行CD&A，旨於透過建立共識，喚起股東對公司董事薪酬之重視，呼籲股東可藉由薪酬委員會選任時，消極的不予投票，以干預董事及經營階層之組成，迫使渠等正視問題。反對者則以爲如此干涉公司薪酬

---

82 *See* Top 25 Highest-Earning Hedge Fund Managers, Alpha, Apr. 2009.

83 *See* Jeffrey N. Gordon, *Say-On-Pay Provisions: Cautionary Notes on the Uk. Experience and the Case for Shareholder Opt-In*, 46 HARV.J 337 (2009).

84 *Id*.

85 *See* Jeffrey N. Gordon, *Executive Compensation: If There Is a Problem, What's the Remedy? The Case for "Compensation Discussion and Analysis"*, 30 J. Corp. L. 698-99 (2005).

86 *Id*. at 337.

決策並不妥當；因爲股東在公司治理之功能定性上，並不適合直接介入薪酬決策程序。經由媒體揭露，公司毫無章法地給付經營績效失敗的執行長以高額薪酬及股票選擇權等案例，已經加深了民眾對此議題的負面觀感。

美國此回立法之舉係以2002年英國薪酬模式下所建立之制衡機制爲藍本，亦即對公司之年度董事薪酬報告（Directors Remuneration Report, DRR），賦予股東投票發聲的權利。惟其民意表達結果亦僅能提供決策參考而不具拘束力，也無法使已達成協議之薪酬溯及既往不生效力。民主黨贏得2006年美國國會選舉多數席次後，眾議院通過「股東對董事薪酬諮詢性質投票」之議案[87]，但此項立法尚未獲參議院通過[88]，於2009年又再提出相似之法案並已由眾議院通過，交參議院審議中[89]。

同一期間，公司治理倡議人士以「股東提案」方式，將Say-on-pay Provisions（每年對經營高層薪酬投票）置於股東會議案中，此舉引發各界不同看法[90]。戰火更在倡議者積極推動Say-on-pay Provisions 法案並試圖尋求強調公司治理的公司間支持後點燃。2007年股東會委託書爭奪戰來臨前，倡議人士分別推動了約六十餘件股東提案，獲得股東會通過比率約達42%，其中有八間公司更直接通過Say-on-pay Provisions議案，包括著名的Verizon、Blockbuster 、Motorola 、Ingersoll-Rand等公司。其中Verizon及Blockbuster兩公司更在公司章程與細則中增訂Say-on-pay Provisions條款，採納每年度投票一次的方式。傳播效應如滾雪球般，Aflac公司也跟進採納Say-on-pay Provisions；但隨之於2008年的推廣成效則並不順遂，公司提案獲股東會同意比率趨緩，當年度獲得支持的公司包括Alaska Air、PG&E、Lexmark、Motorola、Apple等；探究其原因可能在於渠等公司皆涉及高階經理人領取高額股票選擇權之故。特別值得注意，Say-on-pay Provisions在金融業的支持率，自40%下滑至30%[91]。倡議者原以爲

---

[87] H.R. 1257, 110th Cong. (2007).

[88] S. 1181, 110th Cong. (2007).

[89] H.R. 3269, 111th Cong. (2009).

[90] *See* Kristin Gribben, *Divisions Grow Within Say-On-Pay Movement*, Agenda, July 7, 2008, *avai labl e at* http://www. shar eholder forum. com/ sop/Libr a ry/20080707_Agenda.htm (last visited Oct. 10, 2009).

[91] *See* Tom Mcginty, *Say-On-Pay Doesn't Play on Wall Street: Fewer Investors Back Plans to Weight in Executive Compensation*, Wall St. J., May 22, 2008, at C1.

金融業者普遍巨額虧損，應會再度激起股東憤怒；逆料，諸如美林證券（Merrill Lynch）及花旗集團兩大金融業者，仍然無畏輿論壓力發給執行長巨額離職金，使投資人憂心公司治理蕩然無存。其實，金融資產大多具有高度流動性，又須以高額薪酬留住經營人才，試圖以績效連結薪酬的倡議，在金融服務業中並不易被普遍接受，也因此突顯推動Say-on-pay Provisions 法案所涉之複雜程度。由於前揭推動Say-on-pay Provisions 的進度不理想，於是倡議者轉而寄望美國聯邦政府藉由立法方式全面建構更合理的薪酬制度[92]。

（二）修法

關於公司股東對於涉及公司經營高層薪酬（Shareholder Vote on Executive Compensation Disclosures）投票表決部分，擬提出對於1934 年證券交易法§14 (15 U.S.C. 78n) 之修正案，增訂條款如次：

1. 股東同意公司高層薪酬（Annual Shareholder Approval of Executive Compensation）

（1）年度表決（Annual Vote）

股東得依證管會規定所揭露的經營高層薪酬（其中應包括薪酬委員會報告、獎酬檢討與分析、薪酬表格，以及其他應揭露之相關事項）進行獨立投票表決。股東投票結果不得拘束發行人或董事會，並不應解釋爲排除董事會決定，或新設任何額外的受託義務；股東表決也不應被解釋爲箝制股東關於公司經營高層薪酬於委託書（Proxy）中提案的權力。

（2）股東同意「黃金降落傘」[93]薪酬（Shareholder Approval of Golden Parachute Compensation）

A. 揭露（Disclosure）

公司進行收購、合併，或發行人全部或一部資產之出售或爲其他處置，應

92 *See* Gordon, *supra* note 83, at 339-40.
93 *Supra* note 81.

依委員會所頒規定，以簡易表格揭露於委託書或徵求說明中；且對於發行人之經營高層薪酬，基於前揭交易所爲之任何約定或條件，均應得股東同意。

B. 股東核可（Shareholder Approval）

任何委託書或徵求說明應就上述事項予以揭露，並提供股東投票表決。除另有規定外，股東應對前揭薪酬之約定或條件，予以同意。股東投票不得拘束發行人或董事會或爲委託書徵求之人，並不應解釋爲排除發行人或董事會或爲委託書徵求之人之決定；或對發行人或爲委託書徵求之人，要求負擔額外的受託義務。

（3）揭示表決（Disclosure of Votes）

除非委員會就表決另有規定外，根據前揭證券交易法Sec. §13(f)規定，每一機構投資人，應每年至少一次就上述(1)或(2)情形所涉投票事宜對渠等股東爲報告。

（4）豁免適用（Exemption Authority）

證管會得衡酌立法目的，豁免特定發行人適用本規定。爲決定豁免範圍，委員會應就規模較小發行人之潛在影響納入考量。

（三）輿論

關於股東是否適宜對經營高層薪酬進行表決，美國各界仍多爭議[94]。眾議院提出之法案搭輿論便車順利通過，但批評不斷。爭議重點多在關切美國董事及執行長等經營高層之薪酬，基於美國證管會修正揭露規則並明定薪酬委員會應將如何決策薪酬之過程（CD & A）予以公開，且重視薪酬與績效之連結，薪酬委員會具有較客觀地位爲適當之薪酬判斷，故法制上應加強薪酬委員會之

94 美國對於接受政府資金紓困的公司，擬藉由立法方式強制使渠等公司股東得享有對高階經營階層薪酬，進行無拘束力之表決，以提供董事會決定薪酬政策之參考。*See* SEC, DIV. OF CORPORATE FIN., COMPLIANCE AND DISCLOSURE NTERPRETATIONS: AMERICAN RECOVERY AND REINVESTMENT ACT OF 2009 (2009), *available at* http://www.sec.gov/divisions/corpfin/guidance/arrainterp.htm (last visited Oct. 20, 2009).

功能。

惟薪酬問題在美國由來已久，一方面基於社會觀感，而有改革之舉，另方面基於績效連結觀點，強調薪酬應與績效連結；然而兩種觀點可能產生矛盾之處。如果基於社會觀感進行改革，其結果勢必產生抑制董事及執行長薪酬繼續失序之效果。質言之，一切取決於社會公評而定。若是強調績效正當連結，採納獎勵措施，提升公司績效，使股東受益，則績效表現糟則薪酬低，反之，高績效則高報酬。兩方觀點，常見爭辯。近年倡議「股東行動主義」（Shareholder's Activism）的風潮正熾，論者開始強調股東在推動公司治理的同時，得以發揮的制衡機能，Say-on-pay Provisions 即為其一。美國公司法制向來認為，股東對於董事及高階經理人薪酬並無置喙餘地，渠等薪酬決定應係屬董事會之固有權限；然而在重視股東權能的風潮下，股東也僅能以無拘束性質的表決對董事薪酬發聲表態。究竟藉由「修正公司章程細則」或「股東提案權」達成「股東行動」之效，似乎各有利弊。惟若目前聯邦政府採行設立專法方式為之，雖然股東對薪酬表決並無拘束力而僅為供董事會參考性質，但一般咸認實質上將對現行公司高層薪酬實務帶來相當衝擊。

1. 簡評

由股東針對公司薪酬政策採行表決方式，達成「一體適用」（One-Size-Fits-All）於所有公開發行公司之企圖，恐將對公司治理中「問責制」之加強及風險降低，帶來負面影響。或者，可考慮透過董事會下設獨立薪酬委員會，專責決定薪酬，降低可能過度給付薪酬，所引發涉入「高報酬、高風險」之營業弊端。因薪酬之規劃與經營策略間具有密切關聯。實務上已見企業著手強化其對薪酬爭議之處理，並調整不當薪酬制度對於營運風險之影響。足見，薪酬委員會與股東對經營高層薪酬之不具拘束性表決，在未修法前，公司實務上業已有所因應。本文以為強制性質的股東對經營階層薪酬之表決，因為論者尚未達成共識，如僅由公司少數股東發動，將影響股東和董事會間之和諧，不符公司經營的利益最大化。蓋因董事會乃為股東利益經營公司，而對股東負受託義務，董事會之薪酬委員會有責任將獎勵性薪酬與其不能公開的商業策略間妥為連結，並利用持續獎勵，以支持公司的長期薪酬策略。每年一次的Say-on-pay Provisions 投票，將會使薪酬結構因機械化遵循程序而逐漸僵化，造成公司高層不依具體情況慎重考量，形成只想確保在股東投票中獲得高票數支持的「過關就好」的敷衍心態[95]。

舉凡2009 年依照Say-on-pay Provisions法案精神進行投票之公司，僅獲有30%股東的投票支持，2008年的獨立學術研究也指出，大型機構投資人僅有25%支持股東投票。以英國具強制性質之年度投票，仍未能減少整體薪酬水平，並降低績效與給付間之不當連結。國會此時試圖規範薪酬結構，例如股票選擇權，是否適得其反，造成薪酬之增加或造成不可預見之改變[96]，饒有商榷之餘地。

世界上最大的商業聯盟一美國商會（Chamber of Commerce of the United States of America）2009年2月，發表聲明指出，董事薪酬應與其貢獻度及公司績效間合理衡平、依附於風險管理、法令遵循並創造股東價值最大化。Say-on-pay Provisions（法案編號HR3269）立法草案與該原則仍有不盡相符，商會提出建議如次[97]：

（1）Say-on-pay Provisions 可以藉由採行每三年（triennial）投票方式，並提出由股東以絕對多數投票表態後於五年期間內調整。反觀美國公司實務，法案所採取每年一度之投票，而不論公司營業規模、產業特性、發展沿革及公司治理，恐不符實際需要。國會應要求每三年一次投票供作參考，從而將董事薪酬與任期連結，如此的改變將使股東意見，在公司董事薪酬政策上更爲有力。商會並認爲有必要增加「選擇退出」（Opt-out）的規定，例如若公司有三分之二股東對Say-on-pay Provisions表決同意於五年內不予適用，則中小型公司將能因此減輕不必要的程序成本及費用。

（2）舉凡州公司法已設有獨立之薪酬委員會機制者，則聯邦法律不應另外立

---

[95] CONFERENCE RECORD－Extension of Remarks, September 9, 2009 (E2220). *Available at* http://frwebgate.access.gpo.gov/cgi-bin/getpage.cgi?dbname=2009_record&page=E2220&position=all. (last visited Oct. 10, 2009)

[96] CONFERENCE RECORD－Extension of Remarks, September 9, 2009 (E2221). *Available at* http://frwebgate.access.gpo.gov/cgi-bin/getpage.cgi?dbname=2009_record&page=E2221&position=all. (last visited Oct. 10, 2009)

[97] *Id.*

法介入。各州州公司法已建構有多元化公司治理模式，使美國經濟因此更具競爭力。雖然特定金融服務業的公司治理受到質疑，但美國上市公司中97%（約一萬五千家），尚與金融危機無關。綜上，商會主張，由聯邦設立薪酬委員會專法應不致侵害州立法權限。

主張設立「高階主管薪酬中心」（Center on Executive Compensation），研擬合理的薪酬政策。倡議者認爲以董事會中心進行改革，發展並揭露薪酬給付與績效間之明確連結，以減緩董事與執行長薪酬計畫對公司所帶來的風險，據此，由聯邦政府立法決定薪酬應是較佳方式。渠等反對Say-on-pay Provisions立法理由如下[98]：

（1）將弱化美國公司治理

Say-on-pay Provisions 將引導公司採行「平頭式」（Cookie-Cutter）的薪酬協議，而非謹愼地針對個別需要擬訂薪酬，不符多數股東利益，並因而使美國朝向「股東會優位」發展。董事會透過獨立的薪酬委員會運作，並負受託義務，應具有爲股東管理董事薪酬之責，薪酬之形式及總額，涉及公司機密性商業策略，評估個人績效及公司長遠之營運計畫，年度投票表決將會使處於資訊不對稱地位之股東的好惡判斷，取代掌握商業資訊的董事會專業判斷。

（2）平頭式薪酬政策

機構投資人爲因應年度無拘束力之投票，將需要就上千家投資標的公司營業與財務資料進行分析，耗費大量人力。許多機構投資人遂可能轉由依賴委託書顧問公司之判斷以節省成本。公司薪酬委員會爲確保能有滿意的投票表決結果，則容易投機地以方便瞭解的「平頭式」薪酬安排獲得投票同意，而非依據公司個別情形爲決定。

（3）昧於現實

儘管在現行之經濟環境下，股東要求公司採行Say-on-pay Provisions 的支

[98] CONFERENCE RECORD－Extension of Remarks, September 9, 2009 (E2222). *Available at* http://frwebgate.access.gpo.gov/cgi-(last visited Oct. 10, 2009)bin/getpage.cgi?dbname=2009_record&page=E2222&position=all.

持率並未得到多數股東之支持，其中平均僅有30%比率獲得支持。

（4）背離「機構投資人」反對意見

2008年康乃爾大學教授Kevin Hallock 所作研究顯示，大型機構投資人50%反對Say-on-pay Provisions ，僅有25%支持，足爲代表。

（5）實證顯示

英國採行年度薪酬表決，仍未能降低整體薪酬水平，2008年FTSE100（英國富時指數）標的上市公司薪酬反而成長7%，美國S&P 500（標準普爾指數）標的上市公司薪酬下滑6.8%，且英國薪酬與績效間之不當連結有開始下降的趨勢。

2. 學說

論者首先提出採行Say-on-pay Provisions方式，將會破壞股東及董事會間的良性互動，此種表決涵蓋的對象包括董事會及薪酬委員會。然而投票之結果並無強制力，尚不足以對渠等決策造成警惕、甚至形成迫使薪酬委員會成員去職的效果。其次，董事會相對於個別股東，顯然更能掌握作成決策所需判斷的經營資訊，股東所爲之判斷常流於情緒好惡。其三，由董事會爲決策判斷能有效降低代理成本。最後，可預見鬆散的股東族群終將轉而依賴委託書顧問公司對投票所給予之建議，反而違背Say-on-pay Provisions 法案由股東對於公司薪酬政策發聲的初衷[99]。

由於英國一方面採行DRR，另一方面掌握英國大型公開發行公司近30%股權的ABI 及NAPF 採行「最佳實務守則」，因爲二者機構投資人具支配及優勢地位，年度的股東所爲僅供參考的投票，流於僅關心最佳實務守則是否被履行的形式。事實上，股東可以依據每年公司績效及未來整體前景，評估公司薪酬之給付，但是成本將非常高昂。對公司而言，只要符合守則規範，將薪酬落於整體產業之中間部分，並避免較前一年度爲大幅變動，通常可以得到股東同意，即已背離以績效爲衡量指標的宗旨。英國原擬賦予股東能對於公司薪酬享

99 *See* Gordon, *supra* note 83, at 339. *See* Stephen M. Bainbridge, *Is Say-On-Pay Provisions Justified*?, Regulation, 42, 46-47 (Spring 2009).

有更大的發言權，然而諷刺的是，Say-on-pay Provisions 的實際運作，卻反而減低股東之代理人，即董事會對於薪酬的斡旋空間[100]。

英國上市公司的股權結構明顯強調「集中」於機構投資人。首先，英國公司由機構投資者持有，而非由散戶投資者。其次，該機構是「集中」而不是「分散」，例如英國主要的機構投資者是保險公司和退休基金，利用共同的倫敦地緣，和長期持股以獲取穩定的股息及收益的共同目標。大多數美國公司之股權結構原本相當分散，直到1980年代機構投資人開始急劇增加，但股權結構仍爲分散之機構投資人，其有著不同的投資目標、預期持有期間和地理位置[101]，基本上與英國的股權結構仍然同中有異。

Say-on-pay Provisions究應如何適用於美國？依現行立法提案，在美國將有更多的股票發行公司被涵蓋在內（約一萬家），英國則相對的僅約爲1,100家。就股票市場之資本而言，僅82家公司即約佔資本市場總值82%，前202家之公司占總值之95%的英國明顯資本更爲集中。反觀美國標準普爾（Standard & Poor's, S&P）500指數所涵蓋公司約占資本市場總值75%，而標準普爾1500綜合指數所涵蓋公司亦僅占市值85%，市場資本相對較爲分散。質言之，美國較爲活躍的機構投資者，向來係以公共退休基金和聯合退休基金最具代表，究其實際運作，只有相對少數的大型公共退休基金有獨立適格的公司治理專家指導投票，即使是素負盛名的加州公務員退休基金和TIAA -CREF，亦多僅依賴已建立之守則資爲法令遵循[102]。至於其他公司股東則均將其實質管理決策委由諸如RiskMetrics等委託書服務公司決定。[103]

如同ABI和NAPF一樣，RiskMetrics亦對公司薪酬建立若干指導原則[104]。

---

100 *See* Gordon, *supra* note 83, at 348.

101 *Id.* at 349.

102 *See* TIAA-CREF, TIAA-CREF Policy Statement on Corporate Governance (2009), *available at* http://www.tiaa-cref.org/pubs/pdf/governance_policy.pdf; CalPERS, Global Principles of Accountable Corporate Governance (2009), *available at* http://www.calpers-governance.org/docs-sof/marketinitiatives/2009-04-01-corpgovernance-pub20-final-glossy.pdf (last visited Oct. 28, 2009).

103 *See* Gordon, *supra* note 83, at 351-52.

104 *See* Riskmetrics Group, U.S. Corporate Governance Policy 2009 Updates (2008), *available at* http://www.riskmetrics.com/sites/default/files/RMG2009PolicyUpdateUnitedStates.pdf (last visited Oct. 25, 2009).

相似於英國之情況，謹慎的公司將遵守這些守則以設計和執行薪酬規劃。許多機構投資人傾向將其權利委由少數的委託書代理人進行實質性的判斷及決定，因而使渠等委託書代理人具有潛在的經濟影響力[105]。事實上，導致1990 年代初期公司普遍接受股票選擇權之原因，部分來自機構投資者的壓力，促使公司採取這種「最佳實務」（Best Practice）的方法以加強管理上的獎勵機制；且依最佳實務之施行成效觀之，亦多指向採用選擇權之方式。就美國實務發展觀之，Say-on-pay Provisions應看待為一種辨認或避免不當行為的方法，但實施的成本和風險亦須加以考慮[106]。

此外，寡占的委託書顧問影響力也不容忽視，特別是「利益衝突」弊端，已然開始在實務中浮現。RiskMetrics執行評鑑受託客戶公司治理指數的同時，並宣稱以另設單獨部門，提供該客戶委託書投票之建議[107]。質言之，對公司客戶就如何改善公司治理評量給分，且據之提供改善建議以收取費用。最近的研究報告顯示，RiskMetrics編製的公司治理指數，實質上是否妥當令人質疑。[108]

Say-on-pay Provisions在美國的實際執行，如同薪酬顧問一方面訂定指導原則，憑以對於薪酬體系評價其優良與否，同時並接受公司委託就改善其薪酬評鑑提供諮詢，然後僅憑藉自律，來提供股東委託書投票方向之建議。雖依其提供投票建議踐履嚴格程序之嚴謹程度，可將潛在的利益衝突減到最低，恐亦僅得視為避免多重角色扮演受到批評的忸怩作態，遑論所提供建議僅成為普遍適用於所有客戶的標準，並非依個別公司具體薪酬計畫予以客製化提供最適改善建議。

公開發行公司需要能夠提供持續獎勵性的薪酬機制以激勵業務成長。但

---

105 美國素享盛名的委託書顧問公司RiskMetrics Group，向來為機構投資人所倚重，迭遭批評造成RiskMetrics Group實質上操控Say-on-pay Provisions之表決結果，已然成為倡議者的隱憂。See Alistair Barr, *Which Compensation Directors Are Vulnerable*?, Marketwatch, September 14, 2009.

106 *See* Gordon, *supra* note 83, at 353.

107 *See* Riskmetrics Group, Business Practices Policy, ISS Governance Services Policies, Procedures and Practices Regarding Potential Conflicts of Interest, *available at* http://www.riskmetrics.com/practices#conflicts (last visited Oct. 11, 2009).

108 *See* Gordon, *supra* note 83, at 353.

隨之而來的業務承作風險擴大，也挑戰著聯邦立法者的智慧。然而在董事薪酬方面傾向於擴大股東權利的立法動力，來自政治正確，更警示著小股東藉由投票對公司薪酬發聲，應盡可能抽離對於董事執行業務的不當干預。綜上，Say-on-pay Provisions 的立法或應修正，第一，應明確界定爲任意性質及保護小股東選擇的權利，而非出自與證管會間揣摩上意的政治氛圍。第二，如果任意性之Say-on-pay Provisions 被拒絕採納，那麼任何強制性的版本應僅限於在最受矚目的大公司薪酬的問題上。將股東注意力集中在一小部分公司薪酬之做法，似乎能夠抑制過度或濫用薪酬方案，同時降低機械化適用公司規章的風險[109]。

依小股東自由意志或稱「選擇納入」（Opt-in）的立法方式，象徵著股東期望董事會自我檢討和表明股東有解決薪酬問題的強烈意向，將對於經營階層的決策形成一定壓力。

3. 實務呈現

美國微軟公司董事會已通過資方Say-on-pay Provisions 提案，同意賦予股東對高層主管薪酬的發言權，以回應美國政府在金融危機後對企業薪酬制度採取更嚴格的監管措施。

未來股東每三年能針對微軟高層主管的薪酬進行投票，第一次訂於2009年11月19日的年度股東會。渠等股東投票結果雖不具約束力，但如果反對票太多，公司將考慮直接和股東協商，使股東瞭解新制目標在使股東價值最大化，鼓勵股東對微軟的薪酬制度發表意見[110]。

由於主管機關加強監管，已有愈來愈多企業同意揭露更多內部運作，薪酬研究業者Equilar 公司調查發現，財星（Fortune）百大企業逾半數採用Say-on-pay Provisions ，包括最近的Motorola 和Verizon 電信公司等，都已採納於股東委託書納入薪酬發言權的做法。

---

[109] *Id.* at 355-56.

[110] *See* Microsoft Board Authorizes "Say-on-Pay" Advisory Vote on Executive Compensation, *available at* http://www.microsoft.com/presspass/press/2009/sep09/09-18BoardPR.mspx (last visited Oct. 28, 2009).

二、獨立性標準

（一）法規介紹

在薪酬委員會獨立性（Compensation Committee Independence）部分，修正薪酬委員會之要求，1934 年證券交易法（15 U.S.C. 78a et seq.）應予修正，於Sec. 10A 之後增訂以下部分：

1. Commission Rules

（1）總則（In General）

2009 年企業及金融機構公正薪酬法公布後九個月內，委員會應依指導國內證券交易所及證券交易協會，並禁止不符(b)至(f)規定之特定證券發行人上市。

（2）補正（Opportunity to Cure Defects）

委員會根據(1)應規定適當的程序，在禁止發行前，得予發行人補正之機會。

（3）豁冤適用（Exemption Authority）

證管會得衡酌立法目的，豁免特定發行人關於(b)至(f)之適用。爲決定豁免適用條款的適當性，委員會將對較小規模發行人之負面影響納入考量。

2. 薪酬委員會之獨立性（Independence of Compensation Committees）

（1）總則（In General）

發行人董事會應下設獨立之薪酬委員會。

（2）判準（Criteria）

爲達獨立性之目的，發行人之薪酬委員會成員，除擔任薪酬委員會成員、董事會董事、或任何其他董事會下設委員會成員外，不得受領發行人給付之任何諮詢、顧問或其他報酬費用。

（3）豁免適用（Exemption Authority）

證管會可衡酌立法目的，豁免薪酬委員會委員就前揭判準（2）之適用。

（4）定義（De.nition）

薪酬委員會係指：

A. 由發行人董事會下所設之委員會（或同等組織），以決定及同意發行人之經營高層薪酬；

B. 發行人未設此委員會時，則爲董事會下之全體獨立董事。

***3.* 薪酬顧問之獨立性**（Independence Standards for Compensation Consultants and Other Committee Advisors）

任何的薪酬顧問或其他之薪酬委員會顧問，發行人皆應使符合證管會所建立之獨立性標準。

***4.* 薪酬委員會對於薪酬顧問之權責**（Compensation Committee Authority Relating to Compensation Consultants）

（1）總則（In General）

董事會下設之薪酬委員會，應有權獨立判斷是否採行薪酬顧問之建議，並確保薪酬顧問能遵循法定獨立性標準，且薪酬委員會應直接就薪酬顧問之選任與報酬負責，並監督薪酬顧問獨立執行其業務。

本規定不應被解釋爲要求薪酬委員會，須依薪酬顧問的意見或建議而爲決定，且不應以其他方式影響薪酬委員會之權責，應使其獨立判斷執行職務。

（2）揭露（Disclosure）

對即將召開或在新法生效一年後召開之年度股東常會（或股東臨時會），經營階層應於年報中，依證管會所頒布之法規揭露，薪酬委員會之成員與薪酬顧問都應遵循法定獨立性判準。

（3）行政命令（Regulations）

證管會就薪酬顧問於本節所頒布之法規或其他相關規定，應確保薪酬顧問客觀中立，並維護薪酬委員會獨立選任薪酬顧問之權責。

5. **獨立法律顧問及及其他顧問之選任**（Authority to Engage as Independent Counsel and Other Advisors）

董事會下設之薪酬委員會，應有權獨立判斷是否採行建議，並另聘用符合獨立性判準之法律顧問；且薪酬委員會應直接就法律顧問之選任與報酬負責，並監督渠等依法執行職務。

本規定不應被解釋爲要求薪酬委員會，須依獨立之法律顧問的意見或建議爲決定，且不應以其他方式影響薪酬委員會之職責，應使其獨立判斷，以執行其職務。

6. **資金**（Funding）

各發行人應提供適當的資金，使其董事會下設之薪酬委員會，有權決定下列人員報酬之給付：

（1）薪酬委員會所選任符合獨立性判準之薪酬顧問；或

（2）薪酬委員會所選任具獨立性的法律顧問或其他顧問。

（二）小結

就實務發展而言，美國仍然強調董事會作爲公司監控者之地位，對於薪酬之管控，由其重視董事會下設薪酬委員會之功能，由獨立董事組成薪酬委員會，亦突顯獨立董事獨立性判準之重要。爲強化董事獨立性，薪酬委員會成員除作爲薪酬委員會之委員、董事會之董事、或其他委員會成員外，不得接受公司所給予之任何諮詢、顧問或其他之報酬；相對而言，甚至較紐約證券交易所及那斯達克證券交易所之規範更爲嚴格[111]。

另外，「薪酬顧問」所爲之評估及建議，對薪酬委員會作成決策之影響實在不可忽視，薪酬委員會常需借重渠等顧問之專業與資源，作爲決定薪酬條件之重要參考資訊。基此，薪酬委員會應是唯一有權決定聘用薪酬顧問之機關，公司應針對薪酬顧問之聘任編列獨立的預算。然而薪酬顧問之獨立性，卻因此也成爲另一項無法迴避的問題。爲避免安隆案中安達信會計事務所（Arthur

---

[111] Executive Compensation: Senate to Take Up Bill on Say-On-Pay and CompensationCommittees As Congress Returns From Its August Recess, September 15, 2009.

Anderson, CPA, LL.P.）涉及同時爲公司提供審計（Audit）及會計（Accounting）服務之「利益衝突」（Conflict of Interest）弊端；倘薪酬顧問與公司或經營階層間涉及利害關係，又同時爲公司之薪酬委員會提供服務，則可合理預見薪酬委員會之判斷，會受薪酬顧問相當程度不當之影響，甚至導致委員會之判斷無法客觀獨立之不當失職。

實務所見，若干大型企業迨已訂定公司薪酬顧問獨立性判準，詳盡規範公司董事會下設之薪酬委員會，具有獨立權限聘任及解任薪酬顧問，並具有獨立權限決定渠等合約之條件及內容；意謂著薪酬顧問必須獨立於公司及其經營階層之外，不能爲公司提供可能造成利益衝突之其他服務，且僅能向薪酬委員會爲顧問工作內容之報告。薪酬委員會並應每年對薪酬顧問之工作成果爲評估，並檢視及擔保薪酬顧問之獨立性，公司將向投資大眾揭露相關資訊於其年報之中[112]。

薪酬顧問不夠獨立，恐也是薪酬委員會迭遭批評效能不彰之主因，強化薪酬顧問獨立性規範，使薪酬委員會獨立判斷之角色能更爲彰顯，如此立法方向應值贊同，頗值我國企業法制將來若欲設置薪酬委員會時參酌。

三、簡評

美國一項針對超過百家上市公司董事所作調查結果顯示，董事們大多強烈質疑前揭Say-on-pay Provisions之立法[113]，學者專家意見也正反不一。關鍵的問題該是，股東、董事會或公權之間究竟何者較合適決定董事薪酬？媒體營造的改革方向似乎希望賦予股東對董事薪酬有更大的發言權，但短期內恐無法改變薪酬委員會在薪酬決策上的地位，而僅能朝向加強薪酬揭露及強調委員會自身獨立性著墨。如此立法重點，對於我國期待改善目前董事報酬決定機制，是否

---

[112] *See* Compensation Consultant Independence Standards, Revised: August 1, 2007, Microsoft website, *available at* http://www.microsoft.com/about/companyinformation/corporategovernance/compconsultant.mspx (last visited Oct. 22, 2009).

[113] Marshall Center for Effective Organization所作調查顯示，受訪董事強烈反對國會之立法，認為並無助於董事薪酬給付之約束，有58%認將會降低薪酬計畫之有效誘因，有49%不贊同一體適用，有37.5%認為將不會改變現狀。*See* Majority of Corporate Directors Believe CEO Pay Packages Need Paring, States News Service, September 8, 2009.

應考量引進美國薪酬委員會，或能有所啓示。衡諸我國公司董事報酬係由組織鬆散、專業度不整齊之股東會決定，除利益衝突防免之功能外，強調公司績效應與股東利益間相互連動之核心價值，倘能設立獨立的薪酬委員會，決定合理的薪酬結構，並將相關決策所涉考量過程揭露，則薪酬高低並非重點，形式及實質之程序正當（Due Process）才是設置薪酬委員會時，立法技術上最該強調之處。

陸、結語

公司股東相對於經營團隊的董事或高階經理人而言，顯然在營業資訊的汲取上居於「資訊不對稱」的弱勢地位。立法政策上究應如何配合「股東行動主義」的潮流，賦予公司股東對於經營團隊薪酬於決定施行前得以「表決」表達意見的權利？或者在「分權」與「制衡」的理念下，允許由上市公司董事會「自律」的由獨立董事，配合健全的「提名委員會」選出並組成「薪酬委員會」，專責公司整體薪酬政策的評估、檢討與決定？在在測試著企業經營智慧，甚至公司治理的成熟程度，實有牽一髮而動全身的微妙。

多少的薪酬足以交換靈魂，薪甘鞠躬、勤願盡瘁？怎樣的帶領才能點燃希望，轉虧爲盈、業績長紅？科技拉近了距離，但卻疏遠了人心，追求業務成長的焦慮讓商業失序，使經營高層溺於貪念，雖然無功仍受厚祿，賞罰不能如秤的怨懟，傷害勤奮受薪情感；可惜，落得千夫所指，普羅額手稱慶。該怪人心不古？抑或法制不彰？本文不揣淺陋，擬藉美制規章投石鏡湖，或能掀起討論漣漪，供吾人爾後實務參考，並誠心祝禱所有公司高層對於「薪」事終能「心甘情願」。

（本文已發表於月旦民商法第26期，2009年12月）

第六章
誰讓投機一再得逞
—企業與金融法制的共業—

壹、前言

企業之興衰，彷彿人生聚散。不論長短，但願精彩。是非成敗，更繫乎「股民」心意之向背，容有起伏更迭，惟仍以穩健爲要。金融之旨，乃以「金流」融通成全「物流」交易之給付，除供輸企業成長的養分，更維繫企業經營之永續。企業與金融之間，彷彿紅花與綠葉的結緣，合則兩麗，分則雙垂。附麗法制之良窳，更牽動產業發展與政策的落實。深究其義，投機者玩法弄權，掏空公司資產，摧毀投資信心，對企業與金融法制之斲傷，莫此爲甚。有鑒於此，本文擬就近年來企業與金融法理錯結的弊案中所涉法制的諸多問題臚列臧否，縱然修辭魯鈍且囿於篇幅，仍不揣淺陋提出芻見，或能藉此角落之議，靜待愚公移山之效。

貳、得　逞

近年來台灣企業弊案中的投機者究竟對社會造成了多大的影響？或許從實務統計與文獻報導中得以管窺，許多企業弊案掏空的資產數額顯然估算保守，但加總後卻仍然驚人。爲利對照說明，謹就具最豐富企業弊案處理經驗的美國與台灣近年來的案例，摘要例舉經檢調機構依證據資料所推估之犯罪金額，期能透過統計數字突顯驚人的「商業不正義」（Business Injustice）[1]現況，並藉

[1] *See* ROBERT C. ILLIG, *Minority Investor Protections As Default Norms: Using Price To Illuminate*

此思索因應之道。

一、美國弊案災情

回顧美國近年來的著名企業弊案，除了智慧犯罪手法迭有更新，造成的投資人損害，更是屢創新高，茲舉其大要，臚列如次：

自2001年起陸續發生的弊案計有：賓州的著名保險公司Reliance Insurance Co.因破產遭求償約3.5億美元；美國證券交易所（AMEX）因管理疏失遭求償約100萬美元；五家德國銀行因聯合定價行爲遭處約9,000萬美元；美林（Merrill Lynch）證券公司子公司Mercury Asset Management因管理退休基金發生疏失遭求償1.1億美元；瑞富期貨經紀商（Refco. inc.）因交易員不當交易遭處4,300萬美元；韋伯證券經紀商（Paine Webber）因營業員詐欺客戶遭處4.3億美元；雷曼兄弟證券商（Lehman Brothers）因所屬業務員侵占客戶帳款，遭處1.15億美元；位於北卡羅萊納州的來禮公司因職員私自虛設國外人頭帳戶掏空公司資金，遭起訴求償1,500萬美元；信貸銀行（Credit Bancorp.）因經理人涉嫌以假交易詐騙客戶2.1億美元遭到起訴等，顯示美國的企業弊案如洪水般四處成災[2]。

2007年初截至8月底止，美國證管會對於涉及包括內線交易在內的企業弊案總計就已有提起超過35件的起訴案[3]，其中包括Magnum Hunter Resources Inc.、Taro Pharmaceutical Industries、UBS、Morgan Stanley and Bear Stearns Cos、Amkor Technology Inc.、Barclays等企業；著名的美林證券公司（Merrill Lynch & Co.）更遭一家達拉斯無線電話服務供應商MetroPCS Communications正式具狀指控涉嫌欺詐、疏忽以及違反信託責任，違背了客戶投資於低風險、高流動性資產的要求，而將該公司1.339億美元現金投資於十種拍賣利

The Deal In Close Corporations, 56 AM. U.L. REV. 275, December, 2006. available at http://www. lexisnexis. com, last visited on September 22, 2007. 該文中對於有關企業弊案所造成商業不正義之深入檢討，多所著墨，實值我國企業經營與監理設為參考之殷鑑。

[2] *See* JERRY W. MARKHAM, A FINANCIAL HISTORY OF MODERN U.S. CORPORATE SCANDALS: FROM ENRON TO REFORM, M.E. SHRPE INC. NEW YORK, AT 29-32 (2006)

[3] *See* CHRONOLOGY-MAJOR US INSIDER TRADING CASES THIS YEAR, REUTERS, AUGUST 29, 2007.

率證券[4]，導致鉅額損失[5]。若再加上爆發在2001-2002年間的安隆（Enron）案求償金額約350億美元、世界通訊（Worldcom）案求償約650億美元、泰可（TYCO）案求償金額約5億7,500萬美元、英克隆（Inclone）案求償金額約1億5,000多萬美元、環球通訊（Global Crossing）案求償金額約22億5,000萬美元、阿德菲爾（Adephia）案求償金額約25億美元、默克藥廠（Merck）案求償金額約140億美元以及向以科技創新聞名的全錄（xerox）案和解金額約1,000萬美元等弊案，受害投資人數與金額都非常驚人。

二、台灣弊案浩劫

弊案背後，難脫日積月累的沉痾疏失，考量新舊世代間經濟犯罪的手法迥異，爲利區別與敘明，爰以故鄉人民自新紀元以來所目睹不勝枚舉、不公不義的投機設爲觀察標的，更以媒體報導大起大落、忽冷忽熱之間，逐漸「習慣」了企業弊案的掠奪爲例；據此，謹就經台灣司法所認定的企業犯罪，臚列統計其要，以突顯人民蓄積多年的焦慮：

年份	涉案法人／家數	涉案自然人／次	起訴金額／億
2000	5	35	265.6
2001	8	81	466
2002	13	27	323.3
2003	12	15	236.6
2004	9	11	190.5
2005	6	38	45
2006	14	63	74
2007	15	97	1146.3
總計	92	367	2,767

資料來源：作者自行整理[6]。

4　這種證券被認為是一種低風險投資，通常被企業用於管理閒置資金。其中9種是由美林承銷的債權抵押證券，並由抵押貸款和其他資產作為擔保。

5　詳情請參見「美林因高風險投資損失遭起訴」，華爾街日報（電子版），2007年10月19日。

6　詳細資料請參照本文後附「二十一世紀台灣企業弊案」表，其中所載統計數字轉錄自法務部

參、投　機

弊案之所由生，必以制度之設，有縫得鑽，有機可趁，乃能僥倖既遂。倘能察其徵兆，或能防微杜漸。囿於篇幅，謹就我國企業實務中值得再予檢討的重點例舉如次：

一、組織「多層化」

企業經營的法制環境本應允有一定的彈性，法律容認企業得藉由最適的組織態樣，遂其營利所圖，中外法制皆然。自從1888年美國新澤西州制訂公司法，首次允許公司得透過持有另一公司股份而成爲跨州經營公司的控股公司後[7]，雖曾經歷強大的反對聲浪[8]，但基於商人「隨利而居」的本質，企業組織無不以擴充渠等法律結構成爲「多層化」組織型態（Multi-divisional Form）[9]，而享經營或控制上之便利。[10]

網站資料，所有內容追以經檢方調查結果所認定之犯罪事實及推估涉案金額為據，表中所援引今（2007）年部分，係指至本文截稿為止之最新統計，為明文責，併此補述。

7 *Supra* NOTE 2, AT 253.

8 *ID*. 美國新澤西州州長GOVERNOR WOODROW WILSON曾於任內倡議立法禁止該州前已存在允許控股公司的公司法，並名之為七姐妹改革法案（Seven Sisters Reform Legislation），不料卻使得許多原本在該州註冊登記的大公司紛紛撤離該州，改在臨近的德拉瓦州（Delaware）註冊登記，新澤西州公司商務自此遠遠落後德拉瓦州，也造就了德拉瓦州公司法實務領先美國其他各州的歷史契機。有關史實的詳細發展顛末，請參見前揭註所述。

9 *SEE* CHOPPER, COFFEE & GILSON, CASES AND MATERIALS ON CORPORATIONS, Aspen Publishers, 6th Ed., at 28 (2004). 國內近期論述亦曾針對國內大型企業展開實證研究，分析大規模企業的組織架構—即U-form、H-form與M-form等三種管理架構，所呈現高階主管和部門經理人之間的委託—代理關係、管理特性與效率作比較，分析分權化的利益與成本，並依據高階主管與部門經理之間決策權分配的程度，來分析現代大規模多角化的企業組織架構的最適化選擇。請參見彭榮明，中國石油公司組織變遷之研究，國立中山大學經濟學研究所碩士論文，2004年6月。

10 美國企業在20世紀中較早採取多層化組織方式的著名案例，舉其大要者例如通用汽車公司General Motors，杜邦化學公司DuPont，標準石油公司Standard Oil and Sears-Roebuck等，都迅速將渠等企業版圖成功擴張海外，足證多層化組織對於企業經營所提供的彈性，適於在組織橫切面因「主體分離」（Corporate Separateness）本質而使企業個體間責任得以切割，組織縱剖面卻仍能有效貫徹由上而下（top-down）的控制力，並藉此結構靈活運用組織資金。*See*

承前所述，組織多層化究竟何患之有，值得特別著墨檢討？按組織多層化對於經營與競爭力的影響，論者或有異見[11]，但對於小股東與債權人瞭解經營資訊（資訊知情權[12]）所造成的可能阻絕，實務上卻屢見不鮮。質言之，企業利用多層化的法律架構，讓原本相對於管理階層居於資訊不對稱地位的小股東與債權人，無從即時獲悉營業細節與資金流向，以作成投資取捨的正確判斷，恰好培養了大股東與關係人趁機不法移轉企業資產的絕佳環境；而多層化所形成的企業集團（Corporate Groups）在組織多層化的法律包裝下，運用「主體分離」（Corporate Separateness）[13]的風險隔離設計，營業資金的供輸更形靈活

John Backman, *The M-Form Organization Dysfunction*, THE POLICY CENTER, New York, 1999, available at http://policycenter.sunyit.edu/organization/mform.htm, last visited on September 16, 2007.

[11] 有關多層化企業組織的「交易成本」對於企業經營之影響，相較於一般企業組織而言究竟有何優勢？美國法律界在70年代中期曾出現著名的學者論辯，亦即傳頌多時的「蘭得斯與波斯納的交易成本爭辯」（Transaction Cost Analysis and the Landers-Posner Debate），詳見Christopher W. Frost, *Organizational Form, Misappropriation Risk, and the Substantive Consolidation of Corporate Groups*, 44 HASTINGS L.J. 449, March 1993, available at website http://www.lexisnexis.com/us/ lnacademic, last visited on Sept. 15, 2007.

[12] 按企業法制上所設的「股東資訊知情權」（Stockholder's right to know），係由財務會計報告查閱權、賬簿查閱權和檢查人選任請求權等權利所組成。上述權利行使的內容雖然或有不同，但皆係針對股東對公司事務知曉的權利而設，質言之，都是為了能使股東獲得充分的資訊，作成最正確的投資判斷。在美國即屬於企業資訊揭露法制（Disclosure System）的一環，歐盟國家中亦曾有多份重要探討文獻可資參考，例如歐洲議會（EC）業於2006年1月5日接受歐盟法制委員會所提出公司股東權指令（Shareholder's Rights Directive）的立法要求，並開始審議，其中第13條特別針對新型態的企業持股應如何貫徹股東知情權行使，多所著墨。詳細內容請參見網站資料：www.ec.europa.eu/internal_market/company/docs/ ecgforum/recomm_annex_en.pdf+shareholder, 最後瀏覽日：2007年9月20日。此外，德國上市公司同業公會（The Association of the Exchage-listed Corporations）於2006年2月法蘭克福所舉辦的公司治理研討會中發表了有關股權與責任之報告，其中關於股東知情權有詳細介紹，詳細內容請參考該協會網站資訊所載內容：www.icgn.org/ conferences/2006/frankfurt/discussion_paper.pdf+shareholder，最後瀏覽日：2007年9月20日。

[13] *See* MichaelC. Keely, Babara A. Bennett, Corporate Separateness, FRBSF WEEKLY LETTER, February 3, 1988. 按美國聯邦理事會舊金山分處所發行之週刊報導（FRBSF Weekly Letter），1988年2月號（February 3, 1988）當期內容，詳細介紹有關「主體分離」理論的探討，翔實嚴謹並具啟發效果，堪稱早年的經典文獻，應值我國企業實務與監理工作進一步參考。有關美國金融法制中所涉有控股公司模式，渠等如何歸責追多與「主體分離」理論密不可分，相關敘述與分析內容，敬請瀏覽或下載該分處網站文獻資料檔案區available at. http://www.frbsf.

但卻巧妙地脫免了法律上的責任[14]。學理上，多層化企業組織易於經由企業間交叉持股方式造成股權實質集中，惟渠等架構下，原本抑制控制股東道德危險行爲的方式主要係透過「聲譽」（Reputation）及「法規範」（Legality）[15]的雙重嚇阻。

實務上對於集中型股權結構下所可能發生的代理成本，往往較爲瞭解，因此多層化組織中居於控制股東地位而對外募集營運資金時，就需爲公開此等資訊而備受質疑，反之控制股東倘能以其經營理念在獲取市場正面評價時，則能降低此外界質疑而以較低成本取得資金。凡此迨多取決於控制股東的自律，若市場無法提供誘因時，控制股東的法令遵循常需面臨更嚴苛的檢驗。按市場規範原係保護少數股東的最後防線，易言之，更嚴謹的法律建構，將使得控制股東更不易剝削少數股東之權益[16]。然而部分企業控制股東之所以掌握公司經營權，並非透過持有足夠之股權，而是利用其他方法（例如多層化組織架構、交叉持股等）取得不對稱之表決權數，從而此種公司即出現「股權」與「控制權」背離之現象，因此有稱之爲「少數控制股東結構」（Controlling-Minority Structure, CMS）以有別於股權分散型（Dispersed Ownership）或絕對控制型（Controlled Structure）[17]的股權結構。此種具「利益衝突」本質的「少數控制股東型」，其代理成本更勝於其他股權結構。實務上此種結構的控制股東更易於做出利於自己但卻不利於公司之經營決策，或有爲公司控管考量，而不予分派或限制分派公司年度盈餘，而係透過轉增資方式擴大企業規模；甚至在經營權移轉有利於公司價值提升時，控制股東仍抗拒經營權的移轉[18]。反觀

org/publications/economics/letter/ 1988/el88-23.pdf, last visited on September 23, 2007.

[14] *Id.*

[15] *See* Lucian Arye Bebchuk, Reinier Kraakman & George G. Triantis, Stock *Pyramids, Cross-Ownership, And Dual Class Equity: The Creation And Agency Costs Of Separating Control From Cash Flow Rights*, As Published In Concentrated Corporate Ownership, R. Morck, Ed., 13-15, available at：http://papers.ssrn.com/sol3/papers.cfm?abstract_id=147590, last visited on Sept. 15, 2007.

[16] *See* Rafael La Porta, Florencio Lopez-de-Silanes, Andrei Shleifer & Andrei Shleifer, *Corporate Ownership Around The World*, 54 (2) J. FIN, at 512 (1999).

[17] *See* LUCIAN ARYE BEBCHUK, REINIER KRAAKMAN & GEORGE G. TRIANTIS, NOTE 15, AT 1-2.

[18] *ID*, AT 8-13.

我國企業弊案中的投機者，幾乎沒有例外的利用組織多層化設計，操作租稅規劃（Tax Planning）與風險隔離（Risk Allocation）的法律布局，嚴重悖於企業內控避免利益衝突之原則。現行企業法制暨監理機關未能對渠等遂行「監理套利」（Regulatory Arbitrage）[19]採取有效遏止的措施，對於因爲弊案而身心嚴重受損的投資大眾，實難辭其咎。綜前所陳，爰擬就國外立法例簡要提出制度性比較，以供實務參考。

（一）影子董事（幕後董事、垂簾董事）

影子董事（Shadow Director）之設，係源於英國；按依英國1985年公司法（British Companies Act 1985）第741條第1項規定：「本法所稱『董事』者，包括任何擔任董事職務者，而不論其稱謂」[20]；同法第2項則規定：「影子董事係指公司董事經常依其命令或指示行事之人。然不包括本於專業給予公司董事建議之情形在內」[21]。在Re Unisoft Group Ltd（No 3）一案中[22]，主審的Harman法官裁示，影子董事之構成要件，需持續在一段時間內影響公司董事之各種決策，並已成爲慣例之情形（As a Regular Course of Conduct）[23]。質言之，英國實務上對於影子董事之認定，必須證明1.擔任公司名義上或實質上之董事職務；2.該名影子董事確有指示公司董事會成員作成決策與執行業務；3.董事們依照其指示而作成決策與執行公司業務；4.已形成慣例[24]。易言之，個案中

---

[19] 係指利用監理密度不同的法域間所存在的監理落差從事脫法行為的現象，關於監理套利的探討，雖多有為文討論，但近年來最值注意的一篇文獻應首推Amir N. licht, *Regulatory Arbitrage for Real: International Securities Regulation in a World of Interacting Securities Markets*, VIRGINIA JOURNAL OF INTERNATIONAL LAW, Vol. 38, at 563-635, 1998.

[20] *See* British Companies Act 1985, s741 (1): "of the provision In this act , "director" includes any person occupying the position of director by whatever name called."

[21] *See* British Companies Act 1985, s741 (2): "In relation to a company, "shadow director" means a person in accordance with whose directions or instructions the directors of the company are accustomed to act. However, a person is not deemed a shadow director by reason only that the directors act on advice given by him in a professional capacity."

[22] *See* Re Unisoft Group Ltd (No 3), 1 BCLC 609, 620 (1994).

[23] *See* Caroline M Hague, *ANALYSIS: Directors: De Jure, De Facto, or Shadow*?, 28 HONG KONG L.J. 304, at 307-308 (1998).

[24] *Id.*

必須先證明董事會之行為，確符合該等情狀，再確認董事會為決策與業務行為時，放棄獨立之裁量與判斷（Did Not Exercise any Discretion or Judgment of Its Own），而僅依指示而執行公司業務[25]。

反觀我國現行企業法制中，尚無明文承認隱身違法公司法人幕後操縱的法人董事，亦需對於幕前被控制之法人所造成損害負擔民事賠償之責，刑事責任部分亦因法人董事無法認定犯罪故意而無法以刑責相繩。面對訴訟上日益嚴謹的法律要件舉證，企業實體法似應全面檢討植入前揭影子董事之設，以資因應新型態的企業脫法布局。

（二）「揭穿」v.「反向揭穿」公司面紗

美國衡平法實務上所發展出來的「揭穿公司面紗原則」（Doctrine of Piercing the Corporate Veil），法院最初主張需通過所謂「羅文戴爾」要件（Lowendahl Test）的檢視，亦即需證明有股東完全控制公司決策，並以其控制力遂行詐欺（Fraud）或不當（Wrong）經營，導致原告受損之情形存在，方得援引該原則──穿透公司法人主體分離的獨立人格，而對控制股東求償。[26]嗣後更在Van Dorn Co. v. Future Chemical And Oil Corp.一案[27]中確立了更為清楚的判準；個案中除非證明：1.各別獨立的公司間確實存有共同利益與所有權，主體人格分離的情形已不復見；2.形式上的法人人格主體分離只是為了遂行「詐欺」或達成「不正義」（Injustice）之脫法目的等要件構成，法院並不得援引適用該原則。至於如何界定公司間「控制力」的存在，美國法院更進一步明示了適用該原則的判準，亦即需證明公司間具有：1.未能將獨立公司應有的表冊文件予以建檔保存；2.公司資產與營運資金相互流用；3.其中有一公司資本明顯不足；4.公司將另一公司之資產視如己有般處分[28]。應值注意者，美國法院所作成揭穿公司面紗的判決中高達92%係基於不實詐欺的理由[29]，或

---

[25] *See* note 23, at 308.

[26] Krivo Industrial Supp. Co. v. National Distill & Chem. Corp., 483 F. 2d.1098, 1106 (5th Cir. 1973).

[27] Van Dorn Co. v. Future Chemical And Oil Corp., 753 F.2d 565 (7th Cir. 1985).

[28] *Id.* also see Macaluso v. Jenkins, 95 III. App. 3d 461, 420 N.E. 2d 251, 255 (1981). Beale, 64 S.e.2d at 798.; cheatle, 360 S.E.2d at831.

[29] *See* ALLEN CRAAKMAN, COMMENTARIES AND CASES ON THE LAW OF BUSINESS OR-

許對於深爲企業弊案所苦的我國司法能有所啓示。

相較傳統揭穿面紗原則在處理公司外部人對公司責任之追訴，「反向」揭穿面紗原則（Reverse Piercing the Corporate Veil）係指公司所有者（或公司本身）揭穿自己公司面紗之情形[30]。基此，美國法院見解原則上分成三大類型。首先有判決主張應堅持法人格獨立原則，否定公司所有人得爲自己利益反向揭穿之立論。所持觀點爲公司所有者理論上本應終極負責，如允許揭穿將生不公平（Unfairness）之結果；易言之，公司所有人在考慮選擇經營型態時，即推定係於充分知悉公司與其股東間人格互相獨立，並將可能發生的利弊一併納入考慮的前提下選擇設立公司。基此，事後於特定前提下證實設立公司係屬不當的法律選擇，公司所有人仍應自行承擔所有後果，不得反向主張否認在前公司的設立。其次有判決主張肯定特殊情形下允許反向揭穿面紗，立論前提則與傳統揭穿面紗要件相同，惟此見解於公司尋求揭穿自己面紗時則無法適用。最後亦有判決主張應由法院考量衡平法或公益政策後決定是否予以揭穿；易言之，僅考量相關利益之平衡，並不以傳統揭穿面紗要件作爲反向揭穿之前提[31]。學者Gaertner認爲法院應係誤解了有限責任之原旨，按有限責任制目的在透過保護股東而促進投資人參與的意願，法院將法人格獨立從「外部」責任擴充適用到股東與公司「內部」關係，造成懲罰股東的反效果。此外，法院也忽略了傳統揭穿公司面紗的關鍵元素——「控制力」，強調公司法人格的「形式」甚於「實質」。此種主張的特點在於公司法人格定義之彈性化以及加重衡平法及公共政策之考量，惟缺點爲欠缺明確的適用標準。故學者Gaertner提出「單一利益原則」（the Unitary Interest Test）加以修正。質言之，法院應先決定股東利益與公司利益間是否密切到足以將之視爲單一經濟實體，再決定相關的公益或衡平考量是否足以揭穿公司面紗。可見美國學說與實務百家爭鳴，尚難形成統一共識，惟立論豐富，周全考慮企業實務所需，誠值我國未來型塑實務見解之參考。

反觀我國現行公司法關係企業章所設第369條之4、第369條之5規定，雖賦

GANIZATON, Aspen Publisher, New York, at 157 (2003). 該項具有指標性意義的司法統計，係針對美國聯邦法院體系截至1985年止所為判決，併此說明。

30 Michael J. Gaertner, *Reverse Piercing the Corporate Veil*, 30 WM AND MARY L. REV. 666 (1989).

31 *Id.*, at 688-689.

予子公司股東與債權人得穿透主體分離之子公司面紗，而向母公司訴追求償的請求權基礎，但從該條請求權的構成要件觀之，原告訴訟上舉證責任，除需結合第369條之2、第369條之3與第369條之11規定，證明控制與從屬關係存在、控制公司未於會計年度終了對於從屬公司爲適當補償[32]之外；尙需證明控制公司與從屬公司被唆使從事包括不合營業常規在內之不利益經營間具有相當「因果關係」，訴訟負擔實在過重。對於相對弱勢的關係企業原告而言，目前規定饒有進一步檢討的急迫必要；倘非如是，豈不坐實了立法以來所謂容認關係企業脫法卻無可奈何的千夫所指。

（三）商業判斷原則

商業判斷原則（Business Judgment Rule-BJR，或譯爲「經營判斷法則」）誠爲美國公司法上的重要原則，其內涵主要存於一個前提推定：董事爲商業決策時係出自善意（In Good Faith）、盡到合理注意義務（With Due Care）、不涉及自身利害（Not Involving Self-interest）且於作成決策前已充分瞭解判斷所需之必要資訊（On An Informed Basis）[33]。股東如欲推翻此項前提，必須證明董事可予歸責的要件：善意、合理注意義務及忠實義務（Loyalty），程序上再轉由董事反證交易之公平性（Entire Fairness）[34]。關於此原則的內涵，實務上目前尙未清楚形成一致的共識。美國各州公司法一方面訓示董事不得違反注意義務，另一方面卻又明示法院僅能在特定情況下推翻董事之判斷。如果董事決策時有所疏失，則可能構成注意義務之違反，同時又能依據商業判斷原則而免責。美國公司法學界對此向有不同詮釋[35]：一爲責任標準（Standard of Liability），亦即董事之行爲須出於善意方能適用，有謂該項原則將董事之注意義務提高到重大過失；或稱將此原則看待成一種「自律法則」（Abstention Doctrine），亦即法院承認董事的決策優位而產生的自我拘束原則。質言之，

[32] 國內重要學者有認為此有鼓勵不法之嫌，與「不能以骯髒之手主張權利，或請求法律保護之民法法理」相違背。請參見劉連煜，現代公司法，2006年初版，頁480。

[33] Emerald Partners v. Berlin, 787 A.2d 85 (Supp. Ct Del. 2001).

[34] Cede & Co. v. Technicolor, Inc., 634A.2d 345 (Del.1993).

[35] 劉靜怡，股東會與董事會之權限劃分，台灣大學法律研究所碩士論文，頁50，2007年。

除非原告先舉證推翻「善意推定」的前提，商業判斷原則將使法院對於董事是否違反注意義務留下判斷餘地而不予審查。

我國係成文法國家，法官造法之空間極度限縮的現實下，目前對於企業董事的追訴，除另有證券交易法或證券投資人暨期貨交易人保護法之該當情形外，恐仍多受限於既有公司法第23條、第193條、第200條、第214條等公司基本法律建構乃得據以為法律上主張；惟渠等規定之構成要件於具體訴訟案件上舉證實在不易，所涉具體個案爭訟之程序成本對一般投資人而言顯然存在顯著障礙，年來因此極少得見求償獲得勝判之成案。綜前所陳，衡諸目前國內企業普遍缺乏法治遵循（Law Compliance）之深化認知，遑論包括金融、電信等「特許」事業所涉人民權益之深切，如何於渠等特殊產業發生弊案，進而追償經營者責任時援引該原則？目前學說與實務亦乏具體共識；是否有移植具有獨特法制形成背景的英美法商業判斷原則之急迫與必要，論者或有本於鼓勵企業決策階層「勇於任事，積極創新」而持引進我國之肯定見解，本文毋寧持保留看法。

（四）小結

面對企業普遍採取組織多層化的經營模式，恐有切斷股東資訊的「知情權」，並利用主體分離的法律外觀遂行脫法之虞，考量我國目前採取成文法規範，尚難寬認法官於實定法外造法的現實之下，立法部門是否該審慎檢視公司法第369條之4規定，亦即所謂類於美國司法實務上所援引「揭穿公司面紗原則」的構成要件，或是慎重引進英國公司法的「影子董事」制度，提高投機者的脫法成本，減低弊案發生的可能，此其時也。

二、法人代表與利益衝突

在公司法第27條政府或法人股東代表制度下，當然存在法人代表同時對於政府或法人股東及擔任董事之公司均負有「忠實義務」，發生所謂「利益衝突」（Conflict of Interest）之問題。且依公司法第27條第3項，政府或法人股東得依其於政府或法人股東內之職務關係，隨時改派之，蓋代表人行使職務，係代表政府或法人爲之，非基於個人股東關係，析言之，本條董事並無任期保障，而可能隨時遭撤換，因此在行使董事職務上，必然較自然人董事顯得較爲拘束。

通說對於民法第28條之解釋，咸認乃對於法人的本質係採「法人實在說」之重要依據，學理上係以法人比照自然人之有機體本質，應肯認其人格存在，在法理上視爲獨立主體[36]，因而得適格參與管理階層，當選董事（法人董事），然囿於其實際上無法如同自然人般執行職務參與公司經營決策，故尙須指派自然人轉嫁效果意思，代表權力來源之法人執行職務，復因公司法第27條第3項規定法人得隨時改派該代表，衍生實務上運作的諸多疑義，舉例而言，倘公司所指派之自然人代表於行使董事職務時因故意或過失而生損害於公司時，由於法效轉嫁而需承受對於外部第三人責任歸屬之政府或法人股東與其所指派之代表人間，究該如何釐清法律責任歸屬[37]？恐於具體個案中尙有待實務的檢驗。

揆諸民法第26條但書規定之規範意旨，凡專屬於自然人之權利義務，原不在法人實在說之涵攝範圍；是否得藉之以重新思考公司法第27條第1項法人董事制度存在之必要，饒有進一步推求之餘地。論者或有主張，公司法應與與法人本質理論脫勾處理，即使部分與法人本質相關的規定，亦不需拘泥於法人實在論述，若能符合規範本身之目的性，即使該項規定不能與法人本質理論相符合，亦不必因遷就該一理論，而捨棄更能圓滿達到目的之規範[38]。

立法原旨或係基於公營事業中，政府官股爲多數，爲了配合政策執行與落實，有必要掌控公司人事[39]，而法人代表董事顯然符合當時的時代需求。值此「民營化」潮流日熾之際，公司法第27條第2項似已無存在必要。且一旦搭配隨時改派法人代表制度，即淪爲有心者規避公司法上董監責任之手段，亦即自然人股東甲另立私人投資公司A，由該A投資公司持有被投資公司B股份，再利用公司法第27條派遣代表出任董監事，其則可隱身幕後，再藉由隨時改派箝

36 施啟揚，民法總則，1996年4月7版，頁115、116。

37 王文宇，公司法論，2006年8月3版，頁192。

38 賴英照，公司法人本質之理論，公司法論文集，1986年9月，頁58。

39 王文宇，註37書，頁193。

制法人代表，掌握公司經營大權，同時又可規避公司法上董、監事之責任[40]，又其依第3項得隨時改派法人代表，其造成之效果，實與單一股東即可變更董事之公司決議行爲無異[41]，尤有甚者，在多層化組織結構中常見法人透過指派法人代表當選從屬公司董事長並隨時以改派代表方式影響該公司之營業決策[42]，更顯其不當。復依本項規定，政府或法人股東得派遣多數代表人分別當選多席董、監事[43]，且得依其職權隨時改派，惟分別當選爲董、監事者既爲同一政府或法人股東代表，其是否能發揮監督功能，顯非無疑。

復依證券交易法第26條之3第2項規定：「政府或法人爲公開發行公司之股東時，除經主管機關核准者外，不得由其代表人同時當選或擔任公司之董事及監察人，不適用公司法第27條第2項規定。[44]」，或可紓解法人代表制之未臻完善，然倡議廢除第3項隨時改派法人代表規定，改採法人董事之「常任代表制」之舉，以此換取法人代表在董事任期內行使董事職務之過渡機制[45]。揆諸其意旨：第一，董事任期內以同一特定法人代表參與董事會，不致需經常性改派法人代表，使公司既定決策發生變動之疑慮，公司經營政策的延續性與一致

40 林國全，法人得否被選任為股份有限公司董事，月旦法學，84期，2002年5月，頁21。

41 廖大穎，評公司法第27條法人董事制度—從台灣高等法院91年度上字第870號與板橋地方法院91年度訴字第218號判決的啟發，月旦法學第112期，頁208，2004年9月。

42 按公司法第27條第1項規定：「政府或法人為股東時，得當選為董事或監察人。但須指定自然人代表行使職務」。依該項規定，於公司登記之董事為法人股東，而不涉及指定之自然人，該自然人僅為代表行使職務；如該法人股東當選為董事長時，亦同。是以，A法人當選為B公司董事，並經B公司董事會選舉為董事長，A法人仍可依同法第27條第3項規定隨時改派之。復按同法第27條第2項規定：「政府或法人為股東時，亦得由其代表人當選為董事或監察人…」，係指公司登記之董事為該法人股東所指派之代表人（與同法第27條第1項規定之運作方式同），法人股東亦得依同法第27條第3項規定，隨時改派接任原董事任期（經濟部94年5月日經商字第09402311260號函）。

43 按公司法第27條第2項規定：「政府或法人為股東時，亦得由其代表人當選為董事或監察人，代表人有數人時，得分別當選。」準此，政府依此項規定推派代表人當選為董事或監察人時，係以該代表人名義當選。（經濟部93年7月30日經商字第09300580690號函）；此外經濟部57年9月24日商34076號解釋：「……五、公司法第二二二條雖規定監察人不得兼任公司董事及經理人，但同法第二十七條第二項又例外規定政府或法人為股東時亦得由其代表被推為執行業務股東或當選為董事或監察人，代表人有數人時得分別被推或當選，故一法人股東指派代表二人以上分別當選為董事及監察人並無不可。」亦值注意。

44 依證券交易法第183條規定，本條自2007年1月1日施行。

45 廖大穎，註41文，頁213。

性乃得以維持；第二，常任制董事代表，可使責任歸屬較爲明確化，蓋在董事任期內，所有公司決策及執行均爲同一人參與[46]。如採此說，應可暫時舒緩目前猖獗的法人代表制弊端，可資贊同。

另值注意者，研議中擬訂定立法之債務清理法草案第174條[47]所設對於債務人董事之「補足請求權」，原意在防杜公司法人之機關擔當人可能利用債務清理程序遂行脫產之實，爲加強公司董事之經營責任，乃有此設。惟聲請債務清理公司倘利用「人頭」（Figureheads）擔任被指派之法人代表，並獲支持當選爲形式上董事，則補足請求權之設計初衷即有遭有心人脫免責任的可能。質言之，公司法第27條第2項之指派代表人若爲人頭，則實際上作成決策，應負「補足」責任之董事，既非同條第6項規定涵攝所及，恐亦非該草案第3條第1項第2款或同條第2項所指之代表人或負責人[48]，足謂另一可藉法人代表人陋規

---

[46] 同前註。

[47] 為利說明，茲將債務清理法草案第174條規定轉錄如下：

法人受破產宣告者，破產債權人依破產程序受償額未達其債權額百分之二十部分，法人之董事全體應連帶負責補足之。其不履行者，管理人或債權人得聲請法院以裁定確定金額後，由法院對董事財產強制執行並分配於全體債權人。但董事證明其執行職務無故意或重大過失者，不在此限。

法人之董事不因其喪失資格或解任而免除前項規定之責任。

第一項規定，不影響法人之董事對於破產債權人應負之責任。

第二十四條、第一百十七條及第一百十八條之規定，於第一項及第二項所定之人準用之。

法院為第一項裁定前，應使董事有陳述意見之機會。

第一項至前項之規定，於雖非法人之董事，而實際執行其職務者亦適用之。

第一百二十一條第二項至第五項規定，於第一項情形準用之。

第一項補足請求權，自破產程序終止或終結之翌日起，三年間不行使而消滅。

前八項規定，於非法人團體之代表人或管理人準用之。

[48] 債務清理法草案第3條規定：務清理法草案第三條規定：

本法關於債務人應負義務及應受處罰之規定，於下列各款之人亦適用之：

一　債務人為無行為能力人或限制行為能力人者，其法定代理人。

二　債務人為法人或非法人團體者，其代表人或負責人。

三　債務人之經理人或清算人。

四　債務人失蹤者，其財產管理人。

五　遺產受破產宣告時之繼承人、遺產管理人或遺囑執行人。

非前項各款之人，而實際執行其職務者，適用前項之規定。

第一項各款之人，於喪失資格或解任前應負之義務及應受之處罰，於其喪失資格或解任後仍應負責。

脫法遁逃之適例，豈能再予坐視。

檢視近年來國內企業弊案，普遍得見濫用「法人代表」遂行投機者的企業控制，更讓掏空得逞，雖有「國營事業管理法」第35條第2項之實務運作需要，但衡酌利弊得失，勢必有所取捨，實有必要審慎檢討廢除的可能，以杜實務積弊。

三、不實揭露與審計風險

公司法人本質上原係集合投資人出資的財產載體，恆以對股東之獲利承諾奉為營業圭臬，舉凡公司規模越大、營運日趨複雜，財務報表更成為企業經營者與所有者的溝通橋樑及訊息傳遞管道。公司董事、經理人與財會人員在公司內部負責彙整財務資訊據以編製報表，而稽核人員在公司內部則職司法令遵循；為確保財務資訊表達的允當及降低資訊不對稱，公司外部則透過會計師提供其專業意見來協助股東判斷公司財務狀況的正確性、以供投資人參考。基此，公司內部人員是否據實編製財務報表，會計師能否超然獨立的查核，都成為企業貫徹財務資訊眞實、充分揭露的基礎建構。當企業管理階層發生舞弊，窗飾財務報表必為不法的表徵，而企業外部人士所由憑藉瞭解眞實營運狀況之財務報表倘有不實，有效的內部控制與獨立的外部查核當為首要的違法檢出機制。

台灣現行審計準則公報第32號「內部控制之考量」第7條所載，定義內部控制係一種管理過程，由管理階層設計並由董事會或相當之決策單位核准，藉以合理確保三個目的之達成：1.可靠的財務報導，2.有效率及有效果的營運，3.相關法令的遵循[49]。此外，證券交易法第14條之1第1、2項，公開發行公司應建立財務、業務之內部控制制度；主管機關得訂定內部控制制度之準則。而公開發行公司建立內部控制制度，除證券、期貨、金融及保險等事業之相關法律另有規定者外，應依「公開發行公司建立內部控制制度處理準則」之規定辦理[50]，足見台灣企業內控之建構。觀諸將於2008年4月1日起的會計年度開始適

49 審計準則公報第32號「內部控制之考量」第7條，1998年12月22日發布，頁2。
50 公開發行公司建立內部控制制度處理準則第2條。

用於日本所有上市公司的日本版沙賓法（J-SOX）[51]，要求管理階層對於與財務報導相關的內部控制之有效性自我評估，如有重大缺失必須加以改善，並且出具內部控制報告書，才得以解除可信賴財務報導的相關責任[52]。

台灣企業實務或有要求企業應建立對於內控制度自我評估的觀念，但往往流於形式，企業總是要等到公開發行[53]或申請上市櫃[54]之時才依法委任會計師對於內控制度進行專案審查以改善其缺失[55]，防微杜漸的違法檢出機制顯然不彰，倘能酌採J-SOX的企業自評規範[56]與美國公開發行公司會計監督委員會（PCAOB）所發布會計師對於內控制度簽證的相關規範[57]，或能促進內部控制制度實施的成效。

惟企業經營團隊本身即爲舞弊主體，原設計由其建立的內控制度自律檢出本身不法即難以期待，此時只能依賴外部查核機制予以檢出，亦即藉由會計師依法出具查核意見以警示投資大眾。惟此項警示功能若遭到誤用，反而誤導閱讀報表的投資人，將造成極爲嚴重的後果；美國的安隆案、台灣的力霸等案中涉案會計師即屬此例。會計師居於外部的財務資訊仲介地位，所專切防杜的弊端亦僅限於會造成財務報表不實表達的類型。按審計準則公報第43號「查核財務報表對舞弊之考量」[58]，要求查核人員即使依過去經驗，認爲受查公司管理階層係正直及誠實，查核人員仍應保持專業上的懷疑態度，期於查核時得能發現因舞弊而導致財報重大不實表達之情事[59]。即係責成會計師在受查者可能存有舞弊之假設下，設計適當有效的查核程式，期能蒐集足夠且適切的證據以

---

51 有關日本即將施行的日本版沙賓法案的介紹，請參見工商時報，日沙賓法嚴格在台日商十月備戰，2007年9月19日A12版。

52 廖玉惠，從沙氏法看我國內部控制之規範，會計研究月刊，253期，2006年12月，頁41-43。

53 發行人募集與發行有價證券處理準則第67條第1項第5款。

54 臺灣證券交易所股份有限公司審查有價證券上市作業程序第6點審查要點（四）。

55 財團法人中華民國證券櫃檯買賣中心審查有價證券上櫃作業程序第6點審查要點（三）。

56 相關規定內容係轉錄自日本JSPA（J-SOX對應促進協議會）網頁資料所載，請參見http://j-sox.org/relation/index.html, 最後瀏覽日2007年9月21日。

57 相關規定可參照SOX-online，網站資料：http://www.sox-online.com/acc_aud.html, 最後瀏覽日，2007年9月21日。

58 審計準則公報第43號「查核財務報表對舞弊之考量」第6條，財團法人中華民國會計研究發展基金會，1996年9月1日發布，頁3。

59 同上註第25條，頁10。

推翻該假設[60]。而編製財務報表與防止舞弊主要係公司管理階層的任務，而會計師即使已依一般公認審計準則執行查核，仍有可能存在無法偵測出財務報表重大不實表達或舞弊的風險。然撇開會計師無法避免的審計失敗之固有風險不論，如其罔顧專業甚且幫助粉飾財報，就難辭其咎而必須負起法律上的責任。

會計師執行查核工作所依據的一般公認審計準則總綱第2條明文規定「執行查核工作及撰寫報告時，應保持嚴謹公正之態度及超然獨立之精神，並盡專業上應有之注意」[61]，其中「超然獨立」厥為關鍵，因為保持獨立性才能不偏頗地依據專業表示意見，以安隆案為例，該公司付給會計師Anderson事務所的年度公費收入，曾經占事務所年度總收入1%以上，Anderson事務所中甚至安排百人團隊專門伺候安隆，安隆會計主管的喜好甚至可以影響Anderson事務所的人力派遣，如此過度親近的關係，致使會計師失去獨立性甚至出賣專業為客戶服務[62]。

探究會計師的獨立性問題，除了會計師業自律，他律亦已成為目前監理重點，諸如美國企業改革法（或譯為「沙賓法案」——The Sarbane-oxley Act of 2002）第201條規定，禁止會計師事務所同時提供其所列舉的非審計服務，如提供非列舉的非審計服務，應得該公司之審計委員會之事先許可；同法第203條簽證會計師定期輪調；同法第206條利益迴避——旋轉門條款[63]等規定皆足為適例。其中關於禁止會計師同時提供審計及非審計服務及利益迴避——旋轉門條款，於我國會計師法[64]及修正草案[65]已設有明文。至於簽證會計師定期輪調則尚未見諸法律位階之明文規定，僅於審閱上市櫃公司財務報告作業程序[66]

60 吳琮璠，企業失敗、審計失敗與會計師獨立性，會計研究月刊，261期，2007年8月，頁12-13。

61 審計準則公報第1號「一般公認審計準則總綱」第2條，財團法人中華民國會計研究發展基金會，2000年1月25日第4次修訂，頁4。

62 林柄滄，如何避免審計失敗，2002年9月，頁206-207。

63 謝易宏、陳德純合著，後安隆時代的一線曙光—論2002年美國企業改革法對公司治理之影響，2004年2月，頁附3-49、3-50、3-55。

64 請參照會計師法第23條。

65 會計師法修正草案第47條第1項第2款、第6款。

66 臺灣證券交易所股份有限公司審閱上市公司財務報告作業程序第4條。

設有相關規定[67]，自公開發行後最近連續五年財務報告皆由相同會計師查核簽證者，爲必要受查公司。簽證會計師定期輪調問題論者或持正反不同意見，反對者主張新任會計師審計疏失比率較高將會降低服務品質，然而牽就現狀的不更換會計師，徒然容認問題的惡化恐亦不符審計初衷；藉由會計師輪調制度或能避免與受查者間關係過於親近，較能維持專業的獨立性，饒有推求之餘地。

尤有甚者，企業經營所採會計年度，除少見於外國企業之台灣子公司或非營利事業或有例外情形，於實務上仍係依商業會計法第6條規定原則上以「曆年制」爲常態。基此，絕大多數企業的會計年度於12月底終結，至於公開發行公司，則需另依證券交易法第36條規定，於每營業年度終了後四個月內，公告年度財務報告並向主管機關申報，經會計師查核簽證、董事會通過及監察人承認。綜前所陳，公司的財務報表必須經過簽證，會計師囿於人力與時間的排擠效應，能分配到每家公司的查核時間即相當有限，查核品質必然受到影響，最後權益因而可能遭到侵害的仍是資訊鏈終端的投資大眾。是否能按照「行業特性」訂定非曆年制會計年度，使企業年度財務報表的查核期間能相互錯開，不再集中於現行法所要求的四個月內，讓會計師分配於每家受查公司的查核時間能平均化於整年度期間內，應該有助查核品質的提升。

重罰立法原是推動法制最不得已之藥方，然百密常有一疏，企業經營者倘存心脫法，縱然嚴予規範恐仍難杜絕違法，著眼防弊而加重責任或增設阻絕機制，徒然增加企業經營成本，甚且懲罰殷實業者。應從加強市場的企業倫理與法治教育著手，讓業者都眞正體悟「誠信」才是交易安全的保證，企業整體所能樽節的社會成本於焉能轉嫁投資大眾。

四、剝削小股東權益

貫徹資本主義的企業法制中，居於資金弱勢的小股東權益，常遭到資本雄厚的大股東以公司構造多層化，及支配權集中母公司董事之手等模式予以限縮，小股東卻總在表決權的劣勢下無可奈何。時至今日，更有母公司股東權被

[67] 財團法人中華民國證券櫃檯買賣中心審閱上櫃公司財務報告作業程序第4條。

掌握關係企業整體獲利關鍵之子公司稀釋的情形[68]；有鑒於此，論者或有認爲應賦予母公司股東事前參與決策之權，質言之，即就從屬公司之股權行使雖仍交由控股公司之董事，然須由控股公司股東會決定如何行使；惟於從屬公司爲一人子公司時，控制公司與從屬公司股東會幾乎合一僅須召開一次。然於控制公司董事行使表決權違反控制公司股東會決議時，從屬公司股東會之效力爲何即有疑問。解釋上可認該表決權行使行爲無效而成爲撤銷從屬公司股東會決議之事由[69]，同時控制公司董事亦因違反股東會指示而須負損害賠償責任。不同意者以爲應將母公司持有的子公司股權，依比例計算由各母公司股東直接於子公司股東會上行使之，於子公司召開的股東會上，母子公司股東一起表決該項議案。前後立論固然各有所本，但本文以下列觀點，認爲後者考慮較爲周全，可資贊同。

爲防止母公司股東權可能遭到稀釋，及使母公司董事透過子公司而爲之經營活動同受母公司股東監督的考量，早於1971年即首先由美國加大柏克萊分校法學教授艾森柏格（Melvin Eisenberg）爲文提出「穿越投票」（Pass Through或有譯爲「讓渡表決」）的想法作爲前揭困境的補救手段[70]。其中有關適用範圍的界定，艾氏主張除章程修正及董事選舉之外，穿越投票原則僅適用於「主要子公司」（Economically Dominant Subsidiary or Economically Significant Subsidiary[71]），至於解散則是一律不適用。另關於子公司擁有資產是否重要之判準，又依是否爲一人公司而異。一人子公司以子公司擁有之資產是否占集團總資產之重要部分爲準；非一人子公司則以母公司擁有之子公司股份是否占母公司資產重要部分爲主。

---

[68] 國內企業多有將關係企業中獲利最豐之部門另外獨立設立為子公司者，如鴻海集團中的鴻準公司，聯電集團中的原相公司等皆為其中適例。

[69] 惟控股公司股東既非會議之參與人，此種情形下又難以想像控股公司董事會自行提起撤銷訴訟，如從屬公司之外部股東無人提起（或無外部股東之存在）時，立法上宜特別賦予控股公司股東決議撤銷權。

[70] Melvin Aron Eisenberg, *Megasubsidiaries: The Effect of Corporate Structure on Corporate Control*, 84 HARV. L. REV. 1577, 1590-1593 (1971).

[71] Eisenberg教授參考美國證管會公開揭露相關規定（SEC Regulation S-X、SEC Form 8-K）、紐約（NYSE）及當時美國證券交易所（Amex）規則及若干州公司法小規模合併規定，主張子公司資產或營收佔集團總百分比15%以上者即符合。

我國目前公司法是否應考慮引進穿越投票制，以防杜部分企業設立巨型子公司並將重要資產留存在渠等子公司，顯然不利於母公司少數股東權，雖然立法技術上將涉及未達禁止交叉表決之門檻，穿越投票後將衍生公司比例行使自己表決權[72]、重要性之判準如何界定[73]等困難問題，但衡諸國內企業小股東權益嚴重限縮之現實，似有酌予檢討組織多層化後兼採容許控股公司小股東得行使穿越投票之必要，以防止子公司變相掏空母公司之重要資產，進而剝奪母公司股東參與決策之權利。

五、董監持股質押與經營風險移轉

台灣近年企業法制的研修方向，迨多考量企業資金運用之靈活並兼顧經營之穩健，乃強調導入英美法中所有權與經營權分離原則的重要，對於促進企業「法令遵循成本」（Compliance Cost）固然發生一定影響，但卻也再度引發企業管理階層實質上悖於公司治理原則之實務疑義，董事或大股東高度質押持股，堪稱其中最值注意之類型[74]。

按股票質押之設，原係指股票所有人，將自己所持有之股票設定質權，以擔保其向質權人之借款債務。首應說明者，股份乃股份有限公司計算資本之基本單位，反應投資人所持有股數占資本總數之一定比例，並藉以行使附麗其上之股東權利（如表決權、盈餘分派請求權、轉讓權等）。而股票則係用以表彰

72 我國目前禁止交叉表決之規定，主要有公司法179條2項第2、3款，同法第369-10條，金融控股公司法第31條第4項（禁止門檻依同法第4條第1款為持股25%或過半數董事選派）。關於目前公司法第179條第2項之高門檻，學者有認無法達到防堵交叉持股弊端而應降低至20%。另有文獻質疑現行公司法第167條第3、4項及第179條第2項排除實質控制關係並無堅強理由。未來如禁止交叉表決規定降低門檻或納入實質控制從屬關係時，則其適用穿越投票之可能性或值考慮。

73 按依財務會計準則第7號公報第13項規定，子公司總資產及營業收入未達母公司各該項金額之10%者得不編入合併財務報表。此外，公司法第369-12條第3項授權制定之「關係企業企業合併營業報告書關係企業合併財務報表及關係報告書編制準則」（下簡稱關係企業三書表編制準則）中第14條規定，從屬公司之總資產及營業收入均未達控制公司各該項金額之10%者得免予揭露。是否得導出子公司重要性標準？恐還有不同看法有待形成共識。

74 高蘭芬，董監事股權質押之代理問題對會計資訊與公司績效之影響，國立成功大學會計學研究所博士論文，2002年6月。

並證明所持有之股份，股東權利之行使除無記名股票需以占有爲行使方法外，記名股票之股東權利行使，皆以公司股東名簿登記爲準，並非以占有股票爲據，此觀公司法第165條自明。[75]

第按股東權利行使雖以股份爲基礎，性質上類於物權之共有，似可依民法第765條規定所設，於法令限制範圍內，得自由使用、收益、處分其所有權。然事實上依新修正之公司法第202條所設關於董事會與股東會間之「分權」規定，公司之經營權實係掌握於董事會之集體意思決定，一般股東尙難直接參與，與民法上關於分別共有應有部分共有人之權利行使尙屬有間；故股份之性質，揆諸規範原旨，其債權性實應大於物權性。故股票質押，似應另解爲出質人將其對公司的請求權，以權利質權的方式，提供給債權人擔保，應適用權利質權之規定。故出質人仍可行使股東權，應無疑義，揆諸美國企業實務最具指標性規範的德拉瓦州公司法[76]、與規範世界最大經濟體之一的歐盟公司法[77]，

[75] 謝在全，民法物權論（下），1991年2月初版，頁331-332。

[76] Under Delaware law, shareholders still owned and could vote shares pledged as collateral for loan, even though creditor had sent them notice of default on loan and notice of sale of collateral, where creditor had in fact not yet sold or otherwise disposed of shares. 6 Del.C. § 9-610; 8 Del.C. § 217(a). Weinstein v. Schwartz, 422 F.3d 476, C.A.7 (Ill.), 2005.

[77] 歐盟公司法指令（EU Company Law Directives）並未對質押股份之表決權有限制，參見該法第22條（Articles 22）所載，為利說明，茲轉錄該條文內容如下供參：

1 Where the laws of a Member State permit a company to acquire its own shares, either itself or through a person acting in his own name but on the company's behalf, they shall make the holding of these shares at all times subject to at least the following conditions:

(a) among the rights attaching to the shares, the right to vote attaching to the company's own shares shall in any event be suspended.;

(b) if the shares are included among the assets shown in the balance sheet, a reserve of the same amount, unavailable for distribution, shall be included among the liabilities.

2 Where the laws of a Member State permit a company to acquire its own shares, either itself or through a person acting in his own name but on the company's behalf, they shall require the annual report to state at least :

(a) the reason for acquisitions made during the financial year

(b) the number and nominal value or, in the absence of a nominal value, the accountable par of the shares acquired and disposed of the during the financial year and the proportion of the subscribed capital which they represent

(c) in the case of acquisition or disposal for a value, the consideration for the shares; the number and nominal value or, in the absence of a nominal value, the accountable par of the shares acquired

皆未設有剝奪質押股票所附麗之表決權的明文規定，足堪作爲股票設質時股權行使的重要參考。

「公開發行」公司規模以上之企業董事或大股東倘有高比率質押其持股者，如屬無記名股票，因無記名股票非將於股東會開會五日前，將其股票交存公司，不得出席股東會，則自不能參與投票，此無記名股票之性質使然，尙無爭議。茲生疑義者乃記名股票出質後，因出質人仍保有股票之所有權，究其實質，出質人所質押者乃股票之「交換價值」，股票之質權人只取得質物之「孳息收取權」與「換價權」，而出質人依法仍可行使「表決權」（股東共益權），造成股東權利之「自益權」與「共益權」分離的獨特現象。基此，實務上恐衍生諸多疑慮，爲利說明，謹臚列如次：

（一）投資風險的不當移轉

權利質權與動產質權本質上相異，動產質權乃以物爲標的，質權人能直接占有，除剝奪出質人換價之可能，並可確保質物之價值[78]。而權利質權係以具財產價值之權利爲標的，實務上並需不移轉占有，出質人尙無法藉由其「占有」來確保質物之價值；在股份出質的實務中，質權人唯一的保障實乃設質股份的交易市值，設若該公司股價表現穩健時，當可十足擔保，但因經營不當導致股價下跌時，除非另發生擔保不足之虞，否則極可能完全無法回收（包括停止交易、下市、清算且賸餘財產之分配還不足清償債權人等情形）。綜前所陳，觀察權利質權與動產質權最重要的差異，似在於質權人尙無法藉由一定法律作爲以維持質物之價值。

惟當股份質押後，出質人仍可行使表決權（股東共益權），於股東會中支持自己當選董事。當選之後，必須將股價維持於股份設質之押值之上，雖公司買回自家股票非法所不許（公司法第167條之1、證券交易法第28條之2參照），但究其本質，應係出於爲公司利益之旨而非個別董事之利益。倘於董、

---

and held by the company and the proportion of the subscribed capital which they represent. detailed please log onto the website of EU: Available at: http://eur-lex.europa.eu/LexUriServ/Lex-UriServ. Do?Uri=celex:31977l0091:en:html, last visited on September 20th, 2007.

[78] 謝在全，同前揭註75

監高比率質押持股，而公司董事會又決議行使庫藏股制度時，猶如以公司資金爲渠等董、監背書，是否妥適，饒有推求之餘地。尤有甚者，公司董、監高比率質押持股，其「自益權」部分實已受限，惟其「共益權」部分是否仍能符合「受託人義務」（Fiduciary Duty）之旨，恐亦值得關切。舉例而言，董事擬推動執行高風險的之營業行爲（符合商業判斷法則），但爲求減低自身所承受之股價風險，而將所持股份高比率質押，倘該高風險之營業行爲獲利，股價大漲，當屬皆大歡喜。但若營業失敗，股價因而下挫而發生資不抵債，是時該等董事之風險將只有質押之股票價額，反而質權人將因之承受最後股價的損失。進言之，若董事高度質押持股後認爲公司前景堪慮，雖已無法處分持股，但其仍握有共益權所衍生之「控制權」（當選董事），若趁機謀私，惡意淘空，並脫產切割，則無異增加道德風險，亦非設立擔保制度之本意，遑論對於投資人所存在之默示信託關係下的受託人義務。

爲使董監能與公司利害關係共同，公司法第197條設有倘董事於任期中轉讓持股超過當選時股數之半，其董事當然解任之規定。復以證交法第26條更設有上市公司董、監記名股票持股總數必須與公司已發行總數間維持一定成數比例之規定，旨在強調董監之利害需與公司一致，以確保董監不致違反公司治理。若董事高比率（大於50%）質押持股，除其前述道德風險外，亦有當然解任之虞（一旦市價不能維持，遭質權人換價處分，俗稱「斷頭」），所爲決策也因此遽失其正當性，故若允許自益權與共益權分離，顯悖於前開規定之立法意旨。

（二）有違股份平等原則

股份平等爲公司法所揭示之重要原則，即每一股份對公司決策都享有一投票權，又稱一股一權[79]。惟平等權並非機械之形式平等，而是保障實質平等（釋字第485號參照）。法律對於企業因籌資而給予不同之負擔與條件，當亦非法所不許。故公司法第157條規定公司發行特別股時，應就特別股分派股息

---

[79] La Porta, R., F. Lopea-de-Silanes, and A. Shleifer, '*Corporate ownership around the world*', JOURNAL OF FINANCE, VOL.54, AT 471-517 (1999).

及紅利之順序、定額或定率、特別股分派公司賸餘財產之順序、定額或定率、特別股之股東行使表決權之順序、限制或無表決權、特別股權利、義務之其他事項，於章程中定之，以明訂權利義務。其中針對投票權之行使，我國並不容許特別股可以有優先或較多的表決權，此爲安定公司經營所設之規定，實務見解亦同採[80]。

股份有限公司於股票質押後，出質人可將所持股份兌現（Cash Out），實務上雖仍受有押值成數的限制（實務上一般上市公司約爲六成、上櫃公司則約五成左右），惟出質人倘再利用兌現資金轉入人頭戶，再購入他公司股票或出資，則將產生槓桿性的資金運用效果。舉例而言，A公司於董監改選前夕，大股東甲將手中持股，質押後取得資金透過人頭戶再買進A公司股份，則該名出質持股之股東，僅犧牲了原股份所附麗之盈餘分派請求權（事實上還包括應償付之利息），但如此槓桿運用資金的結果，將產生較原股份數倍實質表決權之法效，顯與「資合」性質的股份有限公司係依出資比例決定的意旨不符，更使得控制股東對公司的控制權大於其實際所有權的情形，增加公司經營之道德風險。故雖非直接達成，但應屬間接達到違反公司法強行規定之「脫法行爲」，應非法之所許。

（三）不符風險基準資本之旨

依銀行法第52條規定所揭，銀行爲法人，除另有規定外，以股份有限公司爲限。同條第2項並設有設置標準之明文規定，性質上應屬於公司法第17條之「特許」事業涵攝範圍，迨無疑義。基於銀行實乃收受不特定存戶金錢寄託之特殊性股份有限公司之本質，關於其營業所需具備之資本自然需要特別規範，因受1996年全球金融風暴影響，爲健全金融業經營，國際清算銀行（BIS-Bank for International Settlement）遂訂定第二次巴賽爾資本協定（Basle II），以「風險基準資本」（Risk-based Capital）立論，加強營業資本與風險間之聯結，要求銀行之資本適足率（自有資本與風險性資產之比例）需從1993年第一次巴塞爾資本協定（Basle I-Capital Accord）所要求的8%提高至10%以上（依我國金

[80] 參見經濟部72年3月23日商字第11159號函令。

融控股公司法規定金控公司之適足率需達到10%以上）[81]。如是比例過高，銀行將受制於自有資本作爲計算風險性資產的基準而難以發揮資金運用的槓桿效用，顯然有礙資金運用；惟亦不宜過低，否則銀行經營投資之風險等於不需受制於自有資金，存戶間接地分擔銀行的經營風險。我國法因此規定，資本適足率如低於8%、6%、4%與2%等階段性指標時，政府將介入處理，特別是低於2%之時，將啓動包括「清理程序」在內之退場機制[82]。目的除建立有效的金融預警機制外，亦避免銀行經營階層以存款保險作爲高風險、高報酬（High Risk, High Return）之賭本，產生高風險業者搭便車（Free-Riding）的道德風險，進而濫行授信，擾亂金融秩序。[83]基此，銀行型態之股份有限公司營業資本即需與營業風險相互聯結觀察，遂產生風險基準資本的法制設計初衷。

綜前所述，銀行董事倘將持股高比率質押，實質意義即爲取回投資並兌現出資，形式上資本適足率雖未直接發生變動，但實際上出質人已取回相當出資，惟股價風險卻已轉嫁由質權人負擔，資本適足率顯然未能反映該情形而產生風險失眞的情形。如前所揭，本質爲股份有限公司之銀行經營非僅關乎出質人與質權人而已，通常亦涉及股東與其他債權人之權益保護，實有使公權力介入之必要性。特別於銀行或其子公司貸款與董事之情形，因董事得爲自然人（或法人代表），尙難適用關係企業章（公司法第369條之4、第369條之5、第369條之6）之相關規定，公司股東對董事卻在公司法第214條門檻過高，只能訴諸公司法第193條，甚至回到總則（公司法第23條）之受託人義務求償立論，易造成公司治理的遵循成本對於弱勢的小股東顯不相當，而有悖於公司資本大眾化之立法初衷。

股份屬財產權，受憲法第16條之保障。惟憲法之保障並非絕對，如該當憲法第23條規定，符合「比例原則」與「法律保留」（形式阻卻違憲事由），則亦非不得加以限制。股東與董事質押其持股，本屬其財產處分之自由，但爲維

[81] 請參見銀行法第44條規定暨所授權訂定之子法「銀行適足性管理辦法」第2條規定。

[82] 請詳見美國1991年所施行修正存款保險公司促進法案（FDIC Improvement Act—FDICIA）中所揭「立即糾正措施」（PCA-Prompt Correct Actions），及我國存款保險條例第29條第2項規定及其子法。

[83] 有關金融安全網的法律探討，請參見廖柏蒼，我國金融安全網之法律架構分析，國立中央大學產業經濟研究所碩士論文，2002年6月。

持社會秩序與增進公共利益，並考量股份有限公司之資合性質，予以適當限制當非法所不許，合先陳明。

證交法要求董監持股一定成數，即希望董監之利益與公司一致。特別是股份有限公司具有資合性質，股東之自益權與共益權應一致，避免股東之控制權（共益權）大於現金請求權（自益權），而不利公司治理。

綜前所述，對公司經營有影響力之特定股東質押股票，若逾一定程度（例如50%），對公司治理之影響實值重視，特別是上市公司、特許行業，與大眾權益關係甚深，限制渠等特定股東共益權（如參加股東會、參與表決、股東會提案權等）之行使自有其正當性。基此，對於高比率質押股票之股東，依據比例原則，限制渠等質押股票所附麗之股東權中表決權之行使應足以達成公司治理之旨，試申其義如下；

1. 適當性

所謂適當性，即要求手段有利目的達成。以限制投票權行使，將使有影響力股東質押前必先三思，有益於「自益權與共益權」目的之達成，更有利於公司治理之達成。

2. 必要性

所謂必要性，即要求手段必須是成本之最低。針對響有影力之股東，且股東權分作自益權與共益權，只限制共益權部分之表決權，並不影響出質人之其他共益權，如股東會出席權、提案權，可謂已是成本最低之必要手段。

3. 相當性

又稱「狹義比例原則」，要求所得利益應大於所受損害。對有影響力股東共益權中之投票權之限制，應屬有利於公司治理，亦符合股份有限公司資合之旨，可謂相當。

進言之，擔任董事職務之股東如於任期中質押其持股者，依循公司治理原則，其股東權部分亦應酌予受限。而當選董事之職權行使，因更直接牽涉公司經營，當予以限制。但考量個別董事的當選或有出於他人之信任委付（如徵求委託書），而非全然憑藉個別持股所致，因此董事之職權除表決權外之其他權能，仍應允其行使。基此，該當選董事仍可出席董事會，闡述意見；當選常務董事者，亦不影響其常務董事職務之行使，但於董事會中之表決權行使則應予限制，使於股東會中不列入表決權。質言之，即以法律手段將自益權與共益權分離「視爲」將有致生公司投資人危害之虞，借用刑法上「抽象危險犯」之立法技術，限制董事本身之股東權內之表決權權能，承前所述，似更利於公司治理之達成，不因所有權與經營權分離而有不同。實務上易生疑義者迨爲，大股東倘刻意不由自己出任當選董事，而改以支持特定人（通常是其代理人、使用人）方式間接支配董事會決策，雖存有代理人不聽使喚的風險，或可能另外構成公司法關係企業章規定之適用，惟一般而言，由於原告舉證不易，投機者即可達成脫法目的，應另值關切。

肆、反　省

一、人民的感受

對於重大經濟犯罪被告，法務部早就設有防止重大經濟罪犯潛逃作業等規範，也一再要求所轄各地檢警調單位，採取「專案列管」方式，對涉嫌被告全天候監控，並妥適採取限制出境及聲押要求[84]。力霸案王又曾涉嫌掏空700多億元，廣三案曾正仁掏空200多億元，東帝士案陳由豪掏空600多億元，鋒安鋼鐵案朱安雄掏空200多億元，中興銀行案王玉雲掏空300多億元，但他們在海外卻都可以另起爐灶，擁有可觀財產及事業，逍遙過日，反之，他們的債權人包括一般個人或債權銀行，卻只能取得一紙債權憑證結案，徒然留下滿腹辛酸及指摘司法不公、無能的怨懟[85]。面對國內政商關係複雜，新興經濟犯罪手法層出不窮，掏空金額一再擴大，受害民眾日益增加等趨勢，政府有關部門除了在防止犯罪工作上必須加強外，檢調辦案技巧與觀念也應大幅調整，應研究加強

84 請參見工商社論，中時電子報，2007年9月25日，詳細內容請參考中時電子報網站資料：http://news.chinatimes.com/CMoney/News/News-Page.html，最後瀏覽日：2007年9月25日。
85 同前註。

國際合作以緝拿不法之徒歸案[86]。

媒體焦點新聞中，只見鎂光燈對著竄逃在麥克風叢中的弊案主角密集閃現，下個畫面總是專家學者們在談話性節目中高聲痛批政府無能，人民痛苦；鏡頭一轉，官員們又信誓旦旦的矢言執法決心，凡此戲碼，已經成為財經弊案事發後的標準模式。行禮如儀的檢討，追不回企業掏空的金額，更喚不回人民心底的失望。

問題固然所在多有，論起興革千頭萬緒，但糾葛弊案未能符合人民感情的主要癥結，或許還是在於沉痾已深的「政商分際」，總在杯觥交錯，心領神會的眼波交流之間，企業監理資訊好比商品一般的被計量且半公開的販售。質言之，當投機企業家發現經營與「衙門」的「利害與共」遠比致力於「法令遵循」對降低經營風險更具實質效果時，風行草偃的企業氛圍，當然影響企業整體的「健康」。

「從教育作起」，總在一片檢討聲中被優先提出，但眼前的野火正熾，焦急的人民又怎能好整以暇的等待風氣隨著世代洗禮而慢慢的改正呢？務實的立論，還是該從強調「利害」著手；質言之，唯有讓企業經營者回歸「生意觀點」（Business Point of View）體悟，法令遵循不但降低企業面臨的法律風險（Legal Risk），更能因而預防企業成長最可能遭逢的「聲譽風險」（Reputation Risk）[87]損失，眞正符合企業「永續經營」的長遠利益，企業主才會從生意人的利害考量，正視法律人力的貢獻，重視法令遵循。風氣所及，企業整體的「營業健康」方能逐漸改善。近來檢調針對弊案的積極查察，一時業界風聲鶴唳，但究應如何拿捏「維護企業經營活力」與「促進法令遵循」兩者間之衡平，恐還待司法實務與企業的磨合，但企業確實因而逐漸從經營的利害，考量企業法律布局的重要，相信對於法令遵循觀念的建立，具有相當程度的儆醒（Awakening）效果。

---

[86] 同前揭註84。

[87] 著名的英國企管顧問公司Davies Business Risk Consulting曾巧妙點出了企業聲譽的重要，在2001年4月發表的「聲譽風險管理」（Reputation Risk Management）一文中，提到企業避免聲譽風險的損失，相對而言好比維護企業經營最重要的「灰姑娘資產」（Cinderella Asset），論述精闢入，發人深省。有關該文的詳細內容，還請參考該公司網站資訊www.iam-uk.org/downloads/ReputationRiskManagement.pdf+reputation，最後瀏覽日：2007年9月25日。

二、緩不濟急的修法

弊案鼎沸當下，祭出「民氣可用」，無限上綱的修法，總是銳不可擋；公益更輕易淪爲政治演出的廉價劇本，只要媒體轉向，另結新歡，弊案頓時成爲過氣明星，無人聞問。尤有甚者，新法甫才施行，企業豢養的法律團隊在利誘之下又旋即推出脫法對策，如此戲碼，周而復始，投機一再得逞，壞人相繼潛逃，法律對人民也就失了信用。

最能接近人民感情的弊案處理，就是將投機者押回或將金額尋回，目前偵辦實務上要求各地檢警調單位，採取「專案列管」方式，對涉嫌被告全天候監控，並妥適採取限制出境及聲押的作法，固有資源整合的用意，但由於涉及不同法令主管單位間之權責，一直以來缺乏橫向的效率溝通管道，對於企業弊案偵辦的整合成效似乎尙嫌不夠理想。

具體作法是否可能參酌美國針對「敵對」（Hostile）外國企業，藉國家安全之名，依1988年美國「綜合貿易競爭法」（the Omnibus Trade and Competitiveness Act of 1988）第5021條，設立跨部會的「外資監理委員會」（Committee on Foreign Investments in the United States, CFIUS）[88]，由財政部（Department of the Treasury）主政，依法集合各部會資源以「任務編組」（Task Force）方式召集審議會，依前揭法律第721條訂定之「艾克森、佛拉里歐條款」（Exon-Florio Provision），建請美國總統得於類似「威脅國家安全」（Threatens National Security）之法律要件下，依法授權總統得命令撤銷已生效進行中之併購美國公司案件，堪稱美國公部門強力介入私經濟行爲的最經典適例。

[88] Section 5021 of the Omnibus Trade and Competitiveness Act of 1988 amended Section 721 of the Defense Production Act of 1950 to provide authority to the President to suspend or prohibit any foreign acquisition, merger or takeover of a U.S. corporation that is determined to threaten the national security of the United States. The President can exercise this authority under section 721 (also known as the "Exon-Florio provision") to block a foreign acquisition of a U.S. corporation only if he finds: (1) there is credible evidence that the foreign entity exercising control might take action that threatens national security, and (2) the provisions of law, other than the International Emergency Economic Powers Act do not provide adequate and appropriate authority to protect the national security. detail please log onto US treasury dept. website avaiilable at: http://www.treas.gov/offices/ international-affairs/exon-florio/, last visited on September 22, 2007.

反觀我國目前法制，尚無類似之公資源打擊企業與金融弊案的人力整合機制，是否透過提升主導重大（社會矚目）企業弊案的層級至行政院長，經由行政院會直接組成臨時性任務編組，打破部會的「地盤」（Turf）心態，一切以「追人、追錢」爲最高目標，除發現有監理資訊走漏或官商勾結情事，應予最重懲處以儆傚尤外，任務小組的偵辦進度亦應定時對外說明，以疏民怨。相信只要作法上跳脫傳統模式僵化的法律思維，較靈活的人力整合進行跨區甚至跨國的偵辦，企業弊案都能更理想的追回行爲人與所得不法利益，則投機者的違法成本將大幅增加，脫法誘因亦將顯著降低。

伍、展　望

好壞之於黑白，間或繫於主觀判斷，但獎善罰惡，大是大非之間，民眾情感卻恆有定見與度量。面對近年來不曾間斷的企業投機弊案，主事者少有給人民擊掌叫好的痛快，公權末端所及的蒼生百姓，常生怨懟者迨爲，台灣一連串的財經弊案，誰該負責？卻少見認眞追究，遑論如何負責。靜心而論，跳脫個案情緒與狹隘的應報思惟，或許架構實務的法制才眞是最該檢討，本文限於篇幅，只能擇其大要提出觀察心得，期能拋磚引玉，就教高明。

企業法制固然尚有諸多責難求好之處，但支撐企業的金融法制確實也有急迫的建構檢討空間，究竟孰重孰輕，在可笑的顏色對決中，早已失了焦，離了題，只剩百姓的無奈與傷痛。焦急的故鄉，對於幾世代以來遭逢的「社會不正義」（Social Injustice），究竟還要忍受多久？又逢中秋最易感，依然只見朦朧的月娘臉龐，彷彿輕聲的嘆惜：不清楚。

附表：二十一世紀台灣企業弊案2000年

涉案企業	起訴對象	犯行梗概	涉案金額	違反法規
台灣日光燈公司	王邦彥（董事長） 鄭楠興（副董事長） 劉勝輝（常務董事） 林銀洲（總經理） 徐文政（副總經理） 鄭明哲（財務經理）	利用假買賣及貸款予子公司以套取資金，並加以挪用於買賣操控台光公司股價	21億餘元	證券交易法、商業會計法、刑法
正道工業和證道實業	顧大剛（董事長）	挪用公司資金高價購買新巨群概念股，損害正道工業的股東權益	1.6億元	刑法
萊思康、美亞鋼管、正道科技	王永華（董事長） 仰惠萍（董事長配偶）、券商李智玉 交割員劉毓芬 王永琴等五人	行使僞造私文書，侵占業務上所保管之公司資產挪爲己用，供私人投資股票、償還債務或作爲借款之擔保	10億餘元	刑法
峰安案	朱安雄（總裁） 朱安泰（副總經理） 吳德美（董事長）等11人	侵占公司資金存入人頭帳戶，再把錢匯進朱安雄夫婦經營的公司帳戶內；塡製不實金額的統一發票，並製作不實會計憑證，藉以逃漏營業稅及營利事業所得稅	227億餘元	稅捐稽徵法、商業會計法、刑法
福懋油脂公司	黃勳高（董事長）、程景生（副董事長）、許忠明（總經理）、黃強（董事）、陳清吉、徐本堂（監察人）、郭俊賢（經理）、官耀中（副理）、李佩玲、黃美瑩、許芳賓、葉裕祥（京華證券承銷部成員）	鉅額貸款與股東，而接受不明確股權抵償，造成福懋鉅額損失；製作不實之公開說明書，隱匿福懋應收款未償還問題	7億餘元	刑法、公司法、證券交易法

涉案企業	起訴對象	犯行梗概	涉案金額	違反法規
廣大興業案	薛凌（董事長兼總經理）、楊仁正、何利偉（董事）、薛麗華（財務人員）	藉處分廠房的利多消息，從事內線交易炒股牟利	-	證券交易法、刑法
大中鋼鐵案	劉文斌（董事長）、洪美美（總經理特別助理）、李滿堂（股票營業員）、曾國年（財務副理）、張惠玲、黃文郁（財務課長）、劉新統、簡淑惠（華陽投資公司員工）、蔡宗銘（華城投資公司員工）	挪用子公司資金拉抬大中鋼鐵和友力工業的股價；八十七年底股價下跌時，違約交割	37億餘元	證券交易法、刑法
環隆電氣公司	蔡坤明（董事長兼總經理）、何子龍（總經理特別助理）、蔣耀祥（副理）、周榮燦（副理兼會計課長）	挪用環電資金，透過人頭買賣股票，並僞作買賣炒作環電股票，影響證券市場正常交易秩序	48億餘元	證券交易法、商業會計法、公司法、刑法

2001年

涉案企業	起訴對象	犯行梗概	涉案金額	違反法規
桂宏、桂裕（更名爲中龍鋼鐵）企業	謝裕民（董事長、總經理） 陳昭蓉（副理） 林小繡（副理）	挪用桂宏公司及多家子公司之資金炒作股票	48億餘元	證券交易法、商業會計法、稅捐稽徵法、刑法
宏福集團	陳政忠（實際負責人） 潘禮門（董事長） 陳政憲等九人	將私人土地低價高賣給公司，利用人頭戶，進出股市，操控宏福建設的股價	83億餘元	證券交易法、商業會計法、刑法
中友百貨	劉福壽（董事長） 劉耀輝（副董事長） 簡玲珠（經理）	以公司資產爲子公司背書保證，逾越背書保證金額及程序，造成公司股票下跌、背書保證損失	5億餘元	證券交易法、商業會計法、刑法

涉案企業	起訴對象	犯行梗概	涉案金額	違反法規
立大農畜興業公司	王汝添、王汝晟、王汝昭（前後三任董事長） 王汝祥、曾王素琴及孫王素珠（業務部人員）	未獲授權將公司資金，匯入王汝昭等人的帳戶，侵占立大公司及其子公司資金	8億餘元	商業會計法、刑法
中央票券金融公司	陳冠綸（總經理）	不當授信與核貸，涉及利益輸送、違法放貸數十億元	50億餘元	刑法
中興銀行違法授信案	王玉雲（董事長 王宣仁（總經理） 吳碧雲（經理） 李東興（經理） 黃宗宏（台鳳集團總裁） 陳明義（台鳳公司協理兼財務部經理）	王玉雲等人合謀以人頭戶申貸，規避中興銀行對單一個人授信上限	80億餘元	刑法
台開購地弊案	王令麟（遠森公司董事長） 蔡豪（台開董事） 劉金標（台開董事長）等十一人	台開購地過程，被告以低買高賣、虛列成本，掏空遠倉及台開公司資產	12億餘元	證券交易法、商業會計法、刑法
廣三案、順大裕掏空案、台中商業銀行超貸案	曾正仁（總裁） 曾正行（曾正仁的胞兄） 劉松藩（前立法院長） 張文儀（順大裕公司董事長） 黃祝等42人（廣三集團重要幹部、台中商銀人員和證券公司人員）	違法向台中商業銀行貸款及掏空順大裕，以不實統一發票向銀行申請信用貸款、假買賣順大裕彰化及鳳山廠土地、以人頭貸款炒作順大裕股票	180餘億元，並蓄意違約交割84億餘元	證券交易法、銀行法、洗錢防制法、刑法

2002年

涉案企業	起訴對象	犯行梗概	涉案金額	違反法規
南港輪胎公司	林學圃（董事長）、李文勇（常務董事）	連續違反公司董事在獲知公司有重大影響股價之消息時，於消息未公開前，不得買賣公司股票的規定	-	證券交易法、刑法
國產汽車	張朝翔（禾豐集團執行長）、張朝喨（禾豐集團副執行長）	挪用公司資產在集中交易市場維持國產汽車股票之價格，並用來償還銀行、證金公司及其他債權人的本息	116億餘元	證券交易法、刑法
大穎集團	陳榮典（總裁）、王維建（副總裁兼財務長）	挪用公司資金護盤，致公司嚴重虧損	94億餘元	銀行法、刑法
匯豐證券掏空案	陳謙吉（董事長） 陳施霜玉（董事長配偶） 郭俊麟、郭振德（財務主管）等7人	挪用鉅額公款從事股票炒作，利用職權指示公司財務會計人員配合其作帳	60餘億元	銀行法、證券交易法、商業會計法、刑法
大信證券案（改名爲吉祥證券）	葉輝（總裁）、盧玉雲（副總裁）	侵占業務上所持有之大信證券資金，另將私人土地以高價轉賣予大信證券	4億餘元	商業會計法、刑法
味全公司	魏應行（董事長）	內線交易，成立4家「康」系列子公司大舉買進「味全」股票	-	證券交易法
台肥	謝生富（董事長） 郭耀（總經理）	內線交易、操縱股價	-	證券交易法
三星五金	李國安（董事長）	在卸職前夕，以董事長身分，主導一筆向台南營造購買十四台吊車、金額高達九千萬元的交易，同時亦購買他同爲大股東的南鋼公司股票二億餘元，涉嫌以投資上述空頭公司中飽私囊，造成三星巨額虧損	約2億9千萬元	背信罪

涉案企業	起訴對象	犯行梗概	涉案金額	違反法規
紐新企業	陳仲儀（董事長）、陳冠英（總經理）、陳秀惠（協理）	涉嫌爲掏空公司資產，與廠務經理白耀宗等人成立的子公司製造假銷貨證明虛列營收，轉讓公司持股，違法掏空公司	約3、40億元	背信、侵占及違反證券交易法
仁翔建設	吳汶達（原名：吳何堂）（前董事長）	連續假藉製作不實的買賣契約，挪用仁翔公司資產，用以炒作股票及投資	3億8千餘萬元	侵占
基泰建設	陳世銘（董事長） 郭耀（前總經理） 葉淑婷、楊人豪及張宇賢（財務人員）等	財報不實	-	證券交易法
大將開發	林松利（證券公司老板） 林泉源 謝宗良 黃明珠 紀茂男 莊育城	炒作大江開發股票	-	證券交易法
大日開發	林永安 林全成（前後任董事長）	涉嫌利用現金增資的機會，掏空三家關係企業資金	約2億5千多萬元	業務侵占罪

2003年

涉案企業	起訴對象	犯行梗概	涉案金額	違反法規
燦坤實業	吳燦坤（董事長）	販售美國未上市燦坤股票	-	證券交易法 刑法
櫻花建設	張宗璽（董事長）	掏空公司資產		刑法
國華人壽	張貞松	違法超貸	10億元	保險法 刑法
太平洋建設	章啓光（董事長） 章啓明（總經理）	挪用公司資金	26億元	刑法
百成行	莫慶隆（董事長）	內線交易		證券交易法

涉案企業	起訴對象	犯行梗概	涉案金額	違反法規
天剛資訊	陳和宗（董事長） 樊祖華（總經理）	內線交易	6400萬元	證券交易法
農銀	黃清吉（總經理）	違法超貸		銀行法
中友百貨	劉福壽（前董事長）	帳目不實		刑法、證交法
皇旗資訊	黃榮川（董事長）等人	帳目不實		證券交易法
大穎企業	陳榮典（負責人） 王維建（監察人） 陳榮耀（董事）等三人	發布不實資訊		證券交易法
太平洋電線電纜公司	胡洪九（太電前副總茂矽集團前董事長） 孫道存（太電前董事長）等人	掏空公司資產	200億元	證券交易法 刑法

2004年

涉案企業	起訴對象	犯行梗概	涉案金額	違反法規
亞瑟科技	吳光訓（公司負責人）、武沛曜（常務董事）等三人	內線交易		證券交易法
臺鹽	鄭寶清（董事長）	假交易虛增營業額		商業會計法
國揚實業	侯西峰（董事長）	挪用公司資金	61億元	證券交易法 刑法
普誠科技	姜長安（董事長）	涉嫌掏空公司資產	3473萬	
訊碟科技	呂學仁（董事長）	涉嫌掏空公司資產、內線交易	26億元	證券交易法 刑法
久津實業	郭保富（前任董事長兼總經理）、吳明輝（副總經理）	涉嫌掏空公司資產、內線交易	30餘億元	證券交易法 刑法
博達科技	葉素菲（董事長）	涉嫌掏空公司資產、內線交易	70餘億元	證券交易法 刑法
合機	楊愷悌（合機董事長） 余素緣（合機副總經理）	內線交易		證券交易法 刑法

涉案企業	起訴對象	犯行梗概	涉案金額	違反法規
合機	傅崑萁（立委） 袁淑錦（合機總務） 馮垂青（倍利國際綜合證券前協理） 廖昌禧（傅崑萁友人） 張世傑（股市名嘴）等人			
宏達	歐明榮歐明榮（宏達大股東）	操縱股價		證券交易法
建達國際	凌宏銘凌宏銘（公司經理人）	內線交易	165萬	證券交易法

2005年

涉案企業	起訴對象	犯行梗概	涉案金額	違反法規
宏傳電子	翁兩傳（董事長） 翁麗玲（董事長特助） 廖連信（總經理） 郭峻賢（財務長） 陳福財等九人（九家涉嫌協助爲虛僞交易的公司負責人）	虛增營業額掏空資產 購買廠房致使公司損失 公司債資金違法使用 侵占衍生性金融商品交割款與詐取稅款 與志聰電子等9家公司，以同一批貨物出口改包裝又回到子公司的「一出一進」方式，製造出口頻繁假象虛增營業額	虛增營業額達9.5億元，挪用或侵占公司款項達4.7億元，詐取退稅1000餘萬元	背信、違反證券交易法、商業會計法等
銳普電子	陳貴全（銳普董事長） 詹定邦（泰暘集團總裁） 陳俊旭（泰暘集團副總裁） 呂梁棋（陳俊旭特助） 巫國正（泰暘投資長） 黃耀南（泰暘財務長）	泰暘集團詹定邦等八人，以「假交易、眞掏空」手法，涉嫌勾結上市銳普電子股份有限公司董事長陳貴全，掏空銳普資產	9億7000萬	背信、僞造文書、違反證交法及商業會計法

涉案企業	起訴對象	犯行梗概	涉案金額	違反法規
銳普電子	廖晁榕（泰暘營運長） 鍾閔丞 謝淑莉（國外部副理）			
台灣櫻花	張宗璽（前董事長）	利空消息發佈前涉嫌內線交易賣掉股票，	減少損失1274萬餘元	證券交易法
洪氏英	蔡秋美（洪氏英科技股份有限公司財務部經理） 張曉萍（洪氏英科技股份有限公司財務部出納） 黃俊諺（建華證券公司嘉義分公司營業員）。另併案通緝洪登順（洪氏英公司董事長）、李博源（前協理）	涉嫌以員工做爲人頭，下單買賣股票抬高股價		違反證券交易法
勁永國際	林明達（股市作手） 林一宏（股市作手） 古洲銘（台中第七商業銀行桃園分行經理） 陳俊吉（股市作手） 張錫寬（臺灣證券交易所股份有限公司上市部中級專員）等	內線交易		證券交易法
協和國際	呂美月（勁永公司及勁強公司負責人） 胡錫權（勁永會計部經理） 陳琇瓊（勁永會計人員）等	因爲公司存貨庫存時間過長，遭會計師於每季盤點時列爲損失，導致公司財務報表不佳進而影響股價，因此利用循環交易（三角交易），將勁永或勁強公司的存貨，與其他子公司或海外公司進行交易，但實際上並無銷貨、進貨項目，並填具不實的財報會計資料，製造公司交易活絡假象	以此方式使兩年度的進、銷貨營業額高達16億1000餘萬元，但公司的假財報連帶造成銷貨價格提高，公司損失近600萬元	證券交易法、商業會計法

涉案企業	起訴對象	犯行梗概	涉案金額	違反法規
協和國際	呂木村（協和國際多媒體總裁） 王演芳（董事長）王美珍（協和會計） 李明澤（總經理） 鄭政吉（財務經理） 劉美雲（稽核副理） 呂水圳（英倫唱片老闆） 王百祿（中柱董事長） 陳亮旭（昇龍影業） 楊瑞文（昇龍影業） 賴昭延（聖立科技） 傅思翔（鋑禾科技）	假交易膨脹營業額掏空公司	假交易7億元、掏空公司4億元	證券交易法、商業會計法、洗錢防制法及業務侵佔、背信
華彩軟體	賴毓敏（負責人） 王緒偉（華彩財務副總經理兼財務長） 李碧華（會計部門協理） 柯吉祥（華彩轉投資公司管理部經理）	作假帳掏空人頭名義虛設行號僞造公司董事會議紀錄逕向銀行詐貸 隔年又主導現金增資案通過，溢價發行2500萬股，收取股款15億元 以假發票、假合約等不實會計憑證，將華彩向銀行詐得款項及增資股款以「預付貨款」、「預付股款」之科目挪往其他11家關係公司，致華彩貸款無力清償	涉嫌作假帳掏空3億元 向銀行詐貸3億8000萬元	業務侵占、詐欺、違反證交法等
突破通訊	陳鴻鈞（突破通訊前董事長兼總經理） 劉紹軍（陳鴻鈞妻舅） 劉美麗（爲陳鴻鈞前妻，曾任突破通訊董事長兼總經理）	涉嫌以假交易方式掏空公司資產涉嫌在公司發布重大訊息前出脫持股獲利涉及內線交易	1億3,000餘萬元	證券交易法、洗錢防治法、商業會計法、背信等罪
永兆精密電子	吳宗仁（董事長）	內線交易	獲炒股價差8500餘萬元	證券交易法

2006年

涉案企業	起訴對象	犯行梗概	涉案金額	違反法規
茂矽	胡洪九 張明杰 葉惠珍（茂矽公司股務處副處長 胡洪九私人秘書） 鄭世杰（南茂公司及泰林公司董事長） 劉麗儀（茂矽子公司環龍公司負責人） 張明杰（倍利證券總經理） 洪良（倍利證券投資理財部經理） 歐梅芳（倍利證券業務員）	涉嫌利用公司重大訊息未公佈之際，出脫關係企業持有的茂矽公司股票，並利用投資海外衍生性金融商品挪用公司資金近六億元 挪用茂矽資金購買衍生性金融商品，虛增營業額及侵占子公司資金	獲利高達10億5000萬元	違反證券交易法、僞造文書、洗錢防制法
太萊晶體科技	何政鋒（董事長） 張大方（顧問） 林寶娜（發言人兼董事長特助） 陳信宏（上市公司如興製衣公司董事長） 陳啓斌（如興公司副總） 郭振國（豐銀證券副總） 蔡佳豪（復華證券頭份分公司經理） 黃清貴（股市名嘴） 張昌財（立法委員） 范長安（張昌財國會特助）等十人	操縱串通上市公司、券商、名嘴炒作太萊公司股價，涉嫌與日本公司「假技轉、眞掏空」、明知爲不實之事項而填製會計憑證		商業會計法、證券交易法、刑法
智基科技	陳義誠（負責人） 馬士敏（公司董事）	涉嫌利用公司在調降財測的利空訊息，先行出脫持股降低損失	-	證券交易法
茂順密封元件	石正復（董事長） 陳仁安（財務副總經理）	涉嫌勾串炒手炒作公司股票操縱股價	-	證券交易法

涉案企業	起訴對象	犯行梗概	涉案金額	違反法規
日馳公司	林慧瑛（副董事長）、方徐淑英（董事）	內線交易炒作股票	獲利1億1千6百餘萬元	證券交易法
台開案	趙建銘（總統女婿）、趙玉柱（趙建銘父親）、蘇德建（台開前董事長）、游世一（寬頻房訊總經理）、蔡清文	在所謂三井宴餐會間，獲悉影響臺開公司股價之重要訊息，之後進場買賣股票獲得暴利，嚴重破壞金融秩序	約1億5百萬元以上	證券交易法
中國貨櫃	林進春（中櫃董事長），林宏吉 林宏年（常務董事） 施惠熹（代書）	以假交易等方式掏空中櫃公司資產	5000萬元	商業會計法、證交法、背信罪
禾昌興業	陳財福（董事長） 楊啓坪（總經理特助） 詹朝貴（財務長） 洪瑞霞、白宜臻、林淑如、曹俊英（爲人頭戶之公司員工）	借用人頭戶進行內線交易在公司調降財測前出脫持股，低點買進後再放消息要買回庫藏股讓股價飆漲	獲利數千萬元	證券交易法
大霸電子	莫皓然（大霸電子公司董事長） 郭佩芝（董事長夫人） 莊慧玉（財務部資深協理）	涉嫌在公司由盈轉虧重大訊息公布前透過旗下6家控股公司拋售公司股票爲內線交易	規避股票跌價損失約4、5億元	證券交易法
國華產險	王錦標（國華產險前董事長） 何蘭香（秘書），張麗蓉（國華產物保險公司財務部副理）、張欽銘（國華產物保險公司管理科長）等人	涉嫌透過8家分公司主管協助僞造各地車險理賠證明保險代理公司約定以17%爲比例，開立超額佣金發票藉口支付分公司退佣，要求員工提供發票，以強制營業險費用報銷，指示秘書將錢匯入人頭帳戶	約11億	保險法 洗錢防制法、證券交易法和商業會計法

涉案企業	起訴對象	犯行梗概	涉案金額	違反法規
皇統科技	李皇葵（董事） 鄭琇馨（皇統科技總管理處負責會計 財務部門副總經理） 許秀鑾（皇統會計部經理） 張炳高（物流部協理） 蔡依仁 劉幸淑（前後任財務副理） 李絹（財務襄理） 朱秀鳳（皇統　旗下豐騰公司會計專員） 蔡素鈴及黃淑芬（皇統旗下鍏承公司會計副理）等	要求公司員工配合從事假銷貨，虛灌業績近50億元，美化帳面讓股票上市，炒股再出脫牟利，詐騙銀行、內線交易	約50億元	證券交易法、商業會計法
品佳公司、世平興業	陳國嶽（品佳香港分公司副董事長） 陳國健（陳國嶽之兄）	利多訊息發布前有特定人士大舉買進世平與品佳公司股票	-	證券交易法
南港輪胎	林學圃（南港輪胎名譽董事長、財團法人秋圃文教基金會董事長），賴秋貴（林學圃之妻，基金會董事） 林爭輝（南港公司大陸輪胎製造廠管理部主任）	利用子公司或他人帳戶透過不知情營業員下單買進南港公司股票，成交再將存款匯入帳戶完成交割。期間內連續以高價漲停或漲停板的拉尾盤方式，或連續以低價或跌停板的價格委託賣出，影響南港公司股票價格	-	證券交易法
皇統科技	李皇葵（董事） 鄭琇馨（皇統科技總管理處負責會計 財務部門副總經理） 許秀鑾（皇統會計部經理）	要求公司員工配合從事假銷貨，虛灌業績近50億元，美化帳面讓股票上市，炒股再出脫牟利，詐騙銀行、內線交易	約50億元	證券交易法、商業會計法

涉案企業	起訴對象	犯行梗概	涉案金額	違反法規
皇統科技	張炳高（物流部協理） 蔡依仁 劉幸淑（前後任財務副理） 李絹（財務襄理） 朱秀鳳（皇統　旗下豐騰公司會計專員） 蔡素鈴及黃淑芬（皇統旗下鍏承公司會計副理）等			
品佳公司、世平興業	陳國嶽（品佳香港分公司副董事長） 陳國健（陳國嶽之兄）	利多訊息發布前有特定人士大舉買進世平與品佳公司股票	-	證券交易法
南港輪胎	林學圃（南港輪胎名譽董事長、財團法人秋圃文教基金會董事長），賴秋貴（林學圃之妻，基金會董事） 林爭輝（南港公司大陸輪胎製造廠管理部主任）	利用子公司或他人帳戶透過不知情營業員下單買進南港公司股票，成交再將存款匯入帳戶完成交割。期間內連續以高價漲停或漲停板的拉尾盤方式，或連續以低價或跌停板的價格委託賣出，影響南港公司股票價格	-	證券交易法

2007年

涉案企業	起訴對象	犯行梗概	涉案金額	違反法規
中信金控轉投資兆豐金控案	張明田（中信金前財務長） 林祥曦（財務副總） 鄧彥敦（法務長） 部分另案偵結：辜仲諒（中信金前副董事長） 陳俊哲（法人金融執行長，中信金董事長辜濂松的女婿），林孝平（前策略長）	於重大影響兆豐金控股票價格之併購消息公開前，在公開市場以中信金控旗下子公司名義購股，並假結構債之名，藉外資避險帳戶，以掌握兆豐控股票，進行所謂「鎖碼」之併購策，詐欺投資大眾，獲取鉅額之內線交法向管會申請股東適格性審查前，	內線交易金額約266億元，獲利超過25億元	銀行法 證券交易法

涉案企業	起訴對象	犯行梗概	涉案金額	違反法規
中信金控轉投資兆豐金控案		逕由該銀董事長，將該結構債處分轉售予與中信控有密關之一股東1人、資本1美元一境外RF公司，而爲違背職務之爲，使銀爲且合營業常規之交，致RF公司得以經贖回該結構債後，套取法，造成銀重大損害 嗣指示巴克萊銀配合在市場上拋售兆豐金控股票，由中信金控承接，法操縱市場，扭曲自由市場之價格機能		
力霸、嘉食化、力華票券、友聯產險、中華商銀、亞太固網	王又曾（集團創辦人）；王世英、王令一、王令台、王令僑、王事展、王令楣、王令可、王令興等8人（王又曾之至親，位居霸企業集團之經營高層）；黃金堆等34人（力霸企業集團之高階或重要幹部，或爲王又曾之姻屬親信）；陳香蘭等45人（力霸集團之財務會計等部門之基層人員）；單思達、郝麗麗（力霸嘉食化簽證會計師）等19人，共107人	由霸集團自家人虛爲設、無實際交之人頭公司（小公司），以(1)長期投資該小公司；(2)將資貸與小公司；(3)爲小公司作背書保證；(4)爲小公司發商業本票；(5)向小公司購買房地產等集團公司之交；(6)預付小公司之虛僞之穀物、黃豆交貨款；(7)購買小公司發之公司債；(8)與小公司爲假買賣、假交；(9)小公司以鑑價實之房地產超額貸款等名義或方式，將集團公司資斷掏出。(10)小公司間以其彼此間及與其霸集團間之假交資，向融機構詐貸鉅額款項。(11)集團內部融事業，以要求授信戶以搭配購買一定額之霸、嘉食化	虛增小公司營業額：1217億以子公司向其他融機構詐貸或展期：約131億 力霸公司：約156.3億 嘉食化：約137.9億 華票券：約31.1億 友產險：約47.5億 中華商銀：約110.6億 亞太固網：約272.3億	銀行法 證券交易法 票據金融管理法 洗錢防制法 商業會計法 刑法背信 僞造文書

涉案企業	起訴對象	犯行梗概	涉案金額	違反法規
力霸、嘉食化、力華票券、友聯產險、中華商銀、亞太固網		公司債為條件，始允貸放予未合授信要件惟需款孔急之授信戶，或為其保證發商業本票，造成融事業及授信戶損失。(12)用內線交規避損失或獲取	內線交易：約4500萬 王又曾基金會：8500萬	
科橋電子	蔡漢強（董事長兼總經理） 李冠霆（副總經理） 張大方（顧問）	涉嫌透過與日本之空殼公司簽訂不實技術移轉合約，掏空公司資產	約6千萬元	證交法 刑法背信罪
明基	李焜耀（董事長） 李錫華（總經理） 游克用（財務副總） 劉維宇（明基前財務長） 劉大文（會計主任）	涉嫌盜賣員工分紅股票匯往海外紙上公司，再轉進國內護盤、在獲悉公司嚴重虧損後，於財報公布前，涉及出脫持股規避損失數百萬元	8億餘元	證交法中侵占公司資產、違反洗錢防制法與偽造文書等罪
陞技電腦公司（現改名為欣煜科技）	盧翊存（公司負責人） 徐紹澧（總經理） 曾德翰（財務副總經理） 李保良（負責人特助） 張品妍（財務部協理） 郭秀妍（負責人助理） 李中琳（紙上公司負責人） 樓學賢（紙上公司負責人） 曹聖恩（協助為內線交易的證券公司營業員）	運用上百家人頭公司及資金調度帳戶，掩飾犯行，自九十一年底到九十四年底長達三年的時間，盧翊存等人涉及以不實財務資料對海外子公司發行轉換為公司債（ECB）操作股價，進行內線交易 購併及支付貨款，業務侵占陞技公司資產以非常規交易方式掏空資產虛設「紙上公司」進行海外假交易	約100億元	證券交易法 商業會計法 業務侵占 背信等罪嫌

涉案企業	起訴對象	犯行梗概	涉案金額	違反法規
捷力科技	許宗宏（董事長） 臧家軍（董事兼總經理） 鄭灶文（財務經理） 陳珊黛（子公司董事長，許宗宏之妻）	涉嫌以虛設子公司虛設銷售買賣記錄爲假交易膨脹營業額炒股票牟利	約20億元	證券交易法
協禧電機	謝郭秀英（董事兼副總經理） 蔡學輝（董座特助兼公司發言人） 陳文吉（股市炒手） 全偉成（香港豐負責人） 吳鈺鈴（香港阜豐台灣區代表），俞宗碧（股市炒手）	涉嫌製造外資（香港阜豐集團）買進假象爲炒股及內線交易		證券交易法
寶島極光電子	盧美評（前董事長） 盧玉茵（發言人兼大股東） 俞宗碧（股市炒手） 楊振霆（長城證券營業員）	操縱公司股價、內線交易		證券交易法
英華達	張景嵩（董事長） 李家恩（總經理）等十人	涉嫌在利空消息公佈前出脫持股爲內線交易	約1.1億	證券交易法
力霸東森案	王令麟（東森集團總裁） 童家慶 廖尚文 林登裕 張樹森（東森集團經理人） 陳光耀 陳鴻銘（東森旗下小公司經理人） 謝淑珍（記帳業者） 等45人	虛列長期投資、爲無實際營運之小公司作背書保證及發行商業本票、購買小公司發行之公司債、以不實交易挪用資金、以不實售後買回交易向銀行詐貸資金、隱匿訊息向小股東低價購買股票再高價出售賺取高額價差	力霸集團部份：約378.94億 東森部份：約33.22億	證券交易法 銀行法、票據金融管理法 保險法 商業會計法 刑法（詐欺、背信僞造文書）

涉案企業	起訴對象	犯行梗概	涉案金額	違反法規
九德電子	陳志堅（董事兼總經理）	涉嫌連續多次趕在公司重大消息公開前，用自己或他人名義買入或拋售九德股票	-	證券交易法

註：本表所載統計資訊，係以案件起訴日期為擇定基準日。

（本文已發表於台灣本土法學第101期特刊，2007年12月）

第七章
論技術作價與資本法制

壹、前言

公司組織，原係集合投資人出資而成財產的法律載體（Legal Vehicle），結構上雖利用「機關擔當人」（Designated Officer）類推適用「代理」法理，將渠等行爲之法律效果轉嫁於公司（授予代理權之本人）的機制設計，以落實「法人實在」的基本法律架構；但對於公司外部債權人與股東權益之保障而言，最終仍須向集合財產登記之法律載具「公司」本身加以請求方具實益。基此，資本之構成與充實，顯然與前揭債權人或股東權益之保障至爲相關，觀諸臺灣公司法前於2001年關於資本形成的修正新制，於第156條第5項「股東之出資除現金外，得以對公司所有之貨幣債權，或公司所需之技術、商譽抵充之；其抵充之數額需經董事會通過，不受第272條之限制。」的規定，放寬了股東出資種類，影響深遠，當然也引起論者的關切與討論。

承前所述，規範公司財產與營業的法律載體從事商業活動之公司法，實居於產業「基本法」之重要地位，攸關所有藉由公司組織所建構之所有產業。本文擬從比較法觀點，就公司法第156條第5項「以公司所需之技術」規定所涉立論，就股東以技術抵充出資後所可能產生之法律問題提出個人淺見，並探討技術出資可能對股份有限公司資本架構之影響。

貳、資本法制

一、資本與股份

（一）資本與股份之關係

股份（Share），乃資本之成分[1]。揆諸最初設計之旨，乃在藉由占有有價證券（股票）之股東行使表決權的法律佈局，取代股東移轉予公司成就資本，同時作爲出資標的之財產權[2]，並轉換成表彰股東權之股份；易言之，股份有限公司之股東將其出資移轉予公司時起，原對於出資標的財產所有權對應表彰之「使用」、「收益」與「處分」等重要權能，即應透過股票的權利公示外觀，變型轉換成股東之「表決權」、「盈餘分配請求權」

與「自由轉讓權」之內容。股東出資標的之財產權亦能在貫徹實踐「股東平等原則」[3]之要求下，因此種變型轉換方式而繼續保有[4]。

股份有限公司之股東出資後，即以持有股份比例作爲行使對於公司股東權利之計算基礎。而按「股份有限公司之資本，應分爲股份，每股金額應歸一律，一部分得爲特別股；其種類，由章程定之。」公司法第156條第1項之規定，亦可得出股份乃屬公司資本之成分，且股份具一定金額，而其金額又歸一律，故股份須爲金額股，並爲資本均等金額單位[5]。

---

1 經濟部1977年2月11日商字第03910號函令。

2 CHESTER ROHRLICH, LAW AND PRACTICE IN CORPORATE CONTROL 27 (1933). 值得一提的是，這本談論公司法制的經典之作，在2000年重印並迅速被搶購一空；有幸沉浸其中，對於公司法基本觀念之闡述，提綱挈領，清楚透徹，雖然歷經歲月更迭，敘事說理仍頗多發人深省，實值特別推荐。

3 傳統上對於該原則之詮釋主要側重股東表決權之行使不應有差別待遇，倘究其規範之內涵，實際上應為探究如何實踐「股份平等原則」；易言之，每一股份所表彰之權利皆應為均等，雖然公司亦得在特定條件成就下發行特別股，但通說認為應視為前述原則之合法例外。

4 請參閱拙著，「股份e化法律問題之研究」，東吳法律學報，14卷2期，2003年2月，67-96頁。

5 按無票面金額股（Non-par-value Stock）係指未記載票面金額之股份，即股票上只記載表彰之股份數，而未記載票面金額。此制度係由美國（有部分州兼採無票面金額股及票面金額股兩種制度）及日本所採。請參閱王文宇、林仁光，「公司資本制度與票面金額之研究」，揆諸資本在股份有限公司經營要素中所反射之經濟上意義，主要旨在透過「證券化」（Securitization）設計，將社會大眾之資金，導入產業，挹注企業成長中因應不同階段可能發生之擴充所需；更因此厚植清償實力，建立信用。應值注意者，迨爲學者或有主張股東之出資構成公司之「形式資本」，此形式資本並不因公司營運之結果而有所變動，倘因增減之結果而實際存在之資本則稱之爲「實質資本」[6]；此觀之公司法第156條第1項規定「股份有限公司之資本，應分爲股份，每股金額應歸一律」中所指之「資本」，係指形式資本而言[7]，亦即公司章程所定之資本並非實質資本。

（二）股東僅就其所認股份對公司負其責任

按股東有限責任原則，即係股東僅就其所認股份對公司負其責任，而此責任亦以繳清所認股份金額爲限[8]，除此出資義務外，股東不負任何義務，亦不負擔公司損失。

從此觀點衍生出公司、股東與債權人之三角關係，蓋股東只對公司就其所認股份負出資義務，而對公司之債權人並不直接發生任何法律關係，公司債權人只能對公司求償，而公司所有之財產又屬於股東全體，學者導引出公司股東僅對公司債務間接負責，換言之，股份有限公司之股東對公司之債務僅負間接之有限責任。更有論者直指其實公司債權人與股東二者間之利益，無論何時均處於相互衝突之地位[9]。

月旦法學雜誌，73期，2001年6月，28頁；王文宇，公司章程之定位與資本制度之改革，法令月刊，54卷10期，2003年10月，46頁。*See* REVISED MODEL BUSINESS CORPORATION ACT：「Hereinafter R.M.B.C.A.」§2.02(A)(2): “The number of Shares the Corporation is Authorized to Issue.” (1984)

6 施智謀，公司法，1991年7月，88頁。

7 施智謀，註6書，89頁。

8 若超過票面金額發行股票（即溢價發行）時，其溢額應與股款同時繳納，超出票面金額部分則列為資本公積，其在資產負債表上仍列在股東權益欄。

9 *See* BAYLESS MANNING, A CONCISE TEXTBOOK ON LEGAL CAPITAL, AT 1-3 (1981).

二、資本結構

公司之資本不僅涉及公司對外之清償能力，亦對於股東以及債權人之權益保障影響甚鉅。鑑於舊制公司資本結構原則上以現金之出資種類爲限，例外始得以現金以外之財產（現物）爲之，然新制股份有限公司之資本結構已見重大變革，公司資本結構不再侷限於現金與現物，更有無形資產中的技術、商譽作爲公司資本結構之一環，法律上究應如何因應實有必要略作說明。

（一）意義

資本係指股東爲達成公司目的事業，對公司所爲財產出資之總額，爲一定不變之計算上數額。若欲變動其數額，須踐履嚴格之法定增資或減資之程序，故與公司財產截然有別[10]。

公司法上並未就「資本」直接設有定義，且散見各處之相關條文雖使用資本用辭，揆諸渠等內容卻略有歧異，考量資本對公司債權人之最低限擔保意旨，實有必要就相關條文逐一推敲[11]：

1. 法定資本與實收資本

法定資本即章程規定公司得發行之股份總數乘以每股票面金額之合計（如公司法第278條第1項）。

實收資本即公司已發行股份總數乘以每股票面金額之合計（如公司法第156條第3項）。

2. 形式資本與實質資本

承前所述，形式資本係指股東之出資，即股份總數乘以每股金額，或指已發行股數與股票票面金額之乘積。實質資本則係指形式資本因公司實際經營而有增減之餘額，或有以已發行股數與股票發行價格之乘積稱之。

例如甲公司成立時章程規定股份總數爲100萬股，每股票面金額10元。

10 請參閱柯芳枝著，公司法論（上），三民，增訂五版，2002年11月，143-144頁。

11 請參閱方嘉麟，論資本三原則理論體系之內在矛盾，政大法學論叢，59期，1998年6月，158-160頁。

實際發行50萬股，發行價格每股15元。該年甲公司獲利50萬元，盈餘皆由公司保留。法定資本為100萬×10＝1,000萬（元）。實收資本為50萬×10＝500萬（元）。形式資本仍為1,000萬元。實質資本為50萬×15＋50萬＝800萬（元）。

（二）資本三原則[12]

1. 資本確定原則

係指股份有限公司於設立時，資本總額需於章程中確定，且應認足（發起設立）或募足（募集設立），本項所稱之資本如前所述，應係指形式資本而言。且按「發起人應以全體之同意訂立章程，載明股份總數及每股金額，並簽名或蓋章。」公司法第129條第3款定有明文。此一規定之立法意旨應係確保公司成立時即有穩固之財產基礎，用以保障債權人或第三人之權益。

2. 資本維持原則

係指公司存續中，公司至少須經常維持相當於資本額之財產，以具體財產充實抽象資本之原則，故又稱資本充實原則。資本充實原則係在保障與公司交易之第三人或債權人。公司法與此原則相關的條文，分別為公司法第140、147、148、167條第1、3、4項、第237條第1項、第232條。

3. 資本不變原則

本原則係指資本總額一經章程確定後，應保持固定不動，公司欲變動資本，需踐行嚴格之法定增資或減資之程序。此原則與資本維持原則相互配合，始能維持實質之公司資產，並防止形式資本之減少，用以保障債權人之權益。蓋若只有資本維持原則，而無資本不變原則之配合，資本本身即得隨意變動，一旦公司財產減少時，公司即行減少資本，用以符合資本維持原則之要求，因此，資本維持原則並無實益。

---

12 柯芳枝，註10書，145-146頁。

（三）授權資本制[13]

1. 背景

資本三原則係德國法制下之產物，資本三原則對於公司債權人之保障雖屬周到，然而對於公司資金之籌集，的確有緩不濟急之問題，因此有加以修正之必要。蓋資本確定原則係要求公司設立之初即需確定資本（應係指形式資本）總額，並且需募足或認足全部股份，因此，設立之初已嚴重妨礙公司之迅速成立，且強迫公司在初設立時，即需募集超過其企業所需的鉅額資金，而公司卻礙於其草創初期而無法使用，似不符商業實際。再者，從資本不變原則觀之，雖與資本維持原則相互配合，然而卻因程序繁複，對公司資金之籌集，恐有緩不濟急之憾。因此固守資本三原則之國家，紛紛就資本三原則加以修正，或改採英美法系之授權資本制，用以修正資本確定原則。

2. 意義

此制度源於英美公司實務[14]。按授權資本係指公司設立時，發起人只須在基本章程[15]確定股份資本，並各認一股以上，即得申請設立公司，於接獲設立證書後，公司即得設立，無須就章程所定全部股份資本全額發行，其餘股份待公司成立後按實際需要，再分次發行。此授權資本係指章程所定公司得發行之股份資本之範圍。而在授權資本範圍內發行股份通常屬於董事會之權限。

---

13 柯芳枝，註10書，147-149頁。

14 *See* M.B.C.A. (1984) §2.02 (A)(2): "THE ARTICLE OF INCORPORATION MUST SET FORTH: THE NUMBER OF SHARES THE CORPORATION IS AUTHORIZED TO ISSUE." §6.02 (A): "IF THE ARTICLE OF INCORPORATION SO PROVIDE, THE BOARD OF DIRECTORS MAY DETERMINE, IN WHOLE OR PART, THE PREFERENCES, LIMITATIONS, AND RELATIVE RIGHTS (WITHIN THE LIMITS SET FORTH IN SECTION 6.01) OF (1)ANY CLASS OF SHARES BEFORE THE ISSUANCE OF ANY SHARES OF THAT CLASS OR (2)ONE OR MORT SERIES WITHIN A CLASS BEFORE THE ISSUANCE OF ANY SHARES OF THAT SERIES.

15 英美法系中，公司章程可分為基本章程（Memorandum of Association）與通常章程（Article of Association）2種。英國公司法上之基本章程應記載公司名稱、目的、本公司所在地、授權資本額及發起人之認股數（英國1948年公司法第1條）。反之，通常章程則訂定基本章程所謂記載之公司組織與程序。基本章程必須訂定，通常章程若未特別明示修正時，該國公司法第1附則A表（1ST SCHEDULE TABLE A）當然具有通常章程之效力。參閱柯芳枝，註10書。

3. 折衷式授權資本制

授權資本制的確使公司迅速成立，資金籌集更加迅速方便，公司亦無須如固守資本確定原則般，募集無需使用的公司資金，固屬優點。然而若公司設立時所發行股份數額過少，公司之資產有欠穩固，亦不足以保護公司債權人之利益，此亦屬缺點，因此，日本商法於第二次世界大戰後雖採英美法之授權資本制，然爲彌補授權資本制原本之缺點，特增設「公司設立時，發行之股份總數不得少於公司發行股份總數四分之一」（日商 §116Ⅰ③、⑥、Ⅳ）之規定，可稱爲折衷式之授權資本制。

公司法於1966年修正時，爲了便利股份發行，並配合證券交易市場之需要，乃仿日本折衷式授權資本制，訂定公司法第156條第2項。然本法並非將資本確定原則完全棄置不用，對於第一次發行股份亦要求須認足（公司法第131條第1項）或「募足」（公司法第132條第1項），臺灣公司法仍在一定限度內遵循資本確定原則。

4. 授權資本制

2005年6月22日修正公司法第156條第2項規定：「……股份總數得分次發行」、第278條第2項規定：「增加資本後之股份總數，得分次發行」，立法理由謂：「授權資本制之最大優點，在使公司易於迅速成立，公司資金之籌措趨於方便，公司亦無須閒置超過其營運所需之巨額資金，爰自現行折衷式之授權資本制改採授權資本制。又實務上，爲因應新金融商品之發行，避免企業計算股份總數四分之一之不便，爰刪除現行條文第二項但書之規定。」參照上述規定，現行公司法已引進單純授權資本制，章程授權公司董事會得視需要隨時在股份總數之範圍內發行，不須由股東會每次增資時以修改章程方式進行，使公司易於成立及便於籌資，以支應公司草創階段資金之需求，但第一次發行仍應適第156條第3項所定股份有限公司最低資本總額限制100萬元，惟已不受最少股份總額四分之一之發行限制。

折衷式授權資本制與單純授權資本制何者較優[16]，容有爭議。有認爲折衷式授權資本制之要求，係使股東能於未變更章程前，可預見股東持股比例之最

16 請參閱劉連煜，迎向授權資本制的新制，月旦法學教室，第35期，2005年9月，33頁。

大稀釋性，對少數股東保護具有意義，應予保留折衷式授權資本制[17]。然此爭議從新法之修正方向，較強調公司之籌資（含發行新金融商品）之彈性與便利性，顯然傾向企業籌資之便利性，較不強調以公司穩固之財產基礎保護債權人，是否妥適仍可再予深論，惟現行法卻未刪除第278條第1項之規定，恐違反授權資本制之一貫授權精神，尚難理解。

三、技術作價

2001年公司法修正第156條第5項，大幅度地放寬股東出資之義務，增列得以對公司之貨幣債權、公司所需之技術或商譽，作爲出資之法源依據，誠如論者所倡，臺灣公司法所採行法定資本制結構，已由傳統之資金結構進化至多元充實之概念[18]。換言之，修法後公司之資本結構不僅僅只存有資金，並存有人類高度發展之智慧結晶於其中，二者結合成爲公司之資本結構。對股份有限公司籌措資金、提高競爭力及產值之提升，當然造成莫大的影響。

以現今產業結構觀之，科技化的發展係人類無法抗衡，因此傳統技術之提升發展，必成爲人類所永遠追求的目標，臺灣高科技產業如晶圓代工、DVD製造等之成績，亦讓臺灣科技成爲世界上無法漠視之一環。以技術發展而言，高科技產業致力於技術之提升，使公司本身擁有高科技之專門技術，進而無須將公司專業只限定於專業代工，更可擴張其業務範圍，增加更多的獲利，造福股東及保障債權人。然而，從另外一方面觀察，公司舞弊案件層出不窮，如近期發生震撼全國科技產業之訊碟案、博達案等。此次所增列的技術作價條款，對公司資本結構影響極大，是否已有完整的配套措施？畢竟，修法後更不能輕易的造成公司舞弊之弊病，才是正途。

---

[17] 請參閱許昆皇，論股份有限公司資本制度——以具體規範之探討為核心，政治大學法律研究所碩士論文，2005年7月，48頁。

[18] 請參閱施建州，由真實出資原則看技術出資於公司法上之定位，萬國法律，第135期，2004年6月，29頁。

（一）沿革

公司法修正前，有關技術入股之法律架構散落在各該條文中，然此對於修正公司法技術入股之規定有承先啓後之用，在各項規定中，尤以科學園區設置管理條例將技術入股之上限，定爲總投資總額25%，此規定亦可作爲本次修正公司法評定之標準。

1. 專利權及專門技術作為股本投資辦法

本辦法之法源依據爲華僑回國投資條例暨外國人回國投資條例之規定（第1條），並在本辦法中區分專利權以及專門技術作爲股本之上限（第6條），而國內人民持有之專利權以及專門技術作價投資則比照本辦法處理，然本辦法業於1997年9月24日廢止[19]。

2. 科學工業園區設置管理條例

科學工業園區設置管理條例於1979年7月27日公布，於該法第23條規定：「國科會得報經行政院核准，在科學技術發展基金或其他開發基金內指撥專款，對符合園區引進條件之科學工業，參加投資。前項投資額對其總額之比例，依工業類別，由雙方以契約定之。但投資額以不超過該科學工業總投資額百分之四十九爲限。如投資人以技術作股，以不超過其總投資額百分之二十五爲限。」於2001年前雖歷經二次修法，然本條規定之主要內容均未變動，直至2001年1月20日修正，將條文移至第25條並將「如投資人以技術作股，以不超過其投資額百分之二十五爲限。」之規定刪除。

（二）意義

按公司法第156條規定：「公司所需之技術」，通說認爲專指具體化之智慧財產權而言，包括專利權、商標權、著作權、營業秘密、電腦軟體、積體電路布局等等。其中專利權、商標權、著作權及積體電路布局等智慧財產因可經由各該法定程序權利化，其權利客體、範圍及法律權能具體特定，並有會計上

[19] 1997年9月24日經濟部經投審字86028668號令發布廢止本辦法。

之入帳基礎，較易評定其經濟價值。換言之，得於會計上認列為無形資產之標的者，即得作為技術出資之基礎[20]。

查本項立法理由謂：「增列第5項，允許公司以債權作股，或以公司所需之技術、商譽作股。前者得改善公司之財務狀況；後者可藉商譽之無形資產，提高營運效能，快速擴展業務，技術之輸入更能增強企業之競爭力，有利於公司之未來發展，故只須經董事會普通決議即可」。從立法理由觀之，雖僅提及技術入股所生影響。然而立法理由中可知，似乎不僅限縮於會計認列的標的，反應擴張「技術」之定義，使其他非屬會計認列之標的，亦可加入公司成為公司資本形成所肯認，始符合立法之目的。且參酌前述「專利權及專門技術作為股本投資辦法」之規定，其以專門技術作為資本並無問題，基此，前揭學說所指將技術侷限於會計認列之標的之主張，似值進一步商榷。

另外應值注意，迨為技術入股所衍生之鑑價、以及日後公司債務不能履行而受強制執行程序時之應如何進行拍賣等實務問題，但相較「技術」之涵攝範圍尚屬不同層次的思考。綜前所述，似宜採取負面表列方式，將非屬於技術之範疇[21]，排除於技術出資之列，擴大技術入股之範圍，用以符合技術作價之原旨。例如以往所稱之營業秘密（Know-How）在會計上雖難列為入帳之基礎，但排除此種技術入股，實有礙公司未來發展之資金活力，恐與立法理由不符。

實務上經濟部2000年9月14日經商字第89216734號函釋曾謂：「一、按股份有限公司股東之出資總類，除發起人之出資（公司法第131參照）及公司法另有規定（第272條但書參照）外，以現金為限，公司法第156條第5項規定定有明文。準此，公司登記實務上，股份有限公司股東之出資，以現金出資為原則，公司所需財產抵繳為例外，至勞務及信用均不得為出資之標的。如持有特殊技術之人提供其技術上之勞務為出資者，或者公司自行研發之技術充作員工之出資者，自非所允。」已將所謂之勞務及信用皆排除於允許技術入股之範

[20] 請參閱馬秀如、劉正田、俞洪昭、諶家蘭，資訊軟體業無形資產之意義及其會計處理，臺灣證券交易所研究報告，2000年2月，http://www.tse.com.tw/plan/report/software/software.htm。周延鵬，智慧投資保障的完整性，政大智慧財產權評論，1卷1期，2003年10月，29-30頁。以上均轉引自施建州，註18書，43-44頁。

[21] 在此仍須顧及到該技術是否具有可確定性，此係參照美國實務上對技術作價入股之判斷標準，詳如本文後述。

疇，與外國公司資本法制之立法例相較，似尚有再予斟酌之餘地。

（三）技術作價與出資

有關技術作價抵充出資，公司法規定於第五章第二節「股份」一節，惟對於資本形成之影響似有進一步說明之必要。

1. 公司設立階段之出資義務

按股份有限公司除政府或法人股東一人所組織以外者，應有二人以上之發起人（公司法第128條參照）。惟本法規定公司設立可採「發起設立」或「募股設立」二種，分析如下：

當公司採發起設立時，須認足第一次應發行之股份，即章程所定股份總數（公司法第129條第3款、第156條第2項），此係基於本法所採之授權資本制，爲維持資本確定原則、資本維持原則所爲之相關規定。然發起人或認股人之出資義務本得以現金或公司所需之財產抵繳之，惟公司法第156條第5項之技術入股規定，於發起人是否得以適用？論者有從文義解釋觀點認爲本項明文規範股東而非發起人，因此發起人之出資義務仍應受到本法第131條之限制，然亦同認此種解釋結論並不符合立法意旨[22]。

從立法理由觀之，大幅度擴張資本種類增進公司之競爭能力確爲本款修正重點，如果侷限於本項僅適用於公司設立後發行新股之情形，恐有違本項之立法意旨及世界潮流[23]。實務見解對此則尚未明白表示意見，僅謂：「發起設立及發行新股均得以公司事業所需之財產抵繳股款[24]」，惟查，若認爲發起人或認股人均可以技術出資作爲公司之資本時，不可否認會出現實收資本全部爲技

22 請參閱柯芳枝，註10書。

23 請參閱王文宇，註5文，54頁。

24 經濟部2004年6月9日經商字第09300093750號函：「按公司法第131條第1項規定：「發起人認足第一次應發行之股份時，應即按股繳足股款並選任董事及監察人」，同條文第3項規定：「第一項之股款，得以公司事業所需之財產抵繳之」；又同法第272條規定：「公司公開發行新股時，應以現金為股款；但由原有股東認購或由特定人協議認購，而不公發行者，得以公司所需之財產為出資」。據此，發起設立及發行新股（增資）均得以公司事業所需之財產抵繳股款。至於是否為公司所需財產，宜就具體個案由相關事業主管機關認定之。」

術，導致公司完全無現金資本，如此情形是否足夠保障與公司交易之第三人，不無疑問。本次修法後臺灣資本法制改採授權資本制，在股份發行無須認足章程所定股份總數之一定數額（舊制爲四分之一），則在發起人單純以技術作價入股，對公司之迅速成立當有幫助，但對債權人之保障，似嫌不足。

2. 發行新股之階段

（1）實務上技術作價申請公司登記之相關文件

實務上對於技術作價抵繳股款時，須檢附之文件[25]：

A. 董事會議事錄。

B. 會計師查核報告書。會計師依「公司申請登記資本額查核辦法」第6條第1、3項規定技術作價抵繳股款者，應出具查核報告書。

C. 有關機關團體或專家鑑定價格之意見書。依「公司申請登記資本額查核辦法」第6條第4項之規定：「技術抵繳股款者，不得以公司自行研發之技術，充作員工或股東之出資。除僑外投資公司外，會計師應取得有關機關團體或專家之鑑定價格意見書，並於查核工作底稿中載明所採用之專家意見。」

D. 公開發行公司依公司法第274條第2項規定，董事會送請監察人查核加具意見之相關資料。

如上所述，會計師對於技術作價之出資額負有查核之責任，然而，會計師之專業並不及於鑑價，對於專業之鑑價責任由會計師加以背書，恐怕有所疑義。若不需要會計師負責時，要求會計師作此種形式上之審查亦無意義。故實務上雖要求會計師對此種鑑定表示意見，然本文認爲此爲形式上審查，縱日後果眞發生出資不實之情形，會計師對此部分亦得主張無過失而脫免責任。

（2）技術作價之相關實務見解

股份有限公司股東之出資均係以現金或財產出資爲限，勞務及信用均不得爲出資之標的，然依本項之規定以「公司所需之技術」抵充股款，論者或有主張本質上應屬於勞務出資，然對高科技導向之企業，技術之輸入更能增強企

[25] 請參閱高靜遠著，技術作價之公司登記實務解析，萬國法律，第135期，2004年6月，3頁。

業之競爭力，有利於公司之未來發展，故容許之[26]。惟實務上對股東提供其技術上之勞務爲出資者，或者公司自行研發之技術充作員工之出資者，尙不可行（請參照前述經濟部89年9月14日經商第89216734號函釋）。

技術作價後該技術即歸屬於公司所有，而認股人則成爲公司股東，公司即獲得該出資技術之所有、使用、收益及處分權。經濟部2000年10月2日經商字第89218549號函釋：「又公司發行新股，如有股東以公司事業所需之財產爲出資者，應依認股書所載之股款繳納日期，履行其現物出資義務。認股人因而成爲公司股東，而其繳納之股款即成爲公司之財產，公司即獲得該出資技術之所有、使用及收益權。如嗣後股權發生變更，應依公司法第一六五條規定辦理，尙不發生技術作價人員離職，而逕行由其他技術人員塡補問題」可資參照。另實務上亦認爲若技術作價入股無法分割成多筆而分開估價時[27]，整體技術得分次發行[28]。

公司發行新股按公司法第266條第2項之規定須經董事會之特別決議，而技術作價入股係屬於普通決議，若於同次董事會決議時，實務上認爲若分別決議，即屬可行。

[26] 請參閱柯芳枝，註10書。且實務上認為自然人及法人均得以技術作價入股，請參閱經濟部2002年8月23日商字第09102178250號函釋。

[27] 經濟部2004年3月23日商字第09302037430號函釋：「按公司法第156條第1項規定：『股東之出資除現金外，得以對公司之所有債權，或公司所需之技術、商譽抵充之，惟抵充之數額需經董事會通過，不受第272條之限制』，上開董事會決議係屬普通決議。另依同法第266條第2項規定『公司發行新股時，應由董事會以董事三分之二以上之出席，及出席董事過半數之同意之決議行之』，上開董事會決議係屬特別決議。是以，公司召開董事會依前開之規定分別決議者，尚屬可行。」

[28] 經濟部2002年10月15日經商字第09102220840號函釋：「公司股東以技術出資抵繳股款，如技術無法分割成多筆而分開估價時，整體技術得分次發行。技術出資第一次發行時，出資標的、技術出資人及技術出資整體價值均已衡量確定，公司並同時取得技術之使用、收益及處分權，自不得嗣後調整各技術人員名單或出資比例辦理發行新股變更登記。」

參、他山之石

一、美國法有關股份發行之法制

除了現金以外之其他服務或財產之入股，長久來係由美國模範商業公司法典及面額制度所規範。以現金入股，原則上係由董事會就股份發行數額加以決定，而發行股份之對價亦係由董事會加以決定，最主要是要限制此價格必須等於或者超過面額。而股東提供如財產或服務之現金以外出資，將會使公司資本狀況越加複雜。換言之，董事會對於股份之發行原則上係具有最高決定權[29]。1984年美國模範商業公司法典第6.21(A)規定：「依本條授與董事會之權力得由章程規定保留予股東會[30]」、第6.21(C) 規定：「公司發行股份前，董事會必須決定該發行股份所收受或將收受之對價為足夠。董事會對發行股份對價充足之決定，就有關該股份發行是否有效、完全繳納以及是否不可再行請求繳納價金之爭點上，具有確定性。」[31]

---

[29] 在1969年美國模範商業公司法典第18條亦設有相同規定。

[30] 本條規定原文如下：R.M.B.C.A §6.21 (A): "THE POWER GRANTED IN THIS SECTION TO THE BOARD OF DIRECTORS MAY BE RESERVED TO THE SHAREHOLDERS BY THE ARTICLES OF INCORPORATION."，請參閱劉連煜譯，美國模範商業公司法典，五南，1994年2月，32頁。

[31] 本條規定原文如下：R.M.B.C.A. §6.21 (C): "BEFORE THE CORPORATION ISSUES SHARES, THE BOARD OF DIRECTORS MUST DETERMINE THAT THE CONSIDERATION RECEIVED OR TO BE RECEIVED FOR SHARES TO BE ISSUED IS ADEQUATE. THAT DETERMINATION BY THE BOARD OF DIRECTORS IS CONCLUSIVE INSOFAR AS THE ADEQUACY OF CONSIDERATION FOR THE ISSUANCE OF SHARES RELATES TO WHETHER THE SHARES ARE VALIDLY ISSUED, FULLY PAID, AND NONASSESSABLE."

二、美國法上技術作價入股之規定

（一）1969年美國模範商業公司法典[32]

前於1969年美國模範商業公司法典就技術作價入股問題強調「適格性」（Eligible Consideration）之審查，側重於檢視非現金出資作價入股是否可真正執行，例如在不採取面額股制度之紐約州，仍依循此種重視適格性之實務見解，惟美國法院之見解，擴大對此種適格性之審查範圍，如發明專利（Patents For Inventions）[33]、未獲得專利之技術[34]、商譽、契約權利及電腦軟體等智財權態樣，均被認定具有作價入股無形資產之資格。但契約權利之認定上，若附有條件，則無法作爲股份之對價。由美國實務見解觀之，對於是否可以作爲資本之態樣，似取決於該對價是否具可確定性，若不具有可得確定並對之執行時，則無法被接受列入資本，如商業計畫[35]之出資，因不具有可確定性及缺少實質之價額，故無法作爲技術作價之態樣，亦無法構成所謂之公司財產。因此，股份發行之對價係取決於是否在資產上有安全足夠之擔保。在勞務出資方面，實務上認爲股份若係事前先行部分發行，剩餘部分由未來的勞務作爲股份對價，此整體發行股份應屬無效之發行。因此，勞務出資在美國公司法實務原則上[36]只有在整個勞務期間屆滿後始可換算成股份。

（二）1984年美國模範商業公司法典

嗣後1984年對於1969年美國模範商業公司法典第19條修正，其中該法第

---

[32] *See* ROBERT W. HAMILTON, THE LAW OF CORPORATIONS 178 (2000).

[33] WEST V. SIRIAN LAMP CO.,28 DEL CH 398,44 A 2D 658 (CH 1945); ROBBINS V. IDEAL WHEEL & TIRE CO., 93 N J EQ 293, 115 ATL 525 (1921).

[34] TROTTA V. METALMOLD CORP., 139 CONN 668, 96 A 2D 798, 37 A L R 2D 906 (1953); O' BEAR-NESTER GLASS CO. V. ANTIEXPLO CO., 101 TEX 431, 108 S W 967 (1908).

[35] SCULLY V. AUTOMOBILE FINANCE CO., 12 DEL CH 174, 109 ATL 49 (CH 1920). SEE ROBERT W. HAMILTON, *SUPRA NOTE* 32, AT 179.

[36] 法院在「禁反言」（Doctrine of Estoppel）理論下，例外允許。請參閱ROONEY V. PAUL D. OSBORNE DESK CO., INC. (MASS. APP. 1995).

6.21條(B) 規定：「董事會授權發行股份時，其對價得爲有形或無形財產，或給予公司之利益，包括現金、本票、已提供之勞務、將提供勞務之契約、或公司之其他證券[37]」。技術作價之標的即擴大肯認任何有形資產、無形資產或對公司之利益，此項規定之改變，主要目的在承認傳統規定將會導致不適當之結果，以及現實的商業需要（籌資迅速），在此種實務操作改變的結果，倘若股份之對價不足時，應如何處理？似有三種可能因應作法，（1）股份之發行仍屬有效，公司可對股東提起訴訟主張；（2）依據第6.21條 (E) 之規定，允許公司保留股份直到股東支付對價；（3）公司可以取消股份之發行。

三、對技術作價入股之審查

（一）1969年美國模範商業公司法典

如前所述，美國法上對於技術作價抵充爲資本係由董事會決定，董事會對於股份之對價是否充足必須考慮與股東權二者相平等，換言之，不平等之對價關係將導致公司資本崩盤之虞，且董事會所爲之決定係有最高性，原則上須予以尊重，然而，將權力完全委由董事會行使時，難保不會出現弊端。對於類此弊端之防止，1969年美國模範商業公司法典第20條明文由司法機關作事後之審查[38]，並發展出眞實價值原則[39]（True Value Rule）、善意原則[40]（Good Faith

---

[37] 本條原文規定如下：M.B.C.A. §6.21 (B): "THE BOARD OF DIRECTORS MAY AUTHORIZE SHARES TO BE ISSUED FOR CONSIDERATION CONSISTING OF ANY TANGIBLE OR INTANGIBLE PROPERTY OR BENEFIT TO THE CORPORATION, INCLUDING CASH, PROMISSORY NOTES, SERVICES PERFORMED, CONTRACTS FOR SERVICES TO BE PERFORMED, OR OTHER SECURITIES OF THE CORPORATION." 請參閱王文宇、林仁光，註5文，30頁。

[38] *See* MANNING, *SUPRA* NOTE 9, AT 43.

[39] VAN CLEVE V. BERKEY, 143 MO 109,44 S W 743,42 L R A 593 (1898); LIBBY V. TOBEY, 82 ME 397, 19 ATL 904 (1890); STATE TRUST CO. V. TURNER, 111 IOWA 664, 82 N W 1029 (1900); WILLIAM E. DEE CO. V. PROVISO COAL CO., 290 I11 252, 125 N E 24 (1919).

[40] COIT V. NORTH CAROLINA GOLD AMALGAMATING CO., 119 U.S. 343, 7 SUP CT 231, 30 L ED 420 (1886); COFFIN V. RANSDELL, 110 IND 417, 11 N E 20 (1887); CLINTON MINING & MINERAL CO. V. JAMISON, 256 FED 577 (3D CIR 1919); ANDERSON V. AVEY, 272 FED 664 (9TH CIR 1921).

Rule）以及合理判斷原則[41]（Reasonable Judgment Rule），對董事會之決定加以衡平，避免錯誤地高估技術之價格，此種規範對於面額股或無面額股均有適用，在此規範下董事會必須有二要件：即具體指明財產及該財產之價值，若無灌水情事時當然仍可發行超過面額之股份。參照1969年美國模範商業公司法典第18條之目的，此規範係在確保面額價值或存在股東股份利益不致被不當的稀釋。詳言之，董事會雖對股份之對價有最高之決定權，但董事會之決定除非能證明具有眞實詐欺[42]（Actual Fraud）或可推測之詐欺[43]（Constructive Fraud）之情形，否則對於董事會之合理判斷所作成對於技術入股之決定原則上即須予以尊重。

（二）1984年美國模範商業公司法典

修正後1984年美國模範商業公司法典第6.21條(C) 之規定，董事會只需要決定股份之對價爲適當且足夠，然如學者所指出，美國公司董事會在決議時，對估價之方式與標準均避而不談，多僅直接陳明以多少股無票面金額換取何種特定財產[44]，如此一來，認購之股東即可高枕無憂（不論其所出資財產之眞正價值爲何），故此時董事會所裁量之抵充價值即屬「認定資本」[45]。在1984年美國模範商業公司法典第6.22條(A) 之設計類似1969年美國模範商業公司法典第25條之規定，股東除其出資額外無須對公司或其他債權人負任何責任，但在1984年美國模範商業公司法典第6.22條(B) 之規定下，存有二例外：（1）明文規範股東責任；（2）股東操控行爲。後者係指「揭開公司面紗原則」（Piercing The Corporate Veil）之適用。

41 DONALD V. AMERICAN SMELTING & REFINING CO., 62 N J EQ 729, 48 ATL 771 (1901); HOLCOMBE V. TRENTON WHITE CITY CO., 80 N J 122, 82 ATL 618 (1912); TOOKER V. NATIONAL SUGAR REFINING CO., 80 N J EQ 305, 84 ATL 10 (1912).

42 TAYLOR V. WALKER, 117 FED 737 (N D III 1902) AFF　, 127 FED 108 (7TH CIR 1903); DIAMOND STATE BREWERY, INC. V. DE LA RIGAUDIERE, 25 DEL CH 257,17 A 2D 313 (CH 1941); HOBGOOD V. EHLEN, 141 N C 344, 53 S E 857 (1906).

43 DOUGLASS V. IRELAND, 73 N Y 100 (1878); ELYTON LAND CO. V. BIRMINGHAM WAREHOUSE & ELEVATOR CO., 92 ALA 407, 9 SO 129 (1891); KAYE V. METZ, 186 CAL 42,198 PAC 1047 (1921).

44 *See* MANNING, *SUPRA* NOTE 9, AT 44.

45 請參閱王文宇、林仁光，同註5文。

肆、檢討

一、影響

如前述臺灣資本舊制原採取資本三原則並配合折衷式授權資本制，其立意爲維持公司一定之資產進而確保債權人之保障，固屬良善，然從修法引進技術作價入股之資本新制後，公司資本形成與先前限於現金或現物出資之態樣顯已不同，資本制度轉變成多元混合，形成結合資金與智慧之資本結構，企業致力於技術之提升，將高科技之技術引進公司作爲資本使用以提高競爭力，並謀求最大之利益，且再從2005年立法改採英美授權資本制後，政策上選擇了企業籌資迅速之立法取向。然從立法過程觀之，行政院原提案條文中對於技術作價入股原設有抵充之上限規定，即「不得超過發行新股股份百分之四十」，以免有害股東權益以及公司之正常營運[46]。諒係因爲當初設有標的（發行新股）與數量之限制，故抵充判斷的門檻才僅要求經董事會「普通決議」即可。逆料立法審議過程竟刪除標的（發行新股）與數量（百分之四十）之限制，實務操作上恐難避免將出現過高比例之實收資本以技術抵充之情形。考量現行實務仍多有以虛繳股款作爲申請公司設立登記之不法，縱使本次修法於第九條將此種行爲之刑度增高，然是否足以遏止此種虛繳股款設立公司之情形，仍待進一步觀察。本條所稱之「股款」，從解釋論上雖可包含第156條第5項之技術作價，然而，此所指技術經董事會決議抵充爲公司資本後，仍需再行踐履完成移轉過戶予公司手續，始完足該當本條之要件，應值注意。

臺灣公司資本古典定義下所強調的資本三原則，就資本確定原則而言，所稱之資本係屬形式資本，惟形式資本對債權人之保障顯然不足，公司債權人對於債權之擔保應基於實質資本之計算與充實。因此，資本確定原則實已無法滿足其初設宗旨。資本維持原則係指公司存續中，公司至少須經常維持相當於資本額之財產，以具體財產充實抽象資本之原則，而技術作價入股其抵充價額係依照鑑定結果而得，實際上該技術之價值是否果真如鑑價結果一般，尙屬未定

46 請參閱馮震宇，「論公司法修正對公司資本三原則之影響」，全國律師，2001年12月，23頁。

（實務上所見似乎鑑價結果與實際結果仍有所出入）；因此，資本維持原則在引進技術作價入股之條款後，亦呈現鬆動之結果。且如前述，發起人得以技術作價入股抵充出資之立論下，亦有可能公司資產出現並無實質資產之存在，僅有技術入股之「技術」之情形，如此之公司完全無實際資產之情形是否足以擔保商業營運之清償能力？對於交易安全是否有足夠之保障？恐生疑義。且資本制度之改革應非淪爲口號，尤以立法上已將技術作價入股定爲明文，前述資本新制實踐上可能發生的問題或有待改進之處，應值修法之參考與檢討。

二、技術作價抵充門檻

公司法第156條第5項規定技術作價入股之數額，需經「董事會通過」，次按「董事會之決議除本法另有規定外，應有過半數董事之出席，出席董事過半數之同意行之」公司法第206條第1項亦有明文。換言之，有關技術作價入股之門檻僅需要董事會普通決議即可，似嫌過低，迭爲論者所批評[47]。若擬以美國法作爲參考，將董事會之決定作爲審查技術作價抵充數額是否允當之最重要憑藉，則似應相對地提高董事會決議之嚴謹程序，集合更多經營團隊成員智慧，對於資本形成取得最大共識，俾能降低日後債權人或是股東以技術作價決定過程具瑕疵進行訴訟時之衝擊。是否較符企業民主之旨？亦值進一步考量。

三、欠缺配套

按「公司公開發行新股時，應以現金爲股款，但由原有股東認購或由特定人協議認購，而不公開發行者，得以公司事業所需之財產爲出資」、「公司發行新股，而依第272條但書不公開發行時，仍應依前條第一項之規定，備置認股書；如以現金以外之財產抵繳股款者，並於認股書加載其姓名或名稱及其財產之種類、數量、價格或估價之標準及公司核給之股數。」公司法第272條、第274條第1項均有明文。然依據第274條之修正理由：「配合第419條第1項第4款之刪除，爰修正第1項後段之文字」觀之，並非配合第156條第5項之修正，

[47] 請參閱王文宇，註5文，54頁。

換言之，若以第272條公司所需財產爲出資需受到第274條之限制，但若以第156條第5項技術作價入股則無本條之限制，恐屬立法疏漏[48]。且雖依「公司申請登記資本額查核辦法」第6條第4項規定須有關機關團體或專家鑑定價格之意見書經會計師查核，然並未如第274條第1項後段所定程序之精細，因此，配套措施似嫌不足。

四、出資不足之法律責任

學說上對此有不同看法[49]：

（一）結果責任說

依德國帝國法院見解，基於維護實收資本之確定性，價差責任本質上並非以過失責任主義爲標準，其係獨立於現物出資人之主觀意思而爲判定。而此說著重於實收資本穩定面之觀察，故稱此說爲「客體責任」。

（二）行爲責任說

此說認爲價差補償責任存在之前提，應以現物出資人主觀上存在故意及過失爲必要，亦即必須明知或可得而知其所爲之出資不足以涵蓋其應爲之給付時，始得爲之。

本文以爲臺灣資本制度雖見繼受德國法制之足跡，然爲因應籌措資金之需求改採英美授權資本制，修正第156條第5項之文字觀之，將技術入股之決定權限完全委由董事會決定，未如德國法制般由法院作事後審查，其立法考量諒係參酌美國模範商業公司法典第6.21條(B) 之規定。解釋論上似宜參照美國模範商業公司法典之相關規定，如前所述，除非董事會之決定具有眞實詐欺（Actual Fraud）或可推測之詐欺（Constructive Fraud）之情形，否則對於董事

48 請參閱施建州，註18文，34頁。

49 請參閱施建州，註18文，36-37頁，同時亦認為臺灣公司法因繼受德國法系之法定資本制，從而實收資本之確定與否係立法者之考量核心，因此，採行結果責任始符合立法解釋。

會之判斷原則上須予以尊重，換言之，在此亦有合理判斷原則[50]（Reasonable Judgment Rule）之適用。

五、公開揭露

按「公司左列登記事項，主管機關應予公開，任何人得向主管機關申請查閱或抄錄：一、公司名稱。二、所營事業。三、公司所在地。四、執行業務或代表公司之股東。五、董事、監察人姓名及持股。六、經理人姓名。七、資本總額或實收資本額。八、公司章程。前項第1款至第7款，任何人得至主管機關之資訊網站查閱。」公司法第393條第2項定有明文。實務上對本款事項之揭露處理係要求登載於經濟部商業司之網站，任何人均可查閱，然查閱之內容依同條第7款之資本總額或實收資本額之規定，並不包括技術作價入股之部分，或有論者認為可依同條第1項規定：「公司登記文件，公司負責人或利害關係人，得聲敘理由請求查閱或抄錄。但主管機關認為必要時，得拒絕抄閱或限制其抄閱範圍。」請求抄閱，經濟部並依照此項規定發布「公司負責人及利害關係人申請查閱及抄錄公司登記資料須知[51]」然而，此項技術作價入股之資料係關係到公司之清償能力，而本條所稱之利害關係人通常已與公司有法律上之利害關係，倘若此時始允許利害關係人抄閱，已緩不濟急，考量以上因素，似宜對技術入股之「股份數量」予以公開揭露，讓公司交易之相對人或第三人皆能得知必要資訊，足以自行判斷商業上之風險，避免交易所可能遭受不利益的後果，不致使交易雙方因資訊不對稱（Information Asymmetry）而造成利益失衡。

（本文發表於月旦民商法雜誌第10期，2005年12月）

[50] *Supra* note 41.

[51] 經濟部90年9月4日經商字第09000200840號函釋。

第八章
論非公司型企業組織

壹、前言

透過最適化的企業組織，得以較低的法律成本，藉由較高的效率，達成交易目的，迨爲所有交易當事人的理想。但法制上似有側重公司型組織的傾向，本文擬從不同角度思考交易主體的功能，針對企業經營內容縱深的多元化，提出對於非公司型企業的法制觀察，期能拋磚引玉，就教高明。

科技發展一躍千里，網際網路的發明更促使溝通無國界，連帶顛覆傳統的交易模式。產業環境歷經十八世紀以來投入機械動力的工業革命至現今由資訊科技驅策的資訊革命[1]，企業的生產活動隨之從傳統的垂直整合以追求效率與作業性生產力，依賴細密的分工與層級結構的金字塔型管理模式到現今藉由資訊科技整合與應用，由電子商務帶動生產服務，並進而形成企業外部分工合作模式的蓬勃發展，從傳統的「合夥」（Partnership）、發展趨於成熟的「合資」（Joint Venture），到蔚爲企業合作模式新風潮的「策略聯盟」（Strategic Alliance），以及時興的概念「虛擬組織」（Virtual Organization），均以企業間的合作與利益的共享爲其核心，藉由多方的資源整合與生產活動的分工，達到組織效益的極致。

這一波資訊革命的潮流，知識的活用與人力資源的掌握成爲企業競爭力的主要根基，企業經營者於瞬息萬變的競爭環境中一方面專注於創新與研發，一方面需求更爲彈性、靈活的組織平台。著眼於此，本文擬藉由探討企業環境的變革爲起點，觀察外國法制上企業組織的新興型態，進而思考我國企業合作如何因應現行的企業環境而架構合宜的組織界面，以窺見企業組織架構發展的堂奧。

---

1 產業環境變動歷程的詳細說明，請參閱PETER FERDINAND DRUCKER, POST-CAPITALIST SOCIETY, HARPER BUSINESS, at 19-47 (1993)。

貳、資訊時代下企業組織型態的變革

資訊科技的崛起，顛覆傳統的企業結構與生產模式。具體的表現如企業內部生產流程、作業系統的資訊化、資訊傳輸成本的節省與新的商業交易界面如網路商城的興起。隨著資訊科技的帶動，企業間資訊不對稱所形成的資訊成本漸次降低，進而影響企業組織型態的發展趨勢，從傳統內部垂直整合朝向外部垂直分工。同時，企業存在的理由及其功能面向，則亦隨著產業環境、生產活動的變遷而轉化。因此，本文即以探討產業環境與企業組織結構間的變動關連性作爲知識經濟時代下關於企業組織型態發展方向的論述基礎。

一、企業的本質

概括言之，企業係指藉由提供產品與服務滿足人類需求而追求獲利的個人或組織，以賺取利潤爲目標，透過財務規劃、營運管理與行銷等企業活動，在法規、經濟環境的容許範圍下，承擔相應的社會責任，於市場競爭中謀求企業利潤的極大值[2]。倘細部分析企業存在的理由，諾貝爾獎經濟學得主寇斯於廠商本質一文中的論述，可資參考。

寇斯指出，企業組織存在的理由在於「取代市場的價格機能」[3]，由於使用價格機能有其成本，包括搜尋相關價格的成本、締約成本、長期契約的風險變動成本以及政府管制成本等。因此，廠商進行內部的垂直整合，以單一的組織形式，利用企業家的指揮支配關係，減少訂定契約的數量，不必就廠商內部的生產因素訂定一系列的契約，而得以單一契約（例如僱傭）取代之，並進而保留指揮調度的彈性亦因之免受政府交易賦稅及價格管制，達到生產活動成本簡省的目的。

惟廠商的垂直整合模式仍存在著組織活動的成本，或可稱之爲內部的行政成本，只有在內部的行政成本不大於外部的交易成本時，廠商機能始足以發

---

[2] *See* O. C. FERRELL, GEOFFREY HIRT著，于卓民審定，「企業概論—企業本質與動態觀點」（BUSINESS: A CHANGING WORLD, 3 ED），智勝文化，2001年4月，頁4。

[3] *See* RONALD H. COASE, *The Nature of The Firm*, 4 ECONOMICA 386, 389 (1937).

揮[4]，一旦市場交易較爲經濟，生產活動就値得拆開，分由不同廠商進行，直到每一廠商處理額外一筆交易的成本都相同爲止[5]。

二、變遷中的企業

在諸多交易成本中，資訊的不對稱所形成的資訊成本往往左右生產活動的進行。以十九世紀末的大型企業爲例，由於鐵路、汽船的興起，電報、電纜的出現與統一的時間標準的建立，使企業內部資訊傳遞成本、運輸成本逐步降低，內部整合成本低於外部交易活動成本，有利於企業擴張規模，所以促成「管理式、整合性法人公司」的誕生[6]。

承襲前述寇斯對於廠商本質的分析，倘若市場交易成本降低，較企業內部垂直整合具有效率時，企業的生產活動即得以拆開外化於其他企業。隨著資訊科技的發達，資訊的交流與傳遞的藩籬逐漸縮小，網際網路的興盛促使企業得以最短的時間、最少的成本尋找合作對象、訂定理想的價格，因而有助於企業降低外部交易成本。

就企業而言，固然期望藉由擴大生產規模以達到規模經濟的效果，然而複雜的組織結構與龐大的行政管理成本卻亦可能造成邊際效益逐漸降低、長期平均成本上升，形成規模不經濟（Diseconomies of Scale）或規模報酬遞減（Decreasing Returns to Scale）的現象[7]。再者，知識越趨專業化，企業內部整合其所需的專業知識成本亦隨之提升。因而，一旦市場交易成本例如資訊的傳遞成本，隨著產業環境的變遷，包括資訊科技的應用而得以減低成本時，企業內部

---

4 *Id.* at 39093.

5 *Id.* at 393.

6 *See* ALFRED D. CHANDLER, JR., "THE INFORMATION AGE IN HISTORICAL PERSPECTIVE," IN A NATION TRANSFORMED BY INFORMATION: HOW INFORMATION HAS SHAPED THE UNITED STATES FROM COLONIAL TIMES TO THE PRESENT, ED. ALFREDD. CHANDLER, JR., AND JAMES W. CORTADA, OXFORD: OXFORD UNIVERSITY PRESS, at 15 (2000).

7 *See* JOSEPH E. STIGLITZ, PRINCIPLES OF MICRO-ECONOMICS, W. W. NORTON & COMPANY, at 32930 (1993)。另參見張清溪、許嘉棟、劉鶯釧、吳聰敏，「經濟學理論與實際」，作者自版，1993年2月，2版，頁156-158。

的生產活動即得藉由外部分工的合作模式以追求營運的效率與利潤的極大值。

另一方面，企業經營、生產活動倘垂直整合於同一企業，除了可能導致規模不經濟外，尚有企業所得無法分散而形成稅務上不經濟的難題。因此，透過企業經營內容的縱深與多層化的安排，將之外部於企業體制外，得以節省內部生產成本，促進經營效率，尚得透過稅務規劃，分散所得，以降低稅賦成本。總體而言，企業得以最低的交易成本，進行企業合作。

在這樣的產業環境之下，一種企業組織體制內的分工外化爲體制外的分工模式逐漸成形，爲了加速取得新技術、分散風險、提升資源整合的綜效以及稅務上的考量，企業將大部分業務委外、訂立長期交易契約或透過企業合作，不論是技術授權、策略結盟或成立合資企業等分權化的組織形式，將更符合資訊時代下的企業發展。

參、非公司型企業組織的興起

工業時代背景下所發展出來的企業組織型態，以股份有限公司爲核心，有限責任、集中式的經營管理模式，股權自由移轉，以及永續經營等特點[8]。爲了追求公司最大利益、極大化股東價值並保護債權人權益，股份有限公司透過股東會、董事會以及監察人彼此間的授權與制衡，透過法令的限制，維持組織的運作與管理。然而，在公司所有與經營分離的原則下，代理成本的管控與行政營運的僵化成爲股份有限公司經營的二大盲點。尤其，企業合作需要彈性、靈活的組織平台以達到專業共享、資源整合的效能，傳統公司制度因之不敷所需。

一、非公司型企業組織

1980年代以來，美國爲因應企業對於彈性靈活的組織型態與降低組織成本

---

[8] *See* ROBERT W. HAMILTON, THE LAW OF CORPORATIONS IN A NUTSHELL, WEST, at 5 (2000).

的需求，並規避美國公司稅賦「雙重課稅」的不利益，形成合夥型企業組織的廣泛應用[9]，並逐步朝實體化、賦予有限責任的趨勢發展，其中又以有限責任企業（Limited Liability Company，以下簡稱LLC）兼具全體成員有限責任、集中式管理的公司型企業組織特徵，彈性化經營、直接（Pass-through）合併課稅之合夥型企業組織特色，廣受企業主青睞[10]。

針對企業應用美國LLC制度作爲合作模式，得以超紫外線有限責任公司（EUV-LLC）合作模式的建立爲參考。爲開發超紫外線（Extreme Ultraviolet，簡稱EUV）光蝕刻技術，EUV-LLC於1997年由英特爾（Intel）、超微（AMD）、摩托羅拉（Motorola）三間公司出資設立，2000年美光科技、德國的Infineon[11]、2001年IBM[12]亦參與此一事業的開發，美國Lawrence Livermore國家實驗室亦爲EUV-LLC的會員。利用該製程所生產的晶片，可望於2005年問市，執行速度估計在10-GHz。

EUV-LLC透過LLC的組織方式，結合各界的資金、技術、設備加速研究開發的速度，自由規劃出資者間收益以及智慧財產權歸屬，以提升各方投資者持續貢獻心力於該研究的動機。

---

9 合夥型企業組織包括傳統的合夥組織，即普通合夥（General Partnership）、有限合夥（Limited Partnership）以及新興的組織型態「有限責任合夥制」（Limited Liability Partnership，簡稱LLP）、「有限責任有限合夥制」（Limited Liability Limited Partnerships，簡稱LLLP）以及「有限責任企業制」（Limited Liability Company，簡稱LLC）。*See* Robert W. Hamilton, Cases and Material on Corporations (including Partnerships and Limited Liability Companies), at 106 (7th ed. 2001); Jesse H. Choper, John C. Coffee, Ronald J. Gilson, Case and Material on Corporations, Aspen Pub., at 691 (2000).

10 根據美國國稅局（IRS）於2002年對合夥型企業組織所作的統計，LLC家數達到946,130家，為美國非公司型企業組織家數之冠。*See* Tim Wheeler and Maureen Parsons, IRS Partnership Return, 2002, at 53, available at http://www.irs.gov/pub/irs-soi/02partnr.pdf (last visited on Mar. 25, 2005).

11 *See* MARK OSBORNE, "*Infineon joins EUV LLC Consortium*", available at http://www.semiconductorfabtech.com/industry.news/0005/08.07.shtml (last visited on Mar. 23, 2005).

12 參見John G. Spooner，IBM加入EUV新晶片技術標準，Feb. 26, 2001，資料來源http://taiwan.cnet.com/news/hardware/0%2C2000064559%2C11015308-20000745c%2C00.htm（最後瀏覽日期Mar. 23, 2005）。

二、選擇企業組織的考量因素

企業爲追求獲利的極大化，在經營界面的選擇上，有以下幾點考量因素：

（一）法律上限制

企業經營者在決定企業組織型態時，原則上具有選擇自由，然而，就特定產業而言，立法者考量其產業特性或因其攸關公益，故於產業法律中針對組織形態予以限制。例如對於一些專門職業（如律師、會計師等）要求須以合夥型態組成之[13]，這類產業對於專業知識的需求度高、專業知識傳遞困難，適合團隊式的決策方式，集中經營，且須建立當事人對於專門職業工作者的信賴關係，故課以經營者對企業債務須承擔無限責任，以提高經營者間的相互監控程度並有利於債權人滿足其債權[14]。或者像是銀行、保險等金融事業依其組織特質或公益上的管制需求，尤因該等金融事業需要大量的資金，且因從事風險資產的購置與投資，須分散投資者、自由移轉賸餘請求權以分擔風險，並藉由資訊揭露的相關行政規制，以提高對該類產業的監控，是以相關法律要求須以股份有限公司型態始得組成之[15]。

[13] 我國會計師法第10條、律師法第21條，均要求須以事務所形式經營，解釋上雖不無以設立公司的方式成立事務所的可能，惟實際上的運作，均僅得以獨資或合夥的方式為之。參見吳貞慧，會計師事務所組織型態之研究—執業會計師的看法，台大法研所碩士論文，1998年6月，頁156。

[14] *See* EUGENE F. FAMA, MICHAEL C. JENSEN, *Agency Problems and Residual Claims*, at 10-14, Oct., 1998, available at http://papers.ssrn.com/sol3/papers.cfm?abstract_id=94032 (last visited on Jul. 4, 2005).

[15] 參見銀行法第52條：「銀行為法人，其組織除法律另有規定或本法修正施行前經專案核准者外，以股份有限公司為限」；保險法第136條：「保險業之組織，以股份有限公司或合作社為限。但依其他法律規定或經主管機關核准設立者，不在此限。」

（二）責任型態

企業投入商業活動必須籌集資金，並由具有經營管理能力之人負責企業的經營，爲了籌集資金，企業資可向投資人募資，亦得由企業向債權人融資。由於債權人所得請求者爲固定的請求權（Fixed Claim），包括融資金額加上固定比例的利息，爲了使債權人有意願提供融資，債權人受償的權利優先於投資人對於企業所得請求的權利，亦即投資人所得請求者爲企業資產清償所有債務後的賸餘利益[16]。由於商業環境詭譎多變，企業是否獲利難以確定，投資人須承擔企業經營風險，因而，投資人所得請求的賸餘利益也處於浮動的狀態。一般而言，倘若缺乏投資人有限責任的設計，投資人對於企業組織的債務應就其個人資產承擔清償責任，以我國合夥組織爲例，依民法第681條，合夥人對於合夥事業之債務負無限連帶責任，投資人的個人財產無法隔絕於合夥事業責任之外。然而，投資人一旦須就其個人資產承擔投資事業的風險，因其無法事先估計損失，且無法藉由分散投資事業以分散風險，如此一來，不但降低投資人的投資意願，復提高每一投資人監控公司的誘因，造成龐大的監控成本，影響所及，則企業規模受限，無法募集大量資金[17]。

因此，爲了提升投資人的投資意願、便利企業募集資金，投資人僅以其出資負擔有限責任的設計，使其個人資產得以隔離於企業的經營風險之外，我國公司法第99條、第154條均規範股東對於公司的責任以其出資額或繳清其股份之金額爲限。另一方面，股份有限公司的設計原係針對大型、有大量資金需求的企業而設計，因而，搭配股東得任意移轉其股份，更有利於股東分散其所承擔的賸餘利益風險，有利於股權分散，同時也降低股東對於企業進行實質監控或股東間的彼此監控的誘因，並透過股份的市場價格對企業產生監督的效果、降低企業監控成本[18]。再者，投資人僅負有限責任的機制下，由於承擔的損失

16 See EUGENE F. FAMA, MICHAEL C. JENSEN, *Agency Problems and Residual Claims, supra note* 14, at 2.

17 *See* LARRY E. RIBSTEIN, *Limited Liability And Theories Of The Corporation*, 50 MD. L. REV. 80, 9803, 1991.

18 *See* EUGENE F. FAMA, MICHAEL C. JENSEN, *Agency Problems and Residual Claims, supra note* 14., at 4.

風險有限，加上股權分散，降低投資人積極介入企業經營的誘因，形成被動的投資人（Passive Investors），有利於企業經營與所有分離，促進專業分工，經營管理階層由具有專才之人擔任，無須由股東親自管理，因而得以促進經營的效率[19]。

（三）組織制式化程度與營運成本

每一種企業組織型態有其組織特性，因而法規規範的鬆緊度不一。倘非以資金需求、有形資產爲重，而係講求人力資源、個人表現等以人力資本爲其企業價值核心的企業，則人力資本出資者勢必積極介入企業經營，難有被動投資人的存在，因此，經營與所有合一的營運模式爲此類企業的特色，企業規模通常也較小。再者，就此類企業而言，由於個人貢獻度不一，爲激勵個人表現、活化人力資源，著重經營規劃的彈性，在損失風險歸屬與利益分派得視個人貢獻、企業需求而調整。就經營者的監控而言，由於組織規模較小，經營者採行相互監控的模式，較能降低監控成本，以合夥事業而言，由於合夥人須就企業風險承擔個人責任，合夥人個人能力與個人資產多寡均爲合夥人彼此與債權人關注的焦點，更提高經營者相互監控的誘因，也形成較緊密的經營管理關係。復因經營管理結構簡化、營運成本與行政成本較低，因此適合成員關係緊密的中小型企業或營運資金較爲不足、需求決策彈性的新創企業。

反之，以吸引大眾投資、具有高度資金需求的企業而言，須考量投資大眾與債權人權利義務關係的平衡，以鼓勵投資、活絡資金的來源，且因應被動投資人的出現，須另設計監控經營管理階層決策的機制，以避免經營者恣意妄爲、流於鬆懈而得以降低經營與所有分離所生的代理成本。如此一來，組織規模龐大，股權分散、相互協調不易，在經營者、企業所有者、監控機制三者分離的組織結構下，不可避免地須以制式的規定預先規劃企業參與者的權利義務關係，難就個別事項一一協議，且爲避免企業不當將其經營風險外部債權人，尚須對企業課以財務限制與資訊揭露等行政規制，因而，呈現較爲僵化的組織

---

[19] *See* EUGENE F. FAMA, MICHAEL C. JENSEN, *Separation of Ownership and Control*, at 2-4 (1983), available at http://papers.ssrn.com/sol3/papers.cfm?abstract_id=94034 (last visited on Jul. 4, 2005).

結構與較高的營運成本，行政規制成本也高，適合大型有公開募資的企業適用。

（四）存續期間

企業就其營業活動的差異，或設定一定期間、一定條件使企業不再存續，或著眼於企業的永續經營，因之，企業存續期間的長短，得由企業自行規劃。原則上，公司組織一旦設立，依我國公司法第1條規定，取得獨立於投資人的法律地位，具有法人格，股東的更易不影響企業的存續。然則，以合夥事業而言，由於我國公司法第13條第1項規定公司不得爲合夥事業的合夥人，是以合夥人的組成均爲自然人，而自然人生命有其限度，一旦合夥人均死亡，契約復未訂明得以繼承者（民法第687條第1款規定）又未補入新的合夥人，合夥關係自然無以維繫。

是以，企業在選擇組織型態時，自須衡量企業經營活動的目的，究否注重股東的個人特質，就企業參與者變動對企業所帶來的影響預先規劃權利義務關係的歸屬。

（五）營運管理模式

在股權分散、被動投資人眾多的企業組織中，倘不設置經營管理階層，決策勢必延宕，因之須設置經營管理階層，在股份有限公司則爲董事會，由股東選任少數人代表公司負責一般事務的經營與管理，形成集權化、階層化且得以專業分工的管理模式。至於，在著重投資人個人特質的人合型企業組織中，全體成員均有參與決策權，裨以反應所有投資者的意見、均權管理。在企業組織的選擇上，則應視成員間關係的緊密程度、參與企業經營的需求度來考量。

（六）權益移轉的自由性

爲吸引一般投資大眾集資、分散風險，投資人權益移轉的設計上應較爲自由。我國公司法第163條第1項規定「公司股份之轉讓，不得以章程禁止或限制之」，揭示了股份移轉的自由，有利於市場籌資。至於合夥出資的移轉則須經他合夥人全體同意（民法第683條），投資人的關係較爲固定而緊密，第三人較難輕易介入經營。另一方面，限制權益移轉的自由，無形中強化了投資人參與企業經營的動機，蓋其難以藉由權益的移轉而分散其風險，而須專注於企業的經營。

（七）稅捐考量

各國對於企業的課稅方式與稅率計算不一，而不同的企業組織形式亦有迴異的稅賦計算基礎，主要差別在於企業營業所得的課稅以及損失扣抵的方式。實質上影響企業營運成本甚巨，故法律規範對於稅賦徵收的態度往往導致企業更易其企業組織型態的選擇，甚至爲了稅賦上的優惠，設計規劃符合稅法要求的組織型態，因而激勵了新的企業組織型態的形成。

三、企業合作模式

企業外部合作模式的建立或變更合作企業主體性者，或維持主體的獨立性者。前者如的分割、合併與收購；後者則如對其他企業投入資本藉由持股建立管領力，或「策略聯盟」、「虛擬組織」的建構。由於企業全面的合併較單純的聯盟模式需要較高的成本，當企業的規模與技術力的多樣性受限時，採取聯盟的模式較有效率[20]。

（一）「策略聯盟」或「虛擬組織」

所謂的「策略聯盟」或「虛擬組織」，均以企業間的合作與利益的共享爲其核心。前者係指在聯盟成員維持其獨立法律個體的前提下，由兩家或兩家以上具有互補性資源的企業，基於策略的互惠原則，意圖在一合理期間內實現所有成員的共享目標而建立相互合作的契約關係[21]；後者，則因資訊科技的帶動

[20] *See* BENJAMIN GOMES-CASSERES著、齊思賢譯，策略聯盟新紀元（*The Alliance Revolution: The New Shape of Business Rivalry*），先覺出版，2000年1月，頁604。
[21] 參見蕭王勉，策略聯盟協商及其法律議題，智慧財產權管理季刊，2001年，頁46。

使合作模式更爲創新，無需辦公處所（Officeless），並以相互專業支援，形成企業體之間功能性水平串連的企業經營機制[22]。

從法制佈局的觀點論之，策略聯盟或虛擬組織得單純以訂定長期交易契約或授權作爲其合作基礎，然而，這樣的契約模式須受固定的契約對價限制，無法隨著事業經營盈虧調整利損分配，缺乏彈性。若欲透過相互結合建立企業組織，就其合作關係爲初步定性，極可能該當合夥，蓋合夥組織以我國民法的界定，係指透過二人以上互約出資，經營共同事業之契約所形成的事業組織（民法第667條）。然而，一旦落入合夥組織的範疇，合夥企業體就合夥債務須負補充的連帶無限責任（民法第681條），不利於企業風險的管控，同時須受公司法第13條公司不得爲他公司無限責任股東或合夥事業的合夥人之限制，是以，利用合夥制度作爲企業合作的組織平台並不可行。

（二）投入資本的模式有其侷限性

如上所述，欲達到企業合作的目的亦可以對其他企業投入資本，藉由持股或出資比例，參與經營與獲利分配。企業經營權的控制關係亦可透過控股公司的形式藉由股權結構的安排，達到目的。然而，無論是否建立控制關係，被投資公司的經營失敗風險（虧損）隨著持股或出資比例擴散予投資公司，將形成系統性的風險連結。

因此，倘藉由企業締約，以合資、策略聯盟的方式，運用美國合夥型企業組織建立企業間分層化的合作平台，一方面透過營運協議建立相互合作關係，另一方面，企業虧損風險得以區隔而限縮於該投資事業範圍，且透過有限責任的法制結構，僅以出資額比例負擔事業風險，企業因而得以有效掌控風險，避免風險擴散的不確定性。更有甚者，若以合夥型企業組織爲基礎，則企業利潤與虧損分配比例亦得以協議定之，無須依照出資比例，則企業間就合作利益的分配與虧損的撥補，均得作更彈性的規劃，提高企業互利合作的動機。

---

22 拙著，企業法制因應科技發展之省思—兼論企業人力資源之法制規劃，中原財經法學，第六期，2001年7月，頁154。

四、有限責任企業

(一)概說

有限責任企業[23]，在法制上與稅制上係結合公司與合夥的特質，全體成員負擔有限責任、得以合夥形式課稅、經營管理模式選擇彈性化的創新企業組織機制。

LLC起源於1970年代，漢彌爾頓兄弟石油公司（Hamilton Brothers Oil Company）以巴拿馬Limitada的企業組織形式進行全球的石油、瓦斯探勘工作。Limitada是一種所有成員負擔有限責任，但以合夥課稅的組織型態，當時美國並沒有相應的企業組織，是以該企業積極推動相關立法[24]，於1977年懷俄明州（Wyoming）第一個頒布有限責任公司法，佛羅里達州（Florida）於1982年亦隨著通過該法。當時就LLC是否應該以合夥課稅有相當激烈的辯論，也使得各州呈現觀望的態度，1988年美國國稅局裁決LLC得依合夥之組織型態來課稅[25]，促使LLC制度在各州間推展開來，1996年，全美五十州均已採納LLC制度。以德拉瓦州為例，在2000年以前，已經設立十萬家LLC，而多數都是在後

---

23 關於「有限責任企業」的中文譯名，應先敘明者乃美國Limited Liability Companies並非公司型態，而是一種介於合夥與公司間的企業組織，揆諸company一詞，原指數人為了營利而設立的一種聯合組織，包括的範圍及於合夥、社團、Corporation（即美國公司法下的公司，由具有股份（Share）的股東依法設立組成），本處將company翻譯為企業一詞，乃為了概念區別便宜之，實非精準的翻譯，國內或有不同譯名者，請參考何曜琛，美國有限責任公司法概述，法令月刊，第50卷第6期，1999年6月，頁14註12處。

24 *See* WILLIAM J. CARNEY, *Limited Liability Companies: Origins and Antecedents*, 66U. COLO. L. REV. 855 (1995); Carol R. Goforth, *The Rise of the Limited Liability Company: Evidence of a Race Between the States, But Heading Where?*, 45 SYRACUSE L. REV. 1193 (1995); SUSAN PACE HAMILL, *The Origins Behind the Limited Liability Company*, 59 OHIO ST. L. J. 1459 (1998).

25 Rev. Rul.88-76, 1988-2 Cum.Bull. 360, *See* ROBERT W. HAMILTON, *supra note* 9, at 188.1996年美國IRS改採「勾選原則」（Check The Box Rule），只要不是依公司法設立的公司或關係公司、合資公司等，且至少具有兩個以上的成員的非公司型企業組織都可以根據其需要在第一次的納稅申報表上選擇是否成為納稅主體。若非選擇為公司型組織納稅，即可排除該企業的納稅義務，而以合夥型企業的課稅方式課稅。有限責任公司因之有更彈性的稅制選擇空間。*See* ROBERT W. HAMILTON, *supra note* 8, at 34.

來四年間設立[26]。

爲了整合各州立法上的差異，1992年美國律師協會即制定模範有限責任公司法（Prototype Limited Liability Company Act）供各州立法參考，NCCUSL亦於1994年訂定統一有限責任公司法（Uniform Limited Liability Company Act (amended 1996)，以下簡稱ULLCA）[27]，該法採納許多合夥法的概念於有限責任公司的規範模式上，惟亦不乏規範公司的模式[28]。

（二）設立程序

1. 由一個或一個以上的人組成[29]

有限責任公司承認一人的LLC（Single Member Limited Liability Company, SMLLC），且無人數的上限[30]。就這一點與合夥不同，因爲合夥至少需要兩個合夥人；也與閉鎖公司有異，因爲閉鎖公司通常都有人數的上限；至於與S公司比較而言，S公司除了有人數的上限外，對於股東身分往往設有限制。LLC對於成員的身分並無限制，不限自然人，包括合夥、公司、信託、甚至是有限責任企業等均可以成爲LLC的成員[31]。

2. 須訂定組織章程，經代表人簽署後須隨同其他規定文件向州務秘書處（SECRETARY OF STATE）辦理申報手續[32]。

---

26 *See* JAMES G. LEYDEN, Jr. *A Key State's Approach to LLCs*, BUSINESS LAW TODAY, Jun. 2000, at 31.

27 *See* ROBERT W. HAMILTON, *supra note* 9, at 200.

28 類似合夥的規範模式如ULLCA § 103、203(a)(6)、404(a)、503、504(a)、601、701、801；公司式的規範方式者如ULLCA § 202、203、105(a)、106、107、108。See ROBERT W. HAMILTON, *id*, at 195-196.

29 ULLCA § 202(a).

30 惟Massachusetts州於2003.3.5以前仍然要求須有兩個以上的成員，其後同樣修法准許一人的LLC。Available at http://www.mass.gov/legis/laws/mgl/156c-2.htm, last visited on Mar. 18, 2005.

31 ULLCA § 101(14).

32 ULLCA § 202(a)、206(a).

3. 名稱中須顯示其為有限責任企業（LIMITED LIABILITY COMPANY）或有限企業（LIMITED COMPANY），得以使用縮寫形式，如L.L.C；LLC[33]。

4. 組織章程須經州務秘書處審查通過[34]。

（三）內部關係

1. 財務關係

LLC出資的形式自由，然因成員原則上僅負有限責任，所以出資義務必須切實履行，成員的出資義務不會因該成員的死亡、喪失行爲能力或其他原因無法履行而予以免除，除非經LLC全體成員同意。如果成員未能依約提供財產或勞務的出資，則該成員有義務依LLC的選擇，提供與其出資義務中未交付之部分相當的金錢出資[35]。對於信賴成員出資義務而貸款予該LLC或與之進行交易，倘不知LLC已免除該成員的出資義務者，可強制該成員履行原有的出資義務[36]。

關於LLC成員要如何分配事業經營所生的盈餘及損失，ULLCA並沒有強制規定其分配方式，得由該LLC於經營協議中自行安排。倘經營協議對此沒有特別的約定，則成員間應均分損益，而非根據出資比例來決定[37]。所謂經營協議即規範LLC內部事務、細部規劃營運、執行相關事項以及安排成員、經理與LLC之間的關係，由於LLC高度尊重成員自主管理企業的要求，因此在營運上賦予極大的彈性，除了明文禁止以經營協議規定的事項外，經營協議即LLC運作的準繩[38]。

在損益分配上，試舉一例以明瞭經營協議的彈性範圍。假如A與B共同設立一家LLC，A以現金出資，而B在LLC設立後的兩年間提供生財設備作爲出

33 ULLCA § 105(a).

34 ULLCA § 206(a)、ULLCA § 202(b)、ULLCA § 206(c).

35 ULLCA § 402(a)、404(c)(4)(5).

36 ULLCA § 402(b).

37 ULLCA § 405(a)、comment.

38 ULLCA § 103.

資，營運協議中約定出資額分別爲50%，然而，A於LLC設立後的兩年間其損益分配爲75%，B則爲25%；兩年後，A與B的損益分配再依照出資比例調整爲50%[39]。這樣的損益分配方式，基本與合夥相同，而與股份有限公司強調須依股份比例分配股利的概念迥異[40]。另外須強調的一點，由於LLC得以合夥的方式課稅，是以LLC的損失得以直接移轉給成員，使成員得以將該損失抵銷其他所得，藉以達到節稅的效果。然而，就此，美國國稅局提出經營協議的安排必須符合「實質經濟效能」（Substantial Economic Effect），特殊的利損配置必須基於該企業與成員實際上的經濟情況而不能只是爲了達到節稅的效果，否則該利損配置的方式將不被國稅局承認[41]。

再者，爲了確保債權人的權益，維持LLC資產，收益的分派應受法定限制[42]，例如於常規經營中無法償付已到期的債務時，不得再進行收益分派，倘若違反規定而分配，就違法分配的數額有關人員應承擔個人責任[43]。

2. 營運與管理

在有限責任公司中，有兩種經營方式可供選擇，一個是成員經營型；另一個則是經理人經營型。是否採經理人經營型的營運模式爲組織章程的相對必要記載事項[44]。

（1）成員經營型

若LLC由其成員直接經營管理該企業，每一個成員均爲LLC的代理人[45]且對於企業的營運與執行具有同等的權利[46]。企業的相關事務係採多數決[47]，僅在修改經營協議、章程；免除、減少出資義務；接納新成員；解散、放棄清算、終止該企業；處置全部或實質上全部的資產等法所規定的情形下，須得到

---

39 *See* ANTHONY MANCUSO, NOLO's QUICK LLC, at 3-14 (2003).

40 例如我國公司法第235條第1項。

41 *See* ANTHONY MANCUSO, *supra note* 39, at 3-14; I.R.C1. 704.1 to 1.704.3.

42 ULLCA § 406.

43 ULLCA § 407.

44 ULLCA § 203(A)(6).

45 ULLCA § 301(A)(1).

46 ULLCA § 404(A)(1).

47 ULLCA § 404(A)(2).

全體成員一致同意始可爲之[48]。

（2）經理人經營型

若該LLC採經理人經營的方式，關於經理人的選任、罷免或取代應經成員過半數的同意[49]。每一個經理人其權限範圍與成員經營型的成員大致相同，就經營LLC業務範圍內均爲代理人[50]，且對於企業的營運與執行具有同等的權利，如果有一個以上的經理人，則應透過多數決的方式決定之[51]。若屬上述依法應經全體成員同意的事項，於經理人經營型的LLC中，同樣有其適用。

在這樣類型的LLC中，成員並無經營企業業務的權利。如果成員擅自對外代表LLC經營業務，由於已在組織章程中揭示，第三人不得向LLC主張權利[52]。

不論在何種類型的經營模式中，於合理的要求下LLC成員均得進行查閱、複印企業營運的相關表冊及紀錄[53]。

3. 成員利益的轉讓與受讓人的權利

LLC本身爲一獨立的法律實體[54]，其資產歸屬於LLC，成員對於LLC的資產並無共有的權利[55]。成員的權利同樣可區分爲成員權及分配利益請求權，前者乃基於LLC成員的身分而來，不能自由轉讓；後者則可全部或部分地轉讓與他人[56]，且得發行分配利益憑證，並藉憑證的移轉轉讓分配利益[57]。惟成員若

[48] ULLCA § 404(C).

[49] ULLCA § 404(B)(3)(I).

[50] ULLCA § 301(B)(1).

[51] ULLCA § 301(B)(2).

[52] ULLCA § 301(B)(1). 原文是 "in a manager-managed company: A member is not an agent of the company for the purpose of its business solely by reason of being a member ..."

[53] ULLCA § 408.

[54] ULLCA § 201.

[55] ULLCA § 501(A).

[56] ULLCA § 501(B).

[57] ULLCA § 501(c). 然應考慮可能有證券交易法的適用，若是，則須依Rule 10b-5為證券的交易為充分的揭露。相反的看法為Great Lakes Chemical Corp. v. Monsanto Co. 一案中，法院不認為分配利益憑證為證券，所以沒有Rule 10b-5的適用，*See* Great Lakes Chemical Corp. v. Monsanto Co., 96 F. Supp. 2d 376 (D. Del. 2000)。

轉讓其全部分配利益予他人，則構成退出LLC的事由，不得對LLC行使任何成員的權利[58]。

除了經營協議中已授權成員得轉讓受讓人特定權利或經其他所有成員的同意，否則分配利益的受讓人並不因之取得成員資格或行使成員的權利，僅得接受轉讓範圍內應得之分配[59]。在LLC解散、清算時，得到原應分配予轉讓人的淨額，以及最近一次經全體成員同意的財務報表[60]。另外，受讓人得於適當時期（定期性LLC，爲期限屆滿後；任意性LLC則可隨時爲之），向法院聲請解散並清算該LLC的業務[61]。

不過，無論分配利益的受讓人是否成爲LLC的成員，轉讓人依照經營協議或依法所應承擔的責任均不因而免除[62]。

（四）解散、終止與成員的退出

有限責任公司中成員除了轉讓分配利益外，尙得退出LLC請求承購分配利益[63]作爲退場機制。

關於成員退出LLC的時點，並無限制，成員得隨時向LLC發出通知以退出該LLC，不論是正當退出與不正當退出[64]。與合夥法禁止免除合夥人的退夥權不同的是，成員的退出權得以經營協議限制之，甚至得以免除成員的退出權[65]。

所謂的不正當退出，不論是定期性LLC或任意性LLC倘成員違反經營協議的規定而退出，即該當之。另外，成員在定期性LLC期限屆滿前退出LLC；或遭法院除名；或成爲破產債務人；非自然人之成員因解散或終止而被除名，亦

58 ULLCA § 601(3).
59 ULLCA § 502、503(A).
60 ULLCA § 503(E)(2).
61 ULLCA § 503(E)(3).
62 ULLCA § 503(C).
63 ULLCA § 701、702.
64 ULLCA § 601(1)、602(A).
65 ULLCA § 602(A)、602(B).

構成不當退出[66]。成員若有不當退出之情事對於該LLC及其他成員所造成的損失，應負責任[67]。

由於成員所退出的LLC對於成員於退出後兩年內的行爲對於善意第三人仍須負責，就此，該LLC或退出的成員得向州秘書處爲退出聲明，於該退出聲明向州秘書處申報九十日後，非成員之人被視爲收到了有關該成員退出的通知[68]。進而，LLC對於退出的成員於退出聲明申報九十日後所爲的行爲無庸向第三人負責。至於退出的成員，除了不再具有成員身分、不得參與經營管理該LLC外，其忠實義務僅在退出前涉及的相關事宜上繼續維持[69]。

成員死亡、喪失行爲能力或破產或法人成員因不同原因而解散、破產或終止雖構成法定退出LLC事由，然而，除非經營協議裡明定其亦構成解散事由，否則不因之造成LLC進入解散、清算程序。

另外，除了上述關於分配利益受讓人的聲請法院依據公平原則作出LLC的裁決外，經成員或退出的成員聲請，於下列數種情況下，法院亦得爲解散LLC的裁決[70]：

1. 該LLC的經濟目的已難達成；
2. 聲請人對於繼續與另一已執行LLC事務的成員共同經營LLC事務在情理上已不可行；
3. 依合夥章程或營運協議繼續經營LLC事務在情理上不可行；
4. 該LLC未能依法承購聲請人的分配利益。

控制該公司的經理或成員對聲請人已經、正在或將要作出非法、壓迫、欺詐或不公平的損害。

---

[66] ULLCA § 602(B).
[67] ULLCA § 602(C).
[68] ULLCA § 703、704.
[69] ULLCA § 603(B).
[70] ULLCA § 801(4).

五、有限責任合夥

另一個新型的合夥型企業組織爲有限責任合夥（Limited Liability Partnerships，以下簡稱LLP），其與LLC的共同點在於限縮有限責任合夥人的責任範圍、內部組織營運具合夥組織的彈性與稅賦上均適用勾選原則選擇以合夥或公司形式的課稅方式。

（一）概說

LLP本質上即普通合夥，經過註冊的程序，使得有限責任合夥人得以限定普通合夥人之連帶責任（Vicarious Liability）[71]，除了爲合夥人自己所爲之行爲應當負無限責任外，對於其他合夥人關於合夥業務之行爲（不論是契約行爲或侵權行爲），無須承擔個人責任。

有限責任合夥起源於1980年代不動產以及能源價格崩盤，德州的儲貸機構面臨貸款無法收回的窘境，多數宣告破產。即便儲貸機構破產，美國的聯邦儲蓄保險公司（Federal Deposit Insurance Corporation, FDIC）以及重建信託公司（Resolution Trust Corporation, RTC）仍試圖回補其投入於問題儲貸機構之基金，最後，將苗頭指向提供儲貸機構會計及法律服務的會計師事務所、律師事務所。債權人要求律師及會計師應就其不當執業以及義務的違反負擔損害賠償責任，由於律師及會計師事務所當時係以普通合夥的方式經營，造成所有合夥人均應就個人財產連帶負清償責任，此一天文數字的賠償額，造成多數的事務所陷入經營危機進而倒閉，且牽連多數未參與問題儲貸機構業務活動之合夥人受到鉅額損害的求償[72]。

---

[71] 關於Vicarious Liability的定義，其實與我國的連帶責任並不完全相當，其概念類似於我國民法第一百八十七條第一項所規範僱用人對其受僱人之不法行為所負之連帶損害賠償責任。亦即為有一定特殊地位（例如僱主對僱員的管理力）之人所為之不法行為承擔責任，亦有將之翻譯為「轉承責任」、「替代責任」。參見：薛波主編，元照英美法詞典，法律出版社，2003年5月，頁1401。

[72] ROBERT W. HAMILTON, *supra note* 9, at 57; ALAN R. BROMBERG & LARRY E. RIBSTEIN, BROMBERG AND RIBSTEIN ON LIMITED LIABILITY PARTNERSHIPS AND THEREVISED UNIFORM PARTNERSHIP ACT, 1.01 (2001); SUSAN SAAB FORTNEY, *Seeking Shelter in the Minefield of Unintended Consequences-The Traps of Limited Liability Law Firms*, 54 Wash. & Lee

透過專業事務所的立法遊說，有限責任合夥法首見於1991年於德州（Texas），直到1999年，美國各州均立法允許註冊爲有限責任合夥[73]。關於有限責任合夥人責任範圍的限縮上，視美國各州州法的立法態度，最寬鬆的立法規範即明尼蘇達州，除了將有限責任範圍擴大到有限責任合夥的所有債務外，尚且包括德州排除在外的合夥人直接控制之人的行爲引起的債務，但合夥人仍須對自己的行爲負責[74]。

（二）保險與經濟責任

一開始德州關於有限責任合夥的立法爲了保障合夥債務人的權益，要求有限責任合夥購買至少十萬美元的責任保險作爲合夥人免除其連帶責任的替代物，然而該責任保險有些時候無法購買到，而且立法規定的應予保險的事件，又往往是保險單所規定的除外範圍，所以，1993年的修法中即規定，在無法購買保險時，允許建立一筆信託基金或向銀行開立信用狀等分離資產方式以代替責任保險的購買，而1992年路易安納州的立法，則直接取消了保險的要求，大多數的州法中也刪除了購買保險的要求。

至於規定應購買一定數額保險或設分離與保險金額相當的資產以承擔經濟責任的州法中，對於違反此項要求，有限責任合夥會喪失責任保護，或至少在保險應當理賠的金額範圍內喪失保護[75]。

六、比較與分析

上述就美國合夥型企業組織中的LLC與LLP爲一概略的介紹，爲使概念更臻於明確，茲就概念相異處，做進一步的分析：

（一）LLP的合夥人視州法的規定，或須爲其監控力負擔個人責任，或對

L. Rev. 717 (1997); ROBERT W. HAMILTON, *Registered Limited Liability Partnerships: Present at the Birth (Nearly)*, 66 Colo. L. Rev. 1065, 1068-74 (1995).

[73] *See* FALLANY O. STOVER, SUSAN PACE HAMILL *The LLC Versus LLP Conundrum: Advice for Businesses Contemplating the Choice*, 50 Ala. L. Rev. 816, 1999.

[74] Mini. Stat. Ann. §323.14(2).

[75] *See* Alaska Stat. §32.5.416; Okla. Stat. Tit. 6, §1-309(g); Haw. Rev. Stat. §425-BB.

於合夥的契約債務仍無法免除其個人連帶責任；而LLC成員除非於章程中放棄有限責任，否則均僅以出資承擔LLC債務。

（二）LLP的合夥人原則上均有經營管理權；LLC的經營管理模式則可以分為成員管理型或經理人管理型，倘係經理人管理型的LLC，則其他成員並無參與管理的權限。

（三）部分州法要求LLP須購買一定金額的保險或分離其資產；LLC與有限合夥一樣無此要求，惟有更嚴格的分派利潤與免除分攤義務的限制。

另一方面，LLP本質上係以合夥組織作為其內部的基礎規範架構，而LLC採納許多合夥法的概念於其規範模式上，強調企業自主的營運彈性，以成員的經營協議作為企業營運規劃、成員權利義務關係的基礎。為免綜合比較上流於龐雜、凌亂，茲分別依其法律地位、設立要件、限制、內部行政管理、財務關係、責任歸屬、出資轉讓、組織解消或變動與租稅規劃等整理成表8.1，以明確其差異。

表8.1　美國合夥組織vs. LLP vs. LLC

		無限責任	有限或部分有限責任	
		普通合夥	LLP	LLC
法律地位	法律地位	・UPA：人的集合 ・RUPA：實體	法律實體	法律實體
設立要件	資格	不限自然人，包括公司、信託、合夥等法律或商業實體	與普通合夥同	・由一個或一個以上人組成 ・不限自然人，包括合夥、公司、信託等
設立要件	章程	無	資格聲明	須備置
設立要件	註冊申報	無	須	須
限制	名稱	無	名稱須註明，可縮寫	名稱須註明，可縮寫
限制	經濟責任	無	有的州要求須購買保險或分離資產	出資義務必須切實履行

表8.1　美國合夥組織vs. LLP vs. LLC（續）

		無限責任	有限或部分有限責任	
		普通合夥	LLP	LLC
內部關係、行政管理	意思形成	・依合夥協議 ・合夥協議未規定： *常規事務：過半數 *非常規事務：全體一致同意	與普通合夥同	・可採成員經營型或經理人經營型 ・原則： *依營運協議 *營運協議未規定：企業的相關事務係採多數決，特定事項須全體一致同意
	表決權	・依合夥協議 ・合夥協議未規定：每人一表決權	與普通合夥同	視成員經營型或經理人經營型而定，經營者權限與普通合夥同。
	事務執行	共同／任意	與普通合夥同	同上
	事務檢查	有	與普通合夥同	成員均可爲之
	聲明制度	有	與普通合夥同	・任何人得向州秘書處請求提供章程 ・退出聲明
	業務執行者義務	從寬解釋的忠實義務、注意義務、善意及公平交易義務	解釋上標準應較普通合夥的合夥人嚴格	・經營者：與普通合夥人的規範相近 ・非經營者成員：僅因其成員的身分而對該LLC或其他成員負有任何職責
財務關係	利損分配比例	・原則：依協議 ・未明文協議：均分	與普通合夥同	・原則：依協議 ・未明文協議：均分
	方式	不限	與普通合夥同	收益分派有法定限制，就違法分配的數額有關人員應承擔個人責任
責任歸屬		・無限連帶責任 ・債權人須先窮盡對於合夥資產之追討	・合夥人自己所爲之行爲：無限責任 ・對於其他合夥人關於合夥業務之行爲，無須承擔個人責任	全體成員均負有限責任，可於章程中聲明放棄

表8.1　美國合夥組織vs. LLP vs. LLC（續）

		無限責任	有限或部分有限責任	
		普通合夥	LLP	LLC
出資轉讓	社員權益	・須合夥協議或全體合夥人同意 ・債權人不得扣押	與普通合夥同	須營運協議或全體成員同意
	分配利益	・自由轉讓 ・債權人得扣押	與普通合夥同	自由轉讓
解消或變動	退夥	・法定退夥：例如，死亡、喪失行爲能力或破產 ・任意退夥，不得以合夥協議免除	與普通合夥同	・法定退出：例如成員死亡、喪失行爲能力或破產 ・得以營運協議免除退出權
	退夥責任	・在一定條件下對於退夥後兩年內合夥債務仍須負責 ・若沒有導致合夥解散，合夥須買回分配利益	與普通合夥同	・成員權利義務即告終止 ・若沒有導致LLC解散，LLC須買回分配利益
	除名	可	與普通合夥同	可
	解散	・法定退夥 ・合夥人死亡、破產不當然構成解散合夥事由	與普通合夥同	・原則：成員死亡、喪失行爲能力或破產或法人成員因不同原因而解散、破產或終止不因之造成LLC進入解散、清算程序 ・例外：營運協議另有約定
	加入新成員	・合夥協議或全體同意 ・新加入的合夥人對於加入前的合夥債務不負個人責任	與普通合夥同	・營運協議或全體同意 ・成員轉讓分派利益並不使受讓人取得社員權
租稅規劃		可依勾選原則選擇依「合夥」或「公司」課稅	可依勾選原則選擇依「合夥」或「公司」課稅	可依勾選原則選擇依「合夥」或「公司」課稅

資料來源：作者自行整理。

肆、我國企業組織架構

我國企業組織型態倘以構成員人數區分，可分為獨資企業及合資企業，後者包含合夥組織及以營利為目的法人組織。其中，獨資、合夥組織乃受商業登記法所規範。法人組織中得以營利為目的者，可包括公司及合作社，前者須受公司法、證券交易法（公開發行公司、上市或上櫃公司），後者須受合作社法所規範。

一、股份有限公司在組織結構上的僵化、制式與營運成本高

股份有限公司的設計架構係針對大型企業、股東人數眾多、股權分散所設計，為了促進經營效率而強制採行的經營與所有分離的制度規劃，包括股東會、董事會的強制設置；意思形成的定足數、表決權數的限制；以及資訊公開的要求，造成組織結構的僵化、決策作成缺乏彈性，且行政成本、營業成本如定期召開股東會、廣泛的財務、業務資訊的揭露均因而攀升。

尤以強制董事經營、管理公司的要求造成代理成本高，一方面股東對於營運決策的作成無法置喙，且重大議案的提案，往往亦須藉由董事會提出。另外，雖賦予董事廣泛的忠實義務，然而，其貫徹與否有賴法院於事後審查，而董事具有決策判斷餘地，對於董事的問責往往相當困難。同時，由於股東僅得移轉其表彰股東權的股份，倘股票價格無法反應公司資產價值時，股東即須實現虧損，未若合夥組織擁有得以退夥、現金返還（Cash-out）的方式的退場機制[76]。

二、其他公司型企業組織亦有其侷限

我國無限公司、兩合公司，具有高度的人合性質，且多數得以章程規劃其內部的權利義務，包括利益分派比例、業務執行方式、出資轉讓限制等，然

76 *See* LARRY E. RIBSTEIN, *Why Corporations*, 4, September 25, 2003, at 143, available at http://www.ssrn.com (last visited on Mar. 20, 2005).

而，其股東卻欠缺有限責任的保護。另外，有限公司其股東僅以其出資負擔有限責任，組織內部具高度人合性，例如利益分派比例自由、每一股東一表決權、出資轉讓限制等特點，卻強制設置董事經營管理且欠缺退股、除名制度等等資合性企業組織的特徵。

三、稅制上的差異

從美國非公司型企業組織的發展上，稅賦制度具有引導與折衝的作用，爲了規避公司型企業組織雙重課稅的不利益，在企業組織的設計上以合夥爲基礎，衍生出多樣的變化。稅制規範亦同樣影響我國企業主對於企業組織模式的選擇，惟隨著「兩稅合一」制度的採用[77]，我國公司組織雙重課稅的問題，已爲適度的調整，與美國稅制對企業組織的相較，稅制的區別對於我國企業主在企業組織的選擇上，影響度較低。

惟依所得稅法第66條之9第1項的規定，公司當年度之盈餘未作分配者，應就該未分配盈餘加徵10%營利事業所得稅。並且，依所得稅法第66條之1規定，公司應設置股東可扣抵稅額帳戶，且設有複雜的稅額可扣抵比率的上限限制[78]。除此之外，公司型企業組織的虧損無法歸屬於個人，而須認列損失或累積於公司，無法如合夥組織一般依個人所得多寡，依分配比例將虧損歸屬予個人。是以，合夥組織在我國稅賦制度的安排上，仍有其優勢。

伍、我國企業組織法的修正建議

在企業組織合作的架構設計上，無論係LLC或LLP均提供企業相當靈活的營運空間，在稅賦上則有其彈性分配盈虧。以美國的LLC爲例，LLC成員固僅以出資承擔LLC債務，然而，盈餘或虧損比例透過營運協議的規劃，不須依照出資額比例分配。如此一來，成員得依個人所得多寡，依分配比例將虧損歸屬

77 參見所得稅法第14條、第71條第3項個人綜合所得額範圍以及可扣抵稅額的相關修正。

78 參見經濟部工業局、中華經濟研究院九十年度專案計畫執行成果報告，「我國產業之租稅金融政策研究—『兩稅合一』後產業租稅政策之研究」，2001年12月31日，頁59、64。

予成員個人，達到實質節稅的效果。另一方面，新創產業於創業初期，往往承受不確定的持續虧損，倘得以該虧損歸屬於成員個人，並扣抵成員的其他個人所得，同樣達到稅賦負擔減輕的效果，而有鼓勵投資的作用。

至於LLP制度，其具有強烈的合夥組織的人合性質，有限責任合夥人得於一定條件下，免於承擔個人連帶責任，在有限責任與內部經營管理的彈性上，均得兼備，為我國新型態非公司型企業組織模式的試金石。由於專門職業往往具組織型態選擇的限制，LLP尤其適合作為其組織平台。觀諸行政院日前提交立法院討論之會計師法修正草案，其中增設會計師事務所得以法人事務所為之，惟須強制投保且有最低資本額的限制。就責任賠償的方式而言，個別股東（會計師）在超過保險理賠範圍須與法人會計師事務所負連帶責任。惟各界就該草案仍有諸多意見，尤其是會計師界對於公會組織架構、主管機關、責任賠償與事務所組織型態等四大議題存有較多意見，仍有待進一步討論[79]。整體言之，草案所增設之法人事務所的組織規範架構仍偏向以事前管制、強行規範等以壓縮企業營運空間來平衡成員承擔有限責任所生的外部性[80]的規範模式，惟如此的規範模式卻與會計師等專門職業高度營運自主彈性的需求相違。

因之，與其墨守制式的組織型態，毋寧積極因應現今產業環境的變遷，以宏觀的角度，為企業的合作模式提供更為開放、自我形成的營運空間，借用學者LARRYRIBSTEIN的論點，在這個變化無窮的世界中，沒有人可以確切地預測未來，理應交由市場調節出一個最適的模式[81]。

（本文發表於東吳法律學報第17卷第1期，2005年8月）

79 參見林杰兒，「會計師風險大，賠償額須設上限」，經濟日報，2005-01-10，A7版；同作者，「會計師法修正草案，會計師想要…」，經濟日報，2005-03-17，A7版。

80 所謂外部性的問題，起於企業組織之組成員僅承擔有限責任的前提下，對於非自願債權人（Involuntary Creditors）亦即沒有機會選擇是否與債務公司發生債之關係的債權人（像是侵權行為的受害人）而言，因其無法事先與企業協議調整雙方的利害關係，一旦企業破產，此類債權人的債權往往無法獲得清償，且又不能請求股東承擔個人責任，而企業也因而有更大的誘因不斷外部化其成本，形成惡性循環。因此，關於企業組織外部性的問題，有必要以法律規定強制介入。*See* FRANK H. EASTERBROOK AND DANIEL R. FISCHEL, *Limited Liability and the Corporation*, 52U. Chi. L. Rev. 89, 11417 (1985).

81 *See* LARRY E. RIBSTEIN, *Unincorporated Business Entities: The Evolving Partnership, 26* Iowa J. Corp. L. 822 (2001) at 823.

參考文獻

一、中文文獻

書籍

BENJAMIN, GOMES CASSERES著、齊思賢譯，策略聯盟新紀元，先覺出版，2000年。

FERRELL, O.C., HIRT，GEOFFREY著，于卓民審定，企業概論—企業本質與動態觀點，智勝文化，2001年4月。

張清溪、許嘉棟、劉鶯釧、吳聰敏，「經濟學理論與實際」，作者自版，1993年2月，2版。

期刊

何曜琛，美國有限責任公司法概述，法令月刊，第50卷第6期，1999年6月。

謝易宏，「企業法制因應科技發展之省思—兼論企業人力資源之法制規劃」，中原財經法學，第六期，2001年7月。

蕭王勉，策略聯盟協商及其法律議題，智慧財產權管理季刊，2001年。

論文

吳貞慧，「會計師事務所組織型態之研究—執業會計師的看法」，台大法研所碩士論文，1998年6月。

報紙

林杰兒，「會計師風險大，賠償額須設上限」，經濟日報，2005-01-10，A7版。

林杰兒，「會計師法修正草案，會計師想要…」，經濟日報，2005-03-17，A7版。

其他

薛波主編，「元照英美法詞典」，法律出版社，2003年5月。

經濟部工業局、中華經濟研究院九十年度專案計畫執行成果報告，「我國產業之租稅金融政策研究—『兩稅合一』後產業租稅政策之研究」，2001年12月31日。

網站資料

John G. Spooner，IBM加入EUV新晶片技術標準，Feb.26, 2001，http://taiwan.cnet.com/news/hardware/0%2C2000064559%2C11015308-20000745c%2C00.htm。

二、外文文獻

書籍

BROMBERG, ALANR. & RIBSTEIN, LARRY E., BROMBERG AND RIBSTEIN ON LIMITED LIABILITY PARTNERSHIPS AND THEREVISED UNIFORM PARTNERSHIP ACT, Aspen Publishers, Inc., 2001.

CHANDLER, ALFRED D. JR. (ED)., "THE INFORMATION AGE IN HISTORICAL PERSPECTIVE" IN A NATION TRANSFORMED BY INFORMATION: HOW INFORMATION HAS SHAPED THE UNITED STATES FROM COLONIAL TIMES TO THE PRESENT, Oxford: Oxford University Press, 2000.

CHOPER, JESSE H., COFFEE, JOHN C., GILSON, RONALD J., CASE AND MATERIAL ON CORPORATIONS, Aspen Publishers, Inc., 2000.

DRUCKER, PETER FERDINAND, POST-CAPITALIST SOCIETY, HARPER BUSINESS,1993.

HAMILTON, ROBERT W., THE LAW OF CORPORATIONS IN A NUTSHELL, West Publishing Co., 2000.

HAMILTON, ROBERT W., CASES AND MATERIAL ON CORPORATIONS (INCLUDING PARTNERSHIPS AND LIMITED LIABILITY COMPANIES), West Publishing Co., 2001.

MANCUSO, ANTHONY, NOLO's QUICK LLC, Nolo Press, 2003.

STIGLITZ, JOSEPHE., PRINCIPLES OF MICRO-ECONOMICS, W. W. Norton & Company Press, 1993.

期刊

Coase, Ronald H., *The Nature of The Firm*, 4 Economica 386, 1937.

Carney, William J., *Limited Liability Companies: Origins and Antecedents*, 66 U. Colo. L. Rev. 855, 1995.

Easterbrook, Frank H. and Fischel, Daniel R., *Limited Liability and the Corporation*, 52 U. Chi. L. Rev. 89, 101, 1985.

Fortney, Susan Saab, *Seeking Shelter in the Minefield of Unintended Consequences-The Traps of Limited Liability Law Firms*, 54 Wash. & Lee L. Rev. 717, 1997.

Goforth, Carol R., *The Rise of the Limited Liability Company: Evidence of a Race Between the States*, But Heading Where, 45 Syracuse L. Rev. 1193, 1995.

Hamill, Susan Pace, *The Origins Behind the Limited Liability Company*, 59 Ohio St. L. J. 1459, 1998.

Hamilton, Robert W., *Registered Limited Liability Partnerships: Present at the Birth (Nearly)*, 66 Colo. L. Rev. 1065, 1995.

Leyden, James G., Jr., *A Key State's Approach to LLCs, Business Law Today, June, 2000.*

Ribstein, Larry E., *Limited Liability And Theories Of The Corporation*, 50 Md. L. Rev. 80, 1991.

Ribstein, Larry E., *Unincorporated Business Entities: The Evolving Partnership*, 26 Iowa J. Corp. L. 819, 2001.

Stover, Fallany O., Hamill, Susan Pace, *The LLC Versus LLP Conundrum: Advice for Businesses Contemplating the Choice*, 50 Ala. L. Rev. 813, 1999.

網站資料

Jensen, Michael C., Fama, Eugene F., *Separation of Ownership and Control*, 1983.

Jensen, Michael C., Fama, Eugene F., *Agency Problems and Residual Claims*, Oct., 1998.

Osborne, Mark, Infineon joins EUV LLC Consortium, http://www.semiconductorfabtech.com/industry.news/0005/08.07.shtml (last visited Jul. 5, 2005).

Ribstein, Larry E., Why Corporations, Sep. 25, 2003. http://www.mass.gov/legis/laws/mgl/156c-2.htm

Wheeler, Tim and Parsons, Maureen, IRS Partnership Return, 2002, http://www.irs.gov/pub/irs-soi/02partnr.pdf.

判例

Great Lakes Chemical Corp. v. Monsan to Co., 96 F. Supp. 2d 376 (D. Del. 2000).

The Regulatory Scheme of the Unincorporated Business Entities

Brian Yihong Hsieh*

Abstract

It is to be noted that the massive use of Internet does enhance communication as well as lower transaction cost for business operation. In view of the rapid development of business associations including the "company" and other "non-incorporated" forms, this research tends to compare the regulatory schemes among different legal forms as ways to explore workable resolutions in better off shaping future scheme so as to promoting competitiveness for Taiwan's business activities. This research also tries to examine Taiwan's current regulations pertaining to the variations of "partnership", obviously the primary "non-incorporated" legal forms in practice, vis-á-vis that of the mainstreamed "company" forms in the law of corporations, from more transactional perspectives.

Keywords

- Partnership
- Joint Venture
- Strategic Alliance
- Virtual Organization
- Diseconomies of Scale
- Decreasing Returns to Scale
- Unincorporated Business Entities
- Limited Liability Company (LLC)
- Limited Liability Partnership (LLP)

* Associate Professor, Department of Law, Soochow University.

第九章
從「倫敦模式」探討我國企業重整之法律佈局

壹、前言

生、老、病、死，本爲有機生命呈現之自然機轉，企業組織既經法律授予人格，難免發生進退生息之結果，自當輔以健全法制以資配合，方符良法美意。鑒於英美等國行之多年，針對財務重症企業（Financially Distressed Firm）所設急診治療（Rescue Effort）的法律建構，似總能在挽救重症企業過程中兼顧企業股民與債權人（特別是指融資債權銀行）間之利益衡平，使重症企業能在財務復健（Financial Restructuring）工程的診治之後找回健康[1]，東山再起，不但隱藏於企業危機背後的金融業債權因之得以確保，企業股民持股解套之盼望亦得因之附麗；回顧1980年代中期的經濟景象，當時英國適逢產業大蕭條、物價膨脹、失業率上升等社會問題，企業普遍陷入嚴重財務危機之中。英國政府爲避免國內企業大量倒閉，所可能導致經濟蕭條、失業惡化等嚴重社會問題，乃責成類似我國中央銀行地位之英格蘭銀行出面邀集英國金融業者，針對企業貸款可能難以回收之債務問題，共同協議如何不經由傳統法院重整制度進行債務清償協調之實務處理機制，由於此一作法較具彈性，頗能發揮協助企業度過經濟危機之功能，乃漸成爲處理重症企業之常見方式，或許由於此種處理方式首於倫敦發軔，實務界遂有以倫敦模式稱之。於此須特別強調者，雖然近來企業重整實務案例中倫敦模式曾招致專業人士嚴厲批評恐已無法有效協助財

---

1 *See* Mark J. Roe, Corporation Reorganization and Bankruptcy, Foundation Press, New York, at 14 (2000).

務困難企業的債務清償[2]，但該制經歷多年實務檢驗與修正，咸信對於我國目前尚待檢討的企業重整法制仍應有一定之參考價值。

反觀國內處理重症企業之重整案件處理過程，或者囿於法制尚未健全，不僅重整企業與債權人間缺乏互信，實務上常見雙方競相以超過必要的法律手段保護一己私益，甚至有利用現行法院介入止紛但卻費用低廉之法律佈局，企圖以不當法律程序盡量拖延時間，以圖使企業得以順利脫產；類此利用重整制度規範闕失之不當操弄，徒然增加重整制度之作業成本，更相對抵銷了重整程序原該明快的效率需求，直接或間接地斲傷此一透過團體協商方式，祈能程序經濟地解決債務清償之制度本旨；本於關心我國有關挽救重症企業所涉法制規劃，更直接或間接牽涉企業背後金融業者之穩健經營，筆者乃不揣淺陋，擬以「倫敦模式」之企業重整實務立論，探討我國目前重整制度之若干問題，祈能拋磚引玉，就教高明。

貳、倫敦模式

就制度之法律要素析之，所謂「倫敦模式」（London Approach），係指參與重整企業債務清償協商過程之各方，透過具公信力機構之居中協調，經由實務逐步累積之一系列處理共識，非經由明文規範（Non-statutory），且無法定強制力（Powers of Enforcement）之操作「準則」（Guideline）而言。究其本質，係提供財務重症企業能在司法體制外，與眾多債權人間以團體協商方式，處理重整企業（亦可能包含問題金融機構在內）負債的一種財務緩償機制。質言之，實係與美國「法院外」企業重整實務（Workout）[3]類似的另一種

[2] The Metropolitan Corporate Counsel, "A Brief Comparison of US and UK Bankruptcy Procedures", March, 2003 Northeast Edition, at 3, available at http://web.lexis-nexis.com/universe/printdoc, visited on December 22, 2003.

[3] Workout在法學英文上其實並非專指法院外重整程序，舉凡「法院外之協商」（Negotiate Out-of-court）均得以Workout稱之，以美國案例為統計樣本得出之實證資料顯示，依據正式法院重整程序進行重整之89件案件，平均每件案件需要花費超過20個月的時間，才能終結；相反的，適用法院外重整程序之80件案件中，平均只需花費大約15個月即可終結。*See* Stuart C.

企業債務清償協商方式，由於涉及立論前提，爰先敘明。

一、沿革

英國所採行之此種法院外重整程序，一般雖通稱為倫敦模式，實務中亦有稱為倫敦規則（London Rules）者，該種實務之形成主要端賴英格蘭銀行（Bank of England）多年所累積的金融監理威望（Prestige），道德勸說銀行業者在處理企業貸款債權時應有一致之作法，逐漸形成處理銀行壞帳問題的一套非法律屬性（Non-regulatory）的程序機制[4]，主要目的即是為了協助向銀行融資之企業於遭逢財務調度失控，導致清償發生困難時，由銀行以寬限延時清償、分期攤付之便宜方式，協助借貸企業度過財務難關，使渠等陷入危機之企業仍能繼續營運，待債務人重新振作、東山再起地改善公司財務狀況後，即能清償先前積欠銀行之債務，間接解決銀行之逾放款項與呆帳問題。

英格蘭銀行之所以挾其威望與英國金融業者共同建立如此一套「法院外」的危機企業挽救機制，主要蘊有相當之政策考量[5]：第一，希望透過此機制，有效降低提供融資的金融業者或交易所涉之利害關係人，因為貸款企業結束營業所可能遭受到的鉅幅損失。第二，避免貸款企業因金融業者保全債權、收緊銀根之際，可能遭逢以破產收場的結局，反可能因之製造更多社會問題，乃與融資之金融業者達成紓困共識，盡可能保留貸款企業之生產能力，以穩定國家經濟情勢。第三，位居英國金融樞紐「央行」地位之英格蘭銀行，政策上有義務配合企業取得營運資金之實際需求，以免可能遭受輿論認為不支持企業、阻礙發展經濟之指摘與攻訐。

Gilson, John Kose, and Larry Lang, *Troubled Debt Restructurings An Empirical Study of Private Reorganization of Firms in Default*, 26 Journal of Financial Economics, at 21(1990)；在此應值特別說明者，縱使依美國破產法第11章所轄之法律實踐下，重整計畫仍須經過破產法院的確認，法院在審理重整計畫時，即使有一方反對重整，破產法院仍然可以依據「絕對優先原則」，在超過2/3之股權以及超過股東半數同意的情況下，許可重整計畫之執行。*See* Stuart C. Gilson, *Managing default: Some evidence on how firms choose between workouts and chapter 11*, Corporate Bankruptcy, at 310 (1996).

4 Pen Kent, Corporate Workout-A UK Perspective, International Insolvency Review, at 1 (1997).

5 *Id* at 3.

實務上的倫敦模式雖由英格蘭銀行領銜推動，但實務操作中英格蘭銀行仍然謹守監理分際，以中立、超然之立場，盡量避免直接涉入個案之處理程序，一方面發揮中央銀行應該協調全體銀行業者建立統一紓困模式，不經由傳統法院模式處理重整案件之功能；另一方面，以英國金融業務早已全球化之實際，考量融資企業之債權人不可避免地可能包含外國銀行、外國投資機構、外國自然人等外國法律主體，英格蘭銀行以單純協調者之地位發展倫敦模式，當可避免個案所涉之外國自然人、法人可能質疑倫敦模式有偏袒、圖利英國本國金融機構之疑慮；並藉以贏得對於制度之信任，使內、外國重整債權人與重整債務人（財務困難之企業）間更能儘速達成清償協議（Agreement），有助於重整程序之進行與完成。

二、原則

若擬進一步探討實務運作細節，倫敦模式實係由一系列的行動共同組合而成的作業程序，理論上雖可能細分成多個獨立的小行動，但是基本上至少應遵循四個主要原則[6]：

（一）銀行團獲悉融資企業因故陷於財務困難時，同意暫不收緊銀根，繼續給予財務協助，而不向法院提出重整或破產聲請。

（二）融資企業提供充份完整的資訊予債權銀行或其他交易中的利害關係

---

[6] *Id* at 10；我國金融學者亦有將之匯整出五大特徵者：

1.它提供一些處理問題的原則或指標，而不是問題的診斷處方。其目的在保留一定的處理彈性，以便面對不同的狀況可以因事制宜。

2.強調其目的在對問題企業或問題金融機構提供一個穩定的營運環境（尤其是在財務方面），一般多是經由主要債權人間共同協議暫停追索債權、維持現狀（Moratorium or Stand-still），以便讓問題企業或問題金融機構的營運與未來的前景得以確定。

3.蒐集問題企業或問題金融機構所有真實的資訊，如有關其財務狀況、未來的發展等，提供所有的債權人參考，以研究解除其困境的方式。

4.所有參與的債權人均應同意公平分擔重整的風險與分享其報酬。

5.正常狀況下，都會有一個獨立、公正的中間協調人以處理債權人間的紛爭，試圖讓眾人達到協議。在英國，一般是由英格蘭銀行出面擔任之。

進一步的詳細內容請參見殷乃平，問題企業與問題金融機構的重整與以債轉股的規劃，網站資料：http://www.normanyin.org/2003-1001-doc.doc，最後瀏覽日：2004年12月25日。

人，使債權銀行與利害關係人間，可據此評估貸款企業進行重整之可行性。

（三）銀行團共同合作，研擬有助於融資企業進行財務結構調整之適當條件，以促成重整之順利完成。

（四）有優先受償地位之權利，其優先獲償之順位雖不受影響，但是仍然必須在各方達成減讓協商後，公平分擔可能之減讓損失（Shared Pain）。

然而應值注意者，縱使整個債務清償的協商處理過程完全遵循前揭四個主要原則，也無法確定此種法院外公司重整程序就一定會如預期般的發揮拯救企業的效果；易言之，若債務人與銀行團間能夠在彼此互信基礎下，充分溝通與資訊公開交流，也許可以促進達成是否重整、如何重整之決定，但因個案情況不同，處理績效恐仍存有變數。

惟考量倫敦模式不具強制性之制度本質，英格蘭銀行在協調金融業界採行倫敦模式時，迨皆以說明會之方式宣導推動法院外重整程序之目的與好處，藉以誘導銀行業者愼重考慮接受以倫敦模式取代傳統法院重整程序之作業方式，而非以帶有威權色彩之政策宣示方式推行此一法院外重整程序，以較溫和漸進方式期使金融業者能逐漸接受此一實務新作法。

三、流程

倫敦模式所規定之法院外重整程序，原則上可區分爲三個主要階段[7]：

[7] *See* John Armour, Brian R. Cheffins, and David A. Skeel, Jr., *Corporate Ownership Structure and the Evolution of Bankruptcy Law: Lessons from the United Kingdom*, 55 Vand. L. Rev. 1699, at 175 (2002).

（一）停止催討（Standstill）[8]

為使所有對債務人之催討暫停，讓債務人得以在沉重的財務壓力下喘息，由主導銀行（Lead Bank）代表債權人與涉案之利害關係人進行協商，全體同意暫不對債務人進行權利主張。同時由債權銀行選任會計師、律師等專業人士進行對債務人業務、財務狀況之深入瞭解，以供債務人、債權人與各利害關係人得以作出有關發生財務困難之企業是否確有重整價值之正確判斷。

（二）減讓協商（Negotiation）

經前階段之實施，若債權人與各利害關係人都能同意債務人企業確有重整價值後，債權人與債務人雙方即進入研商協議之階段，由主導銀行（Lead Bank）代表全體債權人與債務人就權利義務關係之公允分配、研擬經減讓後彼此可能接受之協議內容，而以協議內容取代彼此間之舊權利義務關係。

（三）執行協議（Execution）

雙方就債務清償達成減讓協議後，債務人、債權人與各利害關係人間即應受拘束地完全依協議內容執行，當事人間原有權利義務關係亦從此被最新達成之權利義務關係取代。須特別注意者，凡對於依據最新達成之協議內容承諾挹注營運資金使重整企業能夠繼續營業之債權人，依協議內容得對於重整企業之債務人、一般債權人、股東、利害關係人或新加入之第三人，主張就重整企業資產分配享有最優先受償地位[9]。

---

[8] 試將實務上停止催討合意約定中常見之重要約款節錄以供參考："This agreement allows the Company to pursue its debt-restructuring plan. Under the terms of this standstill, the Company will continue to make all required payments under the lease facility and provide timely information concerning the progress of its debt restructuring......This agreement, along with other forbearance agreements, demonstrates lender confidence in the Company operations and in our ability to work closely with our creditors, ...intend to emerge from this restructuring as a stronger, more financially sound Company that will continue to deliver improved performance." 約款文字充分流露出重整債權人與債務人間以互信為基礎，處理雙方法律關係之自治意旨。

[9] *See* John Armour and Simon Deakin, *Norms in Private Bankruptcy: the "London Approach" to the*

爲利說明，擬以圖示描述倫敦模式之主要處理流程：

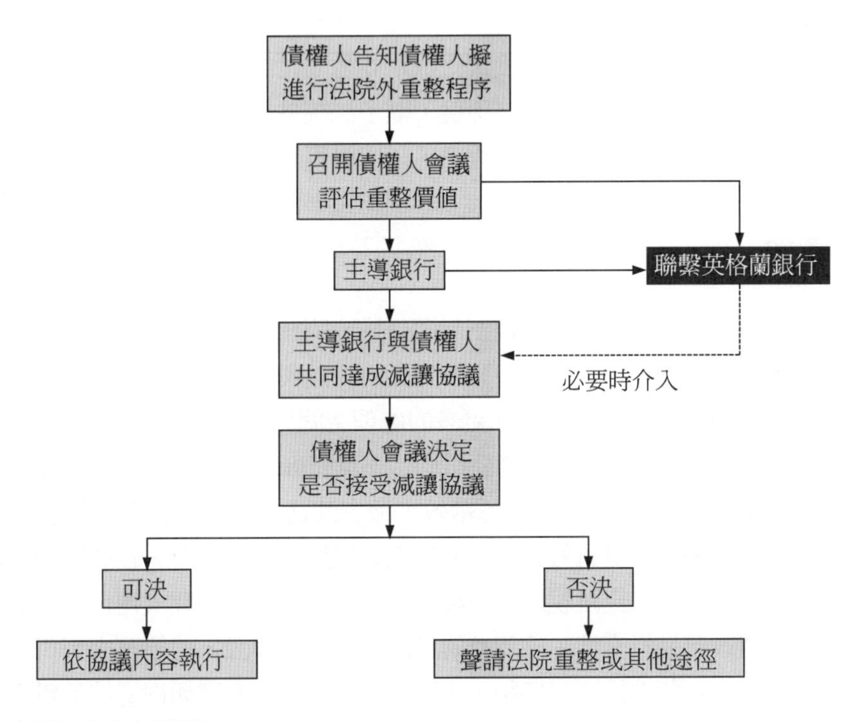

資料來源：作者自行整理

四、爭議

倫敦模式在逐漸發展之過程中，也曾面臨是否應予書面化之爭議。贊成者認爲將程序書面化應有助於實務運作時遵循與運用之效果，並且使此種非傳統的法院外重整程序在實踐上能有所依據；惟反對者認爲，倫敦模式之所以容易援用於重症企業之援救乃在於該制之富有彈性，可依照個案中之企業特質、具體情狀調整應適用之程序，無須拘泥於僵化、固定之單一程序，反而更能發揮法院外重整程序之功能。再者，當時位於英國之外國銀行、投資機構也都採取反對將該制予以書面化之抵制態度，其主要理由即是書面化之重整程序恐難免引起新的法律爭議，例如英國法院有無審判權、最後之協議能否得到內國法院

Resolution of Financial Distress, at 22. (2000).

之認可等疑義；此外也會引起內國其他行政機關之公權力監督、介入，可能反而會使得重整程序更行複雜，因而拖延該程序之進行。

基於上述種種考量，英國最後決定採用非書面化之方式推動倫敦模式，希望藉此可以提升法院外重整程序之速度，賦予法院外重整程序更多彈性，因而有助於迅速、經濟地完成公司重整程序，以使渠等企業趕緊回到經營正軌。

五、績效

經由倫敦模式，債權人可以控制問題企業或問題金融機構的現況不至於惡化，對問題的處理可以較司法途徑具有更大的時效與彈性。同時，利用市場中多元化的金融衍生性工具可以增加更多的處理空間[10]。倫敦模式發展過程中，由於Olympia and York's 專案開發公司於二十世紀90年代初期介入英國Canary Wharf公園重建一案[11]所顯示的卓越績效，論者認為倫敦模式似乎相較於傳統上法院主導之重整程序更有效果。然而特別值得進一步說明者，在該案中英格蘭銀行所扮演之角色，已跳脫原本單純協調各銀行業者之中間人角色，反而更進一步與英國政府進行交涉，確認有關新鐵路路線的建設，使債務人公司「日後」有一定的獲利能力以履行協議，也因之使債權人較有意願同意接受新的債務清償協議內容[12]。雖然本文有意強調英格蘭銀行在倫敦模式中的中立、超然地位，實係經由重整債務人之主要債權銀行在個案中扮演主導法院外重整程序之角色，然而，對於大型之企業的重整案件，即便英格蘭銀行並未直接干涉重整事務之進行，主導銀行仍會將重整程序之進程、發展隨時知會英格蘭銀行，使該行得以掌握重整案件之進度，以換取重整個案之主導銀行若有需要時，得以在最短時間內獲得英格蘭銀行提供必要之協助。

然而，並非所有重整案件之主導銀行均為英國銀行，因此在主導銀行為外

---

[10] 殷乃平，同前註6。

[11] 有關本案始末，請參考美國哥倫比亞大學商學院（School of Business, Columbia University）網站資料：http://www-1.gsb.columbia.edu/departments/realestate/cases/development.html或是Canary Wharf公司網站資料http://www.canarywharfinvestorrelations.com/，最後瀏覽日：2004年1月10日。

[12] *Supra* note 4, at 8.

國銀行之情形下，英格蘭銀行會透過該外國銀行之母國中央銀行轉達訊息，一則避免直接涉入重整事務，二則尊重外國中央銀行管制該國銀行之職權。

六、障礙

倫敦模式在歷經了多年的實務運作後，目前仍然遭遇若干技術障礙尚待進一步解決並予改善[13]，爰依序說明如次：

（一）較爲強勢的主導銀行或有挾英格蘭銀行的名義脅迫小型銀行同意協議的情形，因爲英格蘭銀行推動法院外重整程序不遺餘力，常表達希望大多數案件能以法院外重整程序解決的官方式立場，如此的表態正給予若干銀行可趁之機，遂趁機強迫小型銀行接受新的協議，使重整程序順利完成。

（二）與正式法院重整程序相較，法院外重整程序之花費雖已偏低，但仍有部分花費屬於不必要之浪費。因債權人爲參與重整程序、取得必要資訊自需選任律師、會計師或其他專業人士協助處理相關重整事務，而選任之報酬則由債務人負擔，因此造成選任浮濫、虛增費用之弊病，對於已經陷於財務困難之債務人，造成額外之負擔。雖說英格蘭銀行針對此問題曾經提出限制費用上限數額、要求債權人分擔部分費用之改善方法，然而效果有限，仍然無法有效解決此一花費過多之問題。

此外，由於面對金融商品推陳出新、與時蛻變的發展情勢，倫敦模式的制度設計也有必要隨之調整，舉其大要者例如[14]：

（一）重整債權人之可決門檻過高—「無異議通過」

法院外重整程序係基於債務人與全體債權人共同協力，基於合意調整彼此間之權利義務關係達成新協議（Agreement），並自願性遵守該協議，依新協議行使債權、履行債務。因此，取得全體當事人同意之困難性即成爲倫敦方法難以避免之缺憾。英格蘭銀行雖然曾經試圖說服不同意之少數債權人放棄其否

[13] *Supra* note 4, at 11.
[14] *Supra* note 4, at 12.

決權，但是在大多數之案件中，此種勸說並沒有發揮效果。相形之下，放任全體一致同意的問題繼續擴大、惡化，及等同於賦予不接受協議之少數債權人不成比例之否決權，嚴重阻礙法院外重整程序之進行。

（二）延期清償或分期清償計畫

在法院外重整程序中，債務人多以延期清償或分期清償之方式獲得喘息之機會，但其實在擬定延期清償或分期清償之計畫時，並不一定有充分的把握可以實現計畫所依據之公司獲利進度，毋寧說延期清償或分期清償計畫係建立在臆測之上，無法提供債權人充足之信心以支持債務人之重建更生，提供必要之協助。

（三）准許重整債權自由轉讓

重整債權的開放轉讓，對於法院外重整程序各有利弊。有利之處在於，如有債權人不願參與法院外重整程序，即可洽請其他利害關係人與該債權人價購取得債權，以期減少債權人數，簡化債權人之組成結構，均有助於法院外重整程序之進行。反之，如將債權轉讓與原非重整案件之各利害關係人時，不僅增加債權人之人數，也使得債權人之組成結構更行複雜，人馬雜沓，更不利於協議之達成，阻礙重整程序之進行。

（四）發行表彰重整債權之衍生性商品

衍生性金融商品之出現，使重整企業債權人得以藉由發行各種衍生性商品將借貸之風險轉嫁出去，由衍生性商品（Credit Derivatives）之持有人承擔。由於風險轉嫁之效果，使得債權人與債務人間之相互依存關係變得較爲薄弱，減低債權人推動、參與重整程序之誘因，使得法院外重整程序較難推動，也不易進行。

參、我國目前企業重整制度之省思

一、問題

觀諸我國企業對於公司發生財務困難時有關援用重整法制之實務問題，茲就文獻所述部分意見，臚列陳明如次：

（一）重整聲請公司之主體適格規定似值商榷

我國公司法第282條規定中有關聲請重整企業限於「公開發行股票公司」，究何所指？是否專指發行股票債券之上市、上櫃公司而言？由於涉及重整程序之主體適格性，當有進一步瞭解之必要。

按實務上係以聲請公司是否依證券交易法第22條之1第2項授權制定之「公開發行股票公司股務處理準則」所公開發行股票之上市或上櫃公司資格爲判準[15]。惟依證券交易法第2條、第22條之1規定可知，證券交易法實係居於公司法之特別法地位，於有價證券之募集、發行等事宜，優先於公司法規定適用。基此，企業必須先依該準則辦理公開發行股票後方得上市或上櫃，反面言之，聲請公司若不擬利用資本市場以上市或上櫃方式籌措營運資金，法律上並無強制需依該準則辦理公開發行之規定；縱前所述，公司法重整中所指「公開發行公司」應係指公司曾依公司法第133條規定公開招募股份，或依同法第248條規定募集公司債，或依同法第268條規定公開發行新股者而言，似應不限於上市、上櫃公司[16]；前揭實務見解雖有操作上之便宜考量，但恐亦有忽視其他爲數不少之非上市、上櫃公司使用公司重整制度的實際需求。

[15] 請參照經濟部91年8月19日經商字第0910217861號函，以及財政部證券暨期貨管理委員會91年8月14日台財證一字第091142512號函所示主旨及說明。

[16] 實務上曾見臺灣台北地方法院91年整字第3號民事裁定同採此見解。

（二）重整案件規費收費標準不合理

爲改進訴訟費用過於低廉，防止人民濫訟，司法院曾依據民事訴訟費用法第29條，得因必要情形擬定加徵之規費額數，於84年10月6日，核准臺灣高等法院民事訴訟、非訟事件、公證事件費用提高部分徵收額數標準，但該標準之提高仍不敵物價上漲之速度。當規費之徵收低於當事人對債權之徵信時，則大批之非訟事件蜂湧而至，依賴法律之保護，解決私人問題，因而造成法院被戲稱爲廉價討債公司[17]。

從實務案件資料顯示，由於重整案件本質上屬於非訟事件，因此司法資源投入雖鉅，但卻只能依非訟事件法第102、107條規定計收裁判費，基此，一般重整案件規費係以一千二百元計收[18]，相對於普通民事案件之收費而言，實在相當低廉，假若能適度調整渠等案件規費之額度，或許可以弭平上述疑慮；當事人對小額債權糾紛，因之將加以衡量訴諸法律所付之成本，與謹愼自己對債信失察之損失，法院也不致於盡爲一些雞毛蒜皮小事而大費周章，造成浪費太多人力而顧此失彼。

蓋法院保障人民生命安全，排除非法不當之侵害，進行之刑事審判是公法行爲、無償性，不收任何訴訟費用，但對於人民財產上或權益性之保護，所進行之民事審判或非訟事件，是私法行爲，基於使用者付費原則，必須繳納訴訟費用或規費，惟依據司法院統計資料所示，我國非訟事件平均辦理一件收入爲一百十二元，然而所支付之單位成本每件達一百五十二元，也就是說每辦理一件非訟案件，政府必須多支付四十元之社會成本，若說法院爲國家整體利益觀點，爲非訟事件多支付少許費用，能夠讓社會安定、經濟成長，亦無可厚非，可是從資料觀察，最近年度案件數量之成長，相當駭人，增加比率高達80%，也就是說每年該類案件成長二成[19]，追究其原因，除了社會變遷商業行爲增強

17 同前註。

18 蓋於一般公司重整案件處理過程中，法官每須公文往返於各機關，繼而仔細審閱相關資料，衡量其中所耗費的司法資源，顯與所收裁判費用不相當，如此規定似有鼓勵財務重症企業濫用此一「低廉」程序假借財務復健之名，遂行拖延清償之實，立法政策上或有再思考改善之空間。

19 司法院專題研究報告，臺灣台北地方法院審理案件收支分析，參考網站資料來源：http://www.judicial.gov. tw/hq/juds/rsh87_1.htm，最後瀏覽日：2003年12月25日。

等自然因素外，最主要的是訴訟規費過於低廉之故。

非訟事件因財產權而聲請者，其費用徵收按標的金額大小規定如下：未滿五百元者，三元。五百元以上未滿千元者，五元。千元以上未滿五千元者，十元。五千元以上未滿萬元者，十五元……三百萬元以上者，四百元（非訟事件法第102條）。非因財產權關係爲聲請者，徵收費用三十元（非訟事件法第103條）。從以上規定觀察，非訟事件規費之徵收相當低，雖然可以照顧一般當事人，但也因此可輕易興訟，如此過於低廉是否可能斲傷司法之意志，似值商榷。

現行重整程序之進行，依公司法第314條之準用結果，除部分事項之準用民事訴訟程序規定計收規費，其餘既仍應依非訟事件法相關規定計收規費，承前所揭，已然成爲一顯不合理的廉價脫產程序，爲免淪爲重症企業濫用以成就個別私益目的，似值進一步檢討整體之計費結構。

（三）企業利用重整法制闕失加速掏空資產

企業經營層先行挪用公司之資金，再聲請重整致公司資產被掏空後，放手讓債權銀行收拾善後。易言之，企業疑似有變相利用重整程序將原有財務負擔轉嫁予債權銀行承受之法律風險，衡諸現行實務，公司法第285條中所規定法院得選任之檢查人，於個案中本應積極發揮輔佐法院監督企業財務狀況，使法院得以及時依同法第287條裁定保全處分，並據同法第285條之1規定准、駁重整聲請，以期能樽節重整程序之法律成本，惟常因該重整發起過程之重要判斷機關「檢查人」的公正客觀之立場如何拿捏而困擾承辦法官，常見法官以公益之名情商法界或商界之專業人士出面幫忙，是否確能發揮重整法制原寄望之功能，似仍有相當之探討餘地。

（四）利用重整所節省之成本變相傾銷造成產業秩序混亂

因爲重整公司得以暫時不支付借款之本金與利息，其生產成本比其他同業爲低，此種對重整中公司之優惠，無異於犧牲債權人與股東之利益，以社會資本作變相補貼，使重整中企業得以削價競爭，提高不當競爭力，造成不公平之競爭狀態，破壞產銷秩序[20]。

（五）財務重症企業每以重整程序作爲向債權銀行談判的籌碼

企業發生財務危機時，隨即以迅雷不及掩耳之速度向法院聲請公司重整，並向債權銀行要求協議展延還款且要求降息，始同意撤回先前有關重整之案件聲請，形成一種變相的要脅，倘進一步究其原因，恐仍與債權、債務雙方於重整程序中欠缺互信之現實至爲相關。

二、時論

由於各界對於我國目前所實施的企業重整制度褒貶不一，因此對於重整制度之存廢容有不同立論，各有所據，或有認爲應予廢除者主張[21]：

（一）我國現行破產法制已能處理財務重症企業，實無另訂重整制度之必要

從資本主義所強調自由競爭之角度觀察，將財務困窘企業宣告破產並徹底改組將公司資產出售予有能力、有意願之專業人士經營企業，不僅得以防止債務之持續增加，亦可使生產資源發揮最大之功效。

（二）重整不符合市場機制，並危害金融體系

公司進行重整後，債權人即受有一定之限制而不得行使權利，在通常之情形下銀行或其他金融業者又係主要之債權人，公司重整對於金融體系之影響即可得見，公司重整此一犧牲債權人權益以保障債務人利益之作法，由法律之公平性而言亦有未當。且銀行或金融機構多爲股票上市公司，經營層亦須以經營績效之良窳對爲數眾多之股東負責，如此單方、片面犧牲債權人及其股東之利

20　黃文德，公司重整制度的探討，今日經濟，223期，1986年，44頁。

21　姚凌森、陳斐雲、蔡絢麗，公司重整制度之檢討與建議，中國海事商業專科學校學報，89期，2001年，29頁。

益以成就債務人公司與其股東，亦有不公。再者，銀行或金融機構之放款若長期無法回收而須提列呆帳，不僅削弱銀行或金融機構之體質，更會使銀行或金融機構對於放款更為保守，惡性循環之結果，使其他公司企業取得資金之難度更為提高。

（三）從重整之績效而言，失敗之案例多於成功者

公司重整制度實施以來，重整失敗之案例仍較成功者為多[22]，足見目前企業重整制度並未發揮應有之功能，既不見存在之實益似不如廢除之。

反之，持贊成論者主張之理由則有：

（一）企業重整制度有其積極之規範目的

公司重整之目的在於使艱困企業得以有克服一時困難，追求公司企業長遠經營之機會，以避免公司破產倒閉所引發之生產停頓、資源閒置，造成有形與無形之經濟損失。若艱困公司得利用公司重整制度輔助公司浴火重生、東山再起，將不僅係公司、債權人獲益，連帶使公司股東、員工與公司往來廠商亦雨露均霑，同受好處。

（二）企業重整制度目前仍為治療財務重症企業的主流方式

源起英國的公司重整制度，陸續為各國企業法制繼受，為求更臻完善更一

[22] 近來較著名之重整成功案例，迨為有關東隆五金公司重整案所引發散見於商業電媒體的廣泛討論與報導。其中壹文中所引述政大教授賴士葆的一段話頗值吾人深思：「東隆五金重整成功，給金融界的一課在於，國內銀行界普遍都是『晴天張傘、雨天收傘』，很要不得，應該放棄過去只靠存放款利差賺錢的心態，加強投資評估團隊；遇到亟待資金挹注、重整的企業，應該看重整企業的經營團隊，其實有不少還是值得銀行界支持的。如果金融界敢再往前走一步，配合政府在法令上的修改，我相信臺灣有很多人才可以把更多公司救起來，會有更多的東隆五金！」轉錄自商業周刊，831期，92年10月27日。進一步詳情，參考網站資料：http://magazines.sina.com.tw/businessweekly/contents/831/831-012_1.html，最後瀏覽日：2003年12月25日。

再調整、期能訂定最適的企業挽救法制。由此種發展可知公司重整制度必有其長處與存在價值，我國目前重整法制施行之績效雖仍有改進之空間，但似仍應以修法之方式積極解決制度運作中不合理、不完備之處，實不應因噎廢食，而全盤否定企業重整制度之存在價值。

（三）企業重整仍具有保全債權之功能

企業重整制度之實施，對債權人所造成之影響或損害自不若直接宣告債務人（企業）破產般深遠且鉅；退一步言，重整即使失敗，債權人仍得依聲請破產程序而繼續清理債務之程序；且重整計畫擬定後，仍須取得關係人會議之可決，亦即由各類型債權人與股東所共同組成之關係人會議仍相當程度掌握重整程序之成敗，在程序上已足以保障其對重整計畫發表意見之機會，應足以平衡債務人、債權人、股東與其他利害關係人間之地位。

我國公司法於民國55年正式引進公司重整制度後，重整制度運作之效果似乎與期許尚有若干差距，甚而有債務人濫用重整制度以遂行脫產、掏空公司資產之不法行為，不僅造成債權人之損失，同時亦對整體社會造成嚴重之危害。從實證經驗中知，於東方企業現實中，無論係中、小企業甚或係大型企業，均有子承父業之習慣，因而逐漸形成家族企業；倘後代子孫無法守護父祖輩所創建之事業甚至予以發揚光大，即被認為係不肖而飽受非難。因此，是否應將陷於一時困難之公司以經營不善，顯不適生存之理由，放任企業公司破產、倒閉，此種處理方式恐與社會大眾之法律感情不合。

觀諸英、美等國企業重整法制之發展可得而知，渠等先進國均以詳細、明確之法制規範企業重整程序與運作，使重整制度之實施常見挽救企業之良好成效。因此，我國倘寄望現行法規中有限的規範（公司法中共計34條）即能冀求達成外國有關公司重整立法例之實效，恐有實際上的困難。衡諸我國目前企業重整實務之主、客觀條件，似應採取先進國家立法技術中可資援引之處理方式作為藍本，以資修改我國目前法律規範中尚不完備之處，謹慎規劃我國之企業重整制度，兼採不經由法院之債務清償協商，或可以有效率之重整制度挽救仍有繼續經營價值之企業，使渠等體質不差之企業得以避免結束經營，更間接保障金融業之穩健，降低處理企業危機之整體社會成本。

肆、芻見

一、調人

傳統法院之重整程序或許在現行處理財務重症企業制度中是可能引發較少爭議的途徑，但考量極可能因爲程序規定的繁瑣，欠缺債務清償該有的效率要求，不該是最適化的選項，已如前述，若能參考倫敦模式所揭處理原則，考量以較有彈性之非司法機構出面協調重整債權人與債務人間之權義，俾使聲請重整之財務重症企業能透過減讓協商機制而降低沉重的財務負擔，企業產能重新發揮，避免多年基業輕易毀於一旦，造成社會資源的損失。茲生疑義者迨爲，我國現行制度中可有適合之協調機構可孚此重任？

問題之關鍵恐繫乎於我國企業籌資之基本結構，析言之，企業之營運資金究係依賴資本市場「白紙換鈔票」之直接金融方式，或是經由貨幣市場「看銀行臉色」之間接金融方式，都將影響前揭最適協調者的考量。若係直接金融之籌資結構，企業發生財務危機時，直接衝擊者當爲有價證券市場中的投資人，而企業主要債權銀行的求償態度更攸關企業之存亡與投資人的權益。易言之，此時債務清償之減讓協商者必須有能力兼顧精明的機構債權人與不特定的弱勢散戶投資人權益，據此想像如何同時能夠取信立場迥異的雙方，在我國目前的有價證券市場，絕對屬於高難度的法律、財務整治工程；遑論在間接金融的籌資結構中，精打細算的金流中介者銀行，不但授信前事事徵信、處處擔保，授信後若有風吹草動，更是立刻收緊銀根、錙銖必較；如何透過一具有相當產業威望的機構出面協調，足以平息重整前債權銀行可能發生債權不保的猜疑，暫緩萬箭齊發的債權催討，更是目前重整制度能否發揮實效的前提。

本文以爲企業經由直接金融籌資的法律佈局，多蘊涵有一定程度的「信用加強」機制，例如發行公司債企業率多依證券交易法第29條規定，由金融機構出面保證（銀行法第3條第13款），以增強發行機構之信用，此外，實務上並設有「受託人」即依公司法第248條第6項規定該受託人資格係以金融機構（依銀行法第101條第1項第9款規定取得保管銀行業務資格）或信託業者（依信託業法第2條或第3條取得資格者）爲限爲應募人利益查核監督發行人是否依約履行（公司法第255條第2項），究其實際，也是一種增強信用的設計；另如企業發行新股後，常見公司大股東將其持股高比例地轉向金融機構質押借款，更可視爲將所持有價證券向金融機構「貼現」（概念上類於銀行法第15條第4項規定），保護其投資的一種「信心加強」作法。凡此種種企業籌資方式多涉及重要金融機構參與其中，形成某程度利害與共的擔保機制，足見解決重整企業債權清償的核心問題，雖於實務上存有直接與間接金融之不同結構，但解決的關鍵卻殊途同歸地指向重症企業背後的金融機構，尤其是以「銀行」爲主的金流中介機構。

承前所述，我國目前金融法制已設有處理問題金融機構的配套機制，蓋我國銀行法第62條第1項即設有授予主管機關得於金融機構發生財務危機時，派員監管接管該重症金融機構（實務上迨多以「失敗銀行」稱之），並依同條規定第2項停止該金融機構之股東會、董事或監察人全部或一部職權。同法第62條之2第1項並設有失敗銀行應將經營權與管理處分權移交接管人行使之規定，若該失敗銀行嗣後面臨須了結現務的 「清理」程序（存款保險條例第16條），則依同法第62條之5至之7又由主管機關派員監督清理之進行。凡此涉及財務重症金融機構之診治機制中，肩負「只許成功、不許失敗」政策任務，銜命參與折衝協調者，即爲主管機關一再倚重「派員」處理的中央存款保險公司[23]，以我國金融危機發生頻率之高，該機關堪稱最有財務重症金融機構診治經驗的主治醫師，衡諸歷來金融危機實例，如此譬喻，實不過分。

企業遭逢重大財務吃緊之重症，若能主動或透過主管機關轉向中央存保公司提出協商聲請，由前揭中央存保公司邀集個案企業往來之貸款銀行或銀行團（聯貸情形）協商清償，銀行勢難避免以下考量：

（一）88年2月起，我國金融機構全數強制參加存保，因此亦必須接受存保機構對其業務與財務的「輔導」（存款保險條例第17條），考慮維持與存保公司良好的互動關係，存款要保機構當然有所顧慮；

[23] 觀諸現行存款保險條例（2001年7月9日修正）第16條第1項規定「主管機關勒令要保機構停業時，應即指定中央存款保險公司為清理人進行清理，其清理適用銀行法有關清理之規定。」再者，同條第2項於1999年1月20日之修正理由：「存保公司於要保機構停業後，為因應債權人流動性之需要，並縮短全體債權人求償時程，以防止金融紊亂……。」，迨皆已針對我國中央存款保險公司之法律定位，實係一肩負於金融危機發生時，接受主管機關（財政部）指定，依法介入協調清理之政策性執行機關。

（二）世事誠難預料，此次協商要約若拒絕參與，他日倘該金融機構之經營發生危機時，難保不會有遭逢「報應」的隱憂；

（三）公共形象上，積極回應存保機構的協商要約，暫緩催討行動，反可藉此獲得「重情義」的企業形象，對日後企業授信商機之擴展與宣傳，實有不言可喻之綜效。

金融機構經深切思慮前揭得失，咸信在臺灣之現實環境下，都將配合參與由中央存款保險公司邀集之債務清償減讓協商。進一步言，企業若重整失敗，企業背後的金融安全體系亦將難免遭受衝擊[24]，此當然非係肩負金融安全網看護（Watchdog）重任的存保公司，甚至財政部、行政院金融監督管理委員會[25]所樂見，因而政策上，存保公司有充份誘因擔此企業財務整治的協調重任。基於前揭重整程序有關倫敦模式之介紹，似可仿英國其借重英格蘭銀行協商進行法院外重整之機制，以擔任我國金融體系急診醫師的中央存款保險公司擔任類於英格蘭銀行之地位，出面與經審慎評估尚具重整價值之財務重症企業背後的債權銀行建立協商機制，以逐步推動適合我國之法院外重整制度。

再者，公司法第284條第1項於90年修正時即已特別考量聲請重整之公司通常有數家債權銀行，而各家債權銀行亦是受公司重整影響最大之債權人，故第1項法院應徵詢重整意見之機關，增列「中央金融主管機關」，俾由其彙整債權銀行對公司重整之具體意見。由此足見立法者曾於修法時寓有洽請金融主管機關對重整案件表示專業判斷，以為法院作成重整開始與否之准駁參考依據，法院既然不具金融專業，現行法院重整程序對焦急的債權人而言又嫌繁複，規費更顯不合理，是否得以前揭諮詢金融主管機關之規範意旨為據，經由跨部會協商方式，訂定細部作業要點，期能促使設立一非經正式規範且不經由法院的企業重整程序。

24 論者或有認為建立有效的重整機制應可視為對於授信體系的另一種型態的支撐，得促使金融機構更有效率地處理陷於財務困難的債務人企業清償，同時維繫金融業務的穩健（financial stability）詳細論述請參見Sean Hagan, Global Development: Insolvency Reform and Economic Policy, 17 Conn. J.Intl L. 63, available at http://web.lexis-nexis.com/universe/printdoc, visited on December 22, 2003.

25 「行政院金融督管委員會組織條例」業於2003年7月23日通過立法，並將於2004年7月1日起正式施行。依前揭新法規定，現行財政部（金融局）所主管有關銀行監理業務即將移轉於前揭金融督管委員會轄下之「銀行局」綜理。

二、費用

有鑑於公司重整案件係屬非訟事件之本質，而公司法第314條又未準用民事訴訟法計算訴訟費用之規定，因此原應依非訟事件法之規定計算，方爲合理。惟目前實務無論重整聲請案件牽涉之數額多寡，均以一千二百元爲向法院聲請重整之費用，與外國相較下，向法院聲請重整所需繳付之費用極低。然而，正因如此，使得我國之制度欠缺以重整費用作爲限制惡意債務人聲請重整之門檻。

實務上因爲向法院聲請重整後至法院爲重整准許或駁回之裁定前，可依公司法第287條之規定爲一定之處分，重整聲請企業可有效藉此限制債權人行使權利，甚至作爲要脅債權人或其他利害關係人之手段。縱令法院發現債務人之不良意圖而駁回重整聲請，但債務人亦不過損失重整聲請費用一千二百元，根本無從遏止惡意債務人利用公司重整制度達到脫產、要脅債權人之不當現象。

按公司重整之目的，在使瀕臨困境之公司免於停業或暫停營業，使其有重建之機會，惟目前我國法制所提供給財務困難的企業得以復健診治的機會，卻只有經由法院裁定重整一途，承前所揭，由於相關程序規費之徵收相對於民事程序而言確實「低廉」，常遭有心脫產之重整企業聲請者假借重整拖延債務清償，顯然悖於制度設計之原意。

衡諸國內重整個案中常見由於債權人與債務人間嚴重欠缺互信，是否參考公司法第314條有關重整程序之聲請通知應準用民事訴訟程序規定，併同參考甫經修正之民事訴訟法第77條之13規範之旨，將重整程序之費用徵收，自現行依非財產權訴訟標的爲基礎計收方式，改依財產權訴訟標的作爲計收基礎，期能藉以收「以價制量」之效，遏止財務困難企業不當利用現行重整程序，遂行渠等進行脫產之實的不良風氣與實務。

此外，若能不經由法院重整程序，改採倫敦模式之協商減讓清償，則有關各輔佐機關擔當人之費用，亦可參考倫敦模式之作法，開放由具實務處理經驗之民間法律或會計專業事務所，依我國政府採購法第18、19條規範之旨參與投標，另一方面，仍依公司法第313條及第312條規定，將渠等費用列入優先受償之重整債權，如此兼顧重整企業之各利害關係人對於處理效率之急迫要求與程序之公平，或許尚值進一步研究其可行性。

三、專家

企業尋求重整治療過程中需有許多專業人員的配合與協助，例如法院選任之重整人、重整監督人與檢查人等所謂重整程序中之「機關擔當人」，不但係現行重整法制中設以協助法院作成是否准予開始重整程序之裁定，更直接攸關重整程序是否順利完成；由於涉及重整程序開始後重整企業將置於公司法第294條所規範催討程序停止之庇護，若相關債權人或利害關係人未能及時依同法第287條聲請保全程序（非訟事件法第93條第1項），將使不肖企業因之得以喘息並順利脫產，對重整法制施行之公平性影響堪稱至鉅，誠有進一步探討之必要。

揆諸我國現行公司法對於重整程序中各機關擔當人之相關規範之旨，謹就各別功能設計臚列說明之：

（一）檢查人

公司法第285條係針對「檢查人」所設之選任規定，特別強調「非利害關係人」之構成要件供法院斟酌；究其原因，檢查人之任務，除涉及輔佐法院針對包括「重建更生可能」要件在內之各項重整企業經營情況作整體之評斷，並據以作成調查報告，基於檢查人法律定位上的「專業性」，其意見勢將直接影響法院對於該重整聲請案件准駁（公司法第285條之1第1項及第2項參照）之裁決；此外，檢查人尚有權依法對於聲請重整之公司財務與業務相關簿冊文件，甚至公司財產進行檢查（公司法第285條第2項），對於聲請重整企業應最有機會深入瞭解。易言之，公司重整程序之發動，檢查人厥爲關鍵角色。

（二）重整監督人

依法由法院選任並受監督（公司法第289條第1項、第2項）後，除依法監督重整人執行職務（公司法第290條第4項），審查重整債權並製作清冊（公司法第298條第1項）外，並需依法召集重整關係人會議並擔任主席（公司法第300條第2項），俾能折衝協調重整債權人與股東對於重整計畫擬訂與執行之歧見，期能達成可決並取得法院認可（公司法第305條），使重整完成生效（公司法第311條）。進一步言，重整監督人實係銜法院之命，居中執行重整程序之最重要部分協商出可行的重整計畫，使各方利害關係人接受，並據以使重整企業早日擺脫財困陰霾，重回生產服務行列。

（三）重整人

由法院選任後，於重整監督人之監督下（公司法第290條第1項、第2項、第4項及第5項），除依法由原企業經營團隊手中接收重整企業所屬之業務與財產權（公司法第293條第1項、第2項），自重整開始後繼受重整非訟程序的公司名義人，並應擬訂重整計畫（公司法第303條），於所定期限內完成（公司法第310條）外，尚需於重整程序進行中，針對重整可能發生的各種法律窒礙，隨時向法院提出聲請以機動調整（公司法第309條），使重整順利完成。易言之，重整人的角色分工，實係重整程序中重整企業的代言人，若不能取信各方，將直接影響重整成敗。

基此，前揭重整程序之各機關擔當人執行法律所託之重任時，立場是否中立、客觀？實關乎整體制度設計執行成敗。觀諸前揭倫敦模式所涉各種專業人員之參與，迨多委由具有處理跨國企業重整實務經驗的法律事務所之開放性作法[26]，我國似應有一整體之規劃；觀諸目前重整實務操作，似不見具全盤性彙整之人事資料庫可資法院參考，舉例而言，重整人之選任依現行公司法第290條規定係由法院就債權人、股東、董事目的事業中央主管機關或證券管理機關「推薦之專家」中選派，但衡諸實際，機關推薦多有人情包袱，日久難免流於形式，若是所推薦之專家處理過程中立場失之偏頗，表面上或謂有重整監督人之看管，但同法第293條第1、2項所指之「交接」，關乎重整程序中企業財務與業務的評估基礎，更涉及債權人、股東或其他利害關係人對於重整企業之信心，重整人苟能不徇企業之私，利用重整程序，行五鬼搬運，當更顯重要。除應參照檢查人之選任要件中所設之「非利害關係人」（公司法第285條第1項），同置入重整人或重整監督人之選任要件外，似應仿照獨立董、監事選任

---

[26] 由於英國企業重整過程所需各種專業人員，可自高度國際化的英國法律事務所中尋得處理經驗人才以資協助，因此多有借重渠等事務所的經驗完成法院外重整的實例，相關訪談紀錄請參考前揭註4 “A Brief Comparison of US and UK Bankruptcy Procedures” 一文中引述內容。

人才庫的設置方式[27]，將同質性甚高之各重整機關擔當人，亦要求法院於重整程序中應自不具利害關係之登記人才庫資料中，考量專業性之要件後審慎選任，以杜可能之流弊。

四、擔保

直觀重整程序是否成敗之核心，其實繫乎「信心」兩字。依我國現行重整法制，瀕臨財務困境之企業所以仍能取信於特定之股東、債權銀行及其他利害關係人，促使法院准予開始重整程序，召開關係人會議，聽取公司提出之重整計畫，終至重整完成之首要關鍵，當為重整開始時公司尚存可供清償之有形或無形之資產。依公司法第287條規定，重整企業的財產若早於重整裁定開始前第一時間就能獲保全處分，使法院派書記官依公司法第291條第3項規定記明截止帳目，作成節略，載明帳簿狀況，應較有機會保全公司形式與實質之資產；俾重整人得於重整開始後至依同法第293條第2項規定完整交接時止，公司財產與財務記錄都因此能為全體利害關係人之利益獲得保全，以供執行重整計畫時備抵清償之用。基此，如何確保重整程序中公司財產不致被不當處置，除由法院依法選任重整監督人於重整程序持續進行中，以逐次「許可」重整人執行職務方式（公司法第290條第5項），看顧重整利害關係人之最大利益，並於嗣後所擬定之重整計畫中敘明重整公司財產處分與公司資產估價標準及方法（公司法第304條第1項第3款、第5款規定）。

考量國內聲請重整企業中，迨多涉及關係企業結構之財團內利益輸送情事，如何避免利益衝突問題更顯重要，若能參考前揭倫敦模式中所採具公信力之機構（英格蘭銀行）居中協調，於我國情形或可透過修法方式，賦予非經由法院之協調機構（如前揭所建議由中央存款保險公司擔此重任），以將所須費用列入「重整債務」（公司法第312條）方式，指定保管公司財產之機構與處

[27] 目前企業獨立董、監事選任，於財團法人證券暨期貨市場發展基金會網站中設有「獨立董事、獨立監察人人才資料庫查詢系統」，供各企業作為依法選任外部董、監事時之參考。詳情參見前揭證基會董監人才庫網站資料http://www.sfi.org.tw/newsfi/chinese.asp#，最後瀏覽日：2004年1月8日。

所[28]，使各重整利害關係人於重整之減讓協商過程中達成互信，當能形成一有效債權獲償最低限度之擔保機制，讓重整程序之利害關係人更具意願進行債務清償之協商。

五、鬆綁

按我國前於2001年修正後之公司法第309條第7款，交互參照公司法第156條第5項規定，通說認爲係給予重整法院於重整個案中視重整計畫之執行情形，彈性准予重整債權人得經由「以債作股」方式獲得清償之操作依據。考量此處所指以債作股在實務上影響債權銀行將企業貸款債權，轉換爲企業股權，介入並協助企業財務復健。

惟實務上銀行投資「非金融相關事業」時，不得超過投資時銀行實收資本10%，對於單一事業之投資金額，不得超過對該被投資事業實收資本總額或已發行總額5%（銀行法第74條第3項第3款）。除此之外，實務上有關工業銀行之投資，目前亦設有「工業銀行對任一生產事業直接投資餘額，不得超過該行上一會計年度決算後淨值百分之五，及該生產事業已發行股份或資本總額百分之二十。」之投資限制（民國89年12月30日修正之工業銀行設立及管理辦法十二）；基於銀行法係屬產業特別法，恆優先於產業基本法性質之公司法適用，遇重整程序中之債權銀行擬由「以債作股」保全其對於重整企業之債權時，前揭各種銀行所受5%的投資上限比率，恐仍讓我國銀行難以採取以債作股方式，投入企業重建。

前揭申論再次闡明金融與產業相關法令間的不能配合，政策上似有進一步檢討銀行投資法規的鬆綁可行性，促使我國企業重整制度能具更多操作上的實際誘因。銀行轉投資限制放寬後，將有助銀行以債作股，投入企業重建，是政

---

28 關於「保管」重整企業財產之機構，考量所涉債權與物權之保管的專門知識，似仍以債權銀行團中推舉出具代表性之主辦銀行負責，經由存保公司於協商後指定之統一綜理嗣後之執行事宜，如此藉由具公正性之存保公司居中監督，結合金融機構日常處理保管財產業務之獨立與專業（銀行法第3條第21款、第101條第1項第8款規定參照），應較能讓重整程序中之各利害關係人放心；再由依前揭方式所指定之金融機構決定適當處所保管重整公司之財產，似值進一步探討其可行性。

府繼鼓勵資產管理公司（AMC）及創投事業投入企業重建後，另一項推動企業重建措施，應係立法政策上，進一步思考我國企業重整法律佈局時，再予強調審愼鬆綁的修法重點之一。

伍、結論

公司重整之現制，原係針對公開發行股票或公司債之公司，因財務困難，已瀕臨停業困境，經評估尙具有重整價值，在法院監督下，調整其債權人、股東及其他利害關係人之利益，而圖企業之持續經營爲目的之制度；質言之，一爲清理債務，一爲維持企業。基此，如何經由與債權銀行協商出雙方可接受的緩償合意，使企業能夠「留得青山在」，誠爲企業重整法律佈局的核心問題。衡諸我國的實踐，影響重整成效至鉅的債權銀行求償方式與態度，當屬權義雙方持續互動發展的關鍵，惟於現行法制環境下，債權銀行與債務人間尙難形成互信，以致於雙方諮商清償過程中，由於過度防禦所造成的法律成本節節升高，導致重整效率不彰，如此處理上的不良循環，顯與治療財務重症企業使能返回生產行列，不致增加社會負擔之初衷相悖甚遠。

重整成功，債務人企業、股東以及重整債權銀行三方皆蒙其利，反之，各利害關係人間恐只有同受其害。依本文前揭所示，企業法人正如自然人般偶有旦夕禍福，經營亦見高低起伏，若經營上純因一時財務周轉困難，但公司本業之營運績效其實仍具相當實力者，應使免於受制於僵化的法律佈局，與債權銀行進行緩和清償的協商；質言之，如何跳脫現行重整法制之思考困局，師法英美實務之先行經驗，達成財務重症企業各利害關係人間之「共贏」結局，迨爲本文探討之初衷。

既然我國現行法院主導之重整制度尙不符程序效率之迫切需求，本文以爲或可參考不經由法院的倫敦模式中若干可取之處，作爲未來治療財務重症企業之另一藥石，似不失爲對於企業法制健康化的棉薄努力。

（本文發表於月旦法學雜誌第106期，2004年3月）

第十章
股份e化法律問題之研究

壹、前言

「網際網路」（Internet）的興起，促使企業議價市場的「透明度」大大的提高，並且帶來「無磨擦的資本主義」，進而壓縮企業利潤，因爲多數公司的利潤大多來自「磨擦」（指資訊不透明、流通速度不夠快或競爭對手實力不相當等），這種磨擦能夠抬高價格，降低對手競爭力，保護利潤率[1]。

自古箴言：「作生意靠本錢」，向爲商賈視爲金科玉律；姑且不論所述意涵是否正確，毋寧精準地揭櫫了所有商業組織經營者所必須面臨的「資本募集」問題。除了瞭解如何尋找成本較低的資金，藉以挹注企業的成長所需外，有效的建立一套投資人與企業主間對於資本之風險（Risk）、報酬（Reward）與管理（Control）的募資策略，迨已成爲新世代所有企業經營者的共同關切[2]。考量企業法制在經營實務中所代表無可迴避的經營成本，傳統公司法制對於「資本」的規範理念，若仍停留在所謂「資本三原則」的古典公司法學概念階段，勢將不足以因應E化世代中企業資本需求的殷切與急迫；基此，公司法制必須隨時賦予新義，始符「法與時轉」的時效性要求，適時活化企業經營實務的法制生命。

倘回歸法律面觀察構成資本的細胞—股份，瞭解應如何規劃持有人彼此間比例的問題，不僅牽動股東權的行使、公司員工的向心力，更與股份所表彰分享公司經營成果的財務透明與公開息息相關，因而探討公司應如何健全內控制度，貫徹公司治理原則，也就成爲無可迴避的重要議題。

鑒於透過網際網路撮合買賣之電子商務交易型態，漸已成爲近年來重要

---

1 麥嘉華（投資專欄），「只有民間企業說謊」，財訊月刊，91年9月出版，第248頁。

2 Andrew J. Sherman, RAISING CAPITAL, Kipland Books, at 4-5 (2000).

之消費方式與商業潮流，企業主也漸有朝向結合電子商務方式募集資本的趨勢[3]；爲能更有效率地吸引廣大客戶，業者不斷推介兼具方便性與安全性的交易平台，尤其近來網路上出現販售業者，推出以客戶消費金額，累積紅利並得以之抵充原股東該有出資之交易型態，並名之爲所謂「虛擬股份」[4]。另據該網路販售業者聲稱，截至2000年10月7日止，共有16,215名註冊虛擬股東上網登記[5]，影響層面實不可輕忽；由於渠等股份所表彰股東權之呈現型態，與傳統所認知股份有限公司架構下「股份」之法律佈局容有不同，考量此種結合電子商務方式的股份招募新型態，相較於現行公司法制下的昂貴股份募集成本，顯有若干利基因素，爲能進一步探究該種新型態電子商務交易機制之內容，本文爰擬從比較法觀點探討此種股份之相關法律問題，並祈就教高明，希望對於股份之法律定性，或能因此探討而再賦新意。

由於希望能與電子商務的最新發展密切接軌，幾經探訪與搜尋，坊間書籍所述案例及實務介紹，迨多不符時效，恐有悖於新制介紹之原旨；有鑒於此，拙文爰以網際網路所尋得資料作爲例舉說明之取材來源，並附以瀏覽下載時點，以明出處。此外，回顧有關電子商務文獻，常見有以科技面法制發展立論者，其中頗多受限於生硬科技詞語，艱澀難懂；爲期能在有限篇幅的前提下，將主要探討重點集中於虛擬股份所涉之公司法制問題，爰擬省略其中架構作爲交易平台之科技部分，而盡量以我國證券市場之接受性爲考量而鋪陳全文，爰先說明。

---

3 網際網路上所出現的虛擬公司募集資本的案例所在多有，近來較為著名的實例為英國的虛擬網路公司（Virtual Internet PLC），經由虛擬股份交易網站（Register .com）釋出新股以尋求資本挹注的實際案例，根據尚可查詢得知的網路新聞相關報導，該公司每（虛擬）股成交價為£35.7便士（pence），但仍難掩該公司上年度虧損的窘態；詳情仍請參考網站資料，available at http://web.lexis-nexis.com/universe/printdoc, visited on 02/02/2002.

4 有關闡釋該所謂「虛擬股份」之相關規定及出資股東所享權益之詳細內容，請參閱網站http://www.superlife.net/virtualshare/virtualshare.htm 所載相關資訊，最後瀏覽日：05/25/2002。

5 同前註。

貳、「股份」的古典意義

一、股份與股東

股份（Share），乃資本之成分[6]。揆諸最初設計之旨，乃在藉由占有有價證券（股票）之股東行使表決權的法律佈局，取代股東移轉予公司成就資本，同時作爲出資標的之財產權[7]，並轉換成表彰股東權之股份；易言之，股份有限公司之股東將其出資移轉予公司時起，原對於出資標的財產所有權對應表彰之「使用」、「收益」與「處分」等重要權能，即應透過股票的權利公示外觀，變型轉換成股東之「表決權」、「盈餘分配請求權」與「自由轉讓權」之內容。股東出資標的之財產權亦能在貫徹實踐「股東平等原則」[8]之要求下，因此種變型轉換方式而繼續保有。

衡諸企業經營之現實，併同考量股東結構的組成型態—「企業股東」、「投資股東」與「投機股東」—之功能類別[9]，實有必要進一步檢視股東所享「股東權」與股份持有者間之法律關係，進而瞭解股份e化之法律成本。易言之，股份之取得成本與所持有者的主觀意圖是否存在某種關聯？在將股份與股權的概念「去實體化」的法律過程中，實存有不可迴避的檢驗必要。

股份與資本間之關係已如前述，但法律上對於股份之原始設計確有因出資人之目的而異；針對意在掌控公司實際經營權力的「企業股東」而言，股份持有的主要意圖仍在於能夠鞏固其經營權力的「表決」權能，也因此該類股東對公司之向心力最強，公司因進行併購而爲股務規劃時，較不需擔心該類股份

---

[6] 經濟部66年2月11日商03910號函令。

[7] Chester Rohrlich, LAW AND PRACTICE IN CORPORATE CONTROL, Beard Books, at 27 (1933)。值得一提的是，這本談論公司法制的經典之作，在公元2000年重印並迅速被搶購一空；有幸沉浸其中，對於公司法基本觀念之闡述，提綱挈領，清楚透徹，雖然歷經歲月更迭，敘事說理仍頗多發人深省，實值特別推薦。

[8] 傳統上對於該原則之詮釋主要側重股東表決權之行使不應有差別待遇，倘究其規範之內涵，實際上應為探究如何實踐「股份平等原則」；易言之，每一股份所表彰之權利皆應為均等，雖然公司亦得在特定條件成就下發行特別股，但通說認為應視為前述原則之合法例外。相關說明請參見本文註9，第242頁。

[9] 柯芳枝著，公司法論，88年6月版，三民書局，第216頁。

會發生倒戈的風險；但衡諸實際，我國實務上企業仍多見少數股東透過對於人頭股東的掌控，而實質擁有對於諸如人事財務等重要議案表決時的優勢控制力，與美國上市企業超過40%之持股，迨多由「共同基金」（Mutual Funds）或「退休基金」（Pension Funds）等機構法人（Institutional Investors）所持有的型態[10]，顯然有根本上的差異。

至於無意公司經營權力，反而意在分配盈餘的「投資股東」，渠等持有股份的主要期待，在於增加其盈餘分配的「收益」權能，這類股份彷彿企業國度中一群溫和的中產階級，構成了公司最重要的股價支撐與安定力量。

另外，注重短線股票交易利得的「投機股東」，持股首重短期股份轉讓間賺取「價差」（Spreads）的「套利」（Arbitrage）方式獲利，因此股東所持股份之「自由轉讓」權能，應不得以章程或契約限制的基本原則，在維護資本以e化方式呈現時即應特別予以強調，保障股份持有人原出資得以透過「轉讓兌現」之退場機制回收。

此外，恐生疑義有待解決的問題如股東會應如何召開？依我國公司法第172條規定，對於股東常會之嚴謹召集程序，如何透過具公信力之方式，使實爲消費者的虛擬股東亦能依法召集與會，以表達公司眞正所有者之民意，實踐企業民主的理念，恐怕亦爲以「無實體」方式募資招股所必需正視之問題，爲利後續推斷之開展立論，實有必要併予敘明。

二、股份與資本

有鑑於我國公司法最近於2001年修正後，主管機關相繼發布有關「廢止公開發行資本額度之發布令」[11]、「廢止有限公司及股份有限公司最低資本標準」[12]等規定，再再顯示傳統公司法制對於嚴格要求企業揭露資本額，作爲外

[10] 余雪明著，證券交易法論，2000年11月出版，證基會，第44頁。

[11] 廢止本部89年11月12日經（89）商字第89221412號令：「茲依公司法第一百五十六條第四項，特規定股份有限公司實收資本額達新臺幣五億元以上者，其股票須公開發行」，參照經濟部90年12月5日經（90）商字第09002256020號函。

[12] 廢止「有限公司及股份有限公司最低資本標準」；參照經濟部90年12月5日經（90）商字第09002253450號函。

部債權保障基礎之概念已見調整；更考量企業規劃股份虛擬化時可能引發資本確定原則如何貫徹之疑義，爰擬就股份e化與公司資本間之關聯性進一步敘明如次。

揆諸資本在股份有限公司經營要素中所反射之經濟上意義，主要旨在透過「證券化」（Securitization）設計，將社會大眾之資金，導入產業，挹注企業成長中因應不同階段可能發生之擴充所需；更因此厚植清償實力，建立信用。股東之出資構成公司之「形式資本」，此形式資本因公司營運之結果而有所增減，此因增減之結果而實際存在之資本稱之為「實質資本」[13]；此觀之公司法第156條第1項規定「股份有限公司之資本，應分為股份，每股金額應歸一律」中所指之「資本」，係指形式資本而言[14]，亦即公司章程所定之資本並非實質資本，基此，探討股份 e 化之法律佈局時，如何呈現形式資本？並使虛擬股東查知實質資本之增減？迨皆為重要待解決之問題。

依公司法第129條第3款有關公司章程上須載明「股份總額與每股金額」，並非記載「資本總額」規定可得推知，股份有限公司之法制設計，應係先作成股份之分配比例，再經由認股程序而確定股東之出資。易言之，公司資本之呈現，實係透過股份總數乘以每股金額方式得出，因此，傳統上「資本確定原則」所稱股份有限公司之資本，必須於公司設立之初由發起人在章程上予以明訂並經各認股人全部認足之眞義，實係探究所謂經由股份總數與每股金額所構成之形式資本，是否在公司人格產生同時明白揭示於章程中之問題。此亦可導出歐陸所採法定資本制（我國公司法舊制）是股份總數的全部認足，而股款卻可分次繳納，不過第一次至少須繳納股款總數的二分之一；而在美式授權資本制，則是股份總數得分次發行，但每次發行之股份其股款須全部繳足之制度相異之理由。

承前所述，在公司將股份e化時，倘能有效將股份總額與每股金額，經由網路揭示於公司公告章程與認股程序說明中，即應與資本確定原則之初衷並無相悖，至於如此虛擬之股東，是否有就所認出資「一次繳足」，應係如何就消費金額解釋為出資之技術問題，蓋此時身為公司利害與共之股東既然能夠同意

13 施智謀，公司法，80年7月版，作者自行出版，第88頁。

14 同前註，第89頁。

如此解釋，仍然執意加入爲會員，成爲虛擬股東，法律似乎失去了高舉公益大旗，進一步介入私法自治之私經濟活動的正當性。

三、股份與員工

面對競爭激烈異常的臺灣職場文化，公司無不使出渾身解數的推出優惠的股利政策以招徠優秀員工，其中更以高科技業的「股利政策」最受求職者青睞，足堪爲各業表率[15]，論者並有主張應結合「股票認購選擇權」與「台式員工分紅入股」制度，使得員工所能分配的利潤更有保證性、更有安全感[16]。倘回歸股份之功能定位，如何在營業年度終了時以配發股息與紅利方式獎賞員工，不僅攸關員工對於公司的向心力，更與公司會計帳目與「租稅規劃」多所牽涉[17]，實有進一步探討之必要。

2002年我國公司法業經大幅修正，除了對於公司融資、合併、分割、重整等機制上多有開放之外，在股份與員工關係上亦著墨甚多；目前的法令規定，員工可以向公司取得股票的途徑分別有四種：一、依據公司法第240條規定，從盈餘分配給員工，即通稱的員工分紅認股。二、依公司法第267條的規定，公司辦理現金增資時，須保留10%供員工認股。三、依公司法第167條之1規定，公司將買回的庫藏股轉讓給員工，即員工庫藏股。四、依公司法第167條之2規定，公司與員工簽訂認股選擇權，允許員工購買公司一定股份。前述四

15 臺灣股市總市值從1995年迄今膨脹約1.5倍，但科技類股的股票總市值則成長約八倍；就單一股類而言，電子股占加權平均指數的比率，從1995年時的一成迅速成長為現今的五成以上；如此的數據，足以佐證科技業的快速成長為臺灣股市的主流，而依據科技業龍頭聯電總裁曹興誠的說法，推動如此成果的主要原因，就是「員工分紅配股」制度吸引國際級優秀人才。轉引自天下雜誌，2002年8月號刊，第48頁。

16 陳安彬、王信文，臺灣高科技奇蹟之國家競爭力泉源探尋 —— 台式員工分紅入股制度之研究，請參見http://www.itis.org.tw/forum/content3/01if09.htm，最後瀏覽日：07/28/2002。全文敘理清晰，演繹符合實際，立論實值參考。

17 為利說明，茲舉近來實務工作上引發眾多爭議，涉及員工分紅入股的問題為例—臺灣企業在美國發行存託憑證時，依美國一般公認會計原則，我國公司員工分紅會被要求列入費用計算，但現行美國企業並不須將員工股票選擇權列入費用計算，有鑒於我國員工分紅制度與美國企業對於員工所發行之股票選擇權兩者性質上的近似，如此是否公平？頗有論者提出質疑，堪稱適例得以突顯此處所指之問題。請比較參閱前揭註15。

種員工可以取得的股票中，只有在公司法第267條中規定，屬於公司辦理現金增資股，提出百分之十供員工認股的部分，得在兩年內限制員工不得轉讓，

且條文中明定依照公司法第167條之2，取得的「員工認股選擇權」，不適用這項限制員工轉讓的規定。由於涉及該種持股之流通性與出資退場機制問題，擬持續於本文後段加以探討，爰謹先予敘明。

按新修訂的公司法第167條之2規定「公司除法律或章程另有規定者外，得經董事會以董事三分之二以上之出席及出席董事過半數同意之決議，與員工簽訂認股權契約，約定於一定期間內，員工得依約定價格認購特定數量之公司股份，訂約後由公司發給員工認股權憑證。員工取得認股權憑證，不得轉讓。但因繼承者，不在此限。」之文義，即已正式賦予股份有限公司之員工，得以經由公司董事會特別決議，輔以其他配套措施[18]，享有如同歐美公司員工般，可以經由取得公司所發行「股票選擇權」（Stock Option）[19]之金融工具，成為公司潛在股東，進而在認購時成為正式股東的機會。另一方面，公司法第235條第2項、第4項規定[20]，以及同法第240條第1項、第4項規定，也相對確保了惟獨臺灣企業法制所特有之「員工分紅入股」— 公司得以經由配發股票給員工之方式，取代原先應以「現金」分發紅利[21]— 的制度。

析言之，公司員工除得經由公司法第267條第1項、第6項規定於公司發行新股時以特定（員工）身分向公司認購成為股東，參與企業所有者之經營行列之外，我國現行法更允許公司得對全體員工，以「一致之價格」[22]，於獲有盈餘之營業年度，經由發行股票方式，分配紅利或以發給員工「認股權憑證」，使員工取得公司股東權益，同時也因為擔負「權益風險」（Equity Risk）的法

18 舉例而言，上市（櫃）公司發行員工認股權憑證，如擬以已發行股份作為履約方式者，並不影響公司發行股份數額之額度，自無需於公司章程中載明可認購股份數額。詳細內容請參照財政部證券暨期貨管理委員會，前於民國90年12月12日所頒（90）台財證（一）字第164891號函令。

19 我國公司法於修正後將之另名為「員工認股選擇權」，觀其所述內容，實與美國所謂「股票選擇權」之行使方式與內容並無不同。

20 實務上有以「分紅不入股」稱之，詳細內容請參見經濟部77年11月29日所頒商36586號函令。

21 實務見解認為公司法第240條第4項所指之「紅利」，係指公司當年度盈餘分配所提列之員工紅利而言，詳細內容請參見經濟部74年3月8日所頒商09212號函令。

22 經濟部83年6月28日所頒布之台商（五）發字第211015號函令。

律責任，而開始與公司的經營眞正利害共同，禍福與共。

四、股份與公司會計

2002年12月2日美國能源業巨人 —「安隆」（Enron）公司，向美國聯邦法院申請破產法保護，將美國傳統上對於企業的尊重與經營的信心，跌落自從1929年紐約股市大崩盤後的最嚴重谷底，引發了輿論與立法機關對於公司財務透明度的質疑與美化帳目會計方法的嚴厲批判[23]，基此，探討股份相關問題之際，當然也必需針對股份與公司會計間的關聯，與股務規劃所應遵循的會計法令與原則略作說明。

我國公司法第1條規定即開宗明義的指出，公司係以「營利」爲目的之社團法人，基此，設立公司經營商業之主要目的旨在創造「盈餘」（Profits）[24]，此亦爲股東出資之原始期待。但進一步探究該期待的實質內容，所稱股東回收投資併加計收益的前提，卻應是股東對於投資風險資訊的正確掌握，亦即公司的帳目必需隨時遵循「允當表達」的會計原則，以備公司的眞正所有者——「股東」的查詢瞭解。此亦與我國商業會計法所強調的「一般公認會計原則」相符[25]。

股份無實體化的好處雖已如前述，但如何在使股東欠缺實體的出資憑證後，仍能有效的行使股東權能，特別是對於動態的會計資訊，得以經由「內控

[23] 美國由參、眾兩院組成的立法機關自安隆（Enron）案爆發後，即積極研擬加強公司會計與管控機制的立法工作，2002年7月30日並經兩院通過（Enrolled as Agreed to or Passed by Both House and Senate）法案編號H.R.3763的「沙班、奧斯雷法案」（Sarbanes-Oxley Act of 2002）。

[24] 公司「盈餘」之分派，係以股東常會承認之盈餘數額為依據，尚非以稅捐單位核定之盈餘數額為準。詳細內容請參考經濟部86年9月23日商86217699號函令。

[25] 我國商業會計法第1條第1項規定：「商業會計事務之處理，依本法之規定。」同法第2條第2項復補充規定：「商業會計事務，謂依據一般公認會計原則從事商業會計事務之處理及據以編制財務報表。」

制度」（Internal Control）[26]與「公司治理」（Corporate Governance）[27]的管理機制，加強出資之風險控管，迨為亟待解決之問題。揆諸我國公司法第228條以下有關公司會計一節之規定，對於股份有限公司會計權責之監督佈局，主要係以同法第218條有關監察人之「業務檢查權」以及第219條有關「查核表冊權」規定之延伸規範，輔以職司「稽核」工作而受同法第29條以下規範之「經理人」，構築一道偵測掌控公司行政資源的董事會成員及實踐渠等意志的一般經理人，所可能發生帳目不實，循私舞弊的防禦工事。

前述機制之佈局，可由股東會前董事會完成公司會計表冊之編造，應至遲於股東會前三十日交監察人查核（公司法第228條第1項後段），監察人亦可請求公司董事會提前交付，以利其及時提出查核報告書，並因應股東於開會前之查閱（同法第228條第3項、第229條規定），得窺其制度運作之梗概。

考量臺灣目前股份有限公司中，監察人職務普遍皆由董事長或公司掌權派人士親信或親戚出任的現況，探討股份與會計之關聯時，針對如何經由加強監察人之「問責制度」（Accountability），使掌握公司行政資源之董事會成員（包括董事長在內），能在決策時由於預見將來有可能被盡責之監察人查出不法弊端而更為謹慎，也間接保障股東之權益，迨已成為迫切的問題，更與本文所欲介紹之虛擬股份能否具有健全法律機制，密切攸關，亦值注意。

26 有關我國企業實施「內控制度」之法律佈局，仍請參考我國證券市場之主管機關——財政部證券暨期貨管理委員會，前於民國87年12月28日所修正公布之「公開發行公司建立內部控制制度實施要點」。

27 有關貫徹「公司治理」之原則，我國證券市場之主管機關——財政部證券暨期貨管理委員會，於民國91年2月8日同時頒布（91）台財證（一）字第172439號及（91）台財證（一）字第172370號函令，強調初次上市上櫃公司應設置獨立董事監察人，此外臺灣證券交易所股份有限公司亦於民國91年2月22日發布（91）台證上字第003614號函令，公告臺灣證券交易所股份有限公司「有價證券上市審查準則」第九條、「有價證券上市審查準則補充規定」第十七條修正條文，補全有關實施獨立董監事之細節規定。針對新上市、上櫃之企業所新發布之規定，迨可認為旨於貫徹我國「公司治理最佳實施方案」法律佈局之重要一環。

參、股份e化的法律意義

一、有價證券e化的法制佈局

電子商務時代，藉由網路科技所架設之交易平台，大幅增進了企業與投資人之間「白紙換鈔票」的效率，對於股份所表彰的股東權影響甚鉅者，迨爲募資程序的簡化與法律成本的簡省[28]。伴隨而來的交易安全與詐欺防制等相關問題，目前卻又缺乏有效之阻隔機制[29]，因此探討無實體募集資本之際，仍應嚴肅看待交易平台的法律處理機制尙未成熟的現實，對於股份e化的安全考量，更應與渠等效率與便利的優勢，同樣地加以衡平的重視。進言之，由於股份虛擬化呈現的法律佈局，勢將與現行股票無實體發行之制度規劃間，具有可資作爲「可行性評估」判準之重要參考依據，爰擬以無實體股票發行作業規劃之法制建構作類似機制（無實體股份募集）設計之觀摹藍本。

我國新修正公司法第162條之2規定，公開發行股票之公司，其發行之股份得免印製股票。此外，新修正之證券交易法第6條第3項及同法第8條第2項規定，亦針對公開發行股票或上市上櫃公司所發行無實體股票設有銜接前述公司法之介面規定，一般咸認爲得視之爲「無實體有價證券」之法律依據，但是否得因此認爲亦包括本文所探討之「虛擬股份」在內？容有進一步澄明之必要。

按投資人與公司間之基本法律關係建構於股權之行使，而股權行使則須藉由股務事項之辦理始得以具體實現，爲有效規範股務處理作業，以維護各公開發行公司股東權益及證券交易安全，並提高股務作業品質，我國前於89年7月19日公布修正之證券交易法第8條規定，公司得以「帳簿劃撥」方式交付有價

---

[28] 有關「網路公開發行籌資」（Internet IPO）的優劣分析，請參考Fan, Srinivasan, Stallaert, whinston, ELECTRONIC COMMERCE AND THE REVOLUTION IN FINANCIAL MARKETS, Blackwell, at 69-77 (2002)。其中特別提到加州著名釀製紅酒的Ravenswood Winery公司前於1999年4月間利用網路，委由當時尚名不見經傳的網路券商Hambrecht's Open IPO，成功籌措資金的案例，過程提供諸多可資參考的分析數據。

[29] 許多著名的「共同訴訟」（Class Action）因而被提出，被告的公司如Double Click (DCLK)、Red Hat Software (RHAT)、VA Linux (LNUX)、MP3.com (MPPP) 以及包括Credit Suisse First Boston等著名的華爾街投資銀行在內，迨多涉嫌網路公開發行籌資的詐欺罪行。Available at livenews.lycosasia.com/tw/wired_493.asp, visited on 07/29/2002。

證券發行股份，且得不印製實體有價證券，爲因應有價證券無實體化之變革，「公開發行股票公司股務處理準則」（簡稱「股務處理準則」）亦因此配合修正[30]。

另有關「募集」與「發行」之法律配合部分，不但新修正之證券交易法第7條針對「公開募集」設有「本法所稱募集，謂發起人於公司成立前或發行公司於發行前，對非特定人公開招募有價證券之行爲…」之定義性規定、第8條且另對於有價證券之「無實體發行」也設有「本法所稱發行，謂發行人於募集後製作並交付，或以帳簿劃撥方式交付有價證券之行爲。前項以帳簿劃撥方式交付有價證券之發行，得不印製實體有價證券。」之規範依據。析言之，依據證券交易法修正後條文第8條所述：「本法所稱發行，謂發行人於募集後製作並交付，或以帳簿劃撥方式交付有價證券之行爲。前項以帳簿劃撥方式交付有價證券之發行，得不印製實體有價證券。」。投資人持有有價證券之方式，以證券存摺登錄所有餘額及交易紀錄，代替實體證券之印製及發放，其交付、買賣、設質、信託等，皆採取帳簿劃撥方式進行。

綜上所陳，所謂「無實體有價證券」法制佈局之立意，並非將「股份」無實體化，而僅係藉由已日漸成熟的證券集中保管制度，將股票的發行中原應「印製有價證券」交付予股東以爲股份憑證，並據以行使股東權的部分功能，代之以經由款券劃撥方式，向證券集中保管機構完成「登錄」的程序而予以簡化；易言之，取得股份的「配股」或「認購」程序[31]，仍應依照公司法與證券交易法相關規定辦理，並未因免於印製證券，而罔顧股份設計原旨在表彰股東權益並作爲股份所有人出資憑證之重要功能。如此進一步瞭解無實體有價證券之作業規範，當能對於評估類似法律機制設計的股份虛擬化呈現，具有設定類比判準之參考價值。

---

30 請參見財政部證券暨期貨管理委員會於民國89年9月21日所頒布（89）台財證（三）字第03919號函令。

31 茲舉一例說明兩者程序容有不同規定，按依公司法第二百四十條第四項規定，員工紅利發給新股，係屬無償取得，並無限制轉讓之規定，亦與同法第二百六十七條規定員工承購股份情形有別，自不得比照現金增資而就員工紅利發給新股限制於一定期間內不得轉讓。請參見經濟部87年7月28日所頒布之商87216876號函令。

二、國外實務發展

（一）歐美經驗

利用已臻成熟的電子商務交易機制作爲招募股份的平台，歐美皆有具體實例，以英國網路資料爲觀察標的，「mmO2股份有限公司」（mmO2 PLC）[32]，即爲一家標榜該公司爲歐洲首屈一指的網路服務暨行動通訊業者，除了提供會員客戶有關倫敦證券集中交易市場（London Securities Exchange, LSE）市值前三十名之股票的交易資訊外，並協助客戶直接透過家中網際網路設備，即可進行有價證券之交易，特別值得一提的是英國有價證券相關規定在新法修正後[33]，已允許公司股東會資訊之線上傳遞與股份之無實體交易[34]，並已有民間單位（例如Shareview, Lloyds TSB Registrars）等專責機構，處理如是無實體股務之登錄。

由於美國在電子交易技術方面的先進，實務上已見許多虛擬公司募集資金的案例，類此藉由虛擬股份不法吸金所引發的法律訴訟更動見觀瞻[35]，從新聞媒體的報導中可以得窺其中頗具代表性的S.E.C. v. Stock Generation Ltd.（簡稱

---

32 關於該公司經營情況之詳細介紹，請參考所轉載該公司網站資料，available at http://www.mmo2.com/docs/about/index.html, visited on 08/08/2002。

33 See Bill 29, Securities Amendment Act, 2002 - Explanatory Notes; available at http://www.bcsc.bc.ca/Policy/SecLeg.asp, visited on 08/03/2002.

34 為利說明，茲轉錄mmO2公司網站資料中所載，該公司之股東與股份政策如次："We know that an increasing number of shareholders would prefer to receive shareholder reports electronically, rather than on paper. Changes in the law now permit this. You can choose not to receive shareholder communications through the post by registering with Shareview, which also allows you to access your shareholder account via the internet. This service is being offered in association with Lloyds TSB Registrars. We will then send you an e-mail notification each time we put a new shareholder report, notice of meeting or other shareholder communication on our shareholder website. To register, access www.shareview.co.uk. You will need your shareholder reference number which is shown on the accompanying share certificate or statement. If you have registered previously as a shareholder of BT, you need take no action, as you have been automatically registered." 其中揭露許多英國網路企業金融的制度現況與設計，進一步詳情，仍請參考該公司所附網站資料說明；available at http://www.mmo2.com /docs/shareholder/electronic_delivery.html, visited on 08/02/2002。

35 美國法院對於虛擬股份之判決見解之介紹，擬於下述C節探討美國法院判決中說明，在此爰予省略。

SG）一案[36]即爲適例。事實上，美國近年來整個資本募集與交易機制，不論發行與流通的初次級市場，都不能避免的遭受到新興科技的影響，其中更以「電子流通網路」（Electronic Communication Network, ECN）[37]的崛起，使美國散戶投資人運用電子商務方式進行投資之便利性大幅增加，根據統計資料顯示，截至1999年底，已有五分之一的投資行爲，係經由網路網路進行完成，較前一年成長約一倍左右[38]。

（二）中國大陸經驗

至於交易質量成長迅速的中國大陸有價證券市場，由於拜商業蓬勃發展之賜，更爲全世界企業籌資所矚目，相繼利用該市場進行股份與資金之招募，但究其推行之制度內涵，與我國實務上所呈現之機制頗爲不同；中國大陸證券實務中所謂「虛擬持股」是指公司發行虛擬的股份，職工認購持有虛擬股份。這種虛擬股份不會改變公司的股本結構，也不參與公司的利潤分紅，而且渠等股份所表彰之股權不具有投票權。[39]

虛擬持股的收益在於認購和收益結算期間的A股二級市場價差。虛擬股自認購起三年後結算。每年都有一批虛擬股份供認購。公司虛擬股份的發行按一定比例分成兩種：固定性虛擬股份和激勵性虛擬股份。爲使風險和收益對稱，固定性股份每股須交納1元定金；激勵性虛擬股份使用于獎勵當年有突出勞動貢獻和重要崗位的人員，不需繳納定金。結算時的收益資金來源於每年獎勵型基金預算中的一部分。而預算總規模與公司經營狀況相聯繫。這就是職工持股的收益與二級市場股價及公司經營業績相掛鉤，從而達到股權激勵的作用。[40]

---

36 有關該案之新聞報導，請參考媒體業者Cyberspeak公司網站於2001年9月17日之報導；available at http://www.usatoday.com/life/cyber/ccarch/2001/09/27/sinrod.htm, visited on 06/05/2002。

37 由於該辭係因美國證管會（SEC）於函令中所首先採用稱呼，因此有關ECN應用與說明，建請參見該機關內部函令；available at http://www.sec.gov/rules/proposed/s70301/lee1.htm, visited on 06/18/2002。

38 *Supra* note 28, at 170 (2002).

39 有關中國大陸現行職工持股法律相關問題之介紹，請參考殷召良著，《公司控制權法律問題研究》，第164-171頁。惟由於作者現有參考資料不全，對於相關操作之法制依據，尚未能於本文中列明，當俟更能周全蒐集大陸資料後，另文討論中予以補充說明。

40 有關中國大陸的虛擬股份實例，請參見所列舉「東方通訊股份有限公司」網頁所載資訊內容但是虛擬持股制度與國際上通行的員工持股計畫及期權激勵相比，仍有一些缺陷。其一，虛擬股份並非眞實的股份。持有虛擬股份的員工不能像眞實股東一樣行使股東投票權，對公司經營產生重大影響。其二，虛擬股份與二級市場的聯繫並不十分緊密；虛擬股份的收益雖然來自二級市場價差，但實際收益受獎勵性基金預算規模限制，員工並不能從二級市場拋售獲取收益。對於公司而言，虛擬股份分配收益只能從公司經營費用中支出，不能從利潤中分配，對企業是一個較大負擔。[41]

三、法院判決

一般而言，欲檢視美國實務界對於企業所推出另類營運構思或創新金融商品適法性的態度，迨多可從著名的案例中得窺梗概；在S.E.C. v. Stock Generation Ltd.（簡稱SG）[42]一案中，美國法院的判決結果認爲，經由僅存在於網際網路之企業組織所發行之股份，仍應受美國聯邦證券交易法之規範[43]；由於本案法律定性上不僅與股份虛擬化的司法處理密切相關，亦涉及不法吸金的犯罪態樣，可作爲實務上處理類似案件之參考指標，實有進一步介紹之必要。

本案之緣起，肇因於一家原籍多明尼加（Dominican），嗣後址設於美國麻塞諸賽州（Massachusetts State）的公司，涉嫌在其所開設名爲 "StockGeneration" 的網站中，以不實內容招徠客戶，使渠等購買該公司網站所轉介的十一家無實體公司（Virtual Companies）股份，聲稱投資該公司每月可獲得百分之十的收益，並可於該公司所設之網路證券交易所（VirtualStock Exchange）中買賣流通，美國聯邦證管會調查結果發現，有關該公司所設網路上交易虛擬股份部分，實際上爲該公司以作莊方式與客戶間對賭，先後至少有八百人次，以現金超過四千七百萬美元，存入以SG Trading Ltd.的名義所開立於Latvian 銀行的帳戶，另有二千七百萬元存入以SG Ltd.公司名義，存入Estonian 銀行的帳

---

available at http://market.p5w.net/wszb/dftx/jj02.html, visited on 06/01/2002。

41 同前註。

42 請參閱前揭註36。

43 為利說明，茲轉錄媒體報導之原文，以明文責："virtual shares in an enterprise existing only in cyberspace fall within the federal securities laws and can lead to enforcement actions by the SEC."

戶，再經由該公司網路交易所購買（交割）虛擬股份。至2000年3月，該公司客戶開始遭遇向SG所設網路交易所賣出股份並贖回出資的交割問題，SG公司並進一步片面宣布分割股份使虛擬股份之持有人手中股份總值縮水至萬分之一，蒙受重大損失，值此變故發生期間，SG公司不再回應股東的任何要求，但卻仍然向不知情第三人勸誘購買虛擬股份，致使受害人數持續擴大[44]。

美國聯邦證券主管機關SEC完成全案蒐證後，對SG公司向美國聯邦民事法院提起訴訟，主張該公司之營業內容應已構成美國聯邦1934年證券交易法中有關「反詐欺條款」（Anti-fraud Provisions）規定[45]之違反，惟第一審法院並未採納SEC之指控而逕予駁回。

由SEC向美國聯邦第一巡迴上訴法院（United States Court of Appeals for the First Circuit）所提出之上訴程序中，聯邦巡迴法官Boudin （Chief Judge）, Selya and Lipez（Circuit Judges）三人共同認爲本案之主要爭點，在於決定被上訴人SG公司與其客戶間，針對無實體存在（虛擬）企業組織之虛擬股份（實係指雙方所訂定之「投資契約」而言），究否仍得有援引美國證券交易法適用之餘地？[46]經調查結果，巡迴法院採取以聯邦最高法院早年判例Securities Exchange Commission v. W.J. Howey Co.[47]所建立之有價證券判準 — Howey Test[48]，逐一檢視本案被上訴人之營業內容與投資契約，上訴法院認爲原審判

[44] 請參閱前揭註36。

[45] The Securities Act of 1933, Section 17(a); Rule 10b-5. 我國證券交易法第20條「有價證券之募集發行私募或買賣不得有虛偽詐欺或其它他足致他人誤信之行為…」主要即係師法美國前揭規定而來，實務上當可作為民法第1條所稱之「法理」而適用，併此說明。

[46] *See* Securities Act of 1933 §5(a), (c), 15 U.S.C. §77e(a), (c) (offer, sale, or delivery of unregistered securities); §17(a), 15 U.S.C. §77q(a) (fraud in offer or sale of securities); Securities Exchange Act of 1934 ?10(b), 15 U.S.C. §78j(b); SEC Rule 10b-5, 17 C.F.R. 240.10b-5 (fraud in connection with purchase or sale of securities).
判決原文為 "...to determine whether virtual shares in an enterprise existing only in cyberspace fall within the purview of the federal securities laws."。
有關本案之判決內容，請參見網站資料：available at http://laws.lp.findlaw.com/getcase/1st/case/011176&exact=1, visited on 06/01/2002。

[47] Securities Exchange Commission v. W.J. Howey Co., 328 U.S. 293 (1946).

[48] 由於美國1933年聯邦證券法第2條第1項（§2(1)of the Securities Act of 1933） 對於有價證券之定義中，涉及有關「投資契約」（Investment Contract）法律範圍之疑義，美國最高法院因此在該案中建立Investment of Money, Common Enterprise以及Expectation of Profits Solely From the

定被告所經營內容，應僅係「遊戲性質」而無聯邦證券交易法令適用餘地之理由構成，殊不可採。

簡言之，上訴審法院以原審中SEC主張為可採，認為被上訴人之營業，應已符合最高法院判例所述有關有價證券中涉及投資契約重要判準—（1）金錢投資（Investment of Money）；（2）利害共同性（Common Enterprise）；以及（3）獲利期待（Expectation of Profits）；（4）肇因他人之努力（Solely From the Efforts of Others）等規範內涵[49]，亦即同意上訴人SEC之上訴理由，認為被上訴人SG公司於網路上招募或交易虛擬股份之行為，仍應受到美國聯邦證券法令相關規定相繩。

從該判決所導引出的觀察，美國實務界對於所謂虛擬股份之交易與所可能涉及不法吸金之法律適用，似仍持相當保守的嚴謹態度，亦即認為該等無實體招募或交易，仍應置於較為完善的證券法令架構下規範；基此，除渠等網路公司財務與業務均須遵循「公開揭露原則」（Full Disclosure Doctrine），隨時透明化的允當表達，使投資人對其股權風險，知所進退外，若交易發生詐騙或不實之情事，當有前揭「反詐欺條款」法律機制的規範適格，也使類此經由無實體方式應募或買賣證券之投資人權益獲得進一步保障。揆諸證券交易法之立法原意，旨於投資人保護與資本證券市場交易秩序（公共利益）之維護立論，上開判決應可贊同。

四、我國實務呈現

為利說明，茲臚列目前蒐尋可得的網站資料中[50]，顯示業者公司網頁中所

Efforts of Others等項法律判準，以供實務界辨明美國證券法之涵括範圍，一般證券法律實務上遂以Howey Test稱之。

49 茲轉錄該巡迴法院判決中針對最高法院早年創立的Howey Test所表示之見解如次，謹供讀者參考“...we hold that the SEC has alleged a set of facts which, if proven, satisfy the three-part Howey test and support its assertion that the opportunity to invest in the shares of the privileged company, described on SG’s website, constituted an invitation to enter into an investment contract within the jurisdictional reach of the federal securities laws. Accordingly, we reverse the order of dismissal and remand the case for further proceedings consistent with this opinion.”。

50 節錄自前揭註3中所示網站資料。

載稱與虛擬股東會員間之相關約定事項如次：

1. 凡加入本公司網站之虛擬股東（會員），依其於網站所購之任何產品，皆可以享有百分之一之股利積分回饋，並且終身享有。
2. 股利積分之比例計算，以產品交易最終價格爲準，幾乎所有產品皆刷卡不加價，含稅，且均開具發票。
3. 舉例說明：假設買了一個a產品標示價格爲1,000元，則這個價格爲含稅，（商品處理費另計），於是在交易完成之同時，您立即擁有10元的股利積分，並可於下一次購物時抵扣。
4. 因交易所產生之附加費用，如商品包裝貨運費等，不列入股利積分之計算。
5. 股利積分之產生，於購買並交易完成時認定之，若因相關性促銷等所產生價格之異動，消費者不得追溯，本公司一律不予承認。
6. 股利積分，以每人獨立且完整擁有爲限制，不得合併／轉讓／贈與／售出／折現等，本公司一律不予承認。
7. 本公司網站之股利積分，僅供虛擬股東（會員）使用，於購物之折讓／抵扣／採購或兌換等，非爲一般所認知實體貨幣之形式，亦無利息或通貨澎脹等之相關費用產生。
8. 其他未盡事宜，於發生時，由本公司秉持消費者立場，詳加補充之，並加註於本欄成爲正式之說明，另公布於告訴我們之常見問題集。

衡諸前述說明，此處所稱之股東會員所享之權利，究與我國公司法、證券交易法規定是否相符，仍有待進一步之探討。

肆、問題評析

從前述網路上所稱虛擬股份之約定內容觀之，似仍有若干法律疑義尚待探討，並仍待尋求可能之解決方案：

一、有價證券之法律適格

本文所探討之虛擬股份的法律定性，攸關發行股份之公司究否需受我國證券交易法規範，亦攸關應募此種股份之投資人的權益保障，應值進一步瞭解。依美國1933年聯邦證券法及1934年聯邦證券交易法之規定，設為法制基礎架構觀之，在美國法之環境下，所稱資本市場中適格流通之有價證券，係以該證券必須非屬「豁免證券」（Exempted Securities），有「發賣」（Sales）行為，且該行為不構成豁免交易，方屬證券交易法之管理規範標的[51]。

按依我國現行公司法與證券交易法兩者之法制分工，係以公司法規範商業影響力相對較低的中小企業，而由證券交易法擔負管理較具規模，且商業影響層面較廣之股份有限公司的主要法制架構。若粗略地以「公開發行」[52]作為分工的交界點來作說明，則我國企業組織若未完成公開發行程序前，仍僅落於公司法之規範環境內，而依循該法經營作業；惟俟該公司通過公開發行審核程序後，該公司應適用之法制環境即應轉換為以證券交易法規定優先，但若未見證券交易法規定部分，則仍應回歸至原先之基本型企業法律規範平台，亦即公司法的法制環境而為適用。我國民商法典中所謂有價證券之定義，除民法第710條「指示證券」及第719條「無記名證券」部分設有規定外，證券交易法第6條「本法所稱有價證券，謂政府債券、公司股票、公司債券及經財政部核定之其他有價證券。新股認購權利證書、新股權利證書及前項各種有價證券之價款繳納憑證或表明其權利之證書，視為有價證券。前二項規定之有價證券，未印製表示其權利之實體有價證券者，亦視為有價證券。」、第22條（豁免證券）「有價證券之募集與發行，除政府債券或經財政部核定之其他有價證券外，非經主管機關核准或向主管機關申報生效後，不得為之；其處理準則，由主管機關定之。已依本法發行股票之公司，於依公司法之規定發行新股時，除依第43條之6第1項及第2項規定辦理者外，仍應依前項之規定辦理。第一項規定於出

[51] 請參閱前揭註10，第118頁。

[52] 按公司法第156條第4項所稱「公開發行」，係指公司資本額達中央主管機關所定一定數額者，其財務應予公開之意；至於同法第270條規定不得公開發行新股情形者，乃指公司發行新股時，不得對外之不特定人為公開募集新股而言，兩者似屬有別（經濟部84年8月1日商84213497號）。

售所持有之公司股票、公司債券或其價款繳納憑證、表明其權利之證書或新股認購權利證書、新股權利證書，而對非特定人公開招募者，準用之。」暨其相關規定，更具體描繪出我國資本市場中適格流通之有價證券的法律涵攝範圍，表彰商品性質（例如海運提單）與表彰貨幣性質（例如票據）之有價證券皆不包括在內，而僅以具表彰資本性質之有價證券方有適用，顯較民法所述內容狹隘許多。

縱以本文所涉之「投資契約」之法律疑義析之，透過前揭證交法第6條第1項後段所謂「經財政部核定之其他有價證券」之延伸解釋，目前實務見解仍僅承認「華僑或外國人在台籌募資金赴外投資所訂立之投資契約與發行各類有價證券並無二致，投資人皆係給付資金而取得憑證係屬證券交易法第6條所稱之有價證券……」[53]之情形方有適用。依所蒐尋之網站資料所顯示，該公司所標榜之虛擬股份並不提供次級交易市場之流通功能，此與前揭有價證券之要件即有違背，應不符所稱有價證券要件而得有我國證券交易法第6條第1項與第3項規定之適用適格。

二、投資的退場機制

參與投資公司之股東，雖對於公司未來獲利必有一定期待，但仍應保障其收回投資之法律可能，因此公司種類或有不同，但公司法第65、66、115、124、163條第1項及第2項等規定，都強調公司股東的投資應有退場（退股）機制的權利，至於股份有限公司之股東（發起人除外），於公司設立登記後，應得任意轉讓持股，且公司不得以章程限制股東之股份轉讓，亦即一般所稱「股份轉讓自由原則」[54]。進言之，公司股東的投資應得透過如是原則的貫徹，將股份轉讓而收回[55]；雖然在部分家族閉鎖公司仍多有以私下特約方式[56]作股權

---

[53] 財政部證管會76年10月30日（76）台財證（二）第6934號函。

[54] 參見立法院公報，第三十七會期，第十三期，第9頁。

[55] 此外股東收回投資之方法，尚有行使股份收買請求權，公司收回特別股或公司為實質上減資等，惟此等方法均須在法定要件下為之，不若股份轉讓之簡易。請參閱前揭註9，第220頁。

[56] 此即實務上一般所稱之「同意條款」（Right of First Refusal），為利說明，茲舉實例約款如下供讀者參考：

Offers to Purchase in response to the Offer to the Membership must be made pursuant to the Offer to

退場之控管，但是否與我國企業法制強調保障公司出資者得自由參與或退出投資之法制佈局相違背？論者或有以股東漸有公司債權人化的實務傾向而容有不同主張[57]，本文則以應賦予股東投資風險控管之自律權能著眼，而在現今股份自由轉讓原則中容許股東間「私法自治」之觀點，可資贊同。縱然以員工立場析之，新修正公司法中員工可以自公司取得股票的合法途徑計有一、依據公司法第240條規定，從盈餘分配給員工，即通稱的員工分紅認股。二、依公司法第267條的規定，公司辦理現金增資時，須保留10%供員工認股。三、依公司法第167條之1規定，公司將買回的庫藏股轉讓給員工，即員工庫藏股。四、依公司法第167條之2規定，公司與員工簽訂認股選擇權，允許員工購買公司一定股份……等四種。尤有甚者，只有在公司法第267條規定，屬於公司辦理現金增資股，提出10%供員工認股的部分，得在兩年內限制員工不得轉讓，且僅針對員工依公司法第167條之2所取得的員工認股選擇權，不適用這項限制員工轉讓的規定。

反觀前揭公司網頁所載約定事項（6）中所示，所謂虛擬股份之股利積分，以每人獨立且完整擁有爲限制，不得合併／轉讓／贈與／售出／折現；基

Purchase and sent to XXX with a check for 10% of the purchase price payable to XXX/MCP Escrow Account. The check will be cashed and the proceeds held in escrow until the transfer has been approved by the board or any committee appointed by the Board and the purchaser's check has cleared; The highest Offer to Purchase will be submitted to the Board or any committee appointed by the board for approval; Upon Board approval, MCP will give XXX written instructions to transfer the proceeds to the seller less any specified allocated losses or arrearages; Where there is a lienholder, the check representing the proceeds will be made payable to the seller and the lienholder；或「先買條款」（Pre-emptive Right），亦舉一實務上之約款為例以為說明：

Holders of capital stock shares shall have a pre-emptive right to acquire additional capital shares issued by the savings bank, in the same proportion which the par value of such holder's capital stock shares bears to the total par value of all capital stock shares of the savings bank outstanding immediately prior to the issuance of such additional capital stock shares; except that such right shall not exist with respect to: (1) The disposition of unsubscribed capital stock shares which previously have been offered to shareholders in accordance with their pre-emptive right shall be subject to the discretion of the board of directors. In the event the directors elect to sell or issue such unsubscribed shares, the consideration shall not be less than that for which such shares were so offered previously to the shareholders.

57 請參閱前揭註9，第220-221頁。

此限制，加入投資該公司股份之股東顯然並不具有出資之退場權利。如此設計恐直接與前揭公司法第163條規定所強調之股份自由轉讓原則相悖，且亦罔顧股東應對其投資享有進退之自主權利，誠應有所調整。

三、財務狀況之查核

由於本文所介紹之網路販售業者，其於網路招徠客戶的所謂虛擬股份與股利，於公司網頁說明中有說明非屬「網路貨幣」[58]性質，衡諸該公司雖列有營業地址[59]，且亦列名於經濟部公司登記資料庫，諒係經營合法有據，但考量「空殼公司」（Shell Company）充斥市面之現實[60]，詐欺案件亦時有所聞[61]，倘有消費者因信賴類似公司之宣傳而加入成為渠等公司之股東，究應如何行使股東權以監督公司之財務狀況？面對各行業調整各自的交易平台，以期延伸可見實體的高成本經營架構朝向B2C或B2C電子商務的無實體經營環境，財務狀況之查核勢將成為一項普遍性之問題。

按我國公司法對於協助股東監督公司財務運作之法律佈局，略有不同於美制[62]，主要係以「監察人」機關，輔以財政部證券暨期貨管理委員會前於民

---

58 有關線上遊戲之遊戲帳號角色及寶物是否為刑法竊盜罪及詐欺罪之客體？法務部曾於民國90年11月23日，作成聞名法律實務的（90）法檢決字第039030號之函令。法務部所持理由略以「…線上遊戲之帳號角色及寶物資料，均係以電磁紀錄之方式儲存於遊戲伺服器，遊戲帳號所有人對於角色及寶物之電磁紀錄擁有支配權，可任意處分或移轉角色及寶物，又上開角色及寶物雖為虛擬，然於現實世界中均有一定之財產價值，玩家可透過網路拍賣或交換，與現實世界之財物並無不同，故線上遊戲之角色及寶物，似無不得作為刑法之竊盜罪或詐欺罪保護客體之理由…」；由於涉及本文虛擬股份之法律性質，併此轉錄說明。

59 依該公司網站資料所示之公司地址為台北市信義路四段xxx號xx樓，筆者亦曾上網查詢經濟部公司登記資料，該公司係早於民國81年經合法登記設立之電子業者，近年來復以其電子方面之專業涉入販售市場。

60 網路上空殼公司尚分成現成或自選，所需費用約七千至一萬港幣左右，即可輕易取得空殼公司名稱及登錄資料，可供作完整公司營業用登記，詳情請參見「彩豐顧問公司」網站資訊，available at http://www.hkconsultant.com.hk/2/chi/incorp.htm, visited on 06/10/2002.

61 中時電子報，「空頭公司 顧客廠商兩頭詐財」，06/21/2002。

62 美國有關公司財務與會計的最新法律佈局，請參考本文前註十八所援引之美國商業會計改革法案參考出處。這項法案是參、眾兩院版本的協商綜合版，最後是以兩院提案人--馬里蘭州民主黨參議員保羅沙班斯（Paul Sarbanes）及俄亥俄州共和黨眾議員麥可（Mike Oxley）為名，即「2002年沙班／奧斯雷法案（Sarbanes/Oxley Act of 2002）」該法案最重要且引人注

國87年12月28日所修正公布之「公開發行公司建立內部控制制度實施要點」，代理股東遂行「靜態」與「動態」性質之財務查核。首先，就靜態時點之查核而言，係以該法第228條要求董事會須於股東會召開前，編造營業報告書、財務報表等表冊，交監察人查核。同法第219條規定監察人對於董事會編造提出股東會之各種表冊得委託會計師審核後，提出符合第229條所規定須於股東會開會前十日備置於「本公司」，供股東隨時查閱之「查核報告書」，以每次召開公司最高民意機關 —「股東大會」之時點，實施財務檢查。其次，就動態查核而言，監察人係透過公司內控制度中稽核人員之任免，得以隨時掌握公司財務及業務之動態資訊，間接達成公司法第218條第1項有關監督公司業務之執行、隨時調查公司業務及財務狀況、查核簿冊文件、請求董事會或經理人提出報告等職權。

由於公司財務健全與否，攸關股東權益至深，倘該網路招募股份與股東之公司經營狀況，因爲無法透過較爲健全的查核機制，使股東放心交託出資，亦勢將嚴重阻礙該公司日後之募資機制。遑論有關該公司盈餘分派及股東會召集等後續程序之進行。倘有網路公司經由電子商務架構交易平台，透過購買空殼公司方式取得營業地址，並藉之取得消費者之信賴，進而參與投資成爲虛擬股東，則有效保持股東權益不致遭受不實財務報表的侵害，或有主張可由加強推行「公司治理」經營觀念，經由外部獨立董事及監察人制度之普遍建立[63]，使電子商務時代中的虛擬公司或虛擬股份的招募，仍能貫徹財務、業務公開揭露的原則，期使投資人的利益獲得更佳的保障。但如何有別於一般公司的治理，

目的部分，就是設立一個由公開發行公司共同繳費設立運作的會計監督委員會（Public Company Accounting Oversight Board，以下簡稱會監會）。會監會接受SEC（美國證管會）的直接監督，並負責制定會計業的審計、品管、道德規範及獨立性等準則。所有對公開發行公司提供審計服務的會計師事務所，都須經監督委員會登記後才可執業。另外對於企業內部控管機制而言，該法案亦針對CEO（執行長）和CFO（財務長）作出規範，強調公司主要負責主管人員必須簽證（certify）公司對外揭露的季報和年報，且必須在十二個月內退還任何因不實財報而獲得的利益，這些規定並適用於美國公司在海外設立的轉投資公司。所有公開發行公司必須在法案通過施行後三十天內遵照辦理。

63 有關初次申請上市時應設立「獨立董事及監察人」之規定，請參見財政部證券暨期貨管理委員會，前於民國91年2月8日所發布，（91）台財證（一）字第172439號函；另有關初次申請上櫃時應設立「獨立董事及監察人」之規定，請參見91年2月8日發布之（91）台財證（一）字第172370號函令。

而特別針對網路上招募股份之行爲，訂定出透明化的揭露公司財務與業務狀況，或可考慮仿照美國最新的商業會計加強監督法案（2002年沙班／歐斯雷法案）所示，加重會計師的外部稽核責任，以使公司在招募所謂的虛擬股份時，仍能在前揭監察人配合專業會計人員的不定時監督，達成財務透明化的理想。

四、交易安全

公司之抽象資本數額必須確實對應具體之公司財產，不僅爲了貫徹「資本充實原則」[64]，更因爲資本原係爲公司債權人保障而強調其存在。因此，公司之財務狀況不僅涉及公司股東盈餘分派、員工年終分紅等內部經營事宜，更直接牽動公司外部交易相對人對於公司「償債能力」（Solvency）之風險評估。能夠保障前述公司與相對人間交易安全的有效方法，通常即爲強調貫徹「透明化」原則[65]，亦即如何經由一套可靠的揭露機制，使公司之經營實況與清償能力，能隨時置於股東能予瞭解的範圍，以便股東依其主觀商業判斷決定各自投資之進退方向。

我國公司法爲了保護交易相對人，除了要求公司應登記事項若有變動時，應以完成登記方發生對抗效力外，對於股份持有之外部證據，亦於同法第165條設有公司過戶登記之判準，實務上尚且認爲「股份有限公司股份

64 又稱為「資本維持原則」，簡言之，亦即公司必須維持相當於公司資本之財產，公司法中相關之條文，例如第140條、第142二條、第148條、第167條、第232條、第247條等規定皆為適例；梁宇賢著，公司法論，89年11月版，第258-259頁。

65 所謂「企業透明化」之法律佈局，在美國法上之實務呈現，當係指美國公司法制中之「揭露規範」（Disclosure System）；揆諸該規範之立法架構，主要係由「1933年聯邦證券法」（The Securities Act of 1933、「1934年聯邦證券交易法」（The Securities Exchange Act of 1934）、各州公司法規章（又稱藍天法案，The “Blue Sky” Regulation）及包括「那斯達克」（NASQ）在內（自律組織）所訂定之行政規章（Disclosure Requirements of Self-Regulatory Organizations）所構成。其餘規定細節請參考Jesse Choper, John Coffee and Ronald Gilson, CASES AND MATERIALS ON CORPORATIONS, at 306-315 (2000)。另外值得特別一提的，在美國最新公布的「沙班／奧斯雷法案」（The Sarbanes/Oxley Act of 2002）中，主管機關證管會（SEC）已宣示將會在近期內，要求更多的重大訊息揭露，包括正常營運以外重大合約的簽訂與解約、供應商及客戶合約的更動、新的負債、銷帳、重整或其他結束經營動作、信評改變、公司股票交易異常、會計師更換等。詳細規定請參考本文註18援引法案出處。

之轉讓，僅須向公司辦理過戶手續爲已足，不必另向主管機關辦理變更登記…」[66]、「非法過戶之股東不能出席股東會…」[67]。

伍、結語

企業如何經營，已見文獻萬千，當非本文所欲探討之旨，但揆諸構築企業的根本，原爲人與金錢之結合，尤有甚者，是股東的信心。申言之，企業帝國之成敗，繫乎企業股民心之向背。

電子商務的興衰之間，或有正反評價，但盼望促進企業經營效能的初衷，應予肯定。如何善御之使能建構更具競爭力的交易機制，促使企業成功獲利，更是所有現代化企業的一致願景，基此，結合傳統的股份招募與電子商務的新興商品，於焉產生。在我國邁向國際化的企業環境中，欣見業者巧思推出類此資金募集機制，但由於結合消費與虛擬化募資的觀念商品，現階段實務見解不明，乃有爲文一探究竟的動機。

股份，正所以連結公司與股東，除賦予出資人使用、收益、處分權能，使股東投資進退有據外，更表彰公司資本之厚薄，使公司交易相對人知其風險。這些原始特質不獨未曾因爲公司大小、盈虧而有不同外，更不因股份之種類、名稱而迭生歧異。所有股份法制的設計，都與公司治理的觀念相通，亦即只有實在的經營實績，財務透明，方能得股民青睞，使資金效忠。

透過電子商務方式招募股份的所謂「虛擬股份」，或許眞能降低招募資金的成本，但並不會改變股東期望公司財務業務透明、盈餘分配的本質；因此，探討股份募集的方式之餘，仍應不可或忘的是隱藏於經營深層的殷實守法，讓股東與員工間因爲公司的成長而雙贏，讓股東權益不因電子商務的招募花樣而受影響。

有鑒於此，本文未就所舉實例之法律實然面多予置評，毋寧以業者實例所突顯的實際需求與涉及的法律問題出發，拉大格局的探討虛擬股份的可行性與

---

66 請參見經濟部71年2月22日商05379號函令。

67 經濟部62年7月9日商20069號函令。

法制佈局，囿於資料有限，諸多不成熟之見，尚祈能拋磚引玉，就教高明，並至盼先進不吝賜正。

（本文發表於東吳法律學報第14卷第2期，2003年2月）

參考文獻

一、中文文獻

余雪明，證券交易法論（台北，證券暨期貨市場發展基金會，民國89年11月初版）。

柯芳枝，公司法論（台北，三民書局，民國88年6月版）。

施智謀，公司法論（台北，作者自版，民國80年7月）。

天下雜誌，2002年8月號。

二、外文文獻

Banks, Erik, E-FINANCE: THE ELECTRONIC REVOLUTION, 1st Ed., John Wiley& Sons, Ltd., Chichester, 2001.

Choper, Jesse；Coffee, John；and Gilson, Ronald, CASES AND MATERIALS ON CORPORATIONS, 5th Ed., Aspen Law and Business, New York, 2000.

Chorafas, Dimitris N., NEW REGULATION OF THE FINANCIAL INDUSTRY, St. Martin's Press Inc., 1st Ed., New York, 2000.

Fan, Ming; Srinivasan, Sayee; Stellaert, Jan; Whinston, Andrew B., ELECTRONIC COMMERCE AND THE REVOLUTION IN FINANCIAL MARKETS, 1st Ed., Thomason Learning Inc., Toronto, 2002.

Gup, Benton E., THE NEW FINANCIAL ARCHITECTURE: BANKING REGULATION IN THE 21st CENTURY, Quorum Books, 1st Ed., Westport, 2000.

Macey, Jonathan R.; Miller, Geofferey P.; and Carnell, Richard Scott, BANKING LAW AND REGULATION, ASPEN LAW & BUSINESS, 3rd Ed., New York, 2001.

Rohrlich, Chester LAW AND PRACTICE IN CORPORATE CONTROL, Beard, Books, 1933.

Sherman, Andrew J., RAISING CAPITAL, Kipland Books, 2000.

Securities Exchange Commission v. W.J. Howey Co., 328 U.S. 293 (1946).

Legal Considerations on the Emerging "Virtual Shares" toward the Digital Marketplace in Taiwan

Yihong Hsieh*

Abstract

As an indicator to either corporate insiders as well as shareholders pertaining to the operation of capital, the significance of "share" has been highly-weighted in the eyes of regulatory scheme whereas is much to be discussed. In view of the digital marketplace in Taiwan, the emerging virtual shares are newly presented and are lacking of well-defined in the field of corporate arena.

This vagueness triggers the discussion in this article and hopefully would contribute useful analytical thoughts on the innovation of presence of capital and shares in the age of internet. Briefly, the idea of virtual share is somewhat arguable in practice as well as to the application of securities regulation. Yet the current regulatory scheme of corporations does need to be further elaborated in order to adapt to the urgent needs for commercial world.

Key words

- Shares
- Virtual Shares
- Capital
- e-commerce
- Intangible Stock

* Associate Professor of Law, Soochow Law School.
Author wishes to thank the anonymous reviewers for giving precious comments to the completion of this paper. The work was supported in part by MOE program for promoting academic excellence of universities under the Grant number 91-H-FA08-1-4.

第十一章
企業法制因應科技發展之省思
—兼論企業人力資源之法制規劃—

壹、前言

人力（Manpower）一詞，最初是1940年代軍方的用語，用以說明兵力的狀況。至1960年代始被廣泛的採用，以可用的勞動人數來說明國家的經濟力量[1]。爾後，由於各國對人力資源逐漸重視，在施政措施上人力資源管理在企業中也逐漸受到重視，發展重心從傳統賦予工作動機，到現今發揮員工能力，並因應多變的環境，管理的觀念與技巧漸朝多元化發展。

揆諸「人力資源」（Human Resources）之修辭原旨，大抵蘊涵著造詞者的樂觀期待，亟欲將企業人力的供給與利用，理所當然地視爲企業的「資源」或「資產」，殊不見爾虞我詐的商業現實世界中，企業人力的不當規劃與使用反而更可能造成企業發展上的極大「負擔」或「負債」。有鑑於此，究應如何透過事前整體規劃作業，使「人力」眞正成爲企業「資源」而非「負擔」，殆已成爲近年來管理科學上的重要課題。尤有甚者，「資訊科技」（Information Technology）普遍應用於工作職場的趨勢，除了大幅降低直接人力生產成本，提升企業競爭力外[2]，更顚覆傳統上對於職場的認知與勞務提供的規範[3]；有鑑

---

1 轉錄自工商時報，財經產業版，89年12月24日報導內容。

2 Jeffrey Pfeffer在其1994年所著的「人力競爭優勢」（Competitive Advantage through People）一書中強調，人是公司最重要的資產，人力資源管理制度與措施是其他企業最難以模仿與複製的，作好人力資源的管理工作是企業持續維持競爭力的不二法門。摘錄自2001/03/01經濟日報（電子版）所載「再造人力資源部門的迫切性」一文。

3 在數位經濟的潮流中，傳統上職場中管理者與被管理者的溝通效率大幅增加，知識勞工（Knowledge Worker）不再受制於一成不變的工作流程，而獲有較多的自由創作裁量空間，企業也因而必須調整過去威權式的管理模式，在強調團隊合作的要求下，知識勞工在專業之

於此，本文擬從企業人力資源法制建構的觀點，來重新思考現行企業法制應如何因應科技日新月異的發展而作調整，野人獻曝之際，並祈就教高明。

貳、我國企業人力資源法制架構之導覽

現行法制對於企業人力的結構設計，主要仍以勞、資雙方權益處理爲經緯，輔以「經理人」作爲勞資溝通橋樑的功能，易言之，以我國商業活動中最爲活躍的股份有限公司企業組織型態爲重心，探討基於股東地位而爲公司服務之「董事」（資方）與非基於股東地位而以近似董事之「債務履行輔助人」地位爲公司服務的專業經理人，以及檢視受雇主僱用從事工作獲致工資之勞工（勞方）等各項攸關權益之法制建構，以利企業從事整體經營之人力規劃，即爲本文所欲界定的企業人力資源之法律佈局。

一、資方

探討我國法有關處理勞資關係的規範機制中所泛指的「資方」，實係意味著握有企業資源控制分配權的企業主而言，從我國實定法的規定觀之，應較接近勞動基準法第2條第2款所稱「僱用勞工之事業主，事業經營之負責人或代表事業主處理有關勞工事務之人」的「雇主」概念涵攝範圍。易言之，此所稱「資方」的意涵，應已超越民法第482條規定對於「僱傭」契約定義中「給付報酬」之「僱用人」的法律內容，而係包括近似僱用人之「債務履行輔助人」地位（民法第224條）之經理人在內。若結合公司法之相關規定觀之，則此所稱「資方」之範圍，似意指直接、間接掌控公司行政資源分配權限的「董事」及「經理人」而言。至於與董事、經理人等同屬證券交易法第22條之2第1項所指「內部人」（Insider）規範所及之「監察人」及「持有公司股份總數百分之十以上之股東」，則由於渠等身分性質上顯未具備前揭「僱傭契約」關係中僱用人之「選任」及「監督」之法律要件，似應排除在企業「資方」之列，爲便立論，誠有先予證明之必要。

外的協調屬性也因而被逐漸重視。

若自我國公司法中針對股份有限公司所設「三權分立、相互制衡」[4]的法律佈局觀之，對應於企業民意形成機關的「股東會」而言，公司日常業務的決策機關 —— 董事會，透過個別董事之組成以合議制方式凝聚共識，形成公司政策方針，在具相當經營規模的企業中究應如何慎選「代理董事」（公司法第205條第5項），以及因應公司法中有關「董事」之「國籍」及「任所」等限制規定，尋求在攸關公司業務之各項議案表決時得以掌握足夠有利表決權數的奧援，殆可謂爲企業人力資源法制規劃中甚爲重要的一環。

至於我國「經理人」部分之法律設計，係以民法第528條有關「委任」契約的法律關係作爲架構平台，以公司法第31條規定之「公司章程」或「契約」作爲經理人所享延伸自民法第554條、第555條所載「經理權」之權源依據，但由於公司法第29條第2項第3款規定所示，經理人之委任、解任及報酬係經由「董事」過半數同意的決議機制而決定，因此，公司專業經理人的選任權，顯係受制於此決議機制而使經理人角色扮演明顯呈現輔佐董事執行公司業務之從屬性格。

按依公司法第29條第4項規定知，經理人須在國內有住所或居所，此所指經理人「住、居所」之限制，不分「僑資、外資」公司皆有其適用[5]。且此處所稱之「住所」專指民法第20條第1項規定之住所[6]，而不包括同法第22條及第23條所定以居所視爲住所情形在內。因此，縱爲僑資、外資公司之投資人，只要擔任渠等公司之經理人，即應受前開有關住、居所之限制。由於公司法第29條規定，並不在外國公司章（同法第399條）準用之列，因此，外國公司在台分公司經理人之變更登記，尙無需檢附董事會決議錄辦理[7]，由於涉及公司人力資源規劃時之行政作業成本，併此敘明。

「董事會」與「董事」，功能設計上屬於股份有限公司最高行政業務之決策機關，自「資方」人力資源利用觀點而言，董事之選任仍應注意有關「國

4 此處所稱「三權分立、相互制衡」的概念係泛指我國公司法中針對股份有限公司之組織態樣所設計之三種不同機關，質言之，分別係指掌管行政資源的「董事會」、形成公司民意的「股東會」以及具有準司法性質的「監察人」而言。

5 請詳參經濟部71.2.18商04771號函。

6 經濟部63.3.9商06322號函。

7 經濟部57.6.20商21949號函。

籍」與「住所」之限制。簡言之，若非於股份有限公司中出任董事長或副董事長之職，且非具特定常務董事之身分，則當不須受到具有中華民國國籍及半數常務董事須在國境內設有意定住所之規定限制（公司法第208條第5項）。另值注意者，厥為董事會合議決定公司政策方向之議事效率性問題，現行實務見解除仍反對董事之選舉不得以「通信投票」代替股東會之選舉[8]，且開會地點亦限於「國內」舉行[9]外，董事會之議事亦不得以「電話」（Conference Call）及「視訊會議」（Video conferencing）方式開會[10]；渠等實務見解率皆與企業人力資源之成本估算與分配調度息息相關，實有進一步加以探討之必要。

二、勞方

現行法中直接針對「勞方」所作的定義性規定尚付之厥如，惟觀諸「勞動三法」[11]中有關勞工意見之匯集機制 —「工會」之組成會員資格，依工會法第13條規定，明確排除代表僱方行使管理權之各級業務行政主管人員觀之，所謂「勞方」之範圍，似應與現行法中有關「勞工」之意涵較為接近。

勞動基準法第2條第1款所定義之「勞工」係指受雇主僱用從事工作獲致工資者謂之。惟在進一步探討企業中有關「勞工」之人力規劃時，首應釐清者，殆為企業法制中有關「勞工」與「員工」之區別。按公司法第235條，第267條規定所稱之「員工」，係指非基於股東地位為公司服務者，如經理人，至於基於股東地位而為公司服務者，即非此所稱之「員工」例如董事、監察人即屬之。[12]

為便說明，茲例舉實務上有關企業經理人之法律定位問題所引發諸多討論，以為爾後立論之判準。

公司法上之「經理人」是否為勞工？是否有勞動基準法之適用？曾屢被視

---

8 經濟部69.7.1商21071號函。

9 詳參經濟部74.7.2商27522號函以及87.6.22商87212249號函。

10 經濟部87.2.5商87202808號函。

11 此處所稱「勞動三法」係指一般通念上，涉及規範勞資關係之基本法制架構下最具代表性的三項法律而言，亦即「工會法」、「團體協約法」、以及「勞資爭議處理法」。

12 經濟部79.4.14商206278號函。

爲不得其解之疑義而爲實務所苦，惟邇來實務見解則漸趨一統，略謂以「公司與經理間之法律關係，通說認係委任契約，惟勞動基準法所稱之「勞工」，若非僱傭契約之受僱人明定以供給勞務本身爲目的（民法第487條），故只要受僱於雇主從事工作獲致工資者，即足當之，不以僱傭契約存在爲必要。又勞動基準法第2條第6款規定約定勞雇間之契約爲勞動契約。據此，凡是具有指揮命令及從屬關係者均屬之，縱未具約定勞雇間之勞動契約（僱傭契約）之形式，只須公司負責人對經理就事務之處理，若具有使用、從屬與指揮命令之性質且經理實際參與生產業務，該經理與公司間即有勞動基準法之適用，反之，則否。」[13]；易言之，勞動基準法所規定之勞動契約，係指當事人之一方在從屬於他方之關係下，提供職業上之勞動力，而由他方給付報酬之契約，與委任契約之受僱人以處理一定目的之事務具有獨立之裁量權者有別[14]。

有鑑於科技研發，首重結合優秀人力資源之智慧，研發或生產團隊之組成，自應跨越地域性之選任窠臼，因此，探討究應如何建立和諧勞資環境以組成經營最適化企業組織時，應當配合精密之人力資源法制規劃，方能減少企業勞資紛擾。

綜前所陳，探討企業「資方」人力資源規劃時，應係以「董事」及「經理人」之選任及監督爲重心，著重企業行政權能之行使者是否適格及稱職，而檢視法制上屬於受薪階層以提供專屬性勞務的「勞方」，更成爲企業現代化過程中必須精密估算的經營成本。有鑑於科技普遍的應用，本文更擬以「科技」作爲觀察窗口，進一步觀察企業人力資源的影響與因應科技業發展之關聯性。

參、企業「虛擬化」對於人力資源規劃所產生的法律問題

「資訊科技」，特別是「網際網路」（Internet）的興起，使得傳統企業組織的內部經營管理與外部交易結盟型態都因而發生了革命性的結構變化；企

13 司法院83.6.16（83）院臺廳民一字第11005號函。

14 最高法院八十三年台上字第七十二號判決。

業組織的呈現，不再侷限於特定地域，人與事的互動也因組織虛擬化而更具效率。

經由新興科技的不斷問世與應用，催生了「企業e化」風潮[15]，也造就了“B2B”（Business to Business）與“B2C”（Business to Customer）的企業溝通模式[16]。經由網路科技的普遍應用，「距離」的意義被重新詮釋，「見面」意味著雙重的時間浪費與欠缺效率；終於，不見笑容的冰冷網路逐漸取代握手與面談，人際關係與企業組織之間於焉在「虛擬世界」（Cyberspace）中狀似溝通頻繁，實則冷漠疏離。另一方面，虛擬化（Virtualized）的互動機制更迭出現在企業的內部組織與外部交易關係之中，不僅提供企業主更爲多元的法律選項，也容許經營者擁有更大的經營空間與調整彈性；質言之，企業外部交易虛擬化直接顛覆了國籍的法律藩籬，企業內部組織虛擬化更間接掙脫傳統的勞資窠臼，凡此種種皆或多或少地衝擊著企業人力資源的固有法制規劃作業，雖然企業經營內容的多元化縱深因而豐富，卻也衍生出若干法律上的難題待解。

一、企業內部虛擬化之法律問題

（一）以「電子郵件」「通知」召集開會之適法性

1. 我國目前規定與實務見解

目前實務見解認爲公司法第172條第1項及第2項所稱之「通知」，係指以「文書」形態所爲之通知而言，此觀諸同條第3項「通知及公告應『載明』召

[15] 以德國電子大廠「西門子公司」（Siemens）為例，早於1999年4月即已成立「ShareNet經理人」特別小組，負責建置與維護ShareNet系統的上線作業，將全球多達四十六萬一千名，從機械設備到行動電話部門的員工串聯起來，透過特定獎勵方案（免費旅遊、分紅等），鼓勵員工上網使用ShareNet來分享專案資訊並獲得知識。詳細內容敬請參閱「e天下雜誌」，2001年4月號，第41-42頁。

[16] 國內財經界享有盛名的「中華徵信所」，於2000年底曾針對我國企業集團發展現況發表評論，特別指出國內集團大型化及次集團產生後，透過電腦網路連結的虛擬世界形成，以網路平台交易在集團中將成為發展的重點。B2B、B2C將構成未來集團交易虛擬化的主軸，而透過電腦網路的虛擬管理模式，也將逐漸形成為我國集團「未來管理」的架構。詳細內容參見工商時報，2000年12月3日報導。

集事由」之規定益明。是以股東會之召集通知以電話聯絡方式爲之者，尚與上開規定不合[17]。依「舉輕以明重」之法理推之，解釋函中雖未直接排除以電子郵件方式通知開會之有效性，惟衡諸該法條文義解釋內容，電子郵件恐亦將因難以「載明」於召集事由而在排除之列。因此，每屆規模較大之股份有限公司召開股東會時，必須發出數以千計的掛號郵件以踐履公司法所規定的通知程序，不僅耗時費事，更因諸多開會準備事宜的規劃作業，直、間接影響企業整體人力資源的分配與產能，從產業總體面相觀之，對於人力資源的耗損更是不能予以忽視的嚴重問題。

凡有利者，恆藏其弊；如何祛弊興利，原爲政策採擇之難。是否應准許股份有限公司以電子郵件方式替代現行郵寄通知方式之疑義，論者或有正反觀點之爭；採肯定論者以電子郵件方式通知開會之作法，不但能夠有效地樽節企業的整體人力支援，更大幅節省原本可能的費用支出，顯然較能符合經濟效益。至於電子郵件是否具備「文書性」？若嗣後發生糾紛時應是否具有「訴訟證據力」？渠等疑義實則涉及有關電子文書整體法律效力之規劃與配套措施，誠如「電子簽章法」（Electronic Signature Act）[18]以及相關網路「簽章憑證」制度（Certification Authority，簡稱CA）的推行即爲適例；倘參照業經行政院前於88年12月23日第2061次院會通過，刻正送交立法院審議之「電子簽章法」草案版本第5條條文[19]及說明欄所載「爲發揮數位化及網路化之效益，應賦予電子文件可代替文書正本或原本之效力，以解決民、刑事訴訟法及實體法中有關應提出原本或正本之規定[20]」文義觀之，性質上同屬電子文書之電子郵件應可視

17 經濟部86.10.20商86032115號函。

18 美國業已於2000年6月30日由柯林頓總統簽署經由參眾兩院通過的「全球及美國國內商務電子簽章法」（The Electronic Signatures in Global and National Commerce Act）。*See* Tony Rose, *Congress Passes Landmark E-commerce Legislation*, The Indiana Lawyer, July 5, 2000.

19 謹全文摘錄行政院版草案第5條原文如下：「依法令之規定應提出文書原本或正本者，得由原製作者以其電子簽章作成與原本或正本之內容相符且可驗證真僞之電子文件代之。但應核對筆跡、印跡或其他為辨識文書真偽之必要者，不在此限。前項所稱內容相符，不含以電子方式發送，收受，儲存及顯示作業附加之資料訊息。」

20 例如公證法第35條規定：「請求人……得請求閱覽公證書原本」；第38條規定：「公證人得依職權……交付公證書之正本」；民事訴訟法第352條規定：「公文書應提出其原本……私文書應提出其原本……」等適足說明。

爲具備文書性，且配合同草案第10、11條有關「憑證機構」規定，俟電子簽章法完成立法程序後，我國企業實施以電子郵件通知召集股東會方式，應可望突破法律限制而成爲合法，乃指日可待。

惟否定論者則以股份有限公司若爲甚具規模之企業，其股東構成必然遍及社會各階層，其中固不乏高學歷且具資力者，對於如電子郵件般涉及網路科技之使用並不陌生，但恐怕仍多公司股東並不具備基本網路科技之設備及使用經驗，倘貿然實施以電子郵件方式通知股東開會，是否將招致以科技爲由構築「進入障礙」（Entry Barriers）之非議，且有悖於「股東平等原則」之貫徹？

2. 美國法目前規定與實務見解

有關股東會召集程序之規定，美國法在各州法層次或略有不同，惟依甚具公信力之「1984年模範商業公司法典」（The Model Business Corporation Act of 1984）所載，除規定股東會應於公司章程所訂定開會期間依規定召集外[21]，更明文規定股東會（包括常會及臨時會）之召開應「遵期」通知各股東。質言之，此處所指通知期限應爲不遲於開會日之前十日或不早於開會日之前六十日[22]，倘若公司未依法於前一會計年度終了後六個月內，或前屆股東會召開後十五個月內召開股東會時，任一股東皆得向法院聲請要求公司應即召開股東會之強制令。[23]至於股東會召集之通知方式，除個別股東得於股東會召開日期之前、之中或之後以書面表示拋棄前揭公司應遵期通知之權利外[24]，該法典尙無進一步與電子郵件相關之敘述。

惟因美國業已於2000年6月30日完成立法程序，通過施行電子簽章及簽章憑證等相關法制[25]，嗣後在美國凡以電子郵件方式踐履開會通知，咸信將取得

---

21 *See* MBCA (1984) §7.01(a).

22 *Id*. §7.05(a). 謹轉錄原文如下供參考：“...that notice of an annual or special meeting shall be given not less than ten nor more than sixty days before the meeting.”

23 *Supra* note 21, §7.03(a)(1). 原文為“The failure to hold an annual meeting...any shareholder may obtain a summary court order requiring the corporation to hold an annual meeting if one is not held within the earlier of six months after the end of the corporation’s last fiscal year or fifteen months after its last annual meeting.”

24 *Supra* note 21, §7.06(a).

25 *Supra* note 18

等同文書效力與訴訟證據力，因此，目前美國公司法制實務見解涉及前開疑義部分，諒應已然統一。

3. 小結

正反見解，固各有所本，惟參考前揭外國立法及實務見解，並著眼於提供公司人力資源法制較爲開放性之思考格局，似應將法制建構之時空，設定於充滿無限可能之「未來」，而非假設性地受限於既有經驗之「過去」；易言之，以較具前瞻性觀點接納企業法律基礎面相呈現多元化的選擇，不僅提供企業法制更多適用彈性，使規範對象的企業體依自身主、客觀情形逕自調整與規劃，也因如此企業法制實質的「存活年限」（Lifespan）延長，法律安定性相對增加，俾企業得享法制穩定的反射利益，知所遵循而得早作因應。有鑒於此，筆者傾向於以前開肯定說爲可採。

（二）以「視訊會議」方式召開「董事會」之適法性

新一代的視訊會議（Video conferencing）系統技術軟體，將即時影像的壓縮與解壓縮技術突破56頻寬設限，於最小頻寬33.6的狀態下，完成每秒30張畫像，且「四方」以上的即時同步傳輸視訊影音會議[26]。倘將上述「視訊影音會議系統」規劃爲「視訊行動辦公室與行動商店」建構概念，提供企業體於分店與分公司成立時，可能不必再耗費龐大的租賃、購屋、人員行政等管銷成本，勢將衝擊現有企業經營方式。

1. 我國目前規定與實務見解

從企業人力資源利用之觀點，看待我國股份有限公司董事會召開方式，現行規定是否略呈僵化而欠缺「私法自治」應有的彈性？或有進一步探討的空間。

依公司法第205條第4項與同法第208條第5項規定推知，凡在我國股份有限公司中未擔任董事長或副董事長職務、未當選常務董事職務之其他董事或擔任常務董事而不屬於符合在我國境內具有住所之過半數常務董事席次等情形，皆

[26] 參見中國時報，2000年10月25日報導內容。

可不受「國籍」或「住所」之法律限制，而得以書面「每次」[27]授權同一公司中不具董事身分之其他股東「代理」出席開會[28]。復有關開會地點須受限於董事會不得在「國外」召開之實務見解[29]，因此，實務上或有透過「日期回填方式」作成授權之書面，以期使特定董事得以「經常性」滯留海外，而委由特定股東代理出席董事會並針對特定議案投票表決。如此便宜行事，不但與前開法條精神相悖，對於設置董事會乃爲公司行政業務決策方針形成多數共識之原旨，亦顯有名不符實之憾。爲遷就股份有限公司少數董事因故須長期滯留海外，但心念仍常繫國內公司之現實，又能兼顧公司法所設董事會開會之程序要件規定，似有進一步檢討利用科技（e.g.「視訊會議」或「影像電話」）促進董事會開會效率之其他可能的法律選項。

依現行規定，董事仍不得以「電話」及「視訊會議」方式開會[30]。理由構成略謂以「…董事會之議事應作成議事錄，公司法第207條第1項定有明文。又依該條第2項準用同法第183條規定，議事錄應記載會議之『年、月、日、場所』與『出席股東之簽名簿』及『代理出席之委託書』一併保存。是以關於董事會之召開，如未經董事親自或委託他人代理『出席』於『某時』在『某地』（即場地）舉行之集會，而由散居各地之董事以電話或其他視訊方式溝通、討論與決議，尙難謂已合法召開董事會…」。

又按現行公司法第205條第3項規定「董事居住國外者，得以書面委託居住國內之其他股東，經常代理出席董事會。」是以，董事會開會，董事依法應親自出席，如不能親自出席，自可依上開規定辦理。又「鑒於近來電傳科技發

---

27 違反公司法第205條第2項規定而為「概括性」委任者，不生委任之效力。詳細內容煩請參閱最高法院70年台上字第3410號判例。

28 惟應值注意者殆為公司法第205條第5項「代理應向主管機關申請登記，變更時亦同」之申登要件係屬代理權授與之生效要件，而非對抗要件。詳參最高法院68年台上字第1749號判例。

29 查公司董事會舉行地點，公司法雖無明文規定。惟查公司法第205條第4項規定，董事居住海外者，無法經常回國出席董事會，該董事得以書面方式委託居住國內之其他股東經常出席董事會，由此可知，公司董事會自應在國內舉行，否則前項規定，豈非形同具文。參見經濟部74.7.2商27522號函及87.6.22商87212249號函。應值注意者，殆為前開有關開會地點之限制，於依華僑回國條例及外國人投資條例之投資事業並不適用，詳參經濟部74.12.4商53091號函。

30 經濟部87.2.5商87202808號函。惟此處所指電話似尚不包含利用新興科技之「影像電話」或是「網路電話」在內。

達，如以視訊畫面會議方式從事會議，亦可達到相互討論之會議效果，與親自出席無異，本部參考外國立法例，爰納入公司法全盤修正中予以明文規範，併予敘明」[31]。此外，公司法刻正遵循全國知識經濟發展會議結論部分局部檢討修正中，有關董事會會議得採視訊會議方式進行，業經採納爲第一波的修正重點[32]。

2. 美國法規定與目前實務見解

有關董事會開會（常會及臨時會）時未能出席之董事是否得以電話或藉由其他電子通訊設備輔助方式參與開會之疑義，美國公司法制上主要係以「1984年模範商業公司法」爲處理之依據，該法明文授權（Authorizes）「董事會成員」（Member of the Board of Directors）或董事會下設之「專門委員會成員」（Member of the Committee of the Board），皆得以能使其與所有出席董事會成員當場即時共聞溝通之通訊方式參與常會或臨時會[33]。美國多數州公司法亦本於此規定而引申適用，因而未克在場開會之董事透過採行「多方會議通話」（Conference Telephone Call）方式時，亦被認爲「視同本人親自出席」（Constitutes Presence in Person at a Meeting）[34]而確定其合法參與開會之效力。該法雖未直接針對以「視訊會議」開會方式是否有效有所著墨，惟依前揭判準爲據舉輕以明重，合理的推論，較之已爲實務採行之「多方會議通話方式」所呈現聲音及影像傳輸品質更顯優質的視訊傳輸會議方式，咸信應爲美國現行實務見解涵攝範圍所及。

3. 小結

筆者以爲，依照目前視訊傳輸、影像電話等科技應用於遠距開會的品質與昂貴的現實情況[35]，雖然短期內尚不具普及化的可能；但秉持法律規範應具

---

[31] *Id.*

[32] 詳參中國時報，財經產業版，2001年2月3日報導內容。

[33] *Supra note* 21, §8.20.茲摘要原文如下“...members of the board of directors (or a committee of the board) to participate in a regular or special meeting through the use of a means of communication by which all directors participating may simultaneously hear each other during the meeting.”

[34] *See* Robert W. Hamilton, The Law of Corporations, at 315. (2000)

[35] 「影像電話」（Videophone）先前是使用傳統的電話線路設備，不過由於目前高速網路的流

前瞻性的觀點，有關董事會開會方式之規定仍應朝更爲開放的規範方向預作規劃，以避免法律因應科技發展而多重修正的結果，勢將無法提供企業安定的法律適用環境，除不利我國從事與其他國家的「規範競爭」（Regulatory Competition）之外，間接更將影響外資企業來台從事「商業呈現」（Commercial Presence）的意願；有鑒於此，似應考量儘速修正前揭公司法有關董事開會之相關規定，以與前揭美國等先進立法例及實務接軌，以給予企業人力資源法制更爲寬廣的法律規劃空間。欣聞前揭報載公司法已見類似之修正芻議，實值贊許。

（三）員工「遠距工作」的法律定位

由於網際網路與電子通訊傳輸科技的興起與普遍應用，工作形態與勞務給付方式在某種程度上已可突破時空的限制，所謂的「遠距工作員工」（Teleworker）[36]於焉誕生；概念上係指員工於企業主要的營業處所外，或逕在自家

行，使得影像電話現在可以透過網路來進行。比較成功且為人熟知的應用方式，就是應用在商業上的視訊會議 。目前提供高速上網的數位用戶線路（Digital Subscriber Line, DSL）和有線電視寬頻上網等設備，因為民眾對於快速上網的需求大增，市場正逐漸擴大當中，同時帶動了影像電話的流行。然而還需要數年的時間，才能夠取代現在撥接上網的情形。而且消費者也需要時間來瞭解影像電話的使用方式，同時還是要面對上網費用高昂和網路傳輸量的問題。在美國光是要使用影像電話設備和服務就必須先付出二百美元的代價，而且每個月還要付出四十到五十美元的費用才能使用這些服務。這還只是提供網路下載的功能而已，可能還無法享受到立即傳輸影像訊號的服務。而除了高費率外，影像畫質太差也受目前消費者詬病。根據生產電腦數位攝影機的業者像英特爾（Intel）和羅技（Logitech）公司表示，即使現在大部分新建大樓的傳輸網路設備，都已經都更新為銅製光纖電纜，但是在傳輸大量的影像訊號上，仍然顯得吃力。*See* New York Times, Technology Pages, September 3rd, 2000.

36 國外媒體介紹有關Teleworking時，偶有將其概念擴及包含所有以電腦及資訊傳輸設備在家中提供勞務者之工作型態。參見The Nikkei Weekly, “*Teleworker problems evolve faster than legal protections*”, Economy p.2, July 27, 1998., Mondaq Business Briefing—Gleiss Lutz Hootz Hirsch, “*Teleworking under German Labor Law*”, May 26, 1998.，但也有逕以透過資訊電子設備，遠距工作員工觀點稱呼Teleworker之例，如Financial Times(London), “*E-Commerce and Regulation, Alternative to commuting*”, Part 4, p.15, April 1, 1998.；惟為利區別，本文仍以最狹義之員工身分觀察遠距工作族群，爰先陳明。國內亦有學者將Telework譯為「電傳勞動」之例，名稱雖略有出入，惟所指之勞務提供型態應屬相同，為明文責，併此說明。詳細內容請參見王方，「推行電傳勞動 勞資雙贏」一文，載於中國時報，民意論壇，2000年12月27日。

或其他自選場所，藉由電腦資訊傳輸或電子通訊技術「給付」（Delivery）勞務的勞動形態。據美國CNET網站報導，按「國際電訊工作協會」（ITAC）估計，美國至少有一千六百五十萬人每個月會在家上班至少一天，其中近一千萬人每週以這種方式至少上班一天。ITAC估計，未來五年美國會有四分之一上班族會透過通訊設備在家處理公事[37]。

1. 我國目前規定及實務見解

從法律上解構所謂的「遠距工作員工」，概念上首應澄明並予區別者，殆爲與「特約工作者」（Freelancer）或「個體工作者」（Small Office Home Office簡稱SOHO族）間之異同。質言之，就勞務給付方式而言，三者共通處就在於渠等皆需依賴網路科技作爲勞務仲介的作業平台[38]；但純就法律層面而言，遠距工作員工所提供勞務之場所雖非位於傳統所謂「辦公處所」，惟該員工與公司間之法律關係似仍應回歸民法第482條所定義「僱傭契約」所涵攝之制式法律結構中受到規範，此其一也。

復由於「遠距工作員工」與所服勞務對象間仍具「選任」與「監督」之僱傭關係，且因其給付勞務而得獲對價之報酬（工資），因此尚符合勞動基準法第2條第1款所規定之「勞工」身分，而適格享有勞動法規下之各項保障。至於「特約工作者」，我國法上似仍以民法第490條以下有關承攬契約所提供之配套法制作爲處理依據，易言之，實務上「特約工作者」[39]多係以「按件計酬」方式「承包」一定之工作，且通常亦俟工作完成時方得請款（給付報酬）[40]，

[37] *See* Cnet on the web, Editorial, *reprinted* in New York Times on the Web, Technology Edition, December 22, 2000.

[38] 此處敘述，略嫌粗糙，其實筆者原意係在突顯特定工作族群的法律定位，經由科技的輔助得以具有不同型態之勞務呈現，究竟對於企業人力資源（包括派遣業）的現行法制結構的影響為何？在此狹隘的觀察命題之下，許多也許符合此處所稱之「特約工作者」或「個體工作者」之勞務呈現（例如美髮理容業個人工作室……），但因渠等之勞務提供與科技無直接相關，必須排除在討論對象之列，由於事涉推論前提之界定，特此敘明。

[39] 例如電視公司、報社或其他新聞媒體，為及時反應遠地新聞，所派駐當地之特派員，遇有特殊地方性新聞時，須利用電腦及精密電子傳輸設備將文字及影像儘速傳抵公司以供播放，適足說明此處所指「特約工作者」之勞務呈現特性。

[40] 按依我國民法第490條有關承攬契約關係之定義性規定中，針對承攬人之報酬給付時期係採「後付主義」，亦即須承攬人交付定作人勞務之結果後方得請求報酬，因之雖施以勞務但未

因此最初「發包」工作之定作人，當能享有民法第493、494、495及497條中所載之「瑕疵修補」、「解約或減少價金」、「損害賠償」與「改善工作及依約履行」等請求權；且由於特約工作者非受公司「雇用」，性質上應不具前揭勞動基準法所指之「勞工」身分，而應界定爲勞工保險條例第6條第7、8款所稱「無一定雇主或自營作業者」之涵攝範圍[41]。另有關「個體工作者」，實務上多係以「個人工作室」（Studio）型態呈現，通常係承作企業「外包」（Outsourcing）的個案，揆諸其提供服務之方式與內容，或有近於前開承攬關係者[42]，也有具備爲他人處理事務之外觀者[43]，更有勞務之呈現兼具混合法律關係者[44]，惟可資確定者殆爲渠等並非勞務提供對象公司之員工，因此從公司人力資源規劃角度而言，僅以前揭「遠距工作員工」須納入公司人力法制規劃範圍[45]，此其二也。

發生原約定之預期結果時則定作人即無須給付報酬。

41 有關此處所指「無一定雇主或自營作業者」之詳細定義，請參照勞工保險條例施行細則第11條第1、2項之規定。

42 例如坊間常見有侷促於大樓角落小辦公室，打著個人工作室名號，實則租用電腦及資訊設備，借（旅行社）牌為公司行號以較低廉價格提供代訂機票或安排旅遊行程之服務者。慣例上公司皆以托辦員工旅遊或經理人商務出國機票訂位、食宿安排等手續，俟公司方拿到機票或「預付費用憑單」（Voucher）後付款。性質上由於涉及一定勞務結果之提出，為請求報酬之先決要件，因此似較近於民法上之承攬關係。

43 例如國際貿易中替進出口商制作貨物通關及押匯所需各種單據之「報關行」，其中不乏許多係自大貿易商處學得一身工夫的離職員工，租賃小辦公室及搭配必要資訊及電腦設備，替來往特定公司行號提供「作單」及「報關」等服務。由於服務內容較為複雜，又常牽涉須替客戶公司的信用狀（L/C）押匯墊款，雖具民法第558條所稱「代辦商」之外觀，惟依最高法院66年台上字第2867號判例見解，代辦商與其委託人間之關係，為「委任」性質，除民法代辦商一節別有規定外，準用委任之規定。綜前所述，關於此處所例舉代辦商之性質乃仍以民法上之委任關係定性。

44 例如坊間多有號稱為投資理財公司之「理財顧問」或創業投資公司之「投資諮詢顧問」者，實則為不具證券投資相關證照資格之個人，以「靠行」方式招攬業務，除了利用電腦及資訊傳輸設備與證券商連線以取得最新市場行情及資訊，彙整後轉而提供其客戶各種投資理財之分析服務外，或有少數不肖人士尚以違反證券交易法之規定，收受公司行號金錢或股票代為下單操作；性質上似兼具前揭承攬與委任之混合法律關係。

45 實際上，「遠距工作員工」對傳統之企業經營型態必將帶來莫大的衝擊，諸如究應如何考核員工整體績效分發紅利，如何計算上班時數俾得決定加班工資，如何排定休假……等問題，但本文為保持將探討重心置放於公司法制，因此前揭許多有趣疑義，恐尚待國內勞動法學界一一深耕，在此爰予略過不論。

從公司法之觀點探討「遠距工作員工」，首須回應之疑義殆爲有關公司「經理人」以遠距方式提供勞務之適法性問題；依本文先前所述，經理人爲公司之「員工」，業經我國實務見解所肯定[46]，而公司法第29條第4項所針對經理人設有的「住、居所」限制規定，是否得以擴張解釋作爲排除經理人以員工身分「遠距」行使經理權之依據，或有其他法律理由以爲准駁經理人遠距行使職權之主張？由於涉及公司重要人力資源之調度與法制規劃，饒有進一步探討之必要。

有關公司法規定經理人須受住、居所之限制部分，是否意指經理人縱然「遠距」工作，但工作地點仍須位於我國境內？按實務上僅限定該住所係專指民法第20條第1項所指之住所，尙不包括民法第22條及第23條所指以居所視爲住所之情形在內[47]，尙非針對經理人行使職權之地點爲特殊限制，因此，經理人縱然在國外從事遠距工作，若未牴觸前揭對於「在國內有住、居所」之認定，即應爲法所許。

第按我國公司經理人職權之行使範圍，係基於民法第554條第1項及第555條所謂之「固有經理權」，延伸至公司法第31條規定所指須依公司章程，或依同法第29條第2項與公司間所訂定之委任契約內容而決定。即在經理人之各種職權範圍內是否授與全部抑僅限於一部，均得以章程或契約定之，並非可以章程或契約根本排斥民法第554條第1項及第555條固有職權規定之適用。易言之，公司若以章程或契約所設定的經理人職權範圍，應不得與前揭民法所載之經理固有權限相互牴觸[48]。準此，公司經理人有爲公司爲營業上所必要之一切行爲之權限，其爲公司爲營業上所必要之和解，除其內容法律上設有特別限制外，並無經公司特別授權之必要，此爲經理權與一般受任人之不同處[49]。另值強調者爲有關經理人遠距行使職權時究應如何針對經理人有無依公司法第32條規定遵守「競業禁止」義務進行瞭解，由於可能涉及公司重要權益之確保，亦值進一步探討。

承前所述，經理權行使之具體內容，倘交互參照民法第553條第1項規定

46 請參前註12。

47 行政院55.2.14台（55）經字第1033號令釋。

48 行政法院49.9.27台（49）經字5408號函令亦同其旨。

49 參見最高法院67年台上字第2732號判例。

及公司法第35條規定知，經理人固有職權中之「商號簽名權」，尚須針對公司（商號）依法所造具之各項表冊行使以爲負責，此處所指之簽名，實務上雖得以蓋章代之[50]，但基於經理人與公司間應本於建立在人格信賴上之委任關係原旨，復依民法第537條「自己處理」委任事務之規定觀之，似皆應由經理人「親自」爲之。設依前述經理人以通念上「不及親自簽章之遠距」方式提供勞務，恐將難於「親自」行使前揭之職權以爲負責。此其三也。

2. 美國法規定及實務見解

有關「特約工作者」的法律定位問題，近來在美國實務上曾引發熱烈之討論，美國最高法院在一項判決中表達重要的先例性意見[51]，嗣後不久，美國「第九上訴巡迴法院」（The Ninth Circuit Court of Appeals）亦在另一個案（Vizcaino v. Microsoft）中表示了類似意見，判決要旨係認爲在一定條件成就下，縱然特約工作者已在提供服務之初簽約聲明瞭解其並「不適格」（Ineligible）享有公司之退撫福利，仍應納入美國「員工退輔福利法案」（Employment Retirement Income Security Act）中所要求公司應設置之「退撫金提撥計畫」（401(k) Deferred Compensation Program As Well Its Employee Stock Purchase Plan）[52]。對於美國許多企業爲規避對於資深屆齡退休之員工所須給付的退輔支出，以將渠等資深員工轉以特約工作者方式重新聘用的脫法行爲而言，無疑地是一記當頭棒喝。一般咸信司法機關如是的最新實務見解，勢將對於美國企業人力資源的法制規劃造成深遠的影響[53]，亦頗值我國企業人力資源法制規劃作業的參考借鏡。

若從企業人力資源法制的角度，探討關於美國公司經理人以遠距方式行使職權之適法性，則尚須回溯至較早公司法制展開討論。傳統上，美國

---

[50] 參見最高法院53年8月18日第四次民、刑庭總會決議。

[51] *See* Inter-Modal Rail Employees Ass'n v. Atchison, Topeka & Sante Fe Railway Co. 117 S. Ct. 1513 (1997)

[52] Vizacaino v. Microsoft Corp., 97 F. 3d 1187 (9th Cir.1996), *aff'd on reh'g*, 120 F. 3d 1006 (9th Cir. 1997) (en banc), *cert, denied*, 118, S. Ct. 899 (1998).

[53] 有關渠等最新判決的評論意見，敬請參考Mark Berger, *The Contingent Employee Benefits Program*, 32 Ind. L. Rev. 301 (1999). 以及Frances Raday, *The Insider-Outsider Politics of Labor-Only Contracting*, 20 Comp. Lab. L.& Pol'y J. 413 (1999)

公司法制率皆要求公司應設置至少有總經理（President）、副總經理（Vice President）、總務長（Secretary）及財務長（Treasurer）四種「經理人」（Officers）。但在嗣後制定的「1984年模範商業公司法典」中，卻緊接「德拉瓦州公司法」（Delaware General Corporation Law）之後，揚棄前開傳統上必須設置「制式頭銜經理人」（Mandatory Titled Officers）的規定，而僅單純地要求公司應依據「營業細則」（Bylaws）所載或由其董事會任命經理人[54]。至於個別經理人之職權，則放諸各公司營業細則中詳細規定或由公司董事會在不牴觸營業細則的前提下，予以界定[55]。近來，「美國法曹協會」（American Bar Association）更在1999年，針對「1984年模範商業公司法典」的最新修正條文中，明定公司經理人行使職權應遵守的「信賴義務」（Fiduciary Duties）判斷原則[56]。因此，前述有關經理人遠距工作之疑義，在美國公司法制下，雖無成案先例，但仍得端視公司依前揭之授予經理權限法律機制下所界定之經理人工作職掌範圍有無違背，並考量是否符合公司人力資源運用之最佳利益觀點而作整體考量。

3. 小結

準此，筆者基於遠距工作之經理人是否兼職競業，公司確有稽查之實際困難，復以遠距工作之經理人無法及時親自依法就公司造具表冊簽章負責，顯有悖於公司託付等考量，認爲經理人尚不宜以「遠距」工作方式提供勞務。

---

[54] *See* MBCA(1984), Section 8.40(a). 原文為 "...corporation shall have the officers described in its bylaws or appointed by its board of directors."

[55] *Id.*, Section 8.41. 原文為 "...shall perform the duties set forth in the bylaws, or, to the extent consistent with the bylaws, the duties prescribed by the board of directors or by direction of an officer authorized by the board of directors prescribed the duties of other officers."

[56] *See* Section 8.42(a) of the MBCA(1984, as amended in 1999). 原文為 "...requires the officers to act (1) in good faith (2) with the care that a person in like position would reasonably exercise under similar circumstances, and (3) in a manner the officer reasonably believes to be in the best interests of the corporation.

二、企業外部虛擬化的法律問題

十八世紀初，法國軍隊在拿破崙所獨創的「扁平化組織」（Flat Organization）領導架構下，橫掃歐陸[57]；二十世紀初，普魯士部隊（Prussian Troops）再次師法扁平化軍令指揮架構，攻克了歐洲聯軍的壕溝（Trench）戰法[58]。試以作戰功能不同部隊間的補給與各項戰力的協調與整合，比擬具有不同專業的企業間相互統合；則上述輝煌的戰績，正適足以說明倘能將企業組織間經由資訊科技的橫向聯繫，達成虛擬化的企業經營組織形式，則企業人力資源即可能因為「專業共享」而大幅降低人事的成本[59]，進而提升該虛擬企業組織的競爭力。

（一）「虛擬企業組織」之定義

自從1990年代初期，有識之士開始倡議商業世界應該重新檢視企業體的「核心優勢」（Core Competencies）[60]，並注意資訊科技對於企業組織趨於扁平化之影響[61]肇始，虛擬化企業組織的議題逐漸被開發與討論，不論就組織最適化結構、虛擬組織的管理等論點都普遍形成共識，但少有人從法律的角度去精準地描述虛擬化組織；較簡捷的說法是—透過網際網路與資訊科技的結合，將企業體之間作功能性的水平串聯，形成一種不需辦公處所（Officeless）並得以相互專業支援的企業經營機制[62]。申言之，係將位居不同專業領域，但具有

[57] 有關拿破崙的作戰與領導，歷史評論多如江海，本文所引述之評論乃擷取自著名的歷史評論學者Martin Van Creveld的觀察心得。*See* Martin Van Creveld, Command in War, at 58-62 (1984). 謹摘錄部分重要原文供參考："Napoleon's single most important military innovation was the development of a modern command organization that allowed him to control forces far larger than anything fielded in the preceding centuries of warfare."

[58] *See* Francis Fukuyama & Abram N. Shulsky, The "Virtual Corporation" and Army Organization, at 33. (1997).

[59] 當然，也可能附帶的解決了不同組織間人事傾軋、鬥爭所耗損的企業無形成本。

[60] *See* James Bryan Quinn, The Intelligent Enterprise, at 113. (1992)

[61] *See* Thomas W. Malone and John F. Rockart, *Computers, Networks and the Corporation*, Scientific American, at 128-136 (September 1991).

[62] 這種描述的靈感，來自幾本介紹虛擬企業組織的小書及論文；*See* Bob Norton and Cathy Smith, Understanding the Virtual Organization, at 3.(1997)；Francis Fukuyama & Abram N. Shulsky, The

產能互補關係的企業群體，從外部透過資訊科技的輔助，以網路連線分享資源，結盟合作，所形成的一種經營組織外觀。由於虛擬企業組織發展的實證研究，泰半顯示企業規模趨小（Downsizing）的結論，涉及企業整體人力資源的規劃，誠有進一步瞭解的必要。

（二）虛擬企業組織 v. 策略聯盟 v. 合資 v. 合夥

自古以來，商業世界從不間斷地嘗試著尋求「最適化」的合作模式，作為處理交易當事人間商業關係發展與紛爭解決的法律平台，從業被實定法接納的「合夥」（Partnership）、處理機制發展已頗為成熟的「合資」（Joint Venture），到近年來廣為流行的「策略聯盟」（Strategic Alliance），乃至於新興的「虛擬企業組織」（Virtual Organization），莫不冀望能憑以截長補短，提升企業自身的競爭力。

「策略聯盟」，不若民法上「合夥」關係般，在法律上具有制式的規範可資適用，亦不如「合資契約」般具有成熟的操作經驗與處理機制；實務上之呈現，往往也停留在「宣示意義重於實質」的鬆散法律結構下[63]，常隨企業的「經營需要」而隨時更動合作對象，甚至協議內容。固然如此「隨機」（Randomly）的調整步伐，或許為規避合夥契約關係之下的「連帶無限責任」（民法第681條）而設，也頗能迎合變化萬千的商業現實，但對於合作企業之間紛爭解決的法律處理機制所呈現的不穩定性，則始終令人多所顧慮。

虛擬企業組織概念的提出，就是希望提供商業世界另一道法律選項（Alternative），雖然論者以為虛擬企業組織其實乃脫胎自廣義的策略聯盟型態[64]，惟虛擬企業組織由於強調係透過資訊科技的串聯而形成，彼此間專業分享的「共生性」（Commonality），較之策略聯盟的合作密度及深度，顯然更

Virtual Corporation and Army Organization, at 14 (1997)；Oliver E. Williamson & Sidney G. Winter, The Nature of the Firm: Origins, Evolution and Development, at 5. (1993).

63 實務上許多企業結盟儀式所呈現出光鮮亮麗的背後，實係由雙方代表簽定一份名為「備忘錄」（Memorandum）或是「意向書」（Letter of Intent）的文件，作為支撐彼此合作關係持續發展的法律基礎，相較於正式契約在法律上的拘束力而言，如此安排顯然曝露了當事人之間所欠缺的「互信」，以及彼此觀望的心態。

64 *Id.*, Norton & Smith, at 66-69.

爲集中。

另在檢討合作關係的「進、退場」法律機制方面，虛擬企業組織由於僅係虛擬的企業經營外觀存在，又顯較合資的安排更符合彈性，因而降低了企業的相關法律成本。

（三）目前我國規定及實務見解

就目前我國企業法制建構觀點而言，對於企業合作所能提供的處理機制，除上層法律結構係由合作社法及各特許目的事業所管轄的特別法規（如電信、金融事業等）所組成外；一般而言，基層法律結構仍以民法、公司法及證券交易法（公開發行、上櫃或上市公司）所構築而成的操作機制爲主要的處理依據。

對於具有合作外觀的法律關係，在現行法的定性過程中，最可能被涵攝的制式機制就是「合夥」，但由於我國合夥法制並未提供類似美國「有限責任合夥」（Limited Liability Partnership）[65]處理機制的彈性架

---

[65] 由於美國企業法制架構較為複雜，為便解釋，謹以附表對照說明如下：

	限制合夥（Limited Partnership）	有限責任公司（Limited Liability Company）	有限責任合夥（Limited Liability Partnership）
責任歸屬	‧無限責任合夥人——無限清償責任 ‧有限責任合夥人——僅就出資額負有限責任	均就出資額負有限責任	‧合夥人自己所爲之行爲：無限責任 ‧對於其他合夥人關於合夥業務之行爲，無須承擔個人責任
租稅規劃	a.以合夥的身分被課稅 b.無雙重課稅問題	可以選擇以「合夥」或「公司」課稅	可以選擇以「合夥」或「公司」課稅
存續期間	‧原則 有限責任合夥人或無限責任合夥人之一死亡或退夥時，合夥當然解消 ‧例外 合夥契約另有約定	‧原則 永久存續 ‧例外 股東僅剩一人時	‧原則 發生例如破產之「法定事由」時，合夥當然解消 ‧例外 合夥契約另有約定

構[66]，將合作當事人的法律風險限定在可預見的範圍之內，因此，商業現實相對地鼓勵當事人朝著規避適用合夥法制的方向建構合作關係，或許能解釋策略聯盟在我國如此受到青睞的原因。尤有甚者，公司法第13條規定，復禁止公司組織擔任合夥事業之合夥人，更大幅減低商業世界適用合夥法制的誘因。

由於虛擬企業組織的經營內容尚具甚大之可塑空間，法律上可能被定性之落點亦尚多疑義待解，因此，美國實務亦尚未形成統一見解，惟學理上或有主張可以承認「契約實體」（Contract Entity）[67]方式作爲處理如虛擬企業組織般「準企業組織」（Quasi-firm）的法律機制，未來渠等立論之發展，亦頗值我國企業人力資源法制之參考借鏡。

	限制合夥（Limited Partnership）	有限責任公司（Limited Liability Company）	有限責任合夥（Limited Liability Partnership）
行政管理	・原則 a.負無限責任的合夥人擔任經理人 b.負有限責任的合夥人不任行政管理職 ・例外 倘有限責任合夥人任職，即不得主張有限責任之法律屏障	出資者可以選擇自行或委任他人擔任經理人職	與一般合夥相同
法律地位	獨立法律實體（Legal Entity）	同左	同左

See Kenneth W. Clarkson ET AL., Roger LeRoy Miller And Gaylord A. Jentz and Frank B. Cross, West's Business Law: Text, Cases, Ethical, International and E-Commerce Environment, 723. (8th, 200)

66 或有認為民法第703條所規定之「隱名合夥」責任，應係屬有限責任合作關係型態之一，但若採隱名合夥架構，則受有限責任保障的合夥人必須「隱名」，考量同法第七百零二條營業主體及財產的所有權歸屬出名合夥人的現實，恐並非普遍合適於所有合作關係人。

67 *See* Larry E. Ribstein, Limited Liability Unlimited, 24 Del. J. Corp. L. 407, at 411 (1999).

肆、結論

科技，可以因爲走進人們的生活而不再令人感覺冰冷。因此，如何在利用科技，成就商業利益，改善生活品質的過程中，隨時提醒企業還原人本價値的重要，咸信該是人力資源法制探討的良心。因爲眞誠關心人的價値，「人力」才會成爲企業的「資產」，而非「負債」。

構思虛擬企業議題的過程中，欣聞臺灣的首宗虛擬企業組織 —「e357家族」不久前正式成立面世[68]。有著「所見略同」的驚喜，更爲目前相關法制不夠完備而擔心。希望這篇短文能拋磚引玉，促使更多的法學研究焦點，投入這片新興的灰原，讓斯土肥沃、茁壯；果眞如是，則不單企業法學之幸，野人獻曝之初衷，亦顯足矣。

（本文發表於中原財經法學第6期，2001年7月）

68 參見經濟日報（電子版），2001年3月23日報導內容。

金融篇

Finance

第一章
浪子回頭？
—簡介美國金融法制改革—

壹、前言

累犯如何悔過，才能取信於人？不在信誓旦旦，端賴實際作爲。重建信任的分寸，過則矯揉自限，少則信用掃地；過與不及，總難兩全，正突顯了挑起全球烽火的美國，金融改革所面對的窘境。政客高喊修法，百姓質疑眞意，徒留名嘴飛沫，影射選舉造勢。利益所趨，各方爭逐，暗室協商折讓，醜化了民主，更詆譭了法治。彷彿宣示改革，足爲縱火贖罪，平息舉世衆怒，傲慢的新大陸，正涓滴流失公信，代價何其鉅大。

2009年12月11日，美國眾議院針對財政部（Department of Treasury）早於同年6月17日，即向國會提出的「金融改革方案」（Financial Regulatory Reform Plan）[1]爲藍本酌予增修協商，終於以223：202的票數，通過了文件編號H.R.4173的「2009年華爾街改革與消費者保護法－以下簡稱『金融改革法案』」（Wall Street Reform and Consumer Protection Act of 2009）；[2]也自許爲金融火車頭的全球最大經濟體，走出自2007年以來重創世界主要企業，停滯部分金融業務發展的金融危機，發動一系列的金融法制改革，初步設定了方向與基調。

1 此處所指「改革方案」係脫胎自2008年3月美國財政部所提出的「金融改革藍本」（Blueprint for Reform），相關探討另請參見謝易宏，「潰敗金融與管制迷思」壹文，月旦法學，第164期，頁186-225，2009年1月。

2 關於該法案的官方版本，請參考美國國會法案資料庫－「湯瑪斯」國會圖書資料檔案（Library of Congress Thomas），2011年3月5日。

逆料，金融烽火後，產業景氣卻一直不能擺脫居高不下的失業率，[3]讓支撐產業的金融改革，意外的取得了急迫登台的正當性。探究金改法案的立法背景，不得不先回顧去年此時，主要企業的獲利表現多不理想，民怨持續高

3 為利說明，以下謹摘要臚列美國自「雷曼兄弟」（Lehman Brothers）投資銀行聲請破產，引發股市崩盤後，迄於今（2011）年1月的失業率統計資料供參：

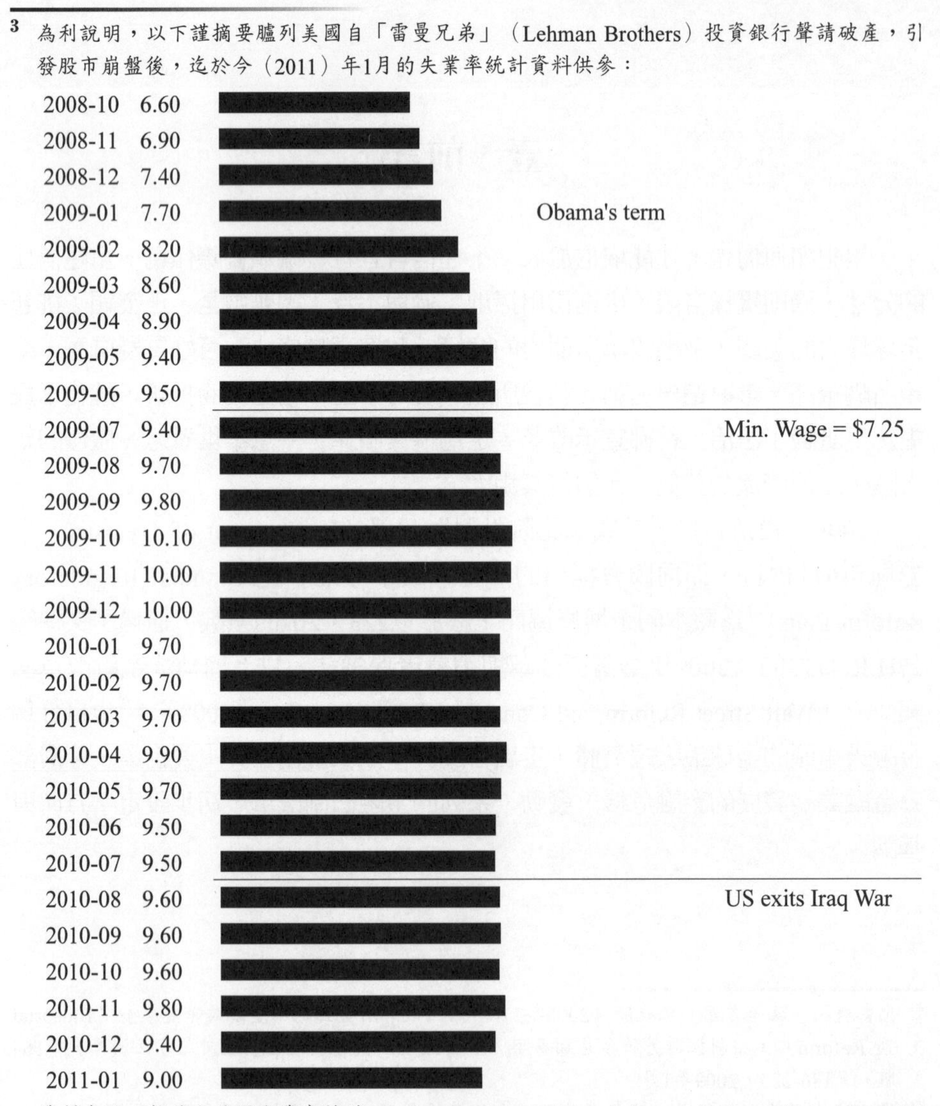

資料來源：摘錄自美國失業率統計http://www.miseryindex.us/urbymonth.asp, collected from US Department of Labor, last visted on March 15, 2011.

漲，雖然民主、共和兩黨尚多歧見，但考量復活節（Easter）國會休會，英、法、德等盟國又不見唱和，執政焦慮可想而知。2010年3月15日，參議院「銀行、住宅及都市」委員會（US Senate Committee on Banking, Housing and Urban Affairs）主席，民主黨參議員「克里斯・多德」（Chris Dodd）遂銜黨意，以前揭眾院通過的金改法案爲藍本，參考各方意見，向參議院提出一份厚達1336頁，強調「改善金融體系的責任歸屬與透明度，終結太大不能倒，以促進美國金融安定；停止紓困，保護金融消費者免於浮濫的金融服務，保障納稅人權益」的「2010年重建美國金融安定法案」（Restoring American Financial Stability Act of 2010）。[4]在此法律基礎上，兩黨代表幾經折衝，先後計有高達85回的修正版本，逐漸累積爲厚達1410頁的法案，終於在4月22日正式獲得預算局形式審查通過，得以法案編號S3217排入議程。[5]4月26日，該法案卻遭57：41票的表決結果被阻於議事程序（Test Vote）外，[6]又歷經討論增刪，法案全文已達1566頁，直到5月5日，才在兩黨妥協後獲得跨黨派支持，就已具共識之法案內容—即排除500億美元「緊急紓困基金」（$50 billion Emergency Pool）規定—以93：5票的懸殊表決結果，通過部分修正條文。[7]

如此政治氛圍，執政的民主黨面臨醫療改革的批評聲浪，衡諸法案中仍多重大爭議，美國兩大政黨若能捐棄成見、彙集共識，通過參院目前民主黨席次不及投票門檻（Filibuster）[8]的現實考驗；原以爲2010年7月21日經歐巴馬正式簽署的金融改革法案能夠力挽狂瀾，不料仍難挽救2010年11月國會改選失利的結果。一般預料該法案將對美國、乃至世界金融體制都造成深遠影響，學理與實務都誠有多予瞭解的必要，本文爰擬以美國行政及立法部門前後所頒布的金改法案版本，擇其較具爭議的修正重點進行比較評析，盼能對台灣未來的金融法制與監理，如何因應修正，提供角落之見，以爲實務參考。

---

[4] *See* http://thomas.loc.gov/cgi-bin/bdquery/z?d111:h.r.04371:; last visited on March 11, 2011.

[5] *See* the Official Website of the US Congressional Buget Office.

[6] *See* Marc Perton, "*Financial Reform Bill Stalls in Senate*," the Consumerist, April 26, 2010.

[7] *See* Victoria Mcgrane and Michael R. Crittenden, "*Senate Strikes Deal on Failing Financial Firms*", Wall Street Journal, April 26, 2010.

[8] 有關美國國會政黨投票門檻（Filibuster），涉及對於法案的通過與否的評估與預測，請參考網頁說明，available at http://en.wikipedia.org/wiki/Filibuster; last visited on March 11, 2011。

貳、改革

一、法制建構

整體金融改革的法案架構，原係先由民主黨眾議員Barney Frank於2009年12月2日提案，經眾議院通過後；再由參議員Christopher Dodd於2010年3月15日在參院提案。嗣經美國「國會預算局」（Congressional Budget Office）於2010年4月22日審查通過，納編爲參院S3217號的金改法案，究其法律結構，眾院提案初版其實是由分別監管不同金融實務運作的改革法案所輯合組成。該版法案內容嗣經參院於2010年5月20日以59票對39票的比數通過。爲利金改法制的整體瞭解，爰就該法案初版內容所述的基本架構與所涉意旨，摘要臚列如次：

1. 金融安定法案（Financial Stability Act of 2010）

該法案中倡議由財政部長擔任主席，負責籌設並召集主要金融監理機關負責人共同組成「金融安定監督委員會」（FSOC--Financial Stability Oversight Council），[9]藉由定期性（每兩月一次）會議方式，檢視美國金融業的營運風險，促進市場紀律及立即回應對於金融安定造成威脅的系統性風險（Systemically Important Risk）。不料，近期傳出不同監理單位對於應納入高風險機構的認定範圍出現迴異的看法。簡言之，聯邦存款保險機構（FDIC）主張應採從寬認定看法，即應擴大認定高風險機構的範圍（Broad Approach）；惟以聯邦儲備銀行與財政部爲主的監理單位則主張應予從嚴認定，認爲應縮小認定構成高風險機構的範圍[10]。觀察家認爲金融產業動員驚人資源對主管機關進行說明及遊說，顯然已經產生了一定的效果。[11]

---

[9] Sec. 111. FINANCIAL STABILITY OVERSIGHT COUNCIL Estalished, S3217, at 22.

[10] *See* Tom Braithwaite in Washington, "*US Regulators divided on systemic risk list*", Financial Times, April 3, 2011.

[11] *Id.*

2. **促進金融機構穩建經營法案**（Enhancing Financial Institution Safety and Soundness Act of 2010）[12]

推動聯邦儲貸局（OTS-Office of Thrifts Supervision）的組織與人員，併入財政部金融局（OCC-Office of the Comptroller of the Currency）與存款保險機構（FDIC），以簡化監理成本，避免功能上的疊床架屋。

3. **私募基金投資顧問登記條例**（Private Fund Investment Advisers Registration Act of 2010）[13]

調整現有關於投資顧問（Investment Advisers）管理資產應予列管的法律門檻要件（Asset Threshold），並要求對沖基金與私募基金應比照調整後的投資顧問規範，適用登記規定予以列管，以彙整系統性風險市場資訊。

4. **全國保險總署組織條例**（Office of National Insurance Act of 2010）

在財政部轄下新設「聯邦保險局」（Office of National Insurance）[14]，由中央綜合考量各州政府保險監理單位間的法規落差，避免發生監理套利，並集中蒐集各州保險公司營運資訊，俾能及早發現系統性風險。

5. **非立案保險公司及再保險法案**（Non-admitted and Reinsurance Act of 2010）[15]

對於非立案保險費相關稅賦之申報、支付與分配建立程序，並規範再保險額度及合約。

6. **銀行及儲貸控股公司與收受存款機構監理改革法案**（Bank and Savings Association Holding Company and Depository Institution Regulatory Improvements Act of 2010）[16]

提出修正聯邦存款保險法規及銀行控股公司法，擬將現有銀行控股公司轄

---

[12] TITLE III-TRANSFER OF POWERS TO THE COMPTROLLER OF THE CURRENCY, THE CORPORATION, AND THE BOARD OF GOVERNORS, S3217.

[13] Title IV, Regulation of Adviser to Hedge Fund and Others , Sec. 402, S3217, at 372.

[14] Sec. 502. ESTABLISHMENT OF OFFICE OF NATIONAL INSURANCE, S3217, at 390.

[15] Sec. 531. Regulation of credit for reinsurance and reinsurance agreements, S3217.

[16] Sec. 341. Termination of Federal savings associations, S3217.

下適用聯邦存款機構法規的信用卡融資金融機構（Credit Card Banks）、產業融資公司（Industrial Loan Companies）及其他公司組織，「排除」渠等適用聯邦存款保險體系之適格。

7. **店頭衍生性商品法案**（Over-the-Counter Derivatives Markets Act of 2010）[17]

推動證券主管機關——證管會（SEC）與期貨主管機關——期管局（CFTC）的合作，共同監理店頭市場衍生性金融商品（Over-the-Counter Derivatives Markets）。

8. **支付、結算與清理監管法案**（Payment, Clearing, and Settlement Supervision Act of 2010）[18]

(a)由前揭金融安定監理委員會（FSOC）負責，建構一套關於特定風險集中、可能引發系統性風險的金融市場活動之支付、結算與清理機制；

(b)修正1934年證交法，設立「投資人諮詢委員會」（Investor Advisory Committee）及「投資人保護局」（Office of the Investor Advocate）；[19]

(c)授權證管會得限制強制性爭端仲裁（Mandatory Predispute Arbitration）並制訂吹哨人（Whistleblower）誘因與保護；[20]

(d)修正現行關於統計評等機構（Statistical Rating Organization）透明度（Transparency）與「問責」（Accountability）機制的法規。

9. **金融消費者保護法案**（Consumers Financial Protection Act of 2010）[21]

(a)在聯邦儲備理事會轄下設立金融消費者保護局（Bureau of Consumer Financial Protection），藉由聯邦法律位階，加強規範金融消費商品或服務；

(b)藉由修正「信用平等條例」（Equal Credit Opportunity Act）與「聯邦儲

[17] Sec. 731. REGISTRATION AND REGULATION OF SWAP DEALERS AND MAJOR SWAP PARTICIPANTS, S3217, at 642.

[18] TITLE VIII-PAYMENT, CLEARING, AND SETTLEMENT SUPERVISION, S3217.

[19] Sec. 914. Office of the Investor Advocate, S3217, at 951.

[20] Sec. 922. Whistleblower protection, S3217, at 977-995.

[21] TITILE X, BUREAU OF CONSUMER FINANCIAL PROTECTION, S3217.

備法」（Federal Reserve Act），在該局轄下成立「公平借貸及平等機會」辦公室（Office of Fair Lending and Equal Opportunity）；

(c)「金融教育推廣」辦公室（Office of Financial Literacy）；[22]

(d)「金融消費者諮詢」機構（Consumer Advisory Board）。[23]

10.**改善訪察大型金融機構法案**（Improving Access to Mainstream Financial Institutions Act of 2010）[24]

(a)授權財政部長建構一以合作、補助聯邦收受存款機構等方式，加強中、低收入戶於加入聯邦存款保險之金融機構開立往來帳戶，以滿足渠等資金需求的長期規劃方案；

(b)加強瞭解前揭開立帳戶時之相關約款是否公允（the provision of accounts on reasonable terms）。

金改法案立法過程中，更經歷了多次政黨協商，法案內容也因此多所調整，職掌國會法案彙整的美國「國會圖書館」（Library of Congress）所屬「湯瑪斯」（Thomas）檔案資料庫，嗣於2010年6月29日建立法案檔名時，正式將法案名稱以參、眾兩院之原始提案人的姓氏，確定為「達德、法蘭克－華爾街改革及消費者保護法」（Dodd-Frank Wall Street Reform and Consumer Protection Act）。法案內容也作了諸多增刪，由原本的10章擴大為16個章，篇幅更增加為超過2000頁的超級包裹式立法案。經過法案工作人員初審，全案再送入「參、眾聯席會議」（Joint Conference Committee）協商定稿後，終於先獲得眾院於6月30日以237票對192票表決的比數，及參院後於7月15日再以60票對39票表決的比數通過法案全文；最後，經歐巴馬總統於7月21日正式簽署生效。[25]

這部厚達2319頁的金融法案，除了主要仍然延續參院S3217法案版本的規範主軸外，更增加了諸如：(1)指定「專門債務清理機關」（Orderly Liquidation

[22] Sec. 916. Study Regarding Financial Literacy Among Investor, S3217, at 965.

[23] Sec. 911. Investor Advisory Committee established, S3217.

[24] TITLE XII-IMPROVING ACCESS TO MAINSREAM FINANCIAL INSTITUTIONS, S3217.

[25] *See* the GPO Public Law 111-203, available at http://www.gpo.gov/fdsys/pkg/PLAW-111publ203/pdf/PLAW-111publ203.pdf, last visited on March 25, 2011.

Authority）[26]；(2)訂定限制銀行業務範圍的「伏克爾條款」（Volcker Rule）[27]；(3)追償薪酬法（Pay It Back Act）[28]；(4)抵押制度改良與防制掠奪性借貸法（Mortgage Reform and Anti-Predatory Lending Act）等幾項具開創性的規定，迨皆具有實務上的指標效用。

二、伏克爾條款vs.限制銀行業務

「從沒有過這麼少人卻虧欠了這麼多人的錢」（Never Has So Much Money Been Owed by So Few to So Many）。英國英格蘭銀行（Bank of England）總裁「默文・金」（Chairman Mervyn King），於2009年10月間接受主流財經平面媒體The Independent Business, London專訪時，援引英國前首相丘吉爾於二次世界大戰時的名言，提出如此警語，[29]反應了人們對於金融投機引發鉅損風暴的沉重憎惡。這位英國重量級金融大老甚至認爲，商業銀行應僅限於提供「核心業務」（Utility Banking）的服務，限縮欠缺特許金融業務正當性的「投機業務」（Casino Banking）。[30]國際間民氣高漲若此，迭遭質疑造成交易市場過度信用擴張的衍生性金融商品（Financial Derivatives），例如紅極一時的「債權擔保憑證」（Collectoralized Debt Obligation-CDO）[31]、「信用違約交換」（Credit Default Swap-CDS）[32]等商品，遂被媒體強力塑造爲造成金融風暴的元

---

26 TITILE II-ORDERLY LIQUIDATION AUTHORITY, DODD-FRANK ACT.

27 TITILE VI-IMPROVEMENTS TO REGULATION, DODD-FRANK ACT.

28 TITLE XIII-PAY IT BACK ACT, DODD-FRANK ACT.

29 *See* James Moore, Mervyn King: ‘Never has so much money been owed by so few to so many’, the Independence Business, London, Oct. 21, 2009., available at http://www.independent.co.uk/news/business/news/mervyn-king-never-has-so-much-money-been-owed-by-so-few-to-so-many-1806247.html, last visited on March 12, 2011.

30 *See* Stephanie Flanders, “Governor warns bank split needed”, BBC News, Oct 20, 2009, available at http://news.bbc.co.uk/2/hi/8317200.stm, last visited on March 12, 2011.

31 所謂「擔保債權憑證」基本上係一尚未立法規範，而以資產擔保證券發行方式所建構的私法契約，並依資產的固定收益為基礎，連動計算損益的一種衍生性金融商品。申言之，金融實務上大型投資銀行在房貸交易完成後，通常將房貸債權「證券化」（securitized），用以包裝發行「不動產抵押擔保債券」（Mortgage-backed Securities--MBS），然後再將MBS組合成CDO銷售，因此當次級房貸面臨惡化之際，CDO市場首當其衝的受到連鎖性影響。

32 所謂「信用違約交換」係指約定由買方支付賣方固定費用，以換取賣方於買方發生違約時負

兇，順理成章的當選爲首批送上斷頭台的金融戰犯，導致交易量出現鉅幅萎縮現象。

2010年1月21日，美國總統歐巴馬，剛歷經兩天前麻州參議員選舉結果，民主黨遭逢重大挫敗的政治壓力下，爲挽救頹勢聲望，遂偕同重要財經幕僚，在白宮會議室發表了「美國納稅人將不再被『太大不能倒』的銀行勒贖」（Never Again Will the American Taxpayer be Held Hostage by a Bank that is 'Too Big to Fail'）的豪語，並公開宣布了舉世矚目的限制大型銀行業務方案。[33]美國輿論普遍認爲此舉顯示，歐巴馬政府已由2009年6月財長「提姆斯・蓋斯納」（Timothy Geithner）所提出的溫和（鴿派）金改架構，改採美國聯準會（FRB）前主席「保羅・伏克爾」（Paul Volker）所提出的強勢（鷹派）金改路線。姑且不論歐巴馬政府是否具有推動改革所需的政治實力，檢視政策內容對於大型銀行業務諸多設限，衡諸國際金融高度聯動（Highly-interconnected）的現實，全球金融產業勢必都將受其牽連。如此高度受到矚目的改革議題，媒體遂援用歐巴馬以人命名的用語而謂之爲「伏克爾條款」（Volcker Rule），並且正式納入後來通過的改革法案的第6章第619條規定之中。[34]

立法技術上，該條文提出以增訂「1956年銀行控股公司法」第13條、第13a條的立法方式，[35]實踐「伏克爾條款」的規範效果。其中關於禁止銀行從事自營交易（Proprietary Trading）部分，適用經主管機關認定爲構成「適格聯邦金融機構」（Appropriate Federal Banking Agency）之所有參加存款保險的國內、外金融機構及其控股公司；包括在美設立分支機構之外國金融機構、商業融資公司及其從屬公司。但該法第4(c)(9)、4(c)(13)條所設豁免適用情形，則不在此限。至於「自營交易」的範圍，係指經由銀行自己交易戶頭所取得或處分

擔賠償風險的一種衍生性金融商品。高盛銀行控股公司近來所涉及的證券詐欺案中，目前法律文件所揭示交易內容，更得窺此種「財務高槓桿」性質的金融商品實有加以規範的必要。進一步細節仍請參考美國證管會起訴書狀SEC vs. Goldman Saches & Co., and Farbrice Torrie（Complaint 10-CV-3229, filed on April 16, 2010）所示。

[33] *See* The White House Blog, Jan. 21, 2010.

[34] To be exact, Article 619, texts please refer to the Dodd-Frank Act.

[35] 按修正前的美國銀行控股公司法只有12條規定。請參考Richard Scott Carnell, Jonathan P. Macey, Geoffrey P. Miller, The Law of Banking and Financial Institutions, Aspen Publishers, Wolters Kluwer, at 217-257 (2008).

股票、債券、選擇權、商品期貨、衍生性金融商品或其他金融商品之情形。但以客戶名義、或從事造市業務（Market Making Activities）、或爲促進與客戶間關係，從事與前揭交易相關的避險，則不在此限。有關禁止銀行「贊助」（Sponsoring）或「投資」私募股權基金或避險基金方面，明文規定依投資公司法第3(c)(1)或3(c)(7)條豁免適用登記的投資公司或其他法人，以及認定構成適格聯邦金融機構的類似基金，都列入銀行業務往來禁止之列。至於「贊助」的定義，則包括擔任基金的合夥人、管理階層或受託人身分，有權選定或控制基金的董事、受託人或管理階層，與基金共用名稱等情形在內。但擔任具獨立管理機制的基金投資顧問，或投資「公共福利性質」（Public Welfare）基金，則不在此限。應値注意者，前揭自營交易中得享銀行控股公司法第4(c)(9)、4(c)(13)條所設豁免適用情形，在此則不能準用。此外，禁止包括參加存保的銀行或儲貸機構、銀行控股公司、直接或間接控制參與存保的銀行或儲貸機構之公司、在美設有分行之外國銀行或商業融資公司、外國銀行適格爲美國銀行控股公司，或其他受聯準會監管之非金融機構在內之金融公司（Financial Company），藉由併購取得其他金融機構後，造成存續公司以前一會計年度計算之負債，超過全體金融機構負債總額的十分之一之情形。

「伏克爾條款」堪稱是本次美國金改法案中引起業界爭論最多的條文，正反意見都曾透過主流媒體探討辯證。去年7月法案通過立法時，法案中的第619條並設有要求「聯準會」需於2011年2月前，完成法規預告程序訂出供業界遵循伏克爾條款的「施行準則」（Final Rule Regarding the Conformance Period for the Volcker Rule一簡稱「施行準則」（Final Conformance Rule））。[36]該「施行準則」旨於將立法通過後各界的批評意見都盡量納入酌予修正，至於授權聯準會得對於「不能變現資金」（Illiquid Funds）予以延展的權限則仍然受到相當的限制。以下謹就2011年2月9日聯準會所頒「施行準則」中，聯準會得爲裁量之部分規定摘述如次：

• 擴大「不能變現資產」（Illiquid Asset）的定義，將約定限制三年以上

[36] *See* Conformance Period for Entities in Prohibited Proprietary Trading or Private Equity Fund or Hedge Fund Activities. 12 CFR Part 225, Regulation Y, docket No. R-1397.RIN No. AD 7100-58. Feb. 9, 2011.

不得買賣或贖回的資產也納入；[37]

- 將避險基金（Hedge Fund）或私募股權基金（Private Equity Fund）可能「依約承諾」（Contractually Committed）主要投資（Principally Invest in）於「不能變現資產」，或「依約負擔」（Contractually Obligated）投資或持續投資於基於書面授權代理發行的資產（Fund Based on Written Representations in Offering Materials）也納入；[38]
- 施行期限屆至前，金融機構得申請延展（自90日至180日）適用施行準則，並授權聯準會得於收到完整表冊（Complete Records）後九十天內爲准駁；
- 刪除因施行期間屆滿而不適用受到「轉讓限制」（Restriction on Transfer）致不能變現資產成爲可以變現的規定；[39]
- 允許2010年2月28日至2010年5月1日間，依美國一般通用會計準則（GAAP）或其他可接受的會計準則（Other Applicable Accounting Standards），編製財務報表，憑以決定是否列入「主要投資不能變現資產」（Principally Invested in Illiquid Assets）之範圍內；[40]
- 增訂聯準會得於機構提出延展適用期限之申請時，將遵期與否所造成銀行與非利害關係（Unaffiliated）交易客戶（Client）、顧客（Customer）[41]或對造當事人（Counterpart）間「實質利益衝突」（Material Conflict of Interest）之情形，都列入斟酌；[42]
- 澄清「聯準會」對於銀行撤出「不能變現資產」前，是否已盡「合理的最大努力」（Reasonable Best Efforts）取得「非利害關係」（unaffiliated）之「贊助人」（sponsor）或「投資人」（investor）同意，將認定

---

[37] Overview of the proposed rule, *Id.*, at 5-6.

[38] Extension of the Conformance Period, *Id.*, at 6.

[39] Proposed Rule 225.18(b).

[40] *Supra* note 36., at 11.

[41] 關於「客戶」Client與「顧客」Customer的區別，請參見網路上探討：available at http://www.elegantatlantahomes.com/ClientvsCustomer.htm; http://www.differencebetween.net/business/difference-between-client-and-customer/, last visited on April 11, 2011.

[42] *Supra* note 40., at 11.

爲「不合理要求」（unreasonable demands）。[43]

在伏克爾條款上路之際，不能忽略的批評聲音，首推前任美國聯準會主席葛林斯班（Alan Greenspan）於2011年3月29日，在重量級財經媒體——英國金融時報（Financial Times）——特別撰文指出，美國金融監理單位所推出一系列的金改相關法令，將因不可預知的負面命運而困擾不已（be bedeviled by unanticipated adverse outcomes），特別是要求美國銀行全球營業都要遵循伏克爾條款，勢將許多外匯衍生性金融商品推往國外，轉入其他市場，影響美國銀行業的競爭力。[44]

三、衍生性金融商品

2010年4月15日，美國證管會（SEC）針對「高盛銀行控股公司」（Goldman Sachs BHC，前身即高盛投資銀行）在2008年金融風暴中，涉及利用以房貸爲基礎資產所發行的「債權擔保憑證」（CDO）一特定衍生性金融商品，疑似以「對賭」方式（Double-dealing）與客戶進行交易，構成美國1934年證交法上資訊揭露不完整的「證券詐欺」（Securities Frauds）行爲，分別提出刑事追訴與民事求償。公布次日，高盛股價市值蒸發了120億美元，更由於本案牽涉全球著名金融機構的營業聲譽，德國工業銀行（IKB Deutsche Industriebank AG）與美國證交所（NYSE）相繼對該公司提告，[45]遑論歐美各國面對衍生性金融商品，究應如何立法規範，彼此之間步調不一的燙手問題，後續發展當然舉世矚目。雖然該案最後以達成「行政和解」收場，但所涉及的法律問題，卻引起金融法律實務界的諸多討論。對於箭在弦上的美國金改法案，恰好給予金融風暴中的民怨找到了「師出有名」的藉口。歐巴馬更「政治正確」（Politically Correct）的公開宣示，要讓衍生性金融商品交易不再黑暗[46]。

---

[43] *Id.*, at 12.

[44] *See* Alan Greenspan, "*Dodd-Frank fails to meet test of our times*", Financial Times, March 29, 2011.

[45] *See* Zachary A. Goldfarb, "*SEC accuses Goldman Saches, Fabrice Tourre of defrauding investors,*" Washington Post, April 17, 2010.

[46] *See*, Ross Kerber, Dan Wilchins, Pedro Nicolaci da Costa "*Obama Says Can't Have Derivatives*

2009年12月眾院通過的金改法案（HR 4173）版本中，已針對包括股權與避險性質的「私募基金」，藉由「私人交易」之名，規避1933年證券法第4(d)條、1940年投資公司法、1940年投資顧問法第203條等構成要件的法律漏洞予以封鎖，而納入該法案第三章標題「店頭市場衍生性商品交易法案」（Over-the-Counter Derivatives Markets Act）中，[47]藉由加強揭露（Disclosure）與建構「信用評等機構」（CRA-Credit Rating Agency）監理新制，[48]藉以加強管制，而在S3217法案中更進一步提出幾項主要改革重點：

1. 加強店頭市場衍生性商品（OTC Derivatives）的管制；
2. 建立店頭市場衍生性商品集中結算（Clearing）及交易機制；[49]
3. 交換契約（SWAP）的交易商（Dealer）及參與者（Participants）都須遵循新的資本規定（Capital Requirements）；
4. 避險基金（Hedge Funds）須比照「投資顧問」（Investment Adviser）地位，向證管會（SEC）登記，並揭露交易的投資組合（Portfolio）；[50]
5. 「投資顧問」向聯邦主管機關申請許可的資產門檻，從2500萬提高至1億美元，咸信因此轉向州政府申請的案件預計將增加28%。[51]

以上諸多規定究竟基於如何的論述發想？合理的解釋迨多會指向雷曼兄弟投資銀行於2008年9月15日依美國破產法第十一章規定，向紐約南區法院聲請重整（Reorganization）時，導致所有債權人陷於債務不履行危機；全球股市更由於該公司持有衍生性金融商品部位，相繼以證券化（Securitization）包裝金融交易風險，呈現「高槓桿操作」（High Leveraging）的「連動」（Interconnected）外觀，當違約不能履行時遂產生倍數相乘的鉅額風險，引發連鎖性交易崩盤。基此，衍生性金融商品的交易清算機制不夠透明，因此成爲所有事後檢討金融風暴事件的主要禍首，催生此起彼落從嚴規範的撻伐聲

Market Operating in Dark, Needs to Operate in Light of Day", Reuters New York, May 4, 2010.

[47] *Title Iii-derivative Markets Transparency and Accountability Act*, HR4317.

[48] Sec. 936. Qualification standards for credit rating analysts, S3217.

[49] Sec. 725. Derivatives clearing organizations, S3217.

[50] Sec. 410. STATE AND FEDERAL RESPONSIBILITIES; ASSET THRESHOLD FOR FEDERAL REGISTRATION OF INVESTMENT ADVISERS, S3217, AT 386.

[51] *Id*.

浪。但，根據具有多年實際參與操作衍生性金融商品經驗的專家特別指出，推倒雷曼兄弟投資銀行的最後一根稻草，其實直接怪罪該公司當時所持有衍生性金融商品本身或者交易機制，過於簡化問題，並非公允。經過深入調查之後，其實應歸究於當時市場環境受限於商品交易喪失流動性（a Sharp Lack of Liquidity）以及公司經營階層對於當時美國破產法規關於涉及商業不動產抵押與貸放（經由證券化包裝交易風險方式）的高槓桿操作業務，並無對應的（清算）規範，卻仍然承作的不當商業決策（Poor Management Choices Relating to Its Commercial Real Estate, Mortgage, and Leverage Loans Business—Areas the U.S. Bankruptcy Code Cannot Affect.），恐怕才是引發漫天金融峰火的主因。[52]事後諸葛的現在看來，似乎更能發人深省。

四、金融消費者保護[53]

原先眾院通過的金改版本（HR4173）所提出的構想，是將金融消費者保護工作以預算獨立方式，新設「聯邦金融消費者保護署」（CFPA--Consumer Financial Proction Agency），[54]但遭遇銀行產業極大的反對，妥協之後的參院版本（S3217）則已修正爲在「聯準會」轄下成立「金融消費保護局」（BCFP-Bureau of Consumer Financial Protection），[55]除機構位階明顯降低外，經費來源也多有限制，但仍保有相當獨立性。此外，關於金融消費保護機構的組成也出現不同，在眾院版本中原設定有五席由總統提名、參院同意的委員組成「金融消費者保護委員會」（Consumer Financial Protection Oversight Board），並且下設「處長」（Director）負責專業法規的擬訂；但在參院版本中卻不見如此委員會之設置，反而另提出設立「金融教育推廣局」（Office of Financial Literacy）的構想，[56]但相關作業細節，則待主管機關於立法通過後兩

[52] *See* Kimberly Anne Summe, System Risk in Theory and in Practice, reprinted in Kenneth E. Scott, Geoge P. Shultz, John B. Taylor, ENDING GOVERNMENT BAILOUTS-AS WE KNOW THEM, Hoover Institution Press, Stanford University, 1st Printing, California, at 81. (2010)

[53] TITLE X-BUREAU OF CONSUMER FINANCIAL PROTECTION, S3217.

[54] Sec. 1104, HR 4317, at 831.

[55] Sec. 1011, S3217, at 1206.

[56] Sec. 916. STUDY REGARDING FINANCIAL LITERACY AMONG INVESTORS, S3217, at 965.

年內另以辦法定之。

此外值得注意者，迨爲關於「客訴」（Complaints）的監理新制，除由中央位階主管機關設立金融消費申訴專線，藉以蒐集並核對終端消費者使用服務的不同聲音，並得據金融消費客訴作爲進一步金融監理處置上的參考。[57]易言之，若某金融機構遭到消費者客訴的頻率密度過高，監理機關得合理懷疑該金融機關的服務品質不良，並據以增加對於該機構的金融檢查，以收示警之效。此外，包括資產逾100億美元之銀行、非銀行投資公司、信合社等金融機構也都需接受該局的業務檢查，[58]可謂大幅擴張了該機構的業務管轄範圍，恐怕也因此遭致銀行業極度的不安與抗拒。

但由於金融消費者保護機構之設，講求事權統一與效率，遂引發與所涉其他金融監理機關間的「地盤戰爭」（Turf Battle）。舉例而言，傳統上金融詐欺、廣告不實等重大金融民、刑事案件，迨由各地檢察機關（District Attorney），或由「聯邦交易委員會」（Federal Trade Commission）享有優先管轄權；但金改以後則將由新設的金融消費者保護機關統一受理，優先作出行政處置，再視必要協調其他機關協助辦理。業務管轄權限的重分配當然影響各主管機關間的資源配置，或許也爲消費者保護機構的誕生埋下變數。[59]

五、金融監理

由於本次金改法案針對金融監理事權整合部分著墨最多，當然也引起監理機關權限的大幅調整，爲利說明，謹就法案前後所涉管制範圍的規定臚列如次：

[57] Sec. 1034. RESPONSE TO CONSUMER COMPLAINTS AND INQUIRIES, S3217, at 1299.

[58] Sec. 115. ENHANCED SUPERVISION AND PRUDENTIAL STANDARDS FOR NONBANK FINANCIAL COMPANIES SUPERVISED BY THE BOARD OF GOVERNORS AND CERTAIN BANK HOLDING COMPANIES, S3217, at 42.

[59] *See* Abigail Field, "*The war over consumer financial protection intensifies*," May 3, 2011, CNN Money.com, available at http://finance.fortune.cnn.com/2011/05/03/the-war-over-consumer-finance-protection-intensifies/, last visited on May 3, 2011.

1. 管轄權的重分配[60]

經由功能性監理的發想，透過機構別重劃管轄權分配，謹摘述如下：

a. 聯準會：資產逾500億美元金融機構[61]；

b. 聯邦存保機構：負責監理資產未逾500億美元之銀行控股公司，「州立案」銀行及社區性金融機構；

c. 財政部金融局：負責監理資產未逾500億美元之「聯邦立案」金融機構。

2. 整併聯邦金融監理，將聯邦儲貸局（OTS）併入財政部下的金融局（OCC）[62]

3. 保留聯邦與州政府的金融「雙軌監理」體系（Dual System）

4. 強化聯邦儲備銀行功能[63]

a. 提高聯邦儲備銀行紐約分行（New York Federal Reserve Bank）的位階。

b. 限制儲備體系成員享有對於聯邦儲備銀行主席的任命同意權，以避免可能產生的利益衝突（Conflicts of Interest）。

c. 國會會計署（General Accounting Office）有權對於聯準會依修正後的聯邦儲備法第13(3)條授予的「緊急借貸權」（Emergency Lending Facility）[64]

---

[60] Sec. 113. Authority to require supervision and regulation of certain nonbank financial companies; Sec. 115. Enhanced supervision and prudential standards for nonbank financial companies supervised by the Board of Governors and certain bank holding companies., S3217, at 33, 42.

[61] 統計資料顯示目前約有35家金融機構將納入管轄範圍。請參考美國聯準會統計資料網頁http://www.federalreserve.gov/econresdata/releases/statisticsdata.htm, last visited on March 10, 2011.

[62] *See* Sec. 313. Abolishment, S3217.

[63] Sec. 165. Enhanced supervision and prudential standards for nonbank financial companies supervised by the Board of Governors and certain bank holding companies.；also See Sec. 161. Reports by and examinations of nonbank financial companies supervised., S3217.d of Gov

[64] 12 USC 343. As added by act of July 21, 1932 (47 Stat. 715); and amended by acts of Aug. 23, 1935 (49 Stat. 714) and Dec. 19, 1991 (105 Stat. 2386.)由於該條文即係學說上所稱美國居央行地位之聯準會「緊急借貸權」的法律依據，為利整體瞭解，謹轉錄現行條文如次供參"In unusual and exigent circumstances, the Board of Governors of the Federal Reserve System, by the affirmative vote of not less than five members, may authorize any Federal reserve bank, during such periods as the said board may determine, at rates established in accordance with the provisions of section 14, subdivision (d), of this Act, to discount for any individual, partnership, or corporation, notes,

之行使，進行查核。

針對美國金改法案，美國金融法權威學者則語重心長的指出，現階段美國金融市場監理的核心問題，並不在於主管機關欠缺足夠的監管權力，而在對於未知金融情勢的預見與判斷（Lack of Foresight and Judgment about the Unexpected）。[65]如此警語，對於遙遠的台灣，發人深省。

六、「紓困基金」（Bailout Fund）[66]與「債務清理」（Orderly Liquidation Authority）[67]

針對「太大不能倒」的迷思，造成金融危機中政府總是被系統性風險的疑

---

drafts, and bills of exchange when such notes, drafts, and bills of exchange are indorsed or otherwise secured to the satisfaction of the Federal Reserve bank: Provided, that before discounting any such note, draft, or bill of exchange for an individual, partnership, or corporation the Federal reserve bank shall obtain evidence that such individual, partnership, or corporation is unable to secure adequate credit accommodations from other banking institutions. All such discounts for individuals, partnerships, or corporations shall be subject to such limitations, restrictions, and regulations as the Board of Governors of the Federal Reserve System may prescribe. "

65 *See* Kenneth. E. Scott, "The Financial Crisis", appendix article that was compiled in the book titled Ending Government Bailouts-As We Know Them, Hoover Institution Press, Stanford University, California, at 310. (2010)

66

Top Bailout Funds Recipients (As of March 15, 2011)

Recipients: 933 Total Committed: $619,041,275,644 Total Disbursed: $563, 605, 335, 315; Total Returned: $237,425,409,930

Name	Type	State	Amount Committed	Revenue to Gov't
Fannie Mae	Government-Sponsored Enterprise	D.C.	$90 B disbursed	$10 B
AIG Received other federal aid. Click to see details.	Insurance Company	N.Y.	$2 B returned / $68 B disbursed / $70 B committed	$0
Freddie Mac	Government-Sponsored Enterprise	Va.	$64 B disbursed	$10 B
General Motors	Auto Company	Mich.	$23 B returned / $51 B disbursed	$694 M

Name	Type	State	Amount Committed	Revenue to Gov't
Bank of America Received other federal aid. Click to see details.	Bank	N.C.	$45 B returned / $45 B disbursed	$5 B
Citigroup Received other federal aid. Click to see details.	Bank	N.Y.	$45 B returned / $45 B disbursed	$12 B
JPMorgan Chase	Bank	N.Y.	$25 B returned / $25 B disbursed	$2 B
Wells Fargo	Bank	Calif.	$25 B returned / $25 B disbursed	$2 B
GMAC (now Ally Financial)	Financial Services Company	Mich.	$16 B disbursed	$2 B
Chrysler	Auto Company	Mich.	$2 B returned / $11 B disbursed / $13 B committed	$489 M
Goldman Sachs	Bank	N.Y.	$10 B returned / $10 B disbursed	$1 B
Morgan Stanley	Bank	N.Y.	$10 B returned / $10 B disbursed	$1 B
Bank of America subsidiaries (incl. Countrywide)	Mortgage Servicer	Calif.	$206 M disbursed / $8 B committed	$0
FHA Refinance Program Fund	FHA Refinance Fund		$50 M disbursed / $8 B committed	$0
PNC Financial Services	Bank	Pa.	$8 B returned / $8 B disbursed	$745 M
U.S. Bancorp	Bank	Minn.	$7 B returned / $7 B disbursed	$334 M
Wells Fargo Bank, NA	Mortgage Servicer	Iowa	$158 M disbursed / $5 B committed	$0
SunTrust	Bank	Ga.	$5 B disbursed	$437 M
JPMorgan Chase subsidiaries	Mortgage Servicer	N.J.	$276 M disbursed / $4 B committed	$0
AG GECC PPIF Master Fund, L.P.	Investment Fund	Del.	$3 B disbursed / $4 B committed	$74 M

慮綁架，美國金改法案中創設了一系列的處理機制，希望能夠避免造成納稅人曝險（Taxpayer Exposure）。基此，謹就法案中涉及紓困基金與建構大型機構的債務清理程序部分，臚列說明如次：

1. 紓困基金（Bailout Funds）

最新的統計指出，美國政府於2009年爲協助陷於2008年金融危機的金融體系，所編列高達美金7000億的紓困基金（TARP），投入指標性財務困難的機構，確實在當時發揮了穩定市場信心的效果。經過兩年後，紓困基金所造成納稅人的負債總值，已經大幅降低，並且各機構財務狀況也多逐漸改善。[68]就統計數字所顯現的成效看來，當初設立紓困基金投入解決太大不能倒的問題，似乎差強人意。但國會所設專職監督紓困基金的「總稽核」（Special Inspector General）Neil Barofsky表示，紓困基金仍未根本性解決諸如AIG及CITI Group等大型金融機構，仍具有「太大不能倒」的「系統性顯著風險」（Systemically Important Risk），而且此等大型機構仍然與整體金融體系具有「高度風險聯結」（Interconnected to Be Allowed to Fail）。[69]此外，財政部負責紓困的高層官員Timothy Massad則表示，希望可以在未來兩年內，完成紓困基金尚應對於負債機構追討的1660億美元。[70]綜言之，美國金改法案雖尚有諸多細節法令還未發布上路，但整體而言，似乎並未解決公眾觀感上所認知，部分金融機構繼續取得現行美國政府爲擔保失敗金融（指存款保險）機制，所間接提供成本相對低廉的信用。[71]綜前所述，就不難理解爲何在國會立法協商

Source: Propublica, available at http://bailout.propublica.org/main/list/index, last visited on March 15, 2011. 關於媒體對於美國金改中所設「紓困基金」的批評，請參見Conn Carrol, "*The Dodd-Frank Bailout is Already Here*", The Foundry, The Morning Bell: Heritage Foundation, posted on August 13, 2010. http://www.laborunionreport.com/portal/2010/08/the-dodd-frank-bailout-is-already-here；last visited on April 11, 2011.

[67] *See* TITLE II-ORDERLY LIQUIDATION AUTHORITY, S3217.

[68] *See* David Lawder and Rachelle Younglai, "TARP Program could Turn Profit-US Watch Dog," Reuters, January 26, 2011. Available at http://www.complinet.com/dodd-frank/news/articles/article/tarp-programs-could-turn-profit-us-watchdog.html, last visited on April 12, 2011.

[69] *Id.*

[70] *Supra* note 68.

[71] *Id.* 原文係以"The Dodd-Frank financial reform bill appears not to have solved the perception prob-

時，500億的緊急紓困基金構想，被排除在最後通過的終局版本中，而未能納入金改法案。

2. **成立「清算小組」**（Orderly Liquidation Authority Panel）[72]

眾院版中原設有「促進清理機關」（Enhanced Dissolution Authority）[73]的專章規定，但在政黨協商時未獲多數支持。參院所提出的民主黨版本中，則以美國德拉瓦州破產法院中（US Bankruptcy Court for the District of Deleware）現有運作多年，迭獲好評的「清算小組」，倡議藉由該小組經驗協助大型機構之債務清理，但需接受美國聯邦法院秘書處（Administrative Office of US Courts）及財政部金融局長（Comptroller General）的共同監督，並由兩監督機關定期評估清算小組的績效表現，作爲進一步制度化的參考。比較先後版本設計本旨，實質上差別不大，都在定位一個專責處理大型企金機構的債務清理，以降低社會由於渠等機構退場所遭受的鉅大衝擊與政治成本。惟該機制的實際成效如何，仍有待於金改法案授權訂定的相關法令頒布後才能進一步具體評估。

參、結語

金融危機，對於資本主義的未來產生了一定的影響。沸騰的公憤，更對正在悄悄滋生蔓延的社會主義作出嚴厲的警告。[74]甚至有網路論者借用回教徒在中世紀殺戮西方文明的畫作引爲譬喻，暗指整個西方資本主義因爲金融風暴造

lem as institutions continues to enjoy access to enjoy cheaper credit based on the existence of the implicit government guarantee against failure."

[72] Sec. 202. ORDERLY LIQUIDATION AUTHORITY PANEL, S3217, at 115-126.

[73] *See* TITLE I-FINANCIAL STABILITY IMPROVEMENT ACT; Subtitle G-Enhanced Dissolution Authority; Sec.1601-1617, HR 4317, (2010).

[74] 安德魯、羅斯、索爾金著，潘山卓譯，「大到不能倒—金融海嘯內幕真相始末」，經濟新潮社，2010年9月16日出版，第631-632頁。原文請參見Andrew Ross Sorkin, Too Big To Fail-The Inside Story of How Wall Street and Washington Fought to Save The Financial System-and Themselves., Andrew Numberg Associates International Limited, 1st ed., 2009.

成強烈的階級剝奪感，已經產生了根本性的信仰動搖。[75]

金融危機後，網羅許多重量級學者，對於金融改革表達意見的創作中，保羅・伏克爾的叮嚀—讓商業銀行單純扮演傳統銀行角色，資本市場的參與機構則應在盈虧自負的基礎上，與銀行業務有所分際（Let's Let Commercial Banks Be Commercial Banks. Let's Let Capital Market Institutions Do Their Things in Capital Markets, Essentially Unprotected）—就格外引起美國金融產業的注意，更值得台灣的金融監理思考。[76]

美國金融改革，是一場「百姓街」（Main Street）對抗「華爾街」（Wall Street）的傳統大戲。浪子回頭的戲碼，各國輪流上映，只是劇本了無新意，佈景陳舊不堪，演員不夠敬業，觀眾叫罵不斷，票價還持續上漲。

金融套利投機，企業斷炊難續；反之，企業貪婪枉法，金融連帶受累。產業需銀兩拼鬥，銀兩賴金融活絡，「金流」關乎「物流」給付，「物流」成就「金流」消長；好比血液之於人體，不可或缺。宛如紅花綠葉，相互幫襯。

但產金之間股權流串，利害關係沆瀣一氣，交易多見利益衝突，股民終究失去信心。歐美產金敗象漸露，足爲儆醒適例。面臨競爭的台灣市場，尤應記取發達國家的前車之鑑，爲已經來襲的國際熱錢吞吐，立下遏止投機的嚴明紀律，讓企業有健全的血液供輸，攀高成長；金融也有厚實大樹可靠，向下扎根。

政府，這個不得已的公共事務處理機制，值此金融局勢多變之際，就該以公益爲念，推動避免企金發生系統性風險的法制建構。[77]歸根究底，家中無浪子，浪子不敗家，也就無所謂擔心回頭的疑慮了。

（本文已發表於流金華年—經典財經案例選粹，2011年6月）

---

[75] *See* Dogmatic Slumbers on the facebook, "*The Rotting Corpse of American Capitalism*", posted on January 2, 2011. by Capitalism Demise, Political Action.

[76] Paul Volcker, Supra note 52, Edited by Kenneth E Scott, George P. Shultz, and John B Taylor, Ending Government Bailouts-As We Know Them, Hoover Institution Press, Stanford University, California, at 19 (2010). 此本著作網羅了15位美國重量級學者及歷任財經官員，共同對於美國政府所推出金改法案提出精闢的看法，筆者以為研究美國2010年金改法案，本書實屬不能錯過的重要指標性文獻，特此推薦。

[77] *See* James R. Barth, Gerard Caprio, Jr., Ross Levine, Rething Bank Regulation, Till Angels Govern, Cambridge, 1st Ed., New York, at 19. (2006).

Commercial Banks, Let's Let Capital Market Institutions Do Their Thing in Capital Markets. Essentially Unprotected

Main Street

Wall Street

Edited by Kenneth E. Scott, George P. Shultz, and John B. Taylor, Ending Government Bailouts As We Know Them (Hoover Institution Press, Stanford University, California, 2010).

See James R. Barth, Gerard Caprio, Jr., Ross Levine, Rethinking Bank Regulation, Till Angels Govern, Cambridge, U.K., New York, 2006.

第二章
潰敗金融與管制迷思
—簡評美國2008年金融改革—

壹、前言

多年行銷「財務創新」（Financial Innovation）與「市場自由化」（Market Globalization）理念，吸納全球資金，建構世界「貨幣」（Monetary）與「資本」（Capital）市場樞紐的美國；強調「高度財務槓桿」（High-leveraged Finance）運用，將風險極大化的結果，一旦「房市、債市、股市」交易依序遭逢「泡沫化」（Bubble）與「流動性不足」（Illiquid）的骨牌連鎖效應，導致消費信心潰散，市場跨國崩盤。影響所及，全球經濟面臨嚴重衰退危機，乃有反省管制，推動改革的政府因應與立法。

市場監理好比親子互動，舉凡父母採取「自由放任」的管教方式，性好「創新」的子女一定變壞嗎？放諸四海，看法恐怕見仁見智。反觀2007年美國「次級房貸」（Subprime）風暴所點燃的全球金融海嘯，主要經濟體（Advanced Economies）的政策因應與主流輿論，卻似乎已經寓意深遠的將全球金融「自由化」與金融「創新」，視爲金融風暴的縱火嫌犯[1]。論者更對於哀鴻遍野的國際金融潰敗，千夫所指地歸咎於美國近年來「金融業務百貨化」

[1] *See* CLIVE CROCK, *A System Overwhelmed by Innovation*, FINANCIAL TIMES, Oct. 12, 2008.; DANI RODRIK, *The Death of the Globalization Consensus*, POLICY INNOVATIONS, CARNEGIE COUNCIL, July 25, 2008.; WILLIAM POOLE (Prisident of Federal Reserve Bank of St. Louis), *Finanicial Innovation:Engine of Growth or Source of Instability?*, Speech at the University of Illinois-Springfield, Mar. 6, 2008.

（Universal Banking）[2]的監理寬鬆[3]。易言之，美國藉由1999年「金融服務業現代化法案」（Financial Service Modernization Act of 1999，金融法實務上多以Gramm-Leach-Bliley Act稱之）的施行，從傳統上銀行「間接」跨業經營的「銀行控股公司」（Bank Holding Company）法制架構[4]，進一步建構出「金融控股公司」（Financial Holding Company）的「業務百貨化」模式，一舉撤除了1993年銀行法（又稱格拉斯、史蒂格法：Glass-Steagall Act of 1933）施行以來銀行、證券業務間「專業分流」的「金融防火牆」[5]，金融集團透過設立金控公司的資源分配平台，轄下子公司位階的銀行、證券、保險等業務版圖之間遂得經由金控公司做爲戰略據點，進行異業間的「交叉行銷」（Cross Selling）；如此法制建構固然促使金融集團得以發揮經營綜效（Synergy），恐怕也間接地孕育了縱容金融投機的法制氛圍。質言之，投資銀行業者利用「證券化」（Securitization）金融工具，結合諸如「擔保債權憑證」（Collateralized

---

[2] 金融業務百貨化又稱「綜合銀行」（Universal Banking），係指金融機構除了提供傳統商業銀行業務外，還兼具票券、期貨、租賃、證券業務、保險業務等金融相關業務，具有綜合證券商與投資銀行的色彩。

[3] EMILIO BOTIN, *Banking's Mission must be to serve its customers*, FINANCIAL TIMES, Oct. 16, 2008.

[4] 此所稱「間接」跨業經營之意，實係指美國於1970年修正1956年「銀行控股公司法」（Bank Holding Company Act of 1956）時，新條文Sec. 4(c)(8)納入「附隨銀行業務」（Incidental to Banking）的要件，使銀行得以透過設立銀行控股公司的平台，轉投資轄下證券子公司而得「迂迴」經營非銀行業務。請參閱J. NELLIE LIANG, *The Nonbank Activities of Bank Holding Company*, FEDERAL RESERVE BULLETIN, May 1990. *Also See Citicorp v. Board of Governors of the Federal Reserve System*, 936 F. 2d 66 (2d Cir. 1991); *Reprinted in* MACEY, MILLER & CARNELL, BANKING LAW AND REGULATION, ASPEN, NEW YORK, at 490-94 (2001).

[5] 美國金融控股公司模式下非銀行業務的規範，主要在於GLBA法案中關於「金融本質」（Financial in Nature）法律要件（12 U.S.C.§ 1843 (k)(4)）的界定。至於銀行應與證券業務分流而為「專業經營」（Specialized Banking）的介紹，請參閱被英美文獻常援用的金融法權威著作：GEORGE J. BENSTON, THE SEPARATION OF COMMERCIAL AND INVESTMENT BANKING, THE GLASS-STEAGALL ACT REVISITED AND RECONSIDERED, OXFORD UNIVERSITY PRESS, London, 1990. *Also See* MACEY, MILLER AND CARNELL, BANKING LAW AND REGULATION, ASPEN, NEW YORK, at 584-86 (2001).國內文獻請參閱謝易宏，試論我國金融防火牆法制架構，企業與金融法制的昨是今非，五南，二版，2008年4月，頁513-567。

Debt Obligations, CDOs）[6]或「信用違約交換」（Credit Default SWAP, CDS）[7]等衍生性金融商品的包裝方式，將集團內金融業務貸放風險透過複雜化的財務工程，假自由化與創新之名，巧妙移轉予全球與之交易往來金融同業，一旦巧遇貪婪夢醒的房價泡沫化，隨即引發銀行次貸與同業拆借資金流動性不足的危機[8]，加上資金「高槓桿性」（High-leveraged）的乘數操作效應，野火燎原般的遭遇一發不可收拾的「系統性風險」（Systemic Risk）[9]迎面而來。

---

6 所謂「擔保債權憑證」基本上係一尚未納入規範，而以資產擔保證券發行方式所建構的私法契約，並依資產的固定收益為基礎，連動計算損益的一種衍生性金融商品。詳細說明，請參閱維基百科網站 http://en.wikipedia.org/wiki/collateralized_debt_obligations（瀏覽日期：2008年11月20日）。謹轉錄原文如次供參：Collateralized debt obligations (CDOs) are an unregulated type of asset-backed security and structured credit product. CDOs are constructed from a portfolio of fixed-income assets. These assets are divided by the ratings firms that assess their value into different tranches: senior tranches (rated AAA), mezzanine tranches (AA to BB), and equity tranches (unrated). Losses are applied in reverse order of seniority and so junior tranches offer higher coupons (interest rates) to compensate for the added default risk；申言之，金融實務上大型投資銀行在房貸交易完成後，通常將房貸債權「證券化」（Securitized），用以包裝發行「不動產抵押擔保債券」（Mortgage-backed Securities, MBS），然後再將MBS組合成CDO銷售，因此當次級房貸面臨惡化之際，CDO市場首當其衝的受到連鎖性影響。

7 所謂「信用違約交換」係指約定由買方支付賣方固定費用，以換取賣方於買方發生違約時負擔賠償風險的一種衍生性金融商品。有關該商品進一步的詳細說明，請參閱維基百科網站 http://en.wikipedia. org/wiki/credit_default_swap（瀏覽日期：2008年11月20日）。謹轉錄原文如次供參：A credit default swap (CDS) is a credit derivative contract between two counterparties, whereby the “buyer” makes periodic payments to the “seller” in exchange for the right to a payoff if there is a default or credit event in respect of a third party or “reference entity”.

8 從法律布局言之，二房（房地美與房利美）公司所承作以銀行次貸債權設為基礎資產所發行債券，實係銀行為擔保次貸債權，將所持有「不動產」進行證券化成功吸金後，再以受託管理不動產之收益設為「基礎資產」（Underlying Assets），進行另一次「金融資產」證券化吸金流程；巧妙結合「不動產」與「金融資產」證券化的「風險隔離」設計與「財務工程」包裝；以相當於「一頭牛剝二次皮」的手法，將（原不動產設定抵押所欲擔保）次貸債權之資金回收風險，轉嫁予財務流程末端的債券投資人，更同時創造了次貸資金高槓桿運用的收益成效。

9 我國金融法規中對「系統性風險」（Systematic Risk）曾設有定義明文，係指銀行、信用合作社、票券金融公司、全國農業金庫、農會信用部及漁會信用部發生經營危機，有嚴重危及信用秩序及金融安定之虞者（存款保險條例第28條第2項但書之情況），其發生情況如下：(1)因傳播擴散效應，造成其他收受存款機構有發生連鎖流動性危機效應之虞。(2)因傳播擴散效應，造成多數往來金融同業重大損失有發生經營危機之虞，嚴重影響金融服務及支付系統之正常運作。(3)單一吸收存款金融機構之存款總額占全體金融機構總存款達1%以上，若其發生金融危機之處理，難免涉及政策判斷，利益衡量取捨之間，針砭異見，所在多有，且各有所據；惟本文仍不揣淺陋，擬以2008年3月間美國財政部長鮑爾森（Henry Paulson）領銜提出之「金融現代化法制改革藍圖（下稱『藍圖』）」[10]（Modernized Financial Regulatory Structure），交互參照接踵而來的金融風暴肆虐之下，美國參、眾兩院（國會）旋即於10月3日所通過的「2008年經濟穩定緊急法案（Emergency Economic Stabilization Act of 2008）。（下稱『紓困法案』）」[11]設為觀察基準，檢視二者所形成美國整體金融監理對策，並擇要檢討渠等法治國面對大型金融危機時，金融監理與法制上的思維是否仍能維持一貫性，亟思能對我國未來金融改革，提供參考觀點與立論基礎。

貳、顛　末

每筆因為無法償還本息而遭法院查封拍賣的房屋貸款背後，或許都有一個夢碎的故事，但當夢碎的人不可勝數[12]，公權機器究應如何協助修補圓夢？

2007年3月7日，美國第二大的次級房貸公司New Century Financial Corp.遭調查非法貸放，股價重挫，繼而下市；8月1日，全美投資銀行排名第五的貝

經營危機，須依法為監、接管或停業處理時，亦視為有發生系統性危機之虞。請參閱「處理金融機構危機作業要點」（該規定前經財政部於2002年2月20日以（91）台財融（六）字第0916000031號函訂定發布全文六點；嗣經行政院金融監督管理委員會於2008年2月12日以金管銀（一）字第09710000090號令發布廢止）。

10 *See* The Department of Treasury Blueprint for a Modernized Financial Regulatory Structure, U.S. Department of Treasury Homepage, *available at* http://www.ustreas.gov/offices/domestic-finance/regulatory- blueprint/ (last visited Nov. 25, 2008).

11 美國國會參、眾兩院甫於2008年10月3日通過的「紓困法案」（Emergency Economic Stabilization Act of 2008）全文及相關說明，請參閱「美國國會圖書館」（Library of Congress）官方網站所載：available at http://thomas.loc.gov/cgi-bin/bdquery/z?d110:h.r.01424 (last visited Nov. 25, 2008)。

12 *See* LEX COLUMN, *Forclosure of a Dream*, FINANCIAL TIMES, Nov. 13, 2008. 截至2008年前10個月，全美已超過160萬戶人家，因房貸債務不履行而遭法院查封拍賣，生活陷於流離失所。尤有甚者，同時期全美已經減少了120萬個職缺，全國失業率達到了6.5%。請參見大紀元新聞網，「全球快遞DHL裁員9,500人」，2008年11月11日，http://tw.epochtimes.com/b5/8/11/11/n2325849.htm。

爾斯登證券公司（Bear Sterns Securities）宣布因為承作的兩檔次貸基金虧損1.5億美金，財務亮起紅燈；2008年3月17日，該公司以每股2美元價格出售給「摩根大通銀行」（JP Morgan）；9月14日，全美排名第三，有94年歷史的美林證券公司，宣布經過48小時協商，同意以500億美元出售給美國銀行（Bank of America, BOA）[13]；9月15日，紐約股市因為爆發全美排名第四名，屹立華爾街長達158年歷史的「雷曼兄弟」證券公司（Leman Brothers Securities）不堪6,130億美元債務的負荷，向聯邦破產法院聲請破產保護，當日道瓊指數（Dow Jones Index）重挫達777點的歷史新高；9月22日，全美前兩大投資銀行高盛證券（Goldman Sachs）與摩根史坦利（Morgan Stanley）宣布經「聯準會」核准，轉型為性質上屬傳統銀行業務的「銀行控股公司」（Bank Holding Company）模式，美國投資銀行業從此走入歷史[14]；尤有甚者，著名的「美國運通集團」（American Express）更於11月10日以特急件方式經「聯準會」核准成為「銀行控股公司」，正式納入美國存款機構「金融安全網」的保障範圍內[15]。另值一提者，1998年與「旅行家集團」（Travelers Group）結合，成為世上最大金融控股公司，執世界金融牛耳多年的「花旗集團」（Citigroup）於11月23日晚驚傳由美國政府挹注200億美元進行紓困，並於隔日再由美國「財政部」出面宣布擔保花旗集團約3,060億美元的曝險債務，該行股價以同日收盤時大漲58% 的佳音回報，並帶動金融類股指數（Financial Sector SPDR ETF）全面反彈達12%的歷史新高[16]。

截至2008年11月底止，美國已有22家金融機構相繼倒閉而被聯邦存款保

[13] MATTHEW KARNITSCHNIG, CARRICK MOLLENKAMP & DAN FITZPATRICK, *Bank of America to buy Merrill*, WALL STREET JOURNAL, Sept. 15, 2008.

[14] JON HILSENRACH, DAMIAN PALETTA & AARON LUCCHETTI, *Goldman, Morgan Scrap Wall Street Model, Become Banks in Bid to Ride out Crisis*, WALL STREET JOURNAL, Sept. 22, 2008.

[15] *See* LEX COLUMN, *Banking on Amex*, FINANCIAL TIMES, Nov. 11, 2008.

[16] *See* DAVID ENRICH AND DEBORAH SOLOMON, *Citi Faces Pressure to Slim Down*, WALL STREET JOURNAL, Nov. 25, 2008; DAVID ENRICH, CARRICK MOLLENKAMP, MATTHIAS RIEKER, DAMIAN PALETTA & JON HILSENRATH, *U.S. Agrees to Rescue Struggling Citigroup*, WALL STREET JOURNAL, NOV. 24, 2008. Also *See* ANUJ GANGAHAR, *US Banks Rally after Resue Dea*, FINANCIAL TIMES, Nov. 24, 2008.

險機構依法接管[17]，估算2007年第四季迄今，全球股市市值約跌掉超過21兆美元，影響所及，美國存款保險基金目前僅剩餘452億美元左右，金融風暴後續發展因此格外引發市場憂慮；美國「彭博」（Bloomberg）金融資訊公司指出，金融集團（Financial Groups）的總體損失接近1兆美元，「國際貨幣基金會」（International Monetary Fund, IMF）對於全球金融產業，肇因金融風暴受

[17] 2008年11月25日截止，被美國「聯邦存款保險機構」依法接管的「問題金融機構名單」（Failed Bank List）如下：

Bank Name	Closing Date
PFF Bank and Trust, Pomona, CA	November 21, 2008
Downey Savings and Loan, Newport Beach, CA	November 21, 2008
The Community Bank, Loganville, GA	November 21, 2008
Security Pacific Bank, Los Angeles, CA	November 7, 2008
Franklin Bank, SSB, Houston, TX	November 7, 2008
Freedom Bank, Bradenton, FL	October 31, 2008
Alpha Bank & Trust, Alpharetta, GA	October 24, 2008
Meridian Bank, Eldred, IL	October 10, 2008
Main Street Bank, Northville, MI	October 10, 2008
Washington Mutual Bank, Henderson, NV and Washington Mutual Bank FSB, Park City, UT	September 25, 2008
Ameribank, Northfork, WV	September 19, 2008
Silver State Bank, Henderson, NV En Espanol	September 5, 2008
Integrity Bank, Alpharetta, GA	August 29, 2008
The Columbian Bank and Trust, Topeka, KS	August 22, 2008
First Priority Bank, Bradenton, FL	August 1, 2008
First Heritage Bank, NA, Newport Beach, CA	July 25, 2008
First National Bank of Nevada, Reno, NV	July 25, 2008
IndyMac Bank, Pasadena, CA	July 11, 2008
First Integrity Bank, NA, Staples, MN	May 30, 2008
ANB Financial, NA, Bentonville, AR	May 9, 2008
Hume Bank, Hume, MO	March 7, 2008
Douglass National Bank, Kansas City, MO	January 25, 2008

資料來源：美國存款保險機構（FDIC）網站http://www.fdic.gov/bank/individual/failed/banklist.html (last visited Nov. 25, 2008)。

損的預估值更高達1兆4,000億美元之鉅[18]。

做爲經濟櫥窗的資本市場，常被用來做爲衡量經濟情勢的觀察指標，隨著雷曼兄弟與美國國際集團倒閉相繼引發跨國股災，10月初首週全球股市所呈現的下跌幅度非常驚人，與9月底股市收盤指數所反應的淨值變化對照，紐約股市下跌達20%，倫敦股市下跌達21%，法蘭克福股市下跌達22%，東京股市下跌達24%：反觀歐洲各國的金融紓困措施，英國以5,000億英鎊（約8,700億美元）挹注問題銀行資本；德國以4,800億歐元（約6,500億美元）貸款擔保銀行債務，並挹注問題銀行資本；法國以3,000億歐元（約4,000億美元）提供銀行間拆款之擔保；西班牙提供1,000億歐元（約1,350億美元）供應銀行間借款擔保；挪威發行410億歐元（約560億美元）公債挹注信用市場；葡萄牙提供200億歐元（約273億美元）擔保貸款債權[19]。美國則由國會緊急通過法案，分期挹注總計達7,000億美金的公共資金，購進選定金融機構的「優先股權」（Preferred Shares），祈能解決整體金融市場「流動性風險」問題[20]，但跨國市場金融交易信心仍然潰散[21]。有鑑於穩定全球金融局勢的急迫性，二十大工業國家領袖遂於美國華府共同會商金融危機，期待能重現當年「布列頓森林協定」（Bretton Woods Agreement）[22]的合作盛景；日本首相更於此次高峰會中

[18] PETER THAI LARSEN (in London and Francesco Guerrera) & JULIE MACINTOSH (in New York), *Financial Groups' losses near $1,000bn*, FINANCIAL TIMES, Nov. 12, 2008.

[19] BERTRAND BENOIT, *Europe acts to rescue banks*, FINANCIAL TIMES, Oct. 13, 2008. *See* MERVYN KING, *Whatever it took*, FINANCIAL TIMES, Oct. 16, 2008. *Also See BEN HALL, Europe big four rule out joint rescue action*, FINANCIAL TIMES, Oct. 16, 2008.

[20] 按「流動性風險」係指無法將資產變現或取得足夠資金，以致不能履行到期責任的風險（稱為「資金流動性風險」），以及由於市場深度不足或失序，處理或抵銷所持部位時面臨市價顯著變動的風險（稱為「市場流動性風險」）。詳細說明請參閱「證券商風險管理實務守則」（2004年10月12日修正）其中第3條第2項有關「風險辨識」規定。

[21] DAMIAN PALETTA, JON HILSENRATH & DEBORAH SOLOMON, *At Moment of Truth, U.S. Forced Big Bankers to Blink*, THE WALL STREET JOURNAL, Oct. 15, 2008.

[22] 布列頓森林協定（Bretton Woods Agreement）係指1944年7月，美國在經歷1930年代經濟大蕭條後，由44個國家代表於美國「新罕布什爾州」（New Hampshire）「布列頓森林」市，全球首度召開國際性貨幣金融會議，歷史上迫以「布列頓森林會議」稱之。該次會議通過了「聯合國貨幣金融協議最終決議書」以及「國際貨幣基金會組織協定」和「國際復興開發銀行協定」兩個附件，歷史上統稱為「布列頓森林協定」。而「布列頓森林體系」（Bretton Woods System）則係指該協定對各國就貨幣兌換、國際收支調節、國際儲備資產組成等問題共同協

直指，此次會議所涉及「以美元爲主」（Dollar-based）的全球貨幣政策實值深切檢討[23]，美國總統布希更指出金融危機非一朝形成，亦非一夕之間可能改善，呼籲各國應避免引發「保護政策」（Protectionist Policies）再度抬頭[24]。出席國領袖並於高峰會後發表「聯合宣言」（G-20 Declaration-Summit on Financial Markets and the World Economy），痛陳此次世界金融危機，實肇因於市場參與者一味追求高收益，而忽視了對於風險應有的適當管控與查核；各國錯估情勢所制定不適當的監理架構與總體經濟政策，都導致跨國市場交易的嚴重潰敗[25]。宣言中更宣示各國將擱置金融監理歧見，採取積極的改革行動以爲因應[26]，此外，宣言中更明白揭示「短程」與「中程」的「改革實施原則」

商建立的規則、行政舉措及組織機構的機制總稱。1973年2月美元進一步貶值，世界各主要貨幣由於受投機商操作影響被迫實行浮動匯率制，至此布列頓森林體系可謂完全崩潰。但直至1976年國際社會間才達成了以「浮動匯率合法化」、「黃金的非貨幣化」等為主要內容的「牙買加協定」。布列頓森林體系退場後，「國際貨幣基金會」（International Monetary Fund）和「世界銀行」（World Bank）仍為重要的國際金融組織，並繼續發揮重要作用。請參閱「維基百科」網站http://zh.wikipedia.org/wiki/布列頓森林協定（瀏覽日期：2008年11月25日）。

[23] TARO ASO, *Restoring Financial Stability*, WALL STREET JOURNAL, Nov. 13, 2008.

[24] HENRY J. PULIZZI AND ALISTAIR MACDONALD, G-20 *Crisis Talks Begin in Washington*, WALL STREET JOURNAL, Nov. 15, 2008.

[25] *G-20 Statement Following Crisis Talks*: *Declaration, Summit on Financial Markets and the World Economy*, WALL STREET JOURNAL, Nov. 15, 2008.

[26] *Id.*謹轉錄「宣言」中所臚列「行動綱領」如次供參：

- Continue our vigorous efforts and take whatever further actions are necessary to stabilize the financial system.
- Recognize the importance of monetary policy support, as deemed appropriate to domestic conditions.
- Use fiscal measures to stimulate domestic demand to rapid effect, as appropriate, while maintaining a policy framework conducive to fiscal sustainability.
- Help emerging and developing economies gain access to finance in current difficult financial conditions, including through liquidity facilities and program support. We stress the International Monetary Fund's (IMF) important role in crisis response, welcome its new short-term liquidity facility, and urge the ongoing review of its instruments and facilities to ensure flexibility.
- Encourage the World Bank and other multilateral development banks (MDBs) to use their full capacity in support of their development agenda, and we welcome the recent introduction of new facilities by the World Bank in the areas of infrastructure and trade finance.
- Ensure that the IMF, World Bank and other MDBs have sufficient resources to continue playing

（Implementing Common Principles for Reform），茲依序臚列如次：一、加強交易資訊「透明」與「問責」制度（Strengthening Transparency and Accountability）；二、促進制訂穩健經營規範（Enhancing Sound Regulation）；三、推動金融市場整合（Promoting Integrity in Financial Markets）；四、增進國際合作（Reinforcing International Cooperation）；五、改善國際金融組織（Reforming International Financial Institutions）；除共同承諾將開放市場以促進全球經濟（Commitment to an Open Global Economy）外，並推舉巴西、英國與南韓三國擔任2009年G-20會議籌備的聯繫窗口，將與各國財政部長共同擬訂後續執行方案的時程與細節[27]。

參、觀　察

一、金融改革

（一）背　景

爲了因應2007年以來爆發的次貸問題所引發資金流動性不足，進而導致多家金融機構經營困難而倒閉，主要投資銀行也相繼傳出財務困窘，金融消費者信心逐漸潰散；美國財政部遂於2008年3月提出金改「藍圖」，基本上應定調爲一份長達220頁的官方政策說帖，除了涵括美國金融法制發展沿革與對於金融產業競爭力影響的精簡分析，更將美國政府對於未來實施金融改革的短、中、長程「建言」（Recommendation）首度公開接受公評。綜覽「藍圖」全文，篇幅頗鉅，但文字洗練，綱舉目張，依序將美國貨幣市場、資本市場、保險市場及衍生性金融商品交易的監理法制發展歷程以及所涉問題，客觀的臚列敘明，提出建言。特別對於目前的金融監理架構，提出顯然欠缺法規競爭力，影響產業發展的嚴正批判，更擬訂諸如成立「抵押設定專責委員會」

their role in overcoming the crisis.

[27] *Supra* note 25.

（Mortgage Origination Commission, MOC）、推動監理機關間金融檢查資訊交流的正式合作機制（Collaborative Agreement on Grater Availability of Information）、開放非存款機構使用聯準會重貼現窗口（Enhancement to the Current Discount Window Lending Process）、整併「金融局」與「儲貸局」（Merger of the OCC and OTS）、推動「證管會」與「期管會」的整合（Effectuation of Merger between the SEC and CFTC）、推動聯邦「保險局」（Creation of an Office of Insurance Oversight）推動金融「交割結算」新制（Creation of a Mandatory Federal Charter for Certain Payment and Settlement System）等具體監理法制規劃，改革立意懇切，頗令聞者耳目一新，印象深刻。

正當檢討聲浪擴大之際，逆料7月中美國兩大房貸機構「房利美」（Fannie Mae）與「房地美」（Freddie Mac）[28]相繼破產由政府接管，9月15日雷曼兄弟聲請破產保護（重整程序）更引發國際股市連續崩跌，市場信心潰散，在經歷一連串曲折的立法過程之後，終於由美國國會（參、眾兩院）通過法案編號H.R.2414的「紓困法案」；全文長達472頁，從提案之初到全案獲美國國會支持通過截止，前後共出現過六個不同版本，期間各政黨多次居中斡旋，協調過程堪稱曲折。法案中國會同意核撥高達7,000億美元，授權財政部分批處理金融風暴核心的「處理問題資產計畫」（Troubled Assets Relief Program,

[28] 此處所指兩房公司，法律上全名為Federal National Mortgage Association（Fannie Mae）the Federal Home Loan Mortgage Corporation（Freddie Mac）。美國國會在1968年重新特許Fannie Mae改制為一家私有股份制公司，公司資金完全來自華爾街及其他投資人募資。「Freddie Mac是美國國會在1970年通過，特許成立的一家上市公司，宗旨也在於提供一個低成本房貸融資管道，以協助美國屋主。兩大美國房貸業者都沒有獲得任何政府資金補助，但Freddie Mac 18席董事中有5席由美國總統指派。兩大房貸公司的經營方式雷同，均為透過向銀行和房貸放款業者收購抵押貸款，並將這些貸款重新包裝為證券化產品，再由它們擔保售予投資人，以扶持規模高達數兆美元的房貸市場融通。兩房公司也藉由對全球投資人發行債券，以提高流動性及擴大提供房貸資金，而透過此種發債方式籌集的資金隨後再注入抵押放款融資市場，放款業者因此可獲取更多資金。Freddie Mac承作房貸融資組合達1.5兆美元，Fannie Mae的規模則逾7,000億美元，兩家公司的融資及擔保規模總計約高達5.2兆美元，約占美國房貸總規模的四成。然而，隨著近兩年以來美國房市景氣急劇衰退，導致法拍屋情形激增及房地產銷售慘跌，主要銀行與房貸放款業者被迫提列數十億美元房貸虧損，衍生出的問題如滾雪球般擴大。兩家業者都未直接提供購屋者抵押貸款。根據1992年立法，兩家公司若出現資本嚴重不足，即可能遭到政府接管」。詳細說明請參閱中央社，「美兩大房貸公司Fannie Mae與Freddie Mac簡介」，轉引自華盛頓2008年7月13日法新社電。

TARP），該部分共計36條，舉其規定大要，除責成「財政部」（DOT）肩負處理2008年3月14日以後成立的「問題資產」，成立「金融穩定監理委員會」（Financial Stability Oversight Board）與「金融穩定基金」（Exchange Stabilization Fund）擔保金融債務以穩定金融、接管「房地美」與「房利美」兩大房貸公司，更須協調包括「聯邦存款保險機構」（FDIC）[29]、聯準會（FED）、金融局（OCC），甚至在美設有營運據點的外國金融機構在內的國內外金融主管機關，逐步實施例如全面提高「存款保戶理賠上限」（Amount of Deposit and Share Insurance Coverage），提高「公共債務法定上限」（Statutory Limit on the Public Debt），配合聯邦調查局（FBI）調查金融機構可能涉及虛僞不實、建立「失敗金融機構管理階層薪酬追償標準」（Standards for Executive Compensation）等監理因應方案。由於法案性質上迨爲過渡性質，文義仍多待實務檢驗，基此，更具體的執行成效恐還有待進一步的觀察。

考量目前美國仍居全球金融市場資金匯流中樞的不爭事實，渠等金融施政的理念方向，對於此刻正面臨經濟轉型壓力的台灣金融法制自具有不可忽視的參考必要性；基此，謹擇要就「藍圖」與「紓困法案」中所涉核心議題，逐一檢視論述以爲本文探討主軸。

---

[29] 美國「聯邦存款保險機構」（US Federal Deposit Insurance Corporation，FDIC），國內文獻迨多以「聯邦存款保險公司」稱之，實則Corporation一辭法律上原意，應係針對包括「合夥」（Partnership）組織在內的廣義「法人」之指，倘細究FDIC機構在美國政府中的職掌、預算屬性，顯然應屬美國金融監理官方機構一環，而屬於「公法人」性質，因此目前所見率爾侈譯為「私法人」性質之「公司」，恐與該機構設計原旨不符，為免繼續以訛傳訛，實有澄清必要，爰藉小文一隅，併予說明。

（二）核心議題

1. 監理機制

（1）成立「金融穩定監理會」（FSOB）與執行「處理問題資產方案」（TARP）

依據「紓困法案」規定，美國國會授權財政部成立「金融穩定監理會」（Financial Stability Oversight Board, FSOB），專責協助美國家庭保障住宅所有權、穩定金融市場及保護納稅人權益等事宜，對國會提出審查報告[30]；並負責執行「處理問題資產方案」（Troubled Asset Relief Program, TARP），授權財政部長①委託特定金融機構擔任政府代理人；②建立收購、持有與銷售問題資產與發行債權憑證的媒介（Vehicle）[31]；並防止參與前揭處理問題資產時，金融機構可能獲取的「不正利益」（Unjust Enrichment）。[32]質言之，財政部長對於所有①未經「競標程序」（Bidding Process）或「無參考市價」（No Market Prices are Available）所購得本法所稱「問題資產」之金融機構；及②由於商業交易結果，使財政部因而取得特定金融機構之重要資產或債務部位等情形時，應要求渠等金融機構之管理階層薪酬與內部公司治理均應符合 A.剔除不必要支付資深經理人的紅利或危及財政部所持有該金融機構價值之薪酬；B.對於金融機構經證明爲製作不實財報而支付予資深經理人的任何紅利或薪酬，訂定「追償條款」（Provision for the Recovery）；C.禁止對於財政部持有金融機構問題資產期間，仍給予資深經理人「黃金降落傘」[33]的優惠……等「適當標

---

[30] 謹轉錄條文內容供參："review and report to Congress on the authorities created under this Act and Their effect in assisting American families in preserving home ownership, stabilizing financial markets, and protecting taxpayers". *Supra* note 11, Sec. 104.

[31] 謹摘錄條文內容供參："Authorizes the Secretary to (1)designate financial institutions as financial agents of the federal government; and (2)establish vehicles to purchase, hold, and sell troubled assets and issue obligations...Directs the Secretary to prevent unjust enrichment of participating financial institutions, ..." *Supra* note 11, Sec. 101., subsection 3.

[32] *Id.*, subsection 4.

[33] 所謂「黃金降落傘」（Golden Parachute），本質上是一種對於併購交易中目標公司管理高層的補償性法律安排；通常會以「約定目標公司被收購時，公司管理高層無論是否自願離職，都可以獲得相當數額的補償金」的方式呈現，由於會使發動收購方的實際成本增加，實務上

準」（Appropriate Standards）[34]。再者，財政部須負責償還（Reimburse）「交易穩定基金」（Exchange Stabilization Fund）用以支應財政部對於「貨幣市場基金擔保方案」（Treasury Money Funds Guaranty Program）所設定的各種美國貨幣市場共同基金，但不得以前揭「交易穩定基金」另外成立「期貨擔保方案」，以支應美國貨幣市場基金產業[35]。另外特別值得一提者，在「處理問題資產方案」中更對於金融機構的投資損失在會計上究應如何認列？設有明文。授權美國證券管理委員會（Securities Exchange Commission）撤銷現行「財務會計標準制訂委員會」（Financial Accounting Standards Board）所訂定，關於會計入帳認定「公平價值」（Mark-to-market Accounting）的「財務會計準則公報」第157號之實務應用[36]。

尙應強調者迨爲，美國國會並非採取「一次撥款」方式，而是於法案通過同時，先核撥美金7,000億元中的2,500億元予財政部，並要求之後的動撥款項（即按接下來1,000億、3,500億的款項動撥順序）都須由總統照會國會（設立「專責監督小組」—Congressional Oversight Panel）[37]同意，財政部並且須對於款項支用與危機處理進度，責成「預算管制署」（Office of Management and Budget, OMB）對「國會預算局」（Congressional Budget Office, CBO）負責方式，以每半年（Semiannually）爲期，提出經費動撥後5年間的追蹤考核完整報告，並爲防弊需要特別設立「專案稽查長」（Special Inspector General）以爲該法案執行成效與進度之管制與監督[38]。

綜言之，美國紓困新方案主要著眼於建立一系列導引民間資金投入市場，祈能活絡金融業者與企業間資金流動，藉以舒緩消費者資金取得成本的機制，政策重點係以①財政部將以2,500億美元收購特定金融機構發行的優先股；②聯邦存款保險公司將擔保銀行新發行的所有債券，並提高無息帳戶的存

遂逐漸發展成為一種對抗「惡意收購」（Hostile Takeover）的法律防禦措施。

[34] *Supra* note 11, Sec. 111. 諒係針對Lehman Brothers與AIG等公司在財務困難之際，媒體批露「公司有難、但管理高層仍坐享高薪或天價顧問費」的不合理情形而設。

[35] *Supra* note 11, Sec. 131.

[36] *Id.*, Sec. 132.

[37] *Supra* note 11, Sec. 125; Sec.115.

[38] *Id.*, Sec. 121.

款保險金額；③聯準會於9月27日起開始購買商業票據……等三大面向。

（2）成立「抵押設定專責委員會」（MOC）

美國次貸風暴首要歸因於房價泡沫化所引發全美不動產價格持續下跌，造成銀行房貸債權不能確保，相繼拍賣做爲擔保房貸而設定的抵押不動產；繼之引發銀行緊縮放款，金融資金體系因而產生「流動性不足」，而造成貸放利率不降反漲，終於爆發將房貸債權「證券化」，轉向大眾發行債券的「房地美」與「房利美」兩大房貸公司，無力支應債券利息以致公司股價崩盤，終於聲請破產，最後落得政府介入接管的狼狽局面[39]。有鑑於此，「藍圖」對於2006年底開始的房貸問題早有規劃，因此對於關鍵的設定抵押相關制度，著墨甚多。

推動「藍圖」規劃的財政部建議，應搭配現有各州對於抵押設定的管制機能，新設成立「抵押設定專責委員會」（Mortgage Origination Commission）。質言之，加強目前的「美國住宅抵押規範協會」（American Association of Residential Mortgage Regulators, AARMR）所開發的「全美抵押登記與發證制度」（National Mortgage Licensing System and Registry, NMLSR），由新設的專責委員會以公權力介入方式，統一制定抵押登記與發證的資格標準，俾利各州的抵押設定相關主管機關得以遵循。尤有甚者，專責委員會還要納入1989年施行的「金融機構改革復甦執行法」（Financial Institutions Reform, Recovery and Enforcement Act of 1989）第11章（Title XI）規定所設「聯邦金融檢查署」（Federal Financial Institutions Examination Council）轄下的「鑑價委員會」（Appraisal Subcommittee）功能，祈能統一制定全美的鑑價業者資格與業務標準，使得攸關抵押品質的鑑價制度更臻健全。基此，「藍圖」中更提出具體建議，應由「聯準會」職司日後有關抵押設定雙方權利義務的「誠實信貸法」（Truth-in-Lending Act, TILA）與「住宅所有權與資產保障法」（Home Ownership and Equity Protection Act, HOEPA）的「法令制訂權」（Retain the Authority to Write Regulations Implementing TILA），以免關於抵押設定之作業標準「令

39 此係作者自行摘要簡述。為免掛一漏萬，有關美國次級房貸前因後果的詳細說明，仍請參閱辛喬利、孫兆東，次貸風暴（Subprime Storm），梅霖出版，2008年8月。楊艾俐，世界春天在那裡？，天下雜誌，407期，2008年10月，頁32-34。

出多門」[40]。

（3）加強監理資訊交流（Authority over Information Access, Disclosure, and Standards）[41]

「藍圖」中的「近程」規劃中，擬立即推動「聯準會」（Federal Reserve Board）與「證券交易管理委員會」（Securities Exchange Commission, SEC）、「期貨交易管理委員會」（Commodities and Futures Trading Commission, CFTC）間簽署加強「監理資訊交流」（Access Examination Information）與「業務檢查」（Financial Examinations）合作協定（Collaborative Agreement），促使市場資訊能夠更為透明，也使聯準會得以掌握整體金融市場即時資訊，作出穩定金融市場的最佳決策[42]。「中程」規劃則建議各交易所（Exchanges）與結算機構（Clearing）採取「核心原則」（Core Principles）[43]、簡化自律機構對於訂定市場法規的程序、擴大現行「投資公司法」（Investment Company Act of 1940）豁免適用已在國內、外市場交易的特定商品範圍、積極推動SEC與CFTC兩機構的合併，以祈加強金融市場監理資訊交流的效率[44]。

「藍圖」的「遠程」規劃中，擬訂了加強金融監理機關監理資訊交流的方案，財政部認為理想的金融監理架構中，將來金融業務版圖應區分為以下三種自律機制：①經存保機構審核的存款機構（Federal Insured Depository Institution, FIDI）負責投保機構的業務許可（Charter）；②經聯邦監理機構審核的保險機構（Federal Insurance Institution, FII）負責保險公司所提供各項保險商品的審核（目前由各州保險監理局負責）；③經聯邦金融監理機構審核的金融機構（Federal Financial Services Provider, FFSP）負責前揭①、②以外金融業務的審核與監理；並由聯準會以「穩定市場監理者」（Market Stability Regulator）地位彙整三方的監理資訊，統籌管制「貨幣」、「資本」與「保險」市場。另

[40] *Supra* note 10, Chapter IV, at 78-83.

[41] *Id.*, Chapter VI, at 148-52.

[42] *Supra* note 10, Chapter IV, at 85-86.

[43] 關於「核心原則」的詳細說明，請參閱「藍圖」中「附件E」（Appendix A）所臚列的14點原則介紹。*Supra* note 10, at 217-18.

[44] *Id.*, Chapter V, at 106-08.

外，法案中也提到擬成立「穩健金融監理署」（Prudential Financial Regulatory Agency, PFRA）、負責前揭FIDI與FII機構法規的制訂、並成立「金融業務監理署」（Conduct of Business Regulatory Agency）負責前揭FFSP機構的審核與未來各機構所涉金融業務消費者的保護（Consumer Protection）工作。如此規劃的主軸，除了使傳統「多軌分流」的監理體系[45]逐漸整合，監理資訊更得因新法制架構而縮短於機構間的流通時間，市場交易資訊因此得以更爲透明，簡化法規與管制成本。基此，財政部也積極推動日後應成立「聯邦保險保證機構」（Federal Insurance Guarantee Corporation）負責保險公司的風險控管、費率審查與擔任問題保險機構的「接管人」（Receiver for Failed Prudentially Regulated Institutions）與「企業籌資管理機構」（Corporate Finance Regulator）負責資本市場中「交易資訊揭露」、「公司治理」與「財務稽核」等功能的加強管制。

（4）彙整金融服務業「專業準則」（Consolidate Business Conduct Regulation for Financial Services）[46]

財政部於「藍圖」的「遠程」規劃中，建議應將目前金融服務業務所涉各種專業領域與法規予以整合。以銀行借貸業務爲例，目前依「誠實借貸法」（Truth in Lending Act, TILA）規定，聯準會有權訂定所涉借貸交易應如何「揭露授信條款」（Disclosure of Credit Terms）；依「不動產安置程序條例」授權（Real Estate Settlement Procedure Act of 1974），美國「房屋及住宅發展部」（U.S. Department of Housing and Urban Development）得對於應如何執行該法以保護消費者資訊所涉個人隱私，洽商相關機構共同作出決定；復依1996年「證券市場改革法」（National Securities Markets Improvement Act of 1996, NSMIA）限制州監理機關行使職權的範圍（例如，州法管轄權僅及於投資顧問事業管理資金未超過2,500萬美元之情形），更強化了州法對付證券詐欺的功

45 目前美國金融市場的監理架構，係以存款機構分由州監理局（State Regulator）、財政部金融局（OCC）、聯邦存保機構（FDIC）、聯準會（FED）負責監理；資本市場分由證管會（SEC）與期管會（CFTC）負責監理；保險市場則分由各州保險監理局（State Insurance Regulator）負責監理。

46 *Supra* note 10, Chapter VI, at 171-73.

能，明顯降低了「州」與「聯邦」證券監理機關間的法規重複；綜前所陳，雖然不同的法律授權給予不同的主管機關，但對於適用特定法律的主體而言，法律保護的公共利益卻總是殊途同歸，不該因爲機關不同而爲相互衝突的處理，違背法規管制本旨。目前以「州」設計的金融監理體系，實務上常見與「聯邦」監理機制產生功能上疊床架屋（Duplication）的監理資源浪費，不但減緩了監理資訊的即時反應，更進而影響了金融產業的競爭力。有鑑於此，美國財政部提出應就跨州或跨業的金融業務所適用的法規予以整合，訂定可資遵循的業務標準，使目前適用不同金融監理法規的業務標準得以逐漸統一，以防止業者可能利用不同業務間的監理密度差異而從事「法規套利」（Regulatory Arbitrage）行爲。

（5）整併監理機構

①推動單一化金融監理架構（Single Consolidated Regulator）[47]

「藍圖」的「遠程」規劃中，財政部提出推動改革現有金融監理架構，參酌國外（例如英國、德國）先行經驗，建立單一化的金融監理機構。祈能促進目前「分業監理」的架構，在促進市場效率的「遠程」目標下，由「聯準會」負起集中金融監理資訊，正確判斷市場風險，即時因應金融危機，做出有效處理問題機構與曝險資產的單一行政窗口。至於聯邦金融政策制訂權與各州地方金融行政監督權間事權如何銜接，將目前銀行、證券、保險、期貨等異業金融服務「分業、多軌」的監理架構，改由新設的單一化金融監理機構，綜合金融服務所涉跨業特性，以「功能性監理」（Functional Supervision）爲考量的管制方式？恐亦爲單一化金融監理架構所需面對的立即挑戰。究應由公法人組織集權方式貫徹管制？退居第二線由民間「自律組織」（Self-Regulatory Organization, SRO）建立金融服務專業規範？迨皆將影響主管機關之監理成本（Regulatory Cost）與金融業者之法令遵循（Law Compliance），雖有財政部「藍圖」之建言，但美國金融監理機關就此仍未形成統一共識。

---

[47] *Id.*, Chapter VI, at 141.

②聯邦財政部金融局（OCC）與儲貸局（OTS）間的整合[48]

「藍圖」中關於推動兩機關間的整合，主要係鑑於聯邦儲貸局核發證照與審核的現行法令限制，實不足以確保住宅抵押貸款的消費者權益；質言之，相較於收受存款機構業務，美國專門辦理家庭住宅房貸的「儲貸機構」（Thrifts）目前承辦房貸業務，仍受限於僅特定產品才得以透過「證券化」工具分散風險（Iimit Portfolio Diversification on a Product Basis），如此法令限制也影響了儲貸機構業務的靈活度，在面臨房貸散戶購屋市場緊縮時（Decline in the Single-family Housing Market），更難解決獲利下降與營運資金不足的困境（More Susceptible to Earnings and Capital Problems）。有鑑於此，財政部於藍圖的中程規劃中指出，聯邦立案的大型收受存款機構（主管機關爲財政部金融局，OCC）與儲貸機構（主管機關爲聯邦儲貸局，OTS）業務應建立爲期2年的整合過渡期，讓儲貸機構客戶逐漸轉移至以銀行爲主的大型收受存款機構，除二者業務法令逐步簡化整合外，儲貸機構亦可選擇轉型爲收受存款機構；當聯邦與州立案的儲貸業務機構都逐漸轉型完成同時，業務主管機關也應逐漸完成整合。

③證管會（SEC）與期管局（CFTC）的整合

1970年代初期所發生的兩樁法律爭訟，點燃了美國「證券」與「期貨」商品業務的管轄權爭議；首先，肇因於證管會認爲在「集中交易市場交易」（Exchange-traded Product）的「股票選擇權」（Stock Option）商品，應屬於美國1933年證券法與1934年證交法所指「股票」（Security）定義範圍所及，不料在後來發展的爭訟中，美國第七上訴巡迴法院（The Seventh Circuit）判決渠等選擇權商品，應納入期管局所管轄的期貨商品範疇，等於間接擴大了期管局的管轄權範圍，而相對卻限縮了證管會的權限[49]。其次，國會修正了「商品期貨交易法」（Commodity Exchange Act, CEA），將農業部（Department of Agriculture）原本對於商品期貨市場（Commodity Markets）的監理權移轉予當時甫成立的期管局，賦予該機構「專屬管轄權」（Exclusive Oversight）；終

---

48 *Supra* note 10, Chapter V, at 96-99.

49 *See* LOUIS LOSS & JOEL SELIGMAN, FUNDAMENTALS OF SECURITIES REGULATION, 266 (4th. ed. 2001)

於引發了兩主管機關之間長期的「地盤戰爭」（Turf Battle）。後續雖由高層出面多次協調雙方對於證券或期貨商品認定要件達成共識的努力[50]，但都成效不彰，在國會通過了「商品期貨現代化法案」（Commodity Futures Modernization Act, CFMA），授權由證管會與期管局兩大機關對於「單一股票型期貨商品」（Single Stock Futures）及在狹義基礎上的「股票指數」（Narrow-based Security Indexes）商品共同執行監理權後，似乎造就了機關整合的契機。有鑑於此，財政部遂於藍圖中程規劃中建議兩機關應逐漸將商品規範法令經由協商而整合，並擬訂兩機關整合的目標進程規劃，以增進美國資本市場的競爭力。

2. 聯準會開放「非存款機構」向「重貼現」窗口取得融資（Extend Discount Window Lending to Non-depositary Institutions）

聯準會破天荒地在處理「貝爾斯登」投資銀行倒閉案時，首度以該案影響市場甚鉅，遂以「恢復市場穩定」（Restore Market Stability）爲理由，開放央行重貼現窗口[51]，以低於當時銀行拆款市場貼現率（5.75%）2碼（0.5%）的優惠利率，即5.25%的重貼現率，同意以每股2美元（2007年1月時，該公司股價爲每股172美元）的價格，融資予收購貝爾斯登的摩根大通銀行，其後又兩度降低該重貼現率至4.25%，總共貸出100億美元，最後以每股10美元成交，並由摩根大通銀行出面繼受貝爾斯登所持有但「無法流通」（Illiquid）的房貸抵押擔保債券（Mortgage-backed Securities）[52]。易言之，自從1933年銀行法施行後，聯準會首度將聯邦儲備體系資金（間接）釋出予非存款機構[53]。聯準會如此舉措引發論者高度疑慮，認爲「金融安全網」（Safety Net）延伸至非存款

[50] 2008年3月，SEC與CFTC兩機關簽訂了一項「雙邊合作協議」（Mutual Cooperation Agreement），針對商品性質上究屬證券或期貨的爭議建立認定準則（principles to guide the agencies' consideration of products with securities and futures components）。*See* press release, SEC website, *available at* http://www. sec.gov/news/press/2008/2008-40.htm, reprinted from *supra* note 10, Chapter V, at 108.

[51] *Id.*, Chapter IV, at 82.

[52] *See* JOHN M. WAGGONER, BAILOUT, WHAT THE RESCUE OF BEAR STEARNS AND THE CREDIT CRISIS MEAN FOR YOUR INVESTMENTS 72-79, JOHN WILEY & SONS, INC., NEW YORK, 72-79 (1st. ed. 2008).

[53] 更精確地說，係由聯準會透過重貼現窗口融資給「摩根大通」，間接地使其收購「貝爾斯登」投資銀行案得以歡喜收場，一併解決聯準會所面臨市場信心潰散的監理難題。*id.*, at 74.

機構可能將導致嚴重道德風險，更增加聯準體系曝險可能[54]。

反觀財政部在「藍圖」中，對於聯準會開放重貼現窗口金援諸如「貝爾斯登」之非存款機構的基本立場，係以目前擔任金融機構最後借貸者功能迨爲聯準會的「重貼現窗口」，設計上原期待在貨幣市場發生「流動性不足」問題時，能對於加入存款保險體系的存款機構提供短期信用融通；但聯準會法律上原也具有對於未加入存款保險體系的非存款機構，以接受渠等「質押擔保品設定」（Depending on the Collateral Pledged）的前提下，經聯準會董事會多數決同意（Affirmative Vote）後，提供「緊急信用融通」（Emergency Credit）的例外權限[55]。事實上，自從2007年8月以來美國聯準會已大幅修改了重貼現窗口的融通利率，從過去的隔夜（Overnight）高利率降爲以30天爲期計算，並將基本放款利率降低50碼（reducing the primary rate by 50 basis points），卻也因此造成截至2007年底止，循此途徑的借貸款項暴增爲72億美元。傳統上，許多銀行多不會考慮透過聯準會的重貼現窗口進行信用融通，主要是基於此舉不但對外顯示本身經營體質弱化的「羞辱」（Stigma）外，更擔心可能導致監理機關更嚴厲的管控；美國聯準會對此還於2007年成立了「定期標售制度」（Term Auction Facility Program），對提供擔保品的存款機構標售定期資金，讓存款機構更容易取得資金融通，相較於藉由「公開市場操作」（Open Market Operations）[56]而言，「重貼現窗口」顯然更有效率的疏解短期流動性問題。簡言之，美國聯準會藉由前開「定期標售制度」配合重貼現窗口，達成「金融穩健」的公共利益，因此遂稱之爲「穩定市場重貼現窗口融通」（Market Stability Discount Window Lending），在「藍圖」的長程規劃中，訂定爲一舉解決跨越貨幣、資本與保險市場流動性問題的最後法寶[57]。

---

54 *Supra* note 10, Chapter IV, at 84-86.

55 REG. A, 12 CFR 201.4 (D) *Supra* note 10, Chapter VI, at 153-56.

56 「重貼現窗口」，與「公開市場操作」、「法定存款準備」，併為調節貨幣市場供給工具之一，係指由居於中央銀行地位的金融監理機關，藉由買賣政府證券，或有包括商業票據者，對貨幣供給和金融狀況進行持續的調節。

57 *Id.*, Chapter VI, at 155.

3. 提高「存保理賠上限」與「公債舉債上限」

考量金融市場潰散的信心亟需恢復，10月3日通過的「紓困法案」特別針對美國聯邦存款保險機構目前依法對於問題金融機構的理賠上限（Insurance Coverage）[58]，以2009年12月31日爲施行期限，自10萬美元提高爲25萬美元[59]。繼之數日，美國聯邦存款保險機構（FDIC），更以「美國金融業有意願與能力提供存款保險基金必要的支持，並說明支撐該基金的財源，不僅是美國整體銀行產業的資本，更包含了美國政府的堅定信用」[60]立論，向該機構董事會提出一項最新提案，擬「加倍」提高目前參與投保總數高達8,500家銀行與儲貸機構的存款保險費率（從目前每100美元存款收費6.3分美元提高至13.6分美元），以增加的保費收入，挹注2008年以來由於加入存保的17家銀行與2家主要儲貸機構倒閉[61]，以及處理Washington Mutual（WaMu）由摩根大通銀行（J.P. Morgan Chase）以19億美元收購案、處理Wachovia銀行由花旗銀行（Citigroup）收購案〔結果意外的由舊金山的「富國銀行」（Wells Fargo）以150.1億美元的天價購得〕等，所造成「存款保險基金」（Deposit Insurance Fund）資金僅剩餘452億美元的嚴重不足，尚須面對投保機構中高達117家名列具風險性機構的困境，實有加強公眾對於銀行體系信心的必要[62]。此外，「紓困法案」亦設有明文將美國現行有關「公共債務」（Public Debt）的法定舉債

---

58 *See* FDIC INSURANCE COVERAGE, THE FEDERAL DEPOSIT INSURANCE ACT, 12 C.F.R. PART 330.

59 *Supra* note 11, Sec. 136.

60 "The U.S. banking industry has the willingness and capacity to provide the necessary backing to the insurance fund. The entire capital of the banking industry stands behind the fund, as does the full faith and credit of the United States government. The public can be sure that we will always have enough money to protect their insured deposits." Chairman Sheila Bair, made the proposal and was approved by the board of FDIC. *See* MARCY GORDON, WASHINGTON, AP, Oct. 8, 2008.

61 本文截稿前，美國著名的「交易公司」（deal.com）網站，甫登載了今年第21、22家倒閉銀行的最新消息；總部位於南加州Newport Beach的「道尼」儲貸機構（Downey Savings and Loan Association）與總部位於Pomona的「PFF」信託銀行（PFF Bank & Trust of Pomona），都由於財務困難而被主管機關依法洽由位於Minneapolis的兩家儲貸機構（Thrifts）進駐接管。有關美國聯邦存款保險機構（FDIC）對該銀行破產後的處理詳細內容，敬請參考該公司網站所載http://www.thedeal.com/dealscape/2008/11/bank_fail- ure_list.php (last visited Nov. 24, 2008)。

62 *Id.*

上限，提高至11.315兆美元[63]，亦即擬訂因應接踵而來穩定金融財源籌措需要的法制整備。順値一提的，大西洋對岸的英國金融主管機關「金融局」（Financial Service Authority, FSA），也因應年初「北岩銀行」（Northern Rock）與年中發生的「布賓銀行」（Bradford & Bingley）相繼倒閉的信心危機，調整了對於存款戶的理賠上限，從35,000英鎊提高至50,000英鎊[64]。

4. 改革交割結算機制[65]

處理金融交易後端的交割結算制度良窳與否不僅關乎協調管理交易過程所涉信用與流動風險，更影響金融市場交易安全與效率甚鉅；如何健全金融市場的交割結算機制，自然也成爲「藍圖」的規劃重點。反觀美國現行交割結算機制，實務上常遭論者認爲「欠缺統一的規劃，而係以進行交易的交割結算行爲主體法律屬性而決定所應遵循的法規，無法與國際準則接軌」[66]之批評；有鑑於此，美國財政部遂提出改善目前法制紊亂現象的建言，由於共計十點，謹擇要論述如次：(1)聯準會應被賦予統一監理與裁量金融交易最適的交割結算機制，並制定相關作業規章；(2)聯準會所制定之交割結算法規，考量具有跨州交易的「州際本質」（Interstate in Nature），應將具有「系統性關鍵」（Systematically Important）性質的交割結算交易納入聯邦法規「優位性」（Preemption）的條款；(3)聯準會應有權爲確保金融安定與效率，對於金融交易所涉「系統性關鍵」的交割與結算，制訂「規範準則」（Regulatory Standards to Ensure the Safety and Efficiency of Systematically Important Payment and Settlement）；(4)適用聯準會制定之市場規範的「聯邦核准」（Federally Chartered）金融機構，應合理分攤促進交易效率所生之管制費用；(5)爲能有效緩和跨國金融交易（Risk Mitigation）所可能衍生的交易風險，建立處理涉外金融交易風險的防制程序（Containment Procedure），聯準會應有權於統一監理跨國交

[63] *Supra* note 11, Sec. 122.

[64] *See* PETER THAL LARSEN & GEORGE PARKER, *Guaranteed Limits for Savings Rises to £5,000*, FINANCIAL TIMES, Oct. 4, 2008.

[65] *Supra* note 10, at 103-06.

[66] 例如經由「銀行」交易而進行結算交割時，應依「銀行業務公司法」（Bank Service Company Act）規定辦理；若係證券商進行交割結算則應依證管法規辦理；但經由SWIFT系統交割結算之情形，美國內國法制則尚無特定的監理規定，是為例外。

割結算時介入與外國金融監理機關協商。

5. 小　結

對照兩法案的背景與內容，明顯感受出規劃上的基本差異。「藍圖」著眼於促進金融產業「競爭力」（Competitiveness），核心迨為「法規鬆綁」（Deregulation），因此強調監理機構整合與法規簡化，祈使金融產業的「管制成本」降低。反觀「紓困法案」訂定時空背景則因受金融風暴加劇，市場信心潰散，因此法案基調明顯轉趨保守，方向上側重「加強管制」（Stricter Regulation），強調金融交易資訊的即時揭露，更明文要求國會的介入監督，強烈反應弱勢公民對政府無能處理股市崩跌、金融風暴，卻又要求「擴大授予公權、納稅人慷慨撒錢」的集體焦慮（Collective Anxiety）。

美國納稅人的憂慮果然成真，財政部長鮑爾森於11月12日發表公開聲明，正式更正（Update）「紓困法案」中「處理問題資產方案」（TARP）的原有規劃，聲稱「係考量市場在紓困法案通過後嚴重惡化，原方案顯然已無法達成穩定金融政策目標的經濟現實，經與聯準會洽商後，擬放棄先前以公共資金購買選定金融機構股權資產、導引民間資金投入市場的做法，而改採擴大小規模非存款機構接受金援的範圍，祈能協助使用渠等金融服務（如車貸、房貸、助學貸款、信用卡債）的多數平民消費者直接受惠，並以之設為優先的穩定經濟政策目標……」時[67]，即遭到國會與輿論的嚴厲批判，眾議員甚至指控財政部施政對人民毫無誠信（Disingenuous），顯然違背當初立法過程時的協議內容，國會若早知有此政策更正，「紓困法案」必不致獲得支持通過……云云[68]。財政部助理次卿Neel Kashkari出席國會「眾院委員會聽證會」（House Subcommittee Hearing）時回應辯稱，TARP並非解決所有經濟問題的萬靈丹，更非刺激經濟成長的方案，而僅為「穩定經濟」的規劃；但對於究竟哪些機構得以接受紓困資金的挹注？Kashkari卻辯稱將由聯邦金融主管機關視個案另行

---

[67] *See* DEBORAH SOLOMON, *Bailout's Next Phase: Consumers*, Wall Street Journal, Nov. 13, 2008. Also the *Remarks by Secretary Henry M. Paulson, Jr. on Financial Rescue Package and Economic Update*, PRESS ROOM, U.S. DEPARTMENT OF TREASURY, Nov. 12, 2008.

[68] MICHAEL R. CRITTENDEN, *Lawmakers Grill Kashkari on Changes in TARP Plan*, WALL STREET JOURNAL, Nov. 14, 2008.

決定，顯然欠缺誠意的迴避了關鍵爭議問題[69]。美國金融技術官僚如此前後搖擺的政令施行，對於目前惡化的金融危機無異是雪上加霜。

二、「太大不能倒」的迷思？

歐洲最大的物流企業「德國郵政集團」（Deutsche Post）與在美國的合作夥伴「敦豪航空貨運」公司（DHL Express），無預警宣布將大幅縮減在美國境內的營運，關閉設在美國俄亥俄州「威明頓鎮」（Welmington, Ohio）的轉運樞紐（Domestic Hub），裁減309個營業據點，預計裁員近1萬人，「威明頓」全鎮恐怕都將失業[70]。同時，一向被視爲美國工業指標，叱吒世界車壇多年的通用汽車（General Motors），2008年第三季業績顯示：營業收入379億美元，較2007年相比減少13%，當季虧損達42億美元，恐已接近破產邊緣；美國汽車研究中心（Center for Automotive Research）估計，倘若單一汽車業者能創造7.5個零組件附屬行業的職缺，基此，通用汽車如果倒閉，將可能導致250萬人失業，將是美國經濟與社會不可承受之重[71]。政府是否應對汽車產業紓困？如何面對（1,500億美元）紓困AIG但不救GM的質疑？簡言之，受到金融風暴波及的大型企業發生倒閉案例，政府必將陷入是否應以公共資金予以紓困，以解決隱藏在後的社會問題；反面言之，公權力若過度介入則又恐造成「企業國有化」的疑慮，公益優先性的擇定如何服眾？都將考驗美國政府處理企業與金融危機的智慧。

質言之，特定金融機構的資金與人員規模倘具有相當程度，一旦發生財務困難（Financially Distressed）情事，勢必受制於同業間業務高度「依存」（Interdependent），影響社會層面深遠，監理機關在處置上因而總是多所顧

---

[69] *Id.*「紓困法案」的幕後規劃總設計師Neel Kashkari在眾院委員會聽證會中，面對加州眾議員Rep. Darrel Issa、俄亥俄州眾議員Rep. Dinnis Kucinich猛烈批評財政部對於TARP的政策更正聲明時，答覆表示"It's not a stimulus, it's not an economic growth plan, it's an economic stabilization plan."以為其政策調整辯護。

[70] 畢儒宗，全球快遞DHL裁員9,500人，終止美境內業務，大紀元新聞網，2008年11月11日，http://tw.epochtimes.com/b5/8/11/11/n2325849.htm。

[71] 蕭麗君，「車廠倒，美300萬人恐失業」，中時電子報，2008年11月11日，http://chinatimes.com/2007Cti/2007Cti-News/2007Cti-News-Content/0,4521,120501+122008111100120,00.html。

忌，恆有引發「太大不能倒」（Too Big To Fail, TBTF）[72]的監理迷思[73]。眾所矚目，曾經活躍於世界金融舞台的「投資銀行」（Investment Banking）先後走入歷史，[74]美國金融版圖逐漸從「專業分流」（Specialized Banking）走向「多

---

[72] 所謂「太大不能倒」的論述，原係針對美國金融監理對於處理大型金融機構經營失敗時的監理態度，常有顧慮所涉社會成本甚鉅而寬予紓困（Bail-outs），易使市場誤以為只要金融機構營業規模夠大，政府必不致於袖手旁觀，將以公共資金進行紓困。The "Too Big to Fail" policy is the idea that in American banking regulation the largest and most powerful banks are "too big to (let) fail". This can either mean that it might encourage recklessness since the government would pick up the pieces in the event it was about to go out of business, or on the other hand it could mean those banks would have less incentive to practice thrift and sound business practices, since they would expect to be bailed out in the event of failure.The phrase has also been more broadly applied to refer to a government's policy to bail out any corporation. It raises the issue of moral hazard in business operations. *available at Wikipedia website* http://en.wikipedia.org/wiki/Too_Big_to_Fail_policy；and please also *See* NELSON D. SCHWARTZ, WHICH COMPANIES ARE TOO BIG TO FAIL?, NEW YORK TIMES, 7. Sept. 23, 2008.

[73] 評論者直言挑戰美國金融主管機關，袖手罔顧全美排名第四的投資銀行「雷曼兄弟」（Lehman Brothers）財務急速惡化（註：9月15日該公司終於向聯邦破產法院聲請破產保護），而竟以「太大不能倒」的論述，對於先前排名第五的「貝爾斯登」投資銀行（Bear Stearns）財務困難時，援用金融安全網下聯邦存款保險基金，全力介入金援紓困，立場顯然前後矛盾。詳細內容請參閱PAUL R. LA MONICA, 9月10日投書CNN商業論壇（CNN Money.com）一文，辭句犀利，實具反對立論代表性；*available at* http://money.cnn.com/2008/09/10/markets/thebuzz/index.htm (last visited Nov. 15, 2008). 前任財政部長魯賓（Robert E. Rubin）則持不同意見，認為「貝爾斯登」並非因為太大不能倒，而是因為如「房地美」與「房利美」兩大不動產房貸機構般，涉及問題牽連甚廣（too interconnected）而有以致，出處請參前註。茲轉錄該段原文如次："This presents a very important policy question that people are going to be grappling with for a long time," said Robert E. Rubin who was Treasury secretary under President Bill Clinton and is now a senior adviser at Citigroup. "Bear was not too big to fail; it was too interconnected. Fannie and Freddie are both."筆者侈譯以「這呈現了一個非常重要的政策考量，人們勢須苦思良久。」柯林頓政府時代的財政部長，目前擔任花旗金融集團資深顧問的羅伯特・魯賓表示：「貝爾斯登並非規模太大，不能倒；而是因為牽連太廣。房利美和房地美則兩者兼具。」

[74] 9月14日，美國銀行（BOA）與華爾街第三大投資銀行美林集團（Merrill Lynch）達成協議，以每股29美元的價格，約440億美元的換股方式收購美林；美國聯邦儲備委員會（Fed）繼之於9月21日晚間，核准了華爾街僅存的兩家投資銀行－摩根士丹利（Morgan Stanley）和高盛集團（Goldman Sachs Group Inc.），轉型為傳統的銀行控股公司（Bank Holding Company）。加上之前於3月7日為JPMorgan收購的貝爾斯登（Bear Stearns），與9月15日宣布向聯邦破產法院聲請破產保護的「雷曼兄弟」（Lehman Brothers），曾經叱吒風雲的美國投資銀行業遂正式走入歷史。*Infra*, page 3.

元經營」（Diversification）的大型「綜合銀行」體系，「穩健經營」（Prudential Banking）遂成為美式「功能監理」（Functional Regulation）架構下，更具挑戰性的目標。茲生疑義者，當銀行規模之大，涉及依附其上數以萬計從業人員生計，且同業間拆款金額，顯著影響市場資金流動性，有造成系統性風險之虞時，美國目前監理架構顯然欠缺整體性規劃，附麗於法制之上的產業縱深也因而欠缺與國際接軌的「法規競爭」（Regulatory Competition）能力。尤有甚者，財政部如何踐履營業規模大小迥異業者間「均等原則」（Principle of Parity）以決定紓困判準？如何避免「差別待遇」（Differential Treatment）的質疑？迨皆成為公權力處理問題金融機構時，勢難迴避的核心議題。

（一）綜合銀行（Universal Banking）的監理

歷經年餘的金融風暴，美國金融產業出現「大者恆大」且「資金排擠」的現象。質言之，三大主要存款機構合計占美國存款總額的31%，其中美國銀行（BOA）約占10.99%，「摩根大通銀行」（J.P. Morgan Chase）約占10.51%，花旗銀行（Citigroup）則占9.8%。雖然美國銀行家數超過8,000家，但真正具可觀規模的銀行其實不多，美國政府甚至鼓勵包括「摩根大通」在內的大型銀行，藉併購Bear Stearns與Washington Mutual等在金融風暴中倒閉的金融機構，而大肆擴張營業版圖[75]。進言之，「聯準會」考量「摩根史坦利」與「高盛證券」兩大投資銀行，由於性質上並不屬於「收受存款機構」，受託金額並不需納入法定「存款準備率」計算，考量9月下旬當時美國金融體系出現「系統性風險」疑慮之際，渠等又欠缺紮實的「風險基準資本」憑藉以為因應緩衝（Risk-based Capital Cushion）的前提下，或許還是將之納入傳統銀行業務規範，加強風險控管，更能保障使用渠等投資專業服務的金融消費者；同樣情形也適用於11月間轉換為「銀行控股公司」的「美國運通集團」。但接踵而來的問題是，投資銀行巨人相繼走入歷史，卻造就了規模愈來愈大的「綜合銀行」，監理機關究應如何面對如此新情勢，推動更嚴謹的「金融治理」？

[75] *See* HEIDI N. MOORE, *Why The Biggest Banks Will Only Get Bigger*, WALL STREET JOURNAL, Oct. 1, 2008.

「綜合銀行」概念上的孿生兄弟——「大型複合式金融機構」（LCFI）由於業務跨越銀行、證券、保險、期貨等專業金融領域，消費者使用渠等金融服務時所面臨的「資訊不對稱」（Information Asymmetry）情形顯然更爲嚴重而常被特別強調；遑論渠等機構利用「市場相對優勢地位」所加諸於消費者，例如訂定「加速條款」（Acceleration Clause）[76]在內的「顯失公平」或是壓迫弱勢消費者接受「搭售」（Tying）[77]情事，監理機關如何協助對於如此異業結盟，營業縱深「多元化」（Diversification）的「綜合銀行」，建立「共同行銷」（Cross Selling）對象「財務隱私權」（Financial Privacy）保護的完善規範架構[78]？如何避免業務垂直整合所可能產生的限制競爭[79]？如何避免關係子公司間的「掩飾性交易」（Covered Transaction）？或經由控股公司遂行關係企業內部利害關係人間的「交叉補貼」（Cross Subsidization）？顯然都將成爲「綜合監理」（Consolidated Supervision）重點，但衡諸目前渠等監理資訊涉及不同主管機關，彼此間各有法定職掌，除定期於「行政院會」有短暫橫向交流外，雙邊或多邊性的業務聯繫或法制協商尙屬闕如，能否效率的即時反應跨業所涉問題金融？避免擴大蔓延成爲金融危機？仍有待金融監理機制的全面性檢討與整合。

（二）「金融治理」（Financial Governance）與「競爭規範」（Competition Law Considerations）

質言之，除了繼續已經推動多年的「公司治理」所強調「分權」、「制衡」、「充分揭露」（Full Disclosure）及「問責」（Accountability）等制度建構基礎外，更側重於推動金融機構應加強：1.經營團隊「專業適格性」（Fit and Proper）[80]，使金融機構能在正確消化市場資訊後，做出合法且專業的商業

[76] 張國仁，國華人壽加速條款不當、重罰確定，中國時報，2008年11月19日。另請參照行政院公平交易委員會前依公平交易法第24條規定為據，裁處國內共計39家金融機構案例。

[77] 請參照公平交易法第19條第6款，該法施行細則第27條第1項。

[78] 金融控股公司法第42條、第43條，個資法第18條、第23條，銀行法第48條等規定。

[79] 公平交易法第6條、第11條、第12條等規定。

[80] 行政院金融監督管理委員會2006年2月22日以金管銀（六）字第0946000086號令所頒「金融控股公司負責人資格條件及兼任子公司職務辦法」第8條與第9條所載有關金控公司負責人與經

判斷；2.「風險基準資本的適足率」（Ratio of RBC Adequacy）[81]，使金融機構能夠更有能力對抗流動性風險；3.「監理資訊即時反應」（Real-time-based Regulatory Information）[82]，祈能預先發現金融問題，及早因應；4.「利益衝突」（Conflict of Interests）防制機制[83]，亦即以「中國牆」（Chinese Wall）爲核心所建構的規範機制[84]……等金融專業準則（Conduct Code）的建立；有鑑於渠等監理機制的重要，美國與法國的監理機關亦針對金融風暴的防制與因應，密切協商共同建立一套「金融治理」法制架構[85]。論者更見倡議，推動金融機構加強公司治理的首要挑戰，該在於如何將「風險管理」納入對於董事會專業「問責」制度的範圍（Make Risk Management the Explicit Duty of the Board）[86]。換言之，職司市場監理的「聯準會」應要求金融機構「常務董事」（Executive Director），定期公布該機構交易所涉風險，發表「專業評估風險報告書」（Fiduciary Risk Reviews），使市場投資人得以瞭解所涉風險，

理人資格條件之規定，即足為目前我國法上對於金融機構經營團隊適格性要求之適例。

[81] 按此處所指「資本適足率」＝自有資本淨額÷風險性資產總額。該項比率對銀行業者而言，係由行政院金融監督管理委員會前於2007年9月6日，以金管銀（二）字第09620006290號令，依銀行法第44條授權，修正公布之「銀行資本適足性管理辦法」所計算之比率；保險業者部分則另於2007年12月28日以金管會金管保一字第09602506421號令，修正發布「保險業資本適足性管理辦法」。

[82] 證券交易法第36條第2項所載規定，即為貫徹「繼續公開」原則所設，亦為我國法規要求金融服務業「即時」將財務與業務資訊公開之一適例，大型銀行或保險公司迨為「公開發行股票」公司規模，當然也在資訊即時公開原則的適用範圍之列。

[83] 有關「中國牆」或「資訊防火牆」之詳細論述，請參閱美國紐約大學（New York University）商學院（STERN）著名的金融學教授，參與由「聯準會」芝加哥分行舉辦的研討會中所作精彩報告內容INGO WALTER, "CONFLICTS OF INTEREST AND MARKET DISCIPLINE AMONG FINANCIAL SERVICES FIRMS," WORKING PAPERS AT FEDERAL RESERVE OF CHICAGO-BANK FOR INTERNATIONAL SETTLEMENT CONFERENCE ON MARKET DISCIPLINE: EVIDENCE ACROSS COUNTRIES AND INDUSTRIES, Oct. 30-Nov. 1, 2003.；國內文獻部分亦請參考李曜崇，薄如一張棉紙—論美國法上中國牆措施的最新發展，全國律師，2005年10月。

[84] *See* JORDI CANALS, *Universal banks need careful monitoring*, FINANCIAL TIMES, Oct. 20, 2008.

[85] DOUG PALMER, *U.S. willing to discuss financial governance: EU*, REUTERS, Oct. 17, 2008.

[86] MICHAEL SCHRAGE, *How to sharpen banks' corporate governance?,* FINANCIAL TIMES, Nov. 17, 2008.

彌補渠等由於資訊不對稱所造成資訊落後而影響正確判斷的闕失[87]；此種「風險揭露方案」（Risk Revelation Approach）更應推廣適用於從事跨國交易的金融機構，祈使消費者面對牽涉複雜財務設計的跨國金融交易時，能夠預警性地「知悉」市場「系統性風險」（Early Awareness of Systemic Risks），及時作出進退的投資決定，更經由經驗交流形成「最佳實務準則」（Best Practices）。對於經營狀況不理想的金融機構，監理者也能藉由「指派」（Nominate）2至3名「觀察代表」（Observers），以列席該機構常務董事會的方式，參與機構銷售商品的整體風險評估，並經由呈報觀察心得的程序，協助監理者能夠及早檢出交易可能的曝險部位，擬訂圍堵經營危機進一步擴大的因應措施[88]，或值做爲我國金融監理實務的改進參考。

對照台灣的金融發展，除兩岸間金融協商的進度顯將逐漸影響兩岸金融機構的業務合作交流外，在台灣金融市場爲謀求「規模經濟」效益而逐步進行內外整合後，合理的推論是金融版圖勢將出現「大者恆大」的局面，同質業務之間恐亦將出現排擠現象，「競爭法」（Competition Law）究應如何以既有經濟模型（例如HHI、CRn、Tobin's q……等）指標，檢視大型金融機構是否造成「經濟力過度集中」（Economic Concentration）？形成「減損市場競爭」（Lessen Market Competition），間接不利於消費者權益（Consumer Welfare）；競爭主管機關究應如何面對跨越傳統銀行、證券、保險、期貨、信託等業務的「大型複合式金融機構」（Large Complex Financial Institution, LCFI）時代的來臨，針對大型金融業結合案件，建構符合市場實務之「產品市場」（Product Market）判準，以爲個案准駁依據，以保護金融市場終端消費者[89]？恐亦值我國實務再酌。

三、是誰縱火？

隨著金融國際化與自由化的腳步，現今世界的信用體系較之上一世代，

---

[87] *Id.*

[88] *Id.*

[89] 謝易宏，台灣「金融控股公司」結合規範之探討，公平交易季刊，16卷3期，2008年7月。

已迅速發展成為一業務連結度密切（More Interconnected），交易型態複雜且更注重運用財務槓桿的布局[90]。基此，金融業務國際化程度高（Highly International-Oriented）的大型金融機構，因流動性不足所造成風險傳染的可能性亦相對較高。質言之，正由於業務密切往來所生債務連結的曝險傳染效果（Risk Contagion Effect）衍生的「金融恐慌」（Financial Panic），較傳統市場交易型態更難評估，直接影響了金融監理機關處理危機的反應時間。但一直以來強調的金融自由化與創新，果眞是這回金融災難的縱火嫌犯？甚至，「資本主義」眞是只能說不能做[91]？恐怕又是正反意見各有所據。但美國主流輿論指出美國政府坐視不動產泡沫化，並對於助長泡沫的金融業挾創新之名，濫用「財務工程」之實，將交易金額與風險放大的新種金融商品，亦採相對「自由放任」（Lassie Faire）的監理態度，對於此次金融風暴顯然難辭其咎[92]。2008年9月15日，由二十大工業國（G-20）在美國華府所發表的共同宣言中，有關全球金融風暴成因的論述，也再次加強了如此指控的正當性[93]。

鑑於國際間金融業者近年來大量強調業務「自由化」與「創新」，透過「財務高槓桿」比率設計金融商品移轉「基礎資產」（Underlying Assets）債務不履行風險，遂逐漸形成此次世紀危機，各國金融主管機關間對於「去槓桿化」（De-leverage）的呼籲更顯積極[94]；統計資料更指出美國投資銀行承作此種高風險商品的業務總量，於1997至2007年的10年間就成長了高達17.5%，整體金融資產（Financial Assets）與國民生產毛額（GDP）間財務槓桿比率高達失眞的400%，論者進而主張財務高槓桿性的金融交易氾濫，該是造成金融衍生性商品（尤指「避險基金」Hedge Funds）「債務不履行」風險（Default Risk）肆虐的主因[95]，此種商品所表彰的「基礎資產」更因此成為不具流動性

[90] *See* EDWARD CHANCELLOR, *Panic passes but the causes remain*, FINANCIAL TIMES, Oct. 16, 2008.

[91] 賀先惠、蘇鵬元，信用緊縮時代來臨　經濟全面停擺？，商業週刊，1090期，2008年10月。

[92] CHARLES CALOMIRIS, *Most pundits are wrong about the bubble*, WALL STREET JOURNAL, Oct. 18, 2008. *Also* CALOMIRIS, Another Deregulation Myth, Oct. 18, 2008.

[93] *Supra* note 25.

[94] *See* MICHAEL HEISE, *Deleveraging must Continue*, THE WALL STREET JOURNAL, Nov. 19, 2008.

[95] *Id.*

的「問題資產」（Toxic Assets），間接地耗損了美國進行紓困的公共資源。影響所及，如美國、英國、西班牙及其他曾經歷過信用擴張交易榮景的歐洲國家金融市場，都勢將進入一種為「去除風險」（De-risking）所生交易反噬的過渡現象。質言之，未來驅使金融資產占國民生產毛額的比重逐漸貼近眞實的交易風險後，市場參與者才可能逐漸重拾對於金融交易的信心[96]。但特別值得一提，實證研究也揭露，美國二百多年來歷次金融危機的成因與處理過程，竟也重複出現固定模式，總歸因於政客輕忽財務高槓桿操作所造成金融資產價值短期急漲，終至連鎖性金融交易不履行的系統性風險發生[97]，金融市場卻依然「殷鑑雖不遠，教訓不斷來」的重蹈覆轍，總須在浴火後的灰燼中重生，受害人始終都是居於市場資訊不對稱的弱勢消費者。

肆、借　鏡

一、金融監理

（一）單軌制v.多軌制

職司金融安全網所繫收受存款機構的監理，究應由單一機關集中監理或由多重機關分業監理？長久以來一直是各國金融監理的核心議題之一。「世界銀行」（World Bank）在一份全球金融研究報告中指出，全球153國中有高達127國採取「單一」機關的金融監理架構[98]，論者甚至暗示部分不採單一機關監理的國家，渠等「國民生產毛額」（GDP）似與所採金融監理架構間具有某種負

---

[96] *Id.*

[97] *See* CARMEN REINHART & KENNETH ROGOFF, *Regulation should be international*, FINANCIAL TIMES, Nov. 18, 2008

[98] 「世界銀行」於2005年發表有關各國所採銀行監理架構的研究報告，謹轉錄所引表格如下：

面關聯[99]，但衡諸金融實績傲人的美國、德國、韓國與台灣（我國「金管會」於研究調查當時尚未成立）亦列入採取分業監理金融架構的國家群組，前揭論述似嫌速斷。揆諸「單軌制」與「多軌制」分就不同觀點各有所據，或以為存

Countries with Single vs. Multiple Bank Supervisory Authorities							
	Single Bank Supervisory Authority (127 countries)				Multiple Bank Supervisory Authorities (26 countries)		
Africa (34 countries)	Algeria Benin Botswana Burkina Faso Burundi Cameroon Central African Republic Chad	Congo Côte d'Ivoire Egypt Equatorial Guinea Gabon Gambia Ghana Guinea	Guinea Bissau Kenya Lesotho Libya Madagascar Mali Namibia Niger	Rwanda Senegal South Africa Sudan Swaziland Togo Tunisia Zimbabwe	Morocco	Nigeria	
Americas (21 countries)	Argentina Bolivia Brazil Canada Chile	Colombia Costa Rica Ecuador El Salvador Guatemala	Guyana Honduras Mexico Nicaragua Paraguay	Peru Suriname Trinidad and Tobago Uruguay Venezuela	United States		
Asia/Pacific (32 countries)	Australia Bhutan Cambodia Fiji Hong Kong, China India Israel	Japan Jordan Kuwait Kyrgyzstan Lebanon Malaysia New Zealand	Pakistan Papua New Guinea Philippines Qatar Russia Samoa Saudi Arabia	Singapore Sri Lanka Tajikistan Tonga Turkmenistan United Arab Emirates	China Kazakhstan	Korea Taiwan, China	Thailand
Europe (39 countries)	Armenia Austria Azerbaijan Belarus Belgium Bosnia and Herzegovina Bulgaria Croatia Denmark	Estonia Finland France Greece Hungary Iceland Ireland Italy	Latvia Lithuania Luxembourg Moldova Netherlands Norway Portugal Romania	Serbia & Montenegro Slovenia Spain Sweden Switzerland Turkey Ukraine United Kingdom	Albania Czech Republic	Germany Macedonia	Poland Slovakia
Offshore Centers (27 countries)	Aruba Bahrain Belize British Virgin Islands	Gibraltar Guernsey Isle of Man Jersey	Macau, China Malta Mauritius Oman	Panama Seychelles Turks and Caicos Islands	Anguilla Antigua and Barbuda Commonwealth of Dominica Cyprus	Grenada Liechtenstein Montserrat Puerto Rico	Saint Kitts and Nevis Saint Lucia Saint Vincent and The Grenadines Vanuatu

99 *Id*., at 85.

款機構背後涉及「納稅人曝險」議題，若採多重分業的監理架構，極可能讓金融監理陷入機關間「競相怠忽」（Competition in Laxity）的疑慮；但另一方面，卻也忽略了單一金融監理機制所可能缺乏，反而在採多重分業監理架構中特有的「競相創新」（Competition in Innovation）優點[100]。良窳參半的兩種監理制度，國際間各有追隨，孰最適於「金融穩定」？仍有待實務上進一步的驗證。

反觀台灣近來引發諸多討論的金融監理議題，亦即由「行政院研考會」所擬訂規劃的「重整行政院組織改造」方案，研議將目前「金融監督管理委員會」（簡稱「金管會」）轄下三大金融業務主管機關（銀行局、證期局、保險局）回歸財政部，避免金管會一面執行金檢，同時又要規劃、執行金融政策，流於「球員兼裁判」的「利益衝突」，金管會將轉為「純監督」機關，只負責「金融檢查」業務[101]。其間所涉及金融政策制訂與執行權限究應如何劃分？是否合宜仍由目前單一金融主管機關（金管會）掌理？縱然符合世界金融監理潮流，惟恐須背負「球員兼裁判、合議效率不彰」的沉重批評；抑或應由業務屬性所涉機關分業監理？回歸由財政部主導金融政策，轄下銀行、證券、保險各有所司局處機關擔任執行，但如此布局下的分業主管機關與中央銀行、金管會間關於監理資訊的橫向聯繫與協調反應如何兼顧時效形成共識，即時防制金融系統性風險，在現行「合議制」迭遭針砭，「首長制」政策未明之際，嚴峻考驗行政與立法的智慧。本文以為制度仍賴人為，判斷關鍵迫應繫於金融監理「獨立性」的堅持，倘監理機關仍須受制於「預算」與「人事」不能獨立的困境，所為處分尚且可能被同為行政機關之「行政院訴願會」撤銷的不當設計，則不論組織如何改造，依然只是另一個機關靈魂禁錮於政治壓力所形成「利益衝突」惡魔轄制的監理傀儡。

---

100 *See* JAMES BARTH, DEANIEL E. NOLLE, TRIPHON PHUMIWASANA & GLENN YAGO, A Cross-Country Analysis of the Bank Supervisory Framework and Bank Performance, FINANCIAL MARKETS, INSTITUTIONS & INSTRUMENTS, NEW YORK UNIVERSITY SOLOMON CENTER 12(2), 67-120. (2003)

101 溫建勳，二次金改沾腥，金管會面臨大削權，商業週刊，1095期，2008年11月17日。

(二) 資訊整合

英國金融監理係以「英格蘭銀行」（Bank of England）、「金融局」（FSA）與「財政部」（HM Treasury）三足鼎立（Tri-partite），經由機關間簽訂「備忘錄」（Memorandum of Understanding, MOU）方式，建立金融政策協商機制，渠等監理資訊的整合與交流，對於英國一直以來的金融穩定，居功厥偉[102]。美國金融監理制度囿於歷史沿革，不但紛亂無序，對於系統性風險的防制成效更明顯不彰，分業主管機關間地盤心態作祟，導致橫向協商不良，監理資訊顯少交流，坐視失敗金融一再發生，乃有「藍圖」中所倡加強監理機關間組織整合與資訊交流的建言[103]。

反觀台灣行之多年的監理資訊溝通體系，乃透過各業務別所組「公會」組織以「自律」（Self-Disciplined）爲名，居中做爲業界與主管機關的溝通橋樑。由於公會負責人或秘書長迨多由主管機關高階人員退職轉任，業者實務上所遇法令窒礙難行之處，尚多能順利反映予監理機關俾作因應；以銀行公會爲例，爲處理銀行所涉消費爭議，特別設立「金融消費爭議案件評議委員會」，直接消化銀行不能處理的客訴案件，即爲適例。茲生疑義者，依法成立的渠等金融自律組織，對消費者之作爲是否構成行政程序法第16條的受託地位？是否該當大法官釋字第269號之旨而有行政訴訟被告當事人適格？恐在渠等自律組織配合主管機關監理資訊傳遞的過程中，有必要釐清其法律上分際，惟此仍待金融實務進一步形成共識。

102 *Supra* note 98, at 89.
103 *Supra* note 10, Chapter V.

二、金融紓困（Bail-outs）與銀行「國有化」（Nationalization）

（一）美國存保基金採取「監理寬容」（Regulatory Forbearance）[104]紓困「貝爾斯登」與「美國國際集團」是否具有「納稅人曝險」[105]的正當性？

媒體報導揭露「雷曼兄弟」（Lehman Brothers）投資銀行與「美國國際集團」（American International Group, AIG）管理階層於公司受難之際，仍舊過著令人咋舌的奢華生活，讓民眾對於財政部所提紓困法案普遍提出質疑，為何該由納稅人間接補貼平日坐領高薪、紙醉金迷的失敗金融業者[106]？

我國大法官釋字第488號「不同意見書」中，黃越欽大法官曾表示：「金融秩序重要性當然值得重視，但其監督管理本質是在維護市場機能之自由運

[104] 「監理寬容」措施（Regulatory Forbearance）成本是由問題金融機構的清理人，以及存款保險機構的債權人負擔，若存款保險機構是由政府贊助設立的，此一成本亦將擴及於納稅義務人。郭秋榮，美國、日本、南韓與我國處理問題金融機構模式，經建會「經濟研究」，4期，2003年12月，頁19。

[105] 納稅人曝險（Taxpayer's Exposure）係指金融機構之股東將未來該機構倒閉之處理成本轉嫁給支撐安全網的納稅人的程度謂之，詳細論述，敬請參閱廖柏蒼，金融安全網之法律架構分析，中央大學產經所碩士論文，2002年6月，頁129-130。

[106] 保險業巨擘美國國際集團（AIG）獲政府破天荒850億美元援助後，沒隔幾天，主管們紛紛前往消費昂貴的加州海灘放鬆心情。民主黨議員華克斯曼告訴眾議院政府改革暨監督委員會：「納稅人挽救AIG不到一週，就看到公司主管在國內一個最高級度假勝地飲酒用餐。」眾議院就華爾街紓困案危機舉行聽證會的第二天，華克斯曼告訴政府改革暨監督委員會，從收據可以看出，AIG主管在這個太平洋度假勝地花費超過44萬美元。請參閱中央社，AIG獲美政府相救、主管赴海灘奢華度假，華盛頓10月7日法新電；紐約州的檢察長Cuomo要求AIG追回高層們的薪酬，特別是在AIG遭遇財務困難後，董事會還通過給予執行長超過500萬美元的現金紅利，以及價值高達1,500萬美元的黃金，造成AIG財務崩潰，而高階主管在離開AIG時，也獲得一筆高達3,400萬美元的紅利，Cuomo要求要一併追回，否則將對AIG提起訴訟。華爾街日報也披露，AIG竟然拿著納稅人的錢到華府遊說，希望政府鬆綁對房貸商品的限制。請參閱網路家庭，納稅人付1,200億、AIG主管奢華度假去，10月17日財經新聞，http://news.pchome.com.tw/finance/nownews/20081017/index-12241730923666662003.html。

作，因而，經營不善或違法之金融機構受到淘汰，是金融秩序當然之結果，也是主管機關應力加維護之機制」誠爲符合金融穩健之卓見。質言之，市場機能的主要功用在於透過市場監理的公權力介入，過濾體質欠佳、經營不善的參與者，使得市場得以持續汰舊換新、唯適者留存，整體金融環境將因尊重市場機制而逐漸具競爭力；更由於篩選後留在市場中的均爲體質健全、穩健經營的金融機構，整體金融秩序也將因此更上軌道。揆諸存款保險制度設立之旨，乃在提供存款人一種心理保障，避免因個別銀行發生擠兌，而影響整體金融市場秩序，其建構重心並非「塡補損失」，而應在於「金融穩定」（Financial Stability），因此除美、日之外，鮮少將此制度名爲「保險」，觀諸德國法制設計訂爲「存款擔保」[107]，英國則稱爲「存款保障」[108]，足堪謂爲適例。

107 德國的存款擔保制度係由民間自願存款擔保體系和政府強制性存款擔保體系兩部分構成的。前者是指由德國國內三大銀行集團根據各自的需要在1974年以後建立的三個獨立運作體系，是在三個銀行集團內引入銀行間自願存款擔保的基礎上形成的（在歐洲，目前另外還有馬其頓和瑞士實行自願存款擔保制度）；後者則是為了遵循「歐盟存款擔保指令」（Deposit Guarantee Scheme Directive）要求歐盟成員國必須根據該指令於1995年7月1日起制定實施各國法規並建立強制性存款擔保制度的規定，而於1998年8月訂定德國「存款擔保及投資人償付法」（Deposit Guarantee and Investor Compensation Act）後所建立。根據德國「銀行法」第23(a)條（Section 23a of the Banking Act）規定，聯邦銀行監理局（FBSO）在銀行獲准加入之前必須向聯邦銀行公會進行調查。存款擔保體系中的成員和非成員必須向其存款人說明存款擔保的範圍。存款擔保險制度對存款者實行高額保障。以德國信用合作社、儲蓄銀行及其信貸銀行的存款者為例，所受保障的最高限額是所在銀行自有資本的三成。質言之，依據銀行法規定，銀行的最低設立資本為500萬歐元，因此被擔保存款的最低額度為150萬歐元。基此，商業銀行平均股權為3億歐元，其平均保險額度約為9,000萬歐元。至於小型金融機構，其最低自有資本為300萬歐元左右，其每個存款者所受到的保障則至少達到90萬歐元左右，幾乎大多數的存款人存款都提供全額擔保，頗具社會主義色彩。詳細說明仍請參閱德國聯邦金融監理局網站資料所附2005年「歐盟銀行存款擔保指令」（Committee of EU Banking Supervisors, CEBS Technical Advice on a review of Aspects related to Deposit Guarantee Schemes, September 2005）與「德國存款擔保與投資人償付機制」（DEUTSCHE BUNDESBANK, DEPOSIT PROTECTION AND INVESTOR COMPENSATION IN GERMANY, MONTHLY REPORT JULY 2000）英譯版文。

108 英國的存款和投資保障制度乃源於1979年通過的銀行法所建立的存款保障機制而來。英國現行的存款保障機制是由英國金融局（FSA）前於2001年根據2000年金融市場與服務法案（FSMA 2000）所建構的金融服務理賠機制（FSCS）之下的一個獨立設計。金融局（FSA）將原有的存款保障機制與1986年建築協會法建立的建築業協會投資者保障機制（IPS）、1986年金融服務法建構的投資者理賠機制（ICS）、1975年投保者保護法建構的投保者保護機制（PPS）等理賠機制加以整合，形成由金融局（FSA）合併監理的金融服務反觀美國金融市場的監理設計，「聯準會」如同金融業中央銀行地位般，擔任貨幣市場的資金「最後融通者」（The Lender of Last Resort）。而中央銀行之設，原在藉由「公開市場操作」（Open Market Operation）或「重貼現窗口」（Discount Window）調節貨幣供給量[109]；基此，存款保險制度並非適格的貨幣政策工具。應儘速關閉無支付能力的金融機構，以及央行發揮最後貸款人功能融資給尚有支付能力的銀行，才是維持存款大眾信心，防範金融風暴的有效途徑[110]。基此，美國國會通過在金融穩定紓困法案中對於接受紓困的前五大銀行，要求先前所發給銀行高階主管的薪酬免稅額與黃金降落傘優惠皆應予以設限，並且要求銀行對於基於不實財報所發放的紅利或額外獎金進行追償，另要求禁止銀行提供管理階層可能採取「非必要或高風險」的舉措[111]。

目前我國「存款保險」法制所設的穩定金融機制，最後仍不免以政府做爲最後保證；我國存款保險條例第31條即設有明文：「存保公司爲辦理前三條或第41條第2項規定事項，於可提供擔保品範圍內，得報請主管機關轉洽中央銀

理賠機制（FSCS）：由金融業務理賠有限責任公司（FINANCIAL SERVICES COMPENSATION SCHEME LIMITED）負責營運。該公司是一個獨立的法人機構，具有一般商業性公司的共同性質。但金融業務理賠有限公司（FSCS）同時又是受金融局（FSA）監督的獨立法人機構，職司擔任金融局（FSA）行政委託的存款、保險和投資的理賠償付。金融服務理賠有限公司（FSCS）對最大理賠或償付限額設有詳細規定：存款：每戶以£31,700為限，包括首筆存款額度達£2,000的全部和其後存款達£33,000額度的九成；（按目前在「北岩銀行」NORTHERN ROCK BANK個案中的存款受到無上限的保護，對其他金融存款帳戶僅對其首筆存款額度達£35,000者提供保障）。特定的投資業務：每戶以£48,000為限，包括首筆金額達£30,000投資額度的全部與其後投資額度達£20,000的九成；抵押業務：以每筆£48,000為限（2004年10月31日之後辦理者），包括首筆保費£30,000的全部與其後保費達£20,000的九成；長期信用的保險（例：養老金和人壽保險）：無限制，包括首筆保費£2,000 的全部與其後剩餘追索權的九成；普通保險：無限制：求償權全部；非強制性保險（如家庭保險和普通保險）：首次保費達£2,000的全部與其後剩餘追索權的九成；普通保險顧問與承作：無限制（惟限於2005年1月14日之後辦理者）包括首筆保費達£2,000的全部與其後剩餘追索權的九成；強制性保險則受全額保障。請參閱英國「金融局」（FSA）官方網站所載有關「金融服務理賠機制」（FSCS）相關資料；*available at* http://www.fscs.org.uk/consumer/ key_facts/limitations_of_the_scheme/compensation_limits/ (last visited Nov. 20, 2008).

109 國實施之依據，請參閱中央銀行法第19條規定。

110 陳戰勝等七人，我國存款保險制度改進之芻議，中央存款保險公司，1996年5月，頁137。

111 *See Summary of the Draft Proposal to rescue U.S. Financial Markets*, WALL STREET JOURNAL, Sept. 28, 2008.

行核定給予特別融資。前項融資超過存保公司可提供擔保品範圍時，主管機關得會同財政部及中央銀行報請行政院核定後，由國庫擔保。存保公司依第1項規定向中央銀行申請特別融資前，如有緊急需要，得向其他金融機構墊借。存保公司為辦理前三條及第41條第2項規定事項，不適用公司法及破產法有關破產之規定」。遑論「行政院金融重建基金設置及管理條例」所設依法認定之問題金融機構存款人，得獲「全額理賠」之特殊的過渡擔保機制；基此，問題金融機構之處理，以我國目前有限的存款保險資金與重建基金，倘無法完全支付理賠數額時，最後的金融危機處理成本仍將可能轉由全體納稅人承擔。

2008年8月14日台灣也宣布跟隨歐盟「入股銀行並擔保銀行間資金拆借」的腳步，啓動存款保險的全額保障機制，亦即金融機構一旦被接管，同業拆借也將在全額保障範圍之內[112]。揆諸存款保險法制之設，個案之處理恐與通案性全額保障仍有區別，而應回歸存款保險條例第28條、第29條規定；易言之，行政院金融重建基金（RTC）時期，金管會對於列管處理的金融機構「同業拆款」，曾依據2005年6月通過的「金融重建基金設置及管理條例」第4條第5項規定：「處理經營不善金融機構時，該金融機構非存款債務不予賠付」為據作出解釋，認為應屬RTC賠付範圍[113]。但於金融重建基金於2007年7月15日依法退場後，此次行政院所宣稱之全額保障機制，乃係依據另一不同法律架構（即常態性的存款保險機制）而啓動，前揭金管會函釋內容，究否得以當然援用於不同法律架構下所指金融機構的「同業拆款」？恐還有商榷餘地。再者，我國對於紓困金融機構的同時，是否得限縮渠等機構管理高層的薪酬？以衡平納稅

112 銀行被接管，同業拆借全額保障，經濟日報/A4版/2008年10月15日。

113 金管會今年初發布解釋將「同業拆款」列為金融重建基金（RTC）賠付範圍，引發外界質疑，金管會當時認為同業拆款是清算同業支付往來所生的應支付款項，應由金融重建基金負擔。依據金管會資料，該解釋係針對被接管的4家問題金融機構所涉法律疑義而設；其中花蓮企銀、台東企銀與中聯信託，因為早已被金管會限制業務，並無同業拆款。至於中華銀行，目前的同業拆款額度則約8億元。該項解釋，恐將使重建基金RTC多付出8億元的理賠金額。金管會則表示，RTC所以賠付同業拆款，主要是為了維持被接管的問題金融機構營運不中斷。一旦金管會推翻先前作成的賠付辦法，同業拆款改為不賠，在94年6月以後拆款給台東企銀、花蓮企銀、中華銀行與中聯信託等4家被接管問題金融機構者，統統拿不到賠款。此外，寶華銀行、慶豐銀行和亞洲信託等名列RTC監管名單的金融機構，未來恐將難以拆借到同業資金。邱金蘭、李淑慧，RTC賠付同業拆款、立委轟，經濟日報，2008年4月12日。

人不當補貼失敗金融的「經濟不正義」（Economic Injustice），於現行金融相關法規似有適用疑義之際，恐亦值主管機關再酌。

（二）「銀行國有化」加速財政惡化？債留子孫？

卡爾・馬克思（Karl Marx）在1848年所發表的「共產黨宣言」（The Communist Manifesto）中，首次對世揭示「信用授予應集中由國家所有的『銀行國有化』主張」[114]，每值金融風暴出現，常為正反論者援為復古型論據，在歷史洪流中一再提醒世人認眞省思，公權力介入金融紓困的正當性基礎，究竟是虛擬的政治利益？還是人民的權益？

問題金融機構「國有化」（Nationalization）的最大疑慮在於可能發生「道德危險」（Moral Hazard），質言之，若金融業務不問風險也不致倒閉，經營失敗都由政府買單，存戶放心坐享高利，經營與存款雙方都將出現「逆選擇」現象；最後，問題銀行所產生的「不良債權」（Non-per-forming Loans, NPLs）都將轉由全體納稅人曝險（Taxpayer's Exposure），反使得政府財政赤字加重惡化。「銀行國有化」更可能引發政策上的利益衝突，亦即國有銀行將可能受制於政治壓力，貸款予掌握公部門預算分配權的政客所指定，商業上不具競爭力的人頭公司帳戶，明顯與銀行貸款標準程序與專業準則相悖[115]。

根據投資銀行「摩根史坦利」先前所作的一項分析指出，愛爾蘭若將擔保銀行存款與債務通通列入政府開支，國債占GDP的比例將從25%跳升至325%。德國若執行目前擔保銀行存款決策並納入政府開支，國債占GDP比例將跳升至200%（若將所擔保整個銀行體系的或有債務也列入開支，則將再增為250%）[116]。美國2007年金融部門的負債相當於國內生產毛額116%，遠高出

---

[114] 「卡爾・馬克思」於1848年2月21日與「弗得列西、恩格斯」共同於德國發表的「共產黨宣言」一書中，首次揭示了「共產黨」的十大黨綱（10 planks），其中第五黨綱內容即為有關集中信用於國家的「銀行國有化」主張，茲轉錄英譯本該條文義如下："Centralization of credit in the hands of the State, by means of a national bank with State capital and an exclusive monopoly."請參閱維基百科網站http://en.wikipedia.org/ wiki/Manifesto_of_the_Communist_Party（瀏覽日期：2008年11月25日）。

[115] GARY NEILL, *Bank Bail-outs, Leaving Las Vegas*, ECONOMIST, Nov. 20, 2008.

[116] *See* CHAN AKYA, EUROPE'S DEATH BY GUARANTEE, ASIA TIMES ONLINE, Oct. 11,

1980年時的21%[117]，質言之，金融負債占國內產值如此高比重，監理法制若不立即針對採取「財務高槓桿」設計，諸如「避險基金」（Hedge Funds）在內的「衍生性金融商品」（Financial Derivatives）即時加以規範，勢必會加重國債因爲隱藏於金融交易背後的違約交割風險劇增，而埋下一次又一次將失敗金融轉嫁納稅人負擔的「泡沫化」戲碼。

有鑑於此，美國「聯準會」努力迴避直接介入問題金融機構經營，所可能造成銀行國有化，大幅增加政府舉債的不當後果，乃選擇性的對於9家大型銀行挹注2,500億美元，收購渠等金融機構「優先股權」（Preferred Share）[118]，並以前五年每年付5%股利，第六年開始每年付9%的領取孳息條件，強化渠等銀行的資本；再者，花旗集團（Citigroup）於9月底宣布收購「美聯銀行」（Wachovia）旗下銀行事業時，協議在Wachovia高達3,120億美元的債務中，由Citigroup吸收其中420億美元的虧損，其餘曝險部分仍由FDIC承擔，Citigroup亦將對FDIC發行120億美元優先股與認股權證（Warrants）；質言之，以取得優先股權方式將不會稀釋現有「普通股」（Common Share）股東的權益，也不致影響潛在股東。一次普遍性的公開向9家銀行購入優先股方式，也避免外界對於收受援助銀行所顯示該行經營弱化的「負面認知」（Perceived Stigma），更藉此消除未來投資人購買該銀行股票卻擔心政府介入的疑慮，祈能引導市場對於渠等股票的買氣，促使沉默投資人進場，推動市場資金流動。

2008. *available at* http://www. atimes.com/atimes/Global_Economy/JJ11Dj01.html(last visited Nov. 20, 2008).

[117] Niall Ferguson, The end of prosperity?, Time Magazine, Oct. 2, 2008. *available at* Time Magazine Website: http://www.time.com/time/business/article/0,8599,1846450,00.html (last visited Nov. 20, 2008).

[118] 9家大型銀行包括「美國銀行」、「花旗」、「摩根大通」、「富國」（各250億美元，含「美聯銀行」Wachovia的50億美元在內）、「高盛」、「摩根士丹利」（各100億美元）、「紐約美隆銀行」（Mellon）以及「道富銀行」（State Street）（兩行共分得50億美元），以及將併入美國銀行的「美林」（50億美元）。其中茲轉錄華爾街日報專文報導內容“The nine initial banks participating are Goldman Sachs Group Inc., Morgan Stanley, JPMorgan Chase, Bank of America Corp, including the soon-to-acquired Merrill Lynch, Citigroup Inc., Wells Fargo & Co, Bank of New York Mellon and State Street Corp.”*See* DEBORAH SOLOMON, DAMIAN PALETTA, JON HILSENRATH & AARON LUCCHETTI, *U.S. to buy Stakes in Nation's Largest Banks, available at* WSJ homepage: http://online.wsj.com/article/SB122390023840728367.html (last visited Nov. 20, 2008).

順值一提，財政部所購入的優先股票，除非該當「保護納稅人利益」條款，否則都屬「無表決權股份」（Non-voting Share）。舉凡售出優先股給美國財政部的前揭銀行，同時同意渠等高階主管的薪酬都將設限，渠等銀行管理高層不得於未來對於「超過必要風險」（Excessive Risk）之交易作成決策，並不得以「黃金降落傘」方式給予高層主管退休優惠。在在顯示美國金融監理機關處理問題金融機構問題時，所採取避免銀行國有化的基本政策。

三、修改國際財務會計準則（Revision of the Market-value Rule）

爲因應2007年美國「次級房貸」（Subprime）風暴所點燃的全球金融海嘯，「國際會計準則委員會」（IASB）爲穩定市場，聽取各界之建議，於2008年10月13日發布「國際會計準則」第39號（IAS§39）及「國際財務報導準則」第7號（IFRS§7）修訂條文[119]，放寬交易目的金融資產之重分類，限制允許列在「交易目的」項下的金融資產，在某些條件下可以重新分類到「非交易目的」之項目下。這項修正案係爲陷入困境的全球金融機構解套，主要之影響爲其鉅額的投資損失將可不必反映在損益表上[120]。由於我國「財務會計準則公報」第34號（下稱「34號公報」）係參考IAS§39訂定，且國際經濟情勢亦嚴重影響我國企業，故「財團法人會計研究發展基金會」所屬之「財務會計準則委員會」參考IAS§39及IFRS§7，修訂34號公報，並於2008年10月17日正式發布34號公報第二次修訂條文[121]。

---

119 http://www.iasb.org/News/Press+Releases/IASB+amendments+permit+reclassification+of+financial+instruments.htm (last visited Nov. 22, 2008).

120 IASB突發布新會計準則，為全球企業解套，台灣可能跟進，金融資產損失，可暫不列帳，經濟日報/A1版/2008年10月15日。

121 財團法人會計研究發展基金會新聞稿，http://www.ardf.org.tw/html/opinion/ac20081017.htm（瀏覽日期：2008年10月30日）。

（一）公報內容

1. 金融資產之分類[122]

金融資產就其性質分，可分爲「債務性金融資產」（如應收帳款及票據、放款、債券投資等）及「權益性金融資產」（如股票、認股證等）；在34號公報當中將金融資產分爲四種：「以公平價值衡量且公平價值變動認列爲損益之金融資產」（Financial Assets at Fair Value Through Profit and Loss, FV/PL）、「持有至到期日」（Held-to-Maturity Investment, HTM）、「放款及應收款」（Loans and Receivables）及「備供出售金融資產」（Available-for-sale Financial Assets, AFS）。

茲將「以公平價值衡量且公平價值變動認列爲損益之金融資產」、「持有至到期日金融資產」及「備供出售金融資產」分類及評價之相關標準簡列如下[123]：

122 鄭丁旺，中級會計學（下），九版，2008年3月，頁4-5。
123 謹將分類與評價標準臚列如次：

分類	金融資產種類	金融資產及相關價值變動之期末評價方式
以公平價值衡量且公平價值變動認列爲損益之金融資產	1.分類爲交易目的（Trading） (1)取得的主要目的係在短期內再出售者。（即經常買進賣出以賺取差價者） (2)該金融資產屬合併管理的可辨認金融工具組合的一部分，且有證據顯示近期該組合實際上爲短期獲利的操作模式。 (3)未被指定爲有效避險工具的所有衍生性工具。 2.原始認列時指定爲公平價值變動列入損益的金融資產 (1)該金融資產是內含應分別認列嵌入式衍生性商品的混合商品（例如可轉換公司債），因未分別認列或未能分別認列（例如該衍生性商品的公平價值無法衡量），而將全部混合商品指定爲公平價值列入損益的金融商品。 (2)企業做該指定後，可消除或重大減少相關資產負債在會計衡量基礎或認列時點方面的不一致。	按期末公平價值評價公平價值的變動列入損益表當期損益。

由於導入了「市價評估」原則，34號公報使企業的財務報表當中的「股東權益淨值」，得以更趨近「公平價值」，以彌補原本會計原則採「歷史成本評價」所產生資訊落後之不足。

2. 34號公報第二次修正主要內容[124]

原本34號公報中關於金融資產之相關分類，在認定上皆設有嚴格的標準，其相互之間的移轉也受到相當規範，以避免企業利用相關分類來操縱損益[125]；但由於本次金融風暴波及之層面超乎預期，故國際會計準則委員會（IASB）於2008年10月13日正式發布修訂IAS第39號公報，允許在符合特定條件下，公司於原始認列時將金融資產分類爲以公平價值衡量且公平價值變動認列爲損益者，續後得重分類至其他類別之金融資產。基於我國會計準則與國際接軌，金管會考量國際及國內近期金融情勢變化，參酌IAS第39號公報本次之修正內容，遂修改我國第34號公報。主要修正重點如下：(1)依現行公報規定，企業

分類	金融資產種類	金融資產及相關價值變動之期末評價方式
	(3)企業所指定的金融資產，是依企業明訂的風險管理或投資策略共同管理，並以公平價值基礎評估績效的一組金融資產。	
持有至到期日之金融資產	1.有固定或可決定的收取金額及固定到期日。（只有債務證券能符合此條件，權益證券無固定到期日及金額）。 2.企業有積極意圖及能力持有至到期日，且其財務資源亦足支持該投資持有至到期日。（因此不會在到期日前出售）	按以利息法攤銷折溢價後成本評價。 利息收入列入損益表之營業外收入項下。
備供出售之金融資產	凡不屬於交易目的及持有至到期日的投資均屬之。	按期末公平價值評價未實現持有損益列於資產負債表之股東權益項下。

資料來源：鄭丁旺，「中級會計學（下）」，2008年3月9版，頁4-21。

[124] http://www.fscey.gov.tw/ct.asp?xItem=4936835&ctNode=17&mp=2（瀏覽日期：2008年10月30日）。

[125] 董沛哲，企業面臨34號公報效應，電工資訊，182期，2006年2月，http://www.teema.org.tw/publish/moreinfo. asp?autono=2806（瀏覽日期：2008年11月22日）。

於原始認列時將金融資產分類爲以公平價值且公平價值變動認列爲損益者，續後不得重分類爲其他類別之金融資產，依本次修正後規定，除衍生性商品等外，若企業不再以短期內出售爲目的，且符合下列所訂條件者，可重分類爲其他類別之金融資產：①債權性質之金融資產符合放款及應收款定義（如無活絡市場之債券投資），且持有者有意圖及能力持有該金融資產至可預見之未來或到期日，例如改類至持有到期日之金融資產或無活絡市場之債券投資；②至於股權類或有活絡市場之債權商品，於極少情況下（如不尋常及近期內高度不可能再發生），可分類至其他類別之金融資產；(2)依上開規定重分類時，企業應以重分類日之公平價值做爲重分類日之新成本，故重分類時即要認列價值變動損益；(3)債權商品原分類爲備供出售之金融資產，若符合放款及應收款（即市場交易不活絡）定義，則於持有企業有意圖及能力持有該金融資產至可預見之未來或到期日時，可重分類爲放款及應收款；(4)公司依本次修正後規定重分類之金融資產，日後如市價回升，續後不得認列市價回升利益；(5)企業依本次修正後規定重分類金融資產，仍應增加揭露若未重分類而應認列爲損益或業主權益調整項目之各期公平價值變動；(6)公開發行公司可自2008年7月1日起依本次修正後規定辦理，但不得追溯調整於該日之前已認列之損益及重分類金融資產。

金管會考量國際及國內近期金融情勢變化，併考量國際會計準則委員會業已說明本年度第三季國際金融交易狀況符合修正後IAS 39號公報所稱之極少情況，故公開發行公司編製本年度第三季財務報告時，可適用上述修正後規定(1)②之重分類規定。

（二）34號公報修正後對企業所帶來之影響

在34號公報未實施之前，企業長期投資或是轉投資若被投資標的爲上市櫃公司，採「成本與市價孰低法」評價，基於穩健原則，有利益不得承認，只能列爲「未實現利得」，但有損失卻立即承認，被批評爲過度保守。2006年開始實施適用34號公報，與國際會計準則（IAS）39號公報接軌，對有公開市場交易的金融商品的價值，改採「公平價值法」衡量，且隨時要做資產減損衡量，每季公布[126]。質言之，34號公報的規範精神，係主張企業所持有的金融資產，必須反映公平市價，並依照持有目的之不同，將市價的增值或減值，表現在當期「損益」或是「淨值」上，而不再遵守傳統會計的保守原則，只能認損失不能認利益。亦即將「損益」用同樣的標準來看待，讓企業經營的價值，眞正表現金融市場上的評價[127]。

34號公報第二次修訂條文雖放寬部分金融資產重分類規定，但亦同步加強要求「已重分類金融資產」部分之資訊揭露。企業若重分類金融資產，須於重分類當期及以後各期，揭露所有重分類資產之帳面價值、公平價值，若未重分類而應認列爲損益或業主權益調整項目之各期公平價值變動（自重分類年度起），及其重分類後認列爲損益之各期收益與虧損。因此，財務報表使用者仍可由財務報表附註中，獲悉已重分類金融資產公平價值之相關資訊。再者，34號公報第二次修訂條文允許企業追溯至2008年7月1日開始適用該修訂條文，亦即認爲「第三季」符合「特定情況」；金管會表示，允許上市櫃企業，可以從7月1日到9月30日之間選擇對自己最有利的股票收盤價，重新認列成本，企業於2008年第三季季報即可適用[128]。

企業界對於究否適用修正後的34號公報反應不一。金管會放寬34號公報資產重分類做法後，已有上、市櫃公司因之受惠，例如中信金於10月22日率先公布2008年1至9月，資產調整後的稅前盈餘，將從原本的99.2億元躍升到約145億元，第三季的每股稅前盈餘（Earning Per Share, EPS）約1.52元，稅後約1.36元，與2007年獲利水準相當[129]，但也有如國泰金認爲基於「會計報表一致性」原則，第三季財報內部傾向不動用34號公報的重新分類條款[130]。

現依照34號公報第二次修正內容，原本歸類在「交易目的」項下的股票因股價下跌出現之虧損，得依公報規定重分類至非交易目的，列在交易目的項

---

126 34號公報　規範金融商品認列與衡量方法，工商時報/C1版/2008年10月12日。

127 董沛哲，企業面臨34號公報效應，電工資訊，182期，2006年2月1日，http://www.teema.org.tw/publish/ moreinfo.asp?autono=2806（瀏覽日期：2008年10月29日）。

128 金管會開善門　企業Q3財報變美，中國時報/B2版/2008年10月17日。

129 34號公報救命　中信金獲利飆　資產調整後的前三季稅前盈餘，將從原本99.2億元躍至145億元，工商時報/A10版/2008年10月23日。

130 34號公報雖修正　國泰金Q3財報仍採舊規定，工商時報/B2版/2008年10月24日。

目的股票與債券可改列爲「備供出售」，而列爲備供出售的債券可改列爲「持有到期」，由7月1日至9月30日間任選一天市價做爲列帳成本，列入第三季財報[131]，如此原本企業應於於損益表上認列的損失，可以暫時不用在損益表上認列。從「交易目的」改爲「備供出售」，最大的好處就是損益表不受股價波動影響，尤其是在近來股價頻頻重挫之際，可將原本投資的損失「隱藏」起來，不會顯現在損益表上。第二次修正後之34號公報，雖屬本次全球性金融風暴下所爲權宜之計，目的除祈使企業重新調整資產與喘息的機會外，也希望可以重建市場信心，不致因爲企業公布的第三季報表而過度驚慌，更避免金融商品價格與產品的眞實價值無法相應[132]；但企業於金融風暴中的虧損並未因34號公報之修正而一筆勾消，實際上仍將反映於資產負債表「股東權益」項下，公司淨值還是會因爲該部分虧損而下降，對於金融機構而言，仍可能因淨值下降而造成「資本適足率」（Capital Adequacy Ratio）亦將隨之向下調整[133]，此外，因34號公報修正而增加之盈餘，因爲非眞實之獲利，而係會計上重分類所致，未來這部分亦將無法分配股利[134]。

四、檢討信用評等機制（Credit Rating）

「信用評等」（以下簡稱「信評」）機構在2008年的美國金融風暴中，扮演著相當關鍵性的角色。長久以來一直被認爲能夠準確評估企業債信，進而給予精確評等的信用評等機構，在這次的金融風暴中，遭受到嚴厲的考驗。因爲次級房貸與其相關的衍生性商品所引發的金融問題，造成美國兩大房屋抵押貸款公司、五大投資銀行其中之三、極富盛名的保險企業集團面臨流動性的危機，而陸續遭到美國政府接管或貸款支援其他公司併購。而在這些享譽全球的公司落難之前，信評機構對於該公司的債信並沒有反映出眞實的情況，甚至渠

131 34號公報修訂效益　中信金　Q3獲利增50億/經濟日報/A4版/2008年10月23日。

132 放寬34號公報金融資產認列損益　會計師：損失仍會表現在股東權益項上，工商時報/A15版/2008年10月23日。

133 新34號公報　難救金融股中信金修正後獲利提高　股價仍跌停　國泰、第一、兆豐、元大金傾向不調整，經濟日報/D1版/2008年10月24日；損失暫不認列　獲利失真，經濟日報/D1版/2008年10月24日。

134 損失暫不認列 獲利失真，註133文。

等企業已遭到接管或併購後，信評機構才出現調整其信評等級[135]。

135 謹將信評失真的案例臚列如次：

貝爾斯登公司（The Bear Stearns Companies, Inc.）	
2008年3月14日	摩根大通銀行與紐約聯邦儲備銀行聯手對貝爾斯登提供融資。 S&P將其評等由A調降為BBB。 Moody's將其評等由A2調降為Baa1。
2008年3月16日	摩根大通銀行宣布將以2億3,600萬美元收購貝爾斯登公司。
房地美（Freddie Mac）、房利美（Fannie Mae）	
2007年12月	Fitch將其評等由AA-降為A+。
2008年8月	Moody's將其評等由A1調降為Baa3。 S&P將其評等由A調降為A-。
2008年9月7日	美國政府宣布接管二房。
雷曼兄弟控股公司（Lehman Brothers Holdings Inc.）	
2008年6月4日	S&P將其評等由A+調降為A，列入負向觀察（negative）。
2008年9月10日	Moody's確認其評等為A2，列入不確定觀察（uncertain）。
2008年9月15日	雷曼兄弟控股公司申請美國破產法第11章之破產保護。 Moody's將其評等由A2調降為B3。
美林集團（Merrill Lynch）	
2008年6月4日	S&P將其評等由A+調降為A，列入負向觀察（negative）。
2008年7月17日	Moody's確認其評等為A2。
2008年8月20日	Fitch確認其評等為A+，列入負向觀察（negative）。
2008年9月15日	美國商業銀行以440億美元併購美林公司。 S&P將美國商業銀行評等由AA調降為AA-。
美國國際集團（American International Group, Inc.）	
2008年9月15日	S&P將其評等由AA-調降為A-。 Moody's將其評等由Aa3調降為A2。
2008年9月16日	AIG遭調降評等引發流動性危機，美國聯準會提供850億美元貸款。
華盛頓互惠集團（Washington Mutual Inc.）	
2008年9月11日	S&P確認其評等由BBB-，列入負向觀察（negative）。 Moody's將其評等由Baa3調降為Ba2。 其所發行之債券被調降為垃圾債券等級。
2008年9月25日	美國財政部宣布接管華盛頓互惠銀行。
2008年9月26日	華盛頓互惠集團破產。

資料來源：作者自行整理

「信用評等」，係對於受評對象償債能力之評估。質言之，運用統計方法訂定客觀評等標準，衡量受評對象的財務、管理、外在環境及其他各項與信用屬性相關的因素，予以量化，再經由計算評分或評等等級的高低，客觀具體的表示受評對象的信用品質[136]；亦即借助客觀的資訊及統計方法，來判斷受評對象的信用狀況及償債能力，並將信用風險評估資訊提供市場參考。反觀這回金融風暴中，信評機構不但未能適時發揮預警機制，導致企業在遭逢流動性曝險同時，面臨更嚴峻的信用危機，眾人長期以來對於信評機構「集體謬誤」（Fallacy of Composition）[137]式的信任遂備受質疑。

（一）資訊不確定性

仔細觀察信評機構在這次金融風暴的表現，三大著名信評機構，即「標準普爾」（Standard & Poor Corp）、「穆迪」（Moody Investors Service）、「惠譽」（Fitch Rating Ltd），皆無法適時因應調整危機企業的評等，且在各企業發生危機之前，三大信評機構對於該企業的評等等級多還維持在投資等級[138]，信評機構對於市場資訊似乎無法精確的掌握，而對於信評機構的資訊準確性的質疑則從未間斷，論者更主張評等調整多在事發之後[139]。

136 第一商業銀行，信用評等之研究，1980年2月，頁33；邱文昌，我國建立信用評等制度之規劃與檢討，證交資料，1999年2月，頁1。

137 The fallacy of composition is the converse of the fallacy of division, arises when one infers that something is true of the *whole* from the fact that it is true of some *part* of the whole (or even of every proper part). For example: "This fragment of metal cannot be broken with a hammer, therefore the machine of which it is a part cannot be broken with a hammer." This is clearly fallacious, because many machines can be broken into their constituent parts without any of those parts being breakable. *available at* http://en.wikipedia.org/wiki/Fallacy_of_ composition (last visited Nov. 25, 2008).

138 評等在BBB以上者被認定為投資等級。參閱李曜崇，對信用評等機構作信用評等─台灣與美國信用評機構法制建構之比較研究，致理法學，2007年3月，頁112。

139 *See* FRANK PARTNOY, THE SISKEL AND EBERT OF FINANCIAL MARKETS? TWO THUMBS DOWN FOR THE CREDIT RATING AGENCIES, 77 WASH. U. L.Q. 658 (1999).

（二）利益衝突

信評機構的主要獲利來源，除向債券發行人收取評等業務報酬，尚有發行評等刊物及提供信用評等相關諮詢服務。察其獲利途徑，似都存有利益衝突之虞。發行人諒不願有償取得對其可能不利的評等等級，而信評機構爲了維護其專業商譽，恐也不願給予高估的評等等級。如此利益衝突，信評機構內部常以獨立的「評等委員會」設爲因應[140]；然而個案中仍見信用評等機構並未妥適處理利益衝突[141]。信評機構是否名不符實，卻未予究責，值此金融風暴尚熾之際，或值深究。

（三）不值信賴

信評機構所提供的評等資訊，長久以來一直爲市場信賴，而信評機構爲維持商譽，亦提供準確的企業評等資訊設爲營業目標。而投資人與發行人間存在的資訊不對稱，更使信評機構成爲平衡不對稱的橋樑。然而信用評等納入金融法規的監理後，卻顯然失衡。發行人爲了遵循法規[142]，必須通過評等，取得公開發行或列入建議投資等級之林；不符實際的法規不但耗損評等機構商譽，更蠶食法律威信。

（四）「究責制度」的確立

次級房貸引發金融風暴後，亟需揪出罪魁禍首以撫民怨，給予衍生性金融商品發行人AAA最高評等的信評機構自然也成眾矢之的[143]，信評機構退出法

---

140 參閱李曜崇，註138，頁127-128。

141 *See* DAVID ZIGAS, *Why the Rating Agency Get Low Marks on the Street*, BUS. WK., Mar. 12, 1990, 104. *See* STEPHANE ROUSSEAU, ENHANCING THE ACCOUNTABILITY OF CREDIT RATING AGENCIES: THE CASE FOR A DISCLOSURE-BASED APPROACH, 51 MCGILL L.J., at 634-35 (2006).

142 舉例而言，如美國證管會（SEC）Rule 2a-7針對Money Market Funds的修正規定、美國保險監理專員協會（NAIC）提供透過信評機構認證的投資清單作為監理保險業投資行為的依據。 FRANK PARTNOY, *Supra* note 139, at 691-701.

143 *See* WILLIAM R. BILLY MARTIN AND KERRY BRAINARD VERDI, THE SUBPRIME

規範的主張未曾停歇[144]，衡諸現實，或有爲難，但著眼投資人保護，認爲信評機構應該納入監理的主張或有所本[145]，但若將信評機制列爲公權一環，顯將悖離其設立原旨。信評機制最受質疑者，當在權責失衡，若能藉民氣可用之際重建究責制度，或可建構出一套適合信評的法律評價機制，重建立信評機構的商譽，進而健全金融監理法制環境。

伍、結　語

多年投機堆砌的榮景，隨著信用泡沫而幻滅，推倒了盼望，模糊了未來。先進自居的外邦不再踞傲，失意政黨苦無對策，改革倉皇粉墨登台，以爲民怨就此消弭；無奈信心不再，浮華漸遠，政客如強弩之末，只剩狼狽法匠，還在文字中推銷願景。一片「去槓桿化」（De-leveraging）的撻伐與詳言，早將金融「創新」、「自由化」等縱火嫌犯收押禁見[146]，金融釀災的共犯伏法在即；然而，快炒的金改法案，勒索千億銀兩，後世子孫落得數代負債。國會山莊的密室協商，換來卻是股市重挫；財金號角朝令夕改，專業官僚出爾反爾，眞能重建市場信心，再現繁華？或是信用恣意擴張，經濟崩盤？華府的高峰宣示，只見憂慮氛圍，在奢華中飄盪，流於侈言空談？抑或果眞奏效？只有時間與上帝知道。

白宮雖然換了顏色，但貪婪不會退卻，投機爭先恐後，只有潰敗招徠的高漲民氣，無限上綱的催促覺醒。相較之下，傳說中「不炒股、不投機」的「台

MORTGAGE CRISIS: SOMEBODY HAS TO PAY, ANDREW'S BANK & LENDER LIABILITY LITIGATION, REP. 2, Mar. 31. 2008.

144 FRANK PARTNOY, *supra* note 139.

145 參閱辛年豐，論憲法上投資人之保護義務—以資產證券化之信用評等機制為核心，國會月刊，2008年4月。

146 *See* MICHAEL HEISE, *Deleveraging Must Continue*, THE WALL STREET JOURNAL, Nov. 19, 2008.；另關於金融自由化的功過評論，請參閱吳惠林，經濟大蕭條的罪魁禍首——自由市場理論遭非議，工商時報/5版/2008年10月12日。本文卻認為金融「自由化」與「創新」的理念仍應在一片改革聲中繼續堅持，惟應以更嚴謹的風險控管與資本適足為度。

灣經營之神」典範[147]，格外讓人感念那份認眞與殷實。

「貪婪」與「投機」原是金融業最不該打開的潘朵拉盒子，獨留「希望」在「左派」風潮下猜想，「樸實」或許才是面對金融風暴中，最發人深省的儆世箴言。

（本文已發表於月旦法學雜誌第164期特刊，2009年1月）

147 郭泰，經營之神「求根源」的秘密武器，今週刊，618期，2008年10月27日，頁60-61。

第三章
大者恆大？
—台灣「金融控股公司」競爭規範之探討—

壹、前言

經濟法所強調的產業管制，旨於建構秩序，促進競爭，市場價格因減少人為操縱而合理，消費者權益乃獲反射性保障。金融管制，動見觀瞻，寬鬆之間，皆涉利害，惟揆諸規範原旨，當在強調健全「金流」協助完成「物流」交易給付的過程。倘「金流」之過程未能效率化充分競爭，則不惟悖於建立市場機制之公益初衷，更可能造成「物流」交易成本的不當增加，合理的懷疑總落在終端的消費者於焉成為轉嫁如是被扭曲市場價格的最無辜受害者，難免讓人心情失溫，徒呼負負。

金融全球化潮流下，臺灣的金融服務業，正面臨了前所未有的競爭危機。以目前政府仍能置喙渠等經營方向的公股金融業者而言，近五年內處理約新臺幣7,400億元壞帳，換算以臺灣總人口數，每人平均分擔的壞帳額度竟高達3萬多元之譜。雖然經由政府先前「二、五、八」專案[1]之「一次金改」與「三、六、七」專案之「二次金改」[2]等階段性政策推動，壞帳的問題稍有改

[1] 我國政府於2002年組成「金融改革專案小組」，分別就銀行、保險、資本市場、基層金融查緝金融犯罪等方面，推動各項興革措施；其中最大的目標是「降低逾期放款比率」，稱為「二五八金改目標」，即兩年（二）內將逾放比降至5%（五）以下、資本適足率提高至8%（八）以上，亦稱之為以「除弊」為主軸之「第一次金改」。第一次金融改革結果為：逾放比由2002年3月最高的8.04%，下降至2003年底的4.33%、2004年3月更下降至3.31%；資本適足率於2003年提高為10.07%，高於國際標準8%；順利達成「二五八」第一次金改目標。

[2] 2004年10月20日，陳水扁總統在主持經濟顧問小組會議後，宣布第二次金改四大目標，這四

善，但台灣的金融業卻仍列居亞洲國家金融業「資產報酬率」（ROA）最不理想之林。依據我國官方最新統計顯示，2007年台灣金融業者資產報酬率僅達6.8%[3]，國際性財務顧問公司對於台灣金融業今年表現的預估亦僅達0.7%，遠低於亞洲國家平均的1.2～1.3%。位居亞洲的世界級公司也漸漸將併購（M&A）視爲在區域、甚至全球進行擴張的另一種策略性工具。世界經濟論壇（WEF）近日公布2007年全球競爭力評比報告（GCI），台灣名次落至第14名；更首度落後主要競爭對手南韓。最不理想的項目就是金融服務業競爭力，台灣在「銀行健全度」項目評比亦從去年的第100名再度重摔，落至第114名，相當於全部受評國家的倒數第17名[4]；實有再予檢討的進步空間。

大目標分別是：一、明年底前至少三家金控市占率超過10%；二、公股金融機構的家數今年底以前由十二家減六家；三、金控家數明年底前減半成為七家；四、至少一家金控到海外掛牌或引進外資，外界遂以「三、六、七」二次金改稱之。

3 請參見金管會銀行局金融統計資料，網址：http://www.banking.gov.tw/public/data/boma/stat/abs/ 9612/11-2.xls，查訪日期：2008年3月20日。

4 瑞士國際管理學院（IMD）2008年5月15日正式發布的2008年世界競爭力排名

【主要國家競爭力排名】

排名	2008年	2007年	排名變動
1	美　國	美　國	0
2	新加坡	新加坡	0
3	香　港	香　港	0
4	瑞　士	盧森堡	2
5	盧森堡	丹　麥	-1
6	丹　麥	瑞　士	-1
7	澳　洲	冰　島	5
8	加拿大	荷　蘭	2
9	瑞　典	瑞　典	0
10	荷　蘭	加拿大	-2
11	挪　威	奧地利	2
12	愛爾蘭	澳　洲	2
13	台　灣	挪　威	5
14	奧地利	愛爾蘭	-3
15	芬　蘭	中　國	2

事實上，以坐擁許多世界性一流企業的南韓與台灣爲例，近年來併購由本國公司所發起，或合併雙方皆爲本國公司的情況正在質變，外資企業與外商銀似乎比本國金融業者更具優惠的針對區域和全球性併購交易提供諮詢意見[5]。至於市占率的問題，目前台灣前5大金融業者的市占率只達39.10%[6]，相較於鄰近國家新加坡而言，該國前3大金融業者的市占率卻相當集中達到100%（係依法於半年內整併結果）、若以香港爲例，該地區前5家銀行亦達89%的市占率（以恆生銀行居首）；以金融業「大者恆大、強者恆強」的競爭迷思推知，台灣金融業恐尚有進一步整併的市場空間，始能達到相當經濟規模，以因應全球化的競爭。

金融業專業分工（Specialized Banking）的監管理念，自美國1999年11月12日「金融服務業現代化法案」（U.S. Financial Services Modernization Act of 1999－實務上多以Graham-Leach-Bliley Act稱之）通過後，多年來美國傳統金融分業藩籬被一舉突破，以金融控股公司爲主的「大型複合式金融機構」（LCFI－Large and Complex Financial Institutions）[7]隨之趁勢興起，透過整合轄下金融機構之間資源，形成渠等經營上存有高度「相依性」（Interdependency）的共生關係，內部金融機構間的經營風險在高度利害與共之下，亦因此具有高度「傳染效應」（Contagion Effect）；繼之英國、日本金融監理亦相繼效之，蔚爲主流。若因金融控股公司居於資源整合之優勢地位，所造成整體金融市場的不正競爭，恐將惡化經營風險，最終造成「納稅人曝險」（Taxpayer's Exposure）之不正義[8]。國內雖然目前尚無具體金融控股公司間結合之個案可

5 請參見喬治、奈斯特（George Nast），「亞洲批發銀行的本土化政策」，麥肯錫顧問公司研究報告，2008年2月7日，該公司網站資料：http://www.mckinsey.com/locations/chinatraditional/mckonchina/industries/financial/Asian_wholesale.aspx，查訪日期：2008年5月18日。

6 請參考金管會銀行局金融統計資料，網址：http://www.banking.gov.tw/public/data/boma/stat/abs/ 9703/2-2.xls，查訪日期：2008年6月10日。

7 有關「大型複合式金融機構」之最新探討，請參見Cynthia C. Lichtenstein, "The FED's New Model of Supervision for 'Large Complex Banking Organizations': Coordinated Risk-Based Supervision of Financial Multinationals for International Financial Stability," *Transnational Lawyer*, 18(2), 283-299 (2005). Available at SSRN: http://ssrn.com/abstract=882474, visited May 18, 2008.

8 為避免金融控股公司風險集中可能造成國庫與納稅人的負擔，依據1999年12月巴塞爾委員會發布之「金融集團大額曝險之監理指導原則」，對於金融集團的重大集中風險應定期向主管機關申報，主管機關亦應推動重大集中風險的揭露。為遵循上該立法意旨及國際監理規範重

資例示，惟衡諸台灣金融市場因應全球化競爭風潮，大型複合式金融機構進行整併所引發之產業競爭失序恐仍勢所難免；基於金融安定首當側重「預防」之旨，如何維護金融市場公平競爭，因此成為本文關切並擬整體檢視的核心問題。

貳、問題

一、國內實務

金融控股公司與所屬子公司在對外結合時，究應如何計算整體的「經濟力」與「市場力」？誠為困擾監理金融產業競爭管制的難題。在「大型複合式金融財團」中居於資源分配整合地位且具上市公司「籌資」功能的金融控股公司，與所屬子公司間的法律切割固然各有所據，但透過「共同業務推廣」（金控法第43條）與「共同行銷」（金控法第48條）所形成的交織客層（Client Base），金控產能與獲利當不能忽略所屬個別子公司的貢獻。揆諸目前審查實務，或因行政權分配之考量，我國金融主管機構於金融控股公司申報結合個案中尚不見對於渠等子公司之「經濟力」或「市場力」有所著墨；有鑒於人民對於目前以金融控股公司為首所形成之金融財團「經濟力集中」（Economic Concentration）所產生社會資源排擠效應之疑懼日增，建構金融產業競爭秩序因而具有監理優先性，競爭政策主管機關自然責無旁貸。

觀察我國金融服務業的競爭實況，台灣目前以「國營」（金融控股公司與大型銀行）、「外資」（外銀或私募基金）、「民營金控業者」與「民營非金控金融業者」所組成的金融版圖，呼應「二次金改」所倡金融機構大型化以增進競爭力之假設，恐怕即將因為「外資」逐漸主導性的併購台灣本土金融業

視集中風險管理之精神，並執行金融控股公司法第46條規定，我國金融主管機關業已於2002年3月12日發布金融控股公司所有子公司對同一人、同一關係人或同一關係企業為授信、背書或其他交易行為之總額達金融控股公司淨值百分之5或新台幣30億元二者孰低者，應於每營業年度第2季及第4季終了一個月內，向主管機關申報，並於金融控股公司網站揭露。

者，而形成「外資」與「本土金控業者」寡占市場的局面[9]，惟如此整併過程是否存在不利整體金融市場公平與秩序的「限制競爭」情形[10]？如何經由「金

[9] 【2008年1-2月我國全體金融機構獲利率排名】（單位：新台幣百萬元）

	總收益	稅前損益	獲利率（%）
美國運通銀行　◎	133	212	159.40
法國東方匯理銀行　◎	2,009	1,004	49.98
比利時商富通銀行　◎	272	114	41.91
英商渣打銀行　◎	5	2	40.00
日商瑞穗實業銀行　◎	662	263	39.73
瑞士商瑞士銀行　◎	2,332	914	39.19
美商花旗銀行　◎	8,575	3,053	35.60
法國興業銀行　◎	334	118	35.33
香港上海匯豐銀行　◎	3,256	1,134	34.83
加拿大商豐業銀行　◎	181	63	34.81

◎代表外商金融機構

資料來源：金管會網站http://www.banking.gov.tw/public/data/boma/stat/abs/9703/10-2.xls. 查訪日期：2008年3月10日。

[10] 實證研究以金融風險相關性衡量金融穩定，並觀察合併機構風險與競爭力變化，結論認為金控成立後金控股票累積異常報酬上升，股票報酬的風險波動下降，合併機構競爭力下降，似亦暗示存有限制競爭之可能，請參見蔡永順、吳榮振，「金融合併與金融不穩定：以台灣金融控股公司為例」，金融風險管理季刊，第3卷第1期，1-26，2007。

表1　金控成立前後的股票報酬波動

	金控成立前（1998-2001）	金控成立後（2002-2005）
金控股票報酬平均數	0.0052	0.0265
金控股票報酬中位數	0.0071	0.0324
金控股票報酬平均數變異係數	118.3625	28.2345
金控股票報酬中位數變異係數	186.2675	40.7356

金控成立後，金控股票累積異常報酬上升，股票報酬的風險波動下降。顯示台灣金控成立後，風險分散效果可能大於道德危機效果，使合併機構風險下降。

表2　金控對外相關性變化

	金控成立前（1998-2001）	金控成立後（2002-2005）
金控對市場相關係數平均數	0.5987	0.5265
金控對市場相關係數中位數	0.6193	0.5320
金控對非金控相關係數平均數	0.5221	0.4432
金控對非金控相關係數中位數	0.5324	0.4565

融」主管機關與「競爭」主管機關的相互合作，進一步提供金融產業健全發展的法制環境，使我國金融產業與國際競爭秩序接軌，促進國際競爭力，實爲訂定當前金融與競爭監理政策當務之急。

揆諸我國現行競爭法制對於金融業之衡平監理，公平交易法第9條第2項（基於「行政一體」，規範如何執行之事項）與46條（實體規範之選擇）之適用，復以目前實務所據行政院公平交易委員會會銜財政部於2002年2月7日公壹字第0910001244號函所頒「行政院公平交易委員會與財政部之協調結論」第（三）點觀之，似仍欠缺與金融主管機關（2004年7月起已由「財政部」改爲「金管會」）間「行政管理權分配」之明確程序；爲利我國金融業整合以祈促進整體產業的國際競爭力，並降低業者行政作業成本，實有進一步再加釐清法制作業之必要。

再者，金融控股公司法第9條第2項授權命令一「金融控股公司結合案件審查辦法」第3條第1項規定，亦需以金控公司之「設立」該當公平交易法第6條第1項與第11條第1項各款規定情形之一者，爲「結合」申報之前提要件；惟關於渠等「設立後」之「結合」行爲，則需另依2002年2月25日公平會公企字第0910001699號函所頒「事業結合應向行政院公平交易委員會提出申報之銷售金

表3　金控成立前後相關報酬指標變化

	金控成立前（1998-2001）	金控成立後（2002-2005）
ROA（總資產報酬率）平均數	4.22%	4.56%
ROE（股東權益報酬率）平均數	6.25%	9.82%
EPS（每股盈餘）平均數	3.5	4.8

ROE上升比率，明顯高於ROA上升比率，此代表金控成立後，合併機構的負債比率有明顯上升趨勢。

表4　金控成立前後合併機構Tobin's q變化

Tobin's q	金控成立前（1998-2001）	金控成立後（2002-2005）
Tobin's q平均數	1.48	1.10
Tobin's q中位數	1.50	1.14

【獨占力指標Tobin's q＝市場價值／帳面價值】。Keeley（1990）的研究指出，以Tobin's q大小變動觀察金控成立後競爭能力上升或下降，若市場接近完全競爭，則企業利潤愈低，Tobin's q愈小。反之，若企業獨占力愈高，則利潤愈高，Tobin's q愈大。

額標準」第1、2點規定辦理，並爲公平交易法第40條處罰規定相繩，法制設計上呈現「階段式」管理。易言之，有關金融財團間就所轄金融機構之結合，目前法制設計迨皆以「金控公司」作爲基準作業平台加以評量規範，適用門檻拉高至非營業性籌資主體的金控公司，則審查結果當然總以台灣金融業尙屬高度競爭之立論而多行禮如儀予以核准，從產業「市場力」之檢視監督以促進「競爭力」的觀點，現狀的規範模式是否妥適？本文以爲容或有進一步再予檢討的空間。

二、國外法例

（一）美國法制

以金融實務最爲多元且靈活的美國法制爲例，金融產業結合案件申請之審查法制，依「克萊頓法」（Clayton Act）第7條[11]及聯邦存款保險法第18條[12]（論者或有以「銀行合併法」－Bank Merger Act稱之）規定，授權由司法部（DOJ）、聯邦儲備理事會（FRB）與財政部金融局（OCC）於1994年7月所會銜訂定的「銀行合併審查原則」（The Bank Merger Screening Guide-

[11] 該條條文清楚說明美國競爭法對於結合案件的審查原則與程序，為利讀者瞭解，茲將該條文主要內容摘要如下：「No person engaged in commerce or in any activity affecting commerce shall acquire, directly or indirectly, the whole or any part of the stock or other share capital and no person subject to the jurisdiction of the Federal Trade Commission shall acquire the whole or any part of the assets of another person engaged also in commerce or in any activity affecting commerce, where in any line of commerce or in any activity affecting commerce in any section of the country, the effect of such acquisition may be substantially to lessen competition, or to tend to create a monopoly. No person shall acquire, directly or indirectly, the whole or any part of the stock or other share capital and no person subject to the jurisdiction of the Federal Trade Commission shall acquire the whole or any part of the assets of one or more persons engaged in commerce or in any activity affecting commerce, where in any line of commerce or in any activity affecting commerce in any section of the country, the effect of such acquisition, of such stocks or assets, or of the use of such stock by the voting or granting of proxies or otherwise, may be substantially to lessen competition, or to tend to create a monopoly.」*See* Section 7, the Clayton Antitrust Act of 1914, (October 15, 1914), codified at 15 U.S.C. § 18.

[12] *See* Section 18(c) of the Federal Deposit Insurance Act.

lines）[13]，大致仍依循「1992年水平結合指導準則」（1992 Horizontal Merger Guidelines）[14]之判準（雙赫指數－市場集中度衡量指標－HHI[15]），但規範較爲嚴謹。程序上金融主管機關對於個別金融結合案件是否符合地區性公共利益先爲審酌後，均須知會「司法部」同步爲市場競爭分析之決定（Competitive Factors Letter）[16]。司法部轄下「反托拉斯署」（Antitrust Division）於考量業務集中度、參進情形、結合案對金融業務需求之潛在影響等因素後，若認有限制競爭之虞，並得依「反托拉斯法」規定，訴請法院阻止該金融結合案件之進行。至於美國聯邦交易委員會（Federal Trade Commission）依法雖無權「直接」對「銀行」結合案爲置喙[17]，但銀行以外之其他金融服務業，則仍有權進

---

13 在實務上，銀行合併審查準則（The Bank Merger Screening Guideline）對於主管機關在獲取對審查及進行評估結合案之競爭效果的必要資訊甚有助益，而該準則亦使主管機關與申請者之間有一良好的互動關係，得以迅速釐清爭點，使司法部以及銀行主管機關得以儘早提出競爭議題的分析並提出可能的協調解決之道。參見顏雅倫，「我國結合管制之檢討與前瞻—以金融產業之結合為例」，公平交易季刊，第11卷第3期，107，2003。

14 該「準則」嗣後復經美國聯邦交易委員會與司法部反托拉斯署於1999年4月8日聯合發佈修正，詳情請參見美國聯邦交易委員會網站http://www.ftc.gov/bc/docs/horizmer.shtm，查訪日期：2008年6月1日。

15 雙赫指數（Horfindahl-Hirschman Index），係指對於特定市場所有參與者個別市場占有率平方之總和：計算公式係以$HHI = \sum_{i=1} CR_i^2$表達市場集中程度。美國係自1992年起改用雙赫指數取代以特定市場中四個最大產業個別市場占有率之總和（CR4）作為市場集中度指標，並以該指標計算出結合後指數在1000點以下定為「低度」集中市場（Unconcentrated Market），1000-1800點間定為「中度」集中市場（Moderately Concentrated Market），1800點以上定為「高度」集中市場（Highly Concentrated Market），併參酌指數在不同區間之增加幅度作為個別金融結合案件准駁之依據。

16 關於渠等機制的實際運作，請參見美國聯邦存款保險公司（FDIC）於1999年6月24日發佈予全體要保金融機構之函令內容：「The new processing procedure allows applicants to benefit from a "prospective competitive- factors report" recently issued by the Department of Justice (DOJ). The prospective report applies to those merger transactions, such as corporate reorganizations, that are inherently competitively neutral. For such mergers, the prospective report serves as the DOJ's competitive-factors report required under the Bank Merger Act. Essentially, the new procedure allows the normally required 15-day post-approval waiting period to run concurrently with the statutory 30-day competitive-factors report period, shortening the merger application process for these transactions by up to 15 days.」available at http://www.fdic.gov/news/news/financial/1999/fil9963.html, visited May 18, 2008.

17 關於金控公司的結合案件，主要仍依據美國聯邦統一法典（U.S.C.）§1850規定辦理。為利後續援引說明，茲轉錄該條文如下供參：「With respect to any proceeding before the Federal

行審查[18]。易言之，美國金融產業結合管制及申報法制，基本上係採「事前」強制性的「申報異議制」；具體言之，結合後之金融業者交易總額達一定規模或參與結合之金融業資產總值達一定規模者，均須申報，主管機關在30日內未針對該個案另函駁回時，該結合案即可依法生效准予進行[19]。

（二）英國法制

成熟的金融制度，讓英國的海外殖民政策獲得豐沛的金援供應，一直是曾經自許為「日不落帝國」皇冠上的驕傲。細究該國金融法制的發展，本質上是一種較少受到外力操縱、屬於一種逐漸演化的進程，從皇室早於1694年授權制定專屬皇室的英格蘭銀行法（Bank of England Act of 1694）以來，數百年間都係經由道德勸說方式達成業務監控的政策使命，直至1979年英國通過「銀行法」，才首見以法律位階賦予英格蘭銀行對銀行業務的明文監理權限[20]。如此監理建構可使金融業務監理權能集中，金融法規系統化，銀行業者知所遵循。行政高權有效運作，促進了貨幣政策和銀行監理的效率；改善職司不同監理功能之機構間相互推諉責任的惡質現象。令人擔心的是將更突顯監理機構「衙門化」，地盤傾軋與爭權，無助於金融專業的經驗傳承與交流。

此種發軔於英國的集權式「單軌制」監理模式，或指「高權型」的監督管理建構，由「集權式」機構如同一般國家「中央銀行」位階或專門性業務監理機構設置以對銀行業務進行監控。如此調整演進了數百年，逐漸形成了對商業銀行的監理權限集中於財政部轄下的中央銀行—「英格蘭銀行」的典章制度[21]。回歸現實，其後英格蘭銀行對銀行的監理乃設置由轄下「銀行監理委員

Reserve Board wherein an applicant seeks authority to acquire a subsidiary which is a bank under section 1842 of this title or to engage in an activity otherwise prohibited under chapter 22 of this title, a party who would become a competitor of the applicant or subsidiary thereof by virtue of the applicant's or its subsidiary's acquisition, entry into the business involved, or activity, shall have the right to be a party in interest in the proceeding and, in the event of an adverse order of the Board, shall have the right as an aggrieved party to obtain judicial review thereof as provided in section 1848 of this title or as otherwise provided by law.」See 12USC § 1850.

[18] 12USC § 1467a(e)、12USC § 1828(c)

[19] 同註17。

[20] 關於「英格蘭銀行」的制度沿革請參該行網站http://www.bankofengland.co.uk/about/index.htm，查訪日期：2008年5月18日。

[21] *Id.*

會」（Board of Banking Supervision）與「銀行業務監理局」（Banking Supervision Division）統合負責。銀行業監理委員會現爲銀行業監管的最高機構，每年按時依法發布實施銀行法的執法報告，並依銀行法規定公布對銀行監理的業務彙總結果。銀行業務監理局則依法負責商業銀行之管理，並由英格蘭銀行董事或常務副董一名負責監督。爲了適應金融全球化和歐元誕生的挑戰，英國政府更於1997年提出改革金融監理制度的新建構，由英格蘭銀行、證券期貨管理局、投資監理組織、私人投資管理局等機構的金融監理權限統一移交給新成立的「金融局」（Financial Service Authority，簡稱FSA），統合對於商業銀行、投資銀行、證券、期貨、保險等九大金融業務的監控[22]。

鑒於英國金融業務除「保險業務」另有特別規定外，傳統上仍以「綜合銀行」（Universal Bank）[23]經營型態爲主，其商業性控股公司在實務上之呈現仍集中以「銀行控股公司」（Bank Holding Company）足堪爲箇中代表；惟渠等銀行控股公司間之結合，除需遵循英國金融服務業法（Financial Service and Market Act, FSMA）第159條第3項所揭「不得有造成或促使市場優勢地位之不當利用」（...the Effect of Requiring or Encouraging Exploitation of the Strength of a Market Position They Are to Be Taken...）[24]外，亦須爲英國2002年所頒之「企業法」（UK Enterprise Act of 2002）第4章（Part 4）第134、141條（Section 134、141）[25]所強調之「公共利益」（Public Interest）判斷要件相繩。尤值注

[22] 有關該局之業務職掌請詳參網站資料http://www.fsa.gov.uk，查訪日期：2008年5月18日。

[23] 綜合銀行，簡言之，主要係針對若干歐系銀行所提供金融服務內容，除了傳統專營存、放款等業務外，尚且包括投資業務在內之營業型態謂之。

[24] 為利說明 茲轉錄該條規定全文供參如次 “If regulating provisions or practices have, or are intended or likely to have, the effect of requiring or encouraging exploitation of the strength of a market position they are to be taken, for the purposes of this Chapter, to have an adverse effect on competition.” 資料出處，請參照英國金融服務市場法U.K. Financial Services and Market Act(c.8)官方版本http://www.opsi.gov.uk/ACTS/acts2000/ukpga_20000008_en_13#pt10-ch3-l1g159, visited June 10, 2008.

[25] Available at http://www.opsi.gov.uk/Acts/acts2002/ukpga_20020040_en_12, visited June 10, 2008. 茲轉錄該條第六項所規範有關公益要件之文義供參：(6) In deciding the questions mentioned in subsection (4), the Commission shall, in particular, have regard to the need to achieve as comprehensive a solution as is reasonable and practicable to the adverse effect on competition and any detrimental effects on customers so far as resulting from the adverse effect on competition.

意者，英國競爭委員會（UK Competition Commission）對於金融機構之結合審查實務，更在經英國「公平競爭管理局」（OFT., Office of Fair Trading）初審後所轉呈具代表性個案中，以「終端消費者是否得因渠等結合而享有市場更具競爭效率之利益」[26]作爲案件核駁之重要判準[27]；質言之，我國發展方向上逐漸呈現以銀行爲首的法制格局，作爲金融集團金流處理中樞的「綜合銀行」模式，是否亦得考量對於金融控股公司間之結合行爲，援引英國金融業競爭法審查法律要件，而以金融終端消費者立場判斷結合的競爭效率；亦即側重金融集團間涉及部分法定業務因結合所將導致對於消費者公共利益之影響，列爲准駁之判準？迨皆足爲他山之石或可爲我國未來實務參考。

（三）歐盟法制

歐洲議會（European Council）早於2002年12月16日即已立法通過總計33條的金融集團規範指令[28]，除首度針對「金融集團」訂有定義性條文[29]外，就金融集團之競爭行爲於競爭法上並無異於其他事業而爲例外規定[30]。反觀歐洲

---

[26] *See* Decision on merger between Lloyds TSB and Abbey National, U.K. Competition Commission 2001. 茲轉錄該決定之部分內容如次“…This merger was blocked as the competition authority stated, amongst other reasons, that these efficiency gains would not be passed on to customers…” *Reprinted in* John Ashton, *Efficiency and Price Effects of Horizontal Bank Mergers*, Norwich Business School and the ESRC Centre for Competition Policy, University of East Anglia; Khac Pham, ESRC Centre for Competition Policy, University of East Anglia, CCP Working Paper 07-9, June 2007.

[27] *See* Schedule 11, Section 185, subparagraph (2), the Competition Act of 1998. Available at http://www.legislation.gov.uk/acts/acts2002/ukpga_20020040_en_36_content.htm, visited May 18, 2008. 惟需強調者，迨為渠等競爭法主管機關與金融主管機關間行政管理權之分際，亦即依FSMA第164(1)規定所示，若經金融主管機關公佈之特定業務行為，則競爭法主管機關基本上予以尊重，而得豁免於競爭法主管機關之審查。*See* Michael Blair and George Walker, “Financial Services Law”, *Oxford University Press*, 1st ed., 22 (2006).

[28] 2002/87/EC.

[29] 析該指令第2條第4項之要件，所稱「金融集團」應包含 (1) 總機構須符合指令第1條所稱從事信用、保險、投資等業務之機構 (2) 集團中金融業務至少有一屬於保險業務，其餘尚有一屬於信用或投資業務性質 (3) 保險信用與投資等業務之營業活動產值需占本身機構總資產百分之十以上或資產負債表總值達600萬歐元者之法律要件，併此述明。

[30] 王泰銓等，公平交易法對於金融控股公司之規範，行政院公平交易委員會92年合作研究報告，115，2003。

執委會（Executive Committee）依歐盟合併規則（ECMR）有權審查跨國的併購與合資企業[31]，渠等法規所顯示的結合管制門檻主要基於計算所有參與結合之企業全球營業額（Turnover）是否超過50億歐元，或兩個以上參與結合之企業在歐盟會員國體系（Community Dimension）內營業額超過2億5,000萬歐元者乃有管制之適用[32]；若不符合前揭規定之結合行為，將視其所有參與結合之企業的全球總營業額超過25億歐元，且個案中參與結合之企業跨及三個以上會員國之總營業額超過1億歐元，其中兩個以上的結合事業個別營業額超過2,500萬歐元，而在歐盟體系內的營業額超過1億歐元者以決定是否仍需受到合併管制[33]。渠等管制門檻嗣經歐洲議會2004年1月24日修正通過新的管制規定[34]，於同年5月1日起正式施行，以取代當時尚有效施行的合併管制（Regulation 4064/89）規定；揆諸修正後之新制，最重要之變革，首推加強所謂「一次購足」原則（One-stop Shop Principle），或有稱為「3＋」原則[35]。此外，有關市場集中度之檢視亦改以「對有效競爭形成顯著障礙」（Significant Impediment

[31] Council Regulation (EC) No. 1310/97.轉引自前註研究報告，135，註306.

[32] 為利說明，茲轉錄該條規定文義供參："Article 1(2) of the new Merger Regulation still determines that a concentration has a community dimension and thus needs to be filed at EU level where: (a) The combined aggregate worldwide turnover of all the undertakings concerned is more than €5000 million, and (b) The aggregate Community-wide turnover of each of at least two of the undertakings concerned is more than €250 million, unless each of the undertakings concerned achieves more than two-thirds of its aggregate Community-wide turnover within one and the same Member State."

[33] "Article 1(3) of the new Merger Regulation, be considered to have a Community dimension where
(a)The combined aggregate worldwide turnover of all the undertakings concerned is more than €2500 million；
(b)In each of at least three Member States, the combined aggregate turnover of all the undertakings concerned is more than €100 million；
(c)In each of at least three Member States included for the purpose of point (b), the aggregate turnover of each of at least two of the undertakings concerned is more than €25 million；and
(d)The aggregate Community-wide turnover of each of at least two of the undertakings concerned is more than €100 million；
Unless each of the undertakings concerned achieves more than two-thirds of its aggregate Community-wide turnover within one and the same Member State."

[34] Council Regulation (EC) No. 139/2004. Published in the Official Journal of 5 January, 2004, C 31/5.

[35] *See* the new article 4(5) of the Merger Regulation, provides that parties to a transaction that does not meet either of the thresholds for a Community notification may request the European Commission to take the case if and when the transaction must be notified to three or more Member States.

to Effective Competition, SIEC）[36]作爲評定判準，亦適用於前揭有關金融集團之併購審查，頗值我國競爭法實務參考。

三、小結

鑒於我國結合審查機關的權責劃分，係由行政院公平交易委員會職司產業競爭秩序之功能性監督，自應擔負如同美國司法部反托拉斯署於金融業結合案件之競爭分析決定；爲更積極維護我國金融產業之公平競爭環境，應享有金融結合案件是否具限制競爭裁量之「介入權」。惟衡諸我國目前實務上有關金融控股公司結合案件，申報門檻仍係以「金控公司」設爲適用基準，併計其全部具控制性持股子公司之上一會計年度銷售金額核認[37]，所有金控公司之結合案，雖得將結合後所產生「單方效果」與「共同效果」、或具有「顯著限制競爭疑慮」等作爲「水平結合」限制競爭效果之考量因素列入審酌[38]，另對於「垂直結合」限制競爭效果也設有相關審酌明文[39]，甚至對於「多角化結合」

[36] 為利述明，茲轉引有關新判準test SIEC的文義如次供參“A concentration which would not significantly impede effective competition in the common market or in a substantial part of it, in particular as s result of the creation or strengthening of a dominant position shall be declared compatible with the common market”請參考歐盟網站資料 available at http://europa.eu.int/rapid/start/cgi/squesten.ksh?paction.sqettxt+gt&doc=MEMO/04/9/0/RAPID&lg=en , visited June 10, 2008.

[37] 請參見行政院公平交易委員會2002年2月25日公企字第0910001699號函所頒「事業結合應向行政院公平交易委員會提出申報之銷售金額標準」第2點規定。

[38] 請參見行政院公平交易委員會2006年7月6日公壹字第0950005804號函所頒「行政院公平交易委員會對於結合申報案件之處理原則」第9點、第10點規定。為利說明，茲摘錄現行實務上評估結合之限制競爭效果的考量因素供作對照參考：

（一）單方效果：係指結合後，參與結合事業得以不受市場競爭之拘束，提高商品價格或服務報酬之能力。

（二）共同效果：則係指結合後，結合事業與其競爭者相互約束事業活動，或雖未相互約束，但採取一致性之行為，使市場實際上不存在競爭之情形。

（三）參進程度：包含潛在競爭者參進之可能性與及時性，及是否能對於市場內既有業者形成競爭壓力。

（四）抗衡力量：交易相對人或潛在交易相對人箝制結合事業提高商品價格或服務報酬之能力。

（五）其他影響限制競爭效果之因素。

[39] 同前註，第11點。

亦載有「重要潛在競爭可能性」等之審查考量因素[40]，惟金控公司結合申報之審查實務多行禮如儀，並不見在個案中精緻的法律經濟分析，或因囿於行政管理權分配是否允許介入權存在尚不明確，或者因為金融控股公司結合案所涉業務或產品之「市場界定」仍有疑慮乃有以致，惟從前揭外國立法例與實務觀點，併就我國競爭主管機關優質法制人力資源立論，實有進一步針對金融控股公司之結合案件所涉競爭政策之研析，再予檢討改善之餘地。

參、芻議

承前所述，以金融控股公司為主的「大型複合式金融機構」已然成為我國金融服務業的主導力量[41]。倘依我國目前金融實務所涉有關大型複合式金融機

[40] 同前註38，第12點。

[41] 有關我國金控公司間的最新獲利消長情形，請參見後附統計表。統計顯示我國目前14家金控公司今年前5個月以來的獲利表現相差越來越大，其中仍以保險為主的金控公司獲利表現最為強勁。

14家金控2008年1-5月獲利統計

	2008年5月稅後純益（億元）	2008年前五月稅後純益（億元）	每股稅後純益（元）
第一金	10.93	60.08	0.99
中信金	4.64	81.04	0.91
華南金	8.7	53.86	0.89
富邦金	13.1	60.7	0.79
元大金	5.78	36.28	0.43
玉山金	2.38	13.12	0.4
兆豐金	12.27	46.67	0.39
國票金	1.08	5.66	0.26
開發金	4.95	19.16	0.18
台新金	3	12	0.11
永豐金	4	−7.24	−0.1
國泰金	20.69	−14.33	−0.16
日盛金	−0.97	−15.9	−0.61
新光金	−10.96	−83.65	−1.63

資料來源：經濟日報，D1版，2008年6月11日。

構結合之申報規定，經濟憲法之執行機關－公平交易委員會，似尚難發揮競爭法應有之監督角色。鑒於金融控股公司法第36條第1項規定我國金融控股公司之經營態樣，僅限於「投資型」而非「事業型」經營型態，我國金融控股公司於整體結構上僅居於資源整合的「管理者」、「分配者」地位，與轄下實際從事金融服務之金融業者所應轉嫁分擔之管制成本自應迥異。

揆諸競爭法對於金融服務業結合的管制意旨，復以金融控股公司與金融機構間之結合行爲所產生之「綜效」（Synergy）與對於市場競爭公平性影響之裁量，爰應以大型複合式金融財團轄下「專門性分業」（如銀行業務、證券業務、保險業務…等專門性業務設爲基準）來界定渠等「市場」之定位[42]，而不宜以未實際參與營業行爲之金融控股公司本身爲判斷基準；易言之，依金融控股公司法第4條第3款、第6條第2項規定，以「銀行」、「票券」、「綜合證券商」、「證金公司」或「保險業」等「跨業」經營，轉換（股份或營業）形成金融控股公司之「適格子公司」業務，作爲判斷金融控股公司整併其他外部金

[42] 茲就現行金融相關法規中關於「業務別」之法律依據，列表擇要整理如下：

銀行業務	銀行法第3條、第21條、第22條、第29條、第71條（商業銀行）、第89條（專業銀行）、第101條（信託投資公司）第47-1條、第47-2條（貨幣經紀商、信用卡業務）、第47-3條（金融資訊、金融徵信機構）
證券業務	證券交易法第15條、第18條、證券金融事業管理規則第5條
保險業務	保險法第13條、第136條第2項、第138條第3項
信託業務	信託業法第16條、第17條、第18條
期貨業務	期貨交易法第56條第1項、第57條第1項、2項、 期貨商設置標準第30條、第31條
證券投資信託及顧問業務	證券投資信託及顧問法第3條、第4條、第6條
票券金融	票券金融管理法第6條、第17條、第21條、票券商管理規則第7條、信託業法第3條
財富管理	銀行法第3條、信託業法第28條第2項（信託資金集合管理運用管理辦法）、第29條第3項（信託業辦理不指定營運範圍方法信託運用準則）、第32條第2項（共同信託基金管理辦法）、證券投資信託及顧問法第11條第4項、第14條第1項、第17條第3項、第18條第1項、第19條第2項、第22條第4項、第25條第2項、第46條（證券投資信託基金管理辦法）、保險法第146條

融機構的「基準市場」，再依業務別所據法規群組，評估渠等「市場力」對於結合案所展現之影響，俾使競爭政策執法機關得憑以參酌並決定大型金融機構結合行爲之准駁。

進一步言，即以金控結合對於所涉「特定業務別」之影響，作爲判斷是否構成限制競爭的管制門檻；復以渠等結合後之「業務別」或「產品別」[43]之「銷售額」（倘仍沿用目前實務所採之「市占率」觀點，則應以「業務、產品」界定「市場」與「市占率」）決定結合之「市場力」，基於「行政一體」原則，協調取得完整金融監理資訊，採用美國金融併購實務上計算市場集中度影響並據以准駁之「雙赫指數」；建議我國亦應以金融「業務或產品」決定金融版塊整併對於市場競爭公平性之影響而爲准駁依據，以祈對於目前我國大型複合式金融機構間「業務同質化」（Homogeneous Competition）惡性競爭，或有不當利用「金融」與「競爭」法規間之監理密度不一，而遂行「法規套利」（Regulatory Arbitrage）[44]之「經濟不正義」（Economic Injustice）現象有所因應。鑑此，實有必要就如何衡平金融產業與競爭秩序間之法制政策再予檢討。

綜前所陳，本文建議(1)修正依公平交易法第11條第1項第3款所頒「事業結合應向行政院公平交易委員會提出申報之銷售金額標準」第二點規定，明文改以金融控股公司申報結合時，應針對轄下特定「業務」或「產品」之「實際銷售金額」取代欠缺「明確量化基礎」的「市場占有率」以爲金融控股公司「市場集中度」之判準；或(2)檢討現行公平交易法第46條規定，逕於公平交

[43] 所謂「金融產品」之界定，本文主張仍應以所涉之金融相關法規依據，憑以決定商品銷售金融機構於金控公司結合時界定「市場力」之基準範圍。基此，本文所稱「產品別」與實務上審查事業結合個案時判準中所指「產品或服務市場」之界定仍有差別；易言之，於界定結合事業對於競爭市場之影響範圍，應以事業所提供產品或服務之「需求（或供給）替代性」而定，惟此處所指之「產品別」則側重於事業因結合行為所涉「法定業務」下產品或服務，經綜合評價後所呈現之整體「市場力」而言，旨於融合法律與經濟分析雙重檢視標準寓於審查要件，竊以為更能反應市場機制之實際。

[44] 「監理套利」（Regulatory Arbitrage），係指法規範之主體為免於接受較嚴格之管制轉而遁往管制較為寬鬆法域的現象。茲轉錄作者原文如下供參 “Regulatory arbitrage traditionally indicates a phenomenon whereby regulated entities migrate to jurisdictions imposing lower burdens.” 更進一步的詳細說明，請參閱Amir N. Licht, “Regulatory Arbitrage for Real: International Securities Regulation in a World of Interacting Securities Markets,” *Virginia Journal of International Law*, 38, 563 (1998).

易法第11條第3項增訂「金融機構事業間之結合，由中央主管機關洽商公平交易委員會後，另以辦法定之」，完備金融「業務別」作爲金控公司結合案考量「市場力」因素以定准駁之法制(3)經由行政指導方式，責成申報結合之金融控股公司，應針對結合案所涉業務或商品，加強對於公平交易法第12條「該結合案對於整體經濟利益，大於限制競爭之不利益」之舉證與論述。以爲競爭主管機關之准駁參考。是否可行？饒有進一步研究之餘地，似値實務再酌。

肆、結論

依據報載，政府高層曾一再宣示「二次金改」仍繼續推動的政策[45]。姑不論二次金改的相關法律整備是否成熟，市場情勢能否允當讓政策軟著陸；「金融產業發展」與「維護競爭秩序」間隱然的政策優先性衝突似將浮上抬面。合

45 「陳總統：二次金改，繼續推動」，經濟日報，頭版，2007年5月24日。與會學者甚至提出將台銀、土銀、中信局及輸出入銀行合併為一家公營銀行，並推動6家金融機構市占率達10%以上，以及將金控家數減為八家之「一、六、八」方案。邱金蘭，「金改智囊再獻策」，經濟日報，3版，2007年5月24日。

二次金改成果檢視

四大目標	時間表	推動情況
三家金融機構市占率10%以上	2005年底	・只完成兩家：合併農銀後的合庫及7月1日即將合併中信局的台銀 ・第三家兆豐金合併台企銀案，已面臨破局
12家公股金融機構減半	2005年底	・宣布推動六家：台開出售信託部、寶來集團入主僑銀、標售彰銀特別股、合庫併農銀、台銀併中信局、兆豐金併台企銀 ・兩家尚未完成：彰銀與台新金合併案未完成；兆豐金併台企銀案面臨破局
14家金控減半	2006年底	・未完成 ・中信金一度有意併購兆豐金，但失敗
至少促成一家金融機構由外資經營或在國外上市	2006年底	・英商渣打銀行併購竹商銀 ・美商花旗銀行宣布併購僑銀

資料來源：經濟日報，3版，2007年5月24日。

理的預期，以金融控股公司爲首的大型複合式金融機構，即將在官方倡議與外資主導的推波助瀾之下，進行更大規模的「金融服務業」整合。無獨有偶，經濟「集中化」與「財團化」的疑慮也勢將再啓話題，「金融」與「競爭」主管機關間，就如何健全我國金融產業的市場機制攜手合作，此其時也。祈使主管法規能針對「金控結合」案中，根據所屬金融「業務」或「產品」別總合量化之不同「市場力」更合理地分配管制成本，讓「大者恆大」的我國金融服務業，能在遵循與國際接軌的競爭秩序中體現「國際化」，眞正「走出去」，達成立足台灣，佈局全球的最終理想。

（本文發表於公平交易季刊第16卷第3期，2008年7月）

參考文獻

中文部分

「台灣金融市場年度研究報告」，麥肯錫顧問公司，2007年。

王泰銓等 (2003)，公平交易法對於金融控股公司之規範，行政院公平交易委員會92年合作研究報告。

邱金蘭 (2007)，「金改智囊再獻策」，經濟日報2007年5月24日3版。

蔡永順、吳榮振 (2007)，「金融合併與金融不穩定：以台灣金融控股公司爲例」，金融風險管理季刊，第3卷第1期。

顏雅倫 (2003)，「我國結合管制之檢討與前瞻－以金融產業之結合爲例」，公平交易季刊，第11卷第3期。

經濟日報2008年6月11日D1版統計圖表。

外文部分

Ashton, John and Khac Pham (2007), “Efficiency and Price Effects of Horizontal Bank Mergers,” CCP Working Paper.

Licht, Amir N. (1998), “Regulatory Arbitrage for Real: International Securities Regulation in a World of Interacting Securities Markets,” *Virginia Journal of International Law*, 38, 563.

Lichtenstein, Cynthia C. (2005), “The Fed’s New Model of Supervision for ‘Large Complex Banking Organizations’: Coordinated Risk-Based Supervision of Financial Multinationals for International Financial Stability,” *Transnational Lawyer*, 18(2), 283-299.

Michael Blair and George Walker (2006), *Financial Services Law*, Oxford University Press, 1st Ed..

European Union Global Website.

U.K. Bank of England Website.

U.K. Department of Treasury Website.

U.K. Financial Service Authority Website.

U.S. Department of Justice, Antitrust Division, Website.

U.S. Department of Treasury Website.

U.S. Federal Deposit Insurance Corporation Website.

U.S. Federal Reserve Board Website.

U.S. Federal Trade Commission Website.

Legal Considerations on Merger Control over Financial Holding Companies in Taiwan

Hsieh, Yi-Hong*

Abstract

This research examines Taiwan existing legal thresholds on cases pertaining to merger controls over financial holding companies as to how current practice in determining "market force" within financial conglomerates could therefore be further improved.

By introducing foreign legislations includes the U.S., U.K. and E.U., this research tries to establish comparative legal evidences in supporting the following inductions as per sophisticated practice in advanced economies.

Giving the fact that regulatory scheme of Taiwan financial holding company is currently limited to "management" and "investment" functions only, different from those advanced economies as demonstrated, this research questions whether TFTC should be applying the criteria test, such as CR4 and HHI, to those operative banking, securities or insurance subsidiaries that are under controlling FHC, instead of granting mergers between FHCs by merely referring to the low-market-share theory that ritually leads to the conclusion of 'highly competitive' among FHCs.

Alternatively, this research arguably propose to retrospect the feasibility on categorizing the criteria of "market force" while reviewing merger cases between FHCs by examining statutory business scope of subsidiary bank, securities firm, insurance company respectively as to how financial products are legally designed. For details in operation, this research leaves open grounds to further discussions that are yet to come.

Keywords

- LCFI
- FHC
- Merger
- Mergers & Acquisitions
- Financial Industry
- Financial Services
- Merger Control
- Financial Holding Company
- Large Complex Financial Institution

第四章
我國監理金融財團法制的再省思

壹、前言

我國金融財團在14家金融控股公司陸續成立並上市後逐漸成型[1]，論者或有認爲效率化金融財團有助於集中金流資源，提早發現所屬財團內的資金缺口與營業風險[2]，金融實務上向以銀行爲首的金融業者，自2001年金融控股公司

---

[1] 我國14家金融控股公司之設立依序為：
1.2001年12月19日華南金融控股公司設立。
2.2001年12月19日富邦金融控股公司設立。
3.2001年12月28日中華開發金融控股公司設立。
4.2001年12月31日國泰金融控股公司設立。
5.2002年1月28日玉山金融控股公司設立。
6.2002年2月4日復華金融控股公司設立。
7.2002年2月5日日盛金融控股公司設立。
8.2002年2月18日台新金融控股公司設立。
9.2002年2月19日新光金融控股公司設立。
10.2002年3月26日國票金融控股公司設立。
11.2002年5月9日建華金融控股公司設立。
12.2002年5月17日中國信託金融控股公司設立。
13.2002年12月31日兆豐金融控股公司（原91.2.4設立之交銀金控更名）。
14.2003年1月2日第一金融控股公司設立。
請參見金管會銀行局網頁中「金融機構基本資料查詢」欄位所示金融控股公司股市觀測站資訊，http://www.banking.gov.tw/lp.asp?ctnode=1267&ctunit=483&basedsd=41，最後瀏覽日：2006年10月12日。

[2] *See* CYNTHIA CRAWFORD LICHTENSTEIN, THE FED's NEW MODEL OF SUPERVISION OFR "LARGE COMPLEX BANKING ORGANIZATIONS: COORDINATED RISK-BASED SUPERVISION OF FINANCIAL MULTINATIONALS FOR INTERNATIONAL FINANCIAL STABILITY, 18 TRANSNAT LAW, 283, AT 2 (2005).

法制頒布施行至今，部分透過業務縱深的多元化與組織多層化[3]的一連串垂直整合，更有部分業者積極進行異業整合，迨皆已發展出各自的特色，除大部分業者以設立金融控股公司方式逐鹿市場外，亦有以「綜合銀行」（Universal Banking）[4]或以「小而美」的社區型銀行[5]定位自居。彼此間業務執行成效雖不乏實證評估，但所引發之法制執行是否「最適化」（Optimal）問題卻頗有進一步檢討之餘地，易言之，作爲金融機構最可能的業務規範基礎——「金融控股公司法」與「銀行法」——典章制度間，所提供金融業者之法律誘因的比較，似少見相關討論，應值進一步加以分析，藉以瞭解是否因寬嚴不一的管制落差，存有「監理套利」（Regulatory Arbitrage）[6]的投機空間，尤有甚者，

---

[3] 有關近年來企業組織基於同質性業務多元化經營、風險分散，甚至租稅規劃之考量，將組織本體多層化（Layeriing）結果，所形成「多層級決策體系企業」（Multi-divisional Form Enterprise）之闡述，請參考JESSE CHOPER, JOHN COFFEE, RONALD GILSON, CASES AND MATERIALS ON CORPORATIONS, ASPEN PUBSISHER, 6ED., AT 27-28. (2004)

[4] 根據Thomas Fitch所編著的銀行專業辭典（Dictionary of Banking Terms）中對於Universal Banking所作的簡明解釋，「綜合銀行」主要源於歐洲，係指商業銀行得以同時承作投資銀行業務者謂之（Where commercial banks make loans, underwrite corporate bonds, and also take equity positions in corporate securities.）有關採行「綜合銀行」監理方式的深入探討文獻，請參閱JACK JIRAK, NOTE AND COMMENT: EQUITY INVESTMENT IN CHINESE BANKS: A DOORWAY INTO CHINA'S BANKING SECTOR, 10 N.C. BANKING INST. 329 (2006); AMY CHUNYAN WU, PRC's COMMERCIAL BANKING SYSTEM: IS UNIVERSAL BANKING A BETTER MODEL?, 37 COLUM. J. TRANSNAT'L L. 623, 623 (1999); *See* GENERALLY ANDREW XUEFENG QIAN, TRANSFORMING CHINA's TRADITIONAL BANKING SYSTEMS UNDER THE NEW NATIONAL BANKING LAWS, 25 GA. J. INT'L & COMP. L. 479 (1996) (EXAMINING IMPACT OF NEW BANKING LAWS ON CHINA's BANKING SECTOR).據此定義，我國目前採行如此方式經營者，彰化商業銀行足為適例。

[5] 社區性銀行（Community Bank），或有稱為Independent Bank，係指銀行之資金來源單純募集自地區性大眾，與來自大型控股銀行或法人之資本結構不同，且銀行經營客層亦主要以地區性金融需求為主。*See* THOMAS FITCH, DICTIONARY OF BANKING TERMS, BARRON's EDUCATIONAL SERIES, 2ND ED., AT 135, 307 (2005). 基此定義，我國目前金融實務上類似之金融業者，陽信商銀、新竹國際商銀、京城商銀等皆堪為其中適例。

[6] 監理套利（Regulatory Arbitrage），係指法規範之主體為免於接受較嚴格之管制而遁往管制較為寬鬆法域的現象。茲轉錄文獻中原文如下供參"Regulatory arbitrage traditionally indicates a phenomenon whereby regulated entities migrate to jurisdictions imposing lower burdens." 更進一步的詳細說明請參閱AMIR N. LICHT, REGULATORY ARBITRAGE FOR REAL: INTERNATIONAL SECURITIES REGULATION IN A WORLD OF INTERACTING SECURITIES MARKETS, 38 VIRGINIA JOURNAL OF INTERNATIONAL LAW 563 (1998).

金融控股公司以上市主體籌資地位，可能淪爲財團提款機的疑慮，更是社會矚目焦點。

有鑒於政府前所揭示二次金改政策宣布調整，對於近年來合併動作頻頻的金融業而言，短期內腳步可能趨緩，未來國內14家金控的生態發展，也可能因二次金改調整而進行質變。其中，對於積極進行購併的中信金控、國泰金控、新光金控、富邦金控等大型金控業者來說，可能要重新調整併購策略；但對於復華金控、日盛金控、國票金控等小型金控業者來說，因「金控減半」的壓力減輕，至少不用擔心因規模處於14家金控的後段班，而可能面臨被合併的命運。[7]按此金控公司發展基調，我國金融控股公司法制中有關組織與業務延展擴充的相關法律佈局，悠關金融財團與金流產業的未來，實有再進一步瞭解之必要；此外，近年來陸續發生的「開發金併購金鼎證券」案[8]及「中信金併購兆豐金」案[9]，不啻顯示企業間靈活運用策略，並擅於靈活操作運用財務工具，但也讓臺灣公司治理的成效蒙塵。是以在「企業所有與經營分離」喊的漫天作響之際，對於以少數持股運用財務槓桿操作，即可掌控千億資產的經營者，現行法制架構是否足以因應，現存規範是否足以遏止在金控架構下，公司負責人甚或控制股東的濫權？是否有提供少數股東亦或債權人一個得以相抗衡的武器？基此，本文乃不揣淺陋，擬針對現行規範金融財團主要的金融控股公司法之實務運作所衍生若干疑義[10]，提出個人觀察心得，就教高明。

---

7 田裕斌，「二次金改 民營金控業者調整購併策略」，中央社，2006/04/16。

8 請參見劉佩修，「開發金要定了金鼎證」，商業周刊，第933期。

9 有關本案的詳細解析與報導，請參見刁曼蓬，「中信金控，金管會尚未上完的課」，天下雜誌，第354期。

10 例如兆豐金控公司改選董監事過程，所引發各界對於2005年甫通過施行之金控公司轉投資「自動核准制」是否適當，產生一連串質疑聲浪；參見彭禎伶、張家豪、若寧，「金控轉投資 自動核准制喊卡」，中國時報，2006/06/28；李叔慧，「金控轉投資自動核准制，喊停」，經濟日報，2006/06/28。基此，足見該條文內容所涉，不僅攸關金控業者經營版圖擴張之方式與成本估算，更對金融主管機關如何擬定金控業的監理政策深具指標性意義。

貳、金融財團組織與業務之擴張

一、法律佈局

（一）欲進一步瞭解我國金融控股公司法之規範，首應說明者迨為我國金融法中對於金融控股公司之定性。現行法中有關金融機構之定義，散見於銀行法、金融控股公司法以及金融機構合併法等規範中，其中金控法第4條第1項第3款定義「金融機構」係指（1）銀行：指銀行法所稱之銀行與票券金融公司及其他經主管機關指定之機構。（2）保險公司：指依保險法以股份有限公司組織設立之保險業。（3）證券商：指綜合經營證券承銷、自營及經紀業務之證券商，與經營證券金融業務之證券金融公司。顯與金融機構合併法第4條第1項第1款所定義「金融機構」，係指下列銀行業、證券及期貨業、保險業、信託業所包括之機構，及其他經主管機關核定之機構，所謂銀行業，係包括銀行、信用合作社、農會信用部、漁會信用部、票券金融公司、信用卡業務機構及郵政儲金匯業局；所謂證券及期貨業，係包括證券商、證券投資信託事業、證券投資顧問事業、證券金融事業、期貨商、槓桿交易商、期貨信託事業、期貨經理事業及期貨顧問事業。所謂保險業，係包括保險公司及保險合作社等規定略有不同。

以上係針對金融機構之定義明確列舉，唯獨「金融控股公司」似未被納入前揭定義條文中，解釋上，金融控股公司似非屬金融控股公司法以及金融機構合併法上之金融機構。尤有甚者，金融控股公司法第4條第1項第2款尚設有金融控股公司之定義，謂為對一銀行、保險公司或證券商有控制性持股，並依本法設立之公司稱之。基於單獨規定之立法技術旨意觀之，諒應與前揭各種金融機構為不同定性，爰可推斷立法者有意將金控公司與金融機構在法制設計上予以區隔，事涉推論前提，應先澄明。

（二）按「巴塞爾國際清算銀行」（Basle Bank for International Settlement）轄下之「銀行監理委員會」所頒「有效銀行監理之25項核心原則」

（Core Principles for Effective Banking Supervision）[11]，我國金融主管機關均已逐一植入於現行金融法規。進言之，前揭「核心原則」第4點所稱「銀行監理機關應有權審核及否決銀行之重大股權或有控制權益的股權移轉案」即所謂金融機構大股東之審核權，均已經由立法具體落實在我國銀行法第25條及金控法第16條中實踐。亦即，同一人或同一關係人持有同一銀行15%以上股份或金控公司10%以上之股份，須事先報經主管機關核准，由主管機關審核其「適格性」（亦即Fit and Proper），相關適格條件準則審核條件包括申請人之資金來源、無不良紀錄，並可促進銀行及金控公司之健全經營者；至於金控公司擬轉投資銀行或金控公司者，依據「金融控股公司依金融控股公司法申請轉投資審核原則」規定，除須符合財務、資本健全及守法性良好等條件外，尚須檢附「股東適格性」文件，由主管機關審核其適格性，以有效落實執行巴塞爾委員會之前揭原則。金融控股公司法第36條規定，金融相關事業之審核期間爲15天，有關轉投資「自動核准」機制，係在差異化管理之原則下，對守法性良好及財務結構、資本健全之金融機構，縮短審查時間。適用轉投資「自動核准制」之金控公司，除應符合前揭審查原則之相關規範外，其財務條件及資本適足性尚須係符合更高之門檻，僅是將審核時間縮短而已，仍須符合大股東之資格條件等前揭監理原則。有鑒於此，行政院金融監督管理委員會（下稱金管會）於2005年6月14日通過修正「金融控股公司依金融控股公司法申請轉投資審核原則」，其中關於金融控股公司依金融控股公司法申請轉投資審核原則案，係屬長期投資，故應以意圖控制或建立密切關係爲目的，且需兼顧考量金控集團之健全經營。爲使金控公司及其子公司之資本配置及資金運用更有效率，並維持子公司健全經營之原則，同時配合政府鼓勵金融業對中小企業貸款政策，經金管會邀集學者專家、金控業者，經濟部中小企業處及六大工商團體舉辦座談會聽取各界意見後，修正原先所頒金融控股公司申請轉投資之相關規定[12]。因此，金控公司轉投資門檻由原25%，大幅下降爲5%，此一修正規定無異使得金控公司設立初期所適用轉投資原則之相關規定[13]廢止適用，論者或有

---

[11] 詳細說明請參閱巴賽爾國際清算銀行網站所頒之網頁資料http://www.bis.org/publ/bcbs30a.htm最後瀏覽日：2006年10月10日。

[12] 參考劉紹樑，「強化企業併購法制」，月旦法學雜誌，第128期，2005年11月，頁10-13。

[13] 第1點其中第6款前段規定意指必須取得百分之五十股份及經營權，應併此說明。

主張應有助於國內金融機構間之進一步整合[14]。嗣後由於中國信託商業銀行香港分行從事海外結構債交易違規案之影響所及，金管會於2006年9月7日修正前揭原則，共計增修四點，刪除一點，修正重點如下：

1. **增修部分**

（1）金控公司提出轉投資申請時，應提出購買股權至25% 之計畫：修正第三點第二款，將購買股權至25% 之計畫及整併方案列爲申請書件。前揭計畫應包括資金計畫、購買方式、確保依財務會計準則公報需編製權益法或合併財務報表之報表產出措施、預定執行投資計畫具體時程及未能依計畫執行之因應措施。

（2）不得擔任被投資事業及其銀行、保險及證券子公司之董事或監察人之情況：增訂第四點金控公司購買股權未達25% 前，或未取得過半數董事席位前，其內部人不得兼任被投資金融控股公司（含其銀行、保險公司及證券商）之董事或監察人，但金融控股公司子公司無與被投資事業同一業別者，不在此限。上揭內部人定義，經參考證券交易法第157條之1、第22條之2規定訂定爲：金融控股公司及其子公司之大股東、董事、監察人、經理人或與其職責相當之 人，並包括其配偶、父母及子女。另所稱「大股東」，係指金融控股公司法第4條第10款所規定者。

（3）法律上負忠實義務對象觀念之導正：增訂第五點規定爲：金控公司所派任之董事及監察人，其履行忠實義務之對象爲所執行業務之被投資事業。如違反忠實義務，將依法負法律責任。

（4）加強審查投資資金來源及加強內部人與關係人申報衍生性商品交易資訊：增修第三點第十款及第十一款所應檢附之文件。

（5）金控公司對其大股東（董監事）之持股質押比率提出說明：修正第三點第十四款，增列：檢附最近六個月全體董事、監察人及大股東持股設質比率平均達50%以上者，持股設質比率達50%以上之個別董事、監察人及大股東應提出倘因利率上漲或股價下跌致生資金周轉之因應方案，並

14 李禮仲，「金融控股公司間非合意併購法律問題之研究」，月旦法學，第128期，2005年11月，頁45。

提供予金融控股公司彙總分析其對公司經營之影響。

2. 刪除原第四點有關金控公司轉投資自動核准機制，恢復為金控法36條所規定15天之審核期間規定

自動核准制之採行雖有利於差異化管理，惟金控公司轉投資案件為重大決策，審查時應再斟酌其投資計畫及影響，爰恢復15天之審核期間規定。

2007年初，金管會復依據「臺灣經濟永續發展會議」就「強化金控公司申請轉投資規範」所獲致之共同意見，於2007年2月8日通過「金融控股公司依金融控股公司法申請轉投資審核原則」草案共計八點，修訂重點如下：

（1）金控公司應提出成為被投資事業之最大股東及使被投資事業成為子公司之計畫：將成為被投資事業之最大股東且使被投資事業成為子公司之計畫及整併方案、資金計畫、購買方式列為申請書件（修正草案第三點第二款第五目）。

（2）加強資本管理以減少金控公司以子公司事先佈局之爭議：增訂保險子公司依保險法第146條之1對該被投資事業之投資部位是否賣出或繼續持有之處理方案，如擬繼續持有該被投資事業之投資部位，應提出依保險法第146條之6持有之申請文件（修正草案第三點第二款第七目）。

（3）加強審查投資資金來源及加強內部人與相關人申報涉及具股權性質之有價證券或連結被投資事業股權之衍生性商品交易資訊（修正草案第三點第十款及第十一款）。

（4）增訂金控公司對其大股東（董監事）之持股質押比率提出說明：金控公司最近半年全體董事、監察人及大股東持股設質比率平均達50% 以上者，持股設質比率達50% 以上之個別董事、監察人及大股東應提出倘因利率上漲或股價下跌致生資金周轉之因應方案，並提供予金融控股公司彙總分析其對公司經營之影響（修正草案第三點第十四款）。

（5）差異化管理機制暨簡化申請書件：參考「公開發行公司取得或處分資產處理準則」第9條有關交易金額達新臺幣三億元以上方屬重大事項之原則，增訂金控公司申請轉投資型態為：原已投資金額加計本次投資金額累積投資金額未超過新臺幣三億元者，或為維持原經主管機關核准之投資持股比率之現金增資、購買子公司之少數股權者，適用簡易之申請程序（即簡化應檢附之申請文件），以簡化行政作業流程（修正草案第四點）。

（6）不得擔任被投資事業之董事或監察人之條件：金控公司購買股權計畫未達25% 前，或未取得過半數董事席位前，其內部人不得兼任被投資事業（含其銀行、保險公司及證券商）之董事或監察人。但金控公司子公司無與所兼任事業同一子公司者，不在此限（修正草案第五點）。

（7）刪除原第四點有關金控公司轉投資自動核准機制，恢復依金融控股公司法第36條所規定15天之審核期間；自動核准制之採行雖有利於差異化管理，惟金控公司轉投資案件爲重大決策，審查時應再斟酌其投資計畫及影響，爰恢復15天之審核期間規定。另有關原草案擬具之法律上負忠實義務對象觀念之導正規定部分，因尚有爭議，爰暫緩納入規範[15]。

如此一系列的法規修正對於我國金融財團的業務與組織擴張實將產生深遠的影響。

退一步言，我國金控公司設立初期尚難利用「併購方式」進行業務擴充與轉投資，除了早期法制諸多配套付之闕如外，恐尚有以下原因：

1. 併購資金不易取得：金控公司初期多係透過銀行、保險與證券子公司進行股份轉讓或營業轉讓而籌設，資金大多係以資本方式保留在原先營運性的子公司，且此各該金融機構子公司尚須符合資本適足性的規定，除非金融機構子公司經營獲利有盈餘，否則金控公司不易利用分配股利方式取得資金，當然不利金控公司進行併購。

2. 金融控股公司法第39條第1項對金控公司之短期資金運用，設有諸多限制，阻礙了併購執行上的彈性。

3. 金融控股公司法第36條對金控公司之長期投資，需經過政府核准，採取15日或30日之等待期間與申報異議制，與併購機密性及不確定性特質相違，阻礙併購案之進行[16]。

---

15 金管會對於中信金控公司違規案之處理與裁罰，詳見金管會網頁資訊http://www.fscey.gov.tw/ct.asp；最後瀏覽日：2007年2月10日。

16 參考劉紹樑，強化企業併購法制，月旦法學雜誌，第128期，2006年1月，頁9。

所幸，近年來，除了金融控股公司法與企業併購法之訂定與修正，使得金控公司可靈活利用轉換股份、營業讓與與合併等併購方式進行轉投資外，金控公司更進一步透過旗下子公司減資方式，將子公司多餘資金上繳予金控公司，充實金控公司本身財力，作為併購及轉投資其他事業群之金援，以下謹就實務上所涉案例整理列表說明[17]：

我國金融控股公司轄下子公司以「減資」方式上繳出資一覽表

單位：億元

	公司名稱	子公司	年度	金額
一	富邦金控	富邦產險	2002	100
		富邦證券	2003	70
		台北富邦銀行	2005	100
二	中信金控	中信銀行	2004	6.9
		中信銀行	2005	100
三	國泰金控	國泰人壽	2002	70
四	復華金控	復華證金	2002	25
		復華期貨	2004	4
		復華證金	2005	42
五	兆豐金控	中興票券	2004	30
		中興票券	2005	50
		中國產物保險	2005	15.6
六	新光金控	新光人壽	2002	30
七	建華金控	建華證券	2005	33
		建弘投信	2004	5.1
八	第一金控	建弘投信	2003	5.3

2005年6月，金管會針對金融控股公司轄下子公司以減資方式上繳資本予其金控母公司，及金控公司轉投資之作業實務需要，修訂「金融控股公司法申請轉投資審核原則」及「金控公司以子公司減資方式取得資金審查原則」，促

17 整理自公開資訊觀測站之歷年重大消息。最後瀏覽日期2006/8/23。http://mops.tse.com.tw/server-java/t51sb10?stp=1&keyword=減資&。

使金控公司利用併購及轉投資活動更爲頻繁，甚至有利於敵意併購之進行。以下擬就「修正後之減資原則」逐一敘明：

（一）共通性原則[18]

1. 財務健全：最近一期財務報表經會計師查核簽證出具無保留意見或修正式無保留意見，且財務健全，無虧損及累積虧損情形者。

2. 守法性良好：最近一年內未遭主管機關重大裁罰或罰款一百萬元以上處分者。但其違法情事已獲得具體改善，經主管機關認可者，不在此限。

3. 善盡說明義務：金控公司子公司於減資核准後二日內，其金控公司應將取得資金之用途及預計產生之效益輸入股市觀測站；其有重大變更者，亦同。

4. 債權人保護程序：依公司法第281條規定，減少資本準用公司法第73條、第74條規定，踐行保護債權人及投資人程序。

5. 核准減資後之程序：符合公司法第168條及第168-1條規定提請股東會決議之程序。

6. 減資後之限制：辦理減資之同一年度內除「依法受增資處分」或「特殊情形經主管機關核准者」外，不得再行增資。

18 參考劉紹樑，強化企業併購法制，月旦法學雜誌，第128期，2006年1月，頁11-12。

（二）業別特性審查原則[19、20]

我國金控公司由子公司減資方式取得資金之各業特性審查原則

	子銀行公司	子證券公司	子保險公司
財務比率	最近一次金融檢查或經主管機關審查[19]： 1.無備抵呆帳（含保證責任準備）提列不足。 2.無逾期放款列報不實等情事。 3.廣義逾期放款比率或保證墊款比率未超過2.5%。 4.廣義備抵呆帳覆蓋率達40% 以上者。	財務比率須符合證券管理相關規定，並不得影響原證券業務之正常運作。	1.最近一年內信用評等達中華信用評等股份有限公司TWA 等級以上，或其他經保險主管機關認可之國際信用評等事業同等等級以上之評等。 2.且其最近二年之平均業主權益收益率大於全體業界平均值者。
特殊規範	銀行子公司對中小企業放款：除銀行子公司為專業銀行者外，其放款餘額占放款總額比率須大於20%，如放款餘額占放款總額比率小於20% 者，其中小企業放款餘額須較前三年年底中小企業放款餘額之平均數成長5% 以上。	無特殊規範。	1.財產保險子公司：最近二年度之自留業務綜合率及直接業務綜合率均小於 100%，且自留保費對業主權益比率小於300%。 2.人身保險子公司：最近二年之平均投資報酬率大於全業平均值，最近二年度之13個月及25個月繼續率分別應達85%及80%以上，且準備金變動率之差數絕對值不超過20%。
減資後資本適足率標準	1.試算減資後之資本適足率須達10% 以上及第一類資本適足率須達6% 以上，且該資本適足率應經由會計師覆核[20]。 2.減資後之流動準備比率不得低於法定比率。	辦理減資後之資本適足率須達200% 以上。	1.試算減資後之資本適足率需達300%以上，且該資本適足率應經由會計師覆核。 2.減資後必須維持TWA等級以上。

資料來源：作者自行整理。

---

19 此規定係參考現行銀行負面表列及加入本國銀行降低逾放款等差異化措施，參考劉紹樑，強化企業併購法制，月旦法學雜誌，第128期，2006年1月，頁12。

20 此規定係參考目前國際間對資本良好銀行所需資本適足率之要求，將銀行及票券子公司減資後資本適足率由12% 以上調整為10% 以上，其中第一類資本適足率需達6%。參考劉紹樑，強化企業併購法制，月旦法學雜誌，第128期，2006年1月，頁12。

二、美國金融控股公司組織擴充、跨業經營的管制建構

（一）沿革

1. 美國國會於1933年首先通過影響深遠的「銀行法」（Banking Act of 1933）

還原「格拉斯－史蒂格法案」（The Glass-Steagall Act）的誕生背景，當時美國正處於一個對金融服務產業極不友善的氛圍中。當時國會的多數見解主張應將商業銀行與投資銀行業務嚴格分離，才能確保金融業的經營穩健與安全（Safety and Soundness），避免金融市場再發生諸如1929年的大蕭條。此外，考量債權人與股東間之利益衝突，有謂唯有提出該法案，才有助於改善跨業風險所產生之利益衝突等問題，當時該法案係由美國維吉尼亞州的卡特格拉斯參議員（Carter Glass）所提出，該參議員係聯邦儲備體系（Federal Reserve System）的推動者，亦因此成爲他政治生涯中的著名功績。在1928年至1929年期間，格拉斯向各報社大聲疾呼可能發生的經濟危機，逆料美國金融市場果眞於1929年10月間爆發了空前的股市崩盤。嗣於1930年，格拉斯參議員受國會委託對於後續所引發的銀行擠兌風暴進行調查，提出專業證辭供作商業銀行與投資銀行應區隔之政策參考依據。面臨當時的改革氛圍，多數的企業與銀行業者具有應局部調整美國金融體系的共識，但與議員格拉斯所堅持一個完整且嚴格之分離政策卻仍有距離，政策寬嚴的爭論持續至1933年銀行法－或有稱爲「格拉斯－史蒂格法案－制定後，始逐漸確立全面共識。

揆諸該法案立法之旨，原係強調應於商業銀行與其他投資銀行業務間，築起一道業務隔離措施（防火牆），藉以降低商業銀行大舉進入股票市場從事投資活動的高風險，避免金融服務業陷入再一次傳染性的擠兌風暴。細究該法案內容，共計34條條文，舉其內容大要，係著眼於規範商業銀行與投資銀行應如何分離，活期存款不得用以支付利息，定期存款上限由聯邦準備委員會決定，以及設立聯邦存款保險公司等；其中，對於商業銀行跨業限制，主要呈現於以下的四個重要條文中[21]：

[21] *See* NANCE, MARK E. & SINGHOF, BERND ,BANKING'S INFLUENCE OVER NON-BANK

（1）第16條：禁止聯邦註冊銀行與聯邦準備會員之註冊銀行從事證券業務，銀行得接受客戶之計算與書面委託從事有價證券之買賣，但得依金融管理局（Office of the Comptroller of Currency, OCC）之規定，有限度辦理自營業務，但不得買進超過其資本公積10%之有價證券，換言之，銀行原則上僅得為有價證券之「經紀業務」，不得從事證券承銷業務以及公司債之自營與承銷業務，但在符合例外條件下得從事自營業務，且銀行不得從事證券承銷業務不包含中央政府及地方政府所發行之公債[22]。

（2）第20條：禁止聯邦準備會員之商業銀行與「主要從事證券承銷或自營買賣之公司」組成聯屬企業或成立此類子公司，易言之，聯邦準備會員商業銀行、聯邦註冊銀行所設立之營運子公司，不得成為「證券發行（Engaged Principally in the Issue）、募集（Floating）、承銷（Underwriting）及公開銷售（Public Sale）等等內容為主要業務」之公司[23]。此條規範似有不甚周延之處，適用對象係以聯邦儲備銀行之會員銀行為主，如非會員銀行則不在規範之列，且即使是會員銀行，亦可設立非以從事證券業務為主之子公司，進而參與證券業務[24]。

（3）第21條：揭示銀行業與證券業不得兼營原則，禁止證券公司、投資銀行或其他相類似之組織收受存款。因此，不僅銀行業被限制兼營證券業務外，證券業亦不得兼營銀行業務，或執行收受存款之業務，與第16條相呼應[25]。

（4）第32條：禁止銀行與從事證券為主業之公司間人事之流通，亦即，雙方之董事、經理人或職員不得互相兼任，此乃為了防止銀行業與證券業之經營階層結合，進而發生關係人交易等情事，因此明文禁止雙方內部人員重疊[26]。

COMPANIES AFTER GLASS-STEAGALL: A GERMAN UNIVERSAL COMPARISON, EMORY INTERNATIONAL LAW REVIEW 1318-1319 (2000).

[22] 12 U.S.C. § 24 SEVENTH.

[23] 12 U.S.C. § 378(A)(1).

[24] 參考許紋瑛，「金融控股公司之法制建構-以美日比較法觀點評析我國相關立法」，私立中原大學財經法學系研究所，2001年，頁10。

[25] 12 U.S.C. § 78.

[26] 12 U.S.C. § 377.

2. 美國國會於1956年通過「銀行控股公司法」（The Bank Holding Company Act of 1956; Amendment of 1966; Amendment of 1970）

美國國會先於1933年通過「格拉斯—史蒂格法案」（The Glass-Steagall Act），限制商業銀行及其子公司只得經營傳統商業銀行業務，對於證券信託投資等，則不可兼營，此係屬於投資銀行的營業範圍。然商業銀行嗣後多有藉由成立控股子銀行（Section 20 Subsidiary）[27]之方式，避免該法之牽制，因而有所謂「銀行控股公司」（Bank Holding Company）之產生。銀行控股公司，係指控制或擁有兩家或兩家以上銀行之公司。銀行控股公司之最初設計目的，係爲了規避聯邦法規對銀行分業之限制，且前述提及1933年銀行法所爲之規範未涵蓋銀行控股公司，造成法規上闕漏（Loophole）。此外，銀行控股公司脫免規範迅速發展的結果，亦對於一些規模較小的地方性銀行造成競爭上危機。爲有效規範渠等大型銀行控股公司的活動，避免其恣意擴充，造成經濟資源過度集中化的結果，社會逐漸形成共識，銀行控股公司法（The Bank Holding Company Act of 1956）[28]遂於1956年通過立法。

由於銀行控股公司法之通過以及其日後之修正，明文界定銀行控股公司定義，亦限制其營業活動，因而消除許多身爲銀行控股公司原可享有之管制優勢，同時也相對緩和了銀行控股公司的設立。銀行利用控股公司營運之法律上誘因，主要係指銀行利用此種子公司方式即得合法從事多樣化金融業務，包括保險業務（Insurance）、證券承銷（Securities Underwriting），或是其他法規所禁止之業務，諸如無限制的設立存託機構（Depository Institution）。在銀行控股公司法規範下，控股公司所爲之直接投資，或與其他事業結合，或間接透過子公司進行投資或與其他事業結合，都受限於「與銀行有密切關連者」（Closely Related to Banking）之要件審查。銀行控股公司最初僅於聯邦儲備理事會（the Federal Reserve Board）轄下設有規範，後來各州銀行主管機關亦針對此漏洞開始修法，且持續爲相關之配套修正[29]；基此，或有認爲1966年的銀

---

[27] 由於渠等子公司設立之目的乃在於規避格拉斯—史蒂格法中第二十條的業務限制，業者遂以第二十條子公司謂之，乃有此名，特此併予說明。

[28] 12 U.S.C. §§ 1841.

[29] *See* NANCE, MARK E. & SINGHOF , BERND ,BANKING'S INFLUENCE OVER NON-BANK COMPANIES AFTER GLASS-STEAGALL: A GERMAN UNIVERSAL COMPARISON, EMORY

行控股公司法實乃1933年銀行法之延伸，爲利說明，爰就該法內容舉其大要說明如次：

（1）明文定義銀行控股公司

銀行控股公司（Bank Holding Company），係指控制或擁有兩家或兩家以上銀行之公司。而所謂「控制」（Control），需分別依照客觀事實及主觀認定之，而客觀事實即控制公司直接或間接，或控制公司經由一個或一個以上之他人擁有、控制或持有其他銀行或其他公司之任一種類同次發行的表決權股份達25%或25%以上；或控制公司依任何方法控制其他銀行或其他公司的多數董事或信託受託人選舉；又主觀事實認定，係賦予聯邦儲備理事會在通知及給予公司聽證機會後，依據公司每年向聯邦儲備理事會提出之財務狀況報告、營業狀況報告，或管理報告，判斷認定該公司有否具備直接或間接影響銀行之管理及政策之控制力[30]。

（2）「銀行密切相關業務」之檢驗標準

銀行控股公司依法只被允許從事與「傳統商業銀行密切相關之業務」（Closely Related to Banking）[31]。爲利說明，擬針對美國法院實務判例中所闡述「與銀行密切相關業務」之意涵及其檢驗標準，判例基礎事實多有涉及銀行客戶資料處理，從事不動產買賣業務、保險及證券業務等部分，爰依序說明如次[32]：

A.資料處理及傳輸服務：在「Association of Data 一案」中，聯邦上訴法院提出了「資訊構成要件」（Data Test），即銀行控股公司得提供資料處理、傳輸服務及出售與其相關之軟硬體設備，只要渠等資料符合金融、銀行及經濟

INTERNATIONAL LAW REVIEW 1319-1320 (2000).

30 12 U.S.C. §1841(A)(2). 此處之公司係指公司（Corporation）、合夥、商業信託、社團（Association）及其他類似組織。綜言之，公司意指任何得永續管理及控制銀行之實體（Entity），而不限於狹義公司法上所稱之公司，*See* 12 U.S.C. §1841(B).

31 12 U.S.C §4(A).

32 參考張真堯、龔昶元主持，美國銀行控股公司法及其重要判例之研究，行政院國家科學委員會補助專題研究計畫成果報告，2000年10月，頁4-5。

本質[33]。

B.不動產經營：在美國銀行控股公司（Bank America Corporation），為經營商業或工業不動產權益融資業務，向聯邦儲備理事會提出申請。聯邦儲備理事會於其決定中指出，是否准予銀行控股公司新業務之申請，須該業務與銀行一般業務有營運上（Operationally）或功能上（Functionally）類似。因銀行於不動產抵押貸款之評估程序與美國銀行控股公司申請業務所涉之內容實質相似，故聯邦儲備理事會同意其經營此業務[34]。

C.保險業務：依美國銀行控股公司法，保險業務並非符合所謂與銀行密切相關業務之判準，銀行控股公司遂透過其子公司間接從事保險業務。美國保險代理人協會，對聯邦儲備理事會准許銀行控股公司以此方式經營保險業務，不能同意，曾提出對聯邦儲備理事會之訴訟。聯邦上訴法院於判決中明確指出，銀行控股公司法對銀行控股公司業務限制之規定，並不適於其子公司。該判決理由，一般認為應係尊重有權行政機關對銀行控股公司法所為文義解釋（Text Interpretation）之合理結論。

D.證券業務：1933年美國銀行法將證券業務從一般商業銀行分離。引發法院逐漸發展出「敏感性風險分析」（Subtle Hazards Analysis）判準，作為決定銀行控股公司經營證券業務之個案事實中，判斷是否可能對銀行帶來潛在利益衝突之檢驗準則，易言之，必須不具備渠等要件情形下始得經營。以美國券商公會控告聯邦儲備理事會一案為例[35]，該公會反對Bankers Trust 銀行控股公司銷售其客戶之商業本票。然美國聯邦法院認依該案事實，Bankers Trust並無為了使該商業本票順利售出，而貸款與購買該商業本票之機構法人，故認定潛藏利益衝突並不存在。

（3）禁止提供州際銀行服務業務

銀行控股公司欲收購在州外地區銀行具有表決權之股份，淨值或所有資產者，除非已由該銀行所在州的州法明文授權，否則美國聯邦儲備理事會不得予以核准，聯邦法以此限制銀行控股公司透過或收購銀行，進行跨越州際之擴

[33] 745 F.2D 677.

[34] 68 FED. RES. BULL. 647.

[35] 807 F.2D 1052.

充[36]。

3. 美國國會1966年「銀行控股公司法」修正案

銀行控股公司法案於1966年修正（Bank Holding Company Act Amendments of 1966），主要係爲納入同年修正之銀行合併法規定，使該二法規範銀行間合併與收購之標準相同，並須向聯邦儲備理事會申請核准。聯邦儲備理事會對此申請，衡酌若可能造成獨占情形、或助長2人以上互謀或企圖獨占時，聯邦儲備理事會即不予以核准；又系爭併購若會降低競爭、可能造成獨占或限制交易效率者，亦同。惟若因此所提供社區之便利與需要遠超過其反競爭效果者，亦得核准之。另值一提者，本法修正案刪除投資公司及子公司、宗教、慈善團體及教育機構，不適用本法。此外，司法部在聯邦儲備理事會核准後30日內可對系爭併購案提出反托拉斯訴訟，逾時則不得再訴，惟司法部在聯邦儲備理事會核准後30日內亦可對違反「薛曼法」（The Sherman Act）第2條[37]規定之併購案提起訴訟，則不受前揭起訴時間之限制。[38]

4. 美國國會於1970年再次修正「銀行控股公司法」

由於1956年銀行控股公司法就控股公司定義爲控制或擁有兩家或兩家以上銀行之公司，採取所謂「複數銀行控股公司」（Multi-Bank Holding Company, MBHC），導致「單一銀行控股公司」（One-Bank Holding Company, OBHC）並不在規範適用內，銀行控股公司爲規避銀行控股公司法，乃設立僅有一家子銀行的控股公司，如此脫法式的實務操作，促成了1960年後期單一銀行控股公司如雨後春筍般設立。爲彌補此一法制漏洞，並且防止銀行控股公司之大量設立，美國國會遂於1970年通過銀行控股公司法之修正案，授權聯邦儲備理事會制定行政法規以規範銀行控股公司，此即美國金融實務上影響甚爲深遠的Y規則（Regulation Y,12 CFR at 225）。謹就相關修正內容，舉其大要說明如次：

---

36 禁止州際銀行業之規範係在銀行控股公司法第3條第4項中，即DOUGLAS AMENDMENT，參考王文宇，「控股公司與金融控股公司法」，台北：元照，2001年，頁210。

37 17 U.S.C. §1841.

38 參考王文宇，「控股公司與金融控股公司法」，台北：元照，2001年，頁210-211。許紋瑛，「金融控股公司之法制建構—以美日比較法觀點評析我國相關立法」，私立中原大學財經法學系研究所，2001年，頁13-14。

（1）將單一控股公司納入銀行控股公司法規範對象；

（2）賦予聯邦儲備理事會專屬管轄權，有權解釋何謂「與銀行密切相關之業務」，以決定並擴充或限縮銀行控股公司之經營業務範圍。且授權聯邦儲備理事會發布Y規則，藉以明示銀行控股公司得以從事之營業活動，因此，基本上子公司所從事之非銀行活動與銀行業務密切相關，且符合公共利益（Public Benefits），則爲聯邦儲備理事會允許，使1933年銀行法中對銀行跨業到證券業務之設限因此動搖。嗣後於1997年，Y規則又有了重大修訂，述明聯邦儲備理事會已鬆綁銀行控股公司業務範圍之限制，任何經營良好之銀行控股公司所提出經營非銀行業務之申請，將只考慮其申請項目之效用，而不就監理議題設有個案考量。聯邦儲備理事會將基於銀行產業變化，彈性地適用Y規則，以增加銀行控股公司容許之業務。如果新的金融商品或業務已開始發展[39]，聯邦儲備理事會也會積極地（Pro-active）授權新種業務範圍，此舉更因而突破銀行與證券分離之固有障礙；

（3）明定「反搭售條款」（Anti-Tying），亦有論者以反結合條款稱之；易言之，於本法第106條中納入禁止銀行將授信業務或其他銀行服務與控股公司轄下其他非銀行公司之業務內容相結合，即銀行控股公司與其子公司間不可藉由相互營業活動，從事彼此業務的相互拓展[40]。

（二）美國國會於1999年通過影響全球金融服務業的「金融服務現代化法」

鑒於該法通過對於全球金融的深遠影響[41]，考量本文最關心有關金控公司

---

[39] 12 CFR § 225.4(C)(8).

[40] 參考許紋瑛，「金融控股公司之法制建構-以美日比較法觀點評析我國相關立法」，私立中原大學財經法學系研究所，2001年，頁14。

[41] 關於該法通過後對於全球金融市場影響深遠的法律分析，請參見JERRY W. MARKHAMA, COMPARATIVE ANALYSIS OF CONSOLIDATED AND FUNCTIONAL REGULATION: SUPER REGULATOR: A COMPARATIVE ANALYSIS OF SECURITIES AND DERIVATIVES REGULATION IN THE UNITED STATES, THE UNITED KINGDOM, AND JAPAN, 28 BROOKLYN J. INT'L L. 319 (2003).

轉投資非金融事業規範議題，謹就該法中涉及美國聯邦儲備理事會與財政部共同發布之「金控公司從事商人銀行業務規範」立法沿革與過程摘要簡述如下：

1. 背景說明

美國金融服務現代化法（The Gramm-Leach-Bliley Act of 1999，簡稱GLBA）允許金融控股公司以轄下子公司兼營商人銀行（Merchant Banking）業務，金融服務現代化法更修正銀行控股公司法，允許選擇成爲金融控股公司之銀行控股公司，對非金融事業得選擇以證券承銷業，或商業銀行或投資銀行之角色進行投資活動。以證券承銷業、商業銀行或投資銀行進行非金融事業之投資，得以任何「非金融實體」（in any Type of Nonfinancial Entity）中或「投資公司」（Portfolio Company）中的任一形式之股東權（Ownership Interest）進行，且此類投資可代表該前述投資者之任意數量股份，且此規範於後亦已納入銀行控股公司法中[42]。

依據金融服務現代化法所進行之投資，原則上謂爲「商人銀行投資」（Merchant Banking Investments），排除銀行控股公司法對於銀行與商業分離（Separation of Banking and Commerce）之嚴格規範的適用，惟在銀行控股公司法外，尙需考量其他條件，包含「投資時間之長度」、「投資數量」、「投資必備條件以及投資項目」、「金控公司常規管理及運作投資公司（Portfolio Company）之能力」，以及「金控公司及其附屬企業與投資公司間之關係」等事項，尤其關於金控公司從屬之子公司跨足商人銀行業務，如以銀行子公司方式跨業經營，仍僅得從事與金融本質相關及附屬業務之金融業務（Activities are Financial in Nature or Incidental or Complementary to Financial）[43]，對於商人

---

[42] 12USC 1843(K)(4)(H).

[43] THE ACT AUTHORIZES FHCS TO ENGAGE IN A BROAD ARRAY OF ACTIVITIES KNOWN AS 4(K) ACTIVITIES.
FINANCIALLY RELATED ACTIVITIES.
THE ACT AUTHORIZES FHCS TO ENGAGE IN ACTIVITIES THAT ARE FINANCIAL IN NATURE INCLUDING:
SECURITIES UNDERWRITING AND DEALING;
INSURANCE AGENCY AND UNDERWRITING ACTIVITIES; AND
MERCHANT BANKING ACTIVITIES.
OTHER FINANCIAL ACTIVITIES.

銀行業務仍不得跨足。前述這些限制，仍有助於維持銀行控股公司法中「銀行及商業分離」之基本目的實現，以及促進安全及健全之機制[44]。

2. 聯邦儲備理事會及財政部發布「暫行條例」

美國金融服務現代化法更授權聯邦儲備理事會（The Board of Governors of the Federal Reserve System, FRB）及財政部（The Treasury Office of the Under Secretary for Domestic Finance），得於該法案通過施行五年後，參考施行期間之狀況、商人銀行業務在金融控股公司模式下經營之情形，對存款制度之潛在效果和對金融體系之影響，斟酌發布「管制規則」以確保商人銀行之開放不危及存款機構之安全性。揆諸該管制規則的性質，聯邦儲備理事會與財政部係以採取發布具過渡性之「暫行條例」（Interim Regulation）方式，促使美國金融

FHCS MAY ENGAGE IN ANY OTHER ACTIVITY THAT THE FEDERAL RESERVE BOARD DETERMINES TO BE FINANCIAL IN NATURE OR INCIDENTAL TO FINANCIAL ACTIVITIES AFTER CONSULTATION WITH THE SECRETARY OF THE TREASURY.

COMPLEMENTARY ACTIVITIES.

A FHC MAY ENGAGE IN ANY NON-FINANCIAL ACTIVITY THAT THE FEDERAL RESERVE BOARD DETERMINES IS (I) COMPLEMENTARY TO A FINANCIAL ACTIVITY AND (II) DOES NOT POSE A SUBSTANTIAL RISK TO THE SAFETY OR SOUNDNESS OF DEPOSITORY INSTITUTIONS OR THE FINANCIAL SYSTEM.

GENERALLY, A FHC DOES NOT NEED FEDERAL RESERVE BOARD APPROVAL PRIOR TO ENGAGING IN, OR ACQUIRING A COMPANY ENGAGED IN FINANCIAL IN NATURE ACTIVITIES. HOWEVER, A FHC MUST PROVIDE WRITTEN NOTICE TO THE FEDERAL RESERVE BOARD WITHIN 30 DAYS OF COMMENCING THE ACTIVITY OR ACQUIRING THE ENTITY THAT ENGAGES IN THE ACTIVITY.2 PRIOR APPROVAL BY THE FEDERAL RESERVE BOARD IS STILL REQUIRED IN ORDER FOR A FHC TO ACQUIRE CONTROL OF A BANK OR SAVINGS AND LOAN ASSOCIATION OR TO ENGAGE IN ANY COMPLEMENTARY ACTIVITY. BHCS (THAT HAVE NOT ELECTED TO BECOME FHCS) MAY ONLY ENGAGE IN ACTIVITIES THAT THE FEDERAL RESERVE BOARD HAS DETERMINED TO BE CLOSELY RELATED TO BANKING UNDER SECTION 4(C)(8) OF THE BHC ACT. AVAILABLE AT HTTP://WWW.FRBSF.ORG/PUBLICATIONS/BANKING/GRAMM/GRAMMPG1.HTML , VISITED ON JUNE 2, 2006.

[44] BOARD OF GOVERNORS OF THE FEDERAL RESERVE SYSTEM & U.S. DEPARTMENT OF THE TREASURY, “FEDERAL RESERVE AND TREASURY DEPARTMENT ANNOUNCE FINAL RULE ON MERCHANT BANKING ACTIVITIES ,” JOINT PRESS RELEASE. (JANUARY 10, 2001).

機構得以於金融服務現代化法開放後因此跨足商人銀行業務，制衡以銀行爲首之金融機構與商業之結合，以達到確保渠等金融機構經營商人銀行業務之穩健與安全。

據此，2000年3月聯邦儲備理事會及財政部共同發布施行此規定之過渡條款，並促請社會大眾就此一管理金融控股公司投資商業銀行之規定表達意見。此等暫行條例係提供一投資準則法源依據[45]，並定義所謂「證券關係企業（Securities Affiliate）」，因應金融服務現代化法中限制商業銀行投資設立控股公司、金融控股公司或營運投資公司之期間等規定。

該等暫行條例具有兩項功能，第一，確立金控公司旗下之商業銀行所爲之投資活動遵守金融服務現代化法之規範；第二，金控公司在健全投資方式下，不致使「收受存款機構」（Depository Institutions）或「聯邦存款保險基金」（Federal Deposit Insurance Funds）產生償付危機。基此，暫行條例所建立之限制，主要有下列幾種[46]：

（1）投資數額門檻：暫行條例建立一個金控公司利用旗下商人銀行投資業務之「投資數額門檻」，以作爲審查依據。聯邦儲備理事會及財政部採行此投資門檻以允許政府機關監控新法下商人銀行投資行爲，並處理可能造成收受存款機構（Depository Institutions）營業風險之狀況；

（2）金控公司建立監理制度監控風險：暫行條例同時要求金控公司需建立內部控管政策及流程，以監控及管理商人銀行投資業務上之風險；

（3）書面資料確實提供：金控公司下之商人銀行必須隨時更新且維持必要之報告及記錄，提供金控母公司及聯邦儲備理事會以監控其所爲之投資，是否符合金融服務現代化法及過渡條款之規範；

（4）共同行銷之限制：暫行條例中亦針對商業銀行投資設有延伸自金融服務現代化法中對共同行銷（Cross-marketing）及相關企業交易之限制。

聯邦儲備理事會及財政部除了採行此暫行條例外，亦同步由社會大眾對

---

[45] 12USC 1843 SECTION 4(K)(4)(H).

[46] BOARD OF GOVERNORS OF THE FEDERAL RESERVE SYSTEM & U.S. DEPARTMENT OF THE TREASURY, “FEDERAL RESERVE AND TREASURY DEPARTMENT ANNOUNCE FINAL RULE ON MERCHANT BANKING ACTIVITIES ,” JOINT PRESS RELEASE. (JANUARY 10, 2001).

聯邦儲備理事會提出之「資金運用要點」（Capital Guideline）修正建議。此要點係提供銀行控股公司據以處理該公司及其子公司間所為之商人銀行投資及類似之交易行為。此一未遵循暫行條例形式所設之資金運用要點，其內容亦係在要求金控公司須自第一級資本（Tier 1 Capital）中，減少轄下商人銀行投資額50%的自有資金（Carrying Value）[47]。

3. 聯邦儲備理事會及財政部共同發布最終規則（Final Rule）

在2000年3月後，聯邦儲備理事會以及財政部長（the Secretary of the Treasury）再次對商人銀行之業務事項一同發布管制規定，且此管制規定不再屬過渡性質，而係自2001年1月31日開始生效之最終規則。值得注意的是，該規則係以答問立法技術方式立法，主要內容分為[48]：

（1）商人銀行投資種類與適用主體

A.所為之投資必須為「誠信承銷」（Bona Fide Underwriting）、「誠信商人銀行」（Bona Fide Merchant Banking）或「誠信投資銀行業務」（Bona Fide Banking Activity）的一部分始可被核准，以落實金融服務現代化法之旨[49]。

B.金控公司或其信託機構子公司以外之其他子公司皆可從事或控制一個以上商人銀行之投資業務[50]。

C.金控公司從事商人銀行投資業務應具備之適格條件[51]：

a.具有一個以上依據1934年證券交易法（the Securities Exchange Act of 1934 (15 U.S.C. 78c, 78o, 78o-4）規定登記之證券關係企業（Securities Affiliate），例如：證券經紀商（Broker）或證券交易商（Dealer）；

b.控制一個保險關係企業（Insurance Affiliate）及一個以上為保險關係企業

---

[47] BOARD OF GOVERNORS OF THE FEDERAL RESERVE SYSTEM & U.S. DEPARTMENT OF THE TREASURY, "FEDERAL RESERVE AND TREASURY DEPARTMENT ANNOUNCE FINAL RULE ON MERCHANT BANKING ACTIVITIES ," JOINT PRESS RELEASE (JANUARY 10, 2001).

[48] 參考王文宇，論金融控股公司投資新創事業法制，法令月刊，第54卷第8期，2003年8月，頁857-859，以及FINAL RULE規定。

[49] 37 C.F.R. 225.170 (B).

[50] 37 C.F.R. 225.170 (D).

[51] 37 C.F.R. 225.170 (F).

提供投資諮詢之投資顧問企業。該保險關係企業需具有從事人身保險、財產保險或年金保險等業務性質，且渠等投資顧問企業需依據1940年的投資顧問法（the Investment Advisers Act of 1940 (15 U.S.C. 80b-1 et seq.）辦理登記，再由保險公司提供投資意見。

（2）商人銀行投資之期間限制

A.金控公司下之商人銀行對於所從事之投資活動，必須具有一段「得以合理基準、符合公司財務能力情形下之出售轉讓可能性」之期間[52]。此規定將各別特定之持有期間規定均納入金融服務現代化法。

B.金控公司以轄下子公司或投資公司所持有之私募股權基金（Private Equity Funds）投資時，所為之投資期間必須於基金效期內，且最長不得超過十五年[53]。

C.聯邦儲備理事會得依法延長前揭持有期間之規定，也得另設該會認為合宜之限制。例如，延長90天之期限，或要求金控公司提供同條款Paragraph (b)(5) of this section之相關資訊，或要求說明其如何轉售股份、資產等[54]。

（3）投資總額上限

金融服務現代化法並未就金控公司以轄下商業銀行所為之投資數額設有限制。但聯邦儲備理事會及財政部對金控公司迅速擴展商人銀行業務表示一定程度之憂慮，因而轉就公司可能從事的商人銀行投資額的累計總和設定上限。易言之，除經聯邦儲備理事會許可，以下所設限制可能酌予提高[55]外，金控公司投資商人銀行業務之總額應受到如下限制：（1）公司流動資產的30%（30 Percent of the Tier 1 Capital）；或者（2）除私募股權基金利息（Interests in Private Equity Funds）外之公司流動資產的20%。

[52] 37 C.F.R. 225.172 (A).

[53] 37 C.F.R. 225.173 (C).

[54] 37 C.F.R. 225.172 (B)(4)、37 C.F.R. 225.173 (C)(2).

[55] 37 C.F.R. 225.174 (A).

（4）管理、營運投資組合公司之限制

A. 金控公司所爲之日常業務經營及管理事項

金控公司得享經由所轄之商人銀行進行投資事業之權利，並不代表金控公司得以積極參與其所投資之商業企業，由金融服務現代化之立法目的可得推知，聯邦儲備理事會與財政部亦同採此觀點，以維持傳統上「銀行與商業分離原則」之精神。基此，金融服務現代化法規定，在持有子公司商人銀行股權之投資期間，金控公司「除因合理投資報酬之所需，不得參與該被投資公司之日常業務經營及管理。」該規定並進一步揭示，下列行爲將被認爲是「不被許可的日常業務經營及管理」：

a.任何金控公司的主管、高級職員或從業人員與擔任投資公司（Portfolio Company）的行政主管負有相同的責任[56]。

b.由控股公司的行政主管擔任投資公司的高級職員或員工，或與其負有相同之責任[57]。

c.控股公司及投資公司間存在之契約，其中設有約束投資公司之日常商業性權限（Routine Business Decisions）等條款，例如，執行一般公司事務，或雇用人事權，但雇用行政主管（Executive Officers）則不在此限[58]。

以下情形，原則上推定「金控公司得參與之日常業務經營」，惟仍得以舉證推翻：

a.任何控股公司的主管、高級職員或從業人員擔任投資公司的主管，或負有相同的責任，但行政主管（Executive Officer）則不在此限[59]。

b.任何投資公司的高級職員或從業人員受任何控股公司之主管、高級職員或從業人員的督導，但如以投資公司主管之立場監督者，不在此限[60]。

---

[56] 37 C.F.R. 225.171 (D) (1) (I).

[57] 37 C.F.R. 225.171 (D) (1) (II).

[58] 37 C.F.R. 225.171 (D) (1) (III).

[59] 37 C.F.R. 225.171 (D) (2) (I).

[60] 37 C.F.R. 225.171 (D) (2) (II).

B. 金控公司於例外情形，得直接參與經營及運作

雖然本規則對於金控公司參與投資公司之經營與運作設有禁止規定，但亦同設有例外規定，允許控股公司在特殊狀況下能直接地參與經營及運作。例如[61]：

a.透過投資公司或其他子公司爲大額的收買（the Acquisition of Significant Assets）或取得他公司之控制權；

b.透過投資公司改派或改選會計、審計人員，或投資銀行；

c.對於投資公司之商業計畫、會計方式或政策有巨幅變動；

d.改派或改選投資公司內之任一行政主管；

e.買回、委任或發行投資公司之任何股票或公司債券（包括可轉換公司債、受託憑證債權、特別股），或在一般商業活動外，透過投資公司所爲之借貸行爲；

f.修改投資公司的組織章程（the Articles of Incorporation）、營業細則（By-laws）或其他內部規章；

g.對於投資公司或其他具控制力之子公司所爲之資產出售（Sale）、合併（Merger）、結合（Consolidation）、分割（Spin-off）、重組（Recapitalization）、清算（Liquidation）、解散（Dissolution）等，爲了處理投資公司關於其價值或營運的實質風險所需之必要干預。

（5）交叉銷售之限制

金融現代化法禁止金控公司與轄下的銀行及儲貸機構等子公司進行交叉銷售；該限制並及於金控公司的投資組合公司雙方，以對方名義行銷或出售其產品或服務。依法，金控公司需訂定內部管理規章並需闡明禁止交叉銷售的範圍，例如限制適用於被金控公司持有5%以上股權的投資組合公司，而不適用於金控公司底下非銀行或儲蓄機構的子公司，亦不適用於銀行的金融子公司，惟仍適用於銀行或儲蓄機構的其他子公司。

[61] 37 C.F.R. 225.174 (D) (2).

A. 金控公司底下之收受存款機構（Depository Institution）以及渠等機構之子公司不得爲以下行爲[62]

a.對金控公司依據本規則所持有已發行有表決權股票總數超過5%以上之任何公司（如投資公司），爲直接或間接提供或銷售任何產品或服務；

b.允許收受存款機構以及其子公司將其任何產品或服務，直接或間接提供或銷售給前項所指稱之人（Paragraph (a)(1)(i) of this Section）。

B. 金控公司擁有的私募股權基金亦適用前述所言之交叉行銷限制，除非該私募股權基金符合下列情形，始得在排除之列[63]

a.該投資公司由非金控公司控制之私募股權基金所組成；

b.私募股權基金利息之提供或銷售皆非於金控公司之控制下進行。

（6）關係人交易之限制

金融服務現代化法也納入了聯邦儲備法第23條A項及第23條B項（Sections 23A and 23B of the Federal Reserve Act (12 U.S.C. 371c, 371c-1)）中所設關於「控制條款之推定」。23條A項及B項係就銀行及銀行關係企業間設有擔保的交易設限。若金控公司持有投資公司已發行有表決權之百分之十五以上股權，該公司將被推定爲金控公司所控制，並且依法視爲金控集團轄下銀行成員的關係企業，且因此適用23條A、B項下關於關係人交易之限制。值得一提者，前揭管制規則進一步提供了一套機制使金控公司能舉證推翻此「控制之推定」（Presumption of Control）[64]，適用時應予注意。

（7）風險控管之政策與程序

管制規則要求從事商人銀行投資的金控公司採取經合理制訂的控管政策、程序及體制以監控及預測投資組合公司的囤積價值、市場價值及表現；認定及管理市場、信用、集中度及其他風險；監控及審核金控公司與投資組合公司間的交易及關係；確立金控公司與投資組合公司間的分離性；以及確立遵循

[62] 37 C.F.R. 225.176 (A) (1).

[63] 37 C.F.R. 225.176 (A) (3).

[64] 37 C.F.R. 225.176 (B).

投資商人銀行的規定[65]。

（8）保存及定期提報紀錄的要求

A.金控公司應將（Paragraph (a)(1) of this Section）所提之控管政策、程序及紀錄妥善保存，提供聯邦儲備理事會備查[66]。

B.金控公司必須依照聯邦儲備理事會所指定之期限及格式，定期提報聯邦儲備銀行（Reserve Bank）[67]。

C.金控公司已向聯邦儲備理事會合法提出投資開始通知書（Commence-of-Activities Notice）者，即不需就相關的商人銀行之投資通知該理事會[68]。

D.當收買投資公司已發行有表決權之百分之五以上股權（5 Percent of the Voting Shares, Assets or Ownership Interests）時，若收買成本超過金控公司流動資產的百分之五以上（5 Percent of the Tier 1 Capita）或20億元，即須於收買30日內向聯邦儲備理事會提出書面通知[69]。

綜前所述，聯邦儲備理事會及財政部針對社會大眾之意見，會同對此最終規定進行數回修正，茲列舉其中重點項目依序說明如次：

1. 特別針對社會大眾提出之意見[70]，於減少潛在監理責任以及闡明規定之適用方面；

2. 將合法登記證券交易商所屬之銀行部門或分支機構納入所謂「證券關係企業」（Securities Affiliate）之定義中；

3. 修改定義中被禁止投資公司（Portfolio Company）之日常管理及營運；對暫行條例中投資門檻採用日落條款，並排除以金錢作爲單位之門檻對金融控

[65] 37 C.F.R. 225.175 (A) (1).

[66] 37 C.F.R. 225.176 (A) (2).

[67] 37 C.F.R. 225.176 (B).

[68] 37 C.F.R. 225.176 (C).

[69] 37 C.F.R. 225.176 (C) (2).

[70] 在前述之過渡條款及資金準則提案之前，聯邦儲備理事會及財政部的工作人員曾與數家參與商業銀行投資之證券公司進行訪談，以收集證券公司如何進行商業銀行投資之資訊。工作人員同樣與數家曾在金融服務現代化法通過前即在更多限制之法規下參與股份投資之銀行控股公司進行訪談。這些訪談資訊均被納入於前述之過渡條款及此最終規定。

股公司之商業銀行行爲進行審查；

4. 簡化依法應出具報告及保存資料之要求；

5. 放寬「私有債券（或抵押資產）」（Private Equity）資金之定義及澄清在此類資金上究應如何適用相關規定；

6. 於管理組織定義之規定中將數項「免責條款」（Safe-harbor Clause）納入假設中，以符合聯邦準備法中第23A及23B條款之目的。

參、公司治理與利益衝突

一、金控集團內利益衝突防免之現行法制規範

（一）概說

按金融機構成立金融控股公司，自經濟觀點而言，金控公司與其子公司實際上構成一個企業體，金控公司經營者得透過兼任或指派子公司董事會成員或高階經理人方式，直接指揮監控子公司，並將之視爲金控公司的一個部門，而非一個眞正獨立的公司[71]，進而確保本身或金控公司之利益得以優先於子公司。同時可能因子公司間成爲姐妹公司關係，彼此間若過度進行相關交易，使得各子公司經營狀況相互影響，增加金控公司內部交易與利益衝突之危險，甚而若金融控股公司與其子公司如有不合營業常規或其他不利益之經營，則可能損及客戶、債權人，小股東或子公司利益[72]。故而法律對此自當建立適度規範，藉以管控經營者濫用控制地位以謀私利行爲，並建立適當資訊揭露機制，確立判斷內部交易公平合理之基準，而就金融機構跨業經營之規範而言，如何

[71] *See* BRUCE A. MCGOVERN, FIDUCIARY DUTIES, CONSOLIDATED RETURNS, AND FAIRNESS, 81 NEB. L. REV. 170, AT 190-191 (2005).

[72] 王志誠，金融控股公司之經營規範與監理機制，政大法學評論64期，頁168-169，2000年12月。

建構妥適之防火牆制度，向為各界注意之重心，其規範重點則大別為負責人兼任或行為規範、關係人交易之限制或利益衝突防止等[73]，以下即就該等規範說明之。

（二）負責人兼任之限制

鑒於股東會係由全體股東所組成，然一人股份有限公司僅有政府或法人股東一人，顯然無法組成股東會，故公司法第128條之1第1項及金融控股公司法第15條第1項後段乃規定，一人股份有限公司股東會職權移由董事會行使。同時於公司法第128條之1第2項及金融控股公司法第15條第2項前段規定，該一人股份有限公司之董事係由政府或法人股東（金融控股公司）所指派[74]。

我國公司法第32條規定：「經理人不得兼任其他營利事業之經理人，並不得自營或為他人經營同類之業務。但經依第二十九條第一項規定之方式同意者，不在此限。」及第209條第1項規定：「董事為自己或他人為屬於公司營業範圍內之行為，應對股東會說明其行為之重要內容，並取得其許可。」此為對於公司經理人及董事之「競業禁止」規定，其目的係為了確保經理人及董事能將智識與時間完全奉獻與公司，此外董事及經理人參與公司決策之形成與業務執行，常得獲悉公司營業上之秘密，為免發生利害衝突而損及公司利益，故原則上賦予經理人及董事競業禁止之義務，除非分別得到董事會或股東會決議通過同意[75]。

然於金融控股公司法，基於金融控股公司係以投資及對投資事業管理為目的，為達控制其投資事業之目的，參酌美國金融服務現代化法亦取消銀行與證券商負責人兼任限制[76]，並基於節省金融控股公司人事成本考量，及發揮經營綜效與便利，且因金控公司與其有投資關係公司間具有深切之利益關係，使得於該等公司兼職之金控董監事與經理人較不易做出損害公司利益之情事[77]，故

---

[73] 同前註，頁175。

[74] 立法院公報，第90卷第43期，頁210，2001年6月。

[75] 王文宇，公司法論，元照出版，2005年9月，頁127、325。

[76] 立法院公報，第90卷第43期，頁210、220，2001年6月。

[77] 林宜男，董監事、經理人職責之公司治理機制—以金融控股公司為例，政大法學評論75期，頁294，2003年3月。

於金融控股公司法第15條第2項後段規定：「金融控股公司之董事得爲該一人股份有限公司之董事。」另於金融控股公司法第17條第2項規定：「金融控股公司負責人因投資關係，得兼任子公司職務，不受證券交易法第五十一條規定之限制；其兼任辦法，由主管機關定之。」亦即在法律上對於金融控股公司董監事、經理人競業禁止採適度之開放。

從而主管機關金管會，依據金融控股公司法第17條規定，基於金融和產業分離之原則，及董事長、總經理專職經營之責任，注意利益衝突之避免，以維護金融控股公司全體股東之最大利益，並落實公司治理[78]，修正制定「金融控股公司負責人資格條件及兼任子公司職務辦法」[79]。其認爲金融控股公司投資之事業應以金融相關業務爲主，故爲促進金融控股公司負責人專注金融本業之經營[80]，於該辦法第4條第3項規定：「金融控股公司之董事長或總經理不得擔任其他非金融事業之董事長或總經理，但擔任財團法人或其他非營利之社團法人職務者，不在此限。」又依金融控股公司法第17條第2項之立法意旨，金融控股公司係以投資及對被投資事業之管理爲目的，爲達到控制其投資事業之目的，由金控公司負責人於必要範圍內兼任其子公司職務係屬常理。同時鑑於金控公司負責人負責執行公司重要政策及業務管理功能，其兼職應考量其必要性，避免兼職個數過多而未能專注於本業經營，或缺乏制衡機制，致損及股東權益[81]，故於該辦法第3條先就負責人範圍規定爲：「本辦法所稱負責人，指金融控股公司之董事、監察人、總經理、副總經理、協理、經理或與其職責相當之人。」嗣於該辦法第13條規定：「金融控股公司負責人因投資關係，得兼任子公司職務。前項之兼任行爲及個數應以確保本職及兼任職務之有效執行，並維持金融控股公司與子公司間監督機制之必要範圍爲限。第1項兼任行爲不得有利益衝突或違反金融控股公司及其子公司內部控制之情事，並應兼顧集團

78 行政院金融監督管理委員會2005年2月22日新聞稿，網址：http://www.fscey.gov.tw/ct.asp?xitem=178512&ctnode=17&mp=2，最後瀏覽日：2006年9月9日。

79 該辦法原名稱係由原主管機關財政部2001年10月31日頒布實施之「金融控股公司負責人兼任子公司職務辦法」，嗣於2005年2月22日，由金管會將之廢止適用，並於同年3月1日發布新修正之「金融控股公司負責人資格條件及兼任子公司職務辦法」取代之。

80 行政院金融監督管理委員會，「金融控股公司發起人負責人範圍及其應具備資格條件準則」修正條文對照表，頁1。

81 同前註，頁10-11。

內管理之制衡機制，確保股東權益。」

復考量董事長、總經理爲公司最高負責人，爲避免金融控股公司董事長或總經理未能專任職務影響實際業務推行，除爲利金融控股公司統合指揮、有效調度，於爲應進行合併或組織改造以提升綜合經營效益之需要，或其他特殊因素需要（如兼任海外子銀行董事長或兼任無給職董事長）得經主管機關核准於一定期間內兼任子公司董事長職務者，得不以兼任一個董事長職務爲限，否則兼任子公司董事長職務以一個爲限[82]。是以該辦法第14條規定：「金融控股公司負責人因投資關係兼任子公司職務，不受證券交易法第五十一條規定限制，但其資格條件仍應符合該子公司目的事業主管機關之相關規定。金融控股公司董事長或總經理兼任子公司董事長職務以一個爲限。但爲進行合併或組織改造以提升綜合經營效益需要，或其他特殊因素需要，經主管機關核准者，金融控股公司董事長得於一定期間內兼任子公司董事長職務一個以上者，不在此限。金融控股公司負責人兼任子公司經理人職務以一個爲限。金融控股公司應依據其投資管理需要、風險管理政策，及本辦法之規定，定期對負責人兼任子公司職務之績效予以考核，考核結果作爲繼續兼任及酌減兼任職務之重要參考。」

金管會上述修正公布之金融控股公司負責人資格條件及兼任子公司職務辦法，雖已大幅限制金控公司負責人兼職之範圍，惟若係金控公司對於子公司持股未達100%，此際仍不免發生兼職之董監事、經理人可能利用資訊掌握優勢，以自身利益爲主要考量，而犧牲子公司少數派股東利益[83]，又母子公司各有不同債權人，故而同時亦不免損及子公司債權人權益。

（三）關係人交易之限制

公司法上就關係人交易之規範，乃係以董事之自我交易行爲（Self-Dealing）爲中心，而兼及監察人、公司大股東及其他利害關係人。又銀行由於其扮演資金中介者，具有吸收大眾存款之性質，其關係人交易之規範自應更爲嚴密[84]，而銀行法對於關係人交易之規範，主要集中在放款之限制上，此外就銀

82 同前註，頁11。

83 林宜男，前揭註77，頁294，314。

84 王文宇，金融控股公司法制之研究，台大法學論叢，30卷3期，頁109-110，2001年5月。

行之關係企業、往來銀行與銀行間所生之交易行為，亦可能與關係人交易問題相關[85]。

從而我國金融控股公司法立法之初，鑑於金融機構若與利害關係人從事非常規交易，除有違金融機構健全經營之原則外，並為金融機構產生問題之一，例如董事、監察人、公司大股東及其關係人利用職務之便，與公司間進行資產交易行為，如違反常規，則將損害公司或其股東或債權人之權利，爰參酌銀行法第32條以下規定及美國聯邦準備法（Federal Reserve Act of 1913）第23A條（Relations with Affiliates）及第23B條（Restrictions on Transactions with Affiliates）規定[86]，於第44條規定，金融控股公司之銀行子公司及保險子公司對於關係人不得為無擔保授信；為擔保授信時，準用銀行法第33條規定；另於第45條規定，金融控股公司或其子公司與關係人為授信以外之交易時，其條件不得優於其他同類對象，並應經公司三分之二以上董事出席及出席董事四分之三以上之決議後為之。

然論者或有謂，如金融控股公司所聯屬之之子公司並未有銀行或存款業務在內，似無必要做如此嚴密之限制及手續上要求，如此反而徒增公司行政成本[87]。或可待我國公司法就關係人交易相關法規建構完善後，對於不含存款性業務之金融控股公司及其子公司，應可適用一般公司關係人交易之規範即可[88]。

二、獨立董事設置之檢討與改進

承前所述，對於我國現制所呈現之規範架構或仍有其不足之處，對於有心規避之企業經營者誠難以法相繩，然他山之石可以攻錯，以下謹試著點出我國現制尚有討論空間之處，並提供外國立法例上可以作為我國參考之規範，期以拋磚引玉就教高明。或許在企業經營者決策時給予必要之監督制衡，或係在已造成損害時，追究決策者必要責任，並給予少數股東救濟手段。

---

[85] 同前註，頁109。

[86] 立法院公報，第90卷第43期，頁323-335，2001年6月。

[87] 王文宇，控股公司與金融控股公司法，元照出版，頁293，2003年10月。

[88] 同前註。

（一）證交法修正前之舊制

自1997年至1998年亞洲金融危機，臺灣接連爆發「地雷股」危機，公司內部人利用公司資金炒作股票，甚至掏空公司資產，突顯出公司治理（Corporate Governance）之嚴重問題。直至2001年以降美國接連出現安隆（Enron）及世界通訊（World Com）等企業醜聞弊案後，「公司治理」更一躍爲公司法學界新顯學，其中獨立董事（Independent Director）制度之引進，更是爲我國學者所大力鼓吹。

一般而言，獨立董事係指外部董事（Outside Director）[89]中與公司間不具利害關係者稱之[90]。我國相關規範之建置係肇始於2002年[91]，由臺灣證券交易所股份有限公司（以下稱證交所）依據證券交易法第138條，所制定之「臺灣證券交易所股份有限公司有價證券上市審查準則」中，該上市審查準則第9條規定申請上市公司如有「董事會成員少於五人，或獨立董事人數少於二人；監察人少於三人，或獨立監察人人數少於一人；或其董事會、監察人有無法獨立執行其職務者。」情事，則不許其股票上市，又「所選任獨立董事及獨立監察人以非爲公司法第二十七條所定之法人或其代表人爲限，且其中各至少一人須爲會計或財務專業人士。」[92]，亦即藉由強制要求初次申請上市公司應設置獨立董事或獨立監察人，來逐步推行此一制度，手段上則以契約關係爲依歸[93]，即以上市公司與證交所間之上市「契約」爲規範依據。然則，以此契約關係只

---

[89] 外部董事則為與內部董事（Inside Director）相對應之概念。前者為董事會（Board of Director）成員中，同時兼任經營團隊職務（如CEO, Officer）者；後者則不兼任經營團隊職務。*See* CHOPER, COFFEE & GILSON, CASES AND MATERIALS ON CORPORATIONS, ASPEN PUB.（6TH ED., 2004）AT 7-8.

[90] *See* CHOPER, COFFEE & GILSON, CASES AND MATERIALS ON CORPORATIONS, ASPEN PUB.（6TH ED., 2004）AT 7-8.

[91] 財政部證券暨期貨管理委員會2002年2月8日(91) 台財證（一）字第172439號函准予備查。

[92] 同時，財團法人中華民國證券櫃檯買賣中心證券商營業處所買賣有價證券審查準則第10條及財團法人中華民國證券櫃檯買賣中心證券商營業處所買賣有價證券審查準則第十條第一項各款不宜上櫃規定之具體認定標準第8款（原第12款）亦有相類規定。財政部證券暨期貨管理委員會2002年2月8日(91) 台財證（一）字第172370號函准予備查。

[93] 曾宛如，我國有關公司治理之省思一以獨立董監是法治之改革為例，月旦法學103期，頁65，2003年12月。

能解決新上市櫃公司強制設立獨立董監事問題，對於其他已上市櫃或公開發行公司則無以適用。

爾後我國為強化董事會之職能而要求設置獨立董事，是以證交所及櫃買中心共同制定「上市上櫃公司治理實務守則」，另又針對金控公司制定「金融控股公司治理實務守則」，於此二個公司治理實務守則分別訂有設置獨立董事之相關規定[94]。該公司治理實務守則雖無法律拘束力，但實為證交所及櫃買中心對上市櫃公司之宣示，其影響力自當不可小覷[95]，是以部分上市櫃公司亦逐步遵循前揭規定設置獨立董事。

（二）證交法修正後之新制

對於我國是否應修法引進獨立董事制度，學者間曾紛紛表達不同意見，贊成者認為一個能獨立運作，向股東負責以為公司整體及股東利益經營之董事會，其成員必須有相當部分由獨立董事構成，已是世界各國之共識，且臺灣為求重建投資人對於市場信心，除了做好公司治理、健全獨立董事制度外，實無他途[96]，且由獨立董事職掌公司部分監督事項，可避免公司內部董事身兼監督者與被監督者兩種角色，所可能發生之利益衝突，更可藉由獨立董事中立地位，就公司策略提供建言，因之除非監察人制度得修正為與德國類似或相同之地位，否則蔚為世界潮流之獨立董事制度即有引進之必要[97]。反對者則認為，貿然將在國外因有其他互補性制度而能貫徹其獨立性之獨立董事，納入先天於監控上即有不適格問題之我國董事會中，恐橘逾淮而為枳，因此毋寧吸取此制

[94] 上市上櫃公司治理實務守則第24條：「上市上櫃公司除已依證券交易所或櫃檯買賣中心規定辦理外，應規劃適當之獨立董事席次，經依第二十二條規定辦理後，由股東會選舉產生，獨立董事席次如有不足時，應適時辦理增補選事宜。上市上櫃公司如有設置常務董事者，常務董事中宜有獨立董事至少一人擔任之。」；金融控股公司治理實務守則第18條：「金融控股公司應規劃符合證券交易所或櫃檯買賣中心規定之獨立董事席次與比例，經依第十五條第三項規定辦理後，由股東會選舉產生之。金融控股公司應於董事任期內持續符合證券交易所或櫃檯買賣中心有關獨立董事席次或比例之規定，如有不足時，應適時辦理增補選事宜。金融控股公司如有設置常務董事者，常務董事中宜有獨立董事至少一人擔任之。」

[95] 曾宛如，前揭註93，頁67。

[96] 余雪明，臺灣新公司法與獨立董事（下），萬國法律124期，頁83，2002年8月。

[97] 王文宇，設立獨立董監事對公司治理的影響，法令月刊56卷1期，頁51，2005年1月。

之優點，將其獨立性架構貫徹融合於我國現行法制上原屬第三人機關之監察人制度中，期以發揮與美國獨立董事之同樣功能[98]。又或認爲以與我國現制基本架構相同之日本修法經驗爲借鏡，考量我國實務環境與條件，在維持業務經營機關與內部監控機關並行之體制下，對現有規範爲必要之興革，較爲確實可行[99]。

最後鑒於強化董事之獨立性已蔚爲世界潮流[100]，且上市或終止上市具有政府公權力行使之性質，從而可否單憑上市公司與證交所間之契約關係，而以「上市審查準則」要求申請上市公司必須設置獨立董事，不無疑義，故如政策上決定實施獨立董監制度，實應以法律明訂爲宜[101]，從而2006年證券交易法修正[102]時，爲健全公司治理法制，特引進獨立董事及審計委員會制度[103]，原則上採取依企業自願設置，即於證交法第14條之2第1項本文規定：「已依本法發行股票之公司，得依章程規定設置獨立董事。」如此作法，當係立法者考量我國目前企業環境仍不宜貿然強制要求獨立董事之設立。但主管機關應視公司規模、股東結構、業務性質及其他必要情況，要求其設置獨立董事，人數不得少於二人，且不得少於董事席次五分之一（證交法第14條之2第1項但書）[104]。同時規定，獨立董事應具備專業知識，其持股及兼職應予限制，且於執行業務範圍內應保持獨立性，不得與公司有直接或間接之利害關係。並將獨立董事之專業資格、持股與兼職限制、獨立性之認定、提名方式及其他應遵行事項之辦

98 黃銘傑，公開發行公司法制與公司監控，元照出版，頁47，2001年11月。

99 林國全，監察人修正方向之檢討－以日本修法經驗為借鏡，月旦法學73期，頁48，2001年6月。

100 立法院第6屆第2會期第1次會議議案關係文書，頁9。

101 劉連煜，健全獨立董監事與公司治理之法制研究－公司自治、外部監控與政府規制之交錯，月旦法學94期，頁140，2003年3月。

102 2006年1月11日公布實施，惟關於董立董事及審計委員會之規定，則原則自2007年1月1日實施。

103 立法院公報94卷75期，頁85，2005年12月。

104 行政院金融監督管理委員會2006年3月28日金管證一字第0950001616號函：「依據證券交易法第十四條之二規定，已依本法發行股票之金融控股公司、銀行、票券、保險及上市（櫃）或金融控股公司子公司之綜合證券商，暨實收資本額達新臺幣五百億元以上非屬金融業之上市（櫃）公司，應於章程規定設置獨立董事，其人數不得少於二人，且不得少於董事席次五分之 一。」

法，委由主管機關定之[105]（證交法第14條之2第2項）。更為了避免獨立董事有誠信問題或違反專業資格等情事，於同法第3項規定其消極資格條件，其中因獨立董事之選任事涉獨立性與專業認定問題，故不宜由法人充任或由其代表人擔任，較能發揮應有功能，因此有第2款之設。故從本款反面解釋，於現行法制之下只能由自然人充任獨立董事[106]。

至引進獨立董事制度之核心事項，即獨立董事之職責所在規定於第14條之3：「已依前條第一項規定選任獨立董事之公司，除經主管機關核准者外，下列事項應提董事會決議通過；獨立董事如有反對意見或保留意見，應於董事會議事錄載明：一、依第十四條之一規定訂定或修正內部控制制度。二、依第三十六條之一規定訂定或修正取得或處分資產、從事衍生性商品交易、資金貸與他人、為他人背書或提供保證之重大財務業務行為之處理程序。三、涉及董事或監察人自身利害關係之事項。四、重大之資產或衍生性商品交易。五、重大之資金貸與、背書或提供保證。六、募集、發行或私募具有股權性質之有價證券。七、簽證會計師之委任、解任或報酬。八、財務、會計或內部稽核主管之任免。九、其他經主管機關規定之重大事項。」藉由董事會決議及獨立董事意見之表達，強化獨立董事對重要議案之監督，以保障股東之權益。此外，為加強公司資訊之透明度（Transparency）及外界之監督機制，前述獨立董事之反對意見或保留意見，除規定應於董事會會議中載明外，主管機關將依同法第26條之3第8項授權訂定之「董事會議事辦法」，要求公司須於指定之資訊網站公開相關資訊，同時配合現行上市櫃公司資訊公開機制，於證交所及櫃買中心之重大訊息揭露亦將併同納入規範[107]。

此外，基於我國公司法制原係採取董事會及監察人雙軌制（Two-tier System），立法者為求得同時擷取國外董事會下，設置功能性委員會，以專業分工及超然獨立之立場協助董事會決策之優點[108]，爰於證交法第14條之4第1項本

105 金管會於2006年3月28日，以行政院金融監督管理委員會金管證一字第 0950001615 號令發布「公開發行公司獨立董事設置及應遵循事項辦法」，並自2007年1月1日實施。

106 劉連煜，公開發行公司董事會、監察人之重大變革—證交法新修規範引進獨立董事與審計委員會之介紹與評論，證券櫃檯月刊116期，頁14，2006年2月。

107 立法院第6屆第2會期第1次會議議案關係文書，頁11。

108 同前註，頁12。

文規定，公司得擇一設置審計委員會（Audit Committee）或監察人。惟同時亦賦予主管機關得視公司規模、業務性質及其他必要情況，命令設置審計委員會替代監察人之權（同法第1項但書）。而審計委員會應由全體獨立董事組成，其人數不得少於三人，其中一人爲召集人，且至少一人應具備會計或財務專長（同法第2項）。同時鑑於公司設置審計委員會者不得再設立監察人，故此時證交法、公司法及其他法律對於監察人之規定，於審計委員會準用之（同法第3項）。又爲有效發揮審計委員會之功能，於第14條之5第1項規定公司特定重大事項應經審計委員會全體成員二分之一以上同意，並爲明確貫徹董事會責任，該等事項尚須經董事會決議，以免架空董事會職權[109]。然於此容有疑義者迨爲，同法第2項規定：「前項各款事項除第十款外，如未經審計委員會全體成員二分之一以上同意者，得由全體董事三分之二以上同意行之，不受前項規定之限制，並應於董事會議事錄載明審計委員會之決議。」如此設計之結果，豈非又將監察權交回經營決策者（董事會），最後亦等同於無監察權之設計，恐怕也紊亂了原先制衡設計之本意，造成業務政策決定及執行者－董事會之意志，凌駕於監督者 — 審計委員會之監督[110]。

在各界正反迴異的輿論中，我國仍將獨立董事制度正式引進，並明訂於證交法中，這一套堪稱爭議的立法，原則上將允許企業自行選擇設置審計委員會或監察人，或許尚有待2007年新制正式上路後，方能一窺究爲何制適合我國企業生態。於此爲了方便企業在英、美等國資本市場籌資，新法引進單軌制（One-tier System）或有其必要性，惟對於甫經修正之新版證交法，實容或有下述疑義待解：

1. 獨立董事係由股東會選舉產生，由於獨立董事不能持有超過1% 的股份，故掌握多數股份之大股東實仍操控獨立董事之人選，因而獨立董事依附大股東（或董事）程度比監察人更高，監察人因缺乏獨立性而無法發揮功能之缺失並未改善，甚至更爲惡化[111]。
2. 同時依證交法授權主管機關制訂之規定，一人可同時兼任三家公開發行公

---

109 劉連煜，前揭註106，頁17。

110 同前註，頁18、20。

111 賴英照，股市遊戲規則－最新證券交易法解析，作者自版，頁129，2006年2月。

司之獨立董事[112]，若再加上其本身原來專任職務，則又如何能有時間與精神深入瞭解公司業務[113]。然或許這是新制初始，我國獨立董事人才缺乏所不得不為之妥協。

3. 為加強獨立董事之獨立性，美國對於該制設有各種功能委員會，諸如審計委員會（Audit Committee）、提名委員會（Nominating Committee）及薪酬委員會（Compensation Committee）。惟我國證交法僅規定有審計委員會，對於其他委員會之設置則付之闕如。事實上，提名委員會之設計亦甚為重要，蓋「人」才是一切制度成敗之關鍵所在[114]，否則恐發生原先反對引進獨立董事者所擔心的問題，再生橘逾淮而為枳的疑義，因此若欲將董事會之功能由經營者轉為監督者，設置相關功能委員會對於強化董事會獨立性，實為重要之配套措施，此仍待公司法及證交法配合修法。

4. 一旦獨立董事組成審計委員會，其便擁有監察權，而獨立董事既係董事，自然為董事會成員，故同時又擁有業務政策決定及執行權，恐怕亦有違制衡監督之設計[115]。又於此角色混淆之際，證交法又授權主管機關，得以公權力強制企業設置審計委員會，在相關權責釐清前，主管機關在行使此項權力時，似宜更加謹慎[116]。

5. 最後，關於獨立董事之人數，證交法對於自願設置者並無最低人數限制，而若係經主管機關強制要求設立者，人數不得少於二人，且不得少於董事席次五分之一。然依美國紐約證券交易所（New York Stock Exchange, NYSE）上市條件規定，渠要求上市公司董事會需有過半數（Majority）之獨立董事（Independent Director）[117]；另英國倫敦證券交易所（London Stock Exchange）2006年6月之公司治理綜合準則（The Combined Code on

---

112 「公開發行公司獨立董事設置及應遵循事項辦法」第4條：「公開發行公司之獨立董事兼任其他公開發行公司獨立董事不得逾三家。」

113 賴英照，前揭註111，頁129。

114 劉連煜，新證券交易法實例研習，元照出版，4版，頁229，2006年2月。

115 同前註。

116 同前註。

117 *See* SECTION 303A CORPORATE GOVERNANCE LISTING STANDARDS, AT 4, NOVEMBER 2004, http://www.nyse.com/regulation/listed/1101074746736.html#, last visited on Sep. 23, 2006.

Corporate Governance）規定亦要求董事會需至少有半數（At Least Half The Board）之外部董事（Non-Executive Director）[118]，故而我國之規定顯然低於英、美國家之規範。基此恐將生疑義者迨為，若獨立董事人數過少，恐難發揮應有之監控功能，或許淪為「聖誕樹上之裝飾品」[119]，又或者這些少數獨立董事頂多作個「諍友」，有賴大股東及經營者察納雅言，否則也只能在董事會表示異議以求自保而已[120]。

肆、觀察與建言

一、金控公司轄下之證券子公司與保險子公司得否援用銀行子公司之轉投資規定？

金融機構轉換為金融控股公司後，其「保險子公司」與「證券子公司」之轉投資規定，並未有如同銀行子公司前述之明文限制。金控公司轄下之保險業與證券業是否得比照同為姐妹公司地位之銀行業相關規定辦理，恐尚有探討之餘地。

（一）肯定說者認為，基於本法第36條第8項與第9項立法初衷，諒係考量金控公司版圖事業，應較銀行可投資範圍更廣，以求達成以金控公司方式持股之綜合經營效益及為投資風險之區隔。基於同理，金控公司所得投資之範圍亦應較保險業與證券業廣泛，且基於監理衡平與多層化金控理念之延伸，本文認為宜由主管機關以行政指導方式，允渠等保險與證券子公司亦得比照銀行子公司改由金融控股公司辦理轉投資。其次，對於金控公司成立前子公司原先之投資，亦傾向投資額度不得再予增加，如因發展考量有增加持股之必要時，則應以金融控股公司法第32條第1項「孫公司姐妹化」方法為之。

---

118 *See* THE COMBINED CODE ON CORPORATE GOVERNANCE JUNE 2006, AT 6, http://www.frc.org.uk/corporate/combinedcode.cfm, last visited on Sep. 23, 2006.

119 劉連煜，前揭註106，頁142。

120 黃日燦，公司治理與董事會的角色，經濟日報，2002年8月26日，6版。

（二）反對論者以為：按法條並未明文強制排除「孫公司」與「曾孫公司」存在之可能，只要不增加持股，孫公司亦可存在，多層化金控架構只是原則性指標，並非不許例外之強制。遞按本法第36條第8項與第9項之立法理由，旨於增進轉投資效能之目的，以協助銀行子公司藉由多元化投資管道籌集所需資金，基本上應界定為「正面誘因」，而非認為由銀行子公司轉投資不妥需要禁止，顯非「負面禁止」，如保險子公司或證券子公司原來投資範圍並無銀行法第74條嚴格限制情形下，則不宜強制比照銀行子公司[121]。此外，當子公司有多餘資金，而短期內子公司無法以發放現金股利給母公司或減資方式讓母公司獲取資金，如此限制子公司不得直接轉投資，無異對設置金控作為經營平台之金融機構變相責罰，恐將造成子公司與金控公司間資金運用效率降低。

前揭正、否立論固各有所本，對於立法理由詮釋之角度不同，肯定說認為證券子公司與保險子公司應比照銀行子公司限制其為新的轉投資，以避免「孫公司」與「曾孫公司」出現與擴大進而造成金控制度的多層化，使風險難於控管。因此，肯定說係站在主管機關之監理角度，勢必會以行政命令方式將保險業與證券業等子公司納入第36條第8項管制範圍[122]，且針對否定說最後提到如限制子公司直接轉投資，將造成子公司短期資金運用有所不便利之問題，由於主管機關於2005年6月9日新增公布之「金融控股公司以子公司減資方式取得資金審查原則」，對於子公司減資之程序加以簡化，前述資金運用效用限制之問題隨同改善，自此之後子公司多餘資金將可透過減資程序進行得以活用。而否定說係站在業者與公司經營效率觀點，認為放寬金控公司子銀行公司之轉投資，且子保險公司及子證券公司不比照子銀行公司之方向，將監理問題交由金融市場監督與公司自律，會比強制規定業者採取一定模式，更有助於企業依其自身條件選擇最佳有效率之經營架構，強化金融體系。

惟更進一步，保險子公司之投資範圍較銀行子公司更為靈活、廣泛，然保

---

121 參考彭金隆，「論我國金融控股公司之投資與被投資事業管理」，臺灣金融財務季刊，第四輯第一期，2003年3月，頁177。

122 參考財政部證券暨期貨管理委員會民國2002年9月18日台財證二字第0910143818號主旨：「金融控股公司之證券子公司不得轉投資銀行業、票券金融業及信託業。但於參與金融控股公司設立前，已依證券商管理規則第十八條第四款規定投資者，得繼續持有該事業股份，但不得再增加投資額度，對於已出售之股份亦不得再回補，請查照並轉知會員。」

險子公司與證券子公司轉換爲金控公司後，是否也建議保險子公司與證券子公司適用金融控股公司法第8條之規定，其所爲之投資應由金控公司爲之，以避免孫公司之產生，值得探討。

限制金融控股公司子金融機構不得轉投資之三項困境[123]：

目前保險業許多得轉投資之事業範圍，並非完全與金控公司得投資之事業相同，其中諸多是金控公司尙不得參與投資之項目，例如「資訊電腦事業」、「汽車維修保養事業」、「養老育幼醫療事業」、「大樓管理業」等，有些因爲具有公益性，因此法制面上，不宜全面由金控公司轉投資取代保險子公司之轉投資活動，否則將有害公益發展，並使保險子公司原本具備之投資權利受到限制，對加入金控公司之保險子公司經營者而言，不甚公平[124]。

1.目前我國正積極研議開放金融服務業赴大陸投資，例如保險業已於91年8月1日開放得赴大陸設立分公司或投資子公司[125]，根據大陸開放外資設立分支機構或子公司條件，必須是由保險公司才具有投資資格，相對的我國對外資保險公司之設立也有相似規範，如果嚴格限制金控子保險公司不得轉投資，而必

123 參考彭金隆，論我國金融控股公司之投資與被投資事業管理，臺灣金融財務季刊，第四輯第一期，2003年3月，頁177。

124 同前註。

125 參考回顧兩岸金融之往來，可分為三個時期，第一期民國76年11月至81年，兩岸民間交流初期；第二期民國82年11月至89年間接往來階段；第三期民國90年迄今，為積極開放、有效管理階段。目前階段已進行之具體開放措施多種，其中為便於國內銀行瞭解授信客戶在大陸地區的經營實況，並提供臺商財務諮詢服務，協助其解決融資問題，爰於民國90年6月開放「國內銀行赴大陸地區設立代表人辦事處」。此外，為落實發展國際金融業務分行成為海外及大陸臺商資金調度中心之既定政策，於民國90年11月開放「臺灣地區銀行海外分支機構與國際金融業務分行得與大陸地區金融機構為金融業務往來」。業務往來之範圍包括：收受客戶存款、辦理匯兌、簽發信用狀及信用狀通知、進出口押匯之相關事宜、代理收付款項、與前開業務有關之同業往來。並於民國91年8月放寬國際金融業務分行及海外分支機構辦理兩岸金融業務往來之範圍，增列授信及應收帳款收買業務，並增訂相關防火牆措施。且於民國92年10月29日修正「臺灣地區與大陸地區人民關係條例」第三十六條，於該條第二項增定臺灣地區金融保險證券期貨機構在大陸地區設立分支機構（包括代表人辦事處、分行及子行），應報經主管機關許可。依據上該條例之授權，金管會於民國94年3月3日修正「臺灣地區與大陸地區金融業務往來許可辦法」，配合增訂國內銀行赴大陸地區設立分行及子銀行之相關規定。整理自「九十三年十二月三十日兩岸金融往來政策與現狀」http://www.fscey.gov.tw/CT_SEARCH.ASP?XITEM=30697&CTNODE=1545&MP=2&KEYWORD=%E5%A4%A7%E9%99%B8（最後瀏覽日2006/06/02）。

須尤其金控母公司赴大陸投資子保險公司時，可能因爲不符大陸法令，致使金控公司無法在大陸投資設立保險公司，顯然在執行上將使保險業或是金控公司陷入進退不得之困境日後繼續開放銀行及證券商赴大陸設立分支機構或投資子公司時，亦將同樣面臨困境[126]。

2.自金融控股公司法第36條第8項之文義解釋，本項之適用應限於「轉換設立爲金融控股公司」之情形，所謂轉換設立係指透過營業讓與或股份轉換方式成立金控公司者，屬於100% 轉換之子公司才適用，如採現金投資併購方式，僅取得25% 以上股權成爲金控公司子銀行公司者，狹義解釋上不屬於本項限制範圍[127]。

二、金控公司投資創投事業子公司之法制闕失

（一）我國現行創投事業之法律佈局

我國金融控股公司法對於金控公司透過轉投資子公司所得從事之實際業務範圍，實質上係延續銀行法第74至75條之規範精神，原則上仍以金融相關業務爲主，但最值得注意並應予進一步檢討者，乃係關於金融控股公司法將「創業投資事業」納入金控公司得轉投資之事業範圍究何所指？以下介紹我國法令對創業投資事業之規範，以及創業投資事業在國內發展狀況，以說明金控公司對於創業投資事業扮演何種角色與地位以及金控公司轉投資創業投資事業達到介入產業之成效：

依據中華民國創業投資商業同業公會所公布之定義，創業投資基金（Venture Capital Fund）係指一群具有科技或財務專業知識與經驗的人士所操作，專門投資於具備發展潛力以及高成長型公司的基金，主要在提供「未上市企業」發展所需之資本，而不以經營產品爲目的[128]。創業投資事業一般以股權的型態

126 參考彭金隆，「論我國金融控股公司之投資與被投資事業管理」，臺灣金融財務季刊，第四輯第一期，2003年3月，頁177-178。

127 同前註。

128 參考楊家彥，再造創業者的故鄉—提升我國創業投資環境的課題與對策，臺灣經濟研究月刊，第27卷第3期，2004年3月，頁123。

投資於具發展潛力且快速成長公司，或經由實際參與經濟決策提供具附加價值之協助，如開發新產品、提供技術支援及產品行銷管道等[129]。

目前規範創業投資事業之相關法令，少如鳳毛麟角，主要規定在「創業投資事業範圍與輔導辦法」，以及一些相關要點，如「創業投資事業塡發股東投資抵減稅額證明書核備作業要點」、「創業投資事業塡發股東投資抵減稅額證明書核備作業要點」，然皆採行以行政法規之方式規制，顯有不足。且「創業投資事業範圍與輔導辦法」於2006年3月31日以院臺經字第0950010807號修正公告實施，相較修正前之規定更加寬鬆，允許創投公司投資範圍更無限制，若單從創投事業發展彈性化而言，似爲正面鼓勵且積極性修正；但若從在金融控股公司法開放無條件投資創投事業之角度而言，恐會因創投事業之法規過於寬鬆，以及規範密度降低之狀況，造成投資高風險並牽連整個金控體系之運作。以下試依修法前後之「創業投資事業範圍與輔導辦法」比較說明，其中主要之修正內容有[130]：

1. 修正創業投資事業目的事業主管機關從原先之財政部改爲經濟部，並明定執行機關爲工業局（修正條文第2條）。
2. 爲協助國際資金引入投資國內企業，增列對於創業投資事業進行協助吸引國際機構投資人之投資之輔導事項（修正條文第4條）。
3. 爲促進國內政府基金投入創業投資事業，增列行政院開發基金爲創業投資事業資金來源（修正條文第6條）。
4. 政府爲積極鼓勵創投事業利用其營運管理能力直接進行上市、上櫃企業之併購及重整等業務，以協助更多投資標的公司改善經營績效；同時觀察目前先進國家均未對於創投事業投資上市、上櫃公司予以限制，而以創投事業本身的自律機制來運作，爰修正相關內容（修正條文第8條）。
5. 鑒於1999年12月31日以前申請成立之創業投資事業，依修正前之「促進產業升級條例」及其施行細則等規定，仍得享受股東投資抵減優惠，爲維護

[129] 參考林淑敏，我國創業投資事業發產概況，產業調查與技術，第146期，2003年8月，頁119。

[130] 經濟部公告，經授工字第09421013461號，「創業投資事業範圍與輔導辦法修正草案總說明」，行政院公報資訊網，2005年8月11日。

業者權益，新增協助舊創投（1999年12月31日以前成立）辦理轉投資事業是否屬科技事業之認定事宜（修正條文第9條）。

6. 現行條文第4條內容與母法促進產業升級條例第70條第1項規定內容相同，無訂定之必要；爰刪除原條文第4條。

7. 另鑒於先進國家均未對創投之投資範圍予以限制，同時爲鼓勵創投事業擴大投資規模及走向國際化，爰刪除原條文第9條、第11條及第12條。

修正前創業投資事業範圍與輔導辦法[131]第9條規定，所謂創業投資事業之「主要業務」，係包含對被投資事業直接提供資本，以及對被投資事業提供企業經營、管理及諮詢服務。而其可投資事業之範圍，以科技事業、其他創業投資事業、一般製造業及服務業爲限。此處「科技事業」之範圍如：一、通訊、資訊、消費性電子、半導體、精密器械與自動化、航太、高級材料、特用化學品與製藥、醫療保健、污染防治、生物科技、科技服務、高級感測、能源及資源開發等產業。二、符合科學工業園區設置管理條例第三條所稱之科學工業。三、符合促進產業升級條例第8條所稱之新興重要策略性產業。四、其他經主管機關會同各該事業主管機關認定或公告之科技事業；又關於原第9條第1項「服務業」範圍包括：一、研發及技術服務業。二、資訊服務業。三、流通運輸服務業。四、醫療、健康及照顧服務業。五、觀光、旅遊及休閒服務業。六、文化創意服務業。七、金融服務業。八、通訊媒體服務業。九、人力培育訓練及人力資源派遣服務業。十、工程顧問服務業。十一、環境保護服務業。十二、產品設計服務業。在原辦法中，創投公司可以投資之事業已爲數不少，如今將此等投資範圍之列舉規定刪除，令創投公司之投資範圍無邊界限制，雖然具有正面鼓勵創投事業擴大投資規模及走向國際化，但另一方面，金控公司得藉由成立百分百控股之創投子公司，或轉投資其他創投公司之方式，間接轉投資任何事業，無業別性之投資，對金控公司及旗下子公司無法掌握之投資風險，極爲擔憂。

另值一提者，迨爲有關修正前原辦法僅規定創投事業應於每屆營業年度終了，將營業狀況及主要經理人之變動情形納入營業報告書，併同經會計師查核

131 此處係指2006年3月31日修正前之原條文。

簽證之財務報告，提請股東會承認或全體股東過半數之同意後，一個月內報請主管機關備查之規定[132]，而針對創投事業所進行之任一投資，皆無個別要件或投資上限之規範，使得創業投資事業得輕易投身於其他領域，所負擔之法律成本極低，投資人恐要承擔創投公司投資失敗之相當風險，法制上對於投資人之保護似嫌不足[133]。如今修正後之辦法，甚至將原辦法中關於「財務報告審查與認可之程序」予以刪除，除了使主管機關的角色從原先消極監督管理地位，轉爲完全不監督管理，且創投公司股東亦無法確實監控與評估創投事業之投資，容有再予考量之餘地。

綜前所陳，目前國內規範創投事業之投資法令，周邊配套明顯不足，一方面創投事業所進行之投資無事前審核機制，亦無投資金額及程序門檻，甚或兼業禁止之規範，另一方面，更無事後審查機制，且基於創投事業之高投資風險性質，一般多非上市上櫃公司，所爲之財務報告僅需符合一般公司法或證交法令之要求，供主管機關備查，對於創投事業投資人或債權人保障尚難謂健全，同時，也造成金控公司進入非金融相關事業之門戶洞開，金融控股公司法第37條第3項之投資總額與比例規範，恐尙無法發揮原先應有之限制效用。

（二）監理盲點

金融控股公司法第36條中所設之得投資事業中，由於包括創業投資事業在內，囿於創投產業之特殊性質，衍生出諸多金控公司與金融業之監理憂慮。依我國「創業投資事業範圍與輔導辦法」第3條之規定，創業投資事業之範圍，係指實收資本額新臺幣2億元以上，並專業經營對被投資事業直接提供資本、對被投資事業提供企業經營、管理及諮詢服務業務之公司。質言之，創投公司亦爲一以投資爲本業，可能是另一個控股公司架構。

由於創投公司可以成爲金融控股公司百分百控股之子公司，因此金融控股公司亦有可能挹注大量資金，再由金融控股公司之創投子公司進行投資，如此將產生許多金融監理盲點，茲分述如次：

---

132 請參見原創業投資事業範圍與輔導辦法（2005年3月31日前）第11條規定。

133 參考王志誠，臺灣創業投資事業與大陸市場管制，月旦法學雜誌，第103期，2003年12月，頁82。

1. 法規中爲創投業所設之投資範圍與金融控股公司之建構顯然不同，可能產生「監理套利」[134]之不當：按依「創業投資事業範圍與輔導辦法」第9條規定，經主管機關依前條規定輔導協助之創業投資事業，其投資範圍，以科技事業、其他創業投資事業、一般製造業及服務業爲限。因此透過創投子公司，金融控股公司可因此間接投資非金融控股公司之投資事業，如此金控法第36條有關投資事業範圍之規定，經由創投間接投資之漏洞，將形同虛設。

2. 創投事業再爲投資毋須事前審核，缺乏監督機制：金融控股公司之投資，除屬短期資金運用外，爲求愼重安全，不論金額大小均需經過主管機關審核。一旦設立創投子公司後，由於創投公司非屬財政部主管之高度監理行業，創投子公司項目及金額均可自由爲之，並毋須經由主管機關審核，成爲另一法制漏洞。

3. 經由投資創投事業，金控公司得變相參與被投資事業之業務與經營：金融控股公司法同意金融控股公司以進行非金融相關事業之投資，但僅能投資不超過5% 之股權，而且還嚴格限制不得介入經營，以保持金融控股公司經營之專業與安全。但透過金控所投資之創投子公司，則可因此間接投資一些非金融相關事業，主要是一些科技事業或創投事業，不但所取得股權比率未設有上限，更可因此擔任董監事代表參與該被投資事業之經營管理，明顯與金融控股公司之規範意旨相互牴觸[135]。

4. 與金融控股公司限制子公司轉投資政策不符：宜限制金融機構子公司之再轉投資行爲，以避免產生利用孫公司間接投資之流弊，質言之，一旦創投公司加入金控公司，由於創投經營特性，必定將進行轉投資業務，因此將明顯違反前述監理政策。

（三）投資資本額上限之計算

由於創業投資事業屬於低度管理事業，其性質與金融相關事業有極大差

134 請參見註6說明。

135 參考彭金隆，同前註121。

異，將創投事業納入金控公司將使金控公司得投資之事業範圍無限度延伸，除了破壞金融控股公司法原先設計之監理配套機制，更將使金融控股公司設立初衷受到質疑。立法者將鼓勵創業投資發展的法律機制置於金融控股公司法之構想，雖勉予體察其有別於金融機構的良善美意，但因此衍生之實務問題亦應併予考量並妥適解決。基此，爰擬提出個人芻見，就教高明：

1. 將創業投資事業視爲「非金融事業」：刪除金融控股公司法第36條第2項第8款中有關「創業投資事業」之規定，，悉數將創業投資事業改列爲「非金融相關事業」，基此，轉投資創投事業之金額，即應計入非金融相關事業投資之額度內，總額限制則仍應以合計實收資本之百分之十五爲限，以避免不當之資金使用[136]。

2. 單獨對轉投資創業投資事業爲特別規範：爲使金控公司得靈活擴充延展其營業縱深，仍宜允其轉投資創業投資事業，而非單純適用轉投資非金融相關事業之規定。亦即在現行金融控股公司法第36條或第37條本身外，另爲適當規範，似可比照美國商人銀行之相關規定，除「投資總額之設限」外，尙應規定包括資金投資時點及一定持股期間之限制。

三、我國金控法第36條第2項第10款文義所稱「其他金融相關事業」究何所指？

金融控股公司法第36條第2項第10款所指「其他經主管機關認定與金融業務相關之事業」之認定，係就金融相關事業所設概括規定，惟實務上業者常發生疑義，因此對於未明文列舉之其他金融相關事業悉授權由主管機關認定之，由業者向金管會提出申請，先依內部程序認定該新興事業之屬性後，由各主辦單位依「金融控股公司法第36條申請投資審查原則」審查回覆。目前已被主管機關認定之金融相關事業包括下列10種[137]：

1. 金融資訊服務公司：該金融資訊服務公司其主要業務爲從事與金融機構資

136 同前註，頁177-178。

137 參考財政部92年7月9日台財融（一）字第0921000365號函釋附件二。

訊處理作業密切相關之電子資料處理、涉及金控公司或其子公司帳務之電子商務交易資訊之處理，或研發設計支援金控公司或其子公司業務發展之金融資訊系統者。此外，該資訊服務業如有提供硬體設備，該硬體設備用途須符合上述規定之業務或資訊性質，並能與金融相關程式軟體設計相連結。並且符合一定「財務狀況」，換言之，該金融資訊服務業從事前開所指之業務，其年度營業成本或營業收入應達該事業年度總營業成本或總營業收入之60%以上。最後金融控股公司應將該資訊服務事業於每年營業年度終了後一個月內，就該事業之年度營業成本及營業收入比例報請本部備查，如該金融資訊服務業從事前開所指之業務，其年度營業成本或營業收入，未達該事業年度總營業成本或總營業收入之60%以上者，金控公司應降低對該資訊服務事業之投資金額，不得超過該資訊服務事業實收資本總額或已發行股份總數之5%[138]。

2. 資產管理公司：符合金融機構合併法第15條第1項以收購金融機構不良資產爲目的之公司。
3. 資產服務公司：處理銀行不良資產鑑價工作或公正第三人資產拍賣之公司。
4. 金融（財務、投資）管理（諮詢、顧問）服務公司：係指僅從事提供金融、財務或投資有關之管理、諮詢、顧問服務，並以收取手續費「包括佣金、服務費、管理績效獎金等」爲收入之事業[139]。
5. 應收帳款管理公司。
6. 外匯經紀商。
7. 證券交易所。
8. 期貨交易所。
9. 有價證券集中保管（結算）公司。
10. 融資性租賃事業。

前所列舉之十種類型金融相關事業中，並未納入「金融控股公司」，惟基於金控公司乃係對一銀行、保險公司或證券商有控制性持股，並依金融控股公

138 參考財政部89年9月18日台財融第89749188號函釋。

139 參考財政部91年10月29日台財融（一）字第0911000247號函釋。

司法所設立之公司，併予考量創設金融控股公司之目的，在於使個別金融業者間得以控股公司為資源共享平台，並以控股公司模式進行跨業經營，廣泛提供金融服務，追求經營綜效，同時在租稅規劃、組織規模經濟、多角化發展等享有優勢。因此，金控公司本質上以從事金融、促進金融為主要活動，定性上似應從寬認為屬於第36條第2項第10款「與金融相關之事業」。

四、「金融與商業」應否分離？——金控法第36條與銀行法第74、74-1、75條之比較

（一）「金融與商業」分離原則

金融機構跨業經營「非金融」相關產業是否影響金融業務的穩健？先進各國金融實務上迨皆遵循所謂「金融與商業分離原則」（Separation of Banking and Commerce），此原則已成為英美金融法制的基本政策及原則，主要理由有：

1. 防範利益衝突：例如：銀行對於非金融關係企業之客戶核貸寬鬆，對於其競爭對手則不予授信。或是授信時，除債信、償債能力、擔保外，有其他不當聯結之考量因素。
2. 「信心防火牆可能被穿透」：非金融關係企業經營不善，而有資金危機時，雖然法律上分屬不同主體而隔絕了風險的擴散，但是民眾可能會對同金融控股公司內之銀行失去信心，並感到恐慌。
3. 金控公司旗下之銀行、證券、保險子公司在功能性管理原則下，都受監理機關相當之監理，反之，非金融機構等關係企業缺乏此監督管理。
4. 經濟資源過度集中，可能造成「太大而不能倒」（too Big to Fail）的監理隱憂。且金控公司所涉及社會經濟生活層面已相當廣泛，也有一定規模，若再加上「非金融事業」的營業版圖，極可能發生濫用其影響市場之地位，主管機關於危險時不得不有紓困之舉，倘發生金控公司從事高風險高報酬之投資失利時，可能將導致「納稅人曝險」（Taxpayer's Exposure）的風險

轉嫁嚴重後果[140]。揆諸「金融與商業分離原則」立論意旨，諒係主要爲防止金融機構利用其龐大的經濟力介入非金融機構之公司經營，從而利用其地位造成不公平競爭及利益衝突之可能弊端，多年來在英美金融實務上迨已成爲金融機構投資非金融相關業務時的重要圭臬。

（二）例外

近年來爲擴大包括銀行在內金融機構之業務利基，確保金融機構經營之彈性及促進產業競爭力，先進國家之立法例已見逐步放寬的趨勢，例如美國金融現代化法允許金融控股公司得以子公司名義跨足「商人銀行」之業務，已排除美國銀行控股公司法對銀行與商業分離之嚴格規範，但仍就其投資數量和條件設有一定限制，應値注意。

依我國現行金控法規定觀之，關於商人銀行業務之規範恐尙難謂明確[141]，此觀諸金融控股公司法第36-2條立法理由第2點及第5點所揭：

「二、鑑於金融控股公司係以控制金融相關事業之公司組織，參酌美國金融服務現代化法之規定，及日本銀行法第16-2條第1項及第2項規定，對於我國金融控股公司投資之事業，應以經營金融業務與金融業務有關之附屬或輔助業務之事業爲主，並得百分之百高額持股。另參考美國金融服務現代化法之立法例，有關「具金融本質之附屬業務」（Financial in Nature to Incidental），有關附屬事業係指金融業務之控制、管理密切相關之事業，如證券商、保險商品之承銷、投資顧問等；而「與金融業務相關之輔助性事業」（Financial in Nature to Complementary）係指屬金融本於職權經營之事業，以上均須依金融控股公司之發展逐步認定，爰爲第2項規定。此外，爲明確界定第2項第1款及第5款至第7款業別所包括之事業範圍，於第3項規定各類事業之機構別。五、金融控股公司控制之公司應以金融相關業務爲主，而其所轉投資之創投事業，主要係投資生產事業，避免發生金融控股公司實質控制生產事業之情事，而與目前國際

140 參考廖文華，「金融機構公司治理之內部控制機制」，中原大學財經法律學系碩士論文，2005年2月，頁143-144。

141 王文宇，「論金融控股公司投資新創事業法制」，法令月刊，第54卷第8期，2003年8月，頁856。

金融監理發展趨勢均側重於避免發生金融集團控制生產事業之情形不符。爰參考美國聯邦準備理會訂定之Y規則（Regulation Y）225.171規定所稱『不得參與日常業務經營』（Routinely Manage），並不包括擔任公司「未負責日常經營業務」之董事在內。爰於第8項規定金融控股公司之負責人或職員不得擔任該公司之創業投資事業所投資事業之經理人。」基此可知，原則上我國金融控股公司法確有承襲「金融與商業分離原則」之傳統管制理念，嚴格限制金控公司之子公司投資一般商業，以期使金融控股公司成爲專業性的控股公司。惟亦值注意者，金融控股公司法第37條第1項規定：「金融控股公司得向主管機關申請核准投資前條第2項所定事業以外之其他事業。但不得參與該事業之經營。」此乃參酌銀行法第74條規定，於第1項規定金融控股公司得向主管機關申請核准投資第36條第2項所定之事業以外之其他事業，但不得參與該事業之經營，並於第2項規定金融控股公司申請投資該等事業之程序。

綜前所述，我國金融法似亦有逐步放寬「金融與商業分離原則」之適用，且爲分散投資風險，參酌美國銀行控股公司法及我國銀行法第74條第3項規定，對第1項所指任一其他事業之投資不得超過該被投資事業已發行股份總數或實收資本總額5%；又爲避免金融控股公司以分散投資方式，大量投資其他事業，與本法以控股金融事業爲主之意旨相違，因此參考日本銀行法有關銀行控股公司之規定，對於投資總額規定不得超過金融控股公司實收資本總額15%。

金融控股公司法對於金控公司得轉投資一般非金融事業之審查與核准，尚未設有詳細完整之規範。目前實務上僅依據「金融控股公司依金融控股公司法申請轉投資審核原則」第5點，要求金融控股公司投資非金融相關事業，除依同法第37條對於被投資事業已發行股份總數或實收資本總額不得超過5%，且投資總額不得超過金融控股公司實收資本總額15%另有規定外，亦適用本投資審核原則一至三之規定。

金融控股公司依法申請轉投資審核原則示意圖

項目	實質要件	細項	內容	經會計師查核出具符合投資審核原則一、二項之說明書
一	投資行為	（一）	應經金融控股公司董事會通過	董事會會議紀錄
		（二）	除其他法令另有規定者外，金融控股公司對被投資事業之首次投資額度至少不低於被投資事業已發行股份總數或實收資本總額 5%。	
		（三）	該投資行為應自核准之日起一年內完成。	投資目的、計畫[142]、預定執行投資計畫具體時程及未能依計畫執行之處置措施。
		（四）	以現金價購方式投資者，投資之資金來源應明確，凡以舉債為資金來源者，應有明確之還款來源及償債計畫，並應維持資本結構之健全性。增訂金控公司累積投資金額未超過新臺幣三億元者，或是經主管機關核准如購買子公司少數股權者，適用簡易申請程序。	資金來源明細，以舉債為資金來源者並應檢附還款來源、償債計畫及其對資本及財務結構之影響（非以現金價購方式投資者不適用之）。
		（五）	投資金融控股公司有表決權股份總數超過 10% 或其他銀行已發行有表決權股份總數超過 15% 者，應符合金融控股公司法第 16 條或銀行法第 25 條規定之股東適格條件。	投資金融控股公司有表決權股份總數超過 10% 或其他銀行已發行有表決權股份總數超過 15% 者，應依金融控股公司法第 16條或銀行法第 25 條規定，提出股東適格性文件。
二	財務健全要求	（一）	金控公司於本次投資後之集團資本適足率須達 100% 以上，且其各子公司應符合各業別資本適足性之相關規範。	金融控股公司集團資本適足率及各子公司資本適足性之說明。

[142] 投資目的與計畫，包括投資事業股東結構、經營團隊成員、業務範圍、業務之原則及方針、業務發展計畫、未來三年財務預測、投資效益可行性分析。

金融控股公司依法申請轉投資審核原則示意圖（續）

項目	實質要件	細項	內容	經會計師查核出具符合投資審核原則一、二項之說明書
二	財務健全要求	（二）	金控公司加計本次投資後之雙重槓桿比率（長期投資占股東權益之比率，DLR）不得超過125%，但爲合併問題金融機構或重大投資案件，經主管機關專案核准者，不在此限。	金融控股公司加計本次投資後之雙重槓桿比率（長期投資占股東權益之比率，DLR）及已投資之被投資事業明細表。
		（三）	金融控股公司最近一期經會計師查核簽證之合併財務報表無累積虧損者。	金融控股公司及其子公司最近一年合併資產負債表及損益表。
三	金控公司本身無違法或瑕疵情事	（一）	金融控股公司及其子公司最近一年內未有遭主管機關重大裁罰或罰鍰新臺幣100萬元以上處分者。但其違法情事已獲具體改善經主管機關認定者，不在此限。	
		（二）	金融控股公司無因金融控股公司法第55條經主管機關令其處分相關投資仍未完成者。	
		（三）	遵守公司法第209條、第206條準用第178條有關競業禁止及利益衝突防止之聲明。	遵守公司法第209條、第206條準用第178條有關競業禁止及利益衝突防止規定之聲明書
		（四）	金融控股公司無因子公司受主管機關增資處分而未爲其籌募資金完成者。	
四	被投資公司情況		被投資事業爲既存公司，最近一年累積虧損者，對該投資對象之累積虧損應提出合理說明，但因配合政府政策處理問題金融機構者，不在此限。	被投資事業爲既存公司者，應檢附該被投資事業最近一年資產負債表及損益表（如被投資事業有累積虧損者，應提出說明）。

資料來源：作者自行整理

關於投資審核原則三之規定，乃是一程序要求，申言之，金控公司申請投資時，應檢附自評表、申請文件爲眞實確認之聲明書，除了對照投資審核原則一及原則三之要求應提出之文書外，尚包括下列文件：

1. 本次投資對金融控股公司及其子公司未來整體營運發展、整併計畫及產生規模經濟或綜效之績效評估。應一併提出購買股權至25%的資金計畫及整併方案。
2. 金融控股公司及其子公司、關係人及關係企業，或利用上該子公司名義已購買金融控股公司申請之被投資事業股票之明細表；並檢附金融控股公司承諾於主管機關審核期間，不得利用其子公司、關係人及關係企業對申請投資之標的進行投資行爲之聲明書。金控公司最近半年董事、監察人及大股東持股設質比率平均達 50% 以上者，應提出若因利率上漲或股價下跌的資金因應方案。
3. 金融控股公司對所有投資股權之管理及具體風險控管機制。金控公司應提出成爲被投資事業最大股東及使被投資事業成爲子公司計畫。
4. 非經由證券集中交易市場或證券商營業處所所爲之投資行爲，應提出交易價格合理性之說明。
5. 其他依被投資事業特性應另行檢具之評估資料。

2001年11月金融控股公司法實施迄今，對我國金融產業的影響堪稱深遠。制度施行的四年半間，我國金融機構有以設立金控公司提供營業服務，並脫殼式將籌資之上市主體地位轉由金控公司繼受者，亦有堅持商業銀行爲上市主體地位，加強固有營業縱深，擴展新種業務，積極以「綜合銀行」功能提供服務者，更有強調「小而美」的社區型銀行業者，使我國金融服務業因爲「市場小、家數多」，且營業版圖高度重疊的白熱化競爭，而普遍面臨「微利」的經營窘境。但設立金控公司與以銀行提供服務兩者間，就投資業務部分法律執行成本面的差異，是否亦應就金融產業缺乏競爭力、營業成效不彰予以歸責？或有進一步探討的實益。

五、金融控股公司轉投資「企業」的限制

（一）投資「金融相關事業」之限制

揆諸金管會於2006年9月7日所提出之「金融控股公司依金融控股公司法

申轉投資審核原則」修正條文第3條第2款之旨，金控公司擬併購其他金控公司時，其首次申請轉投資之持股比率仍可維持目前之5%，不必一次就要投資25% 以上，惟應採行配套措施：未來金控公司提出轉投資申請案時，應一併提出購買股權至25% 之計畫（包括資金計畫）及整併方案。以往為鼓勵金控併購，將申請轉投資門檻自 25% 降至5%，雖然難度大降，但也產生許多疑慮，因此修正後雖然仍同意金控公司首次申請轉投資持股比率可維持5%，不必一次就投資 25% 以上，但要求採行相關配套措施，例如應一併提出購買股權至 25% 的資金計畫及整併方案[143]。

至於有關聲明購買股權計畫未達25% 前，或未取得過半數董事席位前，其內部人不得兼任被投資事業及其銀行、保險、證券子公司之董事或監察人，以及督促投資後所派任之董事或監察人對被投資事業履行忠實義務。第11款增訂內容，係為瞭解金融控股公司投資資金來源，將申報金融控股公司及其關係人等已購買金融控股公司本次所申請之被投資事業之單一法人股東股票合計達50% 以上之明細表、資金來源等列為規範。另參照「證券交易法第43條之1第1項取得股份申報事項要點」第6點規定，將應申報之法人股東範圍，訂為持有被投資事業股份在5% 以上者。第14款係依據臺灣經濟永續發展會議就「六、研議對金融機構主要股東（董監事）持股質押比率進行妥適規範，以避免渠等以高度財務槓桿方式取得其他金融機構之經營權。」所獲致之共同意見，以及考量董事、監察人及大股東之持股質押比率是否過高，致生其資金周轉問題，進而影響公司營運，爰擬定是項規定。另考量董事及監察人在任期中轉讓持股達 50% 時，其當然解任；以及兼顧法規透明化及監理效率，爰將申報門檻訂為全體董監事及大股東平均持股質押比率達50% 以上者，且個別持股質押比率亦達50% 以上之董監事及大股東應提出相關說明，由公司彙整納入申報書件。倘金控公司最近半年董事、監察人及大股東持股設質比率平均達 50% 以上者，尚應提出若因利率上漲或股價下跌的資金因應方案。

有關金控公司轉投資自動核准制之審查期間部分：恢復為金控法36條所規定15天之審核期間規定；亦即本項在審查期間方面，無須再對優質之金控公司

143 轉載自「群益金融網」新聞，金控首次申請轉投資 須提持股至25% 整併方案，網站資料 http://www.capital.com.tw/News/detial.asp，最後瀏覽日2007/02/09。

採差異化管理。

此外，金控公司法則於第37條第1項設有金控公司對於投資同法第36條所定之「金融相關事業」之限制規定，惟並未就投資後參與該被投資之子公司事業設有禁令，尤其創投子公司亦名列其中，是否妥適？前已多所著墨，容有再酌之餘地。

（二）轉投資「非金融事業」之限制

商業銀行為配合政府經濟發展計畫，經主管機關核准者，得投資於非金融相關事業。但不得參與該相關事業之經營，換言之，銀行股權代表、負責人或職員不得擔任該被投資事業之經理人[144]。主管機關自申請書件送達之次日起30日內，未表示反對者，視為已核准。但於前揭期間內，銀行不得進行所申請之投資行為。其投資內容之特別限制：

1. 關於「投資總額」之限制：投資非金融相關事業之總額不得超過投資時銀行實收資本總額扣除累積虧損之10%，為使銀行不過度集中在非金融周邊事業之投資。

2. 關於「個別事業投資總額」之限制：商業銀行對每一非金融相關事業之投資金額不得超過該被投資事業實收資本總額或已發行股份總數之5%。以避免銀行與企業具有過度控制關係，就個別產業之持股予以明定。

3. 關於「銀行財務狀況」之限制：必須銀行扣除轉投資金額（含本次）後之自有資本與風險性資產比率須達9%，且備抵呆帳提足、最近一季逾期放款比率低於同業平均水準、最近三年平均稅後盈餘無虧損，以及銀行內部控制執行良好，無重大缺失或有礙健全經營之情況發生，上一年度及截至申請時更無違反金融法規受處分之情況。如因最近一次金融檢查，或經財政部審查，有新增之累積虧損或備抵呆帳提列不足者，銀行應重新核算前揭「扣除轉投資金額（含本次）後之自有資本與風險性資產比率」[145]。

4. 「書面程序」之要求：申請轉投資非金融相關事業時應檢具相關書件，此

---

144 財政部民國90年10月19日台財融（一）字第 0901000075 號函釋。

145 商業銀行轉投資應具備條件及檢附文件第二點。

部分準用投資金融相關事業之規定。

5. 「配合政府計畫」之要求：商業銀行申請轉投資非金融相關事業應提出配合政府發展國內經濟發展計畫之說明[146]。

（三）投資金融與非金融相關事業限制之例外情形

1. 2000年11月1日修正公布現行銀行法第74條之規定，在本條修正前，未就銀行投資總額及對非金融相關事業之投資金額，採行立法方式加以細部明確規範，僅規定「商業銀行不得投資於其他企業及非自用之不動產。但爲配合政府經濟發展計畫，經中央主管機關核准者，不在此限。」即所謂「原則禁止、例外核准」之立法方式；換言之，主管機關得享行政裁量權，得視各個申請轉投資之銀行條件，個別認定其投資上限，因此，在本條修正前，曾發生部分銀行基於主管機關之認可，發生投資總額超過現行法所規範投資時銀行實收資本總額扣除累積虧損之40%之情形，亦有投資非金融相關事業之金額亦有超過投資時銀行實收資本總額扣除累積虧損之10%之情形。基於信賴保護原則以及衡平修法前後差距之不當，銀行法第74條第7項前段特別明文規定，如投資總額及對非金融相關事業之投資金額超過第3項第1款、第3款所定比率者，凡有符合所定比率之金額前，其投資總額占銀行實收資本總額扣除累積虧損之比率及對各該事業投資比率，經主管機關核准者，得維持原投資金額。
2. 又二家或二家以上銀行合併前，個別銀行已投資同一事業部分，於銀行申請合併時，經主管機關核准者，亦得維持原投資金額。

金控法第37條設有適用金融與商業分離原則之例外規定，已如前述，同條第3項尚且設有投資之上限，顯爲繼受美國法之當然結果，但是否得以延伸適用於較具爭議之子公司？前已申論管見，爰不再贅述。

146 參考商業銀行轉投資應具備條件及檢附文件第四點之規定。

（四）投資有價證券之限制

商業銀行基於財務投資之目的，開放投資公債、短期票券、金融債券、股票等有價證券，同時適當管理其風險，銀行法第74條之1規定因此授權中央主管機關就投資之種類及限制加以規範，即「商業銀行投資有價證券之種類及限額規定（下稱本規定）」。本規定規範內容甚廣，明定有價證券之投資種類，包括國內外之公債、短期票券、金融債券、國際性或區域性金融組織發行之債券、集中交易市場與店頭市場交易之股票[147]、新股權利證書、債券換股權利證書及公司債、固定收益特別股、依各國法令規定發行之基金受益憑證、認股權憑證及認購（售）權證、中央銀行可轉讓定期存單及中央銀行儲蓄券、受益證券及資產基礎證券、發行人之信用評等經主管機關認可之信用評等機構評等達一定等級以上之私募股票、私募公司債，或主管機關認可之信用評等機構評等達一定等級以上之私募公司債、經主管機關核准之其他有價證券[148]。除此之外，就投資數額亦有詳細之限制，且對於該商業銀行負責人擔任董事、監察人或經理人之公司所發行之股票、新股權利證書、債券換股權利證書、公司債、短期票券、基金受益憑證及固定收益特別股等有價證券，原則上予以禁止投資。此外，如商業銀行依金融資產證券化條例或不動產證券化條例規定，擔任創始機構（委託人）、受託機構或特殊目的公司股東者，欲投資受益證券或資產基礎證券，都將受到部分限制。

（五）投資不動產之限制

首應敘明者，商業銀行原則上不得投資「非自用不動產」，但著眼於銀行未來發展空間之需求，銀行法例外允許商業銀行得有限度的開放投資「非自用不動產」，如係出自購買營業所在地之不動產且主要部分係屬自用，或是因爲短期內有自用需要而預購[149]，以及原有不動產就地重建主要部分爲自用此三種

---

147 其中國內股票部分，包括上市股票、上櫃股票、主管機關認可之信用評等機構評等達一定等級以上之發行人發行之興櫃股票及辦理受託承銷案件時，以特定人身分，參與認購上市、上櫃企業原股東與員工放棄認購之增資股份及核准上市、上櫃公司之承銷中股票。

148 此處之有價證券尚不包括大陸地區政府及公司發行之有價證券。

149 此處為短期內自用需要而預購者，其「短期」係指自所有權移轉之日起一年（含）

情形，則不受禁止轉投資之規範。惟爲免銀行資金固定化而影響流動能力，例外允許投資非自用不動產之投資總金額仍有不得超過銀行淨值之20%之限制，且與自用不動產投資合計之總金額不得超過銀行於投資該項不動產時之淨值，以避免銀行挾大眾之存款而藉機炒作不動產，影響國家產業發展並牟取不當之利益。

反觀金控法第39條第2項則明文限制金控公司僅得以自用之目的投資不動產，且需於事前取得主管機關之核准，析其構成要件，亦不許金控以短期資金運用之需求投資不動產，顯然較銀行法前揭規定更爲嚴格。

應値一提者，主管機關認爲前述關於購買營業所在地之不動產主要部分爲自用，以及原有不動產就地重建主要部分爲自用所稱之「主要部分爲自用者」，係指使用面積超過50%爲自用者。且銀行原爲自用不動產而購買，後變更用途成爲部分非自用者（如出租供他人使用等），亦應符合前開「主要部分爲自用者」50%爲自用之比率規定[150]。惟在銀行轉換爲金控公司之子公司時，則採不同標準認定，申言之，銀行轉換爲金控公司百分之百持股子公司前，所購買之自用不動產，金控公司基於經營綜效考量，由銀行子公司出租予其金控母公司或該母公司百分之百持股之其他子公司使用並收取合理對價時，在認定是否屬於第75條第2項第1款及第3款「主要部分爲自用」情形，不受前開使用面積超過50%爲自用者之規定限制[151]。其次，商業銀行得爲「自用不動產」之投資，但有投資金額之限制，除營業用倉庫外，不得超過其於投資該項不動產時之淨值；投資營業用倉庫，不得超過其投資於該項倉庫時存款總餘額5%。

此外，由於不動產交易之金額龐大，爲免銀行藉不動產交易而輸送不當利益，進而影響大眾存款人之權益，因此，要求商業銀行與利害關係人（包含銀行持有實收資本總額百分之三以上之企業、銀行本身之負責人、職員或主要股東，以及銀行法第33條之1銀行負責人之利害關係人）爲不動產交易時，須合

以下者。但如有特殊原因，經提出購置作為自用使用之具體計畫，並檢附相關證明文件，函報主管機關核准者，最長得為二年者。參考92年6月12日台融局（一）字第 0928010897 號函釋。

150 參考89年12月28日台財融（一）字第 89771455 號函釋。

151 參考92年10月8日台財融（一）字第 0928011493 號函釋。

於營業常規[152]，並應經董事會三分之二以上董事之出席及出席董事四分之三以上之同意，始可爲之。

關於專業銀行，又可分爲工業銀行、農業銀行輸出入銀行、中小企業銀行、不動產信用銀行、國民銀行等六種銀行，其係爲便利專業信用之供給，經中央主管機關許可而設立者。其得經營之業務項目，由主管機關根據各個專業銀行主要任務，並參酌經濟發展之需要規定之。而關於專業銀行轉投資之範圍，原則上準用前述商業銀行轉投資之限制，但如法律或主管機關另有規定者，不在此限。以「工業銀行」爲例，由於工業銀行業務與一般商業銀行性質有別，且直接投資乃工業銀行之重要業務，銀行法第91條第3項允許工業銀行投資生產事業，並授權中央主管機關就投資之生產事業之範圍，明確規範一定界線。又爲因應經濟、金融情勢變動及工業銀行業務特性之需求，關於工業銀行之設立標準、辦理授信、投資有價證券、投資企業、收受存款、發行金融債券之範圍、限制及其管理辦法，應與一般商業銀行有所區別，都將委由主管機關另定之。

六、我國金融法制是否允許「銀行控股公司」存在？

值此政策上推動二次金融改革之際，我國金融機構應有更具彈性之組織整合空間，金融機構或有因應各別客層與市場定位而有組織多層化之需求，法制上探討是否允許設立銀行控股公司並納入金控公司轄下即具實益。承前所述，對於美國金融控股公司法制之介紹，金融服務業現代化法（GLB Act）並不排斥符合實務上所稱「與金融本質相關及附屬業務之金融業務」（activities are financial in nature or incidental or complementary to financial）判準之銀行控股公司納入金融控股公司轄下[153]，使金融機構因此得享更寬廣之組織調整彈性。師法美國金融控股公司法制的我國金融體制，是否亦得認爲銀行得以選擇金控公司以外之銀行控股公司型態設爲經營主體？本文基於下列理由以爲應採否定見

152 參考銀行法第75條第4項所謂「營業常規」規定，係指與非關係人之其他一般交易對象之鑑價方式、基礎及交易條件相當。參考90年2月26日台財融（一）字第 90728873 號函釋。

153 12USC 1843(K)(4)(H).

解：

（一）銀行法第25條仍設有對於銀行控股公司設立之持股限制，易言之，由於同一人或同一關係人尚受限於同條第2項後段規定，除經主管機關核准（按此時亦已符合金控法第4條所稱之控制性持股而可能具備同法第6條之金控公司適格要件）外，無法取得超過銀行已發行股份25%之持股上限，自難符合公司法第369-2條第1項所稱「控制與從屬」垂直型態的控股公司設立門檻，基此，我國銀行法既無明文承認銀行控股公司之型態，實務上又將因前揭公司法控股公司之持股比例要求與銀行法持股比例上限相互衝突而無法設立一介於金控公司與銀行間之另一種適法的金融機構。

（二）美國金融法制沿革上，原係爲滿足銀行多經由設立所謂「第20條證券子公司」（Section 20 Subsidiary）方式，間接從事1933美國銀行法 — 或有謂「格拉斯－史蒂格法」— 第20條所不許之銀行兼營證券業務，乃有銀行控股公司法之設，並於1999年將該制納入新頒布施行之金融服務業現代化法（GLB Act），導致銀行可選擇先依銀行控股公司法設立銀行控股公司，面臨擴張業務規範較（金控公司）爲嚴格之法律現實；或是直接跳過銀行控股公司模式，選擇設立業務規範較（銀行控股公司）爲寬鬆金融控股公司。反觀我國的金融實務，商業銀行透過銀行法第28條的延伸適用，業務上的限制堪稱寬鬆，原已接近歐陸的綜合銀行，金控法更多提供了諸如連結稅制等法律誘因，實際上亦難正當化再另設銀行控股公司之急迫與實益；此外，亦能因此避免產生金控公司轄下非金融事業過度經營所可能引發「搭（存保）便車」（Free-riding）的「道德風險」（Moral Hazard）[154]。

七、金融財團內部控制的加強

近來陸續發生的「開發金併購金鼎證券」案及「中信金併購兆豐金」案，不啻顯示企業間靈活運用策略，並擅於靈活操作運用財務工具，但也讓臺

[154] 相關問題較深入之探討，請參見WALLY SUPHAP, TOWARD EFFECTIVE RISK-ADJUSTED BANK DEPOSIT INSURANCE: A TRANSNATIONAL STRATEGY, 42 Colum. J. Transnat'l L. 829 (2004).

灣公司治理蒙塵。是以在「企業所有與經營分離」喊的漫天作響之際，對於以少數持股運用財務槓桿操作，即可掌控千億資產的經營者，本文不禁質疑，現行法制架構是否足以因應，現存規範是否足以遏止在金控架構下，公司負責人甚或控制股東的濫權？是否有提供少數股東亦或債權人一個得以相抗衡的武器？承前所論，實仍有許多不足之處，又經營者舞文弄法遊走法律巧門，輕易地可以規避法律責任，枉顧公司治理精神，僅一味依其意志追逐金融版圖的擴大，然眞正被繩之以法者，可謂鳳毛麟角。基此，本文建議對於尙有官方持股之金融機構，能率先於未能廢除公司法第27條之現實前提下，強化公股代表選派及監督機制，愼選公股代表監督經營階層，甚者更可進一步善用其手中所持有股份，用以支持公司獨立董事之選任，推動公司治理機制發展。而對於將在2007年1月正式實施的證交法關於獨立董事之規定，亦期盼獨立董事及審計委員會能切實扮演公司內部監督制衡者角色，同時其成效或將決定我國將全面改採英美單軌制，抑或回歸現行之雙軌制，誠有再進一步檢討之必要，爰提出對於金控財團內部控管之改革芻議如下：

（一）政府及法人股東代表制之廢除

如前所述，在公司法第27條政府股東代表制度下，可能發生公股代表同時對於政府股東及擔任董事之公司均負有「忠實義務」，而產生二個義務利益衝突問題。誠然在我國現行法制下，對於法人的性質係採「法人實在說」，認爲法人跟自然人同爲一有機體，具有法人格，在法理上視爲一獨立主體[155]，因而得和自然人一樣當選董事（法人董事），然因其實際上根本無法執行董事職務參與公司經營決策，故須指派自然人代表執行職務，更因公司法第27條第3條所賦予法人得隨時改派代表之權，造成實務上相當複雜之紛擾，例如於行使董事職務時有故意或過失而有害公司營運時，法人或政府股東與其代表間之法律責任該如何釐清[156]？因而是否有透過民法第26條：「法人於法令限制內，有享受權利、負擔義務之能力。但專屬於自然人之權利義務，不在此限。」重新思

[155] 施啟揚，民法總則，三民書局，七版，頁115-116，1996年4月。
[156] 王文宇，公司法論，元照出版，三版，頁192，2006年8月。

考公司法第27條第1項法人董事制度存在之必要。

同樣的，公司法第27條第2項規範下之「法人代表董事」，當時立法的時空背景或係基於公營事業中，政府官股爲多數，爲了配合政策執行與落實，因而強力介入公司人事操控[157]，而法人代表董事即成爲一劑妙方。

然時至今日，搭配隨時改派法人代表制度，淪爲有心者規避公司法上董監責任之手段，亦即自然人股東另立私人投資公司，由該投資公司持有被投資公司股份，再利用公司法第27條派遣代表出任董監事，其則可隱身幕後，再藉由隨時改派箝制法人代表，掌握公司經營大權，同時又可規避公司法上董監責任[158]，又其依第3項得隨時改派法人代表，實與單一股東即可改變公司決議行爲無異[159]，更顯其不合理處。

又依本項規定，法人股東派遣多數代表人分別當選多席董監[160]，且得依其職權隨時改派，爲分別當選爲董監事者既爲同一股東代表，是否能發揮監督功能，顯非無疑，就維護公司內部制衡以保護小股東目的，暨爲貫徹股東平等原則，在未能廢除該法前，解釋上實在宜認爲，法人股東派遣多數代表人時，不得同時當選董事及監察人較爲妥適[161]，然釜底抽薪之計，還是應廢除此等不符時宜規定[162]，抑或先行修法明定法人股東派遣多數代表人時，不得同時當選董事及監察人[163]。同時亦應先行廢除公司法第27條第3項隨時改派法人代表之規

157 同前註，頁193。

158 林國全，法人得否被選任為股份有限公司董事，月旦法學84期，頁20，2002年5月。

159 廖大穎，評公司法第27條法人董事制度—從臺灣高等法院91年度上字第870號與板橋地方法院91年度訴字第218號判決的啟發，月旦法學112期，頁208，2004年9月。

160 經濟部1968年9月24日商34076號解釋：「……五、公司法第二二二條雖規定監察人不得兼任公司董事及經理人，但同法第二十七條第二項又例外規定政府或法人為股東時亦得由其代表被推為執行業務股東或當選為董事或監察人，代表人有數人時得分別被推或當選，故一法人股東指派代表二人以上分別當選為董事及監察人並無不可。」

161 黃虹霞，政府或法人股東代表當選為董監事相關法律問題—公司法第27條第2項規定之商榷，萬國法律110期，頁72，2000年4月。

162 王文宇，法人股東、法人代表與公司間三方法律關係之定位，臺灣本土法學14期，頁107，2000年9月。

163 2006年1月11日證交法修正時，即於第26條之3第1項規定：「政府或法人為公開發行公司之股東時，除經主管機關核准者外，不得由其代表人同時當選或擔任公司之董事及監察人，不適用公司法第二十七條第二項規定。」

定，改採法人董事之常任代表制[164]。

（二）強化公股代表選派及監督機制

在前述政府及法人股東代表制度未廢除前，政府對於所持股之金融機構勢必仍需依法委派代表人行使董監職務，從而對於公股代表之選派及監督即益顯重要。依行政院所定公股股權管理及處分要點第10點[165]，對已上市（櫃）金融機構之持股，應於2006年8月31日以前，在不影響國內證券市場正常運作下，陸續降低持股比率至20%以下。而依同法第11點[166]，政府仍將持續釋出所持有之部分金融機構股份[167]，故對於在釋股過程中政府仍持有股份之金融機構，例如持有兆豐金23%、華南金31%、彰化銀行17% 股份及泛公股持有開發金約6% 股份等，在此等已民營化金融機構中，政府實應尊重企業經營機制，透過其所遴派之代表監督之。

因而其所選任之代表即至爲重要，建議應挑選具有專才之專任人員，而非淪爲安排酬庸退休官員或國營企業高階管理者之去處，方能確實掌握公司營運狀況，同時或可適度授權與公股代表，而非如現制須事事請示報告公股管理機關，以因應商業世界瞬息萬變之狀況，當然同時亦要將公股代表權責與以明確

---

164 廖大穎，評公司法第27條法人董事制度—從臺灣高等法院91年度上字第870號與板橋地方法院91年度訴字第218號判決的啟發，月旦法學112期，頁213，2004年9月。

165 公股股權管理及處分要點第10點：「為貫徹民營化政策，各公股股權管理機關對已民營化事業剩餘公股股權，應秉持下列原則管理：（一）對具有公用或國防特性之事業，基於民生需求及國防安全考量，在民營化後一定期間內暫時保留一定公股比率，使公股代表就特定重大事項具有實質否決權利。（二）對屬於競爭產業之事業，視資本市場胃納情況等因素，陸續釋出全部之持股。但對已上市（櫃）金融機構之持股，應於95年8月31日以前，在不影響國內證券市場正常運作下，陸續降低持股比率至百分之二十以下。前項第一款具有公用或國防特性之事業，其民營化後一定期間內公股最適持股比率，由各公股股權管理機關陳報行政院核定。」

166 公股股權管理及處分要點第11點：「各公營事業移轉民營後，原事業主管機關應規劃政府中長期最適持股比率，報由公營事業民營化推動與監督管理委員會審議，送請行政院核定。經核定後，除擬採洽策略性投資人釋股之部分，仍由原事業主管機關逕予執行外，其餘股份一律交由行政院開發基金管理委員會代為執行。當年度以前已編列釋股預算，其未如期執行部分，應於次一年度交由行政院開發基金管理委員會代為執行。公營事業剩餘公股釋股作業交由行政院開發基金代為執行時，其公股代表遴派管考事宜，仍由原事業主管機關負責。」

167 例如中華開發金控、彰化銀行及復華金控，等主要民股持股達一定標準後公股即會退出。

規範，並引進賠償責任，當公股代表有損害政府或公司利益時即須負損還賠償責任，以加強公股代表管理效果[168]，同時政府與遴選之公股代表亦不妨締結書面委任契約，透過契約限制公股代表與民股股東之共謀行為，亦可於契約中明定違約責任[169]。又為了吸引人才擔任公股代表，應依照其個人貢獻不同而訂定差別性報酬標準，而非如現制給予單一固定報酬[170]。

此外，既然立法上已決定引進獨立董事制度，政府單位是否亦可考慮利用其手中所持有股份，用以支持獨立董事之選任，由政府依提名董事之一定比例（二分之一或三分之一）選任適當人選出任金融機構之獨立董事，當然為求獨立董事發揮獨立與專業功能，自當由不具公務員身分者出任為佳[171]。此際該獨立董事，依法不得由政府依公司法第27條，以政府或其代表人身分當選，自然沒有隨時改派此一緊箍咒問題存在，如此當更可保障該獨立董事之獨立性。亦即由政府來當推動公司治理之先行者，藉以健全我國金融機構之體質，豈非美事一樁。

（三）影子董事的立法規範

在現行實務運作中，往往有未具董事身分之人，而實質上操控著公司之財務及業務經營，以致於雖該等人之行為，有違反法令或公司章程時，卻不得依公司法中對於董事之相關規定，課以該等人對於公司或其他人之賠償責任；反而，係由無實質決定權之傀儡董事，對該實質上操控者之行為向公司及其他相關之人負責。此等不居於董事地位，而事實上卻控制董事以遂行其執行公司職務者者，即稱為影子董事（或稱幕後董事Shadow Director）[172]。影子董事對外並不宣稱自己為董事，隱身於幕後，以公司現存名義上董事為其掩護。例如

---

168 洪德生、柯承恩、王連常福主持，公股股權管理問題之研究，行政院經濟建設委員會委託研究，頁27，2003年3月。頁48-49。

169 吳青松、王文宇主持，公股股權管理與公股代表遴派制度化之研究，行政院經濟建設委員會委託研究，頁108-109，2000年10月。

170 同前註。

171 同前註，頁114。

172 *See* Caroline M Hague, ANALYSIS: Directors: De Jure, De Facto, or Shadow, 28 Hong Kong L.J. 304, at 305-306 (1998).

在臺灣經營現況，常有稱爲「總裁」者，此一職稱在現行公司法令上根本未存在，且在公司文件上常不見總裁簽名蓋章，然其卻實際在背後運籌帷幄，掌握企業之經營大權，造成有權無責，甚至刻意逃避責任[173]，此實與自己責任原則相悖，尙者且更是不合乎公平正義。

故建議參考英美法中之「影子董事」法理，對於不具董事身分但可直接或間接控制董事會決議之人，課以與公司董事同等之責，以解決現行實務上無法可循之困境。對此，行政院經建會委託之公司法制全盤研究與修訂建議研究案，亦提出增訂關於非董事而可直接或間接控制公司之人事、財務或業務經營者，對公司應與董事負同一之責任規定（建議修正條文第192條之1）[174]。又參考國外立法，對於幕後董事之認定，必須證明（1）誰是公司之法律上董事或事實上董事；（2）該幕後董事如何指示這些董事執行公司業務；（3）這些董事的確依照其指示而執行公司業務；（4）這些董事已將遵照該幕後董事命令及指示行爲當成慣例[175]。

八、小結

（一）綜前所述，我國目前金融控股公司與銀行兩者適用之法制建構，立法原意顯然都已經兼顧先進金融實務潮流，寓有逐步放寬金融與商業分離原則之本旨。

（二）銀行法第74條與金控法第36條之構成要件，確存有若干差異，兩者間是否足以發生不公平競爭之可能？尤以允許金控公司得以將尙乏明顯業務規範的創業投資事業子公司納入版圖特別引發疑慮。雖然立法之初原有因應金融控股公司作爲轄下龐大資源分享平台之特性，乃允將創投事業納入，發揮資源調度與業務先探的功能，但若能折衷地將金控公司轄下之創投子公司納入非金融相關事業之列，金控法第37條限制即得設爲同法第36條第2項業務延伸之註

173 經濟日報，2006年8月24日，A11。

174 財團法人臺灣亞洲基金會、理律法律事務所，公司法制全盤研究與修訂建議研究案，第三冊，行政院經建會委託，頁126，2000年3月

175 *See* CAROLINE M HAGUE, ANALYSIS: DIRECTORS: DE JURE, DE FACTO, OR SHADOW, 28 HONG KONG L.J. 304, AT 307-308(1998).

腳，或許對於目前對於金控公司藉由轉投資交易，遂行「私人化、財團化」之實的指控能有一定澄明之效，是否亦能振興目前「微利」金融產業之競爭力？尚待後續觀察與檢證。

（三）本文認爲銀行法與金控法兩者間對於投資之規範，確實存有監理標準上之落差，部分規定或可由立法理由中尋得立論根據，但衡諸立法過程多所參酌的美國法制，我國金控法的核心思想顯然並不如同美國法制般，允許介於銀行與金控公司間之銀行控股公司存在，因此金控法與銀行法兩者之間應如何維持各自產業法益的衡平，間接保護金控公司投資人與金融體系安定，迨將考驗我國金融市場監理者與司法實務執法者的智慧。

伍、展望

屢屢搏得媒體顯著版面，響亮標語「3、5、7」讓人朗朗上口的「二次金改」雖自台企銀案受挫後而略見緩和[176]，但金控公司已經成爲我國金融競技場中舉足輕重超級巨星的金融戲碼卻無人質疑。在景氣逐漸復甦，接踵而來的企業「分、合、整、併」過程中，金融業背後的金流腳蹤卻總是恰如其分的隨著產業物流而走，金融產業如何因應物流出走，更直接挑戰我國金控法制的靈活與健全。其中尤値關切的迫切課題，迨爲我國金控法執行成效之間，究應如何避免造成金控公司多層化後，所可能發生寬嚴不一的管制落差，使得不肖業者得以濫用其上市主體地位，將金控公司作爲財團提款機，而遂行監理套利。本文擬針對前揭典章制度的差異，從比較法觀點提出個人觀察與建言，期能就金融法制之現代化，略盡棉薄。

論者或謂金控產業與法制發展在我國尙處萌芽階段，但總體金融情勢的嚴竣競爭卻毫不留情的撲面而來，居於金融產業龍頭地位的金控公司若不能趕

[176] 行政院9月27日通過三年衝刺計畫「金融市場套案」，並強調二次金改延續，但業者似多有不同看法。請參見吳素柔，「金融市場套案八大計畫 蘇揆：二次金改延續」，中央社2006年9月27日電；葉代芝，「延續二次金改 業者反應不一 外資觀望」，中央社2006年9月27日電。

緊調整步伐，培養專業人才，市場監理者不能將規範框架與大中華地區，甚至歐、美、日等國際市場同步串流，臺灣「金流」產業勢必將因服務客層的「物流」產業逐漸外移而被迫提早邊緣化，值此變動的關鍵年代，金融法制因而扮演市場催化劑的重要角色，如何建構符合國際作業標準（尤以2006年起開始實施的新巴賽爾資本協定 —— Basel II最具代表）的市場遊戲規則，不單只是在市場之前造橋鋪路的監理者必需培養國際視野，擔任事後救濟的司法實務執法者也應加強金融專業的學養，期能在個案中與國際金融作業標準接軌，如此當能因為市場交易秩序的逐漸完善，吸引成熟的市場參與者來台加入金融服務行列，如此良性循環，終於得以成就我國成為區域金融營運中心的理想。

第五章
論問題金融機構之「清理」

壹、前言—問題金融機構的法制因應

在全球化浪潮來襲之下，臺灣正面臨著前所未有的法規競爭（Regulatory Competition），金融法規是否務實地隨著市場脈動靈活調整，將決定性的影響我國金融產業的競爭力，以及企業金流的未來。不能務實的金融法制，就像一張張錯置的香蕉皮，金融產業可能因而跌跤受傷，唇齒相依的企業活力更可能一蹶不振。

市場監理者面對經營失敗的問題金融機構與處理一般企業財務危機的法律考量並不相同。當企業傾頹之際，或者重整、清算甚至破產，長期授信往來的金融機構固然首當其衝的受到牽連，然而問題金融機構的經營失敗，卻可能招致具傳染力的系統性風險（Systematic Risk）[1]，造成整體支付體系（Payment System）[2]的崩解。影響不只是法人企業，個人性的消費金融更難倖免於金融機構間，因相互信用保證機制的支付不能，所造成連鎖性信用危機；準此，金融監理上乃設有金融預警系統（Early-alarming System），並建構金融安全網體系[3]（Safety Net）作爲事前「預防」納稅人曝險（Taxpayer's Exposure）[4]的一道道法律長城。

當可能威脅金融安定的問題金融機構在發生財務困難時，法制究應如何

---

[1] 有關問題金融機構所引發「系統系風險」（Systematic Risk）的進一步說明，請參見曾國烈等十人合著，金融自由化所衍生出之銀行監理問題探討，存保叢書㊳，1996 年5 月，頁75。

[2] 我國目前有關金流「支付系統」之作業流程與介紹，煩請參見中央銀行網站資料所載：http://www.cbc.gov.tw/banking/paysys_index.asp，最後瀏覽日：2005 年5 月18 日。

[3] 有關金融安全網的詳細說明，請參見廖柏蒼，我國金融安全網之法律架構分析，中央大學產業經濟研究所（法律組）碩士論文，2002 年7 月。

[4] 「納稅人曝險」的詳細說明，同參前註。

建構出一套「及時」提供「有效」行政與財務支援的事後「治療」機能？迨爲金融監理者與金融法制上的難題。我國多年來金融實務上處理問題金融機構的經驗頗豐，但法制上似仍存有若干待解決的問題，考量我國目前金融生態，因過度競爭（Overbanking）的效果顯現，刻正面臨第二次金融改革與機構整合的政經壓力[5]，行政院金融重建基金即將退場[6]，部分問題金融機構亟需適用退場處理程序的可能大增；我國金融實務上經由現行清理程序進行處理問題金融機構的個案，雖尙未得見，究係由於擔心終結金融機構可能引發「觸怒存款人，不利選舉」的政治考量？或是現行有關金融機構清理的典章制度尙有改進之處？實有重行檢視相關規章之必要。有鑑於此，本文乃不揣淺陋，擬針對金融機構發生財務困難，造成嚴重信用危機時，倘依法進行清理程序所涉法律問題，野人獻曝，並就教高明。

貳、「清理」程序的法律佈局

「清理」（Resolution）[7]的法律用語，正如同字面所示，乃在針對金融機構不能清償債務、經營困難時，提供「解決」（Resolve）該機構所涉債權債務法律關係及所衍生相關問題的一種金融機構退場機制。茲有疑義者，何謂「不能清償」（Insolvent）？外國實務上一直都存有「淨値」與「流動性」兩種不同判準。美國聯邦立案銀行的主管機關 — 財政部金融局（OCC）早期函

5 詳細內容請參見聯合電子報，「二次金改為何改？」，2005 年4 月29 日。請參見網站資料：http://mag.udn.com/mag/money/itempage.jsp?f_SU B_ID=824，最後瀏覽日：2005年5月18 日。

6 東森電子新聞報，「RTC 修正案初審通過，7/10 之後百萬元存款才受保障」，網站資料：http://www.ettoday.com/2005/05/19/779-1792650.htm，最後瀏覽日：2005 年5 月20 日。

7 有關「清理」程序的英譯，國內文獻或有以receivership名之者，請參見林繼恆，處理經營失敗銀行相關法令及對策之檢討，基層金融，37期，1998年9月，頁21；該文作者嫻熟金融實務，諒係以國內清理相關法規之意義及目的對照英美法立論。惟經查閱美國金融法權威著作所述有關問題金融機構處理程序之說明，似以RESOLUTION PROCEDURE之描述最類於我國銀行法第62-5 條至第62-9 條所指「清理」之程序，RECEIVERSHIP的規範意旨反應更接近我國銀行法第62-2 條的「接管」程序；衡量再三，乃以resolution為最近原意旨之「清理」英譯名，特此補充說明。請參考MACEY, MILLER AND CARNELL, BANKING LAW AND REGULATION, ASPEN LAW & BUSINESS, 3rd Ed., at 737 (2001).

釋認爲，當金融機構之淨值（Net Worth）呈現負數時即爲「資不抵債」的不能清償情形。易言之，當金融機構之負債超過資產時即屬不能支付其債務，構成開始進行清理前先予停業（Closure）的條件[8]。但基於與會計實務不致偏離的財務作業考量，目前依1991年美國聯邦存款保險公司改革法（FDICIA）之子法規定，已改遵循一般公認會計原則（Generally Accepted Accounting Principles, GAAP），採取「流動性」（Liquidity）作爲判準。申言之，當金融機構對於已屆清償期的債務不能履行給付義務（Illiquid）時，縱使該金融機構淨值仍爲正數，仍應視爲構成勒令停業條件，開始清理程序之進行，由於公權力介入的時點因而提前，因此又有與淨值說相較而稱之爲從嚴觀點（Stricter Consideration）[9]。至於另一金融重鎭的歐盟（EU）所頒存款保證機制規範（Directive on Deposit-guarantee Schemes）中，曾有遵循巴賽爾協定（Basel Concordat）監理原則而採資本標準（Capital Standards）[10]，亦即類於採取淨值判準作爲衡量依據，但近來該規範則改採從嚴觀點的流動性判準[11]，此種規範基準的改變，應值我國金融監理實務注意。

美國法上有關金融機構之清理法制，則璨然大備於1989年國會立法通過的「金融機構改革、回復與促進法」（FIRREA—Financial Institutions Reform, Recovery and Enhancement Act of 1989）的開始施行。當時爲了解決肇因於儲貸機構（Savings and Loan Associations）不能清償債務，所引發一系列金融機構經營失敗，進而導致銀行保險基金（Bank Insurance Fund）帳面上出現七十億美元財務赤字的重大危機[12]，在美國政府經費支持下，依法成立「五人監督委員會」（Five-Member Oversight Board），將原被授權以納稅人稅收解決發生問題儲貸機構的「聯邦儲蓄及貸款保險公司」（Federal Savings and Loan Insurance Corporation, FSLIC），改由新設的「清理信託公司」（Resolution Trust Corporation, RTC）取代之，專責處理財務重症的儲貸機構，將渠等不能

---

8 *See* 12 C.F.R., § 5.49.

9 ROSALIND L. BENNETT, "*Failure Resolution and Asset Liquidation: Results of an international Survey of Deposit Insurers*", FDIC BANKING REVIEW, at 4 (2001).

10 *See* EU 89/647/EEC and 89/299/EEC.

11 *See* European Union directive on deposit-guarantee schemes (94/19/EEC).

12 MACEY, Miller AND CARNELL, *SUPRA* NOTE 7, AT 723-725 (2001).

清償債務的機構資產依法移轉至經營良好的其他金融機構（Marshaling of Assets）[13]。美國金融實務上對於金融機構之清理程序又大致分為下述四種主要方式進行：

1. 營業繼續（Open Bank Assistance, OBA）[14]

該種方式的清理並不需要經過監管或接管程序，目的在使清理金融機構的營業不中斷，金融機構對於存戶或往來客戶之服務完全不受影響。作業方式通常選在週五營業結束後開始債權債務的清理與結算，並在接下來的週一早營業開始前結束整個程序，金融機構的對外營業服務完全不受影響。但該清理方式早年亦曾遭致權威學說的嚴重質疑，認為聯邦存保公司採此法時，顯然並未將「縱使聯邦資金挹注後，該金融機構仍然會經營失敗」的錯估成本（Error Cost）[15]計算在內。

2. 清算（Liquidations）

若採此方式，即由聯邦存款保險公司（FDIC）依存保法規的理賠上限美金十萬元[16]以現金賠付方式，對於清理機構之存戶進行結算。聯邦存保公司於賠付後即取得代位權人地位（Subrogated），再依法處分清理機構之資產後，與所有其他現存債權人依無擔保或債權有擔保所設定之順位（Priority）依序均等（Ratably）分配。

早期此方式為聯邦存保公司最常採用之方式，惟近年來因為將耗費（Dissipates）清理機構之營業價值（Going Concern Value），並將使清理機構辛苦建立之客源流失；有鑒於80年代聯邦存保公司現金賠付奧克拉荷馬銀行（Oklahoma Bank）後確導致資金往來的大陸伊利諾全國銀行（Continental Illinois National Bank）發生擠兌（Bank Run）的不良經驗；現行實務上美國聯

---

[13] *Id.*, AT 723.

[14] 12 U.S.C. §1823 (c)(8).

[15] 為利說明，謹轉錄原文供參考："the problem with this method of calculation is that it does not take into account error costs-The probability that the bank ultimately fails despite the FDIC cash infusion". *See* Macey & Miller, "*Bank Failures, Risk Monitoring, and the Market for Bank Control,*" 88 colum. L. Rev. 1153, 1177-1178 (1988).

[16] 12 U.S.C. 1813 (M).

邦存款保險公司多已不採此種清理方式，而以所謂的「存戶移轉」（Insured Deposit Transfer）[17]清理方式取代之。

3. 購買與承受（Purchase and Assumption Transactions）[18]

由財務健全金融機構出面購買清理問題金融機構全部或一部之資產，並同時承受同一機構全部或一部之負債。值得一提者，傳統上大多採取此法之清理程序中，承買機構皆只就尚有變現價值的資產爲購入，但承受清理機構全部的負債，實務上有以「局部承購交易」（Clean-bank Transaction）稱之。近年來大多承購的金融機構皆採取同時購入清理機構全部資產並承受全部負債的交易模式，實務上另有以「全行承購交易」（Whole-bank Transaction）稱之者，通常由聯邦存保公司開立支票給承購銀行，貼補存於承購資產與負債間之可能價差。作業程序上，多係先由出面承購之金融機構（Acquirer）給付保證金（Premium）予聯邦存保公司，並以之抵充清理程序費用（Resolution Cost）[19]。採取此種模式交易亦有使清理機構營業不中斷，維持營業價值，透過資產與負債包裹式（Bundling）的一次同時處置，可使存款保險公司手中所承受清理機構的不良資產或負債等負擔得以盡快去除等優點。由於實務運作結果反應良好，迨已成爲金融機構清理實務上的首選。

4. 過渡性銀行尋找新買家（Bridge Bank and New Banks）[20]

此種方式係由聯邦存款保險公司新成立一家過渡性質的金融機構，該機構的董事皆由存保公司任命，並依法挹注該新成立金融機構足夠的營運資金[21]，藉以負擔承受清理金融機構的全部營業與費用支出。同時，存保公司以新股認購權（Subscription Rights）換取民間資金，作爲支付清理機構股東損失的

---

[17] 此法係由聯邦存款保險公司以清理人身分接管金融機構後，將清理機構所有存戶直接移轉至另一健全之要保金融機構，存戶權益亦全然不受影響。WILLIAM LOVETT, BANKING AND FINANCIAL INSTITUTIONS LAW, WEST PUBLISHING, 5TH ED., AT 362-363 (2001).

[18] *See* 12 U.S.C. §1843 (c)(2)(A)；12 U.S.C. §1823 (D)

[19] *See* FDIC (1998B), CHAP 3.

[20] 12 U.S.C. §1821 (M).

[21] 12 U.S.C. §1821 (N).

對價[22]。萬一前述「以股換錢」的途徑不可行時，則由存保公司另找金融機構承購（P&A），並最晚在該新設金融機構設立時起算，屆滿兩年時予以解散（Wind up）[23]。有鑒於此種清理方式強烈的過渡性質，一般而言，尙不常獨立地被採用，而僅常係居於搭配其他清理模式進行。

擔任法定清理人的美國聯邦存款保險公司（FDIC）究竟如何在不同的清理方式中，擇一最適化途徑進行清理程序？依美國金融法相關規定觀之，應係以個案中所採之清理方式可能對於存款保險基金造成「最小成本」之方式作爲考量判準（the Cost Test）[24]。

我國金融法中有關清理程序之規範，論者主張「處置問題銀行剩餘資產，清償問題銀行剩餘債權人之債權，藉以確保金融體系穩定，重拾經濟的流動性」，迨可謂爲銀行清理程序的核心任務[25]。揆諸我國銀行法第62條第5項與第63條之1規定，更將前揭規範之適用範圍更擴及至依其他法律設立之銀行或金融機構，本文乃據此將討論對象自「銀行」延伸至渠等法據所指之「金融機構」，合先敘明。

清理在我國實定法的由來，論者以爲應係補正前台北市「第八信用合作社」停業清算案之處理欠缺法據之憾，乃於1975年7月修正銀行法時創設該制[26]；法與時轉，揆諸現行法之旨，諒係慮及金融機構有別於傳統公司組織，於渠等經營不善時，公司法制中「重整」與「清算」程序顯然不符前揭金融產業退場規範中「存款人保護」之特殊公益目的考量，因此乃專門針對「因財務

---

22 12 U.S.C. § 1823 (M)(15).

23 12 U.S.C. § 1823 (N).

24 *See* 12 U.S.C. § 1823 (c)(4). 原文為 “THE FDIC, IN RESOLVING DEPOSITARY INSTITUTIONS FAILURES, MUST DETERMINE THAT THE EXERCISE OF THE AUTHORITY IN QUESTION IS NECESSARY TO MEET THE OBLIGATION OF THE FDIC TO PROVIDE INSURANCE COVERAGE FOR THE INSURED DEPOSITS, AND THAT THE TOTAL AMOUNT OF THE EXPENDITURES MADE AND OBLIGATIONS INCURRED BY THE FDIC IN CONNECTION WITH THE RESOLUTION IS THE LEAST COSTLY TO THE DEPOSIT INSUERANCE FUND OF ALL POSSIBLE METHORDS OF MEETING THE FDIC’S OBLIGATION.”

25 有關美國金融機構清理程序的主要任務，請參見美國聯邦存款保險公司與清理信託公司處理問題金融危機之經驗與啟示（上），存保叢書（64），1999年，頁7。

26 我國「清理」法制的沿革，國內文獻甚少著墨，論者或有提及者，請參考許明夫，銀行清理清算之法律問題，存款保險資訊季刊，1期，1987年3月，頁9-13。

業務狀況顯著惡化，不能支付其債務或有損及存款人利益之虞」（銀行法第62條第1項）或「虧損逾資本三分之一，經主管機關限期補足資本而逾期未經補足資本」（銀行法第64條）的金融機構，經主管機關勒令停業「後」，尚未解散「前」的「現存財產」所涉法律事務之「清查整理」的程序謂之。

茲有疑問者，清理程序的法律性質，究應如何界定？擬透過與其他類似制度逐一比較，依序說明如後：

一、清理與「勒令停業」

我國法對於經營困難金融機構所爲行政因應的內容及規範，通常係於進行清理程序前，由主管機關先對於符合一定條件之金融機構施予「停業」之處分[27]。

然而，美國法上對於金融機構的「勒令停業」，在法律上所建構之判準（Standards for Closure）甚爲嚴格；詳言之，由於法律上影響甚鉅，美國金融實務中主管機關對於金融機構的停業格外謹愼，程序上皆係由營業許可機關（Chartering Authority）[28]，製發所謂「問題金融機構認定函」（Failing Bank Letter）予聯邦存款保險公司[29]後，始由FDIC 對於被認定的問題金融機構施予「停業」之處分[30]，基此，謹將美國法對於問題金融機構勒令停業的構成要件臚列如次：

1. 資產不足履行債務（Insufficient to Meet Its Obligations）；
2. 該機構因違法或從事不當營業行爲（Unsafe or Unsound Practice）導致資產價值實質上減損；
3. 該機構正處於經營不穩定（in an Unsafe or Unsound Condition）的情形；

---

[27] 銀行法第61-1 條、第62 條第1 項規定。但有關停業之判準仍多抽象，應進一步明確，俾利實務遵循。

[28] 例如聯邦立案銀行之營業許可機關為財政部金融局（OCC），儲貸機構營業許可機關為儲貸局（OTS）等。

[29] 這份正式的通知公文書，具有使特定金融機構因被主管機關認定為問題金融機構，而另構成停業處分之效力。

[30] 12 U.S.C. §1821 (c)(5).

4. 該機構故意違反主管機關所頒禁制令（Cease-and-desist Order）；

5. 該機構對於資產賬目或表冊文件有所隱匿；

6. 該機構於正常營業中（Normal Course of Business）發生不能支應存款人之提領（Meet Its Depositors' Demand）或不能履行債務（Pay Its Obligations）之虞；

7. 該機構已發生或將發生虧損，有耗盡其股本（Deplete all or Substantially all of Its Capital）之虞，若聯邦資金不介入該機構恐無法達成資本適足性（Adequately Capitalized）要求；

8. 因發生違法或不當情形，將導致該機構的不能清償或資產實質減損，弱化其競爭或嚴重地影響其存戶或存款保險基金之權益（Seriously Prejudice the Interests of the Institution's Depositors or the Deposit Insurance Fund）；

9. 機構同意主關機關之指派[31]；

*10.*該機構已非存款保險會員（Cease to Be an Insured Institution）；

*11.*資本不足（Undercapitalized）並無可期待（Has No Reasonable Prospect）該機構回復資本適足（Returning to Capital Adequacy）或採取立即的糾正措施（Undertake Prompt Corrective Action）；

*12.*該機構資本嚴重不足（Critically Undercapitalized）；

尤值一提者，主管機關對於特定金融機構所為之停業處分，並不需經過事先通知（Prior Notice）或舉辦公聽（Hearing）的正當程序（Due Process）[32]，並於個案中經法院判例予以支持[33]。

反觀我國銀行法第61條之1所賦予金融主管機關的處分權內容包含「糾正、限期改善、撤銷法定會議決議、停止銀行部分業務、命銀行解除經理人或職員職務、解除董事監察人職務及其他必要處置」等選項；同法第62條更規定符合一定條件之金融機構，主管機關得「勒令停業（並限期清理）、停止一

[31] 實務上需由聯邦存款保險公司接獲正式由該清理機構出具之同意函（Consent Agreement）FDIC才會據之發出停業命令（Closure Order）。See SECTION 6 (K) OF THE U.S.C. § 1818 (K).

[32] 12 U.S.C. § § 191. 203 (A).

[33] Fahey V. MALLONEE, 332 U.S. 245, 253-254 (1947).

部業務、派員監管或接管[34]、其他必要處置[35]並得洽請有關機關限制負責人出境」，諒係考量進行清理前，問題金融機構之財務與業務狀況實有暫予停止之必要，乃有如是制度之設。但勒令停業之構成要件「因業務或財務狀況顯著惡化，不能支付其債務或有損及存款人利益之虞」究係採前述美國實務上所稱之「淨值」或「流動性」作爲判準[36]？雖有銀行法第六四條以「虧損達資本之一定比例」作爲認定停業之基準規定，但實務上見解似尚未統一，判準認定上仍饒有餘地。然依我國答覆國際貨幣基金會所掣發有關金融政策問卷中，似可得窺我國實務上態度應係採「流動性」作爲認定處理問題金融機構之判準[37]，符合現行國際作業標準，可資贊同。但勒令停業之法律判準仍多抽象，似宜進一步明確，便於實務遵循，亦能有效降低監理成本。

---

34 有關主管機關派員監管或接管規定之合憲性探討，亦請參見大法官釋字第488號釋文。

35 所稱「其他必要處置」究何所指？大法官釋字第489號解釋曾表示：「須於符合同條第一項『銀行因業務或財務狀況顯著惡化不能支付其債務或有損及存款人利益之虞時』的前提，因情況急迫，縱然採取上開措施勢將不能實現預期效果時，所為之不得已之合理手段」，併此說明。

36 「業務狀況顯著惡化」之內涵係指經辦理金融業務檢查之機關或存保公司發現其業務經營狀況之缺失，足以影響其正常或健全經營者，然通常對於業務經營是否良好並不易判斷，因無法由其獲利或盈虧斷定其業務狀況是否惡化；「財務狀況顯著惡化」銀行之財務狀況發生不健全或流動性不足之情形，其最常見之判斷標準為視其淨值是否已呈負數，但當主管機關無法即時判斷其淨值是否為負數時，可否逕由主管機關認定其無法繼續經營即生疑議，行政院金融重建基金條例（以下簡稱基金條例）第5條第1項第3款規定其可由主管機關認定之，然於此可否如此認定，尚有未明；「不能支付其債務」即指無法清償其即期債務者而言，至於究其係指「債務超過」（負債超過資產之客觀狀態）或「支付不能」（短期性流動資金之不足之主觀狀態）應皆可包括之，然與破產法中「不能清償債務」尚屬有間；「有損及存款人利益之虞」係指可能導致存款人遭受損失之任何因素，如發生鉅額之預期放款或催收款而清理情況不佳時，然此要需與前述之四種態樣綜合判斷之。請參見張卜元，處理問題金融機構之法律問題—論監管及接管之規範，台北大學法研所碩士論文，2003年7月，頁35-36。

37 茲將該問卷問題原文轉錄如下：“Are troubled depository institutions routinely closed and liquidated or otherwise reorganized when equity capital is exhausted?” See ROSALIND BENNETT, “Failure Resolution and Asset Liquidation,” FDIC Banking Review, TABLE 2, at 5 (2001). 我國官方答覆為「否」，反面推之，應可認定我國應非以淨值作為問題金融機構之判準。

二、清理與「重整」

以我國銀行法中對於金融機構清理規定之立法技術著眼，清理程序與公司法中對於復健財務重症（Financially Distressed）企業所設之重整程序（Re-organization）間，確有諸多類似之處；舉例而言，銀行法第62條之7第3項所設「銀行清理期間，其重整、破產、和解、強制執行等程序當然停止」規定，顯與公司法第294條「裁定重整之公司之破產、和解、強制執行及因財產關係所生之訴訟等程序，當然停止」規定法理相通；銀行法第62條之5第1項後段準用同法第62條之2第1項及第2項「清理之銀行之經營權及財產之管理處分權均由清理人行使」規定，亦與公司法第293條「重整公司業務之經營與財產之管理處分權移屬於重整人」規定出於類同法理考量；銀行法第62條第5項所指「勒令停業之銀行，如於清理期限內，已恢復支付能力」之文義，論者據此主張清理程序的性質意在協助金融機構「回復正常營運」[38]，此又與公司法重整程序「重建更生之可能」的啓動判準意旨相通，是否意謂清理程序實質上得視爲復健問題金融機構的重整機制？實有進一步澄清之必要。

就程序設計之原理觀之，公司重整程序具有處理公開發行公司經營困難，使之回復正常營業的目的，所維護的是「產業法益」，但金融機構清理程序則係基於存款人保護的「公眾法益」著眼，在停業與解散之間，過渡性的清查整理問題金融機構的現時資產，仍待後續「清理計畫」的具體執行，兩者之間其實仍存有若干基本的差異：

1. 清理程序中主管機關指定之法定清理人職務雖需擬具「清理計畫」（銀行法第62條之6第2項），雖然因支付能力回復而有「復業」可能（銀行法第62條第5項），但整體言之，清理程序仍係爲「了結現務及收取債權、清償債務」（銀行法第62條之5）之目的而設，顯與重整程序中法院指派之重整人所需擬訂「重整計畫」（公司法第303條），經由關係人會議可決與法院認可（公司法第305條）後，發生公司「重建更生」的效果不同。

2. 清理程序所適用之對象爲「銀行或依其他法律設立之銀行或金融機構」，實務上係包含非屬股份有限公司組織者（如土銀、台銀等）在內，顯與重

[38] 許明夫，註26文，頁9。

整程序所適用之公開發行股票公司迥異。

3. 重整法中對於程序之啓動設有「徵詢機制」（公司法第284條、第285條），諒係藉以表示對於財務重症企業是否適用重整程序之審慎。反之，清理程序則寓有濃厚之職權進行主義色彩，影響問題金融機構權益甚鉅，啓動清理的「停業」判準全繫乎主管機關之監理裁量，立法技術上顯有不同權衡。

三、清理與「清算」

公司清算程序（Liquidation），制度之旨原係針對解散之公司所設的債務結算程序。就企業退場機制處理之性質上觀之，似與金融機構之清理相近。且就程序開始之要件而言，銀行法中「停業」原則上應為開始清理程序之前提，正如同公司法中「解散」為啓動清算程序之條件般，皆須先將程序主體營業狀態停止，以便財務整理計算。此於經勒令停業之金融機構開始清理程序中回復支付能力，但卻未獲主管機關核准復業時，法效上乃自停業時起視為解散，原有清理程序視為清算（銀行法第62條第5項），足見此兩程序在立法技術上亦有相互援引之例，兩者程序上應有一定之法理相通；但就規定細節析之，兩者仍多不同之處：

1. 資產分配方式

依美國法公司清算時，債權人與公司股東於程序中所得獲之資產分配成數，迨依債權或股權比例定之[39]，然而於金融機構清理，債權人或股東則希望營業能夠繼續，使權益得以因新主體承受而獲得有效維護。基此，清算只是金融機構清理程序中的選項之一，在現行美國實務上因為特殊之財務作業考量[40]，較其他清理方式相對言之（OBA, P&A, Bridge Banks），反而較少採

---

[39] *See* MARK ROE, CORPORATE REORGANIZATION AND BANKRUPTCY, FOUNDATION PRESS, 1ST ED., at 592 (2000).

[40] 有關清理程序中聯邦存款保險公司已極少採取清算方式的原因，請參見本文前揭「貳、清理程序之法律佈局」段落中「2.清算」部分之敘明。

用[41]。

2. 目的不同

清理之最終目的仍在使問題金融機構可能造成存款人權益之影響，得因公權力的及早介入預防，而將不能清償的風險降至最低。清理程序進行中所涉及的清算手段，僅係實現此目標所設計的一種整理財務現狀的結算程序，兩者立法意旨應有所區分。

四、清理與「接管」

我國金融機構的清理程序開始後，清理人執行職務係準用有關接管人之規定（銀行法第62條之5第1項、第3項、第4項）。基此，我國法上對於問題金融機構之清理與接管兩程序亦存有相當之同質性。

反觀美國法上對於清理程序之實務，大致上分爲營業繼續（Open-Bank Assisatnce）與營業中斷（Closed-Bank Assistance）兩種清理方式[42]，並非每一種清理方式皆需透過接管程序（Receivership），例如營業繼續方式的清理程序即只需尋求新資金的挹注而毋需經由接管的繁瑣程序，清理程序亦因此節省較多法律成本。

我國目前清理程序，如前所述乃附麗於接管程序進行，但清理人若依法採取「營業繼續」的清理方式，固然在作業上有先予接管的空窗期間，但當清理人採取諸如前述之尋求其他金融機構承購的「中斷經營」清理方式時，則似可經由「委託經營」的方式處理（銀行法第62條之3第1項、存款保險條例第15條第1項第2、3款），而無逕予接管之實際必要，方符最低處理成本原則。基此，我國目前清理程序指定清理人後之準用法效，在採取營業中斷方式之清理

41 縱然由擔任法定清理人地位的存款保險公司採清算方式處理金融機構，亦因清理人先以現金賠付（Payoff in Cash）該金融機構存款人，使清理人亦因代位（Subrogated），仍僅以其公司組織之權限外觀（Corporate Capacity）與其他債權人居於同樣受償之順位。至於股東與債權人之分配，因此將受到清理人代位債權加入分配之排擠效應而受影響。MACEY, MILLER AND CARNELL, SUPRA NOTE 7，at 739.

42 論者有認為一般分類上的P&A 及LIQUIDATION 皆應列入營業中斷的清理方式。See ROSALIND BENNETT, SUPRA NOTE 37, at 12.

程序時，應檢討是否還需利用接管程序之必要性。易言之，現行銀行法第62條之5第4項規定是否符合清理程序所強調之「最小成本」處理原則？饒有進一步商榷之餘地。

五、小結

綜前所述，我國金融法規目前清理程序與美國法類似，清理人得依問題金融機構之財務業務惡化實際狀況，於營業繼續或營業中斷的各種清理方式中（存款保險條例第15條第1項）擇一進行，但需以勒令停業之行政處分爲先行程序，始得開始進行清理程序。對照我國現行金融機構停業之判準仍多不確定文義，是否參考美國實務上有關問題金融機構的停業標準，建構更爲明確的作業判準，使影響存戶權益甚鉅之清理程序的發動，能有清楚的法律構成要件以資實務遵循。

參、清理人

一、資格

美國法上對於清理程序中經主管機關所指派之清理人（Appointment of a Fiduciary）設有以聯邦存款保險公司爲「法定清理人」的規定[43]。我國存款保險條例第16條所示「主管機關勒令要保機構停業時，應即指定中央存款保險公司爲清理人」之規定，諒係參酌前揭美國法制，乃設相同之制，於清理程序中指定具金融監理機關性格，但法律外觀上仍保有公司組織彈性之存款保險機構擔任「法定清理人」。

---

[43] *See* 12 U.S. C. §1821.

二、職權

清理人在我國金融法中執行職務，除透過接管人法效之準用規定（銀行法第62條之5第1項）外，尚需遵循「了結現務與收取債權、清償債務」（銀行法第62條之5第2項）、「依法辦理現金賠付、移轉存款、促成與其他金融機構之合併或承受、承受並繼續經營」（存款保險條例第15條）之職務內容。實務上案例中多由中央存保公司出面協調再由其他金融機構承受的方式進行清理，清理人的居中仲介功能因此更加凸顯其重要性。

三、責任

我國清理法制中有關清理人之法律定性，迨皆指向以中央存款保險公司（法定清理人）爲主之規範。基此，有關清理人之責任，當首先檢視我國清理法中之相關規定。依銀行法第61條之1第3項、第62條第1項、第62條之2、第62條之3、第62條之5、存款保險條例第16條等規定觀之，中央存款保險公司之法律地位應係大法官釋字第269號解釋文及適用行政程序法第16條、行政程序法第2條第3項規定所指之「行政委託」受託人，對外所爲之法律行爲自應具有「行政處分」之外觀，若以清理人名義承受問題金融機構之資產或負債而涉訟時，基本上應依行政爭訟程序進行公法上之請求，但中央存款保險公司的組織外觀，是否能夠絕對免於民事訴訟？在美國業已引起廣泛討論[44]，似值進一步注意。凡此迨皆涉及我國存款保險制度之法律定位，本文後段將對此點作出回應說明。

---

[44] *See* FED. Deposit INS. CORP. V. ERNEST & YOUNG, 374 F. 3D. 579, 583 (7TH CIR. 2004).

肆、問題與芻議

一、停業的判準應更明確

每一個不確定的法律概念之後都可能藏有循私偏袒的惡靈。衡諸我國現行法對於勒令停業的法律要件殊屬抽象，不但經營困難的金融機構對於自身何時將因構成法定條件而遭勒令停業之命運未能及早應變，對於存款人而言，亦因資訊不對稱的反應落後而可能遭致不獲賠付的損失，遑論法律內容的明確本爲法治社會的根本期待，與公民基礎建設息息相關的問題金融機構的退場法制，實應經由量化判準使之更符合金融風險控管的期待。

或有主張應配合以資本爲基準之監理措施，宜採「資本低於百分之二」設爲金融機構停業之判準者[45]，察其立論乃冀求較現行規定處理時點上更爲提早地讓法定清理人開始介入。惟有疑義者，較之銀行法第64條第1項「銀行虧損達實收資本三分之一」之處理時點，孰爲先後？似仍值進一步析論。

二、金融財團的介入協助義務

2001年11月通過的金融控股公司法在各界殷切期盼下，經由多數公民意志的投射，首次以立法方式建構出對於我國金融財團的發展規格與遊戲規則。除了參考美國1956年銀行控股公司法（Bank Holding Company Act of 1956）規定，將位居資源整合地位的金融控股公司對於包含銀行、證券、保險等子公司的「控制性」持股成數，以有別於公司法中對於垂直性（控制、從屬）關係企業間需達50%持股的法律門檻，而以25%持股加上「跨業經營」的判準，認定金融財團的會員資格；金融財團更得以透過金控公司作爲稅務整合平台，達成財團內子公司間損益交叉補貼（Cross-subsidization）的「聯結稅制」，造成「免稅還有錢賺」的不合理現象，更使得不具金控平台的金融機構實質上遭受跛足競爭的法制不利益。目前的十四家金控財團，宛如十四組金融航空母艦

[45] 李滿治等七人合著，強化我國問題金融機構處理機制之研究，存保叢書（二），2001年10月版，頁393。

戰鬥軍團，以資產總額新臺幣三千億，最低資本兩百億的原始規格配備首航出發，歷經三年的殘酷爭伐，成王敗寇之象正逐漸浮現，去年底金控已占金融前一百大總營收的三成七，獲利更達金融前一百大的六成三[46]；除了交叉行銷的綜效（Synergy）發威，手續費收入業務迅速成長，使得消費金融業務亮眼的脫穎而出。以「兆元」資產規模與「百億」稅後純益兩項判準設爲經緯所匡定的金控競爭象限，金控群英的買相與賣相似乎昭然若揭，也替下一波金融戰國的版圖兼併鋪陳了故事主軸與角色扮演。尤有甚者，掌控我國過半銀行資產比重的官股金融機構，早經官方定調的民營釋股與減半整合政策，卻仍然受困於政爭惡鬥而不能確定施行，更讓我國金融監理政策上，期待能夠經由金融的二次改革，整合產出具「一成市占率」競爭指標的金控酷斯拉，接連功敗垂成。

隱身在這一齣混沌金融賽局之後的嚴肅問題迨爲，問題金融機構進行清理的同時，資金上游的金融財團應擔負何種責任？現行金控法第56條所指金融控股公司協助子公司財務之義務規定，是否等同於金控公司對於問題金融機構之子公司進行清理時應負有介入協助之義務？

本文以爲問題金融機構與其資金往來密切之金控公司間，當有相當之財務與業務之利害共存關係，此乃金控法所以設有前開規定之旨。銀行法中雖無明文，仍應同於金控法第56條規範，爲合目的性解釋，基此，金控公司應有義務提供資金與協助之義務。

三、存款保險公司定位

身兼重要金融監理任務的聯邦存款保險公司，由於其公司組織的外觀，就其與清理程序中問題金融機構所爲和解契約（Settlement Agreement）發生疑義時，存保公司本身究竟是否具有承受當事人因違反與第三人所訂定契約之被訴地位？近來在美國金融法制上引起廣泛討論。聯邦第七上訴巡迴法院的判決指出，美國聯邦存款保險法的相關規定似乎並無提供豁免條款餘地[47]。

反觀我國金融實務上，中央存款保險公司先後以接管人與清理人身分開始

[46] 有關之統計資料，請參見天下雜誌，322期，2005年5月1日，頁412。
[47] FED. DEPOSIT INS. CORP V. ERNEST & YOUNG, 374 F. 3D 579, 583 (7TH CIR.2004).

清理程序（銀行法第62條之2、同條之5）時，問題金融機構於「清理開始前」與第三人所訂定合約中的仲裁條款（Arbitration Clause）是否得拘束清理人[48]？依我國現行清理法制，中央存款保險公司是否得免於類於美國實例中陷於被契約關係前手進行民事求償？迨皆涉及居於清理程序主要地位存款保險公司的法律定位。

按依現行法規定觀之，中央存保公司的定位應係居於「私人受託行使公權力」之地位，基此，其於執行職務範圍內所為處置之性質，應為行政程序法第92條、訴願法第3條、釋字第423號所指之「行政處分」。受處分之要保機構為處分之相對人自可視訴訟程度為不同之救濟，例如提撤銷訴訟（須訴願前置）的同時，聲請停止執行（訴願法第93條，行政訴訟法第116條）（行政訴訟法第7條可合併請求損害賠償），若已執行完畢，即提給付之訴（行政訴訟法第8條），或提國賠，但兩者之適用關係則應依國賠法第10條所定決之。非相對人（利害關係人）因此處分致其權益受影響者，亦可依其程度分別依訴願（訴願法第1、4條，行政訴訟法第4條第3項）、行政訴訟及國賠程序而為請求。（被告乃依行政訴訟法第25條定其地位，其效力部分則另涉及訴願法第95條規定，併此說明）。基此，以下謹就可能疑義，逐一檢討：

48 學者質疑債權人將附有仲裁條款之債權讓與受讓人，該受讓人行使受讓之債權時，是否必須依仲裁程序處理？關於此問題，最高法院87 年台抗字第630 號裁定要旨見解僅從民法債權讓與之相關規定立論，忽視「仲裁條款之獨立性原則」之關係及受讓人訴訟權之保障，是否妥適，不無疑問。請參見林俊益，仲裁法之實用權益，2001 年4 月，頁81-82。至於涉及民法第294 條之「抗辯權」對受讓人而言是否包括程序法上之抗辨權問題？仲裁契約之效力是否及於債權受讓人？仲裁實務上，從仲裁條款獨立性原則之觀點出發，曾有採不同見解者，詳見中華民國商務仲裁協會編印，仲裁案例選輯（一），1998 年2 月，頁73。

（一）存保公司接手金融機關後，其與金融機構相對人間之爭議——是否應繼受金融機構與第三人所爲之和解契約或仲裁條款？

1. 本文基本上贊同美國上訴巡迴法院之見解，亦即除我國銀行法或存保條例中設有得令接管之法定清理人，不受金融機構與第三人契約拘束之明文，肩負金融監理之責的存保公司於清理程序中實難豁免；反之，以保障交易安全與相對人之信賴利益著眼，存保公司應受原當事人間約定拘束，申言之，清理程序進行中所生法律效果應依法歸屬於該問題金融機構之清理機構。故不論是否於清理程序進行期間，金融機構與第三人於清理開始前之各種契約，應拘束承繼問題金融機構財務、業務管理與處分權的清理機構。
2. 存保公司對於金融機構與第三人間通謀所爲掏空資產之契約，依修正銀行法第125條之5（銀行負責人、職員或行爲人所爲之有償行爲，於行爲時明知有損害於銀行之權利，且受益人於受益時亦知其情事者，銀行得聲請法院撤銷之），存保公司應得於接管問題金融機構後，以清理人地位主張撤銷。

（二）存保公司進行清理程序中若因不當處置生損害於金融機構，該金融機構之存款人如何主張救濟？學說上或有以下不同主張

1. 循行政委託法理結構主張

私人經授權行使國家高權（行政委託）：由國家等行政主體將公權力交由人民行使之情形。私人經授權行使國家高權之正式委託方式——行政機關以行政處分或行政契約爲之[49]。

[49] 實務上最有名之個案為海基會此一受陸委會委託行使公權力之私法人。

2. 直接以法律規定為依據

關於此私人身分之性質：經授權行使國家高權之私人，其身分故不改其人民之性質，惟功能上已納入行政之一環，於外部關係上得「獨立以自己名義」執行公行政行爲。故在受託範圍內具有行政主體之地位，且於以獨立名義對外行使公權力時，應與一般行政機關受相同之法律評價，縱非組織法意義上之行政機關，至少也是「功能意義上之行政機關」，是以亦須受行政程序法之規範。

本文認爲依清理法制所欲達成協助問題金融機構以最小成本原則退場之立法意旨觀之，居於法定清理人地位之存款保險公司於不當處置致生損害於不特定之存款人時，應依前述第二種方式，以行政程序法爲據主張權益，輔以行政訴訟法第7條提起損賠請求，似較符「存款人保護」之公益期待。

四、專業法庭與國際作業準則

2005年5月18日公布施行銀行法第138條之1「法院爲審理違反本法之犯罪案件，得設立專業法庭或指定專人辦理」修正條文，賦予金融專業法庭設立的法律依據。然而，從截至2004年司法院統計資料中發現，一般民眾對於我國法庭活動表現中法官「辦案品質」與「專業能力」的改進仍有極大期待[50]，至於律師對於「設置專業法庭」的司法改革亦有高達兩成的不滿意度[51]，顯見司法制度使用者迨皆一致地期待法官分工專業化能有更大幅度的改善。

從我國歷年來失敗金融機構處理過程觀之，金融案件的處理確實仍多仰賴金融行政主管機關間的專業配合，但將所有重擔悉由行政單位一肩挑起並不公平，實務上於金融機構經營困難案件中亦多有涉訟部分需透過司法裁判的協

---

[50] 「93年一般民眾對法院服務滿意度調查」自2004 年7 月1 日至10 日委託民間民調公司，針對臺灣地區23 縣市年滿20 歲以上之民眾，採電話訪問方式進行調查。有效樣本數為4,848 人，在95% 信心水準下，抽樣誤差為±1.4%。請參見司法院統計網站資料：http://www.judicial.gov.tw/Juds/2_ p9307.doc ，最後瀏覽日：2005 年5 月20 日。本文謹轉錄民眾觀點之統計供參（見附表一）。

[51] 請參見司法院統計網站資料：http://www.judicial. gov.tw/Juds/3_I9312.pdf ，最後瀏覽日：2005年5 月20 日。

助。雖然有關清理程序進行中的所有司法追償活動都依法暫時停止，但清理「前、後」階段的司法處理都牽涉整體金融機構清理的法律成本，焉可輕忽。

金融「國際化」的願景中，除了金融業務需與國際作業準則（International Standards）接軌，長期培育的金融法專業法官在分工的專庭中，經驗得以累積傳承，裁判與法庭活動逐漸符合國際金融作業的個案期待，更將是影響我國金融機構退場機制國際化觀瞻整體評估的重要部分。欣聞最新修正銀行法中已見專業分工化法庭的努力，但如何推動保守的司法牛車漸進落實？恐尚待金融與法律的跨領域整合，跳脫本位思考，能在嚴謹的研習活動（Workshops）中加強專業交流與訓練，使失敗金融機構的清理程序能在健全的法制作業中更迭進行。

至於如何執行的具體建議部分，本文初步的想法是：

1. 考量金融產業各公會（如銀行公會）意見彙整與代言的最適地位，是否定期徵調金融機構中操作實績良好的專業經理人，在金融研訓院舉辦業務講習，全部以「案例分析」（Case Study）分式研討，並將一系列討論內容製作成冊，供日後個案處理遵循參考。

2. 司法院與法務部成立專責單位，針對從事實務多年，對於金融法實務頗有心得之法官、檢察官、律師與學者「開放甄選」，除採取刻正研議中的「專家參審」途徑外，期能成立「金融專庭」試辦法院，逐年由法界與民眾問卷或民調中檢討成效，終局的能成立一支具有國際觀點的金融法實務團隊。

伍、結論

不能務實的金融法制，像一張張錯置的香蕉皮，不僅金融產業可能因之摔跤受傷，隱身在後的企業組群更可能因之一蹶不振。加入世貿後，臺灣的金融產業不僅佈局兩岸三地，更面臨假全球化之名來襲的嚴苛競爭，監理者口中的良法美意，在區域化法規競爭的現實下，若未能務實地規範與執行，終將淪為政策失敗的藉口。金融產業需要的是「務實」的法制環境；值此「二次金改、金控整合」呼聲震天、行政院金融重建基金退場在即[52]、資本市場接連發生地雷股案件之際[53]，供應企業金流的上游金融機構發生財務重症，進行清理的可能性大增的預測應係符合「理性」假設，因應經營困難金融機構的清理法制更顯其重要性，本文從清理程序之法律佈局與實務現況逐一檢視分析，企圖導出可能尚待改進的問題，並試提出可能的改善芻議，期能供金融與司法實務參考。

（本文發表於臺灣本土法學雜誌第72期，2005年7月）

附表一

歷年來民眾對法官審判公信力之感受的比較												單元：%
項目別	無意見／拒答	好				普通				不好		
		90年	91年	92年	93年	90年	91年	92年	93年	90年	91年	92年	93年
全部受訪者	32.0	20.9	35.2	40.7	40.7	40.8	22.6	12.3	14.4	38.4	42.2	47.1	44.9
今年到過法院洽公	1.0	24.4	42.2	43.8	42.6	33.7	20.5	9.2	9.8	41.9	37.3	47.0	47.6
以前到過法院洽公	3.0	22.6	34.2	33.6	41.2	34.1	20.6	14.4	11.8	43.2	45.2	52.0	46.9
未到過法院洽公	28.1	20.2	34.9	42.1	40.4	42.8	23.4	12.0	15.6	37	41.7	45.9	44.1

民眾認為法官審判公信力不好的原因												
原因	今年有			今年沒有，以前有			從來沒有			總和		
	人	%	排名	人	%	排名	人	%	排名	人	%	排名
辦案品質	56	21.1	1	160	19.9	1	347	9.2	2	562	11.6	2
法官操守	48	18.1	2	156	19.4	2	564	14.9	1	769	15.9	1

52 東森電子新聞報，「RTC 初審通過，金管會預估有7 家問題金融機構待處理」，網站資料：http://www.ettoday.com/2005/05/19/779-1792801.htm 最後瀏覽日：2005 年5 月20 日。

53 附表二謹針對公司聲請重整的統計資料，擬與本文所探討之失敗金融機構清理程序作一種「想像上的競合擬制」。

民衆認為法官審判公信力不好的原因												
原因	今年有			今年沒有，以前有			從來沒有			總和		
	人	%	排名	人	%	排名	人	%	排名	人	%	排名
法官專業能力	17	6.4	3	33	4.1	3	72	1.9	5	121	2.5	5
辦案態度	17	6.4	3	28	3.5	5	16	0.4	7	60	1.2	7
結案速度	17	6.4	3	18	22	7	33	0.9	6	67	1.4	6
審判獨立	11	4.2	7	33	4.1	3	175	4.6	3	220	4.5	3
其　他	14	5.3	6	26	3.2	6	91	2.4	4	131	2.7	4

附表二

2004 年（下半年）聲請重整的上市、櫃公司一覽表		
企業名稱	銀行債權金額（單位：億元）	目前民事程序處理情況
博達科技	60.3	公司重整遭駁回
陞記科技	50.3	緊急處分階段
耀文電子	41.3	緊急處分階段
大鵬電子	29.6	緊急處分階段
久津實業	28	聲請重整，裁定緊急處分階段
洪式英	27.2	緊急處分階段
大騰電子	27	聲請重整，銀行團同意延展一年
宏達科技	16.4	公司重整遭駁回
尙達公司	16.9	緊急處分階段
新企電子	8.3	緊急處分階段
宏傳科技	8.2	緊急處分階段
東正元	5.67	緊急處分階段
衛道科技	3.3	衛道本身撤回公司重整計畫
總計	322.47	

資料來源：轉引自經濟日報2005 年2 月20 日財經版報導。

金融機構清理流程圖

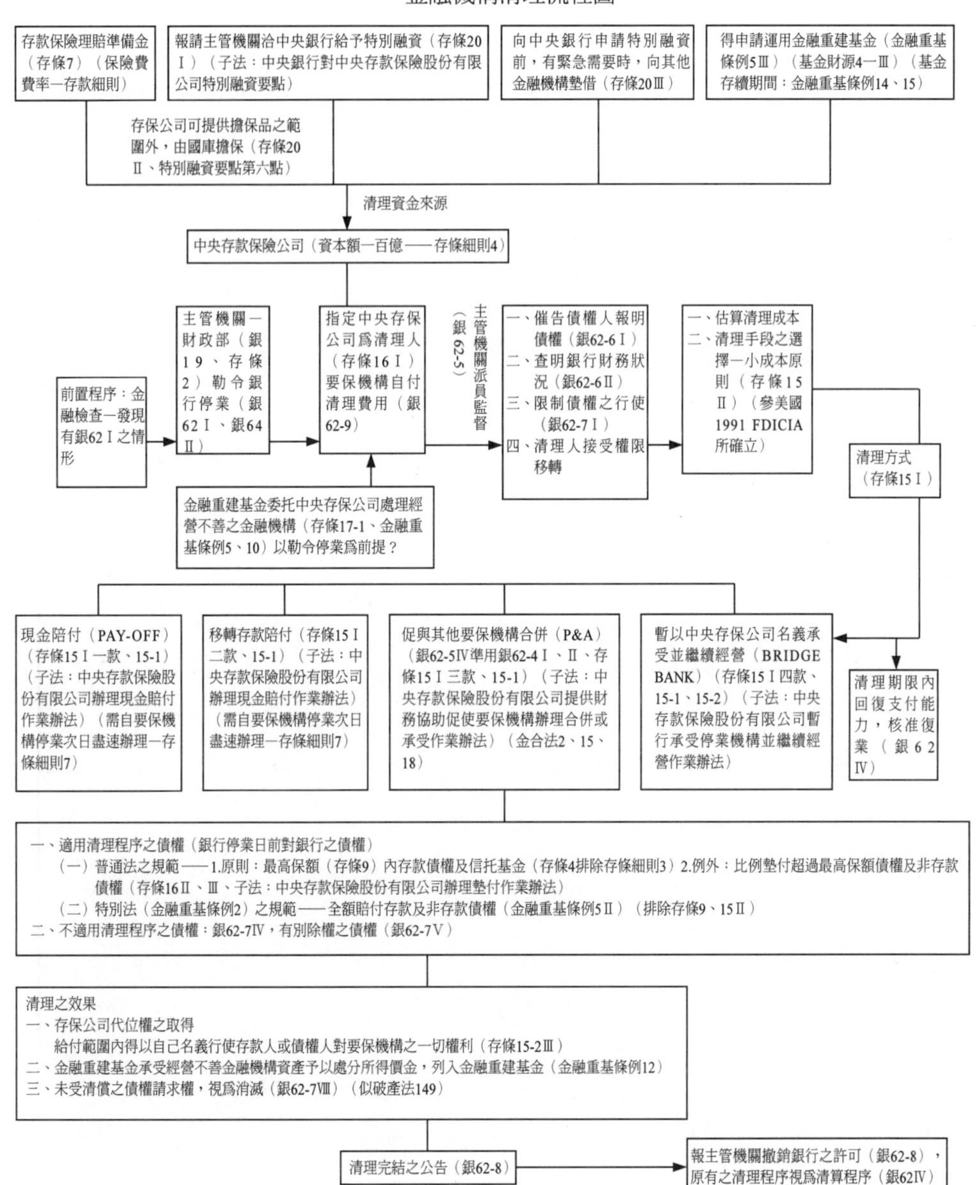

資料來源：作者自行整理

第六章
「信託業務」與「利益衝突」之防止
—以「共同信託基金」爲例—

壹、前言

近年來，傳統銀行業務由於受制於利率逐步走低所反應的存放利差縮小的現實，經營上確實倍感壓力，因此大多也因利勢導地轉向發展具有「集合運用資金」功能的信託業務，結合普遍被看好的「資產證券化」商機[1]，期能搶回市場優勢；而在強調多元化的信託業務種類之中又以「金錢信託」最被業者看好[2]，倘進一步再深究金錢信託的商業化運用實務，則又以甫經上路實施的「共同信託基金」，對整體金融市場的衝擊最大[3]，惟環顧目前國內相關文獻，似頗乏對於渠等新種金融商品法制建構之介紹，以爲實務操作參考，值此金融改革之際，誠爲健全法治之缺憾。

再者，「金融控股公司法」於2001年11月初正式施行後，國內金融業界相繼獲准設立的金融集團多達十三家之譜[4]，如此劇烈的金融版圖勢力重組，清楚說明了我國金融業務「大者恆大」的競爭現實；如何針對財團化金融機

---

[1] Frank J. Fabozzi, Issuer Perspectives on Securitization, at 45 (1998).

[2] 詳細內容請參照經濟日報（電子版），2002年1月12日報導。

[3] 「信託業准募共同信託基金後，對於證券投資信託基金業的衝擊甚大，投信業者如臨大敵……」，詳細內容煩請參前註出處，2001年8月2日報導。

[4] 財政部昨（31日）天宣布完成第二批金控公司申請案件審查，依金融控股公司法相關規定，核准第一、交銀、台新、新光、玉山、日盛及復華等七家金控公司設立，連同11月28日核准華南、國泰、中國信託、富邦、建華、中華開發等六家金控公司，目前共核准13家金控公司。其餘重要內容，請詳參前註，2002年1月1日報導。應併此說明者，國內最先成立的前三家金控公司，上市資本額分別將為：富邦金控546.5億元、華南金控414.68億元、國泰金控為583.86億元。相關業者表示，未來金控公司實收股本將隨著結盟夥伴陸續加入而持續擴大。同前註，2001年12月11日報導。

構內部職司不同業務功能之次級組織間，因爲執行信託法制的「交叉銷售」（Cross-selling）[5]行爲，所可能產生的利益衝突弊端，殆已成爲我國目前金融監理的重要課題[6]；此外，鑒於國內金融實務上普遍缺乏「利益衝突將鉅幅影響市場競爭秩序與終端消費客戶權益」[7]的觀念，考量臺灣在2002年初入世（WTO）後，國內金融法制勢將被迫逐步與國際金融標準作業 規範接軌的現實與急迫；本文乃不揣淺陋地從美國法上針對信託業務所建構之有關防止利益衝突發生的法制，以比較法觀點檢視我國現行相關規範，以祈拋磚引玉，並就教高明。

---

5 瑞士銀行（UBS）臺灣區總經理趙辛哲指出：「……其實本國金融機構應要切記，合併不見得可湊在一起，最重要的是達到交叉銷售、發揮綜效。企業合併法通過後，預期上市、上櫃公司將掀起另一波合併熱，控股公司化不一定就是好，最重要是能夠交叉銷售、整合後勤，降低成本……。」參前註，2001年11月13日報導。

6 目前我國官方對於金融控股財團所持的監理態度，似可自報載轉述得窺梗概：「……央行官員強調，國內即將成立金融控股公司，朝向大型化金融集團經營，對國內金融市場版圖、秩序及安全穩健勢必產生影響，未來央行將加強專案金檢，著重金融機構董監事功能查核，同時要求金融機構對企業集團授信應審慎評估其財務狀況及資金需求，避免金融機構債信惡化。官員指出，大型金融集團若發生問題，可能引發嚴重系統風險，為防範系統金融危機，央行將採行專案檢查及持續場外監控，重新評估金融機構董事會或高階管理階層決策資訊，並繼續蒐集國內外相關資訊，作為監理大型金融集團的參考，央行亦已就監理大型金融機構訂定六大原則。

央行對大型金融機構採取六大監理措施包括：一、依據『金融檢查資訊系統』產生的金融機構綜合評等資料，訂定例行檢查計畫；二、依據金融機構經營動態資料，加強辦理專案檢查；三、檢查作業是以風險管理為導向，特別著重查核金融機構董監事功能，督促金融機構加強授信等風險管理及健全內部控制制度。四、透過金融機構陳報資料，強化報表稽核；五、加強審核金融機構董監事會議紀錄及內部稽核報告；六、要求金融機構對企業集團授信，應綜合評估其財務營運狀況及資金需求。官員認為，在上述監理原則下，主管機關應可有效監督金股公司經營狀況。……」，誠可謂相當謹慎且保留。其餘請詳參前註，2001年11月2日報導。

7 *See* Harry McVea, Financial Conglomerates and the Chinese Wall-Regulating Conflicts of Interest, at 8 (1993).

貳、美國法上操作「共同信託基金」之法律依據

美國法上所稱之「共同信託基金」（Common Trust Fund），係指金融機構或專業信託公司，以「受託人」（Trustee）、「遺產管理人」（Administrator）、「遺囑執行人」（Executor）、「監護人」（Guardian）以及「保管人」（Custodian）等身分將原信託人個人所有之信託帳戶內資金予以「組群化」（Pooling）後，進而加以共同管理運用的金融工具（Vehicle）。一般而言，由於該種金融商品之募集法律程序較爲繁複，例如不得廣告[8]、管理費用相對較高[9]等因素，以致於實務上並未能如其姐妹金融商品—「共同基金」（Mutual Fund）般地廣爲人知。

近年來甚至因爲彼此的性質類同，而引發「共同信託基金」客戶的諸多爭議與訴訟，其中較爲著名的案例譬如「共同信託基金的受託人究竟能否如同共同基金般向其信託客戶收取管理手續費用？」（Surcharge on Managing Common Trust）[10]，究其背景，主要肇因於「共同信託基金」中對銀行所收取之運用報酬等費用，不能直接從基金財產中直接扣除，銀行所收取之信託報酬皆來自於各別客戶之個人信託帳戶中，亦即由信託客戶支付；但是在「共同基

---

8 立法理由係以銀行或信託業者所募集發行之共同信託基金，由於僅對信託客戶提供服務，並無必要透過廣告方式讓一般客戶瞭解。美國證管會（SEC）甚至認為以投資為目的進行基金之廣告已超出「正當之信託帳戶」（Proper Trust Account）的範圍應不得適用證券法中有關免除登記的例外規定。

9 此種信託契約係由銀行信託部依不同之信託目地而與其往來之客戶間訂定，通常因為需委由銀行往來之大型律師事務所辦理，且因共同信託基金係以銀行信託客戶為限，因此花費在程序上之規費普遍較針對不特定人所發行之共同基金要高。

10 *See* In the Matter of OnBank & Trust Co., 90 NY2d 725.（1998）本案訟爭涉及美國法上有關銀行受託管理「具裁量權的共同信託基金」（Discretionary Common Trust Fund）時向信託人所收取之管理手續費，究否合於1997年修正之美國銀行法（1997 Banking Law Amendment）第100條第c(3)項規定（Sec.100-c(3)）之立法意旨，前後經過九年的纏訟，最後由美國紐約上訴法院（New York Court of Appeals）法官Judith Kaye作成「……共同信託基金之受託銀行依信託契約將信託基金投資共同基金時，依前揭1997年美國銀行法第100條第c(3)項規定之旨，並無要求該受託銀行應負擔吸收管理費用之責……」之裁判，才終止了多年的爭議。轉錄該判決前揭意旨之原文如下："The Banking Law §100-c(3) does not require that a common trust fund trustee, who has lawfully invested in mutual funds, absorb the mutual fund management fees ...".

金」，卻係由構成基金之信託財產直接扣除；易言之，「共同基金」所顯示之操作績效係已扣除「管理費用」（Management Fee）後之數字，而「共同信託基金」則須由客戶另外再以手續費的型態計收，容易造成客戶的心理反感。另外亦值注意之案例譬如「共同信託基金的受託人得否將不同信託帳戶混同管理運用於投資？」（Commingle the Assets of the Otherwise Separate Constituent Trusts under Its Administration）[11]、「不同共同信託基金帳戶，若經受託人將之混同合併後之運用所得是否仍能豁免於美國聯邦內地稅法之適用而免稅？」（Are Common Trust Fund Mergers still Tax Free？）[12]等，似乎也間接突顯出美國法上對於該項行之有年之金融商品仍存在些許法律適用之疑義。

目前聯邦立案銀行所辦理之共同信託基金業務，主要係以美國「財政部」（Treasury Department）轄下之「金融局」（Office the Comptroller of the Currency，簡稱OCC）依「美國統一法典」（U.S.C.）第十二篇第二十四章第七節第92條a項、第93條a項以及第十五篇第78條第q、q-1項授權[13]，所頒之「第九號聯邦行政命令」（Regulation 9, 12CFR 9）為辦理法據；析其法律架構（如附表一所示），係由銀行與客戶間先行訂定信託契約，約定由銀行自行裁量或依照客戶指示，將資金依適當之「投資組合」（Portfolio）方式，分散或集中於購買特定基金，嗣依各該基金之運用績效，再將信託收益分配給信託人。倘信託人於信託契約期間中，欲轉換原所投資之基金時，由於信託資金運用比例會發生變化，當然也將影響原先信託契約中對於信託收益之分配及預估，因此自需特別審慎的就渠等得轉換之細節予以明文，以控管可能產生之法律風險。

---

[11] *See* Investment Company Institute v. Robert L. Clarke, as Comptroller of the Currency, Nos. 84-2622, 84-2623, 793 F2d 220; 1986 U.S. App.； Also In the Matter of Bankers Trust Company, as Trustee of Bankers Trust Company Capital Income Fund, Appellant-Respondent. Frederick Siegmund, as Guardian Ad Litem for Persons Interested in Income, Respondent-Appellant. 55719-55719A SUPREME COURT OF NEW YORK, APPELLATE DIVISION, FIRST DEPARTMENT 219 A.D.2D 266; 636 N.Y.S. 2D 741; 1995 N.Y. APP. DIV. LEXIS 13316.

[12] Northeast Bankcorp, Inc. v. Board of Governors of the Federal Reserve System, 105 S.Ct.2545 (1985).

[13] *See* The Office of the Comptroller of the Currency (OCC), the competent authority of the national banks, that prescribes this regulation pursuant to 12 USC 24(Seventh), 92a, and 93a, and 15USC 78q, 78q-1, and 78w.

參、美國法上針對「信託業務」所建構之「利益衝突防止」法制—「中國牆」之介紹

「利益衝突」（Conflicts of Interest），學理上或有分為廣義與狹義論之，廣義的利益衝突，係指不同個體、或個體內不同單位不同之利益間的衝突而言，狹義的利益衝突，則指個體的自我利益與對其他人之「信賴責任」（Fiduciary Duty）相衝突，或其對不同人所負之信賴責任彼此衝突而言[14]。由於金融業者與其客戶間之交易型態，必涉及個人最隱私的金錢處理，當事人雙方原具有較其他交易態樣更為強烈的「信賴關係」（Fiduciary Duty）存在[15]，如何適當地防止不當之利益衝突，而不至於斲傷金融財團綜合資源經營，所欲達成結合「規模經濟」（Scale Economy）與「範疇經濟」（Scope Economy）之「綜效」（Synergy），誠為金融監理政策上恆須兼顧「效率性」與「公正性」之兩難[16]。

由於兼營銀行、證券、保險業務的大型金融財團，不可避免地將引發「經濟力過度集中」（Economic Concentration）的傳統爭辯，勢必觸及財團內部因為資源交流運用，所造成與客戶間利益衝突究應如何處理的根本問題，因此實務上多以實行特定之管制措施（Measures）以防止前揭利益衝突的發生，此可由著名的美國投資銀行—「美林證券」公司（Merrill Lynch, Pierce, Fenner & Smith Inc.）早於1968年因案涉訟所揭櫫之「防止資訊不當流用之控管措施」（Merrill Lynch0092s Statement of Policy），開始引發人們對於利益衝突問題之正視而得窺其端倪[17]；針對區隔銀行、證券或信託部門間的不當資訊流通所訂定的內控管制細部規則與程序[18]—或有將之稱為「中國牆」（Chinese

14 余雪明，證券交易法，第343頁（2000年11月初版）。

15 *Supra* note 7, at 30.

16 於該段描述甚為傳神且詞藻優美，茲轉錄原文如下供參“For the purpose of analysis, the debate is couched in terms of a tension between economic issues of efficiency and legal issues of fairness...” Supra note 7, at 201.

17 43 SEC 933 (1968).

18 例如美國證券業的最大自律組織——「全國證券自營商公會」（National Association of Securities Dealer, NASD）於其「書面監理程序檢查表」（Written Supervisory Procedure Checklist）

Walls）者[19]，在金融實務上常被認爲具有市場「健全、成熟」指標意義之重要性；究該如何應用於銀行辦理信託業務過程中可能發生的利益衝突之防止，實有進一步藉由法制比較而加以澄明之必要。基此，爰謹就針對「資訊之不當流用」與「人員之不當兼職」所可能造成之利益衝突而訂定之管制規範臚列敘明如下：

一、「資訊不當流用」之禁止—「中國牆」之法律定位（一）

概念上亟待辨明者，首須區分「防火牆」與「中國牆」兩者之差別；學理上，有認爲針對銀行「內部」（Internal）— 例如「業務部門」與「信託部門」— 間資訊流用而造成利益衝突所訂定的禁止規範，統稱之爲「中國牆」；而針對銀行「外部」（External）— 有關「銀行」與「證券、保險」業別間 — 因業務兼營產生利益衝突所訂定的禁止規範，統稱之爲「防火牆」（Firewalls）。惟論者或亦有主張，「中國牆」之概念提出，原擬規範因爲「重要資訊」（Material Information）的不當流用所造成的利益衝突情形，而今應整體適用於前揭銀行「內部」與包括證券、保險業別間之「外部」關係[20]；我國學者並有認爲「中國牆」之作用不僅在於禁止敏感資訊之流通，更提供中國牆制度健全之業者，在某程度內可以對於利用內部消息或違反信賴責任之犯罪行爲，作爲抗辯之因應[21]，由於頗具新意，併此敘明。

美國法上，以能臻於法律位階且較爲明確得以作爲「中國牆」之規範依據者，除了早於1940年「投資顧問業法」（Investment Advisers Act of 1940）

之「M附表」（Appendix M）中即明文規定，所有會員券商應自行制定內控規範，並於規則2110-4中規定，所有會員券商應在該內控規範中建立防止利益衝突之機制（例如定期檢查員工的交易記錄），以避免證券商公司內部有關證券投資之研究報告公開寄出給其客戶前，可能發生不當地流通予同家券商的交易部門的弊端；即為實務上用以設置「中國牆」管制措施之適例。See http://www.nasdr.com/4700_appendix_m.htm, visited on January 12, 2002.

19 坊間亦有論著將此聞名的實務操作譯為「訊息長城」者，頗見新意，亦值參考。請參見焦津洪（中國對外經濟貿易大學），論管制知情交易的自律機制——信息長城（Chinese Wall），第1頁。詳細內容請參照網站資料http://chinalawinfo.com/research/academy/details.asp.

20 *See* Abney and Nadeau, "*National Banks, the Impassable 'hinese Wall', and Breach of Trust: Shaping a Solution*", 107 Banking Law Journal, May-June 1990, p.251

21 同前註14，第345頁。

第204條外，殆爲美國國會前於1988年通過之「內線交易與有價證券詐欺執行法」（Insider Trading and Securities Fraud Enforcement Act, IFSFEA），實係補充美國1934年證券交易法第15條之授權命令Subsection 15(f)[22]所揭示有關「禁止不當使用未公開資訊」之行政命令內容，其中明確要求所有在美國主管機關—「證管會」（SEC）— 登記立案的證券商，皆應以明文方式執行利益衝突防止 —「中國牆」措施，以防止券商對於業務上所掌握的客戶重要資訊之不當流用，且其執行成效須定期接受前揭主管機關之監督[23]。鑑於網路科技的發達，傳統實務上所爲「部門」或「業別」之區分，顯然已不具實際意義，以現今的資訊科技，「銀行」、「證券」或「信託」業者，經由徵信來往客戶所獲得之「重要公司資訊」，透過「網際網路」（Internet）的即時傳輸，不僅距離無遠弗屆，其傳送速度殆皆以「微秒」（Micro-second）計；因此，在「中國牆」規範的實踐上，似應「法隨時轉」地適度擴大，而解爲應得適用於所有金融業者對於顧客重要內部資訊發生不當流用之情形，以免淪爲「所謂的中國牆亦只不過薄如棉紙」之譏[24]。

承前所述，倘銀行以受託人身分辦理共同信託基金之募集與運用時，當可合理地懷疑其或有自身利益與信託客戶利益相互衝突之情形。現行美國法中之相關規範，係載明於前揭美國財政部所轄金融局所頒之聯邦第九號行政命令中第18條（12 CFR 9.18）規定；依該條規定所載，基金之管理運用須設專責人員（Section (a)(2)），並且須依循法定準則遵守不得雙方代理避免利益衝突之禁令規定[25]。

---

22 為利說明，茲轉錄原文內容如下："Every registered broker or dealer shall establish, maintain, and enforce written policies and procedures reasonably designed, taking into consideration the nature of such broker's or dealer's business, to prevent the misuse in violation of this title, or the rules or regulations thereunder, of material, nonpublic information by such broker or dealer or any person associated with such broker or dealer. The Commission, as it deems necessary...*shall adopt...regulations to require specific policies or procedures reasonably designed to prevent misuse in violation of this title.. of material nonpublic information.*"

23 *Supra* note 7, at 180.

24 *Id.*, at 123.

25 12 CFR 9.18 Sec. (b)(8)—A national bank administering a collective investment fund must comply with the following:

(i) Bank interests. A bank administering a collective investment fund may not have an interest in that

二、「人員不當兼職」之禁止—「中國牆」之法律定位（二）

從美國金融法的實踐面觀之，有關「中國牆」之實際執行結果，在銀行間的普遍踐履方式爲將「銀行」（業務部門）與其「非銀行」部門（通常指「信託部門」）的「人員」及「營業處所」予以區隔。易言之，美國銀行業所理解有關「中國牆」的規範意涵，係指「營業處所」與「人員」的實體分離，以及「交易行爲」的風險區隔。惟深入瞭解美國「聯邦立案銀行」（National Bank）的主管機關—「金融局」（Office of the Comptroller of the Currency），前於1989年針對「中國牆」所爲的一項函令內容可得推知，此種針對銀行業者內部不同部門間「人員流用」的禁止規範意旨，重點並非在於「辦公處所」之實體、有形的隔離，而應針對銀行營業部門人員在使用客戶的重要內部資料時，不可與「有發生利益衝突之虞」的銀行其他（實務上主要係指「信託業務」）部門人員流用、交換資訊，而造成對於其客戶權益之不當侵害[26]。倘進而以兼營信託（共同信託基金）業務之銀行觀點析之，應係指銀行「營業部門之處所」及「業務人員」與該行辦理「共同信託基金」之承辦「人員」或「營業處所」是否隔離之判斷基準，繫乎是否該當前揭「利益衝突之虞」之要件而已。

---

fund other than in its fiduciary capacity. If, because of a creditor relationship or otherwise, the bank acquires an interest in a participating account, the participating account must be withdrawn on the next withdrawal date. However, a bank may invest assets that it hold as fiduciary for its own employees in a collective investment fund.

(ii) Loans to participating accounts. A bank administering a collective investment fund may not make any loan on th security of a participant's interest in the fund. An unsecured advance to a fiduciary account participating in the fund until the time of the next valuation date does not constitute the acquisition of an interest in a participating account by the bank.

(iii) Purchase of defaulted investments. A bank administering a collective investment fund may purchase for its own account any defaulted investment held by the fund (in lieu of segregating the investment in accordance with paragraph (b)(5)(v) of this section) if , in the judgment of the bank, the cost of segregating the investment is excessive in light of the market value of the investment. If a bank elects to purchase a defaulted investment, it shall do so at the greater of market value or the sum of cost and accrued unpaid interst.

[26] *See* 12 C.F.R. §9.7(d), Jan.1, 1989.

肆、我國法上針對「信託業務」所建構之「利益衝突防止」法制—「中國牆」之介紹

一、「資訊不當流用」之禁止—「中國牆」之法律定位（一）

我國金融法中，關於「資訊不當流用禁止」之規範，除「證券交易法」第44條第4項所授權訂定之「證券商管理規則」，針對券商仲介交易極易取得客戶資料之特殊地位，所訂定之第7條（經營兩種以上證券業務……應按業務種類獨立作業）、第37條（違反誠信原則一如其中第1、2、4、5等款）、第43條（自行或受託應分設帳戶）、第44條（不得利用受託資訊為反向自行交易）及第45條（因業務獲悉重大消息在未公開前不得買賣或提供消息）相關規定、依同法第18條第2項所授權訂定之「證券投資信託基金管理辦法」中第18條第2項「基金保管機構之董事、監察人、經理人、業務人員及其他受僱人員，不得以職務上所知悉之消息從事有價證券買賣之交易活動或洩漏予他人」、同法第157條之1有關「內線交易禁止」等規定外，另於最新修正的「銀行法」中也特別針對銀行與客戶間甚為密切的資金往來關係，而設有第28條第4項「銀行經營信託及證券之人員，關於客戶之往來、交易資料，除其他法律或主管機關另有規定外，應保守秘密；對銀行其他部門之人員，亦同」、第48條所揭之「銀行應對其客戶資料，負保密義務」等重要規定。

至於甫經施行之「金融控股公司法」第42條、第43條規定，亦設有針對金融財團因業務上所取得之客戶資訊，不當於組織內流用之監理機制[27]；此外，

---

[27] 由於該等條文在金控財團陸續獲准設立，逐漸居於主導我國金融業務之地位後，更顯見立法政策上亟欲遏止國內猖獗的利益衝突問題之決心，特別轉錄該等條文內容，並逐一標示出有關防止利益衝突之管制規定，以供參考：

第42條金融控股公司及其子公司對於客戶個人資料、往來交易資料及其他相關資料，除其他法律或主管機關另有規定者外，應保守秘密。

主管機關得令金融控股公司及其子公司就前項應保守秘密之資料訂定相關之書面保密措施，並以公告、網際網路或主管機關指定之方式，揭露保密措施之重要事項。

第43條金融控股公司與其子公司及各子公司間業務或交易行為、共同業務推廣行為、資訊交互運用或共用營業設備或營業場所之方式，不得有損害其客戶權益之行為。

前項業務或交易行為、共同業務推廣行為、資訊交互運用或共用營業設備或營業場所之方

由於「金融業者」亦在「電腦處理個人資料保護法」規範之列（該法第3條第7款第2目規定），或有主張得適用該法中第23條所稱「非公務機關對個人資料之利用，應於蒐集之特定目的必要範圍內爲之」規定，解決此處資訊流用之問題，惟鑑於渠等個人資料係以經「電腦處理」者爲限，且實務上金融業者殆多趁客戶於急迫之際，以「定型化契約」取得渠等之概括同意，以豁免上開條文適用（同法第23條但書第4款規定）；且同法第30條之處罰規定亦僅科以罰鍰二萬至十萬元，衡諸實際，顯難生遏止之效。

另關於本文所欲探討之重點 — 我國銀行或信託業者募集「共同信託基金」時，所須建構類似「中國牆」功能管制的依據，誠有再進一步深入澄明之必要。蓋我國銀行法第115條第2項「委任立法」之法制架構設計，原擬由信託投資公司作爲募集共同信託基金之法律主體，再經由同法第28條第3項規定之準用，使我國商業銀行也能適格地募集共同信託基金；如此良法美意，卻囿於當時財經政策上恐怕將影響我國甫經實施之「證券投資信託基金」而事與願違，附麗於銀行法第115條第2項之「共同信託基金管理辦法」於是暫緩研議，束之高閣；直至邇來「信託法」、「信託業法」以及涉及信託法制之各項配套法規[28]相繼立法通過施行，「共同信託基金管理辦法」才得以另行附麗於「信

式，應由各相關同業公會共同訂定自律規範，報經主管機關核定後實施。

前項自律規範，不得有限制競爭或不公平競爭之情事。

第48條第1項　金融控股公司之銀行子公司及其他子公司進行共同行銷時，其營業場所及人員應予區分並明確標示之。但該銀行子公司之人員符合從事其他子公司之業務或商品所應具備之資格條件者，不在此限。

28 除「信託法」及「信託業法」外尚有諸多修正或新訂之規定，為利說明信託業務法制之整體配套機制，茲臚列如下供參考：「所得稅法」第3條之2、第3條之3、第3條之4、第4條之3、第6條之2、第56條、第89條之1、第92條之2、第111條之1、第123條及第126條，「加值型及非加值型營業稅法」第3-1條及第8條之1規定，「遺產及贈與稅法」第3條之2、第5條之1、第5條之2、第10條之1、第10條之2、第16條之1、第20條之1、第24條之1及第59條，「土地稅法」第2條、第3條之1、第5條之2、第7條、第13條、第25條、第28條之3、第31條之1及第59條，「契稅條例」第7條之1、第14條之1及第33條，「房屋稅條例」第1條、第4條、第5條、第6條、第7條、第10 條、第11 條、第15 條、第16 條、第22 條、第24 條及第25條，「平均地權條例」第2條、第5條、第13條、第19條之1、第25條之2、第5條之3、第37條之1、第38條之1、第42條、第56條、第87條，「土地權利信託登記作業辦法」第1條至第11條新訂定之規定以及「公開發行公司股務處理準則」第十五條之修正規定等，此外，尚有「共同信託基金管理辦法」（2001.11.1）、「信託業設立標準」（2000.9.20）、「信託資金集合

託業法」第29條第3項規定，由主管機關財政部洽商中央銀行後於2001年11月1日正式公布施行。因此，我國銀行自是日起，即得經由信託業法第三條之授權，獲主管機關許可兼營信託業務，並依同法第8條、第29條第1項、第3項及「共同基金管理辦法」之規定，募集、發行、經營與運用管理該金融商品[29]。

爲使銀行或專業信託業者得以靈活運用所募集之信託資金，現行「信託業法」第28條第1項「委託人得依契約之約定，委託信託業者將其所信託之資金與其他委託人之信託資金集合管理及運用」規定，適足以提供前揭金融商品（共同信託基金）更寬廣的操作法律環境。惟爲處理銀行透過設立信託部門，依法運用管理基金所可能衍生的部門間不當流用客戶資訊之利益衝突問題，財政部業於2001年8月1日依據「銀行法」第28條第1項規定之授權，發布「銀行經營信託或證券業務之營運範圍及風險管理準則」以爲因應前揭實務疑義之依據；其中第3條第4款「銀行辦理信託業務專責部門之營業場所應與銀行其他部門區隔」，以及同條之第5款「信託業務與銀行其他業務間之共同行銷、營業設備及營業場所之共用方式，不得有利害衝突或其他損及客戶權益之行爲。銀行應參考中華民國信託業商業同業公會擬訂並報經主管機關核定之銀行經營信託業務管理規範，訂定內部規範」等規定，明示銀行兼營信託業務時應設立類似「資訊中國牆」之實體規則與程序。

承前所述「信託業法」所授權訂定之「共同信託基金管理辦法」第17條規定，更針對信託業之董事、監察人及辦理共同信託基金業務之經營與管理人員「違反法定或約定之保密義務，將職務上所知悉消息洩露他人」、「運用共同信託基金於本辦法規定之投資標的時，同時爲自己或他人之利益買入或賣出」及「運用共同信託基金買賣有價證券於本辦法規定之投資標的時，將已成交之買賣，自基金帳戶改爲自己或他人帳戶，或自自己或他人帳戶改爲基金帳戶」

管理運用管理辦法」（2001.9.25）、「信託業辦理不指定營運範圍方法金錢信託運用準則」（2001.9.11）、「銀行經營信託或證券業務之營運範圍及風險管理準則」（2001.8.1）、「信託業提存賠償準備金額度」（2001.2.6）等重要行政命令亦應適用，併此臚列說明。

29 在此須特別敘明者，依共同信託基金管理辦法第3條規定，若該基金投資於證券交易法第6條之有價證券之金額占共同信託基金募集發行額度百分之四十以上或可投資於證券交易法第6條之有價證券達新臺幣六億元時，則應另向證券主管機關申請核准，其募集、發行、買賣、管理及監督事項，依證券交易法之有關規定辦理。

等行爲加以明文禁止，亦可歸入我國信託業務「中國牆」建構之重要一環。

二、「人員不當兼職」之禁止—「中國牆」之法律定位（二）

我國金融法中有關不同業別間人員兼職之限制規範，初以證券交易法第51條「證券商之董事、監察人或經理人不得…兼爲其他證券商或公開發行公司之董事、監察人或經理人，但兼營證券業務之金融機構，因投資關係，其董事、監察人或經理人，得兼爲其他證券商或公開發行公司之董事、監察人或經理人」之規定最爲明確。揆諸本條規範之旨，略謂以「對於金融機構兼營之證券商，兼營業務僅爲其業務之一部分，且非其事業之主要業務，因其相互間投資關係並經財政部核准者，因多屬執行政府政策並須受財政部監督管理，其兼營證券業務部分，當不致發生操縱壟斷市場流弊之可能…」[30]，且文中所指「投資關係」僅適用於兼營證券業務之金融機構，於投資時，依公司法第27條第1項、第2項規定，以法人代表方式當選爲董事、監察人時，始有適用[31]。

衡諸當前金融「財團化」（Conglomerated）的潮流大行其道之際，似應再聯結「金融控股公司法」第48條第1項規定適用[32]，使客戶交易時不致發生誤認之虞，間接降低財團部門間經由人員不當兼職所造成利益衝突的可能性，以期使實務上猖獗之「利益衝突」情形，得因法令業已提供明確類似中國牆之阻卻機制而有效遏止。

於銀行兼營信託業務或由專業信託業者從事信託基金之管理運用時，「信託業法」第24條第2項規定，尚要求「對信託財產具有運用決定權者，不得兼任其他業務之經營」，揆諸其規範之旨，不單爲確保實際操作基金人員立場的超然與獨立，亦在於防免可能發生的利益衝突情事。爲臻明確，實務上業經對於前揭規定中所稱之「對信託財產具有運用決定權者」之適用範圍作出解釋，略謂以「於兼營信託業務之銀行係指信託業務專責部門內對信託財產有參

---

30 同前註14，第291-292頁

31 黃川口，證券交易法論，第259頁。（1999年版）

32 按金融控股公司法第48條第1項規定「金融控股公司之銀行子公司及其他子公司進行共同行銷時，其營業場所及人員應予區分並明確標示之。但該銀行子公司之人員符合從事其他子公司之業務或商品所應具備之資格條件者，不在此限。」

與決策之主管及人員」[33]。

此外，爲貫徹信託業法如此類於中國牆功能之規範意旨，在前揭「共同信託基金管理辦法」第14條規定「信託業辦理共同信託業務其人員之配置應符合分工牽制原則」、第15條規定「共同信託基金具有運用決定權之人員，不得同時擔任其他職務」，亦爲有關防止銀行或專業信託業者管理運用共同信託基金時，因爲「人員不當兼職」可能發生損及客戶權益之利益衝突管制規定，違反渠等規定者將依該辦法之母法一信託業法第57條規定科處新臺幣六十萬元以上三百萬元以下罰鍰，應值實務上注意。

伍、結論

舉凡「擋人財路」的法律機制，被規範的客體總有「對策」遂行脫法，中外皆然，但監理政策上總須著眼於格局較大之產業利益而繼續地堅持。銀行或專業信託業者管理運用共同信託基金所可能造成的利益衝突，誠一如本文所述而值繼續關心，但衡諸科技發展之速，眞能防止利益衝突者，惟業者之「專業良知」而已，書蟲之見的改善芻議，充其量只能增加違法成本，使本益不敷而回歸法制正軌，問題之根本，卻總在危機爆發後的無奈嘆息聲中，又再一次地嘲弄如天邊彩霞般的烏托邦。

臺灣的金融版圖，在金融控股公司以投資、控管包括銀行、證券、保險、票券、期貨及信託等金融相關業務的一種跨業結合經營型態出現後，整體金融面相的競爭生態即因此而上緊發條。或許渠等大型財團將金融百貨化後的經營態樣確有相當值得期待的效能，譬如經營縱深的多元化、資源共享的經濟性、由於更具組合金融商品的空間，而得以提供客戶「一次購足」（One-stop Shopping）的服務；而組織扁平化後的指揮系統，更可促使業務與財務的緊密聯動。由於渠等金融控股公司轄下率多以子公司型態獨立經營，法律上囿於「主體分離」（Corporate Separateness）而彼此互不隸屬，各次元組織文化上

[33] 90年8月8日財政部台財融（四）第90712063號函中說明欄第二點內容參照。

的歧異因之得以兼顧，仍能各自擁有獨立的經營決策空間，令人扼腕的，卻也因為金融控股公司內部結構上的跨業經營特殊屬性，使其內部組織中業別不同的次元主體間可能出現防火牆機制崩解、交叉補貼、利益衝突等病灶；此類大型經營規模所造成的經濟力集中現象、影響所及，市場終端的不特定消費群體權益恐亦將遭受不可測之壓抑。渠等「金融酷斯拉」的出現若未輔之以整體規劃的健全監理機制，倘使金融危機乍現，對於整體財經秩序與民心士氣勢將造成浩劫般重創，本文所關心的利益衝突問題恰正擬以野人之見，獻曝於現時的金融監理，豈能不沉重。

（本文發表於律師雜誌第268期，2002年1月）

附表一　美國共同信託基金「外部關係」一覽表

項　目	功　能　說　明
信託帳戶	1.信託帳戶係由銀行信託部（或專業信託業者）實際操作管理，並設有專責之「帳戶管理人員」（Account Officer） 2.每一個單位皆具有同等「受益權利」 3.定時接受來自基金董事會／受託人處所審定之基金「績效表現報告」（Performance Report）
證券經紀商	1.依據基金之「投資組合」，下單買賣證券 2.由保管銀行負責基金交易之交割
法律依據	1.美國法係依財政部金融局（OCC, Treasury Department）依「美國統一法典」第十二篇第二十四章第七節第92條a項、第93條a 項以及第十五篇第78條第q、q-1項授權，所頒行之第九號聯邦行政命令（Regulation 9, 12CFR 9） 2.我國法係由財政部依據「信託業法」第29條第3項之授權訂定「共同信託基金管理辦法」
服務內容	針對基金之客戶提供編製財務報表、相關法律支援等服務
基金之會計師	1.對於基金單位所有權記錄之建檔與維護 2.隨時更新信託帳戶之損益內容，以即時因應基金單位之解約清算與申購 3.分配投資收益予信託人 4.提供基金之行政管理人員所需要之法規報告資料 5.回應基金單位持有人對於信託帳戶之詢問與資料確認

資料來源：作者自行整理。

附表二　美國共同信託基金「內部關係」一覽表

項　目	功　能　說　明
董事會	1.督導基金事務 2.每季定期開會 3.對於依法無需投票得以解決之事項需即時作出決定[34]
專業經理人	1.定期向董事會提出報告 2.渠等所支領之費用，以「管理費用」名義直接自信託帳戶餘額扣除收取 3.準備基金各項費用之給付及細節工作：接受帳單、繳交規費、審核基金費用之支出…
投資顧問	1.依據基金計畫所約定的範圍，負責投資決策，以期能達成投資獲利之目的 2.隨時需因應保管銀行所通知的基金投資或贖回 3.負責提供基金績效表現報告給基金之單位持有人 4.回應基金單位持有人所提出的有關投資組合各項問題
保管銀行	1.負責基金資產之監管及會計，確認及收取股利，並替基金發行之銀行分配收益 2.提供公司財務報告及公司重要訊息給投資顧問
基金之會計師	1.負責保存並維護基金之「會計記錄」（包括投資組合之記錄、總分類帳、基金淨值與收益分配之計算） 2.協同基金經理人指示保管銀行支付必要之手續費及其他費用 3.基金之「稅務規劃」

資料來源：作者自行整理。

[34] *See* the Investment Company Act of 1940.

附表三　「共同信託基金」與「共同基金」之差異

項　目	共同信託基金	共同基金
法律依據	1.美國法：金融局（OCC）所頒布之聯邦行政命令第九號[35] 2.我國法：財政部依據「信託業法」第29條第3項之授權訂定「共同信託基金管理辦法」	1.美國法：依據1933年證券法、1934年證券交易法及1940年投資公司法規定，授權由證管會（SEC）與美國全國證券交易商協會（NASD）共同負責渠等商品之發行與流通的監理 2.我國法：行政院依據「證券交易法」第18條第2項之授權訂定「證券投資信託事業管理規則」及「證券投資信託基金管理辦法」以爲監理依據[36]
參與資格	限由銀行或信託公司以受託人、遺囑執行人、基金管理人、或監護人身分參與	得由個人、合夥或機構投資者參與
財務編製	適用管理規則s-x第6條規定 表格部分則尙無明文	適用管理規則s-x第6條規定 惟表格部分適用N-1A及N-SAR之要式規定
投資限制	1.單筆投資不得超過基金市值10% 2.投資期間原則上不超過90天 3.以市價或攤銷成本爲計價基準時，以債券、票據及其他負債爲限	依不同基金投資公司而異其限制
計價方式	1.依資產淨值計算每一投資單位 2.前項計算包括本金及收益 3.原則上每三個月一次評估計價	1.依資產淨值計算每一持股（或授益憑證） 2.前項計算係均等地分配於所有參與投資者 3.每日計價
盈餘分派	所有收益全數發放分配	「紅利」不全數發放

[35] *Supra* note 13.

[36] 須進一步澄明者，我國實務上之「證券投資信託」，係以「證券投資信託事業」（SITE）與投資人間訂定「信託投資契約」，並掣發給「授益憑證」（Beneficiary Certificates）方式建立彼此法律關係，論者或有稱之為「信託型」者，與美國共同基金所採以發行股票，將所匯集之投資人資金組群化以進行投資之方式—論者或稱之為「公司型」—容有結構上之不同。

附表三　「共同信託基金」與「共同基金」之差異（續）

項　目	共同信託基金	共同基金
稅負	1.基金之收益免稅 2.信託帳戶與受託人間係獨立記帳、分別課稅	由於係美國法上所稱「受規範之投資公司」（Internal Revenue Code Sub-chapter M, §§ 851-855），應分配額減去實際分配額後之餘額需課4%
財務報表種類	1.資產淨值報表 2.資產淨值變動表 3.投資報表 4.投資買入報表 5.基金持有單位明細 6.所有基金單位資產淨值已實現所得（損失） 7.每一單位獲利分配表	1.資產負債表或淨資產表 2.淨資產變動表 3.投資報表 4.營運報表 5.財務報表註記說明 6.特定持股明細及比率表
營業限制	1.不得刊登廣告 2.銀行或信託業者不得由基金獲取利息 3.銀行或信託業者可買回不良資產 4.發放本金與紅利 5.銀行不得取得超過基金淨利之5% 6.單筆信託基金金額不得超過基金總市價10%	1.可刊登廣告 2.銀行可自投資收益獲利 3.屬於投資顧問權責 4.僅分配紅利 5.並無類此規定 6.並無類此規定資料

資料來源：作表自行整理。

第七章
網路銀行法律問題之研究

壹、前言

鑒於人們對於金錢的處理總是格外慎重的普遍心理，扮演「財務仲介」（Financial Intermediary）角色，結合專業知識，協助人們更有效率處理金錢的「金融服務業」，傳統上遂被認爲基於維護公共利益而需要嚴加規範；復因金權結合所產生泛政治力的干預扭曲，久而久之，形成若干不明究理的保護思想，無限上綱的將金融產業利益視爲國家高權的一部分，且爲符資本主義下的形式民主，政治機器更亟思以照顧子民的父權心態，建立自我壁壘的產業紀律，形成排它性的競爭規範，終於造就行動遲緩，抗拒改變的金融產業在面對「電子商務」（E-Commerce）的洶洶來勢，出現進退失據的發展困境。

或許，人際間初見面時行禮如儀似地透過握手寒喧、眼神交會、品頭論足的「徵信」過程，永遠不會被虛擬化的「電子商務」交易流程徹底取代；但冷酷的現實所呈現的卻是，金融業務的重心[1]—「收受存款」（Deposit Takings）與「商業貸放」（Commercial Loans）— 所憑藉的「信用」機制，已經可由繁

[1] 美國金融法中有關「銀行」的定義，主要係延伸自「聯邦存款保險法」（Federal Deposit Insurance Act）與「銀行控股公司法」（Bank Holding Company Act）中之明文規定；其中，又以同時辦理「收受存款」（Deposit Takings）及「商業貸放」（Commercial Loans）兩種業務，被列為「銀行」主要之法律構成要件。為利說明，茲轉錄兩項規定的原文及出處供參：The term “bank” means any of the following: (A) An insured bank as defined in section 3h of the Federal Deposit Insurance Act [12 U.S.C. 1813(h)]. (B) An institution organized under the laws of the United States, any State of the United States, the District of Columbia, any territory of the United States, Puerto Rico, Guam, American Samoa, or the Virgin Islands which both (i) accepts demand deposits or deposits that the depositor may withdraw by check or similar means for payment to third parties or others; and (ii) is engaged in the business of making commercial loans. 12 U.S.C. § 1841 (c)(1) (1994)。

複的電子程式模擬計算而精確的予以「數位化」（Digitalized）[2]；尤有甚者，藉由「網際網路」（Internet）的新興科技，金融業務的終端消費者亦已不復以往般地受限於「資訊不對稱」（Information Asymmetry）[3]的被動定價地位，而頗多轉向使用時間、資金成本相對低廉的「直接金融」服務。科技驚人的發展，不僅直接衝擊人們對於金融交易型態僅限於「實體可見」的固有認知，更顛覆了傳統上金融規範以「法效所及」的地域性思維模式；網路上「虛擬金融」服務的出現，除了助長金融服務「反仲介」（Disintermediation）的風潮[4]，更使金融法學規範架構在實證上出現若干鬆動，亟待進一步的檢討與調整以資因應。

反觀我國開放網路金融業務後的實際情形，由於都會區的金融機構分布已經相當密集[5]，尤其不分晝夜提供金融服務的「簡易型分支機構」[6]、「自動櫃員機」（ATM）等的普遍設置，都會區居住民使用金融服務的選擇對象堪謂無虞匱乏，因此另外尋求透過網際網路取得金融服務的需求也因而相對較低。若謂偏遠地區居住民較有此種不限時空的消費需求，則又未必，因為渠等網路金融服務的消費者，每受制於使用電子設備的基本知識或財力的「進入障礙」（Entry Barrier）而無法眞正享受實惠[7]。簡言之，在我國現階段金融環境下，

---

2 Dimitris N. Chorafas, New Regulation of the Financial Industry, at 126. (2000).

3 有關「資訊不對稱」（Information Asymmetry）之介紹及討論，請參閱拙作「企業整合與跨業併購法律問題之研究—以『銀行業』與『證券業』為例」，收錄於財團法人中華民國證券暨期貨市場發展基金會所輯結出版之「1999年證券暨期貨市場發展研討會論文集」。

4 The Economist, *The Visual Threat* (May 20th, 2000).

5 依照官方截至2000年5月的統計數據顯示，我國金融機構（含分支機構）總數為5,029家（不含郵匯局分支機構在內），散布各地；其中單以台北市一地即已聚集有917家，占全國金融機構總數約18％，為澎湖縣36家（0.7%）的25.71倍，差距甚為懸殊，實足以說明我國金融機構在大都會地區的密集程度。進一步詳情，請進入中央銀行金融機構統計網站（網址：www.cbc.gov.tw/www/bankexam/browser/21.html）查詢相關資料。

6 為因應網路銀行興起後，金融管理上之特殊考量，財政部於2000年5月19日甫以台財融第88725263號函，頒行「金融機構設置簡易型分行管理辦法」，不僅以之作為我國金融機構設置簡易型分行之依據，更提供渠等設置營業據點之多元選擇；相當程度的將會對網路金融的發展，產生排擠效應。有關前揭辦法之進一步內容，請詳閱「財政法令網站」（網址：www.mof.gov.tw）中所載有關「財政部金融機構設置簡易型分行管理辦法總說明」及所附「條文說明對照表」。

7 這部分的推論，由於欠缺具體的實際數據可資佐證，頗予人有「想當然耳」的大都會居住民

銀行推動網路金融的業務空間，除非爲了開發其他種類客層的業務需要，否則若純以「將本求利」的營業觀點而言，確實存在持續發展上的諸多不利因素；基於「法律的生命是在經驗，而非邏輯」的務實觀點，在進入主題之前，應有先予澄清之必要。

惟考量網路金融業務已在許多銀行樽節成本的業績壓力下，逐漸朝向「綜合金融終點網站」的目標[8]，發展成爲「金融創新」（Financial Innovation）[9]主流業務的風尙[10]，本文爰擬透過金融法的觀點，針對金融機構從傳統金融業務範圍出發，利用網際網路的創新科技作爲商業通路，提供便捷的金融服務予其客戶使用消費，在監理上所呈現出之若干法律問題（或可謂網路金融的監理困境），提出個人觀察心得。

承前所述，傳統金融法學側重金融監理法益的維護，即將金融機構以「法律實體」視之，而致力於探討渠等行爲法律效果是否符合以「穩健經營原則」（The Principle of Safety and Soundness）[11]爲鋪陳重心之監理架構；易言之，傳統金融法乃植基於著眼金融機構與客戶往來的契約文件、簽章、財務報表等「具體可稽」的監理執行面而爲規範設計，顯然不足以應付具有「虛擬、不拘時空」等特色，尙且消費生態變化迅速的網路金融業務之發展基調。基此，間或曾有對於國內發展網路金融業務之主、客觀條件尙未成熟的憂心，恐怕渠等業務存活不易，惟筆者仍一本關心金融產業之初衷，不揣淺陋，自許以雕塑渠等業務法律面相的心情出發，拋磚引玉，期能就教高明。

優越意識的聯想，然衡諸筆者多次走訪、親身體驗我國城鄉差距的生活經驗，似乎也具備若干合理懷疑的基礎，爰依此立論。

[8] 請參閱張繼文、鄭巧婷合著，E世代網路理財大趨勢，第77頁，2000年2月。

[9] *See* Charles R. P. Pouncy, *Contemporary Financial Innovation: Orthodoxy and Alternatives*, 51 SMU L. Rev. 505, at fn. 40-50 (May 1998). 該文清楚的介紹諸多有關「金融創新」（Financial Innovation）之沿革與相關法律問題的精闢分析，甚具參考價值。

[10] *See* Melanie, L. Fein, Law of Electronic Banking, at 1-3 (2000).

[11] *See* Alfred M. Pollard et.al., Banking Law in the US, at 11.1. (1993) 作者按：此處所指之「穩健經營原則」（Principle of Safety and Soundness），殆可認為係美國金融監理法中最為重要的的上位指導原則。

貳、網路金融的定義

何謂「網路金融」？名稱形式上得見諸多不同的呈現方式，或有稱之爲「網際網路銀行業務」（Internet Banking）、「線上銀行業務」（On-Line Banking）、「電子銀行業務」（Electronic Banking），甚至「虛擬銀行業務」（Cyber Banking）[12]等；用字遣詞之間，堪稱琳琅滿目，不一而足。至於實質內容方面，或許觀察角度不同，導引出不同的詮釋方式；

以我國財政部金融局先前所頒「個人電腦銀行及網路銀行業務服務契約範本」[13]（以下簡稱「契約範本」）爲例，其中對於「網路銀行」（英譯Network Banking）之定義係指『……客戶端電腦經由網際網路與銀行電腦連線，無須親赴銀行櫃檯，即可直接取得銀行所提供之各項金融服務……』[14]而言；與先前銀行公會全國聯合會報部備查的「金融機構辦理電子銀行業務安全控管作業基準」（以下簡稱「安控基準」）中所稱『電子銀行』係指「金融機構與客戶（自然人與法人）間，透過各種電子設備及通訊設備，客戶無須親赴金融機構櫃檯，即可直接取得金融機構所提供之各項金融服務。」[15]的定義兩者相較之下，前者文義似乎更爲直接的將「網際網路」的工具屬性予以明文化。揆諸網路事業最爲發達的美國產、官、學界針對網路金融所作的定義，得以窺見諸多大同小異的描述充斥於文獻之間；爲利說明，茲以美國「聯邦立案銀行」（National Banks）的主管機關 — 財政部所轄之「金融局」[16]（Office of the Comptroller of the Currency, OCC）— 前於1999年10月特別針對銀行從事網路金融業務訂定規範而出版的「金融局作業手冊」（Comptroller's Handbook）中所提及有關網路金融的定義爲代表，其文義內容略謂以「……所謂網路金融

[12] John L. Douglas, *Cyberbanking: Legal and Regulatory Considerations for Banking Organizations*, 4 N.C. Banking Inst. 57 (April 2000).

[13] 請參考財政部88年5月26日財融第88725263號函令及其附件。

[14] 詳細內容，煩請參考「範本契約」中第二條第二項之示範條款。

[15] 請參考「安控基準」第一條規定。

[16] 國內相關論述多譯為「通貨監理局」，惟筆者以為渠等翻譯文義似不足以適切說明OCC與我國金融主管機關間行政層級之對應關係；兩機關職掌內容雖略有不同，然仍難掩彼此機構行政位階近似之特色，為辨文責，乃侈譯為「金融局」，謹此費詞敘明。

業務，係指……舉凡能使銀行客戶經由個人電腦設備或其他智慧型裝置，進入取得金融商品或服務之帳戶及相關資訊的各種交易體系……」[17]，可謂言簡意賅，足供參考。

參、網路金融的法制建構

一、美國的監理佈局

（一）銀行得以電子化方式提供產品或服務之法源

1. 基本權限（Basic Authority）

（1）「聯邦立案銀行」（National Banks）

「聯邦銀行法」（National Bank Act）[18]允許銀行得從事「所有得以促進銀行業務的剩餘權限」，而該法之主管機關 — 金融局（OCC），更在1997年修訂該法之內容時，正式賦予銀行辦理網路銀行業務的特定權限。

（2）「州立案銀行」（State Banks）

渠等從事網路銀行業務的核准權限，體制上原本應視各州對照聯邦立案銀行經營範圍所訂定的州銀行法，但對於加入存款保險體系的州銀行而言，則又以1991年為修正前「聯邦存保公司條例」所通過之「聯邦存款保險公司條例改善法」（Federal Deposit Insurance Corporation Improvement Act—FDICIA of 1991）第24條，授權核准州立案銀行可從事業務範圍之規定，為現行主要規範依據。

許多州甚至採行所謂的「跟牌條款」（Wild-Card Statutes），亦即只要有

[17] 原文為 "...as the systems that enable bank customers to access accounts and general information on bank products and services through a personal computer or other intelligent device" *See* OCC 99-94, Internet Banking: Comptroller's Handbook (October 1999).

[18] 12 U. S. C. 24 (Seven)(1994).

其他州的立案銀行取得聯邦立案銀行從事特定業務之權限，本州立案銀行即得據此請求比照。

（3）「聯邦儲備體系銀行」（Federal Reserve）

基本上，核准渠等會員銀行業務之權限，取決於會員銀行之身分，惟在若干行政函釋的文義中，可以體會出聯邦儲備體系主管機關 —「聯準會」（Federal Reserve Board）— 對於會員銀行從事網路金融業務所採取的支持態度。

2. 監理上的要求（Supervisory Concerns）

（1）雖無規定必須事前報請核准（Prior Approval），但實務上均事前諮詢（Consultation）並知會，以示尊重

金融機構的主管機關中，除儲貸機構的主管機關 —「儲貸機構監理局」（Office of Thrift Supervision，簡稱OTS）— 對於儲貸機構透過網路銀行從事具有「交易性質」（Transactional）的銀行業務，必須於三十天前告知之要求外，並無其他有關從事網路金融須事先報准之規定；然而通常金融機構仍被建請與渠等監理機關就特定網路金融業務事先知會並徵詢其意見，行政成本較為經濟。

（2）風險界定（Identification of Risks）

A. 金融局「科技風險準則」（Technology Risks Guidelines）[19]

公報（Bulletin） 98-3又稱為「銀行及金檢人員之科技風險管理準則」，提供聯邦立案銀行找出如何正確監控網路銀行業務中各類可能的「科技相關風險」[20]。依此準則，倘聯邦立案銀行欲採行（Implementing）新型科技於網

[19] OCC 98-3, Technology Risks Guidelines (Feb. 4, 1998), available in 1998 WL 346991.

[20] 此處有關「科技相關風險」（Technology-Related Risks），係指與科技風險具關聯性的各種風險而言，共分為「信用風險」（Credit Risks）、「守法風險」（Compliance Risks）、「外匯風險」（Foreign Exchange Risks）、「利率風險」（Interest Rate Risks）、「流動性風險」（Liquidity Risks）、「價格風險」（Price Risks）、「信譽風險」（Reputation Risks）、「交易風險」（Transaction Risks）與「策略風險」（Strategic Risks）等九項。*Id.*

路銀行業務項目時，必須先「從事嚴格分析步驟」（Engage in A Rigorous Analytic Process）以界定科技相關風險並加以控管。

B. 聯邦儲備體系的「資訊科技風險準則」（Information Technology Risks Guidelines）[21]

聯準會於1998年4月20日公布函令SR98-9乃在提供其金檢部門於評估金融機構控管業務中涉及資訊科技風險的有效性（Effectiveness），與前述OCC的98-3函令最大的不同點在於SR98-9特別針對金融機構總體風險制定五項「資訊科技要素」（Information Technology Elements），供其金檢人員對各別金融機構的風險逐一評定，分別爲「控管程序」（Management Process）、「建構」（Architecture）、「誠信」（Integrity）、安全（Security）與「及時供給性」（Availability）。

（3）聯邦存款保險公司（FDIC）所制定的「網路銀行穩健經營檢查程序」（Electronic Banking Safety and Soundness Examination Procedures）

FDIC於1998年6月公布將所規範之金融機關依其各別的「機能性」（Functionality）與「互動性」（Interactivity）的程度分爲三類等級[22]：

A.第一級：「唯資訊系統」（Information-Only Systems）僅被允許進入基本型態的行銷與公開性資訊，受到資訊傳輸所發生之風險影響最少者；

B.第二級：「電子資訊傳輸系統」（Electronic Information Transfer System），該等級資訊允許金融機構與其客戶相互傳遞敏感性（Sensitive）訊息、文件或檔案資料，受到資訊傳輸所發生之風險影響次於前者；

C.第三級：「全面交易資訊系統」（Fully Transactional Information System），包括資金於不同帳戶間之移轉、電子收單或支付業務等，受到資訊傳輸所發生之風險影響相對最大。

[21] *See* Federal Reserve Board, Bulletin SR 98-9 (April 20, 1998).

[22] *See* FDIC: Banking Safety and Soundness Examination Procedures (June 1998).

（4）「金融局網路金融監理手冊」（OCC's Comptroller's Handbook Internet Banking）

1999年10月，金融局特別針對網路金融業務頒布專門的監理手冊，與先前不同點在於針對金融機構內部控制、體制發展與網際網路服務「外包」（Outsourcing）等涉及公眾對於網路金融業務信心的議題詳爲規範。其中，特別將網路金融業務分爲「資訊性」（Informational）、「溝通性」（Communicative）與「交易性」（Transactional）三類等級，而分別依渠等所涉風險高低設定不同之規範[23]。

（5）網路金融業務之安全問題（Security）

A.「網路恐怖份子」（Cyber Terrorists）[24]

金融局所頒布公報99-9，針對「網路恐怖份子」定義其爲：「……使用不利益於個人或財產的「電腦資訊」（Computing Resources）脅迫、恐嚇政府、不特定公眾或得以遂行其政治或社會目的之部門者……」[25]

B. 聯邦儲備體系的「網路資訊安全準則」[26]

1997年12月4日，聯準會（FRB）頒行函令SR 97-32，規定金融機構應針對網路資訊的安全性作全面檢討，並制定控管計畫，特別對須透過網路傳輸之機密性資訊均應予以「加密」（Encrypt）處理。

---

[23] The Office of the Comptroller of the Currency, *OCC's Comptroller's Handbook Internet Banking*, OCC 99-94 (Oct. 1999).

[24] 探究文義，此處所稱「恐怖份子」的定義，似較一般所稱「網路駭客」（Hacker）更為廣泛，適用上應有所不同。

[25] 原文為 "...the use of computing resources against persons or property to intimidate or coerce a government, the civilian population, or any segment thereof, in furtherance of political or social objectives." See OCC 99-9, Infrastructure Threats from Cyber-Terrorists (March 5, 1999), available in 1999 WL 137721.

[26] Federal Reserve Board, SR 97-32 (December 4, 1997).

C. 聯邦存款保險公司的「資訊安全準則」[27]

1997年7月，FDIC頒布函令FIL 68-99提供金融機構及金檢人員有關資訊安全的相關說明及準則。

3. 網路金融業者應遵行事項（Compliance Issues）

由於網路金融服務有別於傳統金融服務者，在於其服務內容殆非以「書面」（Written Form）方式呈現，因此有關渠等業務消費者權益之規範，即應另外設定相關配套措施。大體上，係依金融機構（1）僅提供介紹性資訊；（2）允許消費者從事網路交易者；（3）允許消費者得從事證券、保險交易；（4）允許第三者（Third Party）得以「連結」（Links）方式，於該金融機構網站上提供服務等四種等級，金融法對之分別設有不同之作業規範。

其中，值得注意的是金融法體系中陸續訂定有關允許客戶透過網路進入銀行存款帳戶，取得資訊並利用該帳戶進行線上交易時，特別要求從事網路銀行業務的金融機構應遵守之各種作業規定；爲利說明，爰例舉其大要者如下：

（1）「普遍揭露」（Disclosure Generally）原則－規定銀行所爲之揭露必須「明白且顯著」（Clear and Conspicuous），以確保客戶不會被網路銀行網頁上五花八門的設計標示所誤導；

（2）網路銀行新客戶需簽定「開戶協議書」（Account Agreement）後，方許其使用網路金融服務以及進行交易；

（3）針對已發現、懷疑可能構成「洗錢」（Money Laundering）或違反「銀行秘密法」（Bank Secrecy Act）[28]等聯邦重罪之可疑交易行爲，應即時提出「可疑交易報告書」（Suspicious Activity Report）；

（4）依「電子資金移轉法」（Electronic Fund Transfer Act）[29]各相關規定，確實踐履有關扣抵客戶帳戶款項之作業程序；

（5）依「誠實儲蓄法」（Truth in Savings Act）[30]相關規定，在開戶前向客戶

---

[27] *See* FDIC, FIL 68-99 (July 7, 1999) available in 1999 WL 475573.

[28] 12 C.F.R. 353 (1999)

[29] 15 U.S.C. 1693 (1994).

[30] 12 U.S.C. 4301-4313 (1994).

揭示有關存款利率及其他關係存款權益之業務資訊；

（6）依「誠實信貸法」（Truth in Lending Act）[31]有關規定，在辦理貸放時，應對客戶揭示授予信用的條件及其他關係貸放權益之業務資訊。

（二）網路金融相關業務之監理

1. 「電子貨幣」（Electronic Money）

由於「金錢給付」乃銀行之核心業務，訂定網路金融業務規範時，自無法迴避究應如何針對「虛擬的」金錢給付方式提供安全交易機制的疑義，因此，各金融主管機關乃逕自頒行諸多相關法令，期能達成使網路金融交易更爲便利且安全的目標。

事實上，法律上電子貨幣一直被視爲係代表能用來交易商品或服務的一種「價值」，而交易當事人之一方仍須透過某種方式以眞實的貨幣換取此種「價值」。實務上具指標性意義的法制發展係以Mondex系統的設立「儲值卡系統」（Stored-Value/Smart Card System）的建立最具代表性。

電子貨幣是否應以存款帳戶視之而適用法律？誠爲實務上的難題；目前FDIC的見解傾向爲 — 若銀行允其客戶設立獨立帳戶並得以查詢帳戶內容者即構成符合要保資格的「存款」關係，而得接受其投保[32]，頗值參考。

2. 「收單結算業務」（Bill Payment and Presentment）

OCC對於銀行提供收單結算業務一直都持肯定的態度[33]，甚至花旗銀行（Citibank）申請投資由「微軟」（Microsoft）與「第一資訊公司」（First Data Corp.）合資設立Transpoint有限公司，以提供收單結算業務，亦經OCC准其以Citibank現有從屬公司之名成立有限責任公司經營[34]；值得一提的是，上開經核准之收單結算業務皆適用於以網路方式提供之情形。

---

[31] 15 U.S.C. 1601-1667 (1994).

[32] *See* FDIC: General Counsel Opinion No.8 (July 16, 1996).

[33] OCC Conditional 221 (December 4, 1996).

[34] *See* OCC Conditional Approval 304 (March 5, 1999), available in 1999 WL 246480.

3. 「數位簽章及交易認證」（Digital Signature and Certificate Authority）

在美國「數位簽章法」（Digital Signature Bill）獲國會參議院於2001年6月18日通過[35]前，OCC即以核准猶他（Utah）州Zion First National Bank從屬子公司設立提供其客戶交易作爲認證機能之公司[36]，並肯定該業務性質屬於前揭「聯邦銀行法」中所指之「金融相關業務」（Incident to Business of Banking）。

4. 「網路服務業者」（Internet Service Providers, ISP）之規範

OCC在一項函令中指出「聯邦立案銀行」從事ISP業務應係符合銀行相關業務性質而予以支持[37]。尤有甚者，OCC更在後來的一項函令中允許聯邦立案銀行得提供網站業務（Web Hosting Service）[38]，具金融監理上之參考價值。

二、「歐盟」的監理佈局

歐盟（European Union）於1997年即已對外公布引起普遍注意的「歐洲電子商務促進方案」（A European Initiative in Electronic Commerce），主要分爲「電子商務革命」（The Electronic Commerce Revolution）、「持續參與全球市場」（Ensuring Access to the Global Marketplace）、「創造理想規範架構」（Creating a Favorable Regulatory Framework）以及「推廣理想商業環境」（Promoting a Favorable Business Environment）等四大部分，正式展開對於「電子商務」一系列相關建構法制的序幕。[39]

至於連接「金融」與「虛擬世界」的努力，則可追溯至1995年歐盟通過

[35] 按該法通過後，消費者在不需紙張的情況下，就可完成抵押、健康保險，以及銀行貸款等問題。金融服務業則可利用它來以電子方式記錄客戶資料；啟用券商帳戶；完成抵押；或是購買保險。銀行也可以電子方式公布法律所要求的揭露文件。銀行將可透過電子票據交換，以及記錄存放而節省不少成本。該法預定在10月1日生效。屆時，消費者與企業將可立即享受到新法的便利。

[36] OCC Conditional Approval 267, January 12,1998.

[37] OCC Interpretive Letter 742 (August 19, 1996) available in 1996 WL 544203.

[38] OCC Interpretive Letter 856 (March 5 1999) available in 1999 WL 183558.

[39] *Supra* note 10, at 2-18.

「個人資料保護指令」（Directive on the Protection of Personal Data—“Privacy Directive”）之時即已悄悄進行，俟歐盟各會員國相繼於1998年10月24日，完成渠等國內立法程序，使該重要指令「內國法化」的同時[40]，「歐洲議會」（European Commission）也提出針對網路金融業務的相關規範[41]；而「歐洲中央銀行」（European Central Bank）也另針對關乎網路金融業務支付系統運作的「電子貨幣」（Electronic Money），提出相關立法建議案[42]。

尤有甚者，肇始於1993年開始運作的歐洲「銀行業務規範委員會」（European Committee for Banking Standards—“ECBS”），也積極投入研究針對歐洲單一市場各會員國間交易設計，用來作爲支付工具的「電子錢包」（Electronic Purse）。

綜言之，網路金融業務之法制建構工作，在歐洲亦可謂如火如荼的積極進行。

三、國際組織的相關規範

國際社會對於網路金融業務的發展，亦不敢忽視，執世界金融監理兵符的「巴賽爾銀行監理委員會」（Basle Committee on Banking Supervision）更在1998年專門針對電子銀行的風險管理發布研究報告[43]。

此外，「聯合國國際貿易法委員會」（The United Nations Commission on International Trade Law—“UNCITRAL”）亦早於1996年即已頒布「電子商務的規範法典」（A Model Law on Electronic Commerce），容認透過網路以電子型態製作之契約型式，並研擬制定電子化契約發生「債務不履行」Default）時之相關配套紛爭解決機制；該委員會更在1997年一項國際研討會，促成嗣後各國政府間有關數位簽章與交易認證的的書狀規則。

同一時期，聯合國「經濟與合作發展組織」（The Organization for Economic Cooperation and Development—“OECD”），也積極推動電子商務加密技

[40] *Id.*
[41] *Id.*
[42] European Central Bank, *Report on Electronic Money* (August 1998).
[43] Basle Committee on Banking Supervision, *Risk Management for Electronic Banking* (Sept. 1998)

術（Encryption）之研討[44]，而早於1980年代所制定有關「個人資料跨國流動及隱私權保護準則」（Guidelines Governing the Protection of Privacy and Transborder Data Flow of Personal Data），亦直接爲美國嗣後在制定網路銀行相關規範時所繼受，撫今追昔，可謂高瞻遠矚。

四、我國現行相關規定對於網路金融業務的核准範圍

我國實務上，目前經財政部核准辦理者計有十二家金融機構[45]，服務內容大致係區分爲「個人網路銀行」（Business to Customer簡稱B2C）業務，由銀行方面提供包括「銀行餘額查詢」、「交易明細查詢」、「匯入匯款查詢」、「代收票據入帳」、「支存戶待補票據查詢」等服務、或由客戶自行操作「跨行、同戶或不同戶間線上轉帳」、「預約轉帳」及「繳交信用卡帳款」等功能；以及「法人網路銀行」（Business to Business簡稱B2B）業務，由銀行方面提供包括「撥轉薪資」、「整批匯款」、「整批開票」、「預約匯款融資」以及客戶自行由結盟的電子商務交易平台「查詢供應商庫存、交易及線上繳付貨款」等功能服務；此外，「基金網路下單」業務與「信用卡網路收單」業務，亦已逐漸成爲國內銀行提供網路金融服務的新興重要指標項目。

凡年滿二十歲以上之中華民國公民，皆得以本人親自往赴銀行櫃檯方式提出首次之申請，在申請憑證的次營業日下午，當記錄憑證狀態之註冊檔作業完成時，即可開始安裝管理軟體，並在電腦上取得專屬的電子安全認證憑證[46]，開始使用。

平心而論，目前經財政部核准之各金融機構所開辦的網路金融業務，相較於傳統金融業務的功能性「利基」（Niche），殆爲得以提供客戶上網進行帳務移轉，實現「資金流通無國界」的理想，便利企業間電子商務交易的款項支付。

---

44 *Supra* note 10, at 2-19.

45 經筆者電洽財政部金融局相關人員獲悉，截至2000年5月底止，經主管機關核准辦理網路銀行業務之金融機構，計有包括富邦銀行、聯邦銀行、華南銀行、中國信託商業銀行、中國國際商業銀行、玉山銀行及華信銀行等在內的十二家金融機構。

46 有關申請手續及相關作業流程，係筆者電洽「中國信託商業銀行」網路銀行業務部門，獲該相關負責人員親切告知，特此致謝。

綜而言之，我國對於網路金融業務的核准範圍，係以「金融機構辦理電子銀行業務安全控管作業基準」（安控基準）以及「個人電腦銀行業務及網路銀行業務服務契約範本」（契約範本）兩者，作爲網路銀行規範的基礎建構；基本上，只要銀行所辦理的網路金融業務項目與渠等規範間並無相互牴觸之情事發生，即可推定爲主管機關容認得爲營業的範圍。

肆、我國銀行提供網路金融服務的若干法律疑義

一、「核准制」與「申報制」的爭議

網路金融該不該管？要如何在穩健經營的原則下對之實施監理而又不影響市場「效率」與業者「創新」的活力？分寸拿捏之間，關係網路金融業務的發展至鉅，自當格外慎重。

銀行透過無遠弗屆的網際網路，對其客戶提供業經主管機關核發營業執照上所載業務範圍內之金融服務項目時，是否需另外再向主管機關取得許可？誠可謂係此項爭議的核心問題。採肯定說者主張爲維護穩健經營的監理原則，明確控管交易風險，應考量網際網路具有主體不特定、不拘時間或地點得以進出使用的開放特性，從嚴將之視爲另一獨立性質的金融業務，應採核准程序的高門檻執行標準而予以規範。採否定論者卻以不同思考觀點主張渠等提供之服務，原已經過主管機關公權力的檢視且獲得證照，並非新種業務之提出，只不過是透過一種更爲便捷的科技工具，與其客戶從事往來業務，考量業者的執行成本，應以形式申報備案即可。

以美國爲例，「聯邦銀行法」（National Bank Act）的執行機關——財政部金融局——針對「聯邦立案銀行」從事網路金融業務時所採取的監理態度明顯傾向從嚴的立場[47]。「州立案銀行」（State Banks）則可分爲加入「存款

[47] *Id.* 簡言之，OCC係以個案核准方式逐一審查決定申請銀行所從事的行為是否符合上位規範——「聯邦銀行法」中所稱「為推動銀行業務之相關權限」（原文為“...all such incidental pow-

保險體系」[48]而受「聯邦存款保險公司法」（FDICA）拘束的部分銀行[49]以及其他未加入前揭體系，但監理上係因另屬「聯邦儲備體系」（Federal Reserve System）會員而受「聯邦儲備法」（Federal Reserve Act）拘束之銀行，經查渠等主管機關 — FDIC或FRB — 實務上見解則似皆較傾向採取寬鬆的申報制。[50]

至於我國金融主管機關就銀行從事網路金融的監理態度，則似始終採取迴避碰觸前揭爭議核心問題，而改以創造性模糊的規範方式 — 先交由中華民國銀行商業同業公會研擬「金融機構辦理電子銀行業務安全控管作業基準」再報部備查的被動方式[51]，界定銀行從事網路金融業務的執行綱領，復結合嗣後由財政部金融局所擬定頒行之「個人電腦銀行業務及網路銀行業務服務契約範本」，藉由「私法自治」機制作爲網路金融的規範底線[52] — 如此外顯上雖仍由金融業者提出有關網路金融業務的申請，惟主管機關僅「備位」性質的針對業者是否符合安控作業基準及與客戶間契約是否有不利消費者方情事作形式上認定；易言之，雖有核准制之名，惟執行上又似採申報制。

二、我國網路金融業務的法律定位

進一步細究我國有關網路金融的執行規範，則似仍有若干待斟酌之處。首先，前揭監理機制的設計[53]明顯欠缺法律授權的依據；易言之，現行有關銀行

ers as shall be necessary to carry on the business of banking.”）*See* 12 U.S.C. 24 (Seventh)(1994).

[48] 學理上多有以「安全網」（Safety Net）稱呼形容之。

[49] *See* Section 24 of the Federal Deposit Insurance Act, which was added in 1991 as part of the Federal Deposit Insurance Corporation Improvement Act.

[50] 基本上，FDIC所持態度為除非該網路金融業務可能導致產生對於存款保險基金的威脅，否則即應在聯邦立案銀行獲准經營的範圍內，給予州立案銀行許可。FRB的立場在Canadian Imperial Bank of Commerce (Nov. 1999), 85 Fed. Res. Bull. 733, available in 1999 WL 1060123; Royal Bank of Canada (April 1996), 82 Fed. Res. Bull. 363, available in 1996WL167021; Cardinal Bancshares, Inc. (July 1996), 82 Fed. Res. Bull. 674, available in 1996 WL 1996 WL 167021.等個案中所展示的容認態度，更使人覺得FRB有從寬認定銀行從事網路金融的監理尺度。

[51] 請詳參財政部87年5月5日台財融第87721016號函內容。

[52] 揆諸「契約範本」第一條第二項但書「……但個別契約對客戶之保護更有利者，從其約定。」規定意旨，其理自明。

[53] 按此處係兼指「金融機構辦理電子銀行業務安全控管作業基準」與「個人電腦銀行業務及網路銀行業務服務契約範本」兩者而言。

操作網路金融的監理規範並未讓業者在銀行法的「法位階」中覓得一個可資遵循的法源，因此，可能發生有未經主管機關核准而逕自在網路上提供金融服務的業者，是否違反銀行法第29條、第29條之1相關規定，而得依同法第125條處罰之疑義？或有認爲前揭情事亦得以違反有「剩餘條款」之稱的銀行法第132條規定處理之，惟該條文義所稱「中央主管機關依本法所爲規定」壹節，正適足以說明現行網路銀行業務規範，因爲欠缺法律授權而無「法」可據的法制困境。[54]退萬步言，倘認爲現行有關網路金融監理機制，在架構的設計上雖未符合中央法規標準法第3條所列舉之「命令」形式，惟仍應視之爲行政程序法第165條規定所指「行政指導」[55]，則同法第166條第2項「相對人明確拒絕指導時，行政機關應即停止，並不得據此對相對人爲不利之處置。」之規定，又使這條法律思考路徑陷入無法執行的困境。

其次，或有謂得依我國銀行法第3條第22款之「概括性授權」條款規定，作爲我國現行網路銀行的法源依據。惟筆者以爲似有未妥，蓋以該條規定原係有關銀行業務範圍之基本規定，立法技術上採取列舉方式，將銀行所經營之項目，逐一陳列，而爲原則性昭示，爲恐掛一漏萬，而設計該概括授權規定以備位適用，保留彈性空間。法理上，若允許行政機關得毫無限制的逕自決定何種業務得援引概括條款，而揚棄透過修法或行政解釋的法律途徑，維護適用法律者對於法安定性之信賴利益，不但有違「行政保留」原則之貫徹，恐易遭致淪爲行政權偷渡，以逃避立法權監督黑洞之譏。

綜言之，在一個強調「依法行政」的時代，將法律效果不確定的執行風險苛求由適法者負擔，在正義分配的公平考量上似有失衡，治本之道，仍應回歸制度面以法律（或法規命令）明文加以規範，方爲正辦。

---

[54] 有關「行政保留原則」之進一步說明，請參閱大法官吳庚所著，行政法之理論與實用，第82-89頁。

[55] 按我國「行政程序法」已於2001年1月1日開始施行。

伍、網路金融業務涉及客戶權益保護之規範機制

綜前所述，由於我國目前銀行從事網路金融業務的規範欠缺「法位階」的明文授權，前揭「契約範本」規範意旨，諒係提供網路金融業務之使用者以最低下限的法律保障；但有關涉及如何保護渠等客戶之個別權益時，則發生可能同時適用「消費者保護法」、「銀行法」以及「電腦處理個人資料保護法」的法律競合問題。

一、「消費者保護法」適用於網路金融業務之疑義

析言之，銀行透過網際網路提供金融服務，與其客戶間是否構成「消費者保護法」第2條第3款規定所稱之「消費關係」？若為肯定，則前揭「契約範本」即因符合適用前提而構成同法第2條第7款之「定型化契約」，亦有同法第11條至17條相關規定之適用；目前實務上雖尚未得見針對網路銀行業務是否適用「消費者保護法」之疑義表達確定法律上見解，惟揆諸部分已公開之判決意旨，似可區分為從寬、從嚴兩端觀點：按採「從寬說」見解主張，「消費者保護法」第2條第1款規定中所謂「消費」，係指『除生產外，一切為滿足生活目的之活動，凡基於求生存便利或生活目的…滿足人類慾望之行為皆屬之』[56]，而採「從嚴說」見解者則以該項服務內容是否具有對價關係，作為檢視雙方有無構成消費交易之參考標準，而個案認定[57]。前述寬嚴觀點，固各有所本，惟基於下列理由，筆者認為似應以從寬說為妥：

1. 前揭法院判決所呈現的實務觀點，在討論銀行業務中甚為普遍的「保證」業務時，明顯傾向否認銀行與客戶間存在消費關係，進而否定客戶所提出應受「消費者保護法」中有關「定型化契約」規範保障之主張[58]；但是在銀行信用卡業務約定書內容發生是否適用「消費者保護法」疑義時，法院判決卻絲毫不附理由的直接援引「消費者保護法」中有關「定型化契約」之

---

[56] 詳細內容，煩請參閱臺灣高等法院87年上字第151號判決。

[57] 最高法院88年上字第2053號判決。

[58] *Id.*

規定，而肯認客戶方之主張[59]。倘考量「信用卡」與「保證」兩者業務性質，皆同屬金融業務之服務範圍，僅營業項目不同，關於客戶權益保護機制之設計，自不應有所差異；法院竟然作成迥異之判斷，理由中亦未得見堅強的說理論證，渠等司法實務見解，饒有進一步推求之餘地。

2. 考量我國銀行目前所提供之網路金融服務內容，多以客戶「存款餘額」（Balance）作爲交易金額上限，以期降低風險[60]；基此可知，事實上利用網路銀行業務的客戶，其交易數額之或大或小，端視其存款餘額之多少而定。衡諸實際，與銀行往來的中、大型客戶多由「私人銀行業務」（Private Banking）所逐步吸收，諒無經常使用網路銀行之業務誘因。相對而言，網路金融業務實際上恐將侷限於僅對小額存款客戶群具經常性業務誘因，這群資力相對弱勢的銀行客戶，基於經濟與法律間利益衡平的政策考量，理應受到更爲周延的公權力介入保護。

3. 觀諸「消費者保護法」第1條所揭示「爲保護消費者權益，促進國民消費生活安全，提升國民消費生活品質…」有關「立法目的」規定，銀行提供網路金融的服務，旨在提供客戶使用銀行的多元化、便捷途徑，本質上自應認爲符合本法之立法宗旨。

4. 以美國法爲例，有關網路銀行的諸多規範中，頗爲重要且具代表性者，厥爲規範「存款」相關業務的「誠實儲蓄法」（Truth in Savings Act—Reg. DD）[61]，與規範「貸放」相關業務的「誠實信貸法」（Truth in Lending Act—Reg. Z）[62]兩項；渠等立法屬性，皆係直接涉及網路金融業務中有關消費信用保護事宜之處理，其中後者尙且在立法體例上隸屬「消費信用保護法」的一部分。易言之，美國法中有關「消費者保護」的規範機制尙且延伸適用至網路金融業務，反觀主要師法美國典章制度的我國，値此金融法制國際化的過程，倘有涉及網路金融業務中有關客戶資訊權益維護時，當無自外於援引多元化法律保護機制之理。

---

59 台北地院86年簡上字第582號判決。

60 資訊來源，同前註18。

61 *Supra* note 30.

62 *Supra* note 31.

二、「電腦處理個人資料保護法」適用於網路金融業務之問題

至於銀行提供網路金融服務所可能涉及關於「電腦處理個人資料保護法」（以下簡稱「個資法」）問題部分，實務上曾遭質疑者殆為「契約範本」第13條[63]中有關銀行與客戶間「保密約定」示範條款的文義，究竟銀行是否得依同法第23條第4款規定，以經「法人客戶」書面同意為由，免除其與客戶間以「範本契約」第13條「保密約定」示範條款之文義內容定為底線之義務？肯定見解以為法人客戶應可視為具「商業世故」（Sophisticated）之契約相對人，經濟上與法律上皆不應等同於自然人客戶予以評價，因此似得賦予銀行透過前揭例外適用之條款規定，以降低其法律風險。惟否定見解則以「個資法」第3條第1款規定，已明文界定本法之適用係以「個人」資料之使用為前提，揆諸同款所指「個人」資料文義內容，亦清楚規定限於「自然人」之資料；因此，前述有關銀行使用法人客戶資料之情形，應無「個資法」之適用。筆者以否定說較符實定法規範意旨，可資贊同。

第按「契約範本」第13條中有關銀行與客戶間「保密約定」示範條款文義觀之，契約雙方應「互負」（Bilaterally）保密義務，倘銀行提供網路金融服務時，「片面」（Unilaterally）取得客戶書面同意，即得依「個資法」第23條但書規定，獲得合法利用地位，而間接免受保密義務之拘束；惟位居契約相對人之客戶方則無類似機制可資援用，為維公平，法理上或有再為推求之餘地。

另有關第2條但書「排除適用」規定之旨，諒係指倘有一種或數種不同法律與「個資法」間發生競合，析其法理，皆可能適用於同一案件時，將因該其他「法律」另有規定，而應優先援引該其他「法律」規定之情形；然因目前我國網路銀行業務之相關規範並不具有「法位階」之地位，因此有關銀行辦理網路金融業務，倘有涉及客戶電腦資料處理之相關問題，自應回歸前述「個資法」規定之適用順序，其理自明。易言之，我國現行不具「法位階」地位的網路金融業務規範，尚無援引「個資法」第2條但書有關「排除適用」規定，進

63 為利說明，茲轉錄「個人電腦銀行及網路銀行業務服務契約範本」第13條（保密義務）全文內容如下：「雙方應確保所交換之電子訊息或一方因使用或執行本契約服務而取得他方之資料，不洩漏予第三人，亦不可使用於本契約無關之目的，且於經他方同意告知第三人時，應使第三人負本條之保密義務。」

而排除「個資法」適用之餘地。

三、「銀行法」適用於網路金融業務之問題

按我國銀行法第48條第2項所規定有關銀行應對其客戶的交易資料負有保密之義務，因直接涉及客戶「財務隱私權」之私益與「銀行穩健經營」所反射公共利益間之衡平，跨越公、私法學的整合，金融法實務及學理俱見諸多相關論述於此。

我國大法官會議第293號解釋文意旨略謂以「銀行法第48條第2項規定，旨在保障銀行之一般客戶財產上秘密及防止客戶與銀行往來資料之任意公開，以維護人民之隱私權。……」，清楚呈現出該項規定之重要使命。

至於有關銀行保密義務之法理根據，學理上約有下述三說：（1）契約說：此說認爲銀行與客戶之間應推定具有默示保密義務之存在，而非以曾否明訂保密契約爲前提。據此理論，保密義務之違反，則爲契約之不履行，將發生因債務不履行而解除契約及損害賠償之問題；（2）信賴說：此說認爲銀行之保密義務係附隨於銀行與其客戶間往來契約中之信賴義務。銀行一旦與客戶發生往來關係，則基此產生一定之信賴關係。以此信任關係爲前題，接觸並知悉客戶秘密之銀行員，如將其秘密外洩，則構成對此關係之侵害；（3）商業習慣說：此說主張銀行保密義務乃基因於金融實務之慣例而來。易言之，即將基因於誠信原則之保密義務認爲係一種商業慣例予而以法規化。不同見解之間，固各有所本，然筆者衡諸我國法律及金融實務之實際運作，仍擬贊同有力學說[64]所主張之以侵權行為之法理爲依據較爲確實。

揆諸銀行與客戶間權義結構之本質，除相互間具債權債務之對價特性外，較諸其他種類交易型態更多了一份特別的「信賴關係」；易言之，當此種信賴關係投射於法律層面時，即將之明文化而稱之爲銀行對其客戶所應負擔之「信賴義務」（Fiduciary Duty）；因此，當不特定存款戶基於此種高度信賴的基礎關係，將金錢寄託於經政府特許設立之銀行時，即對於銀行「保護其財務上隱私」存有高度的期待，設非因明顯且重大之公益考量，允以極少數優先

64 黃世欽著，銀行法務要義，87年1月版，第41、42頁。

於此種期待的例外情形[65]，前開銀行客戶的私益在金融法制上應受絕對尊重與保護，此其所以在我國銀行法中規定，限於「其他法律或中央主管機關另有規定」之特殊情形，銀行客戶的財務隱私權益與銀行對其客戶的信賴義務，皆以暫時劣後的擱置處理。

承前所述，由於我國現行關於銀行從事網路金融業務的相關規範，尙無具體法律授權依據可資附麗，而法理上亦未宜將網路銀行對於其客戶之保密義務，移置於前揭銀行法第48條第2項規定的涵攝範圍[66]，因此探討「契約範本」第13條中有關銀行與客戶間「保密約定」示範條款文義時，似仍應受到銀行法保密義務相關法理之拘束。

陸、網路金融業務之責任歸屬問題

一、依「契約範本」第10條示範條款，因電子訊息傳遞發生錯誤之更正責任，須視其是否係可歸責銀行而異其處理。依其文義，如因「不可歸責」於銀行之事由而發生錯誤，銀行即不負更正責任，設今發生第15條「不可抗力」以外之「不可歸責」契約雙方事由，卻未見「契約範本」中提供相關之處理機制；或有主張網路「無過失責任論」者以爲，銀行亦因無法掌握網路資訊傳輸

[65] 目前實務上允許適用渠等例外規定之情形計有：
1. 書面承諾；
2. 調查（稅捐稽徵法第30條第1項，第46條第1項規定）；
3. 調查（民事訴訟法第289條，刑事訴訟法第247條，第278條規定）；
4. 調查（監察法第30條規定）；
5. 員間徵信資料之交換（財政部86年5月6日台財融第86620894號函）；
6. 財產申報不實之調查（公職人員財產申報法第10條第1項規定）；
7. 辦案需要，以內政部警政署名義備文之正式查詢（財政部86年2月17 日台財融第86605745號函）；
8. 定逾期放款，經議會決議，在銀行不透露客戶姓名及議會不公開有關資料之條件下的資料提供（大法官會議釋字第293號）。

[66] 拙見以為，銀行法第48條第2項規定文義所指「中央主管機關規定」，應係僅指中央法規標準法第3、第5及第7條所規定之「法規命令」而言，並不宜擴張解釋含括「行政規則」在內，以符法治國所強調之「法律保留原則」。

過程之所有可能錯誤，強予加諸重責，勢將阻卻網路使用之活力云云。衡諸使用網路銀行服務之客戶，居於相對法律及經濟力弱勢地位之現實，似應斟酌補充修正前開文字，更臻明確，以維公平。

二、另有關「契約範本」第12條第2項有關「資料安全」因被「駭客行爲」破壞發生損害之危險負擔問題，由於此處所謂「駭客行爲」尚無其他進一步之解釋文字以爲後援，究其規範意旨係欲與美國「聯邦金融局」（OCC）公報99-9中所指之「網路恐怖份子」[67]同義？抑或另有所指？似應進一步清楚界定，避開適用疑義，以昭公信。

柒、網路金融業務中應注意之外匯管制法律問題

有鑑於網路金融業務勢必無法避免涉及「跨國交易」（Cross-Border's Transactions），因此，瞭解網路金融之業務執行，自當注意有關涉及「外匯交易或支付」部分之法律問題。

按我國地小人稠，爲平衡國際收支，穩定金融，迄今我國對於包括外國貨幣、票據及有價證券等「外匯」之進出國境仍維持管制態度；此可由現行「管理外匯條例」第7條、第8條之規定知，我國目前對於境內之本國人及外國人處理外匯之形式，僅限於以「結售」、「存入」或「持有」三種法律態樣處置手中外匯，若有違反渠等規定，法律上規定係由主管機關對之爲追繳或沒入（同法第21條及第24條規定參照）之處分，情節誠可謂重大。

復依外匯業務主管機關—中央銀行—透過管理外匯條例第6條之1第1項規定授權所規定「外匯收支或交易申報辦法」[68]第2條規定知，依法辦理申報之起始條件係設定以「新臺幣五十萬元以上等值外幣」之收支或交易結匯。易言之，前開數額以上之外幣的匯入或匯出即要求以「申報」手續將之納入外匯管制之體系。復對於每人每年匯入匯出累積之外匯金額總數設有上限，此皆係所謂「金額別」之外匯管制方式。

---

[67] *Supra* note 25.

[68] 民國86年6月11日以（86）台央外伍字第0401330號函令。

至於前揭交易申報義務人，則限於依我國法令在我國設立或經我國政府認許並登記之公司、行號或團體及在我國境內居住，年滿二十歲領有國民身分證或外僑居留證之個人。（「外匯收支或交易申報辦法」第4條第4款規定參照）足以堪稱之爲「身分別」之外匯管制方式。

此外，依中央銀行外匯局所頒行之「指定銀行辦理外匯業務應注意事項」[69]第3點之（一）、（二）規定知，對於未取得內政部核發「中華民國外僑居留證」之「外國自然人」於辦理外匯「結購」（匯出）或「結售」（匯入）時，均應憑相當身分證明「親自」至外匯指定銀行辦理。

易言之，虛擬的網路交易，即與前揭以「身分別」外匯管制規定有違而應予排除。基此，銀行提供網路金融服務時，應注意不得對未取得外僑居留證之「外國自然人」准其開設網路金融涉及外匯交易之帳戶。

捌、網路金融周邊業務之規範

我國目前尙無類似美國金融法中針對網路銀行經營「網站」（Web Housing Service）或「網路服務業」（ISP）業務之相關規定，惟財政部鑑於跨行金融資訊網路之業務監督管理至爲重要，乃於民國87年頒行「跨行金融資訊網路事業設立及管理辦法」針對中央銀行資訊網路以外的其他金融機構間即時性跨行金融業務帳務清算之加值網路提供服務者予以規範。

渠等事業之設立，須經財政部之核准，且其企業組織之服務結構須維持80%，限由「金融機構」或「政府」持股（同法第3、4條參照）之高比例，諒係爲維持其營運之專業及公益屬性以致。

同辦法第22條係揭示有關跨行金融資訊網路事業經營之業務，其中有關「金融機構跨行業務帳務清算」及「辦理與金融機構間業務相關之各類資訊傳輸、交換」（第1、2款規定參照） 網路金融業務中至爲重要資訊傳輸及帳務清算，實值注意。復依同辦法第25條規定知，經營跨行金融資訊網路事業，對

[69] 民國84年9月1日（84）台央外字第（柒）1722號函修正公布。

其連線用戶所傳輸、交換之電子資料；不但應保密、存證且須負責傳遞過程之安全及正確，若發生錯誤，毀損滅失或其他不正確之傳輸、交換或處理情事者，並應以善良管理人責任負責改正及補救。此係明白揭示前揭資訊傳遞過程之責任歸屬事宜，實值從事網路銀行業務者之重要參考。

玖、網路金融業務涉及「洗錢」防制之相關問題

金融業務經由虛擬的網路世界（Cyberspace）所呈現的服務方式，恰好給予犯罪者利用其「無實體、不拘時空」的特色，以掩飾或隱匿其因重大犯罪所得財物或財產上利益，因此，傳統防制洗錢（Money Laundry）的思考，必須因應渠等新種金融業務而調整。

我國現行「洗錢防制法」第7條規定，金融機構對於達一定金額（新臺幣150萬元）以上之通貨交易，應確認客戶身分及留存交易記錄憑證。同法第8條復針對疑似洗錢之交易，規定金融機構應確認客戶身分及留存交易記錄憑證，告知當事人，並應向指定之機構（法務部調查局洗錢防制中心）申報，厥為現行洗錢防制機制的主要重點，然究應如何在虛擬的網路銀行業務中執行前揭規定？仍值進一步深入研究。

拾、結論

虛擬的網路世界，或許便捷溝通、提升效率、顛覆傳統、普及文明，卻也疏離人心，眞假難辨。

夾雜在一個新舊迅速交替的世代，不僅徬徨的人們無所適從，保守的法律制度，更見因快步追趕而顯露龍鍾的疲態。本文試從比較金融法的角度，介紹歐美網路金融相關監理規範，提出個人對於「新瓶」（銀行從事網路金融業務）注入「舊酒」（現有金融監理架構）的觀察心得與建議。

由於網路金融業務所牽涉之層面甚廣，欲同時透過法律窗口，分別就業務

與技術層面周全探討，尚且不易，遑論我國網路銀行業務發展迄今，尚無較為整體性的規範機制配合，欲徒以立法相繩變化迅速的網路金融，更因其執行上的難處而有捉襟見肘之窘，但考慮金融電子化後對金融法諸多基本觀念出現衝擊，應仿外國先行經驗，進行我國相關法制建構。

文中首先就參酌外國立法例的觀點，分別就歐、美及國際社會中金融實務較為先進的國家與地區，介紹渠等網路銀行業務的相關法制建構，並就其中若干足資援為借鏡者，提出我國應如何存菁去蕪的看法。其次，並就我國現行有關網路銀行業務的相關法制，提出個人的觀察與建議。

最後，再針對我國目前發展網路金融業務，在實務方面所出現的若干法律適用上的疑義提出質疑，繼之以陳述個人關於解決渠等問題之芻議作為全文結尾。

（本文發表於月旦法學雜誌第71期，2001年4月）

第八章
企業整合與跨業併購法律問題之研究—以「銀行業」與「證券業」間之整合爲例—

壹、前言

2000年9月，美國在台商會發表年度報告白皮書，對我國財經政策多所建言。其中，語氣婉轉地提示我國金融服務產業是最不具國際競爭力的產業環節，長此以往，將會阻礙資訊科技及其他製造業的發展；並直指政府應全盤進行金融大改革，提出有利銀行收購與合併的法令，強化金融業的競爭力等有效措施……云云；[1]這篇出自「外人」的肯切諍言，值此國內金融弊案接二連三爆發之際，格外發人深省。

1998年4月6日，美商「花旗銀行」透過其金融集團控股公司—「花旗控股」（Citicorp.）與美商「旅行家集團」（Traveler's Group）以「新設合併」（Consolidation）方式，創設總資產高達七千億美元，年收入估計可達五千五百億美元，業務範圍擴展成爲橫跨銀行、證券、保險的超級金融財團——「花旗集團」（Citigroup）[2]；1999年11月12日，美國政府更劃時代的通過了「1999年金融服務業現代化法案」（The Financial Services Morderniza-tion Act of 1999）[3]，針對銀行設立金融控股公司部分，撤除多年來區隔銀行與證券、保險業務的法令藩籬—「格拉斯、史蒂格法」（The Glass-Steagall

[1] 詳細內容，請參見2000年9月8日中國時報社論。

[2] *See* New York Times, business edition on the web, available at http:// www.nytimes.com/library/finance/98/04/biz/articles/citi-traveler's.html/, visited on August 15th, 2000.

[3] 本法案通過後，延襲美國立法上頗多逕以該法案的提案參、眾議員姓氏為法案名稱的慣例，而有另以The Gramm-Leach-Bliley Act名之，實為同一，為恐混淆，爰此說明。

Act）[4]，銀行業因此得以透過新法中限制較爲寬鬆的「金融控股公司」（Financial Holding Company）作爲跨業併購證券業與保險業的操作平台，大幅降低了銀行業經由跨業購併方式，多角化經營金融周邊相關業務，建立百貨化金融機構，形成完整「金融財團」（Financial Conglomerate），以改善經營體質的作業成本。

臨近的日本國，也自同年開始進行所謂的「金融大改革」（Big Bang），不僅大幅修正了禁錮日本企業組織長達五十年以上的「獨占禁止法」第9條[5]，

---

4 有關「格拉斯—史蒂格法」（The Glass-Steagall Act）的進一步分析與說明，煩請參考拙作「試論我國金融防火牆的法律架構」，收錄於中原財經法學第四期，1998年12月出版。

5 為利說明，爰將本條條文修正前後內容對照並予臚列如下：

1997年（修正前）第九條內容為：

第九條之禁止

一、不得設立控股公司。

二、公司（包括外國公司）在國內不得轉化為控股公司。

三、前兩項所謂的控股公司指以持有股份（包括股東出資，以下同）支配國內公司事業活動為主要事業之公司。

1997年（修正後）第九條內容為：

第九條一定控股公司之禁止

一、不得設立事業支配率過度集中之控股公司。

二、公司（包括外國公司）在國內不得成為事業支配率過度集中之控股公司。

三、本條與次條中所謂的控股公司，指對於子公司（公司擁有股份超過其已發行股份總數50% 之國內公司，以下同）股份取得價額的合計額占公司的總資產額比例超過50% 之公司。

四、公司及其一家或二家以上的子公司，或者該公司之一家或二家以上的子公司擁有股份超過其已發行股份總數50% 之國內公司，則視為該公司之子公司，並適用此條之規定。

五、第一項及第二項所謂的事業支配率過度集中，是指控股公司及其子公司、控股公司以持有股份支配事業活動之其他國內公司，在一定數量的事業領域中，其總合事業規模非常大，因有關這些公司資金的交易而對於其他事業者有顯著影響力，或者在有相互關連性的一定數量事業領域中上述公司各占有利的地位；而對國民經濟有很大的影響，並妨礙促進公平自由的競爭。

六、該控股公司及其子公司總資產額（限於國內公司的總資產額）以公平交易委員會規則所定的方法來合計，其額度不得低於三千億日圓的範圍內且其金額超過證令的情形下，依據公平交易委員會規則的規定，每年會計年度終結日起三個月內，控股公司必須向公平交易委員會提出有關該控股公司及其子公司的報告書。

七、當控股公司在成立時符合前項規定的時候，依據公平交易委員會規則的規定，從其設之日起三十日內，新成立的控股公司必須向公平交易委員會申報其主旨。

轉載自張家溢撰，日本獨占禁止法對控股公司之規範，淡江大學日本研究所碩士論文，第

解除對於設立控股公司的禁令，更於1998年3月11日開始施行「金融控股公司整備法」，進一步的在既存的金融關係法上追加、修正隨著金融控股公司創設所必要的法律條文。隨即出現「大和證券集團」（1999年4月）、「第一勸業」、「興業」及「富士」銀行（2000年1月）、「東海」及「旭日」銀行（預計2000年9月）、「櫻花」及「住友」銀行（預計2001年）等具體個案，先後透過設立「金融控股公司」方式進行渠等合併工程[6]；一般咸認，經由此次「法規解禁」（Deregulation），直接導致日本金融業間的整合（併購）成本大幅降低，勢將提供金融產業更為靈活的經營利基，或能更早提升日本金融產業近來積弱不振的國際競爭力。

「併購」（Mergers & Acquisitions），值此錯綜複雜的商業現實環境中，由於涉及產業經濟分析、法律、會計、財務、稅務、勞資關係……等專業人員及知識的密切配合與綜理規劃，誠可謂為一套精密構築的「專家工程」（Expertise Engineering）；其中，法律工程師所需面對的環境，包括了跨越憲法、民法、公司法、證券交易法、反托辣斯法（公平交易法）、勞工法……等專業領域的結合，進而使得欲解決「併購」中法律問題的努力業已成為法律領域內的另一種「跨領域整合」（Interdisciplinary Integration）的浩大「知識工程」（Knowledge Engineering）。

革命性的網路科技，顛覆了傳統認知上的人際與國界的藩籬，更迫使臺灣產業結構在近幾年來面臨空前的「國際化」（Globalization）壓力。為求生存，企業組織除了積極追求經營上的「創新」（Innovation）以求突破發展瓶頸之外，更認眞地思考透過企業間的「併購」，以整合相互間之經營「利基」（Niche），進而加強產業競爭力附麗所在的多元化服務縱深，在臺灣產業從「區域供銷」昂首闊步邁向「全球流通」網路的轉型過程中，由於企業間審慎的「重組與整合」（Restructuring & Combination）造就了許多成功典範，而使得「併購」在臺灣亦逐漸蔚為風潮。

國際間知名的「麥肯錫企管顧問公司」（McKinsey & Company）甫於

80、128頁。（2000年1月）

6 日本獨占禁止法附則第116條中對於所謂「金融控股公司」設有定義，係指以經營金融業的公司為子公司之控股公司，惟該法嗣後為「金融控股公司整備法」所取代。同前註，第197頁。

1998年底針對臺灣金融業所作的一份長達52頁分析報告中率直指出—「併購」，是臺灣金融業在面對未來國際化競爭現實的環境中，少數得以選擇的因應方案之一[7]。文中亦暗喻外來金融強權可能透過併購方式鯨吞臺灣金融市場的潛在威脅。針對該文之結論，論者或有異見之爭，但衡諸其肯切之建言，誠可作爲思考整備臺灣金融法制的一帖鮮活試劑。

有關企業組織應否進行併購之利弊考量分析，論著犖犖多矣，本文不擬贅述，然而併購相關法制之整備與否，卻又殷切攸關企業整合的成本效益評估，實有進一步探討之必要。其中，又以見諸國際媒體報導較爲頻繁的「銀行業」與「證券業」間之「跨業併購」案例，特別是透過設立「金融控股公司」進行的整合模式，引起政府有關金融監理部門的關切。反觀我國「金融機構合併法」草案在國會堆積如山的待審法案中遲未通過施行，而「金融控股公司法」則仍待金融主管機構研擬訂定中[8]；雖見偶有倡議提高銀行法第25條第2項有關同一關係人銀行持股比例限制規定，以期提供有利金融機構進行併購[9]的法律環境；尤其，政府推動「強化經濟體質方案」[10]中，更見鼓勵金融業併購政策的努力，惟如何因應我國加入「WTO世貿組織」後金融服務業（包含銀行、證券、保險、票券、期貨、信託等業別）貿易市場之健全監理，並加強金融法制的整備，儼然已成爲當務之急，亟需更多耕耘與心力的投入。有鑑於此，本文乃不揣淺陋，擬著眼於銀行業與證券業間相互併購時，經營與監理上可能發生之問題，試從兼顧「金融監理」與「產業競爭力」之立場，探討金融業間「跨業併購」時之各項法律考量。

7　*See* MCKINSEY & COMPANY, THE FUTURE OF TAIWAN'S BANKING INDUSTRY, 29 (1998).

8　經濟日報，「金融控股公司立法應適合國情需要」社論一文，2000年9月5日。

9　參見自由時報，「金融監理轉向規範大股東資格」一文，2000年7月24日，第十九版。

10　詳細內容請參見行政院經建會網站所揭示有關「強化經濟體質方案」。

貳、企業間透過「併購」途徑獲取經營控制權之法律成本

一、併購之法律途徑

見諸許多有關併購的探討，常以「友善交易」（Friendly Transactions）或「敵意交易」（Hostile Transactions）區分之。以美國法爲例，對於併購雙方係通過「協商程序」（Negotiating Process）進行併購者，大抵歸類於友善性併購，主要係依據聯邦法規中1933年證券法的相關程序規定進行；而在過程中未曾給予對方有協商機會者，即屬敵意性併購；其中須再進一步稍加區別者殆爲，支付對價若係以「現金」爲之，適用「威廉斯法案」（Williams Act）辦理，若係以「股票」爲支付對價，則應以1933年證券法爲法律依據。兩者適用上主要區別在於適用「威廉斯法案」者並無「等待期間」（Waiting Period）規定，而以1933年證券法爲適用法據者則須先行向主管機關申報，否則交易不得開始進行。準此，我國併購法制中一般模式下的「制式合併」、「收購資產」與特殊模式下的「三角交易」屬於前開善意併購的範圍，而一般模式下收購股權模式中的現金公開收購股權則係屬前揭敵意併購的範圍。以下謹就併購的常見方式略作描述：

（一）一般模式

1. 公司法之「制式合併」

實務上常被援引適用以爲處理公司法上「制式合併」（Statutory Merger）之法律依據，殆爲公司法第317條以下有關公司合併程序之規定。其中，透過公司法第319條準用同法第75條間所交織呈現的有關合併之法效歸屬，亦即因合併而消滅之公司，其權利義務應由合併後「存續」（吸收合併 —— Merger）或「另立」（新設合併 —— Consolidation）之公司「承受」之規定，由於涉及合併當事人權利義務之終局歸屬，頗値深究。學理上除針對進行合併之公

司「種類」是否應予限制？論者多所著墨之外[11]，尚有疑義者殆爲公司法此項有關「承受」之文義，是否得直接援引民法第305條，306條有關「併存債務承擔」態樣中「概括承受」規範內涵[12]理解之？

持肯定見解者以爲，此種公司法上「制式合併」後之「承受」爲概括承受，不得就其中權利或義務之一部分以特約除外[13]，實務見解甚至直指其性質與自然人之繼承同論[14]。惟持否定見解者則係基於兩者之間「主體」、「程序」、「須經債權人同意與否」、「原債務人承擔債務期間」以及「法律效果」等各方面之差異而有不同立論[15]。折衷見解則認爲企業之合併，基本上亦爲概括承受[16]之一種，只是民法上債之概括承受範圍較爲廣泛而已。基本上，各說皆有所據，惟似應基於實際依法執行之成本考量（Cost of Law Compliance）的角度而思考，易言之，當企業基於其個別之營利目的與策略，考量是否採取公司法上「制式合併」途徑進行整合（Combination）時，各方當事人對於各自權利義務於合併後之終局確定法律效果的預期，是否有必要在執行上已爲眾人所熟悉的民商規範機制（Regulatory Mechanism）之外，特別將公司法上關於「制式合併」之法效規範，獨立予以「類型化」（Categorized）且「概念化」（Conceptulized）的方式處理？誠然如否定說中所引述有關「原債務人承擔債務期間」與「法律效果」部分之立論[17]，直接攸關合併時法律成本之估定，言之成理，惟揆諸稅捐稽徵法第15條有關「營利事業因合併而消滅時，其在合併前之應納稅捐，應由合併後存續或另立之營利事業負繳納之義務」規定之旨觀之，似亦可推演出合併前權利主體之「公法上義務」（應納稅捐）亦應爲合併後權利主體所「概括承受」之結論，此稅法上強行規定之涵攝內容所揭示立法意旨原擬對於「合併」時點前後各當事人權利義務變動所造成利益失衡時，法律上應如何予以調整之價值判斷，似與前揭肯定說之立論較爲

[11] 柯芳枝著，「公司法論」，第76頁。（1998年版）

[12] 曾鈴，「金融機構併購之法律規範研究」，中興大學法律研究所碩士論文，第 107 頁，1998年。

[13] 同前註11，第81頁。

[14] 司法院第2210號解釋。

[15] 同前註12，第17至18頁。

[16] 王國蓼，「企業併購法律環境之研究」，東海大學法律研究所碩士論文，第27頁，1997年。

[17] 同前註12，第18頁。

接近；另衡諸肯定說所主張合併前後權利義務「概括承受」之法律效果對於適用法律之合併個案，更明顯具有「實務上普遍認同」之較低執行成本的現實利益，及公司法上「制式合併」程序特別強調「簡易迅速、保障債權」之特性，準此，本文傾向以肯定說爲可採。

另應強調者，有關「制式合併」之程序中「概括承受」之效力，究係何時發生？由於涉及債權人權益之保障，應予澄明。易言之，消滅公司的債權人對於合併後存續之新法律主體何時方得正式主張其須負起承擔前手債務而獲清償？論者多數認爲，概括承受之通知，性質上爲「觀念通知」，於概括承受之後手正式通知消滅公司債權人前，尚不發生債務移轉效力。因此，該通知應認爲係承受人承擔前手債務之生效要件，至於前開「通知」之方法，應以使特定大眾得以知悉即可，不須拘泥一定形式。

2. 收購資產

一般而言，所謂「收購資產」（Asset Acquisition）係指收購方公司（Acquiring Company）以收購目標公司（Target Company）之全部或部分資產爲目的所進行的法律程序而言；在法律規劃上通常會在雙方協商時預留選擇性承受目標公司特定債務的空間，且爲避免採取公司法之「制式合併」所面臨可能發生「概括承受」對方隱藏性債務之潛在風險（Potential Risk），實務上亦偶見針對特定（高獲利）生產線設備進行資產收購之案例，惟前揭收購之標的若係屬其營業或資產之全部，則目標公司可能將因而解散，此即爲俗稱「頂讓」之民法上「營業讓與」的情形。個案中常見雙方特別詳細研擬有關移轉各別資產所有權之約定條款[18]，究其目的，主要係爲確保每筆單件資產的所有權皆得以

[18] 為利說明，試舉一收購資產之實際案例中有關移轉資產所有權約款（部分省略）如次：
"At the Closing, subject to the terms and conditions of this Agreement (including the representations, warranties and covenants of the parties contained in this Agreement), Seller shall, and shall cause Seller's Affiliates to, sell, convey, transfer, assign and deliver to Purchaser Purchaser's Affiliates, purchase, acquire, accept and assume from Seller and Seller's Affiliates, the Purchased assets and the Assumed Liabilities. Seller and Seller's Affiliates and Purchaser and Purchaser's Affiliates shall execute and deliver to each other, as appropriate (a) bills of sale in the form of Exhibit 1.1-A hereto or in such other forms as may be agreed to by Seller and Purchaser with respect to Purchased Assets(the "Bills of Sale"), (b) assignment and assumption agreements in the form of Exhibit 1.1-B hereto or in such other forms as may be agreed to by Seller and Purchaser with respect to Purchased Assetsw and

在雙方規劃的方式、時間、程序下進行移轉。一般而言，收購資產過程中爲移轉諸多個別資產所有權所需準備的各式文件以及辦理過戶相關行政程序的繁複，甚至須處理資產上的其他法律負擔（質權、抵押權設定的除去）確爲收購資產模式中較高的執行成本與不確定法律風險。

按依「資本規模」（Capital Scale）的差異，企業進行「收購資產」時所面臨的法律環境亦因之有所區別。首先，公司法的中央主管機關 —— 經濟部（商業司）—— 前依公司法第156條第4項之法律授權所頒行以「新臺幣兩億元」作爲企業應予「公開發行」（強制公開）之資本門檻的函令中[19]，清楚的透過「公開發行」作爲區分標準，而將分屬不同資本規模之企業的法律環境作了明確切割。易言之，透過前揭公司法第156條第4項條文、證券交易法第6條第1項及同法第22條第1項規定的「法律介面」（Interface-Equivalent Legal Scheme）設計，非公開發行且非經目的事業中央主管機關專案核定之股份有限公司，若與同等資本規模之同類型公司進行有關「收購資產」之磋商時，則首應探究渠等收購資產之行爲對目標公司而言是否構成「足以影響該公司所營事業不能成就」，果眞符合時，則有民法第305條第1項與公司法第185條第1項第2款規定間競合問題接著要處理，依「特別法優於普通法」原則之適用，實務見解認爲應以公司法第185條規定爲處理依據[20]準此，程序上接續適用公司法第186條有關反對股東行使「股份收買請求權」（Appraisal Rights）規定所產生的各種可能變化，亦應同時列入法律執行成本的考量；其次，若進行「收購資產」之一方爲「公開發行」公司時，則須注意是否符合證券交易法施行細

the Assumed Liabilities (the "Assignment and Assumption Agreements"), (c) the Deeds and other documents required by section 1.2 hereof, (d) in the case of each of Seller's Affiliates and each of Purchaser's Affiliates and Affiliate Asset Agreement and (e) such further assignments or other appropriate instruments of assignment, transfer, and assumption reasonably satisfactory to Purchaser and Seller and their respetive counsel as shall be effective to transfer the activities of the Business to Purchaser or Purchaser's Affiliates, as appropriate, good and marketable title to and possession of the Purchase Assets (other than the Real Property) free and clear of all Liens, Claims and encumbrances except for those noted on Exhibit 1.1-c hereto, and to effect the assumption of the Assumed Liabilities pursuant to Section 1.3 hereof." 其中可見雙方為降低收購後資產所有權移轉可能發生的各種風險，針對不同狀況以契約方式預予控制。

19 參見經濟部70年2月14日（70）商05324函令解釋。

20 參見最高法院79年台上字第2247號判例。

則第7條第8、9款規定所稱「發生對股東權益或證券價格有重大影響之事項」之規範內涵。

若為上櫃、上市公司，則另須注意是否符合證期會依證交法第36條、第38條授權所頒行之「上市上櫃公司合併應注意事項」中第五點有關換股比例訂定及變更規定；至於上市、上櫃公司合併進行的程序，則應分別依「臺灣證券交易所股份有限公司營業細則」第51條（民國89年6月5日發文（89）台證上字第014116號函公告、民國89年7月14日修正）及「財團法人中華民國證券櫃檯買賣中心證券商營業處所買賣有價證券業務規則」第16條（財團法人中華民國證券櫃檯買賣中心89年4月17日證櫃上字第11298號公告、民國89年6月29日修正）等相關規定處理；設若此處所收購之資產係屬「不動產」或其他「固定資產」時，則尚應探究是否構成「公開發行公司取得或處分資產處理要點」中第4點所指「應辦理公告及申報標準」之情事，由於渠等規範與法律成本之估定直接相關，法務前置作業時應特予慎重；此外，由於「資產收購」在我國會計實務上被編列為「資產取得」[21]，因此企業在採取「收購資產」途徑以取得另一公司經營權時，即與一般購買資產之會計處理方式相當，皆係以其購買成本（即歷史成本）作為入帳基礎。[22]由於涉及實務上執行成本之估定，併此說明。

至於財團內部「關係企業」（Affiliations）間透過「收購資產」方式進行組織調整或資產重組時，若收購方公司為公開發行公司，且欲整合資產為「不動產」之情形，則應斟酌是否可能構成證期會前於86年1月27日依「發行人募集與發行有價證券處理準則」第8條第7款規定所訂定「公開發行公司向關係人購買不動產處理要點」中第4點所稱「涉有非常規交易之認定標準」而予審慎考量。

3. 收購股權（Share Acquisition）

係指由收購公司（Acquiring Company），以「現金」（Cash Tender Offer）或「換股」（Exchange Offer）為對價支付方式進行收購目標公司的股份

---

21 林進富，「公司併購教戰守則」，第34頁，1999年。

22 同前註。

（或其發行之新股），俟其取得足以控制股東會決議之表決權數時，透過股東權的行使，進而取得公司經營控制權之謂。美國法上，有關（敵意）收購股權之法律規範，主要殆可分爲以下重點：

（1）收購前階段（Pre-bid Share Acquisitions）須踐履之程序

A. 1934年證交法（1934 Exchange Act）第13條(d)項（Section 13d）中有關「任何人直接或間接取得另一公司超過百分之五股權時，應於十日內向主管機關申報」。

B. 同法第16條(a)項（Section 16a）有關「任何人一旦取得某一公司『高級職員』（Officer）、『董事』（Director）或『持有百分之十以上股份』之地位時，應於十日內向主管機關申報」。

C. 「1976年哈特－史考特－羅蒂諾反托拉斯改善法」（Hart-Scott-Rodino Antitrust Improvement Act of 1976）中有關「要求任何人進行收購時，除另有規定外，若可能超過他公司具表決權股份（Voting Share）比率百分之十五或資產總值一千五百萬元以上時，應預先向主管機關申報」。

（2）收購進行過程中須踐履之程序

首應說明者，在聯邦法規部分主要係適用「威廉斯法案」（Williams Act）— 係針對美國1934年證交法所爲局部修正 — 的相關程序規定。簡言之，主要包括

A. 第13條d項（Section 13d）規定：設計上類似「預警系統」（Early Warning System）功能，主要在於透過要求收購方須踐履一定之揭露程序以警示收購的目標公司決策階層，市場上已出現對於該公司股票之大量集結，而有可能影響公司現有經營控制權之虞者，而得立即因應。例舉其大要者，如依本條授權所頒命令要求收購方於收購開始十日內，以書面（Section 13d）至少載明（i）收購人；（ii）收購方式；（iii）取得超過5%之股權證券等資料，即爲適例。

B. 第14條d項（Section 14d）及其法規命令14D（Regulation 14D）：針對任何提出以現金或換股方式爲對價而欲收購他人股權證券（Equity Security）時，規定收購人踐履之程序及其相關表格之要式。

C. 第14條e項（Section 14e）及其法規命令14E（Regulation 14E）：該條規定本質上係一概括性的「反詐欺條款」，禁止各種現金收購時應揭露之文件的不實陳述、隱匿，違者並予以處罰，與威廉斯法案其他規定不同之處在於，此條規定不僅適用於依1934年證交法規範下所為之收購，尚且包括所有類型之收購。實務上，許多被收購的目標公司常以此條規定為阻撓手段而向法院申請「禁制令」（Injunction）以對抗「敵意收購」（Hostile Tender Offer）。此外，在以「現金」為支付對價的公開收購（Cash Tender Offer），主要係以威廉斯法案為規範依據。但若係以「換股」型態之敵意收購，則尚有1933年證券法中有關「揭露」以及「反詐欺」條款的適用。由於前揭兩項規定對於公開收購揭露程度之要求寬嚴有別[23]，因此，直接影響公開收購的前置法律規劃作業。

D. 另外值得一提的，由於威廉斯法案並未就「公開收購」（Tender Offer）設有定義性規定，因此，目前美國法上有關「公開收購」之法律意涵殆皆指向美國證管會（SEC）分別於1979年Wellman v. Dickinson案及1985年SEC v. Carte Harvley Hale Stores Inc.案審理中所提出之「八項要素」（Factors），其內容分別為：[24]

a.對發行公司之一般股東，積極且廣泛的徵求。

---

[23] *See* Ronald Gilson and Bernard Black, The Law and Finance of Corporate Acquisitions, at 896. (1996).

[24] Rechard Jennings, Harold Marsh, Jr. and John C. Coffee, Jr.,Securities Regulation: Cases and Materials, at 698. (1992) 此處所指「八項要素」(Eight Factors) 之原文為：
(1)active and widespread solicitation of public shareholders for the shares of an issuer;
(2)solicitation made for a substantial percentage of the issuer's stock;
(3)offer to purchase made at a premium over the prevailing market price;
(4)terms of the offer are firm rather than negotiable;
(5)offer contigent on the tender of a fixed number of shares, often subject to a fixed maximum number to be purchased;
(6)offer open only for a limited period of time;
(7)offeree subjected to pressure to sell his stock;
(8)public announcements of a purchasing program concerning the target company precede or accompany rapid accumulation of large amounts of the target company's securities." (475 F. Suppl. at 823-824).

b.對發行公司「相當比例」之股份為徵求。

c.以超過市值之價額為收購要約。

d.收購要約條件係確定而不得再經協議變動。

e.收購要約之成立繫於所得換購最多股數時為準。

f.收購要約僅於特定期間內有效。

g.應募股東係因感受壓力而讓售其股份。

h.公開其收購計畫之前，已見收購方短期購進目標公司所屬大量證券。

至於在美國各州有關股權收購之規定，則大致散見於各州之「州公司法」（State Corporate Law）規定中，亦值注意。

一般而言，在股東人數不多，股權結構單純的「閉鎖性公司[25]」（Close Corporation），最適宜採取此種方式獲取經營控制權。究其實際，不僅因為在「收購股權」中之被收購公司名下所有資產仍得以繼續存在供進行股權收購公司利用外，在前揭採取「收購資產」途徑中為配合資產取得後移轉資產所有權所需踐履的繁複法律程序與諸多文件簽署的執行成本，亦可在採此法律途徑後而得以減免。準此，處理時效的簡速，似也成為「收購股權」方式受到企業青睞的重要誘因之一。

由於企業透過「收購股權」方式取得經營控制權，在法律屬性上或為民法上「買賣」（以「現金」為對價之收購），或為民法上「互易」（以「交換股份」為對價之收購）態樣的經營行為，程序上因而得以避免諸如採取公司法「制式合併」或「收購資產」模式時所需面對——「先斬後奏」式的併購行動是否會獲得公司股東會決議通過——的不確定法律風險，因此，一般而言，在普遍使用具公信力的聯合會計師事務所進行帳冊查核、簽證之企業間被認為是較為便捷獲取經營控制權的法律途徑之一。然而，另一方面，公司法第13條有關「轉投資」規定，雖在民國79年修正時准許公司透過一定決議門檻（輕度特別決議）而得擴大轉投資的額度，惟衡諸實際，渠等取得法律正當性的成本卻相當高（尤其對於公開發行公司而言，湊足所須的人數並不容易）；因此，在一定程度上顯然巧妙地扮演著節制企業漫無限制的透過「收購股權」方式，遂行多角化（Diversification）經營的法律活塞（Valve）功能角色，應值注意。

---

25 同前註11，第221頁。

從法律執行的技術面而言，若進行「收購股權」的權利主體雙方皆非屬公開發行公司，且非以針對「不特定人」之「公開」方式爲之，則基於「股權轉讓自由原則」之貫徹，程序上僅需完成「收購股權」契約之簽訂[26]，載明股權移轉對價支付方式，股權移轉時點及雙方需配合協辦事宜等須載入協議之重要內容，然後，經營控制權之移轉，殆已因之而發生具拘束力之法律效果。惟「收購股權」之被動方—目標公司（Target Company），若係「公開發行公司」，且此之「收購」，法律上定性爲非屬經由有價證券集中交易市場或證券商營業處所，而對「非特定人」以公告、廣告、廣播、電傳資訊、信函、電話、發表會、說明會或其他方式購買表彰具表決權之有價證券行爲時，即足構成證券交易法第43條之1第2、3項所稱之「公開收購」行爲，依法應先取得主管機關之「核准」[27]。此所指「收購股權」之主動方，不僅指實際上出資收購之人，實務上普遍存在作爲收購策略工具的「人頭戶」，亦將因爲符合「公開收購公開發行公司有價證券管理辦法」第5條中所稱「利用他人名義」爲公開收購之人的規定內涵，而併受規範。此外，由於「長、短期有價證券」—含股票、公債、公司債、國內受益憑證、海外共同基金、存託憑證等—亦包括於證券交易法第36條第2項第2款規定所授權訂定之「公開發行公司取得或處分資產處理要點」中第二點所稱「資產」範圍之內，準此，有無符合同「處理要點」中第4點所指「應辦理公告及申報標準」之情事，而應於「事實發生日」（實務上係指「董事會決議通過之日」）起算二日內公告，亦當併予斟酌。綜言之，揆諸前揭規範之旨，乃爲貫徹「充分揭露」（Full Disclosure）原則，使類此可能導致公司經營權移轉（Transfer of Control）及影響股東權益穩定性的重大事項之資訊，得以充分流通而爲市場參與者知悉，不僅使被收購公司得因「公開收購」而預作因應，並進而確保投資人之投資判斷得以在資訊取得「公開、公平」的基礎上行使。

---

26 實務上，頗多案例係以簽訂「意向書」（Letter of Intent）之方式率先確定雙方未來合作方向，然後再逐步商討合併契約的內容，乃至於最後正式簽訂。

27 有關公開收購法制方面較為深入的分析，請詳見易建明著，「美國、日本與我國公開出價收購法制之比較研究」，中興大學法律研究所博士論文（1998年）。文中，作者對於我國現行公開出價收購法制頗多建言，足資參考。

（二）特殊模式

1. 三角交易（Triangular Transaction）

係指企業透過設立「子公司」（Subsidiary）方式進行併購的一種特殊模式。易言之，此種交易有別於傳統上由企業自身作爲併購之法律主體，而逕以其設立的「子公司」進行併購，並由該子公司於嗣後直接取得目標公司之經營控制權。由於法律風險相對於傳統併購模式明顯較低，因此，近年來在實務上已被企業廣泛採取以之爲併購之法律架構。[28]實務上，常見三角交易態樣的併購契約中使用「正向合併」與「逆向合併」之組合，簡言之，所謂「正向合併」（Forward Merger），係指由欲進行併購之公司先行設立附屬子公司，隨即以之爲併購主體進行與目標公司之併購，俟併購完成後（該附屬子公司存續），再由該附屬子公司將目標公司之資產回歸移轉予控制公司（收購公司），而所謂「逆向合併」（Reverse Merger），係指由併購之主動方先成立一附屬子公司，而由目標公司先行併購該子公司（僅目標公司存續），而後，由控制公司以其所持有之子公司股票與目標公司進行「股份交換」（Exchange of Shares），以使控制公司間接取得目標公司之經營控制權。惟經常使目標公司股東滋生疑懼者，殆爲如何說服其他股東願意接受前揭附屬子公司「股份交換」之規劃？究其原因，主要係由於目標公司股東之所以同意被併購，乃是基於對收購公司（控制公司）主觀（聲譽）、客觀（財力）能力的充分信賴，今

---

[28] 茲例舉併購契約（實際案例）中常見有關「合併方式」（The Merger）條款約定內容（部分省略）說明如下：

Upon the terms and subject to the conditions set forth in this Agreement, and in accordance with Delaware Law, at the Effective Time (as defined in Section 0000), Party A shall be merged with and into Party B; provided, however, that if, after consulting with Party A and its professional advisors in good faith, Sheaman & Sterling, counsel to Party B, is unable to deliver an option in form and substance reasonably satisfactory to Party B (such opinion to be vased on customary assumptions and representations) that the Forward Merger will qualiofy as a reorganization under Section 368(a) of the code, Party B may elect to cause a subsidiary of Party B to merge with and into Party A. As a result of the Forward Merger, the separate corporate existence of party A (or, in the case of the Reverse Merger, Party A) shall continue as the surviving corporation of the Merger (the "Surviving Corporation") and, in the case of the Forward Merger, shall continue under the name "AB International, Inc.)

其中，清楚的呈現出併購交易特有的彈性安排與程序上的複雜。

在逆向合併的規劃中，由於將存在過渡的股權空窗期（目標公司股東手中僅握有空殼子公司之股票，萬一併購生變，恐血本無歸…）。如何使目標公司股東獲得足夠保障，實爲順利完成併購關鍵。

倘進一步探究相關法律規劃，首先，透過「子公司」進行併購，可透過「法律主體分離」（Corporate Separateness）之特性，區隔企業因不當併購所需承擔「概括承受」目標公司不良債務及資產的財務風險，其次，不經由企業本身作爲併購主體，當企業上櫃或上市公司時，則可避免「併購案」須獲得股權分散且爲數甚眾不易召開之企業股東會高門檻決議通知的不確定法律風險。

再者，以「三角交易」模式進行併購，亦可避免因爲被併購公司員工之工作權益協商破裂時，可能發生之勞資爭議，直接造成對於併購主體的訴訟風險，易言之，縱使被併購公司員工得以對「併購主體」之幕後老闆（母公司）表達憤怒，但在法律上，仍僅能以該「子公司」爲被告而進行訴訟。另外，在稅法上，尤其在我國實施兩稅合一稅制後，「三角交易」之子公司取得經營控制權後，盈餘分派於其股東（母公司）時，母公司股東得自其綜合所得中扣抵[29]，不失爲另一項實惠。

2. 強迫合併（Freeze-out Merger）

顧名思義，這是一種心不甘、情不願的合併方式，而適用對象正是被收購公司的「少數股東」（Minority Shareholders）。實務上，常見美國企業以「現金」爲支付對價方式公開收購（Tender Offer）目標公司而取得經營控制權後，爲避免未應賣之剩餘股東出現「搭便車」（Free-Riding）—— 亦即趁其持股公司被收購之便，期待收購後（Post-Acquisition）其中持股的股價以及未

[29] 按兩稅合一後，營利事業所繳納之營利事業所得稅，僅屬股東個人綜合所得稅之預付稅款，類似兩稅合一以前獲配股利之扣繳稅款，股東於個人申報綜合所得稅時，必須就所分配之稅後盈餘淨額加計其所含之營所稅款後之股利總額申報綜合所得，惟該項營所稅款可用以抵繳應納綜所稅額或申請退稅。此揆諸86年12月30日甫增修通過之所得稅法第六十六條之三第一項第二款（因投資於中華民國境內其他營利事業，獲配屬87年度或以後年度股利總額或盈餘總額所含之可扣抵稅額）及第五款（因合併而承受消滅公司之股東可扣抵稅額帳戶餘額。但不得超過消滅公司帳載累積未分配盈餘，按扣稅額抵比率上限計算之稅額）規定之旨可為佐參。

來紅利會較應賣之獲利率更高而不應賣一現象[30]，而以「現金」爲支付對價，將收購公司之剩餘股東的股權全數取得的特殊合併模式。學理上，雖對於強迫合併之必要與利弊存有不同評價，但收購方爲了確保取得目標公司經營控制權後，處分目標公司資產之收益不會因剩餘少數股東股權所稀釋，因此，收購方常以其優勢股權迫使少數股東因覺得持有股權之誘因降低而在行使「股份收買請求權」與「強迫合併」之間選擇其一出脫其持股。

美國法上對於強迫合併之規範，在聯邦法規部分爲美國證券管理委員會前於1979年採行頒布的行政函令Rule.13e-3，惟仍未直接禁止「不公平」（Unfair）的強迫合併，而是在申報表格第8項中要求強迫合併之申請人須聲明（State）其足以使人相信所採強迫合併方式爲「公平」（Fair）之根據而已。至於州法部分，例如德拉瓦州或加州的各自州法，都要求適用強迫合併之法律門檻應爲收購公司取得目標公司90%以上之股權後方得提出申請。[31]反觀我國目前企業併購的相關法規，則尚無類此制度，考量未來金融業跨業併購的法制規劃，是否有引進渠等制度的必要，仍有待進一步評估。

（三）跨國性併購（International Mergers and Acquisitions）

1. 美國CFIUS制度

基本上，美國法對於外國企業在美國法域內進行併購之行爲，並沒有如同管理外資設立公司般設有嚴謹的證照管制（Licensing），但若該外國企業組織經由該項併購行動將導致取得美國企業組織體的經營控制權時，則渠等併購即納入法律監控，而須適用針對1988年美國綜合貿易法案所作修正之「艾克松－弗拉里歐」法（Exon-Florio Amendment to the Omnibus Trade Bill，簡稱EFA法）中各項規範。

揆諸前揭EFA法規範之旨，主要係授權美國的國家元首得對於可能產生對美國國防安全造成威脅或損害之虞的特定併購，依法組成跨部會的「外資監理委員會」（Committee on Foreign Investment in the United States）並針對下列考

[30] *See* Ronald Gilson and Bernard Black, supra note 16, at 1238. (1996)

[31] *See* Del. Gen. Corp. Law §263; Cal. Corp. Code§1110 (b).

慮因素（Factors to Consider）判斷該特定併購是否構成與「國防安全」（National Security）有關而爲准駁依據[32]：

（1）若該國內廠商產品爲國防未來所需者；

（2）該國內特定產業（含人力資源配置、產品、技術、原料以及其他物資或服務相關的專長）爲國防所需者；

（3）該國內特定產業的經營控制權或商業活動若由外國人掌控將影響國家安全者。

原則上，EFA法僅適用於非美國企業取得美國企業之經營控制權之併購交易。惟實務上，前揭第3項因素，被認爲亦得擴張適用於其他「非國防性產業」（Nondefensive Industries）而致使許多與美國國防產業毫無關聯的大型跨國併購案亦多向「外資監理委員會」提出報備[33]。

2. 我國現行規範

我國現行法中對於外國人來台進行併購之行爲，並未仿照美國法架構模式於貿易法的位階設有類似CFIUS的規範機制；除分別於「外國人投資條例」第7條設有「禁止外國人投資之事業」以及同法第8條設有須經主管機關 —「經濟部」（投資審議委員會）— 核准之法律門檻外，並於「公開收購公開發行公司有價證券管理辦法」第8條第1項第2款中，訂定有關外國人來臺進行股權收購時應另經證券主管機關核准之規定，至於「制式合併」則回歸「私法自治」原則，除併購方須遵循公司法第317條之1第1、2項中有關合併契約應記錄事項規定提請目標公司股東會同意外，倘無其他進一步規範。至於財政部證期會前於民國87年2月18日所發布「公開發行公司從事大陸地區投資處理要點」

---

32 原文為：

1.The domestic production needed for projected national defense requirements.

2.The capacity and capacity of domestic industries to meet national defense requirements, including the availability of human resources, products, technology, materials, and other supplies and services.

3.The control of domestic industries and commercial activity by non-U.S. citizens as it affects the capability of the United States to meet the requirements of national security. See David BenDaniel and Arthur Rosenbloom, International M & A, Joint Venture & Beyond, at 30. (1998)

33 *Id.*

亦僅針對大陸地區投資活動而爲規範，是否得以延伸適用於國外企業機構來臺跨業併購我國金融業者之情形？則仍須視具體個案而有商榷餘地。有鑑於我國金融國際化勢在必行，如何儘早擬定有關跨國性併購之規範實爲當務之急。

二、併購之法律風險與成本考量

在激烈競爭的商業現實中，每一道管制法令的施行，對於業者而言，都意味著執行成本的相對增加；易言之，除非對於促進市場效率（Efficiency）顯有助益，公益評價上具有規範之實益外，任何粗糙、草率施行的市場管制都將直接傷害業者在產業中的競爭力（Competitiveness），且市場監理目的亦將由於業者脫法誘因（Incentive）的增加而無法達成。

衡量商業行爲之法律風險與操作成本的指標，常取決於市場監理的法制整備與執行寬嚴。而市場監理的困難在於，不同的市場管理者（Market Regulators）必須相同的面對如何在「維持市場效率」與「保障公共利益」的優先順序上，「因事制宜」地交替權衡，以制定健全監理法令並採取合宜管制措施的情境；市場則一方面因法制環境提供公平競爭的市場機能而具有效率化（Efficient）的定價機制（Pricing Mechanism）；另一方面，由於市場監理者長期貫徹「立法從寬，執行從嚴」的原則，使市場參與者傾向於不願貿然承擔脫法（Circumvent the Law）的風險。如此的市場互動，投射在每一次的守法交易中，「公共利益」也因之得以確保。

有鑑於此，檢視企業併購之相關規範時，即應以如何降低業者之法律風險與執行成本，使其合乎監理目的實爲重要考量，爰擬針對現行併購之法律規範中尚有斟酌餘地部分，提出個人淺見，就教高明。

（一）股東會決議

公司「併購」，代表著兩個或兩個以上的公司組織不經過清算程序而在法律上結合爲一個權利義務主體，由於這種法律上的「結合」，往往直接影響公司股東權益的穩定性與公司對外債務的確保。因此，在公司法中針對公司「制式合併」或「資產收購」的情形都設有須經公司股東會決議通過的法律門檻。

易言之，在現行公司法規定下，股東會決議通過係部分重要「併購」型態生效之停止條件[34]。由於這道有關「併購」的管制，各國寬嚴不一，也造成了跨國性企業在考量以「併購」方式進行利基整合時，相當重要的不確定法律風險，尤其是公司法「制式合併」的情形，現行法採取「重度特別決議」[35]的高門檻，是否妥當？最值商榷。

按現行法規定，非公開發行公司若採行「制式合併」時，則須召開股東會， 對於合併之決議，應有代表已發行股份總數四分之三以上之股東之出席，以出席股東表決權過半數之同意行之，合併才正式生效。先前雖曾於民國72年修訂公司法時，增訂第316條第2、3項條文「使規模較大公開發行股票之公司遇有特別議案時，股東會易於召開…緩和股東收購委任書之壓力，以保障大眾投資者權益」[36]，惟衡諸實務上企業集團之運作或肇因於「稅務規劃」（Tax Planning）、經營策略（Strategy）、財務調度（Treasury）、甚至爲規避公司股東會決議通過的法律不確定風險……等目的，大都傾向於以成立資本規模較小的控股公司（或子公司）作爲進行合併之主體當事人。且爲了規避公司法關係企業章（第369之1至12條）中之各項關於義務規定之適用（例如第369條之12有關足以表現關係企業往來關係及財務狀況之書表的編製等規定，企業集團轄下各關係公司間的資金往來網路即將因之曝光），所可能造成執行成本的增加，乃透過「人頭」（Figureheads）以分散股權結構，因此，渠等控股公司在採取「制式合併」方式，而有前揭公司法第316條第1項「重度特別決議」之適用時，若控股公司的股東結構，又係源自於公司內部不同利益之代表所組成，則此項法律門檻仍將爲渠等「制式合併」埋下不確定的變數，實與政府推動「強化經濟體質方案」，提供制度上誘因以鼓勵企業進行併購之既定政策有悖。

以美國法有關合併之規範爲例，追溯至1886年時美國公司法尚強調公司的合併必須得到全體股東一致無異議（Unanimity）決議通過，直至1925年左右，這種針對「制式合併」的高門檻管制已開始在美國的若干州法中逐漸鬆動

---

34 同前註11，第78頁。

35 同前註，第271頁。

36 參高點文化出版事業公司，精編六法全書（公司法），第405、854頁，1999年。

而有放寬趨勢。直到1960年，美國絕大多數的州法殆已接受「合併案」須通過具有表決權股東三分之二（Two-thirds）以上同意的決議門檻[37]；嗣經1962年美國「模範商業公司法」（The Model Business Corporation Act）立法，這項延用已久且具普遍適用性的股東會決議規範慣例又被再度打破，改以過半數之多數決（Majority）作爲合併案所需股東會決議的法律門檻[38]，美國各州並陸續繼受這樣的規範，其中，爲過半數美國公司優先選爲登記註冊地的「德拉瓦州」所制訂之「普通公司法」（The Delaware General Corporation Law）亦終於1967年修改原先「合併案」需獲得具有表決權股東超過三分之二以上決議通過之規定，而首度正式採納「過半數多數決」作爲「合併案」決議門檻，並沿用迄今[39]。

綜前所述，有關我國現行公司法中制式合併的表決權行使是否應酌予降低其決議之法律門檻問題，本文以爲，爲符合政府鼓勵企業進行併購以整合彼此利基，增強產業競爭力的既定政策，似應師法前揭美國立法例規定而以肯定見解爲當。至於降低的幅度，則仍有待進一步形成共識。

（二）勞方工作權益之保障（Employee Benefits Plan）

1998年4月6日，美國著名的兩大金融財團，「花旗控股」（Citicorp）與「旅行家」集團（Traveler's Group）首度公開宣布了雙方合併後總資產高達七千億且預估年營業額可達七十五億美金的空前「新設合併」（Consolidation）案[40]，合併後主體稱爲「花旗集團」（Citigroup）。同年9月18日，當媒體炒作有關此「世紀合併案」的餘溫尙存之際，「花旗集團」卻宣布了金融界空前的裁員計畫，總計十六萬員工將因此合併案而遭到資遣命運[41]，此舉又使各界責難與質疑不斷。毫無疑問的，協調公司勞方與新舊資方間關於員工工作權保障的歧見以及相關勞資爭議處理，殆已成爲實務上所有併購案中最爲棘手

[37] *See* Gilson, Ronald, supra note 30, at 642. (1996).

[38] *See* §11.03(e) of the Revised Model Business Corporation Act of 1984, Melvin Aron Eisenberg, Corporations and Business Associations, Statutes, Rules, Materials, and Forms, at 425. (1995).

[39] *Supra* note 30, at 643.

[40] *Supra* note2.

[41] *Id.*, September 18, 1998.

而亟待發展出制度化解決方式的課題。

試想隸屬於不同企業組織文化的員工，因公司併購而被迫整合時，原有年資是否繼續計算？福利是否縮減？新公司的管理文化是否得以適應？如何領取資遣費？每件問題都必須依賴收購雙方審慎思考，究應如何以最低執行成本避免可能發生的勞資爭議。

實務上公司併購的書面協議（Merger Agreement），都會特別納入員工福利（Employee Benefits）條款列舉出特定員工福利應予保障[42]，至於遵行的法令則大致爲「員工退休給付保障法」（Employee Retirement Income Security Act of 1974, ERISA）以及「員工未經預告被調整工作禁止法」（Worker Adjustment Restraining Notification Act, WARNA），並以WARNA爲員工福利保障之最低門檻。一般而言，在有法令依據，法院實務經驗豐富及強大工會（Union）監督制衡之下，堪可謂美國在處理企業併購案中有關員工權益保障

[42] 茲例舉併購契約（實際案例）中常見有關「員工福利」（Employee Benefits）條款約定內容（部分省略）說明如下：

"With respect to all the employee benefit plans, programs and arrangements maintained for the benefit of any current or former employee, officer or director of Party A or any Party A Subsidiary (the "Party A Plans"), except as set forth in Section 3.10 of the Party A Disclosure Schedule or the Party A SEC Reports and except as would not, individually or in the aggregate, have a Party A Material Adverse Effect: (i) each Party A Plan intended to be qualified under Section 401 (a) of theCode has received a favorable determination letter from the Internal Revenue Service (the "IRS")that it is so qualified and nothing has occurred since the date of such letter that could reasonably be expected to affect the qualified status of such Party A Plan; (ii) each Party A Plan has been operated in all respects in accordance with its terms and the requirements of applicable law; (iii) neither Party A nor any Party A Subsidiary has incurred any direct or indirect liability under arising out of or by operation of Title IV of the Employee Retirement Income Security Act of 1974, as amended (ERISA), in connection with the termination of, or withdrawal from, any Party A Plan or the retirement plan or arrangement, and no fact or event exists that could reasonably be expected to give rise to any such liability; and (iv) Party A and the Party A subsidiary have not incurred any liability under, and have complied in all material respects with, the Worker Adjustment Restraining Notification Act, and no fact or event exists that could give rise to liability under such act. Except as set forth in Section 3.10 of the Party A Disclosure Schedule or the Party A SEC Reports, the aggregate accumulated benefit obligations of each Party A Plan subject to Title IV of ERISA (as of the date of he most recent actuarial valuation prepared for such Party A Plan) do not exceed the fair market value of the assets of such Party A Plan (as of the date of such valuation)." 由此得見，在併購過程中，有關勞方權益保障及其適用的相關法令，悉係以明文約定，俾當事人間得以遵循。

方面已相當制度化。

反觀我國關於處理公司併購後法律人格消滅之公司，其原有員工的工作權益問題，主要係以「勞動基準法」第11條第1款及第20條規定作爲實務上處理之法律依據，按公司因「合併」或「收購」之原因而喪失經營控制權，造成資方易主時，除應構成前揭第11條第1款規定所稱「轉讓」之情事，使資方得據之不經預告而終止與其符合勞動基準法第2條第1款所指「勞工」身分之員工（不包含經理人在內）間的勞動契約外，資方並應依第20條規定，商定留用員工確保其年資權益不致因中斷而受損，並應對於不獲留用之員工，依其年資前置一定之預告期間俾其得以轉業因應，並依規定發給資遣費。惟有關事業單位改組或轉讓過程中，爲新舊雇主所商定留用之勞工可否依勞動基準法第14條第1項第6款終止勞動契約並請求雇主給付資遣費疑義？業經行政院勞工委員工會89年4月1日台89勞資二字第0012049號函示略謂以「事業單位改組或轉讓過程中，經新舊雇主商定留用之勞工，其工作年資依勞動基準法第20條規定應由新雇主繼續予以承認。事業單位改組或轉讓後，新雇主如有變更被留用勞工勞動條件之意思表示，經協商未獲勞工之同意，而有勞基準法第14條第1項第6款規定之情事時，被留用之勞工當可援引該規定與新雇主終止勞動契約，並請求新雇主給付資遣費……」，首次肯認渠等具有合法之資遣請求權，但在具體個案中的適用情形以及司法實務見解，則尙有待進一步觀察。

衡諸現行併購實務，新雇主通常於進行併購協商時，仍慣以歸因於舊雇主瞭解其個別員工狀況而較適合執行「裁員」爲由，亟欲以彼之手「除舊佈新」而後快，因此，常造成人事處理成本攤銷的爭議，甚至因而延宕併購的時效，也使之成爲公司併購過程中常見的不確定變數之一。有鑑於此，似應儘速研擬訂定制度化處理併購案件中給予員工權益明確保障的勞工相關法令（特別法），俾進行併購協商之新舊雇主各得據之以估定其併購的法律執行成本。

（三）稅捐負擔（Tax Considerations）

「稅制塑造了美國文化」（“Taxes Shape the American Culture.”）不僅經常掛在美國稅務律師的嘴邊，以嘲諷美國國稅局（Internal Revenue Services，簡稱IRS）的無所不在，也相對的突顯了稅捐負擔在整個美國商業活動中的重要性。事實上，從常見的併購契約條款觀之，企業間進行「併購」規劃過程中也確實以稅捐負擔對於整件併購行動成本的影響爲優先考量。美國法律上關於「併購」稅捐負擔之規定，仍以「國內稅法」（Internal Revenue Code，簡稱IRC）之適用爲主，諸如IRC§368對於「免稅型企業整合」（Type A Tax-free Reorganization）模式所界定以及併購後稅法上對於目標公司之股東之處理，其中較値注意的是根據IRS的最新函釋。若欲享有以「A型免稅之企業整合」模式之稅法上緩課待遇，則必須在併購交易中以「股票」作爲支付合併50%以上之對價[43]（Consideration），而排除以「現金」支付合併對價情形之適用。§362(b)規定了在特定情形下主動併購的收購方得享有所收購目標公司資產上之原有稅捐優惠，惟只限於透過稅法上「A型」或「C型」之免稅企業整合模式[44]。

反觀我國稅法中對於併購之稅捐負擔，則散見於不同法規及主管機關之行政函令，如促進產業升級條例第15條以及同法施行細則第32條所規定公司經經濟部專業核准合併者，則享有特定之稅捐優惠，惟揆規定內容，則只限於公司法「制式合併」之情形。一般模式中「收購資產」及「收購股權」則在排除之列，似値斟酌予以放寬。茲有疑義者，殆爲有關企業合併後因股權交換所引發未實現利益的課稅問題，依目前實務上操作乃將之視爲原持股之持續而非處分[45]，是否妥適？恐仍有進一步探求之餘地。準此，逐步推動有利於金融業者進行併購時租稅環境的良質化而降低金融業多角化經營的執行成本，此或不失爲鼓勵企圖心旺盛的國內金融業者藉由跨業併購，增強渠等產業競爭力的一帖藥引。

（四）「結合行爲」之法律門檻

2000年初，於國際購併業間喧騰一時的電子新貴「美國線上公司」（American Online Inc.）與媒體巨人「時代華納公司」（Time Warner Inc.）合併案，近來傳出遭到美國聯邦政府負責監控公平交易的主管機關FTC（Federal

---

43 *Supra* note 30, at 457.

44 *Id.*,at 463.

45 詳細說理部分，仍請參見財團法人中華民國會計研究發展基金會（89）基秘字第083號函。

Trade Commission）的質疑與杯葛[46]，雖然全案尚未作出最後裁決，但的確讓人對於美國行政部門面對超級企業巨人間的相互結合，能堅持以悍衛市場公平機制觀點的行事作風，留下深刻印象。

基本上，美國反托拉斯法中對於企業「結合」行爲所應遵循的規範，主要係揭示於「薛曼法」（The Sherman Act）第1、2條及「克雷登法」（The Clayton Act）第7條規定中。揆諸其規範意旨，主要在強調企業「結合」行爲不應對特定地區商業活動造成有「實質減低競爭」（Substantial Reduction in Competition）或「獨占」（Monopoly）之虞的情事發生[47]，並於「克雷登法」第7條第十五節中授權總檢察長得對於違反同條第七節所規定之「結合」行爲向法院請求發給強制命令，以禁止渠等違法行爲。此外，美國「司法部」（The Department of Justice）亦依據其於1992年發布的「水平合併準則」（The Horizontal Merger Guidelines）定出其對於企業併購之考量標準如次[48]：

1. 評估市場密集度；
2. 評估合併的可能反競爭效果；
3. 市場進入障礙分析；
4. 評估合併對效率之促進；
5. 評估是否特定合併案不被許可時，將導致事業倒閉。

惟對於金融業之併購，美國法則又另於1966年「銀行合併法」（The Bank Merger Act of 1966）中訂有五項考量因素作爲主管機關於個案中之准駁依據，茲分別爲：

1. 相關的商業通路（The Relevant Line of Commerce）；
2. 是否減少競爭（The Lessening of Competition）；

---

[46] New York Times, technology edition, September 5th, 2000, available at http;//www.nytimes.com/library/tech/00/09/biztech/articles/05aol-timewarner.html/, visited on September 5th, 2000.

[47] *See* Maximilian Hall, Banking Regulation and Supervision, A Comparative Study of the UK, USA and Japan , at 59. (1993).

[48] 57 Fed. Reg. 41, 552. (1992).

3. 相關的區域市場（The Relevant Geographic Market）；
4. 社區的方便性與需求（The Convenience and Needs of the Community）；
5. 併購方銀行的財務狀況（The Financial Condition of the Merging Banks）[49]。

若以此爲推敲基調，則不難理解美國最高法院在個案中所宣示將前揭反托拉斯法之規範精神導入適用於金融機構併購案的用心[50]，析言之，除了爲銜接「銀行合併法」與「銀行控股公司法」對於金融機構併購所建立的規範機制外，更重要的是揭露出美國商業環境當時（1960年代）對於金融機構所提供間接金融「資金仲介」功能的高度依賴，與對渠等併購所形成「經濟力集中」（Economic Concentration）的疑懼不安[51]。

反觀我國現行法中對於「結合」行爲之規範，主要殆爲公平交易法第六條有關「結合行爲」的定義規定，同法第11條第1項亦揭示「結合」行爲應向中央主管機關申請許可的法律門檻。以金融業爲例，由於公平交易法中並無有關豁免金融業適用之規定。準此，金融業之併購行爲亦應一體適用公平交易法中有關「結合」之規範，設有符合前揭第10條第1項第3款情形，除應依銀行法第58條規定向財政申請許可外，另須向此所指主管機關（公平交易委員會）申請許可。易言之，金融業若依我國現行法進行併購時，勢將面臨應如何同時或先後致力於符合雙軌式主管機關制度下各自所定之不同法律門檻的昂貴執行成本。爲提供可預見的金融業併購潮流以更爲充足之誘因（降低其行政作業成

[49] 12 U.S.C. §1828 (c)

[50] *See* US v. Philadelphia National Bank, 374 U.S. 321 (1963). 本案美國最高法院大法官Justice Brennan在判決之中宣示了有關反托拉斯法之相關規範（「薛曼法」及「克雷登法」）亦適用於美國金融機構之併購，影響深遠，堪稱美國金融法上重要判決之一。

[51] 本案判決中前情摘要部分（The facts and proceedings），即可感受到大法官Justice Brennan對於金融業（尤其是商業銀行業務）集中化（Concentration）的疑慮。茲轉錄原判決部分重要文義內容如下供參：“Commercial banking in this country is primarily unit banking. That is, control of commerical banking is diffused throughout a very larege number of independent,local banks-13,460 of them in 1960-rather than concentrated in a handful of nationwide banks, as, for example, in England and Germany…Recent years, however, have witnessed a definite trend toward concentration….Commercial banks are unique among financial institutions in that they alone are permitted by law to accept demand deposits. The distinctive power gives commerical banking a key role in the national economy.” Reprinted in Jonathan Macey and Geoffey Miller, Banking Law and Regulation, at 454. (1997).

本），似仍有特別針對金融業併購案件研擬設立申請作業「單一窗口」的斟酌餘地。

至於坊間針對公平交易法第6條第2項所設對於結合門檻規定中有關「控制與從屬關係事業」之認定，由於同法中並無定義性規定，於具體個案之適用，究竟應採「二分之一」？或「三分之二」？作爲判準的相關探討[52]，涉及應從企業組織法的規範觀點？抑或應自競爭法的觀點？予以認定企業集團範圍，以防範市場公平競爭機制因不當結合而造成經濟力過度集中的根本性疑義；雖有公平會（87）公法字第04359號函之實務見解作成，惟學理上似仍有進一步推求之餘地。

參、銀行業與證券業間併購之特殊法律考量

金融監理之良窳，不僅現實涉及工商業基礎建設（Infrasturcture）—— 金融市場 —— 發展之優劣，攸關整體產業競爭力之提升，同時，亦無限上綱地影響國民日常生活品質。較之一般企業之控管，市場監理者勢需面對更高之公益期許與非難，以此爲基調，探討「金融業併購」之相關法律問題，則勢必囿於渠等業務屬性之特殊，另外於處理一般企業併購而思考。準此，爰以金融業中之「銀行」與「證券」業間之相互併購爲例，逐一檢視監理上之法制因應。

一、金融「百貨化」後的監理問題與法制因應

（一）實體規範

姑不論「銀行」與「證券」業間之併購，是否有助於「範疇經濟」（Scope Economy）或「規模經濟」（Scale Economy）經營目的之達成，外顯而易見的呈現，是金融事業體的結合與服務內容縱深的多元化，亦即金融「百

52 請參見吳翠鳳、許淑幸、游素素、胡光宇合撰「結合案交叉持股如何計算持股關係」一文，登載於公平交易季刊第8卷第2期，第89-112頁。

貨化」的現象產生。在中外的金融監理實證經驗中可資爲參考者，殆爲歐陸的「綜合銀行」（Universal Banking）制度。簡言之，所謂「綜合銀行」制度，係指銀行本身可以經營票券、股票、期貨、其他衍生性證券，以及參與生產事業投資等非傳統銀行業務。

理論上，「綜合銀行」的監理架構可因各國金融環境不同而被賦予不同內容。甚至強調「銀行」與「證券」業務應專業分工，除特定情形外，不得兼營的美國模式，亦有認爲屬廣義的「綜合銀行」一種[53]；遑論「證券」業務幾乎已由「銀行」兼營取代的德國模式，對於「銀行」與「證券」的業務劃分，幾乎不加限制，更一直被視爲監理上的參考典範。惟姑不論何種模式的監理架構，強調金融管理的「穩健」與「安全」（Safety and Soundness）則是各國金融監理單位共同堅持的理念，至於在具體的監理實踐上，則需面臨相同的挑戰。茲分別述明如次：

1. 「銀行」與「證券」業務兼營的「利益衝突」

所謂「利益衝突」（Conflicts of Interest），係指在各經濟主體間存在兩種以上的合法利益，而各利益間有衝突競爭或對立現象，當各主體間有交易發生，其中一主體可能因爲側重某一方利益，而使另一方利益受損之情形。[54]易言之，「利益衝突」的形成主要是因爲交易中經濟主體間的利益競爭所致。準此，「銀行」與「證券」業務間亦可能由於各自所代表的經濟主體「併購」，形成業務兼營的狀態而產生利益衝突，爲思解決之道，似有進一步探討的必要。

---

[53] 由兩位美國「紐約大學」（New York University）商學院（Stern School of Business）的知名學者所 提出的有力學說主張所謂「綜合銀行」應可分為四種態樣：

(1) 全國整合型（Full Integration）。

(2) 德國衍生型（German Variant）。

(3) 英國衍生型（U.K. Variant）。

(4) 美國衍生型（U.S. Variant）。

關於其論述精采分析，限於篇幅,請詳閱出處如下：

See Saunders and Walter, Universal Banking in the United States, at 85. (1994)

[54] 陳錦村，銀行兼營非銀行業務或轉投資事業之利益衝突與利益輸送，國際經濟情勢週報第一一六三期，第6頁，1995年。

(1)「銀行」與「證券」業務兼營形成的利益衝突型態

A.「銀行存款人」與「證券投資人」的利益衝突

當證券部門替銀行部門貸放客戶承銷發行公司債時，若證券部門得知該客戶實際財務狀況欠佳而係為償還債權，此次發行之消息，則在證券部門投資人的壞帳風險與銀行部門存款人的債權安全間即形成利益衝突。

B.「證券承銷部門」與「銀行信託部門」的利益衝突

證券部門為拉抬所承銷信用不良有價證券之價格，乃透過請託「銀行信託部門」以投資為名購進渠等承銷之有價證券，即形成「銀行信託部門」之原信託客戶契約利益與「證券承銷部門」承銷客戶集資利益間的衝突。學理上稱之為「信託帳戶的不當抵充」（Stuffing Fiduciary Accounts）[55]。

C.「銀行貸款」與「證券承銷」間的利益衝突

為確保證券部門之承銷業績，銀行部門可能透過以較優惠條件利誘貸放客戶，必須以貸放款項若干成數購買證券部門所承銷之有價證券方為貸放款之撥付。此即學理上所謂「第三貸款」（Third-party Loan）交易，造成銀行貸放客戶之消費者利益與證券部門之營收利益間的衝突。

D.「搭售交易」（Tie-ins）形成的利益衝突[56]

銀行若利用貸放權限，對於需款急迫的客戶，以必須搭配購買證券部門之特定有價證券或商品為條件方為貸放核准，形成利益衝突。

E.「內部資訊之不當流用」（Information Transfer）形成的利益衝突

由於透過徵信程序銀行部門對貸放客戶財務狀況，許多重要內部資訊知之甚詳，若發生銀行將此類資訊，流用於證券部門作為承銷貸放客戶競爭者發行有價證券之參考，則將形成嚴重利益衝突情形。

---

[55] *Supra* note 53, at 179.
[56] *Id.*

綜言之，「銀行」與「證券」業間因相互「併購」所形成經濟主體的結合時，上開利益衝突之情形，乃可得預期。不惟提供金融服務「訂價」（Pricing）的公平性將因爲金融業者與顧客間產生「資訊不對稱」（Information Asymmetry）現象受影響；金融終端用戶（Financial End-users）需求金融服務「消費」（Consumption）的制衡機能亦將之而難以維持。監理實務上爲避免渠等利益衝突發生，乃著眼於避免「資訊流用」與「人員兼職」所形成的利益競爭或對立，因而發展出若干的管制措施，以爲因應，茲臚列說明如次：

A. 資訊不當流用之禁止—「中國牆」（Chinese Walls）之法律定位（一）

學理上，有認爲針對銀行內部（Internal）— 例如「業務部門」與「信託部門」— 間資訊流用而造成利益衝突所作的禁止規範，統稱之爲「中國牆」；而針對銀行外部（External）— 有關「銀行」與「證券、保險」業別間 — 因兼營產生利益衝突所作的禁止規範，統稱之爲「防火牆」（Firewalls）[57]。

惟論者亦有主張，「中國牆」主要係規範因爲「重要資訊」（Material Information）的不當流用所造成的利益衝突情形，應一體適用於前揭銀行「內部」與包括證券業間之「外部」關係[58]。

美國法上，較爲明確得以作爲「中國牆」之規範依據者，殆爲美國國會於1988年通過之「內線交易與有價證券詐欺執行法」（Insider Trading and Securities Fraud Enforcement Act），其中明確要求所有在證管會登記立案的券商皆應以明文方式執行「中國牆」措施，以防止客戶內部重要資訊不當流用，且其執行成效須接受證管會之監督[59]。鑑於網路科技的發達，傳統實務上所爲「部門」或「業別」之區分，已不具實際意義，以目前的科技，「銀行」或「證券」業者，經由徵信來往客戶所獲得之內部「重要資訊」透過「網際網路」（Internet）的傳輸，不僅無遠弗屆，其速度殆皆以「微秒」（Micro-second）計，因此，在「中國牆」規範的理解上，似應「法隨時轉」地適度擴大，而解

57 *Supra* note 53, at 180.

58 *See* Abney and Nadeau, "*National Banks, the Impassable 'Chinese Wall', and Breach of Trust: Shaping a Solution*", 107 Banking Law Journal, May-June 1990, p.251.

59 *See* Saunders & Walters, *supra* note 53, at 180.

爲應得適用於所有金融業者對於顧客內部重要資訊發生不當流用之情形。

反觀我國金融法中，關於「客戶內部重要資訊」之規範，除證券交易法第157條第2項中得見關於「內線交易禁止」之類似規定外，僅於銀行法第48條中載有「銀行應對其客戶資料，負保密義務」之規定，其餘金融法規中則均未見明確規範有關「資訊不當流用」之情形。若援引證券交易法第20條之「反詐欺條款」（Anti-fraud Provisions）以爲證券業者不當流用客戶資料之處理依據，則由於違反該條規定須適用「刑罰」之處罰規定（同法第171條），在「罪刑法定主義」原則監督下恐仍不免有不當擴張解釋之嫌。復由於「金融業者」亦在「電腦處理個人資料保護法」規範之列（該法第3條第7款第2目規定），或有主張得適用該法中第23條所稱「非公務機關對個人資料之利用應於蒐集之特定目的或必要範圍內爲之」規定，解決此處資訊流用之問題，惟鑑於渠等個人資料係以經電腦處理者爲限，而實務上金融業者殆多趁客戶於急迫之際，以定型化契約取得渠等之概括同意，因之得以豁免上開條文適用（同法第23條但書第4款規定）；且同法第30條之處罰規定亦僅科以罰鍰二萬至十萬，恐尚難生遏止之效。準此，是否應修法以使處理類此問題得有明確法據，饒有推敲餘地。

B. 人員兼職之禁止—「中國牆」之法律定位（二）

從美國金融法的實踐面觀之，有關「中國牆」之實際執行結果，在銀行間的普遍踐履方式爲將「銀行」（業務部門）與其「非銀行」部門（通常指「信託部門」）的「人員」及「營業處所」予以區隔。易言之，美國銀行業，普遍理解有關「中國牆」的規範意涵，係指「營業處所」及「人員」的實體區隔。惟深入瞭解美國「聯邦立案銀行」（National Bank）的主管機關—「金融監理局」（Office of the Comptroller of the Currency）最初在1989年針對「中國牆」所爲的函令內容可推知，此種針對銀行業者內部不同部門間「人員流用」的禁止規範意旨，重點不應在於「辦公處所」實體有形的隔離，而應針對部門人員在使用客戶內部重要資料時，不可與「有發生利益衝突之虞」的其他部門人員流用、交換資訊，而造成對於客戶權益之不當侵害[60]。

---

[60] *See* 12 C.F.R. §9.7(d)., Jan.1, 1989.

至於我國金融法中有關不同業別間人員兼職之禁止規範，殆以證券交易法第51條「證券商之董事、監察人或經理人不得…兼爲其他證券商或公開發行公司之董事、監察人或經理人，但兼營證券業務之金融機構，因投資關係，其董事、監察人或經理人，得兼爲其他證券商或公開發行公司之董事、監察人或經理人」之規定最爲明確。揆諸本條規範之旨，略謂以「對於金融機構兼營之證券商，兼營業務僅爲其業務之一部分，且非其事業之主要業務，因其相互間投資關係並經財政部核准者，因多屬執行政府政策並須受財政部監督管理，其兼營證券業務部分，當不致發生操縱壟斷市場流弊之可能…」[61]，且文中所指「投資關係」僅適用於兼營證券業務之金融機構，於投資時，依公司法第27條第1項、第2項規定，以法人代表方式當選爲董事、監察人時，始有適用[62]。衡諸當前環境民間對於金融「民營化」（Privatization）的呼聲日漸高漲之際，似應再斟酌前揭有關「銀行」與「證券」業間之「人員兼職禁止」的規範，以是否有形成「利益衝突」之虞爲考量標準，將此規範之適用對象再予擴大，以期使實務上猖獗之「利益衝突」情形，得有明確法令依據以資處理。

2. 風險區隔（Risk Segregation）

1998年以來，未曾間斷的重大金融弊案，基層金融機構的擠兌，暴露出我國金融業普遍「集團化」（Conglomerated）的現象，而「銀行」或「證券」業者所附麗的幕後「財團」（Financial Conglomerates）更喜在「多角化」（Diversification）經營的誘人口號下，以高槓桿係數（Leverage Ratio）的資金操作方式，透過在「租稅天堂」（Tax Heaven）註冊設立之「假外資，眞控股」的法律主體，隱身於「法律主體分離」（Corporate Separateness）的公司法保護傘下，指揮偌大的關係事業群（Affiliations）。以我國金融業「事在人爲」的經營性格，不由得使存款人擔心，已經實施「強制投保」的金融安全體系（Safety Net）是否眞能達成原先安定金融的設立宗旨？或者，是逆向的透過中央銀行轉融通存款保險納稅人的負擔（Taxpayer's Exposure）？

---

[61] 黃川口著，「證券交易法要論」，第259頁，1997年。

[62] 同前註，第260頁。

（1）應否設置金融防火牆（Financial Fire Walls）？

金融業者間諸如「銀行」與「證券」業間的相互併購，旨在截長補短，增加整合後經濟主體之競爭力（Competitiveness）；然而，併購後形成的金融業者，是否會因「高風險、高報酬」（High Risk, High Return）的操作策略，而逕以存款保險體系中法定最高理賠額度與其存款戶數的相乘總額作爲投機交易的賭本，逐漸在奮力追求最大利潤的迷思中淡忘「穩健經營」的金融業「公益」屬性？綜言之，市場的紀律，是不容許實驗的，但若粗糙地放任「銀行」與「證券」業者「併購」而未預爲配套的法制建構，卻浪漫的稱之爲「放任式（Laissez-faire）管理乃是爲尊重市場機制」，則終局的代價，恐將是另一場金融災難。因此，在我國目前金融監理環境未臻成熟之際，於金融法制中設置防火牆實有必要。

（2）何謂金融防火牆？

所謂「金融防火牆」，實係金融監理者爲區隔風險之目的，透過「資本獨立」（Separately Capitalized）與「公司主體分離」（Corporate Separateness）的法律設計，以一系列金融法規所構築而成的一種「規範機制」（Regulatory Mechanism），投射在「銀行」與「證券」業務間風險之區隔，則大致有以下規範重點。

（3）「金融防火牆」之法律設計及其問題

A. 我國金融法制及其問題

爲區隔我國「銀行」因兼營「證券」業務所可能遭致經營風險波及，我國金融法制上「防火牆」之雛型（Prototype）設計，主要殆由銀行法第28條、78條、83條、101條、以及證券交易法第45條第2、3項、第60條、證券商設置標準第14條等配套式帶狀法令所構築而成。實務上，我國「銀行業」係透過銀行法第28條的法律介面設計，轉接適用同法第78條（儲蓄銀行業務範圍）及第101條（信託投資公司業務範圍）規定，取得在商業銀行（或專業銀行）組織架構下，實質透過設立「儲蓄部」以及「信託部」方式遂行其「直接投資」（Equity Investment）以及「間接投資」（Portfolio Investment）的法律依據，再經由第28條有關「資本」、「營業」及「會計」獨立之風險阻斷規範，達成構築銀行本業與其部門投資活動所造成經營風險間的「防火牆」設計。為求周全，我國金融法制復透過適用證券交易法第45條第2、3項規定之路徑設計分別賦予銀行業「兼營」或「轉投資」有價證券業務的證券法律介面以為銜接；並接續於同法第60條及證券商設置標準第14條規定，明確規劃出銀行「轉投資」或「兼營」的允許業務範圍，最後以銀行法第83條（及其子法）規定，定出銀行投資有價證券之「種類」及「限額」，完成防火牆的最後防線。

或有主張銀行法第32條至第33之3條間對於「關係人交易」部分的相關規定亦應納入「防火牆」範圍，惟本文以為此種見解恐有誤會。首先，我國銀行法第32條至第33條之3（共計五條）規定係針對銀行與其「關係人」（自然人或法人）間可能產生不利於存款大眾利益之交易情事而特為規定，其間界定銀行各種關係人，殆皆以血緣、親等為判準，揆諸其旨，頗多為因應我國金融現實而為規定，或有所據，無可厚非，然美國金融法實務上，幾無以「血緣、親等」為判準而界定關係人交易之例，或有以概括性文義涵攝「關係人」法律內容者 — 如1913年聯邦儲備法第23條B項中所稱之「掩飾性交易」（Covered Transaction）即是，或有以具體之「資本額」、「營業額」為判斷是否構成「關係人」交易之例者 — 如同法第23條A項以營收10%或20%為判準即為適例。

準此，可知倘還原至金融防火牆之原始風貌，則應未包括深具地域色彩一如前揭我國有關規範「關係人交易」之各該規定；其次，金融防火牆在美國金融法教科書中主要仍係以Glass-Steagall Act法律內容為主軸而描述（以美國金融法學界頗具權威的Professor Jonathan Macey 的銀行法論中第六章有關金融防火牆之專章為例，足資佐證）。易言之，倘以GS法的內容（旨在區隔風險）作為比較依據，則又與前開我國「關係人交易」（旨在防止利益輸送）之各項規範意旨相去甚遠。綜前所述，筆者以為，論及我國之金融防火牆似應將關係人交易部分予以排除。

綜言之，我國「金融防火牆」係利用「資本、責任分離」的法律設計而欲達成風險區隔之目的，惟此種架構設計上的瑕疵在歷經臺灣多次金融危機的實證經驗中逐漸被發現：

a.「信心防火牆」被穿透：公眾對於透過不同分支機構兼營證券業務的金融業者「認知」（Perception）上仍以單一法律主體（Single Legal Entity）視

之，因此，設計上雖係透過人事、財務分別獨立之不同部門辦理證券業務，但當此證券部門發生經營危機時，財務狀況良好的銀行部門仍將因民眾對於組織的整體性喪失信心，而無法脫免於風險之波及。

b.「資金防火牆」被穿透：法律架構上雖得見對於金融業辦理證券業務的分支機構予以資本、會計各自獨立之設計，惟其營運資金仍係源自於經營銀行本業的事業體，當前開證券分支機構發生經營危機時，供給營運資金的事業體自不會置之不理，繼續挹注資金的結果，將隨著經營危機的擴大，而終至引發風險移轉至資金補給來源，無法收拾。

B. 他山之石——美國「金融防火牆」之法律設計

自從素有世界「金融皇帝」之稱的美國聯邦儲備理事會（Federal Reserve Board）理事主席「艾倫．葛林斯班」（Alan Greenspan）在1987年11月18日出席國會眾議院「銀行委員會」聽證會時以一席驚人之語聲稱，形容美國1933年銀行法（The Banking Act of 1933）中有關區隔「銀行」與「證券」業務的「格拉斯－史蒂格法」（The Glass-Steagall Act，以下簡稱GS法：「大概是擾亂目前金融制度的一個最重要的怪胎」（Perhaps the Single Most Important Anomaly that Now Plagues Ours Financial System.）[63]之後，美國銀行業與證券業間為了經營地盤之爭，又掀起了另一波激烈的立法遊說角力。首先，應予探討者殆為前揭葛林斯班氏所稱「GS法擾亂美國的金融制度」究何所指？

簡言之，GS法案誕生於美國1929年經濟大恐慌（The Great Depression）後的時代背景中，當時，超過一萬一千家銀行倒閉，百業蕭條，國會對於著名的1929年股市崩盤（The Crash）事件亟欲找尋罪魁禍首，以撫平國內憤怒情緒，經過兩年多的蒐證、研究、調查，由參議員Carter Glass（主要起草人）與眾議員Henry Steagall（負責存款保險條款）聯手推動，通過了這部對於美國，乃至於整個世界[64]，具有深遠影響的重要典章。[65]事實上，整部1933美國銀行

[63] *See* 74, Fed. Res. Bull. 91. (1988).

[64] 日本於二次大戰後被迫全盤繼受美國銀行及證券相關法令，當然亦包括GS法在內。主要規定於日本證券交易法第六十五條，並沿用至1998年立法廢止為止。由於日本經濟力量的無遠弗屆，間接地也將美國的GS法的影響力延伸至整個金融世界。

[65] 有關美國The Glass-Steagall Act 的詳細立法過程，請參考George Benston, The Separation of the

法中，GS法僅占有四條文，爲利說明，爰將其主要文義結構臚列如次[66]：

第16條　（1）適用於「聯邦立案銀行」（National Bank）以及「聯邦儲備會員銀行」（Federal Reserve Member Bank）。
（2）限於對客戶「股權證券」（Equity Securities）交易，易言之，間接投資活動（Portfolio Investment）則排除在外。
（3）限制銀行投資有價證券僅得限於金融局指定之「投資性證券」（Investment Securities）。

第20條　（1）適用於「聯邦立案銀行」「聯邦儲備體系之州會員銀行」（State Federal Reserve Member Bank）及渠等關係企業組織（包括「銀行控股公司」（Bank Holding Company）、「BHC下屬非銀行子公司」（Non-Bank Subsidiaries of Bank Holding Companies）以及「聯邦立案銀行所設立之業務子公司」（Operating Subsidiaries）。
（2）禁止規範對象與任何主要從事（Engaged Principally）證券業務之企業組織成爲關係（Affiliate）公司。

第21條　（1）適用於任何「自然人」及「法人」規範對象最爲廣泛。
（2）禁止規範對象同時辦理「收受存款」及「證券」業務。

第32條　禁止銀行「經理人」與「董事」同時兼任其他以辦理證券業務爲主之企業組織。

綜觀GS法，應不難想像66年前立法通過當時，對於「銀行」與「證券」業整體衝擊之大。事實上，直到1956年美國國會通過「銀行控股公司法」（Bank Holding Company Act of 1956）之前，美國金融業者爲解決GS法所造成經營上的法律束縛，殆多採取由銀行設立「銀行控股公司」方式，再經由該銀行控股公司去併購其他金融業者，以規避（Circumvent）前揭GS法的限制。而在1956年「銀行控股公司法」通過立法之後，只在該法第4條（C）項（8）款中開啓了銀行進行併購的合法窗口。簡言之，除非經由銀行控股公司法中之主

Commercial and Investment Banking, at 1-5. (1990)。

66 *See* J.J. Norton and C.D. Olive, "*Regulation of the securities activities of banks—A comparison of US deregulation and Japanese liberalisation*", reprinted in Euromoney, Investment Banking Theory & Practice, at 51. (1996).

管機關—聯邦儲備理事會—核准認定銀行控股公司進行該項「合併」或「收購」係近似銀行或管控銀行之業務本質，而被認爲是妥當的決定（So Closely Related to Banking or Managing or Controlling Banks as to Be a Proper Determined here to）[67]，否則「銀行」或「證券」業間以其他方式所進行之「併購」，皆爲違法[68]。嗣於1970年爲補救實務上發生「二家以上銀行所設立之銀行控股公司模式不在銀行控股公司法規範之列」的法律漏洞[69]，因此小幅修訂了銀行控股公司法，並沿用迄今[70]。爲能增進金融產業競爭力，從1980年代起，實務上即逐漸發展出在銀行控股公司架構下設立「第20條子公司」（Section 20 Subsidiaries）的多元化經營模式[71]，並終於獲得主管機關之同意。[72]

至於有關控股公司模式下所可能發生銀行與其關係企業間橫向地「利益輸送」（Cross-Subsidization）弊端，1913年「聯邦儲備法」（The Federal Reserve Act of 1913）第23條第A項（Section 23A）中針對「聯邦立案銀行」以及「州註冊銀行」規定「對於屬於同一控股公司轄下之任一關係（Affiliate）子公司授與信用或購進資產的總額不得逾其自有資本的10%；亦不得對於屬於同一控股公司轄下之所有關係子公司授與信用或購進資產的總額逾其自有

---

67 *See* Pace, R. Daniel, Limitations on the Business of Banking, at 21. (1995).

68 應併此特別說明者，關於美國金融機構併購的法律規範，除最主要的「銀行控股公司法」（Bank Holding Company Act, 12 U.S.C. §1842 (c)）— 規範任何機構對於銀行或銀行控股公司之併購外，尚有「銀行合併法」（The Bank Merger Act of 1966,12 U.S.C. §1828(c)）— 規範參加聯邦存款保險體系的商業銀行間之合併；「銀行經營控制權變動法」（The Change in Bank Control Act, 12 U.S.C., §1817 (j)）— 規範個人或非法人團體併購商業銀行或儲貸機構（Thrifts）；「儲貸控股公司法」（The Savings and Loan Holding Company Act, 12 U.S.C. §1730a(e)(1)）— 規範涉及儲貸控股公司之併購；惟殆皆以先通過反托辣斯法門檻為適用渠等法律之前提。See Macey & Miller, The Banking Law and Regulation, at 446. (1997)；此外，在「1999年金融服務業現代化法案」立法通過後，新法相對放寬了多年來關於銀行、證券及保險業務之間經由設立金融控股公司進行併購的法令限制，併值注意。

69 *Id.*, at 15-16.

70 1999年11月12日甫立法通過生效的「1999年金融服務業現代化法案」（The Financial Services Modernization Act of 1999亦有以提案參眾議員之名而稱之為The Gramm-Leach-Bliley Act）中明確的針對金融控股公司的設立及營運，廢止GS法第二十條及第三十二條之適用，並提供銀行、證券及保險業間成本較低的併購途徑，堪稱美國金融史上影響至為深遠的一項立法。

71 截至1991年的統計，超過百分之九十二的美國銀行皆係設有「銀行控股公司」；*See* Shelagh Heffeernan, Mordern Banking in Theory and Pratice, at 240. (1994)。

72 *Id.*

資本20%」[73]；另於同法第23條第B項（Section 23B）中針對所轄銀行與其屬於同一控股公司轄下之其他關係子公司間之「掩飾性交易」（Covered Transactions）[74]規定其交易內容條件必須等同於銀行與其他非屬關係子公司間之同類交易[75]。此規定嗣後並於1987年修正而將聯邦存款保險公司之承保銀行（FDIC-Insured Banks）也納入規範，使得區隔風險的防火牆功能因而更為完備。

（二）程序規範

1. 債權人保障

「銀行」與「證券」業者相互併購時，若採「收購股權」方式，則因僅為標的公司經營權變更，其債權人之債權仍是以公司財產為擔保，不受影響，若採「收購資產」方式，則標的公司債權人，亦得透過民法第244條對於可能發生詐欺其債權之資產收購行為，對於資產收購之雙方提起「形成之訴」行使「撤銷權」以保全其債權。

若係採「制式合併」方式，則依公司法第319條準用第73條規定「公司決議合併後，應即向所有債權人分別通知及公告，並指定三個月以上期限，聲明債權人得於期限內提出異議」，惟「銀行」或「證券」業者與渠等客戶間存在各種業務上之「定型化契約」，數量甚多且性質不一，倘嚴格要求依法踐履前

73 原文為“A member bank is prohibited from extending credit to, or purchasing assets from, an affiliate in excess of 10 per cent of the bank's capital; and a limit of 20 per cent of capital is applied to the aggregate of such transactions”。

74 茲轉錄美國聯邦儲備法中有關「掩飾性交易」之規定如次供參：The term “covered transaction” in 23A includes; (1) any loan or extension or credit to an affiliate; (2) any purchase of or investment in securities owned by the affiliate; (3) any purchase of assets from an affiliate except where specifically exempted by the board; (4) any acceptance of securities issued by the affiliate as collateral for a loan to any person or firm; and (5) any issuance of a guarantee, acceptance, or letter of credit, including a standby letter of credit, on behalf of the affiliate. *See* 12 U.S.C. 371c(b)(7)。

75 Section 23B, in contrast, deals with covered transactions between banks and their affiliates and requires that such transactions be undertaken on substantially the same terms as those prevailing at the time for comparable transactions involving non-affiliates. See Hall, Banking Regulation and Supervision, at 219. (1993).

開通知義務，恐曠日廢時，徒增合併之執行成本，是否得以銀行法第58條規定所指主管機關之「許可」取代公司法對於「制式合併」中保障債權人「通知公告」之程序規定，即以便宜行政的方式使「制式合併」的進行得以更有效率。易言之，公權力的深度介入（許可前的實質審查）對於公司債權的保障而言，應可等同於法律對「制式合併」所為需「通知公告」之規範功能。因此，舉凡金融業者申請合併而經主管機關許可者，應即視為已完成公司法第73條關於保障消滅公司債權人之程序規定，以期有效降低相關作業的行政成本。

2. 分支機構應予設限

現行實務上「銀行」設立分支機構之法律依據，殆為我國銀行法第57條第一項規定，銀行「增設」、「遷移」或「裁撤」其分支機構時，應先申請中央主管機關之許可；而證券商欲變更分支機構營業處所，則須先經由證券交易所，再報請證管會核准（證券商管理規則第2條第1項第3款及同條第2項規定）。

惟當「銀行」與「證券」業者進行併購時，其各自原有營業據點必將因而增加，可能發生同一區域內分支機構過度集中而有可能導致區域內金融業者衍生惡性競爭業務的問題。衡諸目前本國銀行在全臺設立分行數已近三千家的現實情形[76]，以臺灣地區約三萬六千平方公里（且相當部分為人煙稀少的山區）的服務分布範圍而言，金融機構營業據點的密度實已呈現高度飽和，若放任分支機構經由「併購」而集中於特定區域[77]，是否會使區域內銀行降低授信審查門檻，造成信用嚴重擴張之後遺症，頗值憂慮。有鑑於此，本文以為「銀行」與「證券」業者發生併購時，主管機關應以「凍結新設分支機構之增設」及「限制過度集中於特定區域」為許可其併購之條件，以平衡金融業之區域生態，並確保其經營品質。

---

76 截至2000年8月底止，本國一般銀行分支機構家數總計達二千九百三十五家。參中央銀行網站http://www.cbc.gov.tw/cbc/browser/struct-tree.html/有關金融統計部分內容。

77 根據報導財政部有意將銀行辦事處升格分行的條件加以放寬，如此一來，勢必將助長分行密度已呈高度飽和的現象更加嚴重，似應再酌；詳細內容請參閱1999年8月10日，工商時報（電子版）。

二、金融法制改進芻議

（一）健全「金融防火牆」的法制架構[78]

為避免金融業者（本文係以「銀行」與「證券」業為例）間因相互併購可能產生「利益衝突」或「風險擴散」的監理問題，本文以為或可基於「資本獨立」及「法律主體分離」原則，考量由下列法律架構中擇一以為因應：

1. 「子公司」模式（Subsidiary Mode）

簡言之，由於現行法對於「銀行」與「證券」業者間的業務兼營關係採取「單向式」（Unilateral）規範設計（證券交易法第45條第2項規定僅允許銀行兼營證券業務，反之則尚不允許），因此，在探討以子公司的模式進行跨業併購時應理解為僅係指由「銀行」以「控股公司」地位併購「證券」業者俟取得對方經營控制權後，遂以之為從屬子公司之情形而言；設若採此途徑，則法律上首應檢視者，殆為此處所指併購行為是否構成銀行法第74條（限制銀行「直接投資」設立從屬證券子公司）規定之情形；其次，縱使前開投資之限制得以突破，亦須注意併購時所應踐履證券交易法第43條之1第1項的申報義務（違反者依同法第175條及第178條處罰）。

2. 「控股公司」模式（Holding Company Mode）

係指由「銀行」業者先行設立控股公司，再由該控股公司進行併購「證券」業者之方式而言。易言之，即參考美國銀行控股公司法中所許可之併購途徑，以之植入我國金融法環境中。殆生疑義者，恐為現行銀行法第25條第2項有關限制銀行控股公司之設立的規定是否應予解禁？惟觀諸日本近來完成的金融法制改革，已正式修正戰後行之多年的限制日本企業設立控股公司之法律規定（「獨占禁止法」第9條），以及美國甫於1999年11月12日通過的「1999年金融服務業現代化法案」（Financial Service Modernization Act of 1999）[79]的立

[78] 關於此議題較為深入之討論，請詳見拙作「試論我國金融防火牆之法律架構」一文，收錄於「中原財經法學」第4期，1998年12月出版。

[79] 有關美國「1999年金融服務業現代化法案」（Financial Service Modernization Act of 1999）的

法例中亦明文允許美國銀行得在傳統上經由設立銀行控股公司的法律路徑外，另設立法限制較爲寬鬆的「金融控股公司」，以之爲併購證券或保險業的操作平台，提供多元化服務；本文以爲，在相關配套法制規劃建立之後，我國實應對於現行金融法中限制設立金融控股公司之規定（銀行法第25條第2項）考慮予以解禁，使金融業者普遍強調提供「百貨化」服務的法律選擇更具彈性，同時，廣大金融消費者的權益也能獲得制度化保障。

尤有甚者，自兩稅合一正式實施後，控股公司股東間接來自其證券子公司的盈餘分配得計入其當年度股東可扣抵稅額帳戶餘額（所得稅法第66條之3、6規定）的新措施亦提供了租稅上誘因[80]。至於在控股公司模式下，銀行與關係證券子公司間之橫向間交易可能發生「利益輸送」之疑慮，似亦可參照前開1913年美國聯邦儲備法第23條第A、B項規定予以監控。

3. 組合性模式（Alternative Mode）

今日的金融業經由與科技的結合早已跨越國界的藩籬，爲了因應金融國際化後接踵而來的金融「法規競爭」（Regulatory Competition）情形，我國應謹守「立法從寬、執行從嚴」的原則，儘速建構具有國際競爭力的金融法制架構，以此爲基調，投射在金融業間併購問題時，則應回歸市場交易機制，由世故的（Sophisticated）金融業者依其個別營業上主、客觀的考量，決定最適其採用的（併購後）有關防止「利益衝突」或「風險擴散」之法律架構（即由「子公司」模式或「控股公司」模式中擇一規範以爲遵循）。準此，業者即得因而相對地享有較低之法律執行成本，產業之競爭力亦將因此開放性的規範機制而相對提高。筆者以爲渠等模式最爲適合國內金融環境，實值斟酌採納。

進一步介紹，請參見陳裴紋撰，「美國金融服務業現代化法案之內容及其影響」一文，收錄於中央銀行季刊，第二十二卷第一期，第13-30頁。

80 有關股東可扣抵稅額帳戶餘額的相關操作規定，請參見范靜文撰，公司合併股東稅負之探討，中國稅務旬刊，第一七二六期，第8-11頁。許崇源撰，股東可扣抵稅額之計算與探討，中國稅務旬刊，第一七二八期，第8-11頁。

（二）移植「揭穿公司面紗」原則的可行性研究（Transferability Study）

按美國公司法上針對公司與其股東間設有「有限責任原則」之適用，亦即公司股東僅就其出資額度內對公司債權人負有限清償責任，股東自身財產在法律上因係另外歸屬於與公司不同之法律主體，當不在公司債權人所得主張債權追索之列。惟在關係企業的情形，如果控制公司操縱從屬公司的經營而造成公司債權人的損害，則法院有權「揭穿公司面紗」（Piercing the Corporate Veil）[81]；易言之，在特定條件成就下，從屬公司的債權人即得以穿透公司法上對於公司與股東間「有限責任原則」的保障設計，而直接對於幕後操縱的控制公司股東追討債權。或謂如此一來似有使公司債權「物權化」之嫌，然我國民法採之多年的「買賣不破租賃」原則（修正前民法第425條規定）亦係「債權物權化」之明文規定，倘細析其法理，仍為立法之「法益衡量」問題而已。茲須進一步探討者，殆為究竟對於「股東有限責任原則」作為設立公司組織體的重要誘因之法益維護與允許法院得於實際案例中給予（被詐欺）公司債權人債權類於「物權化」之求償地位的法益抉擇間，如何衡量？孰急孰緩？鑒於我國公司集團化經營現實狀況下對於債權人所能提供的法律保障仍嫌不足之際，似應以後者法益之考量為先。倘納入金融業者跨業併購之情形予以思考，則可能發生控制銀行之從屬證券子公司債權人或銀行控股公司之債權人，出面對銀行主張「揭穿公司面紗」原則適用之疑義，如此，原先在金融監理上構築的金融防火牆所附麗的「法律主體分離」原則亦因之而被挑戰，影響不可謂不鉅。有鑑於此，美國金融法學者曾例舉實務上得以援用此種例外的適用標準：[82]

---

[81] William Klein, and J. Mark Remseyer, Business Associations, at 190. (1994)

[82] 茲轉錄原文義內容供參：

1.The name of the affiliate providing the service is similar to the bank's or the same services are undertaken by the bank;

2.The complaining creditor is a member of the general public rather than a "sophisticated" business person or investor;

3.The creditor is a contract creditor, such as a customer;

4.The nonbankig activity is either a traditional banking service or is so closely related as to suggest to the customer that he is dealing with the bank rather than the holding company and its affiliate.

1. 若該控制銀行之從屬子公司之「名稱」或所提供之服務內容與其控制銀行近似；
2. 追索債權人（Complaining Creditor）係非屬「精明世故」（Sophisticated）之商業人士或投資人，而係普通一般人（Member of the general public）；
3. 追索債權人係因契約關係取得債權，例如銀行客戶；
4. 從屬子公司所從事非銀行之業務係與銀行業務性質高度相關，足使追索債權人在與其往來時發生誤認其係與其控制銀行往來之情事。

反觀我國現行金融法上，尚無類此規定可以援引，使能在建構金融防火牆的架構下，補充規範針對關係企業間的「掩飾性交易」所造成對於外部債權人不當之損害。鑒於我國現行金融集團監理上所面臨對於關係企業間利益輸送之規範尚嫌不足之際，是否考慮在銀行法（第33條之4）或證券交易法（第157條之2）中訂立類此功能之「法律介面」規定，以連接公司法第369之4、5條規定，使金融業相互併購之基礎法制建構（Legal Infrastructure）更為周全，似仍有研究餘地。

肆、結論——對研議中「金融機構合併法」草案之期望

根據目前已完成二讀的我國「金融機構合併法草案」第5條文義內容觀之，似允許金融業間的跨業（例如「銀行」與「證券」業間）相互併購；惟斟酌文義，恐尚未針對財團經由人頭戶設立金融控股公司方式，達成實質性跨業併購，進而遂行利益輸送，再利用存款保險的理賠作為賭本，從事高風險操作的潛在疑慮設有相關規範。姑且不論將來立法時終採何種方式規範，究應如何能在金融業進行跨業併購之前或同時，以監理地位之便，考量渠等業務屬性的特殊，而以不得已之法律手段，准駁之間，經由實質審查過程中的理性互動，衡平因併購所造成對於金融業者經營效率增加之「利」與金融消費大眾權益受

See Maximilian Hall, Banking Regulation and Supervision: A Comparative Study of the UK, USA and Japan, at 179. (1993).

損之「弊」。

限於篇幅與作者本身學植未深，本文僅針對金融業者間之「自願性併購」一般情形略述己見，就教高明，而並未就失敗金融機構之「強迫性併購」特殊態樣加以探討，擬留待日後另爲專文野人獻曝。文中除簡要例舉說明美國與我國執行併購之各項法律成本及風險外，並針對金融業者（以銀行與證券業爲例）業務之特殊屬性，試擬建構「中國牆」及「防火牆」爲目的之法律設計，並從比較法觀點提出個人觀察，期以較低執行成本之法律規劃，避免金融業者相互爲跨業併購後所可能造成的監理缺口。另有鑑於我國金融業普遍有傾向集團化發展趨勢，爰再建請高明考量移植美國金融法實務上行之多年的「揭穿公司面紗」原則，使納入現行金融法制架構，不僅藉以朝向周延金融財團內部關係企業間「掩飾性交易」監理的目標邁進，並自我期許在臺灣金融業跨越新世紀，縱入世界之際，也曾爲我國金融法制的基礎建設，略盡綿薄。

（本文發表於律師雜誌第252期，2000年9月）

外文篇

Publications (in English)

第一章
Helping out
—The Mission of the Taiwan Fair Trade Commission—
評析我國競爭法上之技術援助

I. Introduction

An economic structural transformation toward market-based economies has taken place in a period of rapid global liberalization over the last two decades. Developing economies have undergone a transition from central planning models to the prevailing market models that are based on the pursuit of prosperity in the economy. The link between economic development and competition policy as well as the underlying law is, however, somewhat complex. While there are many economies that have performed reasonably well, economic development has often proceeded without there being competition, policies in place. Similarly, there are economies that have adopted competition policies for quite a long time, but that are still pretty much in disarray vis-à-vis their economic development. Although there may be reasons to question the suitability of implementing the competition law and related policies in certain particular economies, we cannot, however, deny the fact that emerging competition has been highly associated with economic growth, productivity, investment and average living standards.[1]

---

[1] Capacity Building and Technical Assistance: Building Credible Competition Authorities in Developing and Transition Economies, ICN Working Group on Capacity Building and Competition Policy Implementation, ICN 2nd Annual Conference, Mérida, Mexico, 23-25 June, 2003.

Over a hundred countries, in both developed and developing countries, have now adopted competition law and policy in practice. This has given rise to the need for a competition regime in many emerging competition agencies. Furthermore, trade liberalization through free trade agreements and WTO memberships has reinforced the need for a competition agency that is vested with the responsibility for policy formulation and adequate enforcement. Competition policy is important in that it creates an orderly environment for business activity and affects the country's international competitiveness.

In response to the above need in some of the developing countries, it has become an obligation for the experienced competition agencies and organizations to offer substantial assistance by introducing competition policy and regulations to the younger economies. Technical assistance that has been designed for competition agencies and related authorities in emerging countries has been provided in different forms, such as the drafting of regulations, practical training, constant counseling as well as case studies. In other words, technical assistance is more than just "the transfer of skills and know-how from one agency/jurisdiction to another"[2]. Capacity building refers to the "more indigenous process of putting into place, at the national or regional level, sustainable competition policy frameworks and processes"[3]. Capacity building and technical assistance, although depicting distinct concepts, are however closely interrelated. To some extent, 'technical assistance' and 'capacity building' are terms that are often used in the same context.

The Taiwan Fair Trade Commission (hereinafter "the TFTC") is an agency that was established in 1992. In its early stages, it benefited a great deal from technical assistance, which included training courses, from the experienced countries and organizations. Since 1999, the TFTC has developed a project that aims to integrate its resources with those of the Organization for Economic Co-operation and Development

---

[2] *Capacity Building And Technical Assistance: Building Credible Competition Authorities in Developing and Transition Economies*, JCN Working Group on Capacity Building and Competition Policy Implementation, ICN 2nd Annual Conference, Mérida, Mexico, 23-25 June, 2003.

[3] Ibid.

(hereinafter "the OECD"), and it is thus capable of holding international seminars on competition issues. It is fair to say that the TFTC is ready to give back to international society. Since 2001, the TFTC has initiated its own technical assistance projects in neighboring economies by assisting in the drafting of their competition regulations, as well as offering training courses, internship programs and sending experts to those young and emerging competition agencies. With such activities in place, the recipient countries have been able to experience the application of investigative and analytical skills and to gain the essential hands-on experience required to operate as an. agency and enforce the law.

II. Experiences of the TFTC

With the cooperation of the OECD, since 1999, the TFTC has developed technical assistance and capacity-building projects in the form of seminars that it holds in the young economies. In 2001, the TFTC assisted Vietnam in drafting its competition law, and since 2002 it has formally launched technical assistance and capacity-building programs for other economies that are considering implementing or that have recently enforced their own competition law.

2.1 *International Cooperation Program with the OECD in Asia*

Given the accumulated empirical experiences of enforcing its competition law in recent years, the TFTC recognizes its obligation to share its know-how and experiences with young and emerging agencies, and to thereby contribute to the competition community.

In 1999, the OECD proposed that the TFTC introduce an International Cooperation Program on Competition Policy for the emerging competition agencies in Southeast Asia that takes the form of seminars. In considering the geographical proximity, the TFTC took the initiative by inviting emerging competition agencies in Southeast Asia that either had or did not have a competition law to participate in the seminars. Up until 2007, this international cooperation program with OECD had consisted of a yearly seminar that provides an effective channel through which competition agencies can exchange views and share experiences. In 2008, besides traditional seminars that involved presentations taking the form of speeches and slides, the TFTC included simulations and other skills training that build capacity for a newly established agency. The TFTC therefore transformed this international cooperation program into interactive hypothetical case scenarios, roundtable discussions, and small group breakout sessions in order to encourage active participation and the exchange of ideas and practical experiences among participants.

To further explore the effectiveness and influence of different forms of seminar, the TFTC has started to invite more countries from other areas in Asia, such as Mongolia and Russia, since 2005. In the process of assisting in building new agencies' capacities, Thailand, Indonesia and Vietnam as well as Mongolia have begun to promulgate their own competition laws. Subsequently, Hong Kong has also had its competition law passed, and other participating countries have started to consider introducing the concept of competition into their economies. The delegates from the participating countries have all witnessed the movement and advancement of various competition laws in Asia.

The topics discussed in the seminars and other relevant information are shown in the following exhibition table:

Table I Relevant Information on the International Seminars Held in Collaboration with the OECD

Year	Topic	Venue	Participants[4]
1999	The Role of Competition Policy and Competition Authorities	Bangkok, Thailand	Hong Kong, Indonesia, Malaysia, Pakistan, the Philippines, Singapore, Thailand
2000	Cartels and Their International Aspects	Kuala Lumpur, Malaysia	Hong Kong, Indonesia, Malaysia, the Philippines, Thailand

[4] The participants are listed in alphabetical order.

Table I Relevant Information on the International Seminars Held in Collaboration with the OECD (continue)

Year	Topic	Venue	Participants[4]
2001	Building a Competition Culture	Phuket, Thailand	Hong Kong, Indonesia, Malaysia, Thailand, Vietnam
2002	The Role of Competition Policy in Developing Countries and Emerging Market Economies	Hanoi, Vietnam	Hong Kong, Indonesia, Malaysia, Singapore, Thailand, Vietnam
2003	Abuse of Dominance and Vertical Restraints	Singapore	India, Indonesia, Malaysia, the Philippines, Singapore, Thailand, Vietnam
2004	The Interface between Competition Authorities and Sector Regulators	Kuantan, Malaysia	Indonesia, Malaysia, Pakistan, the Philippines, Thailand, Vietnam
2005	Investigating Cartels and Other Horizontal Restraints Cases	Ho Chi Minh City, Vietnam	Indonesia, Malaysia, the Philippines, Russia, Thailand, Vietnam
2006	The Interface between Competition and Consumer Policies	Bali, Indonesia	Indonesia, Malaysia, Mongolia, Russia, Thailand, Vietnam
2007	Merger Control Issues in Developing and Transition Economies	Kuala Lumpur, Malaysia	Indonesia, India, Malaysia, Mongolia, Thailand
2008	Competition Issues in Retailing	Bangkok, Thailand	Hong Kong, Indonesia, Malaysia, Mongolia, Pakistan, Singapore, Thailand, Vietnam

2.2 *Technical Assistance to Individual Countries*

With the increased globalization and trade liberalization, much trading has taken place across border boundaries, and the barriers over markets have gradually been eliminated, either in relation to products or geographically. Given the fact that the application of competition law is closely related to the concept of a market, the above result has inevitably promoted the competition law, and enabled it to be incorporated into the international legal regime. Moreover, technical assistance in promoting competition law and policy has had to fully comply with the requests and demands of the beneficiaries, so as to maximize the effect of assistance. In considering the similarities as well as the differences between Taiwan and Asian countries, including the close economic relationships, the TFTC has drawn on its own culture, history and experiences to customize individual technical assistance programs for each recipient country.

After 10 years of being dedicated to the country-oriented technical assistance, the TFTC has started to plan new approaches to integrate its resources for technical assistance. From May 22 to May 25,2006, the TFTC offered a five-day training course in Taipei to delegates from both Indonesia and Mongolia. Attendees included 5 staff members from each of the Commission for the Supervision of Business Competition of Indonesia and the Unfair Competition Regulatory Authority of Mongolia. The TFTC replicated this successful pattern in Bangkok on June 10 to June 12,2008. In addition, in giving consideration to the efficiency of technical assistance activities. already in existence in Asia, the TFTC has advocated in recent years working with the competition authorities in other technology exporting countries in Asia, such as the JFTC, KFTC and TFTC, in order to jointly arrange and organize such activities and thereby maximize the number of beneficiaries and avoiding redundancy through the overlap of too many resources. Most recently, we have taken a step forward to reach this goal: the TFTC and JFTC have together launched an experimental program that sent experts to each other to give lectures or be speakers at various venues.

The main goal of the technical assistance activities is also to reinforce those young agencies to strengthen the application of internal legislation, to combat the restrictive business practices that would go against their economic development objectives, and to bring them to a level where they can engage in dialogue with other developed countries.

The main individual technical assistance activities Lire shown in the following table:

Table 2 Country-Focused Technical Assistance

Form	Years	Recipient	Place	Duration
Internship Program	2002	Thailand	Taipei, Kaohsiung	One month
	2004	Thailand	Taipei, Kaohsiung	One month
Training courses	2004	Vietnam	Taipei	Two days
	2005	Mongolia	Taipei	One day
		Vietnam	Taipei	Two days
	2006	Indonesia/ Mongolia	Taipei	Five days
		Vietnam	Taipei	Eight days
	2007	Mongolia	Taipei	One week
		Indonesia	Taipei	Five days
	2008	Mongolia	Taipei	Five days
		Indonesia	Taipei	Five days
Sending experts	2002	Vietnam	Hanoi	Two days
	2003	Thailand	Bangkok	Two days
	2005	Thailand	Bangkok	One week
		Vietnam	Hanoi	Two days
	2006	Vietnam	Sapa	Two days
	2007	Mongolia	Ulaanbaatar	One day
		Thailand	Bangkok	One day
	2008	Thailand	Bangkok	One day
		Emerging agencies	Tokyo	One day

III. Strengths of the TFTC in Developing Technical Assistance

As to the history of Taiwan's economic development, just like in other emerging competition agencies in Southeast Asia, the early economic development of Taiwan occurred in the agricultural sector. However, with a rapid but steady pace of economic growth, the manufacturing and commercial sectors soon predominated in the economy. Then, with the accumulation of capital, capital-intensive goods gradually replaced labor-intensive goods in the manufacturing sector. Besides this, the TFTC has, of course, had its own share of difficulties similar to those emerging economies in Asia, and to be sure, it has had to struggle with the introduction of the competition laws and related regulations, especially in the initial stages of the transitional economy.

Currently, the GNP of Taiwan is -around 374 billion U.S. dollars, while its annual per capita income is roughly 16,279 U.S. dollars[5], which is about the mid-point between, the per capita incomes of developed economies and of emerging economies. Therefore, in many respects, there have been opportunities for TFTC to bridge the gap between the developed economies and emerging economies. In this regard, the activities of capacity building promoted by the TFTC would not have been conducted while ignoring local conditions[6]

Secondly, according to the Annual Report on Small and Medium Enterprises for 2008, issued by the Small and Medium Enterprise Administration under the Ministry of Economic Affairs in Taiwan, more than 97.64% of enterprises in Taiwan are small and. medium enterprises. In fact, Taiwan's economic policies customarily favor the establishment and growth of SMEs as a result of there being relatively few firms with dominant power. Consequently, there are generally few cases involving the abuse of a dominant position, while there to tend be considerably more that are related to unfair trading practices resulting from competition among SMEs. This also accounts for the typical, cases brought before the Commission. In addition, it explains how the investigative resources of the Commission were actually allocated. The experience in enforcing the Taiwan Fair Trade Act has therefore focused pretty much on cases related to unfair trading practices. Furthermore, the TFTC has had a strong determination to participate in activities pertaining to international competition regulatory regimes and policies. In the early stages, the TFTC prioritized its budget with external resources from the Ministry of Foreign Affairs and the Bureau of International Trade of the Ministry of Economic Affairs to fully fund the activities of technical assistance

---

5 http://www.dgbas.gov.tw/public/Attachment/952117142371.xls

6 LUCKY TRIP? PERSPECTIVES FROM A FOREIGN ADVISOR ON COMPETITION POLICY, DEVELOPMENT AND TECHNICAL ASSISTANCE, December 2007, *European Competition Journal*, WILLIAM E. KOVACIC.

to developing countries. The Chairman of the TFTC has continuously advocated the policy of promoting technical assistance programs so as to defend the related budgets in Congress. As a result of its continuous efforts, the TFTC is now capable of hosting and funding the relevant events in order to provide technical assistance.

Finally, most of the international affairs officers with TFTC are bilingual, knowledgeable in either law or economics, and each has extensive field working experience in investigation, including providing other comprehensive services. Aside from this, TFTC has been offering its staff a series of English language courses to encourage employees with good communication skills to engage in activities related to international affairs, particularly with a view to providing technical assistance.

IV. Ensuring the Effectiveness of Technical Assistance

Technical assistance and capacity-building in competition law and policy have to fully comply with the requests and demands of the beneficiaries so as to maximize the benefits and put the recipients in the best position so that they can re-establish their business environment on a level playing field. Moreover, it is also a mission of the TFTC to ensure that such an approach is appropriate for the recipients to incorporate into their own culture and society. Based on yearly experiences of technical assistance, the TFTC has indeed benefited itself very much through information sharing and the exchange of experiences. On the other hand, it is also a challenging for the TFTC to evaluate which forms of technical assistance are the most effective, especially from the point of view of the recipient countries. In practice, competition agencies in the recipient countries prefer to participate in international conferences that are organized and sponsored by the delivering countries, yet the costs of the airfares and providing accommodation for the participants are considerably higher than for other forms of technical assistance.

4.1 *Internship Program*

The programs where the beneficiaries of technical assistance have been fully funded by the TFTC budget set aside for the internship program as well as training courses are considered, to be the least expensive forms of technical assistance. An internship program, extending over a period of a month's duration, which encourages hands-on learning by working on the daily cases, has proved to benefit the interns the most.

It should be kept in mind that the true success of any internship program can only be measured by the lessons and experiences that the intern could gain from the program. The noteworthy part is that an internship program could benefit the interns just as well as the FTFC's colleagues within the competition agency. Therefore, maintaining a learning diary is highly recommended as it. can facilitate the sharing of experiences with colleagues and, hence, disseminate the knowledge and sidlls throughout the competition authorities.

4.2 *Training Courses and. Sending Experts*

Internship programs aside, short-term training courses have also been offered by the TFTC, and in addition to costing substantially less, they too have been very popular with recipient agencies. Newly-established competition agencies have tended to send their high-level officials to the delivering countries in order to not only express their gratitude but also to reap additional benefits. However, the success of the training courses depends on whether the contents of the courses have been tailored to the beneficiaries.

Apart from offering training courses, the TFTC has also sent its own experienced competition officials to recipient countries to give lectures on operational issues concerning the application of the competition laws and the investigation of competition cases. To be sure, the services that the visiting experts have provided to the beneficiaries have been different, from those provided by long-term resident advisors. For the completion of their mission, these visiting experts typically have to prepare the bulk of the content of the lectures and related materials prior to then-arrival. Naturally, this approach is considerably less flexible when it comes to the beneficiaries learning a great deal of practical knowledge concerning the enforcement of the law, particularly as it refers to their specific culture. Added to this is the fact that without long-term residency in the recipient countries, the expert sent by the TFTC cannot always devise or provide the most suitable suggestions or the most appropriate solutions to the problems of the recipient agencies.

In general, newly-established competition agencies typically prefer that the assistance they are given be well tailored to their specific needs so that they can later convince the public and demonstrate that the introduction of the concept of competition as well as the competition law and policy are perfectly suited and beneficial to their economy. It should be borne in mind, however, that it is often not. truly necessary for beneficiaries to receive comprehensive theoretical knowledge. Therefore, in order to avoid the weakness of training courses and sending experts, well-designed content tailored to the needs of the recipient countries, or the experts who can provide suitable answers and in-time assistance, will maximize the effectiveness of the technical assistance.

4.3 *Conferences and Seminars*

Seminars can effectively facilitate networking among beneficiaries and outside organizations alike. First of all, seminars with panelists from several different competition authorities and international organizations can initiate and encourage networking among all of the delegates.

Secondly, since the duration of a seminar is relatively short, agencies in beneficiary countries may find it easier and perhaps much more convenient to only allow their high-level officials to attend short-term seminars as opposed to have them partake in a long-term internship program. Based on our past experience, high-level officials have usually played a key role in disseminating the policies or procedures they have learned and brought back from seminars, and this has greatly contributed to eventual changes in the regulations in their home country.

The importance of publications, background documents and the proceedings of seminars should not be ignored for they may also provide beneficiaries with effective promotional tools, not to mention valuable reference materials. For a newly-established agency to attempt to promote the concept of competition to the general, public without the aid of well-documented and researched foreign literature would certainly be difficult. In addition, it could even prove to be an almost impossible task to heighten the awareness of political bodies and relevant businesses about the importance of competition, especially in some developing countries in Asia.

As mentioned earlier, the TFTC has been developing technical assistance and capacity-building projects in the form of seminars in collaborating with the OBCD since 1999. Seminars provide the opportunity for all participants to learn the importance of incorporating not just the concept of competition but also the competition law itself into their economies; seminars also help them come to realize the need to strengthen their own and their colleagues' analytical skills related to the law. Beyond the networking skills gained by Asian delegates from the developing countries who attend the seminars, the friendship and camaraderie born from the seminars have been invaluable regardless of how much is spent.

V. Prospects for Technical Assistance

On the strength of its accumulated experience in developing technical assistance and capacity-building programs, the TFTC will continue to commit itself to making every effort it can to contribute as much as possible and to integrate all possible outside (domestic and foreign) resources to develop and improve upon even more programs for developing countries on a non-discriminatory basis.

Given its performance and experience to date in enforcing the law, the Commission would like to continue to share the workload of any regional centers in Asia for competition law and policy by providing lecturers, references, and any possible resources, in order to establish mechanisms for dialogue, cooperation and experience-sharing among each economy in the area.

An additional thought is to build upon past experience and create a regional and comprehensive approach to technical assistance. As is known to all, the International Competition Network has attempted to hold a series of teleconferences or conference calls for the exchange of views on specific competition issues between young agencies and experienced agencies. In terms of the geographic and economic interrelationships among Asian countries, competition policy would be properly placed at least within a regional context. This does not undermine the specific needs of each beneficiary country, and also offers a consistent and efficient approach to focusing on regional issues and will be the steppingstone in preparing to move forward to the international level.

Another avenue for improvement would be to assign some of our internal staff with the task of developing familiarity with the cultural and institutional details of the recipient countries. Besides designing programs tailored to meet the needs of the recipient countries, this would also be helpful in soliciting more engagement and active participation from the recipients in the process.

In conclusion, the TFTC understands that the provision of technical assistance is similar to running a marathon, and building a well-designed competition regime needs a great deal of patience to see its evolution and outcome. Therefore, the TFTC is committed to further developing its technical assistance programs for developing countries, especially Asian developing countries. To maximize the benefits of such programs, we shall work in coordination with other international organizations and competition authorities to provide strengthened and adequately resourced assistance.

（本文發表於2009年公平交易委員會舉辦「競爭法及競爭政策國際研討會」，2009年10月）

spring up over each economy in the area.

An additional thought is to build upon past experience and create a regional and comprehensive approach to technical assistance. As is known to all, the International Competition Network has attempted to hold a series of teleconferences or conference calls for the exchange of views on specific competition issues between young agencies and experienced agencies. In terms of the geographic and economic interrelationships among Asian countries, competition policy would be properly placed at least within a regional context. This does not undermine the specific needs of each beneficiary country, and also offers a consistent and efficient approach to focusing on regional issues and will be the stepping stone in preparing to move forward to the international level.

Yet another avenue for improvement would be to assign some of our internal staff with the task of developing familiarity with the cultural and institutional details of the recipient countries. Besides designing programs tailored to meet the needs of the recipient countries, this would also be helpful in obtaining more engagement and active participation from the recipients in the process.

In conclusion, the TFTC understands that the provision of technical assistance is similar to running a marathon, and building a well-designed competition regime needs a great deal of patience to see its evolution and outcome. Therefore, the TFTC is committed to further developing its technical assistance programs for developing countries, especially Asian developing countries, to maximize the benefits of such programs. We shall wish for coordination with other international organizations and competition authorities to provide streamlined and adequately resourced assistance.

（本文為[illegible]2009年[illegible]研討會[illegible]，2009年10月）

第二章
Regulation on the E-finance in Taiwan
試論我國對於網路金融的法律管制

I. Symptoms

Many have claimed that the emergence of electronic commerce will make financial regulation obsolete.... As time go by, the growing demands for the electronic finance (e-finance) seem to make that arguments more clear. The regulatory scheme designs for helping intangible transactions that functional in the financial services is getting even closer attention.

How to define the term "e-finance" ? Is it an unconventional way to describe the process of dis-intermediation? or a process of re-intermediation[1]? Should the combination of electronic commerce, digital money, online trading, web banking and digital insurance, through the development and expansion of computer/communication network, represent a new frontier in the creation, delivery and use of financial services? We think the answer is positive. As for the regulations on the e-finance, the general approach is to keep rules and regulations to a minimum and avoid being premature in adding new dictates[2]. As a "rule of thumb" many of the principles that are applied to

---

1 Commentators contended that the functions of financial intermediaries will still be required even in the digital age and will thus remain despite the changes in technology and institutions. However, the Internet will certainly reduce the number of intermediaries and change the organizational structure of the traditional intermediaries. See FAN, SRIVIVASAN, STALLAERT, WHINSTON, ELECTRONIC COMMERCE AND THE REVOLUTION IN FINANCIAL MARKETS, THOMSON LEARNING, INC., at 8 (2002).

2 ERIK BANKS, E-FINANCE, THE ELECTRONIC REVOLUTION, JOHN WILEY & SONS, LTD., at 43 (2001).

"paper" transactions may also apply to electronic financial services transactions.[3]

The question then goes to how have financial services benefited from the electronic commerce? "Cost-down" usually pops out of the top on the answer sheet. However, the creation of B2C and B2B e-finance platform contributes the most to the emerging conglomerated financial services, inter alia, the financial-holding-company type of structure. In fact, the true era of Internet-enabled e-finance commenced in the mid-to late 1990s when small and large institutions began developing new web-based platform to deliver financial services quickly and efficiently; the process started in the B2C sector and then moved into the B2B arena[4]. Then the question goes to whether new legal barriers emerged after the deregulation of financial services[5], lead to greater "blurring" within the traditional and e-finance environment.

Taiwan has been reputed or well-known for its strong competitiveness in computer-related industry. As a result, this technical advantage helps to create a sound infrastructure for Taiwan financial services in promoting efficiency. Either in B2C or B2B perspective, Taiwan financial services, including but not limit to banking, securities and insurance firms, have demonstrated their strong mobility and flexibility to cope with the escalating customers' needs.[6] Meanwhile, regulatory framework for digitalized finance in Taiwan is yet to consider as satisfactory to meet the international standards. It triggers further discussions on how significance the regulation of e-financial would correlate to financial industry towards trend of globalization.

---

3 In the US regulatory arena, the Electronic Fund Transfer Act/Regulation E, prescribed by the FRB, applies to all the debit/credit customer accounts, stored value products including micro-payments or e-cash. Regulation D and the Truth in Saving Act still regulate deposit products online.

4 *Id.* at 24.

5 "Deregulation" illustrated here referred to the major regulatory reshuffles within advanced economies, such as the deregulation of the London stock market in 1986, the passage of the Riegle-Neal Act in 1994, the deregulation of the Tokyo stock market in the 1990s and the crumbling of the Glass-Steagall Act in the late 1990s.

6 In addition to 1,066 banking branches that are deployed in Taipei, nearly one-thirds of 66 millions ATMs are also installed all over the Capital, quoted from the official website. The statistics clearly contours the high density of financial services in this city.

1.1 *Electronic banking*

It has been revealed that engineers working for the Financial Information Service Co Ltd (FISC), a company in which the Ministry of Finance (MOF) holds a stake, may have leased confidential credit and debit card information belonging to their customers. An initial estimate reveals that more than NT$3 billion may have been charged to customers credit cards without authorization. The sums withdrawn illegally with counterfeit debit cards are yet to be determined.[7] It reminds end-users of the banking services that regulatory loophools are existed and noteworthy indeed.

In addition to the promulgation of the "Regulations on the Bank Value-added Cash Card" on October 8, 2001 and "Regulations on Financial Information Service Enterprises to Engage in Financial Institution Funds Transfer and Settlement" on September 28, 2001, the transformation from "PC" to "Internet" or even "mobile" banking, does play a significant role. It transits traditional into modern banking through the assistance of information technologies. As a result, to probe deeper the problematic issues regarding these dynamic banking services would certainly help to depict the regulatory-scheme-to-be.

In view of the allocation of banking institutions in Taiwan, 1066 branches in Taipei, outnumbers 37 branches as that of in Peng-Hou, demonstrates severe banking imbalance at ratio of 26: 1 in terms of the banking density[8]. Tentative hypothesis may therefore suggest that economic disadvantage in remote counties such as Peng-Hou should be in a greater demand for electronic banking than Taipei due to less populace and transportation inconvenience. Nevertheless, a comparatively poor economic performance in Peng-Hou also triggers reasonable doubts for local customers in facing higher "technical entry barriers", i.e., affordability of electronic infrastructure such as computers, mobile phone, PDA or DSL network, causing this remote county being insulated from the principle of "Equality". In other words, the most resourceful bank-

---

[7] Available at http://www.taipeitimes.com/News/edit/archives/2002/09/22/169029, visited on August 5, 2003.

[8] Available at http://www.cbc.gov.tw/bankexam/cbc/browser/25.html, visited on August 5, 2003.

ing services area in Taiwan seems least demanding for electronic banking, yet still exist the most intensive banking institutions in the country. Whereas, the least banking-resourced area, Peng-Hou, ends up with economically disadvantages from accessible to electronic banking in which it ought to be the most demanding region for remote banking services. Briefly speaking, the regulatory scheme should have reshuffled in order to balance the resources as Taiwan financial services perse.

As to consistent with the policy of liberalization, the bank regulators, including the MOF and CBC in Taiwan, widely perceived as opted to minimize the interference on e-banking activities as only the "Standard Forms for PC Banking and On-line Banking" and "Security Control Guidelines for Financial Institutions to Engage in Electronic Banking" have been promulgated and revised since May 1998. To be more specific, banks in Taiwan are encouraged to create innovative online banking services to both corporate and individual customers as long as the activities are subject to the minimized legal threshold as stated early. As of today, more than 30 out of 52 banks offer a variety of internet banking services to their customers as to cope with the severe banking competition. It is especially true after the enactment of the "Financial Holding Company Act" in 2001[9]. Should financial conglomerates in Taiwan be the common platform to contain banking, securities and insurance in the future, it is noteworthy to close the possible loopholes in order to prevent customers of internet banking from legally misused by the huge consortium[10].

Briefly, it is reasonably to worry about the emerging "conflicts of interest" pertaining to resource-sharing or cross-selling among banking conglomerates on the premise of Internet-based services.

---

[9] There have been 14 financial holding companies listing in Taiwan stock markets since the end of 2001, after the enactment of The Financial Holding Company Act" in July and later effective in November.

[10] For instance, article 42 and 43 of the newly enactment of the Financial Holding Company Act prescribe legal criteria in order to protect financial privacy of the customers and establish the guidelines for cross-selling. These regulations try to bar the customers from mistreating by the asymmetric resource of the conglomerates. Detailed rules derived from the Financial Holding Company Act that gradually made by the competent authority.

1.2 *Electronic Securities*

The main concern of the digitalized stock transaction usually lays stress on how to better match the buyers and sellers and therefore facilitate efficiency. It is undoubted to say that the Internet has changed the dynamics of the relationship between brokerage firms and their clients. The convenience of the real-time access and lower fees indeed attracts growing number investors from placing an order with traditional broker to the new Internet-based direct trades with the markets. To face this new capital market arena and competition, the traditional firms, such as Merrill Lynch and Prudential Securities in the US have undergone rapid transformation to protect their turf[11]. Meanwhile, the question on whether the rationale behind need to cope with this new scenario also raised by the regulators. What are the regulatory concerns if the corporations offer shares directly to investors over public networks (also described as the Internet IPOs)? Under the US regulatory scheme, at least one potential problem exists because of the large difference between the financial clout of institutional investors and that of individual investors.[12] That is how to deal with the new type of online frauds since the individual investors nolonger rely on their broker for the latest stock prices and investment information? When the NASDAQ tanked, investors started to look more closely at exactly what they were buying in an Internet company, Investors want to see a good business plan that shows exactly how and when the company plans to earn money.

[11] On June 1, 1999, Merrill Lynch announced that it had finally decided to offer a low-price, low-frills online brokerage services. Instead of offering a single type of brokerage account to all clients, it decided to offer a premium level of services to high net worth clients and a cheaper, $29.95 per trade service to others. This price is comparable with that charged by its archrival Charles Schwab. *See* FAN, SRIVIVASAN, STALLAERT, WHINSTON, *supra* note 1, at 34.

[12] What's to stop an institution or tow from making a big, aggressive bid for a large number of shares at high price, effectively shutting out retail investors? As the IPO process will involve regular publications of highest bids, a single investor could effectively bid nominally more for a million shares. A second problem would be the reluctance among large institutions to participate in a process in which their bids would be display over the Internet. *Id.*, at 73.

A number of major business scams exposed lately are attracting widespread public attention. First, there is an allegation of extortion concerning Zanadau Development Corporation's project for a Kaohsiung commercial zone. The case is under investigation by prosecutors and law enforcement agencies. Premier Yu Shyi-kun has even asked the executive branch to conduct thorough internal investigations. Then there are allegations of scams involving Sinovision Technology Corp and Neo-Glass Technologies to defraud investors. It is reported that each company has defrauded several thousand individuals out of as much as NT$4 billion. These cases will be recognizing as unforgettable stigmas in Taiwan capital markets.[13] Commentators contribute this benchmark fraud cases to the lack of an effective mechanism on screening online market information.[14] In each case, government officials and legislators failed to exercise self-discipline and sought personal profit through investment projects. As these scams came to light one after the other, the full extent of the damage has snowballed. Not only have they inflicted severe financial injury upon investors and the general public, they have also disturbed regular investment activity. The negative consequences cannot be overlooked. In view of the lukewarm enthusiasm for investment in Taiwan at present, the exposure of these scams can only further discourage investors. The government must investigate, so that those responsible for the crimes will not go unpunished and order can be restored to investment activity.

In fact, Taiwan has established a rather sophisticated online brokerage mechanism since 1998 but still many controversies in this regard heard from time to time. In the eyes of the law, what needs to be further improved to better off Taiwan electronic securities transactions? Solutions will be exploring in the later discussions.

1.3 *Electronic Insurance*

As insurance industry started deploying the latest technologies to offer custom-

[13] The China Late Times, news on the web, reported and posted on September 12, 2002, available at http://www.ctcareer.com.tw/enter/Index.asp?SID=261, visited on August 5, 2003.

[14] *Id.*

ers a comparison shopping capacity[15], the individual insured can therefore simply fill out an online form and skip the confusing series of questions about age, income, wealth, physical fitness, and so on. This availability of online information indeed empowers the insurance customers and effectively decreases traditionally existed phenomenon of information asymmetry. According to an independent survey, nearly 90% Internet users already use the web to research insurance product offerings.[16] From the perspective of business, it is to believe that the challenges for promoting electronic insurance will be to simplify various insurance policies in order to replace the function of traditional insurance broker or agent. To be specific, a concept of "virtual insurance carriers", with their own web distribution mechanism, might be a good idea to work on in this regard. However, it is also vital to manage the channel conflict－this involves striking a balance between new distribution mechanism based on the web and established sales mechanisms centered on agent networks.[17]

Another noteworthy issue with respect to the electronic insurance is relating to the cyber coverage for cyber-risks. Since Internet's inherent accessibility has increased the rapidity and scale of torts and infringements, the traditional insurance coverage may confront the possibility of being inadequately secured for either electronic or intellectual property assets to against potential e-commerce liability to third parties.[18]

In the context of Insurance Law, the way regulators treat online life insurance

15 In the context of the insurance sector, the increasing use of such services by consumers is in the process of breaking the chain linking the insurance company, the agent or broker, and the consumer. *See* FAN, SRIVIVASAN, STALLAERT, WHINSTON, *supra* note 10, at 55.

16 A consumer survey by Jupiter Research found that Quicken's InsureMarket (on AOL) and Yahoo!'s Insweb are viewed as serious threats to the insurance industry and its traditional ways of selling its policies. *Ibid.*

17 *Supra* note 2, at 118.

18 Cyber-Risks referred here include denial of service attacks, computer viruses, hackers, as well as power, phone, and Internet service provider outages. *See* Robert H. Jerry, II and Michele L. Mekel, *Cybercoverage for Cyber-Risks: An Overview of Insurers Response to the Perils of E-Commerce*, 8 Conn. Ins. L.J.7, (2002).

is different from that of property & casualty insurance. Since insurers can exactly tell identity of the insured through the Internet, it is not allowable for online life insurance subject to the law. Yet for the Third Party Liability Insurance, it is allowable, in accordance with the article 5、6 of the Electronic Signature Act, for motorcyclist to "fax"[19] back the insurance policy downloaded from the insurer's websites. Briefly, insurance companies in Taiwan have provided online insurance services since the customers gain comfort with the process. On the one hand, online insurance policy does provide customers with a variety of selections instead of being selected informed by brokers or agents. On the other hand, forged insurance policies are effectively control due to secured online insurance. Yet the insurance customers in Taiwan are still opted to buy tailor-made insurance through intermediaries—brokers or agents—because profound jargons, written by experts, between the lines in the policy are beyond ordinary people's comprehension. In other words, it is fair to say that insurance customers in Taiwan are still hindering from the asymmetric transaction information.

As a result, a set of reasonable-premium-discovery mechanism is arguably not yet satisfactory functioned in Taiwan's insurance markets, even after the introduction of electronic insurance to the customers.

II. Diagnosis

2.1 *Interest-related-person transactions*

In the eyes of the law, if illegal interest-related-person type of transaction not effectively curb, it will lead fundamental doubts to the establishment of a disciplined financial market. To install a set of regulatory mechanism called "financial fire walls" initiates by the commentators for years, yet the result of implementation seems disappointed. There are several factors need to be examined. First, "figureheads" are

[19] As for the third party liability insurance, it is not allowable for insured to file insurance policy online due to current regulation.

rampantly existed in practice. In the era of digitalization, figureheads will be even more difficult to be effectively controlled. As a result, offenders of online frauds could always hide behind those figureheads and circumvent the punishments. Second, financial conglomerates have been undergone "cross-subsidization" through their controlling subsidiaries and legitimated under the new regulatory framework of financial holding company and the loopholes contained in current corporate laws. To be specific, the second and third paragraph of article 27 under the Company Law combine with article 15 under the Financial Holding Company Act permit financial conglomerate to conduct interest-related-person transaction through subsidiaries. This scenario is not a stranger in Taiwan markets and certainly will be more severe after the emergence of e-finance. Third, to prove "causation" in an online interest-related-person transaction case, either in the civil or administrative procedure, will be highly challengeable. Considering the "burden of proof" (to "causation") matters not only the cost for justice but also the faith in market, it is vital to educate judges who mostly are unfamiliar with the intangible financial market rules.

2.2 *Transparency*

"Transparency" described in financial services particularly the e-finance, mostly link with the "spirit of disclosure" in essence. The first step in that direction is greater disclosure. That does not have to mean longer, and weightier, annual reports packed with marketing blurb. It does mean a move away from rules-based financial reporting through which loopholes are exploited, and this pushes companies towards compliance with the spirit of the principles. This should include limiting the ability of the audit firm to provide consultancy services and calling for full disclosure of audit and consulting fees in the annual report. Furthermore, we believe that investors, particularly institutional investors, must become more involved in developing mechanisms to monitor the independence of both non-executive directors and corporate audit committees. Such involvement of investors relies on two things: not so much more information but greater transparency, and use of voting rights.

Comparing with advanced economies, Taiwan's financial markets are still far from mature. Complaints about "lacking of market transparency" have been whispering among investors for years. As "market transparency", mainly refers to the transparency of "price" and "information", is widely perceived as one of the significant indicators when conducting evaluation towards market sophistication as well as maturity. In terms of electronic finance, it is even more noteworthy to discuss transparency issues because timely and accurate information acquired first can easily be transformed into profit unless opaque in processing. Since the ways of financial information disseminated through the Internet mostly are real-time based, it may intuitively lead to conclude that transparency is easy to be implemented in the financial services.

It is certainly not as thought. The evolution of e-finance offers market democracy to customers but not necessarily true information. Service providers of e-finance tend to customize information in order to not only meet regulatory requirements but mostly the appetite of customers. When process of passing information, especially presented by the Internet, leads to profits, it is reasonable to believe that transparency would be distort at the expense of legality. In the eyes of the Taiwan's regulation, article 45, 49 of the Banking Law, article 148-1、148-2 of the Insurance Law, article 20 in the Securities and Exchange Law are the very basic regulatory mechanism for overseeing transparency of financial information particularly in the form of e-finance. Severe punishments do prescribe in the context to deter violation. Yet Taiwan court decisions are not satisfactory in compliance with legislative intent as wished. "Lacking of coordination" between the judicial and administrative system seems the most often used excuse in the like discussion, which arguably disagreed by commentators who think differently. Would it be the "lack of professional training" to comprehend the legislative intent that contributes to the satisfactory performance in defending transparency in financial services including e-finance? Since Taiwan judges on bench mostly graduated from a legal education system that financial laws comparatively neglected, it is unrealistic to expect these justice defenders equipped with proficient knowledge in presiding cases involve sophisticated rationale of transparency. Circumventions in this regard are rampantly existed in practice because the violations have not effectively curbed through court decisions. Administrative authorities have tried to render helps in assisting improprieties-discovery, but some judges rather adopt their personal "belief" instead of "reasoning" to understand the context of the law. Since electronic banking, securities and insurance are less regulated as it should be, it is worth discussing to demand transactions conducting in the form of e-finance should establish disclosure system as the current regulatory scheme for the tangible presence.

Accordingly, Taiwan's financial transactions especially the e-finance does have much room to improve in promoting transparency. We think the urgent need in this regard is to pay more attention in establishing an on-job training mechanism for judges as well as practitioners. By doing so, attempts to take advantages of intransparency on e-finance transactions can be alert in cases that enter trials.

2.3 *International Standards*

Taking the electronic securities issue as example, US capital markets major regulator—the Securities and Exchange Commission (SEC) once tried to define standards to regulate offshore securities offerings on the Internet. This regulatory approach incurred debates for internationally Internet Offerings that deeply concern transacted counterparts such as UK and Australia.[20] As of today, in order to properly regulate securities offerings and trading which occurs via the Internet, market regulators have aimed at activities that might impact domestic investors.[21] Since the Internet is indifferent to, and unaware of, geographical boundaries, measures must be taken in distinguishing between onshore and offshore purchasers. Since posting information on the web may constitute an offer of securities, those offering the securities must demonstrate they have adequate measures in place to prevent US onshore investors from actually participating.[22] Since US capital market is currently the most efficient

[20] Melvina Carrick, Matthew Crane and Jennifer Hu, "*Offshore Offerings by Foreign Entities: How Far will the SEC Reach to Regulate*?", Duke L. & Tech. Rev. 7 (2001).

[21] *Supra* note 2, at 44.

[22] *Id.*

market to raise funds, adjustment of regulatory approach in the US would immediately force other transacting counterparts taking action to deal with. Afterwards, FSA—the UK regulatory authority adopts similar rules. For institutions introducing Internet financial services, regulatory agencies around the world strongly recommend having on-staff compliance officers familiar with applicable rules and regulations.[23] It demonstrates how international standards prescribed to promote efficiency within cross-border transactions.

Regulatory agencies of Taiwan's financial services have willingness to establish cooperative relationship with international organizations such as the Bank for International Settlements and the Basle Committee (BIS)[24], International Organization for Securities Cooperation (IOSCO)[25] and the World Trade Organization (WTO)[26], and adopt necessary overseeing measures for meeting cross-border requirements. To be specific, the regulations of the risk-based capital (RBC) has implemented in banking, securities and insurance regulations step-by-step[27] is an example of Taiwan.

Unlike South Korean took the suggestions from the International Monetary Fund (IMF) in 1998 crisis and then become a competitive role-model in promoting financial globalization, Taiwan's regulatory agencies of financial services did not take enough effective actions for establishing all-purposed regulatory scheme to comply

---

23 *Id.*, at 45.

24 The Basle Committee on Banking Supervision was established to compare and harmonize national rules on supervision in order to bolster confidence in the banking system. Taiwan is not an official member of the BIS, yet Taiwan's bank regulations have fully implemented measures that adopted by the BIS. Article 44 of Taiwan's Banking Law is one of the examples that inherited from the "Capital Accord" in 1992 Basle Concordat.

25 IOSCO is an international regulatory platform for enhancing cross-border cooperation and experience exchange among securities market regulators. Taiwan hosted 1997 annual meeting of the IOSCO in Taipei and received compliments from members around the world.

26 As Taiwan becomes a member of the WTO since 2001, the insurance department under the MOF in Taiwan had expressed concerns on the reciprocal-based insurance market openings to the WTO.

27 Taiwan's banking industry adopted RBC in November of 2000, securities industry in 2001 and insurance industry on July 9, 2003. See Yahoo news archive, other detailed information available at http://tw.money.yahoo.com/030627/7/2k0.html, visited on August 6, 2003.

with existing international standards. As a result, Taiwan's financial service, include but not limit to e-finance, needs to put extra efforts in complying with international standards, such as in order to promote globalization of the e-finance.

III. Prescriptions

3.1 *Platform*

After the SEC issued a no-action letter sanctioning the Initial Public Offering (IPO) of the New York based "Spring Street Brewery Co.", true Internet-based trading had become a reality. Considering the success of US alternative trading system (ATS), structured within the meaning of Rule 3b-16 under authorization from the US 1934 Securities and Exchange Act, it seems reasonable for Taiwan to encourage a uniform electronic trading platform in which e-finance can rest upon. Either to rely on specialist infrastructure companies capable of providing requisite technical assistance, or to utilize existing Taiwan Financial Information Service Co. (FISC), the legitimacy should not be a problem. Although there might incur turf battles among regulatory domains, but that is kind of price for the evolution as long as good for the people. As a result, it is reasonably to expect transactional efficiency and the compliance with international standards. To be specific, under the current legal arenas of banking, securities and insurance, Taiwan is ready for a legal reshuffle to better off the infrastructure of e-finance, if necessary.

On the other hand, it is also a noteworthy issue as how to levy tax on this platform subject to the principle of fairness. Since Taiwan has implemented the new "two taxes in one" — combines consolidated income tax and profit-seeking enterprise income tax— system commenced in January 1998, holding company type of business organization is permitted to make use of tax arrangements available in article 66-1 of the Income Tax Law, but also in article 49 of the Financial Holding Company Act. The tax issue always correlates to the transaction cost and is worth to be further watched.

3.2 *Financial Firewalls v. Self-regulatory Entity*

Many investment frauds have succeeded because on the one hand, many legal loopholes exist, giving opportunities to the unscrupulous, and, on the other hand, the passivity of the ministries of finance and economics have made government supervision mere formalities. As stated earlier, to implement stringent "financial firewalls" for segregating risks from contagious with other interest-related entities has been emphasizing and stipulating in the context of financial laws. As a way of metaphor, it deployed as business risks quarantine ward. In the context of Taiwan law, it has prescribed respectively in article 28、74、101 under the Banking Law, article 45、53、60 under the Securities and Exchange Law, article 14 of the "Standards for Establishing Securities Firms" that was authorized by the 4th paragraph of article 44 under the Securities and Exchange Law, article 136 of the Insurance Law, demonstrate a belt-like financial regulatory mechanism that functionally equivalent to firewalls installed when buildings on fire.

Accordingly, an inquiry on how to apply the regulatory mechanism of financial firewalls to the "paperless" transactions might need an extra elaboration. First, the legal environment of conducting e-finance is approximately the same as paper transaction only it emphasizes more on the efficiency and security. Second, it is unlikely to prescribe the risk-insulated mechanism on tangible entities such as corporate with registered address. Yet it is possible to broaden existing paperless transaction function, through an unbiased third party, such as the Certified Agency (CA) in the context of the Electronic Signature Act[28]. Third, a context of preventing "covered transactions" among sister affiliates under a common platform such as a parent financial holding

[28] The Taiwan's "Electronic Signature Act" (The Act) officially promulgated on November 14, 2001 and later effective on April 1, 2002. Article 11-14 in the Act stipulated how the Certificate Agency functionally assists the implementation of the electronic signature system. The website information is available at http://www.moea.gov.tw/~meco/doc/ndoc/s5_p05.htm, visited on August 6, 2003.

company, should base on article 43 in the Financial Holding Company Act except to empower further on the self-regulatory entity.

3.3 *Dispute Settlement*

Since the "e-finance" emphasizes pretty much on efficiency, it is reasonable to discuss the remedy— dispute settlement—mechanism in order to evaluating the transaction cost. Unfortunately, the court system in Taiwan is not yet efficient as expected[29] to cope with the dynamic needs for remedy function in the e-finance. The existing commercial arbitration mechanism is to be considered as tactics to lag the litigation within the legal community.[30]

To be specific, dispute settlement mechanism in Taiwan particularly the e-finance is not satisfactory yet. As a result, it would certainly reflect on the transaction cost and discourage the vitality of the development of the e-finance in Taiwan.

Information resource: statistics from Judicial Yuan website, available at http://www.judicial.gov.tw/b4/eindex.htm, visited on August 6, 2003.

[29] As the following table of DISTRICT COURTS CIVIL CASES COMMENCED, TERMINATED, AND PENDING BY YEAR SINCE 1998 shows an unsatisfactory functioning result of current judicial system.

Year	Cases Commenced							Cases Terminated	Cases Pending
	total	civil actions	non-contentious matters	compulsory exection	financial execution	notarization	lodgment		
1998	2,813,986	129,647	896,266	260,480	813,755	630,758	83,080	2,688,712	386,407
1999	3,192,677	158,797	1,025,983	337,593	914,364	660,896	95,044	3,059,689	519,395
2000	3,532,649	160,692	1,032,162	688,803	986,590	567,608	96,794	3,618,094	433,950
2001	2,265,228	169,494	1,237,715	346,577	-	400,824	110,618	2,518,528	180,650
2002	2,300,074	177,255	1,393,812	422,488	-	201,059	105,460	2,297,089	183,635
1-6/2003	1,198,709	90,102	750,486	229,333	-	82,899	45,889	1,203,261	179,083

[30] In Taiwan, legal practitioners are inclined to view the system of arbitration as another chance to reopen the decided case since article 40-43 of the Arbitration Law, enacted on May 29, 1998, stipulated a revoking mechanism for the decided case. As long as one party in arbitration can prolong the process to a certain extent, they have won the case in substance.

IV. Pharmaceutics

4.1 *Digital Revolution in Financial Services*

In terms of the regulation, it is fair to say the financial services sector is the most heavily regulated sector among others. Still online frauds are rampant everywhere and not effectively controlled. Rapid advances in technology have dramatically lowered the costs of developing electronic trading system, let alone the e-finance. Today, Electronic Communication Network (ECNs) account for about 30% of the total share volume traded on the Nasdaq market.[31] This statistic does remind us a new regulatory architecture is really in need to cope with the new era for electronic finance. As a result, the negative part for promoting e-finance such as the online frauds will then be effectively curbed.

Within the passed 3 years, Taiwan has been introducing important regulations for providing a better legal arena of its financial services. The enactment of the "Bank Merger Act", the "Financial Asset Securitization Act", the "Act of Merger and Acquisition for Enterprise", the "Trust Business Act", the "Electronic Signature Act" the revision of the "Securities and Exchange Act", the "Company Law", the "Value-added Business Taxation Law" and so on....have constituted a legal infrastructure for cultivating Taiwan financial services. Accordingly, it is reasonable to be optimistic in promoting a better tomorrow for the e-finance in Taiwan as legislative efforts are active to focus on the financial regulations.

[31] As for more detailed information. *See* Market data, National Association for Securities Dealers, May 2002, available at http://www.marketdata.nasdaq.com/mr6d.html, visited on August 7, 2003.

4.2 *De-regulating or Re-regulating the "E-finance"?*

Since end-users in Taiwan e-finance market are obviously booming at an astonishing pace[32], and most of all, these emerging groups are rather young and intelligent; we have faith in shaping an optimistic tomorrow in mind. However, on the other hand, the lack of solid legal infrastructure for the e-finance would equally worry regulators. Since the trend of global regulations on the e-finance tends to be minimized interference, we may need to rethink about the regulations on the e-finance. If the reality shows the minimal regulation on the e-finance does not hamper efficiency of the transactions, then the answer seems clear. Knowing the basic legal infrastructure in Taiwan has much room to improved, we are not very positive in promoting "de-regulation", instead, perhaps "re-regulation" could boost energy into everyday financial transactions. Unless the remaining mechanisms, such as the dispute settlement mechanism or the court efficiency, are ready, regulations on the intangible e-finance will not be finding its solid ground. By then, it is better to shape regulations on e-finance in Taiwan on self-disciplined mechanism. To be specific, financial regulators are better make rooms for the end-users and services-providers in e-finance to negotiate through agreements and interfere only when necessary—that is on request by filing official complaints.

V. Heart-felt Remarks

Regulatory scheme of the e-finance, as stated, is highly relating to Taiwan's agenda to globalization and is confronting with competition from the cyberspace. The way ahead in promoting efficiency and prosperity of the e-finance in Taiwan is getting clear as regulatory competition counts significantly.

---

[32] In Taiwan, Internet coffee shops are mushrooming everywhere. 24 hours convenient stores and never rest Internet coffee shops have deeply changed the way of life of the new generations. They are not necessarily smart, but certainly familiar with the computers. This phenomenon could give us a reasonable ground to believe the development of the e-finance does have much room to grow.

The sooner Taiwan re-regulates e-finance towards self-disciplined type of transactional mechanism, the better competitiveness of Taiwan financial industry would be enhancing. Moreover, the goal to achieve diversification of financial services, via Internet, will then become possible.

The evolution of the electronic finance may have different glows as technologies of telecommunications advance day-by-day. As a result, perhaps we should lay stress on how to avoid defaults or even frauds in the financial transactions via the Internet. Is there a universal criteria leads Taiwan to a better regulatory framework of e-finance in the future?

Let us be borne in mind, in the world of cyberspace, no regulations can assure an impeccable transaction, only the "sincerity" and "good faith" do, as always.

（本文發表於教育部卓越計畫「知識經濟與電子商務研討會」，2003年8月）

第三章
Re-examining Taiwan's Regulatory Framework of Bank Securities Powers
試論我國金融防火牆之法律架構

I.What alternatives have been proposed for improving the regulatory framework of bank securities powers in Taiwan?

A. *Has there been a policy about bank securities powers?*

1. Conclusion reached in 1991 National Financial Conference

Numerous criticisms and comments on the universal banking system have been seriously debated in Taiwan for some time now. The majority opinion seems to be in favor of implementing this universal system and views it as an panacea for curing problems in Taiwan's banking system.[1] In the National Financial Conference, which was held in June 23 and 24, 1991 in Taipei, universal banking was for the first time officially recommended by the participants to be the predominant model for Taiwan's banking system. To this end, the conference recommended that existing financial institutions that do not conform with this goal should modify themselves through a "merger and conversion" process.[2] Since then, universal banking has been incorpo-

---

1 In a seminar titled "Universal Banking and the Prospects of Taiwan's Banking", which was held in January 1st, 1992, eleven articles were published. Within that seminar, many reputable bankers and academics were invited. As a result, seven out of the eleven articles advocated the implementation of the universal banking in Taiwan. See China Trust Communication Magazine, January 1st, 1992, at 2-47.

2 *See* Lawrence S. Liu, The Republic of China's Aspiration to Become A Regional Financial Center: A

rated into Taiwan's banking reform list and has become a common goal for Taiwan's future banking industry.

Nevertheless, if one takes a close look at the process of how the conference reached its conclusion, i.e., that universal banking is the best model for Taiwan, one could arguably suspect that most of the participants really did not clearly understand what they were getting into.

2. Skepticism

There are a few reasons for this skepticism.

First, the fear of administrative discipline may have dulled dissent. Within the administration, it is very difficult to have different voices once the decision from the top is made, due to the obligation to obey for public servants.[3]

Second, Taiwanese characteristics in conference may have contributed to a lack of disagreement. Taiwanese, as Chinese, usually subordinate their opinion to their seniors or authorities.[4] Whenever the most senior, or authoritative person in the conference expressed his or her opinion, others might compromise to show respect although they do not totally agree.

Third, conference mentality: A conference is viewed as an arena in Taiwan's society, and the host of the conference usually wishes for harmonious discussions. So people with strong dissenting opinions are not necessarily invited. This always impairs the validity of the conclusions of the conference.

Fourth, roughness of the reasoning: In this conference, many researchers did not responsibly analyze the problems of transferring universal banking into Taiwan, but

Legal and Policy Analysis, at 2 (1992).

3 This obligation is required by Article 3 of the Law of Public Service of the Republic of China, which was recently revised in January 1996.

4 This can be attributed to the thoughts of Confucius, which has influenced the Chinese for generations in terms of showing respect to the elders. For instance, as one of the Confucian maxims goes, "One should respect the old and honor men of virtue and talent." *See* James W. Ware and James Legge, The Four Books, reprinted from the Practical Chinese and English Encyclopedic Handbook, at 676-677 (1986).

instead quoted foreign positive critics or comments on universal banking to support their viewpoints. In brief, the process of reaching consensus is rather questionable and this gives reason to doubt the validity of the conclusions.

B. *Significant revision of the Banking Law in 1989*

Based on the recommendations made by the National Finance Conference in 1991, Taiwan's banking regulatory regime revised articles 71, 78, and 101 of the Banking Law, in which the competent authority, the Ministry of Finance, was authorized to extend bank powers to certain banks on a case-by-case basis.[5] In other words,

---

[5] Article 71 of the banking law stipulates the business scope of the commercial banks, the text says that "A commercial bank may engage in the following operations:

1.receive checking account deposits;
2.receive demand deposits;
3.receive time deposits;
4.extend short-term and medium-term loans;
5.discount negotiable instruments;
6.invest in government bonds, short-term bills, corporate bonds, and financial bonds;
7.engage in domestic and foreign remittances;
8.engage in acceptance of commercial drafts;
9.issue domestic and foreign letters of credit;
10.engage in domestic and foreign guaranty business;
11.act as a collecting and paying agent;
12.underwrite government bonds, treasury bills, corporate bonds, company stocks;
13.engage in warehousing, custodial, and agency services related to any business described above; and,
14.engage in other related business as may be approved by the central competent authority"

Article 78 of the banking law stipulates business scope of the savings banks. The text says that "A savings bank may engage in the following operations:

1.receive savings deposits;
2.receive time deposits;
3.receive demand deposits;
4.issue financial bonds;
5.extend medium-term loans, long-term loans as well as medium- and long-term loans repayable by installment to enterprises for the purchase of production equipment;
6.extend medium-term loans and medium- and long- term loans repayable by installment for the pur-

the legal basis of the universal banking system, theoretically, has been deployed in Taiwan's banking law. Taiwan's banking could switch to the universal banking system, as was mandated by the revised Banking Law, on the condition that the Ministry of Finance employs the related stipulations in the Banking Law to give its consent.

In 1989 amendment, section 14 of Article 71, section 16 of Article 78, and sec-

---

pose of financing construction of commercial and residential buildings

7.invest in government bonds, short-term bills, corporate bonds, and company stocks;

8.discount negotiable instruments;

9.engage in acceptance of commercial drafts;

10.engage in domestic and foreign remittance;

11.guarantee issue of corporate bonds;

12.act as a collecting and paying agent;

13.underwrite government bonds, treasury bills, corporate bonds, and company stocks;

14.engage in domestic and foreign guaranty business approved by the central competent authority;

15.engage in warehousing, custodial, and agency services related to any business described above; and ,

16.engage in other related business as may be approved by the central competent authority."

Article 101 of the banking law stipulates business scope of trust investment company.

"A trust investment company may engage in the following operations:

1.extend medium- and long- term loans;

2.invest in government bonds, short-term bills, corporate bonds, financial bonds, and listed stocks;

3.guarantee issuance of corporate bonds;

4.engage in domestic and foreign guarantee business;

5.undertake underwriting and trading of securities on its own behalf or for the account of its customers;

6.receive, manage , and employ various kinds of trust funds;

7.raise mutual trust funds;

8.manage various kinds of properties as entrusted;

9. act as trustee for bonds issue;

10. act as a registrar for issuance of bonds and stocks;

11. act as agent for issuance, registration, transfer of securities, and for distribution and payment of dividends and bonuses;

12. act as executor of wills and administrator of estates of the deceased;

13. act as company reorganization supervisor;

14. provide consultation services for security issue and subscription and provide agency services related to any business described above; and

15. other related business approved by the central competent authority.

tion 15 of Article 101 was new revised.

Seven years have passed since the aforementioned revisions of the banking law. Why has the MOF still hesitated to switch the banking regulatory framework and adopt the full range universal banking system in Taiwan?Why is it that some reputable academics were recently mandated by the government to re-examine the alternatives of the regulatory framework of bank securities powers[6] ? Based on certain reasonable doubts, this part of the research explores the hidden problems of implementing the universal banking system as the regulatory framework for bank securities powers.

II. Evaluation of the universal banking system

A. *What are the merits and demerits of adopting the universal banking system in practice?*

In my opinion, the prerequisite question should be whether commercial banks have a greater exposure to institutional risk[7] than investment banks or whether this legal structure will enhance the competitiveness of banks while confronting other market forces in an environment of global financial services. Supposing a positive answer to these questions, bank regulators should then seriously think of adopting this financial structure as an optional regulatory mechanism to improve their less competitive markets. As a result, this structure will seemingly become the dominant regulatory model in the future within a more sophisticated global financial market.

---

6 Professor Nye-Ping Ing, Tong-Hau Lee and Li-Huei Lin are from the department of finance, Cheng-Chi university, were mandated by the Committee of Economic and Construction Planning, in 1996, to conduct the feasible study of installing financial fire walls in Taiwan and the prospects of Taiwan' s banking. The final report of this study concluded with the suggestion that Taiwan should adopt the former Japanese model, i.e., through allowing bank subsidiaries to engage in securities activities.

7 With regard to the illustration of institutional risk, *see* Kenneth E. Scott, *Deposit Insurance and Bank Regulation*: The Policy Choices, 44 Bus. Lawyer. 907 (1990).

Many researchers have tried to find an answer to these questions.[8] Research conducted recently has reached a rather surprising conclusion, for its analysis shows the source of strength of universal banking system is not the combination of different financial services under one roof, but a peculiar capital market structure that has necessitated the forging of a defensive long-term bank-client relationship. Moreover, oligopolistic industry structures and governmental policies have contributed more to keeping banks healthy than has the mix of bank powers. This suggests that universal banking is indigenous[9]. To be more specific, universal banking system should not be considered as a universal remedy to cure symptoms in all different banking systems, though some impressive performances have been recorded in those countries which have already implemented this regulatory mechanism. This observation can also be taken as a good example for those emerging markets like Taiwan at a time when its bank regulators are examining the idea of adopting the universal banking system. It is necessary to retrieve the prior experience in advanced economies in order to understand the potential of this regulatory mechanism.

Germany can serve as an example. The German banking industry doubled in size between 1978 and 1988.[10] In the last decade competition between banks has increased considerably. The cause lies in the fact that securities companies and other non-banking financial intermediaries have taken away many of the banks customers. Financial disintermediation has been another influencing factor, especially intense on the asset side of the balance sheet. Many companies have moved away from traditional banking credit.[11]

From a safety and soundness perspective, Germany's universal banking regime appears to perform well. Much research has examined how Germany's universal

---

[8] For example, Eugene White calculated the proportion of banks with securities operation in 1929 and conducted some further interesting empirical analyses. *See* Benston, The Separation of Commercial and Investment Banking, at 32-33 (1990).

[9] *See* Helen A. Garten, Universal Banking and Financial Stability, Brook J. Intl. L., at 1 (1993).

[10] *See* Jordi Canals, Competitive Strategy in European Banking, at 85 (1993)

[11] *Id*., at 86.

banking system has performed and concluded that banks securities activities were not a contributory factor to increase risk for end consumers.[12] According to the research, no linkage has been found between securities business and enhanced risk-taking, and, by diversifying into non-bank activities, German banks have been able to reduce their overall risks. In other words, the majority of researchers seem to favor the adoption of universal banking as a regulatory model by other foreign economies. Although it seems like this regulatory structure has worked for Germany, the question remain whether will it work in Taiwan.

B. *Does universal banking require a major safety net reform for fear of increasing taxpayer exposure?*

Most dissenting opinions regarding universal banking are based on the assumption that it could lead to the creation of big banks prone to engage in unfamiliar business that might lead to excess risk taking. Based on this perception, therefore, it is necessary to find out whether the safety net, under universal banking system, can be administered in a manner that averts the possibility of increasing the taxpayers potential burden.

Speaking of the safety net, unlike the deposit insurance system in the United States, it is noteworthy that many universal banking countries such as Germany use their central bank and discount window as their anti-panic functional tool rather than using a deposit insurance system. While many researchers have argued about the effectiveness in those universal banking countries of using the central bank and discount window as a panic-protection device,[13] in Germany deposit insurance still plays a minor role in preventing monetary panic[14].

---

[12] *See* Hans-Hermann Franke and Michael Hudson, Banking and Finance in West Germany, at 55 (1984)

[13] Herring, R.J. and A.M. Santomero, *The Corporate Structure of Financial Conglomerates*, Journal of Financial Services Research, at 471-497 (1990)

[14] The administration and operation of the scheme of deposit insurance system in Germany is still private and voluntary for the banks.

In Germany, discount window loans are only available at a penalty cost.[15] Since 1984, the Lombard rate has been established as a facility for exceptional bank liquidity needs, with non-exceptional needs being met by central-bank controlled repurchase agreements at market rates. It might be noted that, in comparison, the U.S. discount window rate has generally been set below (rather than above) the open market rate.[16]

To be explicit, if a bank regulator could properly deploy and effectively supervise the capital adequacy requirements of banks, in addition to the new mechanism that results from the interaction between the safety net and banks risk assessment, it is reasonable to believe that there would be no link between a universal banking system and the size of deposit insurance subsidies.In other words, one may not need to reform the deposit insurance system in universal banking countries, but, to some extent, it is possible to put more emphasis on several peripheral measures (to improve their regulatory frameworks of banks risk-management), as suggested above, to reduce the public's concern of increasing taxpayer exposure. This reasoning can also apply to Taiwan's banking realities, provided that Taiwan is going to adopt the universal banking model as the regulatory mechanism for its market. Are Taiwan's bank regulators capable to supervise capital adequacy requirements of banks? Has Taiwan's bank regulatory framework for bank securities powers provided banks a healthy environment to compete, with a set of rigid risk-management system, and protected the interests of depositors?

---

[15] In practice, a rate of interest higher than the open market rate, also known as "Lombard rate", dates from 1984.

[16] *See* Anthony Saunders and Ingo Walter, Universal Banking--Financial System Design Reconsidered, at 215 (1996).

III. Is the universal banking system feasible in Taiwan?

A. *Prototype universal banking in Taiwan*

1. What concept of universal banking has been adopted here?

A universal bank could be viewed as a horizontal merger between a commercial bank and an investment bank.[17]

Theoretically speaking, there are four types of universal banking models that could exist, depending on how much a banks activities are restricted. These range from the full integration type model to the US holding company and separately capitalized "subsidiaries' model."[18] In this context, universal banking has various meanings. In addition to the full integration form, in which the universal bank can engage in all activities without restriction, the German model is subject to a few restrictions as to what business banking and securities firms can do and how it can be done and requires separate subsidiaries for certain other activities. In the UK, universal banks are authorized to conduct a relatively broad range of financial activities through separate affiliates of the bank. In the US, regulations generally require a holding company structure and separately capitalized subsidiaries.

While different people might have different definitions in delineating the term

---

[17] *See* Raghuram G. Rajan., *The Entry of Commercial Banks into the Securities Business: A Selective Survey of Theories and Evidence in Universal Banking*, reprinted in Sanders and Walter, *Id*, at 294, (1996).

[18] Under the Glass-Steagall Act provisions in the United States banks were limited in their ability to exert influence on management even remotely comparable to that of some of its German counterparts. Confronting reality of the competition, US banks have developed their own practice under this aged restriction, i.e., combination of holding company structure and separately capitalized subsidiaries. The merits and demerits of the two systems have been widely debated by various researchers. In view of the convergence between the two approaches, this research attempts to place US supervisory model in the category of universal banking, in order to contrast the differences between the two systems. Therefore, this expression classified the reality of US banking practice as one of the variant of universal banking.

"universal banking", we may depict its content in a more concise way, i.e., the system grants broader powers to banks. To be more specific, universal banking can be defined as the conduct of a range of financial services comprising deposit-taking and lending, trading of financial instruments and foreign exchange (and their derivatives), underwriting of new debt and equity issues, brokerage, investment management, and insurance.[19] It also can be interpreted as the term used to describe a banking tradition found in continental Europe in which banks engage in a full range of securities activities, usually through the bank entirely itself rather than through separately incorporated subsidiaries.[20]

By this point, the contents of universal banking might be different from one market to the other. For some, the defining feature of universal banking is the ability of banks to hold equity in firms. For others, the defining characteristic of universal banking is the ability of commercial banks to underwrite corporate securities and offer brokerage services. It is the latter definition that was employed in this research.

In Taiwan, universal banking means banks would be allowed to engage in a variety of securities activities and to combine commercial- and investment- banking.[21]

2. Does the universal banking system improve conflicts of interest within Taiwan's financial institutions?

In Taiwan, commercial banks have been liberalized to engage in a variety of

[19] *See* Saunders and Walter, *supra* note 16, at 84 (1996).

[20] *See* Richard Dale, International Banking Deregulation, at 138 (1992).

[21] This concept has been widely accepted by Taiwan's academics and practitioners. See supra note 1.

securities activities[22] except for investing in the equity securities,[23] and is being considered as a transitional universal banking model.[24] In practice, Taiwanese commercial banks engage in securities transactions primarily through their subordinate savings and/or trust departments as stipulated by article 28 & 83, and/or 28 & 101 of the Banking Law.[25] "Securities Activities" as used herein means indirect (portfolio) investment only, which is permitted by the law. As to the direct (equity) investment, the Banking Law rigidly restricts its practice.[26]

---

22 With regard to the permissible scope of bank securities powers in Taiwan's banking laws, the BMA has promulgated "The Regulation Governing the Kind and the Ceiling of Securities Investment of Savings Bank", as prescribed by article 83 of the Banking Law, which restricted savings bank investments in listed stocks, stock warrant certificate, bonds-converted stock certificate, bonds, (excludes those issued by state-owned enterprises) and beneficiary certificates of securities investment trust funds not exceeding 20% of the bank's net worth. In other words, banks are highly regulated with regard to indirect(portfolio) investment. As to direct(equity) investment, banks have been rigidly restricted under the banking laws, although the government also provides banks with reasonable flexibility to reinvest in other enterprises equity in practice. By this point, it is fair to say that Taiwanese banks are still quite restricted in attempting to extend their reach to enterprises through either direct or indirect investments.

23 The Ministry of Finance promulgated a circular in which allowing banks could reinvest equity securities of other company subject to certain limitations, e.g., total amount of the reinvestment shall not excess 40% of bank's paid-in capital; total amount of the reinvestment in non financial business shall not excess 40% of bank's paid-in capital and 5% of target company's paid-in capital. See the circular issued by the MOF on March 22, 1996, filing number -Tai-Tsai-Rong 85505042.

24 *Supra* note 1, at 7.

25 According to the Article 83 of the Banking Law, the investment in securities made by a savings bank shall be appropriately restricted, and the central competent authority shall prescribe the kind and the ceiling of such investment. This Article applies to subordinate savings department of commercial banks. As a result, the Ministry of Finance did prescribe a regulation regarding the kind and the ceiling in detail of savings bank's securities investment on April 17, 1995, and later revised on September 10, 1997. Article 101 (also applicable to subordinate trust departments of commercial and specialized banks) also stipulated that Trust and Investment Company may "invest in government bonds, short-term bills, corporate bonds, financial bonds, and listed stocks...". Moreover, a TIC may use non-trust funds in investing directly in productive enterprises or in the construction of residential and commercial buildings, as described in section 2 of the same article.

26 According to Article 74 of the Banking Law, a commercial bank may not invest in other enterprises, unless such investment is in line with a government economic development project and is approved by the central competent authority. Nevertheless, the MOF has granted most of the petitions in this

First, there are conflicts of interest and problems with controlling conglomerates. In practice, thirty-four domestic general banks are providing banking services to Taiwan's consumers, twenty two are private banks. Seventeen out of the twenty-two have been operating no more than six years.[27]

There are domestic bank branches, precluding other types of financial institutions, serving the markets. (See Table-1) Considering the proportion of these financial entities to the population in Taiwan, it is fair to say that Taiwan's banks are confronting a rather drastic competition in the domestic financial markets, let alone their global competitors.[28] To cope with the competition, these banks will have to engage in a variety of nontraditional banking activities, e.g., investments in securities or derivatives markets, which might increase their service in the financial services on the one hand, but expose themselves and theirs depositors to a greater risk on the other hand. To be more specific, unless Taiwan reforms its legal structure for bank powers, especially bank securities powers in which depositors could be effectively insulated from operational risk, it will be irresponsible to allow banks to possess a full-range of powers, as universal bank does, to better secure depositors interests.

regard. Banks can also make direct investment through their subordinate trust department as stipulated in Article 101. See Taiwan's Banking Law of 1997.

27 In June 1991 and 1992, the MOF approved the applications of sixteen new commercial banks, and all had started operations. With the opening of these new entrants, the public has enjoyed better service. The wide range of newly developed financial products can satisfy the varying needs of different people, thus helping to enhance the quality of financial service. In order to carry through the goal of financial liberalization, the MOF is continuing to accept applications to set up new commercial banks. See Taiwan's Bureau of Monetary Affairs, The Annual Report of 1995, at 17.

28 As of the end of 1989, there were 12,528 commercial banks in total in the USA in which comprising national banks, FDIC-insured non-member banks and non-insured non-member banks. Dividing this figure by the US's population, i.e., 220 million, each commercial bank serves for 17,560 people in average. This proportionate of banking services is far less dense than that of 3,736 in Taiwan. See Maximilian J.B. Hall, Banking Regulation and Supervision, at 11 (1993).

Table-1 Overview of Financial Institutions in Taiwan District

(As of December 31, 1996)

Institution	Number	%
Monetary institutions	3,995	67.84
Domestic General Banks	1,506	25.58
Local Branches of Foreign Banks	65	1.10
Medium Business Banks	472	8.01
Credit Cooperative Associations	668	11.35
Credit Department of Farmers & Fishermen Associations	1,284	21.80
Non-Monetary Institutions	1,894	32.16
Investment & Trust Companies60	60	1.02
Postal Savings System	1,524	25.88
Insurance Companies	261	4.43
Bills Finance Companies	43	0.73
Securities Finance Companies	6	0.10
Total	5,889	100

Source:

1.Economic Research Department of the Central Bank of China, Financial Statistics Monthly of Taiwan District of the Republic of China, January 1997.

2.Divisions 2-5 of the Bureau of Monetary Affairs, Ministry of Finance.

Note:

1.The Central Reinsurance Company, Postal Agencies and Fishing Boat Insurance Cooperatives are not included.

2.Institutions include domestic head offices and branches only.

The statistics also show that Taiwan's domestic banks are competing strongly with each other.[29] (See Table-2) Unless a bank performs efficiently, it will be wiped out of the market very quickly. This competition has driven some banks to engage in

[29] As of the end of 1996, there were 5,889 financial entities in Taiwan, including branches and head offices, 508 more than the 1995 year-end. Domestic banks take the largest share of various financial entities with 1,506 units, or 25.58%, down from 26.07% a year ago, followed by the Postal Savings System with 1,524 entities or 25.88%; credit departments of farmers and fishermen's associations with 1,284 units of 21.80%; and credit cooperative associations with 668 entities or 11.35% at the end of 1996, down from 11.69% a year earlier, respectively. See Taiwan's Bureau of Monetary Affairs, The Annual Report of 1996, at 8-9.

"high risk, high return" types of transactions, e.g., using financial derivatives. Many have suffered huge losses.[30]

In view of this development, bank regulators are obligated to provide banks with an efficient regulatory framework to promote bank efficiency and competitiveness. It is believed that this intent will not be fulfilled if the universal banking system is implemented as the regulatory framework. Since some newly established banks are closely related to their controlling conglomerates, there are reports of occurrence of interlocking directors, cross-subsidization and insider trading.[31] "Disregard the law" has existed in Taiwan for years, but circumvention of the law at the price of the interest of depositors and taxpayers should be taken seriously. In a universal bank, which is substantially controlled by one of the conglomerates in Taiwan, it is likely that the controlling conglomerate will use their influence on the bank to benefit their family and may engage in transactions such as cross-subsidization or insider trading.

Although the many reports of conglomerate fraud could be quoted as circumstantial evidence, the number of these reports suggests a wide-spread problem. These reports are more than just hearsay. Those are observation based on experience and common sense. Realistically, universal banks in Taiwan can not insulate depositors from the risk resulting from these conflicts of interest. In this context, financial dis-

---

[30] In December 1995, the Overseas Chinese Commercial Bank suffered a large loss (approximately sixty million US dollars) from its Off-Shore Banking Units (OBU's) derivatives operation.

[31] The Ministry of Finance learned from the review of financial statements submitted by the Overseas Chinese Commercial Bank (OCB), as well as from minutes of the board of managing directors or directors meeting, that the following major potentially worrisome events in its operations were shaping up:

1. The OCB net worth plummeted to NT$7 billion from NT$10 billion after the MOF forced the OCB to either write off some problem loans or set aside sufficient provisions against overdue credits. Consequently, the risk asset capital ratio at OCB dropped to below the minimum 8% legal requirement;
2. Some board members at OCB acted irrationally, leading the operation of the bank to deviate from its course;
3. Loans extended to several clients as a single group were found to be imprudent, and some related lending were found in clear violation of the banking law.

cipline would be maintain on the premise that the surroundings of financial services have been institutionalized with law compliance in which Taiwan still has a long way to go.

Table-2 Highlights of Domestic General Banks in Taiwan

(As of December 31, 1996)

(US$ Million: Number)				
Bank	Assets	Paid-in Capital	Deposit Balance	Loans Outstanding
Chiao Tung Bank	32,000	422	4,750	14,800
The Farmers Bank of China	18,700	250	10,200	10,300
Central Trust of China	19,300	140	2,700	3,700
The Export & Import Bank	2,200	340	0	1,920
Bank of Taiwan	85,500	776	37,200	34,300
Taipei Bank	2,300	400	12,100	10,030
Bank of Kaohsiung	6,200	71	3,100	3,050
Land Bank of Taiwan	56,700	500	32,120	27,620
Taiwan Cooperative Bank	82,400	504	39,800	31,660
First Commercial Bank	36,600	608	22,380	19,100
Hua Nan Commercial Bank	47,300	711	21,600	18,500
Chang Hwa Commercial Bank	41,300	548	21,270	17,740
The International Commercial Bank of China	27,300	601	7,700	7,670
The Shanghai Commercial & Savings Bank	9,800	20	4,400	4,130
Overseas Chinese Commercial Banking Cooperation	10,100	401	3,700	3,600
United World Chinese Commercial Bank	19,100	540	10,400	8,010
Grand Commercial Bank	8,300	402	2,800	2,850
Dah An Commercial Bank	5,300	301	2,350	2,620
Union Bank of Taiwan	6,900	401	2,410	2,630
The Chinese Bank	5,500	330	2,501	2,702
Bank Sinopac	5,700	356	2,900	2,870
Cosmos Bank	8,300	400	2,964	2,820
Asia Pacific Bank	4,500	345	2,260	2,063
E. Sun Commercial Bank	7,500	356	3,209	3,085
Pan Asia Bank	4,900	350	2,381	2,495

Table-2 Highlights of Domestic General Banks in Taiwan（continue）

(As of December 31, 1996)

(US$ Million: Number)				
Bank	Assets	Paid-in Capital	Deposit Balance	Loans Outstanding
Chung Shing Bank	7,000	450	2,135	2,461
Taishin International Bank	6,200	340	2,944	2,962
Our Commercial Banking Corporation	6,600	350	2,937	2,875
Baodao Commercial Bank	4,600	340	2,420	2,297
Far Eastern International Bank	4,100	351	2,037	2,231
Fubon Commercial Bank	8,600	345	2,799	2,613
China Trust Commercial Bank	22,600	600	89,240	82,153
Entie Commercial Bank	4,100	360	2,018	2,293
Chinfon Commercial Bank	7,100	340	3,436	2,999
Total	264,710	646,800	13,700	289,400

Source:

1.Paid-in capital, total assets, deposit balance and loans outstanding are from Summary Statistics of Financial Business, compiled by the Statistics Office, the Bureau of Monetary Affairs, MOF, February 1997.

2.Number of branches, subsidiaries, and representative offices was quoted from data provided by the 2nd and 4th Division of the Bureau of Monetary Affairs.

Note:

1.Total assets do not include contingent assets.

2.Deposit balance includes re-deposits from the Postal Savings System.

3.Loans include short-, medium-, and long-term lending, overdrafts, discounts, advances on imports, and negotiations on exports.

Second, diversification of bank activity within Taiwan may be reduced under a universal banking system. Proponents of a universal banking system always emphasize the merits of diversification for a universal bank. This, however, is not applicable in Taiwan. Since the prerequisite of risk diversification has to be based on the versatility of the bank's financial products, it is unrealistic to urge an inexperienced bank without versatile financial products to diversify its risk at the price of suffering losses. By knowing Taiwan's banking reality, it is premature to assert that Taiwan's banks are able to diversify their operational risks by handling many financial products in a comparably short period, even after they become universal banks. A lack of sophisticated operational skills, a shortage of well-training dealers, and too little attention to the research and development (R & D) of new financial products would result in a less efficient banking industry. Accordingly, a universal bank could not diversify satisfactorily under Taiwan's current banking reality.

Third, as the U.S. learned with its huge losses with its savings and loan program (FSLIC),[32] there may be unjust enrichment in terms of the free-riding benefits of the safety net should Taiwan adopt universal banking.

Taiwan's deposits insurance system was officially established in 1985, right after the most threatening bank runs on the "Tenth Credit Cooperative Association" happened in the same year.[33] The deposits insurance system in Taiwan is administered on a voluntary basis.[34] From a legal perspective, the maximum insurance coverage that the Central Deposits Insurance Corporation (CDIC) extends to each depositor in any insured institution has increased to NT$1 million (US$30,000) effective August 15, 1987. The CDIC originally assessed insured banks at the rate of 0.05% of the insured deposit liability, but lowered this rate to 0.04% effective July 1, 1987 and to 0.015% effective January 1, 1988.[35] The assessment base is computed once every semi-annual period; the standard dates for computing such a base are June 30 and December 31.[36]

Considering the whole system is still in its incipient stage and comparing with

---

[32] Critics of permitting commercial banks to engage in a broader range of activities usually point to the savings and loan disaster. Critics of universal banking contend that a similar scenario might happen to commercial banks if these banks are permitted to engage in a variety of nontraditional activities such as securities investment. With regard to analysis of cause of the FSLIC collapse, please see Kenneth E. Scott, *Never Again, The Savings and Loan Bailout Bill*, Hoover Institute, Stanford University, at 2. (1990).

[33] The Deposit Insurance Act was promulgated on January 9, 1985. But the institution of deposit insurance, i.e., the Central Deposit Insurance Corporation, was established six months later. Commentator contended that the bank runs on the "Tenth Credit Cooperative Association" gave the direct impetus to the birth of Taiwan's safety net. *See* Si-Ming Chen, Financial Contagion, at 217-218. (1996).

[34] The consensus has been reached among the market regulators that a mandatory system will be enforced in the near future. See The China Times (Taiwanese news on the internet), November 3, 1996.

[35] *See* Taiwan's Central Deposit Insurance Corporation, The Annual Report of 1995, at 43. (1996).

[36] *Id.*

the safety net in more advanced economies, Taiwan's deposit insurance system is rather fragile.[37] Knowing this, it is more risky to adopt the universal banking system in Taiwan since it may allow the failure of certain non-bank sections because of the free-riding benefits of the safety net.

To be more specific, if Taiwan adopts universal banking and allows banks to engage in a variety of securities, derivatives, or even insurance activities, the failure possibility for those non-bank sections will be comparatively higher. One reason is that it is very difficult for a bank to maintain the required quality expertise at the same level within such a versatile financial area. If such section failures affect the whole bank as in Barrings or Daiwa case,[38] then the safety net is going to bail the whole bank out, including the non-bank section, at the expense of the taxpayer. It is not fair and certainly constitutes an unjust burden to the society. In Taiwan, banks do not posses the required versatile expertise for universal banking, though they have tried very hard. As a result, it will be difficult for different sections within an universal bank to maintain quality services at the same level of standard. If Taiwan's banks can not meet this decisive requirement of universal banking, it will be even harder for them to survive.

Reviewing Taiwan's financial history, the government always bails out the failing banks to protect the public interest. This policy only encourages banks to keep indulging in the "Too Big To Fail" doctrine.[39] Considering the drastic competition,

---

[37] Taking the US safety net as an example, the maximum coverage is US$100,000, nearly three times the amount in Taiwan.

[38] In the well-known Barrings case, Nicholas Leeson, a clerk in Barrings Singapore office, lost a billion-plus while speculating in Japanese stocks and bonds on the Singapore Exchange in 1994. Before the discovery of his company-shattering losses, Mr. Leeson was a company hero but later brought his firm, the British Barrings Banking Group, to its knees, or even worse—to bankruptcy. Mr. Toshide Iguchi, an official in Daiwa Bank Ltd. New York branch, concealed losses of US$1.1 billion in unauthorized trading in U.S. government securities. As a result, Daiwa Bank was thrown out of the United States and prosecuted criminally by the Department of Justice. See Gregory J. Wallance, How to avoid joining the billion-dollar-loss club lessons from the Barrings, Daiwa & Sumitomo scandals, 943A PLI/Corp 75 (1996).

[39] In US financial history, federal banking agencies have been unwilling to close banking institutions

profit-seeking pressure, the shortage of well-training deal-ers, and the tendency to engage in "high risk, high return" transactions that exist in Taiwan's banking system, this dissertation does not recommend that Taiwan adopt the universal banking system.

Fourth, universal banking creates economic concentration. Many of the 17 recently founded commercial banks in Taiwan were backed by certain well-known controlling conglomerates. (See Table-3) Since many conglomerates treat their controlled banks as family vaults, it is reasonable to believe that these conglomerates would subsidize their controlled nonbank sections, at the expense of bank shareholders and depositors.

We also would expect some to become financial giants with tremendous capital- and social- resources and to become economic oligopolies or perhaps even monopolies. Afterwards, financial consumers are not necessarily protected due to the serious imbalance of the distribution of economic- and political- resources. The worst part for the public would be that the oligopoly's (or monopoly's) profit would then goes to the owner of the conglomerates instead of the general public. This undesirable possibility clearly distracts universal banking from the intent of maintaining the stability of the financial system.

---

that were so large as to raise concerns about the stability of the banking system as a whole if they were closed. This policy has created many problems in bank supervision. In practice, the "Too Big To Fail" doctrine has been extremely controversial, largely because it appeared to give a special benefit to large banks at the expense of smaller institutions that could be allowed to fail without risk to the banking system as a whole. *See* Jonathan R. Macey and Geofferey P. Miller, Banking Law and Regulation, at 650 (1992).

Table-3 Highlights of the New Banks and Their Controlling Conglomerates

1.Grand Commercial Bank	President Enterprise, Universal Cement, Tai-Nan Textile
2.Dan-An Commercial Bank	I-Mei Food, Hwabon Electronics, Yun-Fong Yu Paper Enterprise, Continental Construction, Pacific Group, Sampo Electric Group, Kou-Lin Electric Group, Chung-Jri Fertilizer, Chin-Yee Textile
3.Union Bank of Taiwan	Union Group, I-Chi-Wei Food, Tan-Hau Construction, Si-Wei Enterprise
4.The Chinese Bank	Rebar Enterprise Group, Chia-Hsin Food
5.Bank Sinopac	Hong-Kuo Enterprise, Tuntex Enterprise, Roun-Tai Enterprise, Kung-Hwa Investment
6.Cosmos Bank, Taiwan	Ho-Shan Enterprise, Fortune Cement, San-Fu Motor, Kuo Enterprise
7.Asia Pacific Bank	Shi-Ming Investment, Dai-Chin Investment, Cheng-Chow Electronics, Vitaloo Enterprise
8.E. Sun Commercial Bank	Tai-Hwau Enterprise, Hsin-Tung-Yun Enterprise, Tong-Steel, Yi-Hwa Enterprise
9.Pan Asia Bank	Chung-Yi Enterprise
10.Chung Sing Bank	Hwa-Roun Enterprise, Le-Yee Textile, Tong-Yun Electric, Yu-Long Motor, Hei-Kung Steel
11.Taishin International Bank	Hsin Fiber, Hsin Textile, Wei-Chung Food, Sun-Hsin Commercial, Tong Yun Electric, Tong Steel, Chung Hsin CPA Firm
12.Our Commercial Bank	Ma-Kung Airline, Ta-Tong Department Store, Formosa Chemical, Formosa Plastics, Yu-Long Motor, Tong-Nan Cement, Kung- Yan Enterprise
13.Baodao Commercial	Dynasty Movie & Television, Stonebridge Motorcycle, San-De Hotel, Yuloudo Enterprise
14.Far Eastern International Bank	Far-East Textile, Asia Cement, FuChung Textile, Far-East Department Store, Dai-Pe-Fa Department Store, Jei-Ho Construction
15.Fubon Commercial Bank	Chia-Hsin Cement, Fubon Enterprise, Asia Chemical, Hwa-Kung, Tai-Fong, Sisedo Cosmetic, Hsin-Da Cement
16.Entie Commercial Bank	Hai-Shan Enterprise, Union Enterprise, Chung-Hsin Textile, Fortune Cement
17.Chinfon Commercial Bank	Honda Enterprise Group, Taiwan

Source: Central Deposit Insurance Corporation, The Financial Liberalization and Banking Supervision Issues, at 650 (1996).

Notes: "New Banks", means those banks who were approved and licensed after 1991 in Taiwan. Many names given here were translated from Chinese that may vary from their own English translation.

Fifth, economies of scope would not likely present themselves under universal banking in Taiwan. Proponents of the universal banking system always boast of economies of scope in universal banking. Yet it is doubtful if this would be true in Taiwan. Compared with the customers of the traditional older banks, the customers of those newly admitted banks are regarded as having "low brand loyalty," they are definitely not one-stop shoppers. They usually switch their accounts from one bank to another just to gain more interest or some benefits along with the tie-in sales. By parity of reasoning, a customer of bank A does not necessarily want to conduct other transactions (e.g., mutual fund, securities brokerage) with the nonbank sections (e.g., securities division) under the same bank as long as this customer does pay lower fees or other benefits. When a nonbank section under a universal bank does not provide competitive benefits to their bank customers in Taiwan, it is very likely that nonbank section will still lose its customers. Nonbank sections of the universal bank do not decrease their operating costs by handling transactions within the same scope and then promote competitiveness, and vice versa to banking section. Therefore, this dissertation feel that universal banks in Taiwan will not necessarily bring economies of scale.

Sixth, compliance is difficult to monitor. Universal banking in Germany has a lengthy historic background. With rigid and solid banking supervision, universal banking in Germany has reached economies of scale and has succeeded. On the other hand, a tradition of discipline in law compliance has paved the way for effective control in Germany. Conversely, Taiwan currently is a society that is still learning the essence of democracy and the value of the rule of law. Before there is comprehensive recognition of the value of compliance, it would be naive to demand practitioners and professionals in Taiwan's financial services to respect and abide by the law.

By acknowledging this, it would be even more difficult for banking regulators to monitor those financial conglomerates behind universal banks who are politically well-connected, legally protected by lawyers, and financially advised by numerous CPAs and CFAs. It seems like the only choice left would be to reshuffle the legal structure of bank securities powers, in order to force those hidden controllers to comply with the law.

The adoption of a universal banking system in Taiwan would make financial examinations more difficult. In view of the organizational- and financial- nontransparency within those conglomerates, it is beyond regulators current budget to effectively evaluate risk exposure amongst affiliates within the conglomerates. As a result, it would disguise nonbank sections from supervision. When the loss incurred by the failure of those undetected activities becomes diffused to the whole bank, it would damage the interest of the depositors and the essence of prudent banking.

B. *Suggestion*

In conclusion, this research suggests that while universal banking appears to be efficient, it is also a likely hazard to maintaining financial stability in Taiwan. Considering current practices, Taiwan should rethink its adoption of a universal banking system. In my opinion, Taiwan is not yet ready for a universal banking system.

Instead, as a guiding principle in determining the legal scheme for bank securities powers, the concept of "corporate separateness" should be further emphasized in the process of promoting financial liberalization under the reality of Taiwan's financial environment. To be specific, it is crucial in the eyes of the law to segregate a bank's traditional activities, e.g., commercial loans, from nonbank activities, e.g., bank securities activities, by establishing separate legal entities in addition to the banks. In other words, to enable banks to render a variety of services to satisfy their customers and insulate them from unrelated losses, it would be workable only after the establishment of separate, independent legal entities outside of the bank entity. In this context, it is necessary to examine the feasibility of adopting the bank holding company structure, the bank subsidiary structure, or both, to accomplish the goal of prudential banking.

IV. The evaluation of the "bank subsidiary" structure

A. *What is the content of the bank subsidiary structure?*

A bank subsidiary structure generally provides a regulatory framework which authorizes banks and securities companies to establish wholly owned subsidiaries in each of the specified financial areas. This could involve banks offering securities services through direct non-bank subsidiaries, or through subsidiaries of bank holding companies: "the section 20" route[40] adopted in the United States for extending bank powers within the confines of the Glass-Steagall Act. It is the former definition, the bank owned subsidiaries approach, that will be discussed below.

B. *What are the merits and limits of the bank subsidiary structure?*

As is the case of Canada and Japan, this bank subsidiary structure provides protection for the payments and settlement system and prevents banks, and their depositors, from entering into conflicts of interest situations.[41] Nevertheless, it is difficult to avoid the perception in the general public that there is a very real connection between banks and their wholly-owned subsidiaries. In other words, when a financial crisis occurs in either banks or their subsidiaries, the public's faith in the entire system will collapse.

The other criticism would be the uncertainty surrounding the overhead costs when adopting the "bank subsidiary" structure as a bank regulatory framework.

---

40 Under US banking law of 1933, section 20 was to support section 16 of the Glass-Steagall Act in which prohibits member banks from using securities affiliates to achieve what was denied to the banks themselves. To be more specific, Section 20 of the Glass-Steagall Act prohibits the establishment or acquisition of non-bank subsidiaries if they are "engaged principally" in any of the activities listed, most notably the underwriting of "bank-ineligible" securities. In the 1990s, the expansion of national bank, BHC, and BHC Section 20 subsidiaries securities activities accelerated extremely fast.

41 Maximilian J.B. Hall, supra note 28, at 239 (1993)

The establishment of a new subsidiary, which is directly controlled by a bank, might incur relatively high costs, including housing for the operationallocation, expenses for retaining attorneys and accountants for professional assistance, and regular administrative fees for filing application to the government. The banks that own the subsidiaries will have to pass these overhead costs on to the consumers in order to trim down operational costs and promote competitiveness. In the end, the adoption of a bank subsidiary structure will arguably increase expenses to the end financial consumer.

V. Is the "bank subsidiary" structure feasible in Taiwan?

A. *Pros*

Since Taiwan needs to improve its banks international and domestic competitiveness, it must strive to adopt an efficient and secure bank regulatory framework. Although the universal banking system has been accepted in Taiwan since the revision of the banking laws in 1989, some influential Taiwanese academics continue to argue against its adoption. Instead, they advocate the adoption of the bank subsidiary structure as the reform regulatory framework for Taiwan's banking industry.[42] These proponents enumerate reasons for favoring the bank subsidiary structure as the legal structure in Taiwan.

First, bank subsidiary structure can assist banks in developing versatile specialties in order to meet a variety of financial needs.[43] Under the "bank subsidiary" structure, banks would be allowed to engage in various business activities, such as securities investment and insurance, through their controlled subsidiaries. At this point, an individual subsidiary could establish its own client base by developing features that target specialized markets. Further, banks can share information with their subsidiar-

[42] *Supra*, note 6, at 15.
[43] *Id.*

ies and still be insulated from possible losses incurred by the subsidiary's operation due to corporate separateness.

Second, the adoption of the "bank subsidiary" structure will be the least costly option to merge with the existing bank regulatory framework. More specifically, under the "bank subsidiary" structure, when a bank owned subsidiary engages in different types of financial activities, it would be least costly, in terms of legal adjustments, for the individual subsidiary to be regulated by the regulatory agencies that are most familiar with each subsidiary's business features. For instance, the Securities and Exchange Commission would be more knowledgeable with respect to the activities of a bank owned securities subsidiary, and the Department of Insurance would likely understand the operations of bank owned insurance subsidiary better than bank regulators themselves. As a result, the existing bank supervisory framework can still be applied. As such, proponents contend that "bank subsidiary" structure would be the superior regulatory alternative to maintain the safety and soundness of the banking industry and promote the stability of the financial system in Taiwan.

Third, the "bank subsidiary" structure would help to control conflicts of interest within financial conglomerates and promote compliance with financial regulation laws. In view of the reality that much misconduct within Taiwanese financial conglomerates was highly related to the conflicts of interest by banking executives, proponents believe that the adoption of the "bank subsidiary" structure will provide conglomerates an incentive to comply with the law. To be more specific, since the "bank subsidiary" structure will better reflect the reality of how Taiwanese financial conglomerates interact with their bank subsidiaries, those conglomerates would be encouraged to legalize these interactions in order to decrease operational cost and legal risk.

Fourth, current government policy has shown a tendency to adopt bank subsidiary structure as the bank regulatory framework. It is required by law that a financial institution concurrently operating a futures brokerage business shall set up a "separate department" to handle solely the futures brokerage business; the operation and accounting of such department shall be independent from the other department.[44] In this context, financial institutions are not necessarily required by law to establish a separate subsidiary to engage in futures brokerage business. Nevertheless, no financial institutions have been approved by MOF's regulations to directly engage in the futures brokerage business without first establishing a futures subsidiary to handle solely the futures brokerage business.[45]

B. *Cons*

In terms of adopting an efficient regulatory framework for bank securities powers in Taiwan, there has been a divergence in opinion as to the most appropriate regulatory regime. While the universal banking system is thought of as the future model from a regulatory point of view,[46] some academics continue to be skeptical. As mentioned previously, although some influential Taiwanese researchers advocate the "bank subsidiary" structure,[47] nevertheless, the "bank subsidiary" structure will confront a harsh reality in the current Taiwanese business environment.

First, there continues to be a tendency to disregard the law within financial institutions. This occurs despite efforts to promote law compliance within financial entities in Taiwan for years. Yet new banks continue to cross-subsidize their affiliates or subsidiaries by circumventing the banking laws. The reality always turns out to be the government could neither catch up with the dynamic business activities of the banks nor could it ensure that the financial needs of customers were met. Though the new financial legislation created many reliable financial merchandises, it also created loopholes at the same time. When the financial entities circumvent the law and end up

---

[44] *See* Article 25 of the "Rules Governing the Establishment Criteria of Futures Brokerage Firms".

[45] According to circulars issued by the Bureau of Monetary Affairs of the MOF, financial institutions have to establish an independent subsidiary to engage in futures brokerage business. See circular file no. Tai-Tsai-Rong 821016967 issued on July 1, 1993 and circular file no. Tai-Tsai-Rong 822214908 issued on August 30, 1993.

[46] *See* Yin-Chau Lai, The Introspection and Prospects of Taiwan's Banking,, at 132.

[47] *Supra*, note 6.

without any liability, the financial institutions may be encouraged to engage in fraudulent activities again. As a result, Taiwanese society, including the banking industry, paid a significant price for these economic losses. Consequently, it is doubtful that parent banks would bail out or subsidize failed subsidiaries which would result in the loss of the depositors interest.

Second, the public's perception would pierce the corporate separateness involved in the bank subsidiary structure. The rationale behind the bank subsidiary structure is based on the legal separation between bank and its subsidiaries so that both the bank's and the depositors investments can be insulated from the misconduct of the subsidiaries. But if we look into the nature of Taiwanese business environment, the concept of corporate separateness would likely be distorted to certain extent.

To begin with, Taiwan is a small island country[48] in which rumors and news spread enormously fast. Furthermore, Taiwanese, amongst Asians, are well-known for their sophistication and agile social connections in doing business. As a result, Taiwanese consumers are informed and alert in choosing services as per their needs.

These characteristics certainly explain and evidence how the public's perception of the commercial interaction among different business entities would pierce the veil of corporate separateness. For example, suppose a bank establishes an independent subsidiary to engage in securities business, the public will soon know, through their own information sources, who or what is the back up strength behind this particular securities subsidiary. If the securities subsidiary fails for some reason, the depositors of the parent bank would become panicky due to worry about possible losses incurred by the bank's funding to the subsidiary, and that panic may lead to an ensuing bank run. On the other hand, the parent bank would also suffer share losses as the shareholder of the subsidiaries. Unfortunately, similar scenarios have frequently occurred

---

[48] Geographically speaking, Taiwan is located in eastern Asia, islands bordering the East China Sea, Philippine Sea, South China Sea, and Taiwan Strait, north of the Philippine, off the southeastern coast of China. The total area of Taiwan is 35,980 sq km, slightly smaller than Maryland and Delaware combined. See 1996 World Factbook: Taiwan, reprinted in Net Search, Yahoo.

in Taiwan and some of the cases ended up with bank failure or even financial crises.[49] Through similar reasoning, the bank subsidiary structure will neither provide better protection to the depositors nor promote stability of the financial system in Taiwan.

Third, the cost of the legal adjustments would be relatively high. In practice, the Taiwanese SEC has promulgated restrictions on banks operating securities activities.[50] On the other hand, the BMA has also promulgated "The Regulation Governing the Kind and the Ceiling of Securities Investment of Savings Bank", as prescribed by article 83 of the Banking Law, which restricted savings bank[51] investments in listed stocks, stock warrant certificate, bonds-converted stock certificate, bonds (excludes those issued by state-owned enterprises) and beneficiary certificates of securities investment trust funds not exceeding 20% of the bank's net worth.[52] In other words, banks are highly regulated with regard to indirect (portfolio) investment. As to direct (equity) investment, banks have been rigidly restricted under the banking laws,[53] al-

---

[49] In Taiwan's financial history, financial institutions have always been aggressively expanding their business activities by establishing independent subsidiaries (using figureheads to get the rein of the control over the subsidiaries) to engage in real estate investments. When the economy went down, these bank subsidiaries became insolvent and their loans from the parent banks became delinquencies at the same time. As a result, panicky runs happened and became financial crises.

[50] A financial institution shall operate only one type of securities business as prescribed below; unless the approval for the operation of securities business has already been obtained prior to the promulgation of this Regulation:

1. The operation applied for has been confined to the business of securities underwriters;
2. The operation applied for has been confined to the business of securities dealer;
3. The operation applied for has been confined to the business of securities broker;
4. The operation applied for has been confined to the business of securities underwriter and securities dealer;
5. The operation applied for has been confined to the business of securities dealer and a dealer to conduct business in the over-the-counter market.

See Article 14 of "The Regulation Governing the Standards for Incorporation of Securities Firms", which was first promulgated by the SEC on May 17, 1988 and last revised by the SEC on April 13, 1997.

[51] In practice, it means subordinate savings department of banks. See Article 28, 83 of the Banking Law in Taiwan.

[52] *Supra*, note 46.

[53] *Supra*, note 22.

though the government also provides banks with reasonable flexibility to re-invest in other enterprises equity in practice.[54] By this point, it is fair to say that Taiwanese banks are still quite restricted in attempts to extend their reach to enterprises through either direct or indirect investments.

Generally speaking, unless the bank regulatory framework could be thoroughly re-examined and fire walls between the parent bank and its subsidiaries could be properly installed, any reckless liberalization of banks investment possibilities would be a great risk for the future of Taiwan's banking industry. In view of these needs, the following legal adjustments would have to be made:

(1) the Banking Law has to be revised in order to incorporate new provisions dealing with bank investment in securities, insurance or derivatives, and restrictions on cross-subsidization between banks and the subsidiaries; and

(2) with regard to the competent authority of the proposed bank regulatory structure, the question then would be which regulatory agencies would meet the principle of "least resistance" to obtain the jurisdiction over the subsidiaries activities. To be more explicit, the answer lies in the notion of "consolidated supervision".[55] There should be clear mandate provisions rooted in the Banking Law, the Securities and Exchange Law, the Insurance Law and so on, to distribute necessary information among subsidiaries or between parent banks and subsidiaries. As a result, bank regulators could therefore efficiently re-

[54] Although the prerequisite for commercial banks to invest in other enterprises has been restricted to meet the requirement of "[U]nless such investment is in line with a government economic development project and is approved by the central competent authority..", nevertheless, many petitions in this regard have been granted. Needless to say, banks can also make direct investment through their subordinate trust department as stipulated in Article 101 of the Banking Law.

[55] In July of 1992, Basle Committee on Banking Regulations and Supervisory Practices has promulgated the "Minimum Standards for the Supervision of International Banking Groups and their Cross-Border Establishments" in which first time propose a new practice of "consolidated supervision", coordination among bank regulators, to oversee cross-border commercial presence of international banking groups. Because the concept of "international banking groups and their cross-border establishments" includes banks and their bank holding companies, it is applicable to the bank holding companies structure as discussed in this study.

spond to a panicky financial crisis with effective resolutions.

By knowing the political reality and sluggish legislative process in Taiwan[56], it is reasonable to say that these legal adjustments will involve a great deal of political interest tradeoff and be extremely time-consuming. Accordingly, the social cost of the adoption of the "bank subsidiary" structure will test the affordability of Taiwan's banking and should be more carefully evaluated.

Fourth, comprehensive financial reform taking place in Japanese banking can be considered as an encouraging fact to advocate the adoption of BHC structure as the bank regulatory framework. To prevent banks from becoming a more dominant financial power in the nation's economy, a strict limit will be imposed on shares in nonfinancial companies that bank holding companies and their subsidiaries are permitted to hold, according to the outlines of two bills to be submitted by the Japanese Ministry of Finance.[57] Japanese banks would be allowed to hold only finance-related companies and would be restrained from holding real estate and other nonfinancial firms. Trust banks, securities firms and investment management companies are the only financial institutions they may hold.

The outlines also prohibit bank holding companies from acquiring insurance companies under their umbrella.[58] This comprehensive reform of Japanese financial system is being called the "1997 Big Bang" and has shown Japanese regulatory regime's determination in reforming its bank regulatory framework from its 1992 "bank subsidiary structure to a "bank holding company" structure. In fact, the reason that stopped Japan from adopting the BHC structure, at the time of its financial reform in

---

[56] As of the end of October in 1997, there have been more than 2000 acts still pending in the Legislative Yuan (the Congress) and waiting to be passed. Ironically, more than half of these acts have been marked as "Emergency". The statistics given here was quoted from Congress Coordination Office of the Legislative Yuan, yet no official reports in this regard can be cited.

[57] *See* The Daily Yomiuri (Japanese news on the internet—in English), September 17, 1997, at 12.

[58] *Id*. The rationale behind the prohibitions in which segregate Japanese insurance companies from bank holding companies structure was owing to the practice of mutually holding shares between insurers and insurance companies in Japan would create legal barrier for banks to acquire insurance companies' shares.

1992, was owing to the prohibition of acquiring holding companies pursuant to the Antimonopoly Law of 1947[59] (as amended in 1977). This Antimonopoly Law has been revised and the ban on holding companies no longer exists.

Fifth, turf battles exist among Taiwanese regulatory agencies. In Taiwan's financial markets, the Securities and Futures Commission (formerly known as the SEC) is responsible for the supervision of securities activities and futures trading, as prescribed in article 3 of the Securities and Exchange Law of 1988, and article 4 of the Futures Trading Law of 1997. Meanwhile, the Department of Insurance takes part of the administration for the insurance business, although article 12 of the Insurance Law only prescribes the MOF as the competent authority.

As to banking business, under Article 19 of Taiwan's Banking Law, the "competent authority" shall be the Ministry of Finance with respect to jurisdiction under the central government, while the development of finance falls under the jurisdiction of the provincial governments. Under the existing Central Bank of China Act of 1979 and the Foreign Exchange Control Statute of 1995, the Central Bank of China is the government agency that is responsible for a portion of the operational supervision to promote financial stability, maintain currency stability, maintain the balance of payments, manage foreign exchange reserves, and improve the banking business. Following the policy of decentralization of the regulating and supervisory authorities, as stated in the Banking Law, the authorization to establish banks, issue banking licenses, rule on minimum capital and business items, grant permission to merge or reorganize banks, and grant permission to establish branch banks is the responsibility of the Bureau of Monetary Affairs (hereinafter "BMA") under the Ministry of Finance. Yet there is no clear literal statement to grant this authority, under the Banking Law, as far as the provincial governments are concerned. In practice, the local authorities execute the policies set forth by the central authority and the supervisor of financial institutions.

[59] Article 11 of the Japanese Antimonopoly Law limits bank's equity stakes to five per cent. This provision was considered as the main restriction on the establishment of bank holding companies in Japan.

In summary, members of Taiwanese financial community are strictly regulated by different regulators with a rather versatile supervisory content. Suppose Taiwan adopts the "bank subsidiary" structure as a bank regulatory framework: the first problem the government is going to encounter would be how to reconcile interests among different turfs. To be more specific, although the bank would be the entity that holds control powers over the subsidiaries, nevertheless, bank regulators are not necessarily the best bureaucrats to possess jurisdiction over the subsidiaries. In the eyes of law, the BMA, the SFC (SEC), and the Department of Insurance are equal subordinates under the Ministry of Finance.[60]

VI. The Evaluation of the Bank Holding Company (BHC) Structure

A. *What is the concept of the BHC structure?*

The US approach to the separation of banking and securities business has been considered as one of the role models for the legal framework to govern the banking industry. From an American legal point of view, the Bank Holding Company Act of 1956 (as amended in 1970) defined a BHC as any firm holding at least 25% of the voting stock of a bank subsidiary.[61] Under this legal framework, it requires BHCs to be registered with the Federal Reserve Board.[62] Subsequently, the US Proxmire Financial Modernization Bill of 1988 allowed banks and securities firms to create holding companies which have various types of financial subsidiaries. In the United States, where there are no legal prohibitions on the establishment of holding companies in banking or in any other kind of business, bank holding companies were originally used to circumvent restrictions on the establishment of bank branches. The

[60] *See* the "Ministry of Finance Organization Law" and the "Statute for the Organization of the Bureau of Monetary Affairs of the Ministry of Finance" which were put into force on May 31, 1991.

[61] *See* section 2 (a) (2) of US Bank Holding Company Act of 1956.

[62] *See* section 5 (a) of US Bank Holding Company Act of 1956.

adoption of holding companies as an alternative to banking regulatory problems was therefore quite feasible in the United States. In fact, by the 1990s, 92% of the US banks were owned by BHCs.[63]

The companies under a holding company's control are situated with respect to each other on a "parallel" relationship, just like brothers and sisters in a family. This structure does not permit a direct influence of one affiliated company in the group over another, thus making it easier to achieve the goal of prudential banking and protection of the depositors, as well as to prevent conflicts of interests, compared to a parent-subsidiary relationship. This arrangement still allows the group as a whole to provide a variety of services to individuals and companies.

As indicated, Japan has also directed recent efforts at adopting the BHC structure. As the engine that have driven Japan to become one of the world's leading economies, Japanese banks have played an important role in the nation's economic development. The Japanese government has just completed a comprehensive financial reform which, for the first time,[64] allows the creation of bank holding companies in Japan.[65] Under the new regulatory scheme, the activities of bank-owned holding companies will be confined to the securities and insurance business, as well as leasing and credit card sales.[66] Moreover, the Finance Ministry's banking and securities bureaus will be merged into a single bureau.[67] By adopting the BHC structure as the bank regulatory framework, the Japanese financial community is expecting the holding company to serve as an effective tool to streamline the industry and promote international

---

[63] *See* Shelagh Heffeernan, Modern Banking in Theory and Practice, at 240 (1994).

[64] In Japan, holding companies have been banned since the disbandment of major financial conglomerates, known as 'zaibatsu,' after world war II. The government also presented a bill to revise the anti-monopoly Law to pave the way for allowing the creation of holding companies in principle.

[65] The Japanese governing Liberal Democratic Party and its two allies in the ruling camp have repealed the half-century ban on the creation of holding companies and the legalization of holding companies is effective on December 5, 1997. See Japan Economic Newswire, December 6, 1997.

[66] *See* 1997 Kyodo News Service (Japanese news on the internet—in English), March 15, 1997.

[67] *Id.*, March 11, 1997.

and domestic competitiveness.[68]

B. *What are the merits and limits of the BHC structure?*

First, the BHC structure offers protection against conflicts of interest, as the BHC structure legally separates each subsidiary bank from other affiliates, such as securities, insurance and commercial (in the US) companies. In the eyes of the law, this segregation would minimize the potential scope for abuse arising from conflict of interest situations. In other words, this structure would effectively control inappropriate information flow among the affiliates.

Second, the BHC structure reduces risk in many circumstances. Under the BHC structure, the unsatisfied creditors of a failed nonbank affiliate, or holding company, should not be able to lay claim to the capital or assets of the bank due to legal walls or barriers segregating subsidiary companies from nonbank affiliates. This is considered as one of the merits in the adoption of the BHC structure as a bank regulatory framework. Nevertheless, in the United States, if the affiliate or bank holding company misled the creditors into believing they were actually dealing with the bank, under the principle of estoppel, these creditors may be able to make a justifiable claim. This has been called "piercing the corporate veil".[69]

Third, the cost of establishing the BHC structure would be comparatively higher

---

[68] According to the latest report, this so-called Japanese "big bang" will be comprehensively implemented on April 1st, 1998. *See* The China Times, *supra* note 34, March 30, 1998.

[69] Researchers have enumerated several exceptions where creditors of the affiliate may be able to use to make an estoppel argument:

1.the name of the affiliate providing the service is similar to the bank's, or the same services are undertaken by the bank

2.the complaining creditor is a member of the general public rather than a "sophisticated" business person or investor;

3.the creditor is a contract creditor, such as a customer;

4.the nonbanking activity is either a traditional banking service or is so closely related as to suggest to the customer that he is dealing with the bank rather than the holding company and its affiliate.

Id., at 177.

than other legal frameworks. It is an expensive alternative which limits the potential benefits to be reaped from economies of scale, according to the experience of the fire-wall structure adopted in the United States. As the establishment of each subsidiary might inflate overhead costs while bringing few benefits to users, it would certainly influence the treasury flexibility of bank holding company's operation. In other words, the correlation between the proposed bank regulatory framework and holding company's performance should be further assessed. On the other hand, the American experience of adopting BHC structure shows that tax avoidance may be another reason why BHCs are attractive; interest paid on BHC debt is a tax deductible expense and dividends from subsidiaries are a tax exempt source of revenue for BHCs.[70] These tax incentives would certainly provide motivation for regulators or bank industry lobbyist to consider the adoption of the BHC structure as the bank regulatory framework in the future. Of course, reduced tax revenue are never palatable to any government.

Fourth, the BHC structure arguably promotes bank efficiency. Since this study was driven by the need to look for a feasible bank regulatory framework that could promote bank efficiency, it is essential to first look into the relation between the proposed structure and bank efficiency. According to the latest research in the United States, section 20 subsidiaries[71] have brought potential new diversity to commercial bank earnings and thus to their capital base.[72] The same study concluded that these section 20 subsidiaries have added to the safety and soundness of the banking system, contrary to the claim that bank securities activities are excessively risky and, as

---

[70] Heffeernan, *supra*, note 63, at 240.

[71] For the purpose of circumventing the restrictions of section 20 of the Glass-Steagall Act, i.e., commercial banks may not be affiliated with any firm that is "engaged principally" in underwriting and dealing in the types of securities the banks themselves cannot deal in or underwrite, commercial banks had petitioned the Federal Reserve to establish subsidiaries under bank holding company to underwrite and otherwise engage in bank-ineligible securities activities, on the condition that the subsidiaries limit those activities to no more than 10 percent of their gross revenue.

[72] *See* Walter M. Cadette, *Universal Banking: A U.S. Perspective*, reprinted in Anthony Saunders and Ingo Walter, Universal Banking: Financial System Design Reconsidered, at 698 (1996).

such, inappropriate for commercial banks.[73] The BHC experience in the United States seems to suggest that bank efficiency is enhanced.

Fifth, there is debate as to whether or not the BHC structure would decrease the risk of bank insolvency. This debate helps to shed light on the relation between the safety net and the proposed regulatory structure. To be more specific, if the proposed framework would help to decrease the risk of bank insolvency, then fewer bank failures would reduce the burden of the safety net and improve the taxpayers exposure afterwards. Under the BHC structure, banks are affiliated with nonbank firms (excluding commercial firms in the United States). Research has shown that such bank affiliation in a holding company, under certain circumstances, is related to the risk of bank insolvency.[74] In other words, nonbank subsidiaries have tended to reduce the risk of bank insolvency.[75] Nevertheless, the opponents contend that they could not find any statistical impact on insolvency risk from nonbank affiliation over the whole sample period.[76]

C. *Is the BHC structure a suitable bank legal framework for Taiwan?*

As described earlier, Taiwan is inclined to adopt the universal banking system as

---

[73] *Id.*, Meanwhile, reputable financial institutions, such as Union Bank of Switzerland (UBS) and Barkeley bank, are skeptical about the adequacy of investment banking. The said skepticism somewhat implies a noteworthy trend that should be further observed. Since some of Taiwan's banks are promoting their business of investment banking, bank regulators are inevitably liable for establishing a set of "safe and sound" regulatory framework in which Taiwan's banks could be prevented from experiencing what EU had been through.

[74] *See* Anthony Saunders, Bank Holding Company: Structure, Performance, and Reform, reprinted in William S. Haraf and Rose Marie Kushmeider, Restructuring Banking & Financial Services in America, American Enterprise Institution for Public Policy Research, at 163 (1988).

[75] *Id.*, at 178, and Larry D. Wall, Has BHC's Diversification Affected Their Risk of Failure? (Working paper 85-2, Federal Reserve Bank of Atlanta, 1985).

[76] *Id.*, Boyd and Graham, Risk, Regulation (Working paper 85-2, Federal Reserve Bank of Atlanta, 1985), who jointly conducted the research by using accounting data to reach the conclusion as stated.

the regulatory framework, although this study argues that this system is not preferable for Taiwan's financial environment. The alternative proposal for Taiwan's banking should be the adoption of the BHC structure for the following reasons.

First, it would insulate the depositors of the subsidiary bank from losses incurred by nonbank affiliates under the same holding company umbrella due to the legal design of corporate separateness. As stated earlier, in the United States, the BHC structure involves the risk of creditors of the failed nonbank affiliates piercing the veil of corporate separateness. Taiwanese procedural law, however, does not incorporate the principle of estoppel; in other words, there is no legal basis on which the creditors of failed nonbank affiliates could apply to pierce the veil of corporate separateness and adversely affect the interest of bank's depositors. As a result, from a legal point of view, the adoption of the BHC structure in Taiwan would provide a better protection to the bank's depositors.

Second, the BHC structure could better reflect the reality of Taiwanese financial activities and promote market discipline. As many Taiwanese banks have been backed by financial conglomerates for years, the BHC structure could reflect the reality of how these conglomerates interact with their subordinate business entities. To be more specific, Taiwanese conglomerates usually control their subordinate entities through a holding company as a command center in which they could consolidate resources within the organization and efficiently coordinate horizontal information flows among affiliates.

For the purpose of time-saving and cost-decreasing,[77] holding conglomerates

[77] According to Article 13 of Taiwanese Company Law, "A company shall not be a shareholder of unlimited liability in another company or a partner of a partnership business. When a company becomes a shareholder of limited liability in other companies, the total amount of its investments in such other companies shall not exceed forty percent of the amount of its own paid-up capital unless it is a professional investment company, or otherwise provided for in its Article of Incorporation, or has obtained the consent of its shareholders or a resolution adopted by its shareholders meeting, under the following applicable provisions;

1. In the case of an unlimited company or an unlimited company with limited liability shareholders; The unanimous consent of the unlimited liability shareholders;

have been using figureheads to hold substantial voting powers, i.e., more than 50% of shares, over their subsidiaries. The recent revision of Taiwanese Company Law[78] included provisions regarding "affiliation" and "holding-subsidiary" for the first time.[79] This required the re-examination and reviewing of book and record requirements related to "holding-subsidiaries" and "affiliation".[80] It is fair to say that the Taiwanese conglomerates way of running business reflects the essence of the proposed BHC structure.

In terms of determining a bank regulatory framework that could promote market discipline in Taiwan, the BHC structure is likely the superior alternative. The adoption of the BHC structure would impose more restrictions on the ability of Taiwanese financial conglomerates to abuse subsidiaries and adversely affect market stability. The proposed BHC framework would promote legal compliance by financial participants and the stability of Taiwanese financial system would thus benefit.

---

2. In the case of a limited company; The unanimous consent of its shareholders; or
3. In the case of a company limited by shares: A resolution adopted, at a shareholders meeting, by a majority of the shareholders present who represent two-thirds or more of the total number of its outstanding shares.

Shares received by a company as a result of distribution of surplus earnings or capitalization of legal reserves by its invested company shall not be included in the total amount of investment set forth in the preceding Paragraph.

The responsible person of a company violating the provisions of Paragraph One under this Article shall be subject to a fine of not more than twenty thousand yuan and shall further be liable to the damages sustained by the company therefrom. "A Taiwanese company has to go through a rather time-consuming procedure in order to get control over another company. As a result, conglomerates usually circumvent the procedure, instead, by using figureheads to get majority voting powers in the target company. To be more explicit, the relationship amongst these company become substantially a "holding-subsidiary" structure but nominally separated legal entities. In doing so, there are no legal connections between the companies and therefore certain tax rules can be avoided.

[78] The revision of the Taiwanese Company Law has new stipulations regarding affiliation and holding-subsidiary and was passed on June 26, 1997 by the Legislature Yuan (US Congress equivalent).

[79] *See* Article 369-2, 369-3 of the Taiwanese Company Law, which was revised and promulgated on June 25, 1997.

[80] Briefly, those companies that are considered as "holding-subsidiary" or "affiliated" would have to submit their detailed financial statements on a consolidated basis. *See* the revised section 2 of Article 369-12 of the Company Law in Taiwan.

Third, the proposed framework would assist in removing conflicts of interest within Taiwanese financial entities. The following analysis divides the different conflict possibilities according to the different investment activities that a bank may pursue.

(1)The Conflicts of Interest Between Banking and Securities Activities. The empirical studies have shown that securities activities are the riskiest of all nonbank activities, but securities activities are not as highly correlated with banking as several less risky activities, indicating potential portfolio diversification gains. At any level, however, securities activities would increase the risk of the bank holding company.[81]

Should Taiwan adopt the regulatory framework of the BHC structure, banks would only be permitted to engage in traditional banking business and would not be involved in the more speculative securities activities. Taiwan's banks, under the proposed BHC framework, would be simply performing a function as a financial intermediary, instead of as an investment intermediary. The idea of functional segregation under the BHC structure would then restrain bank from breaching its fiduciary responsibility to its clients. In other words, should Taiwan adopt the BHC structure, banks would then be prohibited from engaging in securities activities. In order to satisfy customer demands, banks would be allowed only to refer their customers to affiliate entities. In doing so, the depositors interests would be protected due to the segregation of information flows.[82]

(2)The Conflicts of Interest Between Banking and Insurance Activities. In the eyes of the law, Taiwan's banks may not engage in insurance activities, except for the Central Trust of China, which was authorized by "The Rules Governing the Central

[81] These nonbank activities are combined with the BHC one activity at a time. See Elijah Brewer, Diana Fortier, and Christine Pavel, "Bank Risk from Nonbank Activities," Economic Perspectives, Federal Reserve Bank of Chicago 12 (July/August 1988):14-26.

[82] In practice, this is generally called the "Chinese Wall", that is, institutional measures designed to prevent the leakage of information acquired in the course of performance of business in one section of an organization to other sections of the organization.

Trust of China".[83] A noteworthy study conducted by an official at the MOF pointed out that Taiwanese banks shouldbe allowed to engage in insurance activities due to a lack of legal prohibition.[84] In fact, the issue of whether banks should be allowed to engage in the insurance business has been debated for years in Taiwan and is still under discussion.

Since insurance companies in Taiwan are currently permitted to engage in some core banking activities, such as commercial loans, banks are strongly lobbying for the expansion of their turf on a reciprocal basis. It is probable that the entry of commercial banks into insurance business will become a reality in the near future. In this context, the potential for conflicts of interest between banking and insurance activities, e.g., perhaps a bank customer would be forced to accept an insurance policy as the condition to get a commercial loan, would be a noteworthy issue. Under the proposed BHC structure, banks and insurance business are separated and managed by two independent legal entities. As a result of the adoption of the proposed BHC framework, the aforementioned concern with regard to interest conflicts would be avoided by legal separation.

Fourth, the proposed BHC framework would promote diversification and segregate bank depositors from risk and losses. As described earlier, it is no secret that Taiwanese financial conglomerates have manipulated subsidiary banks in cross-subsidizing their declining affiliates at the cost of sacrificing depositors interests. In

[83] "The Rules Governing the Central Trust of China" was promulgated on May 7, 1947 by the National Government. *See* Tein, Tsou-Yu, *The Fifty Years of the Central Trust of China*, reprinted in The History of Major Banks in China, at 338. (1991) This special rule has authorized the Central Trust of China to engage in insurance activities by employing section 21, 22 of Article 3 in the banking law as legal basis. This exceptional financial institution has a historic background and is considered as a semi-official institution that has always performed government proxy functions, such as its involvement in government procurements.

[84] Hsu, Tsuei-Wein, The feasibility study of the entry of commercial banks into insurance business: A comparative law viewpoint, The Quarterly of the Central Deposit Insurance Corporation, Vol. 9, issue 4, June 1996, at 48. In the study, Ms Hsu pointed out that there are no prohibitions in the law, as prescribed in Article 126, 128 of the Insurance Law and paragraph 21, 22 of Article 3 in the Banking Law, to restrain banks from engaging in insurance business.

this context, the adoption of the BHC structure in Ta-iwan would legally segregate conglomerate's business structure and force them to diversify their risky operation from the subsidiary bank. To be specific, if conglomerates want to engage in "high risk, high reward" types of investment, e.g., derivatives investment, they would have to operate the investment by establishing an independent subsidiary which would certainly increase their operational costs, on the one hand, but insulate depositors of the affiliate bank from losses incurred by the derivatives subsidiary on the other hand.

Fifth, the proposed framework would alleviate risk to the deposit insurance system and taxpayers exposure. As illustrated on Table-4, banks are seeking community financial institutions, especially the cooperative credit associations, as merger partners, to expand their clients base and absorb extra expertise. Some banks are particularly interested in developing investment banking features by merging securities firms and absorbing related knowledge. This trend of consolidation sent out a strong message to the regulators that current bank regulatory framework would be insufficient to cope with dynamic financial needs and might even bring greater risk to the bank's depositors.

Furthermore, when these aggressive banks were driven by the profit pressure to engage in "high risk, high reward" types of investment activities, it would, to some extent, increase the possibilities of bank failure and adversely affect the deposit insurance system. Considering the limited affordability of the current deposit insurance system in Taiwan,[85] any financial crisis might bankrupt the deposit insurance system and destabilize the whole financial system.

---

[85] Under the existing Banking Law and Deposits Insurance Act in Taiwan, the state-owned CDIC provides coverage of NT$1million (US$30,000) for each depositor of the insured financial institutions. As a result, the number of depositors multiplied by US$30,000 will equal the amount of stakes for aggressive institutions which engage in risky investment transactions. If financial institutions incur losses, they will be indirectly borne by the nation's taxpayers, within insurance coverage (US$30,000) limits. In addition, insured institutions enjoy a comparatively low assessment rate for their premium, i.e., annually 0.03% of their total deposits, which makes them eligible for the protection of the financial safety net. From depositors and consumers point of view, this is neither sound nor adequate. Even some bank regulators share the same viewpoint. Supra note 35, at 23.

Regulations designed to achieve insulation of the bank are inappropriate, including regulations targeted at types and degrees of lending, capital requirements, and other efforts to limit the risk of the bank's activities. Experience suggests that the more restrictive the regulations, the greater the incentive to shift activities to the nonbank.[86] In this context, the curtailment of bank powers under the proposed BHC structure may drive the financial conglomerates to re-deploy their business strategy and diversify their operations into other nonbank affiliates in order to circumvent the restrictions on the subsidiary bank.

If Taiwan adopts the BHC structure, the existing conglomerates would be forced to change their current practice of using subsidiary banks as treasury vaults to cross-subsidize poor-performing affiliates. They would, instead, shift risky activities out of the subsidiary bank. In other words, this proposed structure could substantially promote diversification within the conglomerates and provide insulation to shield subsidiary bank from operational risks. As a result, the proposed BHC structure would also decrease risks to the deposit insurance fund to a more acceptable level.

Sixth, the turf battles described earlier can be avoided. As discussed, the MOF in Taiwan is the regulatory agency that has jurisdiction over banking, securities, insurance and

Table-4 Highlights of Emerging Trend of M & A in Taiwan's Banking

(January 1997 ~ September 1997)

Date	Happenings
January 1997	The Makoto Bank merged with the Second Credit Cooperative Association in Hsin-Chu County.
June 12, 1997	The Overseas Chinese Bank was approved by the MOF to merge with the Bei-Kong Credit Cooperative Association.
June 30, 1997	The Bank Sinopac was approved by the MOF to acquire the Far East Bank in California, USA.

86 *See* James L. Pierce, *Can banks be insulated from nonbank affiliates*? Kluwer Academic Publishers, Massachusetts, at 69 (1991)

Table-4 Highlights of Emerging Trend of M & A in Taiwan's Banking（continue）

(January 1997 ~ September 1997)

Date	Happenings
August 23, 1997	The Our Bank announced to acquire the Tenth Credit Cooperative Association in Kaoshiung.
August 29, 1997	The Pan Asia Bank announced to acquire the Fifth Credit Cooperative Association in Kaoshiung at the amount of $US 310 million.
September 2, 1997	The Eighth Credit Cooperative Association in Taichung announced to be acquired by the Makoto Bank at the amount of $US 340 million.
September 3, 1997	The Panchiao Credit Cooperative Association (PCCA) announced to acquire the Fifth Credit Cooperative Association in Kaoshiung at the amount of $US 340 million. (Afterwards, PCCA transformed into a commercial bank and was approved by the MOF on September 30, 1997)
September 3, 1997	The First Commercial Bank announced to acquire 60% shares of a Philippine bank at the amount of $US 410 million.
September 1997	The Third Credit Cooperative Association in Tainan has shown great interest in acquiring the First Credit Cooperative Association in PinTong County.
September 1997	The Chung Shing Bank was conducting a feasibility study on the merger with certain credit association in Taichung area.
Source: *See* the Common Wealth Magazine, *The Trend of M* & A in Taiwan's Banking@, Vol. 197, issued on October 1, 1997, p.101.	
October 15, 1997	The Ta Chong Bank decided to acquire the Tenth Credit Cooperative Association in Tainan area and was planning to evaluate the feasibility of acquiring other credit associations.
Source: See the World Journal, financial pages, October 16, 1997.	

Taxation (See Table-5). The specific departments in charge of banking, securities, insuranceand taxation are all subordinate agencies under the MOF. If Taiwan adopted the proposed BHC structure, the MOF would thus be the proper agency to supervise the bank holding companies and would not conflict with agencies that have jurisdiction over subsidiaries.

Table - 5 The Hierarchy of Taiwanese Ministry of Finance

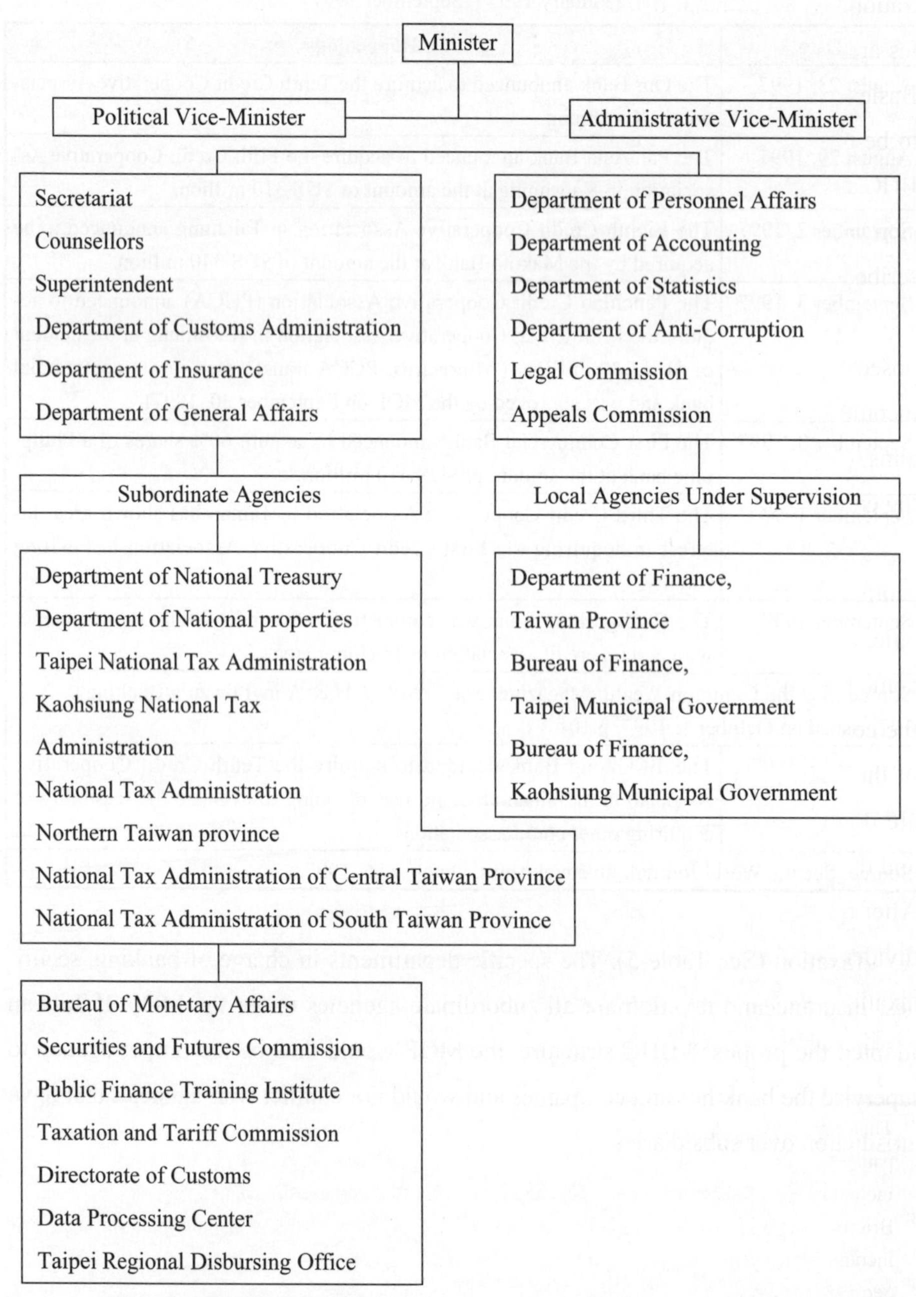

Note: Quoted from Taiwanese Finance Ministry's web site--http://www.spring.org.tw/English/intro.htm on September 28, 1998.

Consolidated supervision has become a universal practice vis-a-vis the administration of international banking groups (bank holding companies and their subsidiaries are included) according to a consensus reached among leading economies in the Basle Committee of 1992.[87] As such, harmony among regulators should be considered to be related to the effectiveness of bank supervision. The adoption of the proposed BHC structure in Taiwan would certainly promote efficiency of consolidated supervision within the bank holding companies umbrella due to the regulatory hierarchy described above.

Seventh, the incentive of tax avoidance. Taiwanese Finance Ministry has proposed an innovative revision of taxation called "Two Tax in One"[88] to improve the income tax system. The Taiwanese Finance Ministry has proposed a tax system which aims to eliminate double taxation under current system, by combining the profit-seeking enterprise income tax with an individual consolidated income tax.

As far as the proposed BHC structure is concerned, this tax reform provides incentives for the establishment of bank holding companies in Taiwan. To be more specific, the shareholders of the bank holding companies could deduct their dividend income from its subsidiary banks from their individual income tax. In current practice, the ceiling of the individual income tax rate in Taiwan is 40%. When shareholders of the bank holding companies receive their dividends from a subsidiary bank, they are double taxed up to 51.5%:[89] once at business level at 25% on business income and then they pay their own individual income taxes on the dividends they received. After the reform, the shareholders of the BHC could deduct the corporate tax paid on dividends from their own individual income taxes. The legislation of this important taxation reform has been approved by the Legislative Yuan (Congress) and is to be

[87] This important supervisory practice can also be applied to the administration of bank holding companies and financial conglomerates in Taiwan because the concept of "international banking groups" includes bank holding companies and can be extended to their subsidiaries too.

[88] Briefly speaking, this new tax reform is aiming at combining business income tax with individual income tax to rectify the current unfairness of double taxation.

[89] *See* Taiwan Liberty Times, May 5, 1997, at A-2.

promulgated in the beginning of 1998. It is to be expected that when the legislation of this tax reform is completed, the proposed BHC structure would be welcomed by the enterprises, especially the financial conglomerates.

Eighth, the prevention of economic concentration. As financial conglomerates are emerging as the dominant economic powers in Taiwan, the concentration of economic power has become a concern in promoting fair competition within financial markets. Owing to the financial fire walls between banks and nonbank affiliates as well as other restrictions on bank's risky operations, the proposed BHC structure could provide regulatory alternative to trim down the influence of these conglomerates and promote fair competition in Taiwan's financial markets. In other words, under the proposed BHC structure, conglomerates are no longer able to conduct their under-cover transactions by using subsidiary banks to cross-subsidize failing affiliates under the same holding umbrella. As a result, conglomerates would find it difficult to monopolize the resources and distort the pricing mechanism in Taiwan. In the long run, this mechanism would create a fair environment for healthy competition in Taiwan's financial markets.

Ninth, the ease of prohibitions on the establishment of bank holding companies. The Ministry of Finance has proposed to revise article 25 of the banking law and increase the ceiling of holding shares from either 5% to 10% (a person) or 15% to 20% (interest-related persons).[90] The rationale behind this was that the restrictions on distribution of equity can be easily circumvented by using figureheads and is not effectively enforceable. From a bank regulatory point of view, it has become a trend to ease the restrictions on banks equity holdings and current practice in this regard can not achieve its designed goal of preventing concentration of economic powers.[91]

By this point, though legal barriers to the establishment of a BHC have not been fully eliminated, Taiwanese conglomerates would be encouraged to establish bank holding companies without circumventing the previous restrictions by using figure-

[90] *See* Taiwan World Journal (Taiwanese news on the internet--in Chinese), November 24, 1997.
[91] *Id.*

heads. It is believed that this development would enable bank regulators to have an accurate clear picture the real equity structure within conglomerates.[92]

VII. Conclusion

Taking into account the reality of the banking environment in Taiwan, this part tried to first analyze the feasibility of adopting an alternative legal structure for bank securities powers under either the universal banking system, bank-subsidiary structure or bank holding company structure, and then concluded that the approach of adopting either the BHC structure or bank subsidiary structure appear to be best legal alternatives to govern Taiwan's bank securities activities. There are several reasons for this decision.

First, the implementation of "corporate separateness" under the two regulatory frameworks ensures prudential banking. As a result of the implementation of "corporate separateness," both the interest of depositors and the deposit insurance system would be insulated from risks incurred by nonbank affiliates (under the BHC structure) and nonbank subsidiaries (under the bank subsidiary structure). Although the strong economic ties between bank and its nonbank affiliates (under the BHC structure) or subsidiaries (under the bank subsidiaries structure) would still remain, legal relationships among them would be separated by financial fire walls.[93]

Under the proposed alternative structure, the rigid restrictions on bank powers[94] would encourage financial conglomerates to rethink their business strategy and

---

[92] *Id.*

[93] In the US, the term "fire walls" as stated here means the separation of commercial and investment banking. To be more specific, it represents the restrictions on a bank's entry into the securities activities and a bank's covered transaction with affiliates under bank holding companies structure. Legally speaking, the firewall concept is set out in sections 16, 20, 21, 32 of the Glass-Steagall Act of 1933, section 23(a) and 23(b) of the Federal Reserve Act of 1913, section 4C(8) of the Bank Holding Company Act of 1956 and regulation Y of the Federal Reserve Board.

[94] Since the proposed BHC structure was inspired by the US's and Japanese bank legal framework, it would be essential to limit the bank securities powers by revising the banking laws. Under the pro-

reshuffle their operations to avoid the inconvenience of regulation. As a result, this structure promotes diversification and decreases risks, incurred by misconduct of nonbank affiliates (or subsidiaries), that may adversely affect the subsidiary (or parent) bank.

Second, the adoption of the proposed alternative legal structure would be the least costly to fit into the existing regulatory hierarchy. Since the existing bank regulatory hierarchy was inherited from Japan's system,[95] recent Japanese experience with both the bank subsidiary mode and the BHC mode gives additional support to the adoption of the proposed alternative model. It is thought that this type of change would successfully fit in Taiwan's regulatory hierarchy with only few legal adjustments. In other words, since Japan adopted the bank subsidiary mode as a regulatory framework to govern bank securities activities in 1993 till its latest financial reform (generally known as the "big bang") effective on April 1st, 1998, there have been no reported criticisms or comments against its regulatory hierarchy, which is mainly composed of the MOF. In view of the hierarchical similarity of the financial regulatory regime in Taiwan and Japan, it offers an additional reason to support the adoption of the proposed alternative structure in Taiwan. Further, it is feasible in Taiwan's political reality for the reason that there would be only few legal adjustments between the adoption of the BHC structure or the bank subsidiary structure as far as the regulatory hierarchy is concerned,.

Third, Taiwanese banks could obtain discretion to determine the bank securi-

---

posed BHC structure, banks can only be allowed to engage in securities activities via their securities affiliates with proper limitations, i.e., 25% revenue test regulated by the Federal Reserve Board. This restriction would also be applicable to the practice under the bank subsidiary structure in which bank can only engage in securities activities via their securities subsidiaries with proper limitations.

95 As the legacy of Japanese colony, the hierarchical structure of Taiwan's bank regulatory agencies is approximately the same as Japan: Taiwanese Finance Ministry supervise banking, securities, insurance and taxation. There are separate subordinate agencies, under the MOF, in charge of these specialized activities, such as the Bureau of Monetary Affairs (Banking Bureau in Japan equivalent), Securities and Futures Commission (Securities Bureau in Japan equivalent), Department of Insurance (Insurance Bureau in Japan equivalent).

ties powers that fits their business needs the best. Under the proposed alternative regulatory structure, Taiwanese banks would be allowed to submit their petitions of determining a regulatory framework, either the BHC structure or the bank subsidiary structure, subject to their business strategic needs. To be more specific, the regulatory framework should assist banks to pursue their most suitable regulatory model in order to meet the individual demand of their own business interests.

Accordingly, this part favors the adoption of an alternative approach which would enable Taiwanese banks to obtain discretion in determining not only a particular regulatory framework that meet their business needs but also the power to engage in investment activities that fit their individual situation better.

Fourth, the adoption of the proposed alternative structure will likely lower operational costs. Taiwanese banks are allowed to obtain discretion in determining their own business structure, the banks would have more knowledge about their own competitive edges and could make the necessary business adjustments. In order to control operation costs, banks will need to carefully evaluate the cost at the new structure before they file their operational petitions for a particular change of securities powers.

Fifth, the proposed alternative regulatory structure will promote banks legal compliance. Since banks could obtain more discretion over their investment strategies, it is fair to expect that banks would be more inclined to comply with the regulatory framework they have chosen. In view of the reality that some Taiwanese banks have disregarded the law in the past, it is suggested to increase penalties (e.g., fines and/or imprisonment) for violations of the law.

Accordingly, this research favors the proposed alternative regulatory framework governing bank securities powers.

（本文發表於中原財經法學第4期，1998年12月）

國家圖書館出版品預行編目資料

昨是今非：企業與金融的法思拾掇／謝易宏著. — 三版. — 臺北市：五南, 2012.06
面； 公分.--
ISBN 978-957-11-6644-5（平裝）
1.企業法規 2.金融法規 3.論述分析
494.023 101006652

1U72

昨是今非—企業與金融的法思拾掇

作　　者— 謝易宏
發 行 人— 楊榮川
總 編 輯— 王翠華
主　　編— 劉靜芬
責任編輯— 李奇蓁
封面設計— 斐類設計工作室
出 版 者— 五南圖書出版股份有限公司
地　　址：106台北市大安區和平東路二段339號4樓
電　　話：(02)2705-5066　　傳　　真：(02)2706-6100
網　　址：http://www.wunan.com.tw
電子郵件：wunan@wunan.com.tw
劃撥帳號：01068953
戶　　名：五南圖書出版股份有限公司
台中市駐區辦公室/台中市中區中山路6號
電　　話：(04)2223-0891　　傳　　真：(04)2223-3549
高雄市駐區辦公室/高雄市新興區中山一路290號
電　　話：(07)2358-702　　傳　　真：(07)2350-236
法律顧問　元貞聯合法律事務所　張澤平律師
出版日期　2007年4月初版一刷
　　　　　2008年4月二版一刷
　　　　　2012年6月三版一刷
定　　價　新臺幣700元